CALCULUS 개정판

미분적분학

고응일 · 윤진의 · 이재혁 · 이준엽 지음

KYOWOO

머리말

흔히 미분적분학의 창시자는 뉴턴과 라이프니츠라고 말한다. 물론 미분적분학의 초보적인 개념은 이미 그리스시대에 시작되었고, 중세와 르네상스시기를 거치며 천문학, 역학 등 여러 자연과학분야에서 수많은 학자들이 면적, 부피를 구하는 문제, 접선을 구하는 문제 등에 대한 여러 개념과 방법론을 연구하였다. 하지만 보다 일반적인 방법이 나오게 된 것은 운동 방정식을 기술하기 위한 뉴턴의 유율법(流率法, Method of Fluxions)과 기하학적 방법론을 이용하여 다양한 미분적분 개념을 기호화한 라이프니츠의 미분적분법이 나온 17세기였다. 이 둘 중 누가 미분적분학의 창시자인가를 놓고 경험론의 영국과 관념론의 대륙수학회가 오랜 시간 논쟁하였으나, 오늘날은 둘 모두가 독립적으로 미분적분학을 창시한 것으로 공인하고 있다. 뉴턴과 라이프니츠의 업적을 발전시켜 현재와 같이 미분과 적분에 대한 개념들에 엄밀한 정의가 내려지고 체계가 잡힌 것은 그보다 200년이 넘는 시간이 지난 19세기에 들어 코시와 바이어슈트라스가 수열의 극한과 함수의 연속성을 엄밀히 정의하고, 데데킨트와 칸토르에 의해 실수와 무한집합의 개념이 확립된 후였다.

미분적분학은 오랜 기간에 걸쳐 확립되는 과정에서 수학뿐만 아니라 천문학, 물리학 등의 발전에 기여하였고, 20세기에 들어서서는 과학기술의 눈부신 발전을 가져왔으며 현재는 자연과학, 공학뿐만 아니라, 사회과학 등 여러 분야에서도 필수적으로 쓰이고 있다. 이 책의 목적은 앞으로 자연과학과 공학은 물론이려니와 의학, 약학, 경제학, 경영학 등 다양한 분야를 전공할 학생들이 그 분야의 이론을 공부하는 데 있어서 바탕이 되는 수학적 개념과 실제적 문제를 해결할 수 있는 방법론을 익히도록 하는 것이다.

이 책의 기본이 된 참고문헌 [1]은 우리나라에서 학부제가 시행되고 다양한 학생들이 전공에 관계없이 기본적인 미분적분학 개념을 익힐 필요성이 생긴 1990년대 중반에 처음 만들어졌다. 참고문헌 [1]은 외국의 여러 서적을 참고하여 우리 학생들에게 적합한 기술방식과 표현법을 이용하여 다듬고, 다양한 예제와 새로운 내용을 추가하여 완성하였다. 이러한 발전에도 불구하고 우리나라 교과과정의 변경과 교육환경의 변화에 의한 미분적분학 교과서 개정의 필요성이 꾸준히 제기되어, 학생들이 짧은 시간에 다양한 미분적분학 개념을 쉽고 정확하게 이해할 수 있도록 내용 전개상 필요 없는 부분을 과감히 줄이고 꼭 필요한 내용은 상세한 서술과 예제를 보강하는 등의 전면적으로 개편하여 참고문헌

[3]를 발간하였다. 이번 개편에서는 고교 교육과정에서 제외되어 서술이 필요한 행렬의 개념을 10장에 추가하였고, 12장과 13장의 서술을 보다 수학적으로 일반화하였다. 아울러 예제와 내용을 학생들이 보다 자연스럽게 볼 수 있도록 여러 부분을 다듬었다.

이 책은 한 학기 또는 두 학기용 교재로 모두 쉽게 사용할 수 있도록 구성하였다. 제1장은 함수와 극한에 대한 기본적인 개념을 서술하였고, 제2장과 3장은 도함수와 그 응용을, 그리고 제4장은 역함수의 개념을 활용하여 초월함수와 그 도함수에 대해 다루었다. 제5장과 6장은 다양한 적분법과 그 응용을 다루었다. 제7장과 8장은 수열과 멱급수 전개를 다루었다. 제9장은 좌표계와 해석기하학을 다루었으며, 제10장은 벡터와 벡터함수의 개념을 설명하고 있다. 제11장은 다변수함수의 미분법을, 제12장은 중적분을 다루었으며 제13장에서는 11장과 12장의 개념을 활용하여 벡터해석학개론을 소개하였다. 마지막으로 제14장에서는 1계 미분방정식에 대해 다루었다. 이 책의 내용은 1년 동안 미분적분학을 배우는데 부족함이 없이 다양한 내용을 포함하고 있다. 하지만 미분적분의 전반을 한 학기에 포괄해야 하는 강의를 위하여, 대단원별로 선택하기 쉽도록 구성하였고 대단원 안에서도 생략해야 할 내용은 가급적 단원의 끝 부분에 배치하여 일부 내용을 생략하더라도 다른 단원의 학습에 무리가 없도록 배려하였다. 각 단원이 시작할 때마다 관련된 역사적 사실을 간략히 소개하여 학생들이 미분적분학에 대한 흥미를 돋우게 하였다. 이 책은 다양한 분야를 전공할 학생들을 위하여 여러 분야의 예제를 포함하고 있어 수강하는 학생의 특성에 따라 적절한 예제를 취사선택할 수 있도록 하였다. 아울러 학생들이 미분적분학의 개념과 방법을 익힐 수 있도록 각 절마다 연습문제를 주었고, 학생들 스스로 풀어보고 확인할 수 있도록 책 말미에 가급적 많은 해답을 첨부하였다.

이 책을 배우는 사람, 가르치는 사람 모두가 100% 만족하기는 어렵겠지만, 저자들은 우리나라 학생들에게 좋은 내용의 교재를 제공하기 위해 최선을 다했으니 이 책을 이용하는 모든 사람에게 좋은 성과가 있기를 바란다. 이 책이 나오게끔 여러모로 협조해 주신 이화여자대학교 수학과 교수들과 편집과 출판을 맡아주신 교우사 오판근 사장님께 깊은 감사를 드린다. 무엇보다도 이 책을 공부했고 공부하게 될 학생들에게 감사와 격려의 말을 전하고 싶다.

저자 일동

차 례

제1장 함수와 극한

제2장 도함수

제3장 도함수의 응용

제4장 초월함수와 도함수

제9장 해석기하

제10장 행렬과 벡터

제11장 다변수함수의 미분

제12장 중적분

1.1 함수와 그래프

중세까지 함수 개념은 아주 막연하게만 인식되었고, 17세기 후반부에 미분적분학이 개발됨에 따라 함수 개념을 명확히 할 필요를 점진적으로 느꼈다. "함수(function)" 란 단어는 라이프니츠(Gottfried Wilhelm Leibniz, 1646–1716)가 1692년의 논문에서 처음 사용하였다. 그러나 그의 함수에 대한 개념은 현대에 비해 매우 막연한 것이었다. 스위스 수학자 오일러(Leonhard Euler, 1707–1783)가 함수값에 대한 기호로 $f(x)$를 처음 사용하였다.

현대와 같은 개념으로 함수를 정의한 것은 19세기 중반 디리클레(P. G. Lejeune Dirichlet, 1805–1859)에 의해서였다. 그는 함수는 정의역과 규칙으로 이루어졌으며, 정의역은 실수들의 집합이고 규칙은 정의역 안의 각 수에 단 한 개의 수를 할당한다고 하였다.

오늘날은 보다 더 일반적으로 한 집합 X의 각 원소에 집합 Y의 원소 단 한 개가 대응되면, 이 대응 관계를 함수라고 한다.

정의 두 집합 X와 Y에 대해, X의 각 원소 x에 Y의 한 원소 y가 대응되면, 이 대응 관계를 $\boldsymbol{X}$에서 $\boldsymbol{Y}$로의 **함수**(a function from X into Y)라고 한다.

위의 정의에서 함수를 f라 할 때, X에서 Y로의 함수 f를

$$\begin{aligned} f: X &\to Y \\ x &\mapsto y = f(x) \end{aligned}$$

라 나타낸다. 이때 X를 함수 f의 **정의역**(domain), Y를 **공역**(codomain)이라 하며, x를 **독립변수**(independent variable), y를 **종속변수**(dependent variable),

$$f(X) = \{f(x) : x \in X\}$$

를 함수 f의 **치역**(range)이라 부른다.

함수 $f: X \to Y$가 주어졌을 때, $x \in X$에 대응하는 Y의 원소 $y = f(x)$를 x에서의 f의 **상**(image of f at x), f에 의한 x의 상 또는 x에서의 f의 **함수값**(value of f at x)이라 하며, 이때 x를 f에 의한 y의 **원상**(preimage of y under f)이라 한다. y의 f에 의한 원상들의 집합은

$$f^{-1}(y) = \{x \in X : y = f(x)\}$$

이다.

예제 1-1 함수 $f: [-1,1] \to \mathbb{R}$이 $f(x) = x^2$으로 정의될 때 $f^{-1}\left(\frac{1}{4}\right)$을 구하여라.

풀이 $f^{-1}\left(\frac{1}{4}\right)=\left\{x\in[-1,1] : x^2=\frac{1}{4}\right\}$ 이고, $x^2=\frac{1}{4}$ 을 만족시키는 실수는 $\pm\frac{1}{2}$ 이므로, $f^{-1}\left(\frac{1}{4}\right)=\left\{-\frac{1}{2}, \frac{1}{2}\right\}$ 이다. ∎

X, Y가 실수들의 집합일 때 함수 $f : X\to Y$ 의 **그래프**는 모든 $x\in X$ 에 대해 $(x, f(x))$ 를 좌표로 갖는 평면상의 점들의 집합이다. 예를 들어 위 예제 1-1의 그래프는 그림 1-1과 같다.

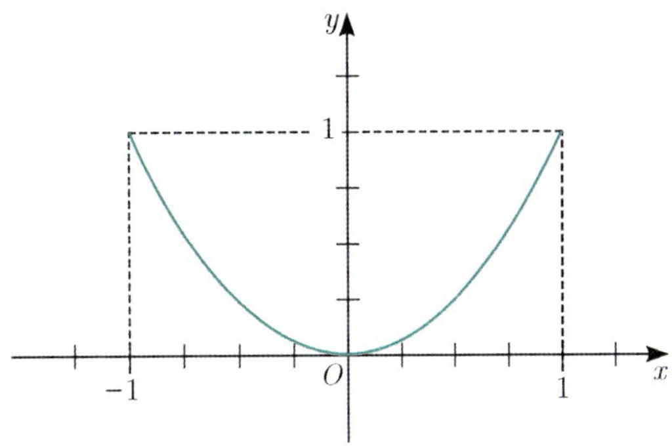

그림 1-1

함수 $f : X\to Y$ 에 대하여 공역과 치역이 일치할 때, 즉 $f(X)=Y$ 일 때 f 는 **전사함수**(onto 또는 surjective function)라고 한다. 임의의 두 원소 $x_1, x_2\in X$ 에 대해서

$$x_1\neq x_2 \quad\Rightarrow\quad f(x_1)\neq f(x_2)$$

를 만족할 때, f 를 **단사함수**(injective function) 또는 **일대일함수**(one-to-one function)라고 한다. 함수 $f : X\to Y$ 가 전사이고 동시에 단사이면 f 를 **전단사함수**(one-to-one and onto 또는 bijective function) 또는 **일대일대응**(one-to-one correspondence)이라고 한다. 이때 X와 Y는 일대일 대응된다고 한다.

예제 1-2 다음 함수들이 괄호안의 관계로 정의될 때 전사, 단사, 또는 전단사함수인가를 구별하여라.

(1) $f : [-1,1]\to[0,1], \quad (f(x)=x^2)$

(2) $f : [-1,1]\to[0,3], \quad (f(x)=x^2)$

(3) $f : [-1,1]\to[-1,3], \quad (f(x)=2x+1)$

풀이 (1)은 전사이나 단사함수는 아니다.
(2)는 전사도 단사도 아닌 함수이다.
(3)은 전단사함수이다. ∎

함수 $f : X\to Y, (y=f(x))$가 전단사함수일 때, Y의 각 원소 y를 $y=f(x)$를 만족시키는 유일한 X의 원소 x 에 대응시키는 g 는 Y에서 X로의 함수이다. 이 함수 g 를 f 의 **역함수**(inverse function)라 하고, 보통 f^{-1} 로 표시한다. 즉 f^{-1} 는 Y에서 X로의 함수이며, $x=f^{-1}(y)$ 이면 $y=f(x)$ 이고 그 역도 성립한다.

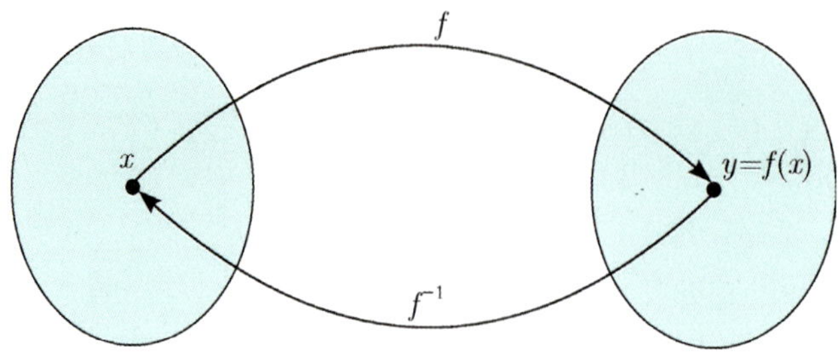

그림 1-2

함수 $f : X \to Y$가 주어졌을 때, 정의역 X의 각 원소 x에 대하여

$$f(x)=c \quad (c\text{는 상수})$$

일 때, 이 함수 f를 상수함수(constant function)라고 한다. 또, 함수 $f : X \to X$에서 X의 각 원소 x에 대하여

$$f(x)=x$$

가 성립하면, 이 함수 f를 항등함수(identity function)라 하고, 보통 i_X로 표시한다.

함수 $f : X \to Y$에서

$$f(-x)=f(x), \quad x \in X$$

인 관계가 성립할 때, 함수 f를 우함수(even function)라 하고,

$$f(-x)=-f(x), \quad x \in X$$

인 관계가 성립할 때, 함수 f를 기함수(odd function)라고 한다.

예 1 함수 $f(x)=|x|$는 $f(-x)=f(x)$이므로 우함수이고, 함수 $f(x)=x^3$은 $f(-x)=-f(x)$이므로 기함수이다.

함수 $f : X \to Y$에 대하여, X와 Y가 모두 실수들의 집합이고, $x \in X$에 대하여 $f(x)$가 x에 관한 식으로 나타내질 수 있을 때는, 흔히 $f : X \to Y$를 생략하고

$$y=f(x) \text{ 또는 } f(x)=x\text{에 관한 식}$$

으로 나타낸다. 이때 이 함수의 정의역은 $f(x)$가 정의될 수 있는 모든 실수들의 집합으로 한다. 이것을 최대 정의역의 법칙(rule of maximum domain)이라고 한다. 예를 들어, 함수 $y=\sqrt{25-x^2}$ 또는 함수 $f(x)=\sqrt{25-x^2}$의 정의역은 $[-5, 5]$이다.

두 함수 $f : X \to Y$, $g : Y \to Z$에 대하여

$$h : X \to Z, \quad h(x)=g(f(x))$$

로 정의된 함수 h를 f와 g의 합성함수(composite function)라 하고, $g \circ f$로 나타낸다.

예제 1-3 $f(x) = \sin x$, $g(x) = -\frac{x}{2}$일 때, $(g \circ f)(x)$를 구하여라.

풀이 $(g \circ f)(x) = g(f(x)) = -\frac{f(x)}{2} = -\frac{\sin x}{2}$.

기호 $[x]$는 x보다 작거나 같은 최대정수를 나타낸다. 예를 들어,

$$[1.7] = 1,\ [3] = 3,\ [4.2] = 4,\ [0.5] = 0,\ [-2.7] = -3$$

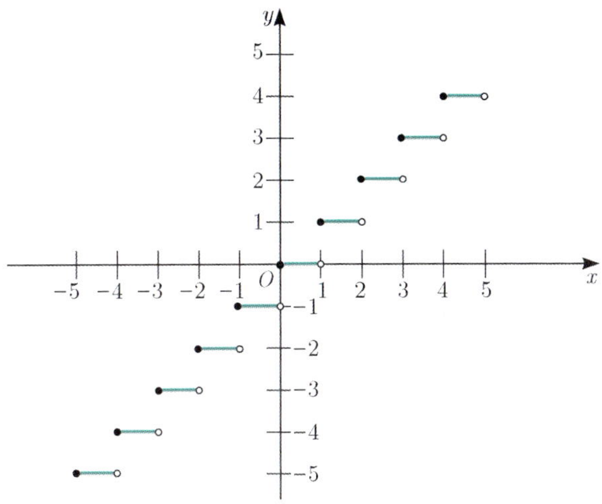

그림 1-3

이다. x보다 작거나 같은 최대정수를 y값으로 갖는 함수 $y = [x]$와 같이 정의역이 구간으로 나누어지고 각 구간에서 함수값이 일정한 함수를 계단함수(step function)라고 한다. 함수 $y = [x]$의 그래프는 그림 1-3과 같다.

예 2 함수 $f : [-2, 4] \to \mathbb{R}$가 다음과 같이 정의된다고 하자.

$$f(x) = \begin{cases} 0, & -2 \le x < -1, \\ 1, & -1 \le x \le 0, \\ \frac{1}{2}, & 0 < x < \frac{1}{2}, \\ 3, & \frac{1}{2} \le x < 1, \\ -2, & 1 \le x \le 3, \\ 2, & 3 < x \le 4. \end{cases}$$

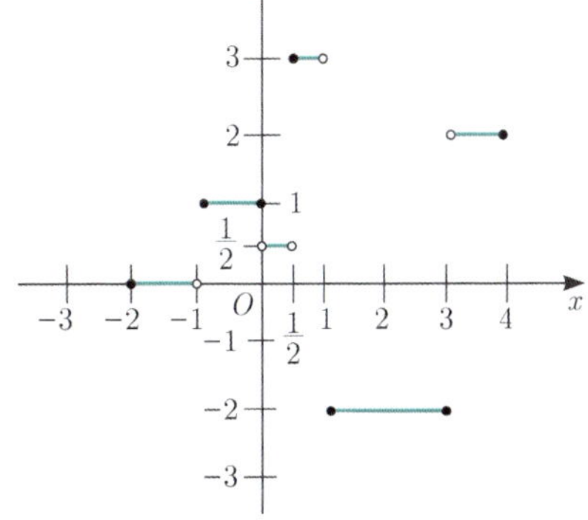

그러면 함수 f는 계단함수이다.

$A \subset X$이고, 함수 $f: X \to \mathbb{R}$이 다음과 같이 정의되었다고 하자.

$$f(x) = \begin{cases} 1, & x \in A \\ 0, & x \notin A. \end{cases}$$

이와 같은 함수 f를 A의 **특성함수**(characteristic function of A)라고 하고, 보통 χ_A로 나타낸다.

연습문제 1.1 Exercises

1. 자연수의 집합은 $\boldsymbol{N}$, 정수의 집합은 $\boldsymbol{Z}$로 나타내고 다음과 같이 정의된 함수를 식으로 나타내어라.

(a) 임의의 자연수에 그 수 다음에 오는 자연수를 대응시킨다.

(b) 임의의 0이 아닌 정수에 그 수의 역수에 자신을 더한 수를 대응시킨다.

2. 함수 $f(x)=|x|$에 대하여 다음 문장이 옳으면 ○표, 틀리면 ×표를 하여라.

(a) f는 단사함수이다.

(b) f는 전사함수이다.

(c) f의 역함수는 $f^{-1}(x)=x$이다.

3. 다음 X에서 Y로의 함수에 대해 $X=$정의역, $Y=$치역으로 했을 때 역함수를 갖는 것을 말하여라. 역함수를 갖는 경우 역함수를 구하고, 역함수의 정의역을 밝혀라.

(a) $y=\sqrt{x}$ (b) $y=\cos x$

(c) $y=x^5$ (d) $y=x+\dfrac{1}{x}$

4. 함수 $f(x)=\sqrt{x^3+1}$은 우함수인가, 기함수인가 또는 둘 다 아닌가를 결정하여라.

5. 다음 각 함수의 정의역과 치역을 구하여라.

(a) $y=\sqrt{x+4}$ (b) $y=\sqrt{x^2}$

(c) $y=\dfrac{1}{x-2}$ (d) $y=\dfrac{1}{\sqrt{4-x^2}}$

6. 다음 함수가 정의되는 최대 정의역을 구하여라.

(a) $f(t)=3\sqrt{\dfrac{|t+1|}{t+1}}$ (b) $g(x)=\dfrac{x}{x+|x|}$

7. $f(x)=x^2-3x+2$, $g(x)=\dfrac{1}{x}$ 일 때 합성함수 $f\circ g$ 와 $g\circ f$ 를 각각 구하여라.

8. 함수 $f,\ g,\ h$ 가 $f(x)=x+1$, $g(x)=x^2$, $h(x)=3x$ 일때 $(f\circ g)\circ h=f\circ(g\circ h)$ 임을 보여라.

9. 여우와 토끼가 어떤 생태적 지위(ecological niche)에서 공존한다. 토끼의 수 r 은 당근의 수 c 에 의해 결정되는데, 함수 $r(c)=10+0.2c+0.01c^2$ 을 따른다고 한다. 토끼를 잡아먹는 여우의 수는 함수 $f(r)=\sqrt{r+5}$ 로 주어진다. 여우의 수를 나타내는 함수 f 를 당근 수의 함수로 나타내어라.

10. 대기 공학자가 어떤 특정 도시의 공기 오염도는, n 이 그 도시 중심부의 평균 자동차 수를 나타낼 때, $c(n)=\sqrt{1+0.2n}$ ppm(parts per million)으로 나타내진다고 예측하였다. 또한 교통 공학자는 t 년 후에 그 도시 중심부의 평균 자동차 수가 $n(t)=10{,}000+50t^{2/3}$ 일 것이라고 예견하였다. t 년 후에 공기 오염도를 나타내는 함수 $c\circ n$ 을 구하여라.

11. 한 변의 길이가 s cm 인 정사각형의 금속판 5개를 잘라내고 납땜질하여 뚜껑이 없는 정육면체 모양의 용기를 만든다. 금속판 $1\,\text{cm}^2$ 의 값은 5원이고 1 cm 납땜질하는데 60원이 든다. 용기를 만드는데 드는 전체 비용 C를 정의역을 표시하여 s 의 함수로 나타내어라.

1.2 함수의 극한

근세수학은 가장 훌륭한 수학적 도구인 극한개념이 발견됨으로써 찬란한 업적을 이루게 되었고, 극한개념의 진보는 코시(Cauchy, 1789~1857)에 의해서 이루어졌다. 코시는 어떤 변수의 값들이 임의의 주어진 수보다도 작아질 때 그 변수를 "무한소 상태" 라고 정의하여 엄밀한 극한개념으로의 길을 열었다. $\epsilon-\delta$ 를 써서 극한을 엄밀하게 정의한 것은 바이어슈트라스(Weierstrass, 1815~1897)이다.

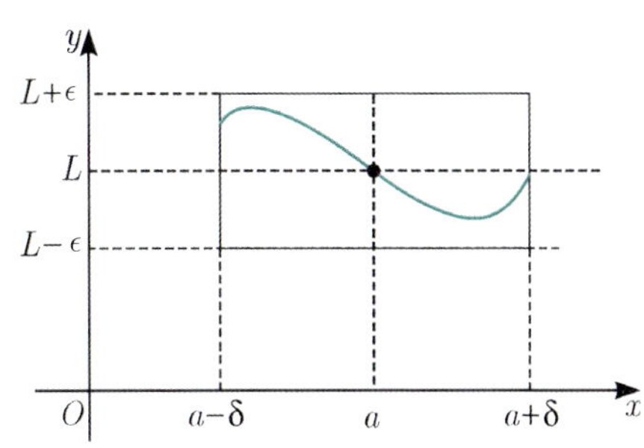

그림 1-5

이제 극한의 개념을 함수의 극한을 통하여 알아보자.

함수 $f(x)$가 $x=a$ 근방에서 정의되어 있다고 하자. 변수 x가 a에 충분히 가까워질 때 $f(x)$의 값이 일정한 수 L에 가까워지면, $x \to a$ 일 때 $f(x)$의 극한값은 L이라고 한다. 즉 $|x-a|$가 충분히 작을 때 $|f(x)-L|$을 아주 작게 만들 수 있다는 뜻이다. 이것을 $\lim_{x \to a} f(x) = L$로 나타낸다.

이것을 $\varepsilon-\delta$를 써서 정확하게 정의하면 다음과 같다.

> **정의** 함수 $f(x)$가 $x=a$ 근방에서 정의되어 있다고 하자 (a는 제외될 수 있음). $\lim_{x \to a} f(x) = L$의 정의는 임의로 주어진 양수 ϵ에 대하여 양수 δ가 존재해서 $0<|x-a|<\delta$일 때 $|f(x)-L|<\epsilon$이 성립하는 것이다. 이것을 기호로 나타내면 다음과 같다.
>
> $$\lim_{x \to a} f(x) = L \iff \forall \epsilon > 0,\ \exists \delta > 0 \text{ such that}$$
> $$0<|x-a|<\delta \Rightarrow |f(x)-L|<\epsilon$$

예 3 $\lim_{x \to 1}(2x+3)=5$임을 보이기 위해서 임의의 $\epsilon>0$에 대해서 $0<|x-1|<\delta$일 때 $|(2x+3)-5|<\epsilon$을 만족하는 양수 δ를 찾으면 된다. $0<|x-1|<\delta$일 때 $|(2x+3)-5| = 2|x-1| < 2\delta$이므로 우측 표와 같이 $\delta=\frac{\epsilon}{2}$으로 잡으면 된다는 것을 알 수 있다.

ϵ	δ
1	$\frac{1}{2}$
$\frac{1}{2}$	$\frac{1}{4}$
$\frac{1}{3}$	$\frac{1}{6}$
$\frac{1}{4}$	$\frac{1}{8}$
$\frac{1}{5}$	$\frac{1}{10}$

예 3에서 살펴본 것처럼 $m \neq 0$일 때 $\delta=\frac{\epsilon}{|m|}$, $m=0$일 때 임의의 양수를 δ로 잡으면 다음 정리가 성립함을 알 수 있다.

정리 1-1 실수 m, b에 대하여 $\lim_{x \to a}(mx+b)=ma+b$이다.

예제 1-4 $\lim_{x \to a}\sqrt{x} = \sqrt{a}$임을 보여라. 단, $a>0$이다.

풀이 임의의 $\epsilon>0$가 주어졌다고 하자($\epsilon<1$이라고 가정해도 됨). $0<|x-a|<\delta$일 때 $|\sqrt{x}-\sqrt{a}|<\epsilon$이 되는 $\delta>0$를 찾으면 된다. $x-a=(\sqrt{x}-\sqrt{a})\cdot(\sqrt{x}+\sqrt{a})$이므로 $|\sqrt{x}-\sqrt{a}|=\frac{|x-a|}{|\sqrt{x}+\sqrt{a}|}$이다. 여기서 x는 a에 가까운 것만 생각하면 되므로 $x>0$로 가정해도 된다. 그러면 $\sqrt{x}+\sqrt{a}>\sqrt{a}$이므로 $|\sqrt{x}-\sqrt{a}|<\frac{|x-a|}{\sqrt{a}}$이다. 따라서 $\delta=\sqrt{a}\,\epsilon$으로 놓으면, $0<|x-a|<\delta$일 때 $|\sqrt{x}-\sqrt{a}|<\frac{\delta}{\sqrt{a}} = \frac{\sqrt{a}\,\epsilon}{\sqrt{a}} = \epsilon$이다. ∎

정리 1-2 $\lim_{x \to a} f(x) = L$ 이면 $\lim_{x \to a} |f(x)| = |L|$이다.

증명 임의의 $\epsilon > 0$가 주어졌다고 하자. $\lim_{x \to a} f(x) = L$ 이므로 양수 δ가 존재해서 $0 < |x-a| < \delta$이면 $|f(x) - L| < \epsilon$이다. 그런데 부등식 $||a|-|b|| \le |a-b|$에 의해 $||f(x)|-|L|| \le |f(x)-L|$이므로,

$$0 < |x-a| < \delta \text{ 이면 } ||f(x)|-|L|| < \epsilon$$

이다. 따라서 $\lim_{x \to a} |f(x)| = |L|$이다. ▮

다음은 극한값을 구하는 데 유용하게 쓰이는 정리들이다. 증명은 해석학개론 교재에서 볼 수 있다.

정리 1-3 (극한법칙) $\lim_{x \to a} f(x) = A$, $\lim_{x \to a} g(x) = B$일 때

(1) $\lim_{x \to a} [f(x) \pm g(x)] = A \pm B$

(2) $\lim_{x \to a} f(x)g(x) = AB$

(3) k가 상수일 때 $\lim_{x \to a} kf(x) = kA$

(4) $B \neq 0$일 때, $\lim_{x \to a} \dfrac{f(x)}{g(x)} = \dfrac{A}{B}$

예제 1-5 $\lim_{x \to 3} \dfrac{x^3+1}{x^2+2x}$을 구하여라.

풀이 정리 1-1과 1-3(1, 2, 3)에 의하여 $\lim_{x \to 3}(x^2+2x) = 3^2+2 \cdot 3 = 15$, $\lim_{x \to 3}(x^3+1) = 3^3+1 = 28$이고, 분모의 극한이 0이 아니므로, 정리 1-3(4)에 의하여 $\lim_{x \to 3} \dfrac{x^3+1}{x^2+2x} = \dfrac{28}{15}$이다. ▮

정리 1-4 $\lim_{x \to a} f(x) = b$, $\lim_{y \to b} g(y) = g(b)$이면, $\lim_{x \to a} g(f(x)) = g(b)$ 이다.

예제 1-6 $\lim_{x \to a} \sqrt{x^2+1} = \sqrt{a^2+1}$임을 보여라.

풀이 $f(x) = x^2+1$, $g(y) = \sqrt{y}$ 로 놓으면 $\sqrt{x^2+1} = g(f(x))$이다. 정리 1-1과 정리 1-3의 (1), (2)에 의해 $\lim_{x \to a}(x^2+1) = a^2+1$이고, 예제 1-4에 의해 $\lim_{y \to a^2+1} \sqrt{y} = \sqrt{a^2+1}$임을 알 수 있다. 그러므로 정리 1-4에 의해 $\lim_{x \to a} \sqrt{x^2+1} = \sqrt{a^2+1}$이다. ▮

정리 1-5 임의의 실수 a에 대하여 $\lim_{x \to a} \sin x = \sin a$.

증명 $|\sin x - \sin a| = 2\left|\sin\frac{x-a}{2}\right| \cdot \left|\cos\frac{x+a}{2}\right|$ 인데, 모든 x 에 대해 $|\sin x| \le |x|$, $|\cos x| \le 1$ 이므로(예제 1-8의 그림 1-7 참고)

$$|\sin x - \sin a| \le 2 \cdot \frac{|x-a|}{2} \cdot 1 = |x-a|$$

이다. 따라서 임의의 $\epsilon > 0$에 대해 $\delta = \epsilon$ 으로 잡으면

$$0 < |x-a| < \delta \text{일 때 } |\sin x - \sin a| < \epsilon$$

이므로 $\lim_{x \to a} \sin x = \sin a$이다. ∎

예 4 $\cos x = \sin\left(x + \frac{\pi}{2}\right)$ 이므로 정리 1-4와 1-5에 의하여

$$\lim_{x\to a} \cos x = \lim_{x\to a} \sin\left(x + \frac{\pi}{2}\right) = \sin\left(a + \frac{\pi}{2}\right) = \cos a.$$

함수의 극한에 대해 다음의 정리들이 흔히 쓰인다.

정리 1-6 $\lim_{x\to a} f(x) = A$, $\lim_{x\to a} g(x) = B$일 때, 적당한 $\delta > 0$에 대하여 $0 < |x-a| < \delta$인 모든 x 에 대하여 $f(x) \le g(x)$이면, $A \le B$이다.

참고 정리 1-6에서 $f(x) < g(x)$인 경우에도 $A = B$일 수 있다.

정리 1-7 (조임 정리, Squeeze Theorem) 적당한 $\delta > 0$ 에 대하여 $0 < |x-a| < \delta$인 모든 x에 대하여 $f(x) \le g(x) \le h(x)$라고 하자. 이때 $\lim_{x\to a} f(x) = \lim_{x\to a} h(x) = L$ 이면, $\lim_{x\to a} g(x)$가 존재하고 $\lim_{x\to a} g(x) = L$ 이다.

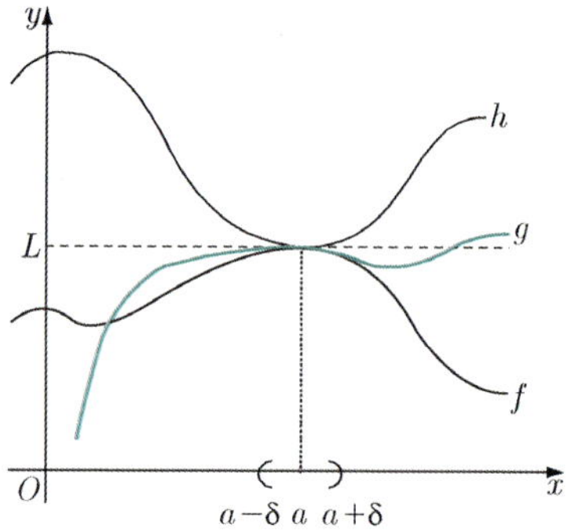

그림 1-6

예제 1-7 $\lim_{x \to 0} x \sin\frac{1}{x}$을 구하여라.

풀이 $\lim_{x \to 0} \sin\frac{1}{x}$이 존재하지 않으므로 $\lim_{x \to 0} x \sin\frac{1}{x} = \lim_{x \to 0} x \cdot \lim_{x \to 0} \sin\frac{1}{x}$을 사용할 수 없다. 그러나 모든 실수 x에 대해 $-1 \le \sin\frac{1}{x} \le 1$이므로 $-|x| \le x\sin\frac{1}{x} \le |x|$이다. $\lim_{x \to 0}|x| = 0$이므로 정리 1-7(조임 정리)에 의해 $\lim_{x \to 0} x\sin\frac{1}{x} = 0$이다. ■

예제 1-8 $\lim_{x \to 0} \frac{\sin x}{x} = 1$임을 증명하여라.

풀이 그림 1-7에서 $\triangle OAB$의 넓이$= \frac{1}{2}\sin x$, 부채꼴 OAB의 넓이$= \frac{1}{2}x$, $\triangle OAT$의 넓이$= \frac{1}{2}\tan x$이므로 이들의 넓이를 비교하면, $0 < x < \frac{\pi}{2}$일 때 다음 부등식이 성립한다.

$$0 < \sin x < x < \tan x .$$

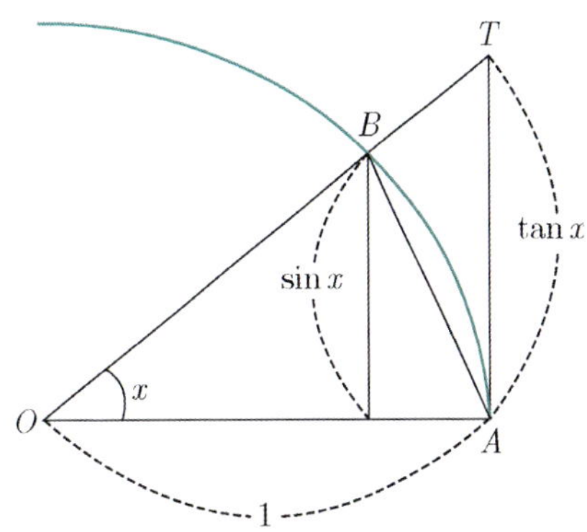

그림 1-7

따라서

$$\cos x < \frac{\sin x}{x} < 1.$$

또, $-\frac{\pi}{2} < x < 0$일 때는 $0 < |x| < \frac{\pi}{2}$, $|x| = -x$이므로

$$\cos x = \cos|x| < \frac{\sin|x|}{|x|} = \frac{\sin x}{x} < 1.$$

따라서

$$0 < |x| < \frac{\pi}{2} \text{ 이면, } \cos x < \frac{\sin x}{x} < 1.$$

한편 $\lim_{x \to 0} \cos x = 1$이므로 조임 정리에 의하여 $\lim_{x \to 0}\frac{\sin x}{x} = 1$이다. ■

연습문제 1.2 Exercises

1. 함수의 극한에 관한 정리를 써서 다음을 구하여라.

(a) $\lim_{x \to 1}(x^2 - 5x + 2)$　　(b) $\lim_{x \to 2}\frac{x^3 - 7}{x + 1}$

(c) $\lim_{x\to 1}(2x-1)(x+1)$ (d) $\lim_{x\to 2}\frac{x^2+1}{x+1}$

(e) $\lim_{x\to 1}\frac{x^3+2x^2-x-2}{x-1}$ (f) $\lim_{x\to 1}\frac{x-1}{x^3+2x^2-x-2}$

2. 다음의 극한을 구하여라.

(a) $\lim_{x\to a}(x^n-a^n)$ (b) $\lim_{x\to 1}\frac{(x-2)(\sqrt{x}-1)}{x^2+x-2}$

(c) $\lim_{x\to 1}\frac{1-\sqrt{x}}{1-x}$ (d) $\lim_{x\to -1}\frac{x^3+1}{x+1}$

3. 다음의 극한을 구하여라.

(a) $\lim_{x\to 0}\frac{\sqrt{x+1}-1}{x}$ (b) $\lim_{x\to 0}\frac{\sin x}{1-\cos x}$

(c) $\lim_{x\to\frac{\pi}{2}}\frac{\cos x}{\left(\frac{\pi}{2}-x\right)\sin x}$

4. $\lim_{x\to 0}x^4\cos\frac{2}{x}$ 을 구하여라.

5. $\lim_{x\to 0}x^2\sin\frac{1}{x^2}$ 을 구하여라.

1.3 한쪽 극한과 무한대에서의 극한

x가 a의 오른쪽에서 a에 접근할 때, $x\to a^+$로 표시하고, x가 a의 왼쪽에서 접근할 때 $x\to a^-$로 표시한다. $x\to a^+$일 때 $f(x)$가 일정한 수 L에 가까워지면 $f(x)$는 a에서 **우극한** L을 갖는다고 하고, $\lim_{x\to a^+}f(x)=L$로 나타낸다. **좌극한**도 마찬가지로 정의한다.

우극한과 좌극한을 $\epsilon-\delta$를 사용하여 정확히 정의하면 다음과 같다.

$$\lim_{x\to a^+}f(x)=L \iff \forall\epsilon>0,\ \exists\delta>0 \text{ s.t.}$$

$$a<x<a+\delta \implies |f(x)-L|<\epsilon.$$

$$\lim_{x \to a^-} f(x) = L \iff \forall \epsilon > 0,\ \exists \delta > 0 \text{ s.t.}$$
$$a - \delta < x < a \Rightarrow |f(x) - L| < \epsilon.$$

정의로부터 다음을 쉽게 알 수 있다.

예제 1-9 $f(x) = x - [x]$일 때, f의 그래프를 그리고 $\lim_{x \to 1+} f(x)$와 $\lim_{x \to 1-} f(x)$를 구하여라. 단, 기호 $[x]$는 x보다 작거나 같은 최대 정수를 나타낸다.

풀이 함수 $f(x)$는 1을 포함하는 구간에서 다음과 같이 쓸 수 있다.

$$f(x) = \begin{cases} x, & 0 \le x < 1 \\ x - 1, & 1 \le x < 2 \end{cases}$$

그러므로, $\lim_{x \to 1-} f(x) = \lim_{x \to 1-} x = 1$ 이고,

$\lim_{x \to 1+} f(x) = \lim_{x \to 1+} (x - 1) = 0$ 이다. ▮

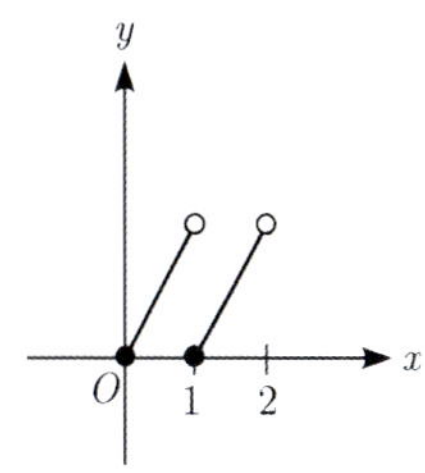

그림 1-8

정리 1-8 $\lim_{x \to a} f(x)$ 이 존재하기 위한 필요충분조건은 $\lim_{x \to a^+} f(x) = \lim_{x \to a^-} f(x)$이다. 이때 $\lim_{x \to a} f(x) = \lim_{x \to a^+} f(x) = \lim_{x \to a^-} f(x)$.

예 5 $\lim_{x \to 0^+} |x| = \lim_{x \to 0^+} x = 0$이고 $\lim_{x \to 0^-} |x| = \lim_{x \to 0^-} (-x) = 0$이므로, $\lim_{x \to 0} |x| = 0$이다.

예제 1-10 $\lim_{x \to 0} \frac{|x|}{x}$이 존재하지 않음을 보여라.

풀이 $\lim_{x \to 0^+} \frac{|x|}{x} = \lim_{x \to 0^+} \frac{x}{x} = 1$이고 $\lim_{x \to 0^-} \frac{|x|}{x} = \lim_{x \to 0^-} \frac{-x}{x} = -1$이므로 좌극한과 우극한이 같지 않으므로 $\lim_{x \to 0} \frac{|x|}{x}$는 존재하지 않는다. ▮

변수 x가 충분히 커질 때, $f(x)$의 값이 일정한 수 L에 가까워지면, $x \to +\infty$일 때 $f(x)$의 극한값은 L이라고 한다. 즉, x가 충분히 클 때 $|f(x) - L|$을 아주 작게 만들 수 있다는 뜻이다. 이것을 $\lim_{x \to \infty} f(x) = L$로 나타내며, $\epsilon - \delta$를 사용하여 정확히 정의하면 다음과 같다.

$$\lim_{x \to \infty} f(x) = L \iff \forall \epsilon > 0,\ \exists M > 0 \text{ s.t.}$$

$$x > M \Rightarrow |f(x) - L| < \epsilon.$$

한쪽 극한과 무한대에서의 극한에 대해서도 정리 1-3, 1-6, 1-7(조임 정리)와 같은 성질이 성립한다.

예 6 임의의 $\epsilon > 0$에 대하여 $x > \dfrac{1}{\epsilon}$이면 $\left|\dfrac{1}{x} - 0\right| = \dfrac{1}{x} < \epsilon$이므로, 정의에 의해 $\lim\limits_{x \to \infty} \dfrac{1}{x} = 0$이다.

예제 1-11 $\lim\limits_{x \to \infty} \left(2 + \dfrac{\sin x}{x}\right)$를 구하여라.

풀이 $x = \dfrac{1}{h}$이라 두면, $x \to \infty$일 때, $h \to 0^+$이다. 그러므로

$$\lim_{x \to \infty} \frac{\sin x}{x} = \lim_{h \to 0^+} \frac{\sin \frac{1}{h}}{\frac{1}{h}} = \lim_{h \to 0^+} h \sin \frac{1}{h} = 0 \text{ (예제 1-7 참고).}$$

따라서

$$\lim_{x \to \infty} \left(2 + \frac{\sin x}{x}\right) = \lim_{x \to \infty} 2 + \lim_{x \to \infty} \frac{\sin x}{x} = 2 + 0 = 2.$$

변수 x가 a에 한없이 가까이 갈 때 $f(x)$가 한없이 커지면 $\lim\limits_{x \to a} f(x) = \infty$라고 쓴다. 이것을 정확히 정의하면 다음과 같다.

$$\lim_{x \to a} f(x) = \infty \Leftrightarrow \text{ 임의의 양수 } M\text{에 대하여 어떤 } \delta > 0\text{가 존재하여}$$
$$0 < |x - a| < \delta \text{이면 } f(x) > M\text{이다.}$$

$\lim\limits_{x \to a^+} f(x) = \infty$, $\lim\limits_{x \to a^-} f(x) = \infty$, $\lim\limits_{x \to \infty} f(x) = \infty$도 비슷하게 정의된다.

$\lim\limits_{x \to a} f(x) = -\infty$는 다음과 같이 정의된다.

$$\lim_{x \to a} f(x) = -\infty \Leftrightarrow \text{ 임의의 음수 } N\text{에 대하여 어떤 } \delta > 0\text{가 존재하여}$$
$$0 < |x - a| < \delta \text{이면 } f(x) < N\text{이다.}$$

$\lim\limits_{x \to a^+} f(x) = -\infty$, $\lim\limits_{x \to a^-} f(x) = -\infty$, $\lim\limits_{x \to \infty} f(x) = -\infty$도 비슷하게 정의되고, $\lim\limits_{x \to -\infty} f(x)$도 생각할 수 있다.

예제 1-12 $\lim_{x \to \infty} \frac{5x^2+7}{3x-2}$을 구하여라.

풀이 $\lim_{x \to \infty} \frac{5x^2+7}{3x-2} = \lim_{x \to \infty} \frac{5x+\frac{7}{x}}{3-\frac{2}{x}}$이고, $\lim_{x \to \infty} 5x = \infty$, $\lim_{x \to \infty} \frac{7}{x} = 0$, $\lim_{x \to \infty}(3-\frac{2}{x}) = 3$이므로, $x \to \infty$일 때, $\frac{5x^2+7}{3x-2}$은 한없이 커진다. 따라서 $\lim_{x \to \infty} \frac{5x^2+7}{3x-2} = \infty$이다. ▮

연습문제 1.3 Exercises

1. $A(u) = \begin{cases} u+1, & u \le 3 \\ u^2-1, & u > 3 \end{cases}$ 일 때 $\lim_{u \to 3^+} A(u)$, $\lim_{u \to 3^-} A(u)$를 구하고, $\lim_{u \to 3} A(u)$가 존재하는지를 밝히고, 존재하면 그 값을 구하여라.

2. $\lim_{x \to 1^-} \frac{(2x+1)^{100}}{x^2+x-2}$의 값을 구하여라.

3. 다음 극한값을 구하여라.

(a) $\lim_{y \to 1^-} \frac{\pi}{y-1}$

(b) $\lim_{x \to 0^+} \sqrt{x \cos 2x}$

(c) $\lim_{h \to 0^+} (\frac{1}{h} - \frac{1}{\sqrt{h}})$

(d) $\lim_{y \to 1^-} \frac{\sqrt{1-y^2}}{y-1}$

(e) $\lim_{x \to \infty} (\sqrt{x^2+x+1} - \sqrt{x^2+5})$

(f) $\lim_{x \to \infty} \frac{3x^2-2x+5}{x^3-2x+1}$

(g) $\lim_{x \to \infty} \frac{3x^4-2x^3+1}{x^4+2x^2}$

(h) $\lim_{x \to \infty} \frac{x^2-5}{3x+1}$

(i) $\lim_{x \to -\infty} \frac{x^2+3x-1}{5-x}$

(j) $\lim_{x \to -\infty} \frac{2x-5}{1-4x}$

4. 기호 $[x]$는 x보다 작거나 같은 최대 정수를 나타낼 때, 다음 극한값을 구하여라.

(a) $\lim_{x \to 3+} [x]$

(b) $\lim_{x \to 3-} [x]$

(c) $\lim_{x \to -3.3} [x]$

5. (로지스틱 성장) 시간 t 에서 개체군 크기 $N(t)$가

$$N(t) = \frac{100}{1+9e^{-t}}, \quad t \geq 0$$

로 주어졌다.

(a) $N(t)$의 그래프를 그래픽 계산기 또는 컴퓨터 프로그램을 이용하여 그려라.

(b) $t \to \infty$ 일 때 개체군 크기를 구하여라.

1.4 함수의 연속성

함수 $f(x)$가 $x=a$ 근방에서 정의되어 있고

$$\lim_{x \to a} f(x) = f(a)$$

일 때, $f(x)$는 **$x=a$에서 연속**(continuous at $x=a$)이라고 한다. 이것을 단계적으로 나타내면 다음과 같다.

> 1. 함수 $f(x)$가 $x=a$에서 정의되고,
> 2. $\lim_{x \to a} f(x)$가 존재하고,
> 3. $\lim_{x \to a} f(x) = f(a)$
>
> 일 때, $f(x)$는 $x=a$에서 연속이다.

$x=a$에서 함수 $f(x)$가 연속이 아니면, 즉 위 1, 2, 3 중 어느 하나라도 만족되지 않으면 함수 $f(x)$는 **$x=a$에서 불연속**(discontinuous at $x=a$)이라 하고, $x=a$를 함수 $f(x)$의 **불연속점**이라고 한다. 또 함수 $f(x)$가 어떤 집합 S의 모든 점에서 연속일 때, $f(x)$는 **집합 S에서 연속**이라 하고, 정의역에서 연속이면 간단히 연속함수라고 한다.

예 7 임의의 실수 a에 대해 $\lim_{x \to a} \sin x = \sin a$이므로(정리 1-5) $f(x) = \sin x$는 실수의 집합 $\mathbb{R}$에서 연속이다.

예제 1-13 함수 $f(x)$가

$$f(x)=\begin{cases} \dfrac{\sin x}{x}, & x \neq 0 \\ 0, & x=0 \end{cases}$$

일 때, $f(x)$는 $x=0$에서 불연속임을 증명하여라.

풀이 $\lim_{x \to 0} f(x)=\lim_{x \to 0} \dfrac{\sin x}{x}=1$이고(예제 1-8 참고) $f(0)=0$이므로,

$\lim_{x \to 0} f(x) \neq f(0)$이다. 따라서 $f(x)$는 $x=0$에서 불연속이다. ■

예 8 함수 $f(x)$가 $f(x)=\begin{cases} 1, & x\text{는 유리수} \\ 0, & x\text{는 무리수} \end{cases}$일 때, 모든 실수 a에서 $\lim_{x \to a} f(x)$가 존재하지 않으므로 $f(x)$는 모든 실수에서 불연속이다.

극한에 대한 정리 1-3으로부터 다음을 알 수 있다.

정리 1-9 두 함수 $f(x)$와 $g(x)$가 $x=a$에서 연속이고 c가 상수일 때, $f(x)+g(x)$, $f(x)-g(x)$, $cf(x)$, $f(x)\cdot g(x)$, $f(x)/g(x)$ (단, $g(a) \neq 0$일 때)도 $x=a$에서 연속이다.

예 9 상수함수 $f(x)=c$와 항등함수 $f(x)=x$는 $\mathbb{R}$에서 연속이다. 따라서 정리 1-9에 의해서, 다항함수

$$f(x)=a_n x^n + a_{n-1}x^{n-1} + \cdots\cdots + a_1 x + a_0,\ a_n \neq 0$$

도 $\mathbb{R}$에서 연속이다. 또 두 다항함수의 몫으로 표시되는 유리함수는 분모를 0으로 하는 점에서 불연속이고, 그 이외의 모든 실수에서 연속이다.

정리 1-10 함수 f는 $x=a$에서 연속이고 g는 $b=f(a)$에서 연속이라고 가정하면 합성함수 $g \circ f$는 $x=a$에서 연속이다.

증명 정리 1-4에 의해 분명하다. ■

다음 정리는 연속함수의 중요한 성질 중 하나로서, 방정식의 근이 특정 구간에 존재함을 알 수 있도록 한다(증명은 해석학개론에서 다룬다).

정리 1-11 (중간값 정리, The Intermediate Value Theorem) 함수 $f(x)$가 두 점 a, b $(a<b)$를 포함하는 구간에서 연속이고,

$$f(a)<r<f(b) \text{ 또는 } f(b)<r<f(a)$$

이면

$$f(c)=r,\ a<c<b$$

인 c가 적어도 하나 존재한다.

따름정리 a,b를 포함하는 구간에서 $f(x)$가 연속이고 $f(a)$와 $f(b)$가 서로 다른 부호를 가지면 방정식 $f(x)=0$은 $a,\ b$ 사이에 적어도 하나의 근을 갖는다.

예제 1-14 $(x^2-1)\cos x+\sqrt{2}\sin x=0$은 구간 $\left(0,\dfrac{\pi}{2}\right)$에서 적어도 하나의 근을 갖는 것을 보여라.

풀이 $f(x)=(x^2-1)\cos x+\sqrt{2}\sin x$ 라고 하면, $f(x)$는 구간 $\left[0,\dfrac{\pi}{2}\right]$에서 연속이고

$$f(0)=-1<0,\ f\left(\frac{\pi}{2}\right)=\sqrt{2}>0$$

이므로 중간값 정리에 의해서 $f(c)=0$이 되는 c가 $\left(0,\dfrac{\pi}{2}\right)$에 적어도 하나 존재한다. ■

예제 1-15 방정식 $x^3-7x+3=0$의 $x>2$인 근을 소수 첫째자리까지 구하여라.

풀이 $f(x)=x^3-7x+3$이라 놓자. 그러면 f는 다항식이므로 모든 실수에서 연속이다. $f(2)<0$, $f(3)>0$이므로 중간값 정리에 의해 주어진 방정식의 근이 구간 $(2,\ 3)$에 있음을 알 수 있다. 이제 **이분법**(bisection method)에 의해 구간 $(2,\ 3)$에 있는 근을 찾도록 하자. $(2,\ 3)$의 중간값은 $5/2$이고, $f(5/2)=9/8>0$.

$$f(2)<0,\ f(5/2)>0$$

이므로 근은 구간$(2,\ 5/2)$에 놓인다. $(2,\ 5/2)$의 중간값 $9/4$에서 $f(9/4)<0$이다. 따라서

$$f(9/4)<0,\ f(5/2)>0$$

이므로 근은 $9/4=2.25$와 $5/2=2.5$사이에 놓인다. 이제 구간$(9/4,\ 5/2)$의 중간값 $19/8$에서 $f(19/8)<0$이다. $f(19/8)<0$, $f(5/2)>0$이므로 근은 $19/8=2.375$와 $5/2=2.5$사이에 놓인다. 이것을 반복하면, 원하는 만큼의 정확도를 갖는 근의 근사값을 구할 수 있다. 예를 들어 소수점 아래 첫째자리까지 정확한 근사값을 구하고 싶다면, 각 단계마다 근이 놓이는 구간의 길이가 $\dfrac{1}{2}$로 줄어들기 때문에 $1\cdot\dfrac{1}{2^n}<0.05$를 만족시키는 가장 작은 자연수 n을 구하면 $n=5$이므로, 위 단계를 다섯 번 반복하면 소수점 아래 첫째 자리까지 정확한 근사값을 얻는다. 표로 정리하면 다음과 같다.

a	$\frac{a+b}{2}$	b	$f(a)$	$f\left(\frac{a+b}{2}\right)$	$f(b)$
2	2.5	3	−	+	+
2	2.25	2.5	−	−	+
2.25	2.375	2.5	−	−	+
2.375	2.4375	2.5	−	+	+
2.375	2.40625	2.4375	−	+	+

다섯 번째 단계에서 근은 구간 (2.375, 2.40625)에 놓이고, 이 구간의 길이는 0.03125이므로 소수점아래 첫째 자리까지 정확한 근의 근사값은 2.4임을 알 수 있다. 참고로 $f(-3)<0$, $f(-1)>0$, $f(2)<0$ 이므로 다른 두 근은 $(-3, -1)$, $(-1, 2)$에 있다. ∎

참고 이 방법보다 좀 더 빠르게 원하는 근사값을 얻는 방법을 3.5절에서 볼 것이다.

연습문제 1.4

Exercises

1. 다음 함수가 연속 함수가 되도록 불연속인 점에서의 함수값을 정의하여라.

(a) $f(x)=\dfrac{x^2-1}{x-1}$　　(b) $f(x)=\dfrac{x^2-4}{x^3-8}$

(c) $f(x)=\dfrac{1-\sqrt{x}}{1-x}$

2. 다음 함수의 불연속점을 구하고, 가능한 경우 불연속인 점에서 함수값을 적당히 정의함으로써 연속함수로 만들어라.

(a) $f(x)=\dfrac{x^3-8}{x-2}$　　(b) $f(x)=\sin\dfrac{1}{x}$

(c) $f(x)=x\sin\dfrac{1}{x}$　　(d) $f(x)=\tan x$

3. 함수 $f(x)=\begin{cases} x^2-9, & x<3 \\ 2ax, & x\geq 3 \end{cases}$ 이 $x=3$에서 연속이기 위한 a의 값은 얼마인가?

4. 방정식 $x-\cos x=0$은 0과 $\dfrac{\pi}{4}$사이에서 적어도 하나의 근을 가짐을 보여라.

5. 함수 $f(x)=\begin{cases} x+2 & (-3<x<-2) \\ -x-2 & (-2 \le x<0) \\ x+2 & (0 \le x<1) \end{cases}$ 의 연속성을 조사하여라.

6. 유리수의 집합을 $\mathbb{Q}$, 무리수의 집합을 $\mathbb{Q}'$라고 하자. 다음 함수는 어느 점에서 불연속인가?

(a) $f(x)=\begin{cases} 0, & x \in \mathbb{Q} \\ x, & x \in \mathbb{Q}' \end{cases}$ (b) $g(x)=\begin{cases} x, & x \in \mathbb{Q} \\ 0, & x \in \mathbb{Q}' \end{cases}$

7. 유기체(organism)는 자극이 어떤 역치(threshold)를 초과할 때만 자극에 반응한다. 자극이 시간 t에 관한 함수로서

$$s(t)=\sin\pi t,\ t \ge 0$$

로 주어지고 $s(t) \ge \dfrac{1}{2}$일 때 유기체는 자극에 어떤 반응을 보인다고 하자. 함수 $g(t)$를 시간 t에서 유기체가 아무반응을 보이지 않으면 $g(t)=0$, 유기체가 반응을 보이면 $g(t)=1$로 정의한다.

(a) $s(t)$와 $g(t)$의 그래프를 같은 좌표평면에 그려라.

(b) $s(t)$와 $g(t)$는 연속함수인가?

제 2 장

도함수

미분학은 곡선의 접선을 구하는 문제와 곡선의 최대점, 최소점(또는 극대, 극소점)을 찾는 문제를 해결해 준다. 이러한 문제 해결 방법을 통하여 미분학은 과학의 여러 분야에 큰 영향을 끼쳤으며, 특히 생명과학 분야에서는 단순 성장모델, 유기체 사이의 상호작용, 유기체의 침입, 효소의 작용, 질병의 확산 모델, 임의 교배하에서 유전자 빈도의 변화, 진화적 전략 등등에 응용되고 있다.

이 장에서는 도함수의 정의와 여러 함수의 도함수를 살펴보고, 그의 응용을 보도록 한다.

2.1 순간변화율과 미분가능성

x가 정해진 값 x_1에서 다른 값 x_2로 변할 때 x_2-x_1을 x의 **증분**(increment)이라 하고, 기호 Δx로 표시하며 이것을 델타 x라고 읽는다.

함수 $y=f(x)$에서 x가 Δx만큼 변할 때 y의 증분 $f(x+\Delta x)-f(x)$를 Δy (또는 $\Delta f(x)$)로 표시한다. 이때 $\dfrac{\Delta y}{\Delta x}$는 x와 $x+\Delta x$ 사이에서 x에 대한 y (또는 $f(x)$)의 **평균변화율**(average rate of change)을 나타낸다.

예제 2-1 페인트칠이 된 구의 반경이 정확히 12cm이다. 낡은 페인트를 다 벗기고 새로 칠할 때 반경이 0.4cm만큼 줄어들게 된다. 이때, 부피는 얼마만큼 변하는가? 또 이때, 반경에 대한 부피의 평균변화율은 얼마인가?

풀이 구의 부피는 V, 반경을 r이라 하면 $V=\dfrac{4}{3}\pi r^3$이다. 여기서 $r=12$이고 $\Delta r=-0.4$이다(반경이 줄어듦으로 Δr의 부호는 "−" 이다). 그러므로

$$\begin{aligned}\Delta V &= V(r+\Delta r)-V(r)=V(12-0.4)-V(12)\\ &=\frac{4}{3}\pi(11.6)^3-\frac{4}{3}\pi(12)^3\approx -699.6.\end{aligned}$$

즉 부피는 약 699.6cm^3만큼 줄어든다. 그리고 평균변화율은

$$\frac{\Delta V}{\Delta r}\approx\frac{-699.6}{-0.4}\approx 1749.$$

따라서 부피는 반경 1cm의 변화당 약 1,749cm^3의 비율로 변한다고 할 수 있다. ■

예제 2-2 $f(x)=x^3$에서 x가 a에서 h만큼 변할 때 $f(x)$의 평균변화율을 구하여라.

풀이 $\dfrac{\Delta f(x)}{\Delta x}=\dfrac{f(a+h)-f(a)}{h}=\dfrac{(a+h)^3-a^3}{h}=\dfrac{3a^2h+3ah^2+h^3}{h}=3a^2+h(3a+h).$

따라서 평균변화율은 $3a^2+h(3a+h)$이다. ■

> **정의** 주어진 함수 f에 대하여 극한값
>
> $$\lim_{x\to a}\frac{f(x)-f(a)}{x-a}$$
>
> 가 존재하면 $f(x)$는 $x=a$에서 **미분가능하다**고 하고, 이 극한값을 $x=a$에서 함수 $f(x)$의 **순간변화율**(instantaneous rate of change) 또는 **미분계수**(differential coefficient)라고 하며 $f'(a)$로 표시한다. 즉,
>
> $$f'(a)=\lim_{x\to a}\frac{f(x)-f(a)}{x-a}.$$

이 극한값은 $y=f(x)$일 때 x와 y의 증분 Δx, Δy를 이용하여

$$f'(a)=\lim_{\Delta x\to 0}\frac{\Delta y}{\Delta x}=\lim_{\Delta x\to 0}\frac{f(a+\Delta x)-f(a)}{\Delta x}$$

로 나타낼 수 있다. 또 $f'(a)$ 대신 $\left.\dfrac{dy}{dx}\right|_{x=a}$ 를 사용하기도 한다.

$f(x)$가 집합 S의 모든 점에서 미분가능할 때 $f(x)$는 S에서 **미분가능하다**고 하고 정의역 안의 모든 점에서 미분가능할 때 $f(x)$를 **미분가능한 함수**라고 한다.

예 1 $f(x)=x^3$ 일 때 예제 2-2에서 임의의 실수 a에 대하여 x의 증분 h가 점점 작아져 $h\to 0$일 때 $\dfrac{f(a+h)-f(a)}{h}\to 3a^2$이 됨을 알 수 있다. 즉, 임의의 실수 a에 대하여 $f'(a)=3a^2$이고 따라서 $f(x)=x^3$은 미분가능한 함수이다.

$f'(a)$의 기하학적 의미를 생각해 보자. 그림 2-1에서 곡선 $y=f(x)$ 위의 점 P, Q가 각각 $(a, f(a))$, $(a+\Delta x, f(a+\Delta x))$를 나타낸다고 하자. 그러면

$$\frac{\Delta y}{\Delta x}=\frac{f(a+\Delta x)-f(a)}{\Delta x}$$

는 직선 PQ의 기울기를 나타낸다. f가 a에서 미분가능하면, 즉

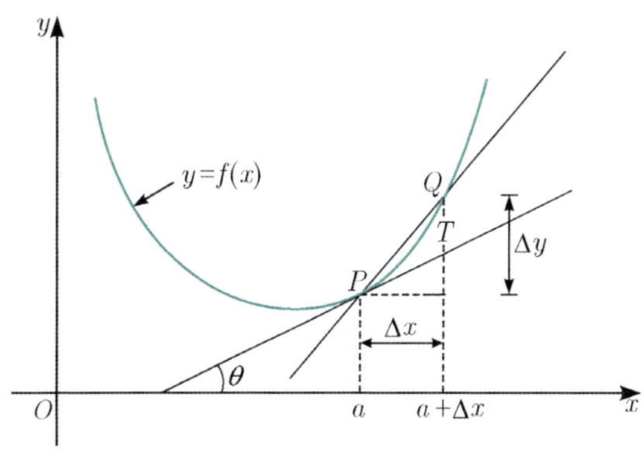

그림 2-1

$$f'(a)=\lim_{\Delta x\to 0}\frac{\Delta y}{\Delta x}=\lim_{\Delta x\to 0}\frac{f(a+\Delta x)-f(a)}{\Delta x}$$

가 존재하면 $\Delta x\to 0$일 때 $Q\to P$이고 직선 PQ는 기울기가 $f'(a)$인 직선 PT로 접근한다. 이때 직선 PT를 점 P에서 곡선 $y=f(x)$의 접선이라고 한다. 따라서 우리는 접선을 다음과 같이 해석적으로 정의할 수 있다.

> 정의 a에서 미분가능한 함수 $y=f(x)$의 그래프 위의 점 $(a, f(a))$에서의 **접선**은 점 $(a, f(a))$를 지나고 기울기가 $f'(a)$인 직선을 말한다. 또 이 그래프의 점 $(a, f(a))$에서의 **법선**은 $(a, f(a))$를 지나고 접선에 수직인 직선을 말한다.

위의 정의에 의하면 점 $(a, f(a))$에서 $y=f(x)$의 그래프의 접선의 방정식은

$$y - f(a) = f'(a)(x - a)$$

이고, $f'(a) \neq 0$일 때 법선의 방정식은

$$y - f(a) = -\frac{1}{f'(a)}(x - a)$$

임을 알 수 있다.

곡선상의 한 점에서의 접선의 기울기를 그 점에서의 **곡선의 기울기**라 한다. 따라서 $(a, f(a))$에서 곡선 $y = f(x)$의 기울기는 $f'(a)$이다.

예 2 $f(x) = 3x - 2x^2$ 일 때 점 (2, −2)에서 이 함수의 그래프의 기울기는

$$f'(2) = \lim_{x \to 2} \frac{f(x) - f(2)}{x - 2} = \lim_{x \to 2} \frac{(3x - 2x^2) - (6 - 8)}{x - 2} = -5$$

이다. 따라서 점 (2,−2)에서의 접선의 방정식은

$$y + 2 = -5(x - 2),\ 즉\ 5x + y - 8 = 0$$

이다.

함수 f 가 $x = a$에서 미분가능하다는 것의 수학적 의미는 x가 a에 가까이 갈수록 변화율 $\dfrac{f(x) - f(a)}{x - a}$가 일정한 값 $f'(a)$에 다가간다는 것을 뜻한다. $f'(a)$의 물리학 또는 다른 과학에서의 의미는 다루는 양의 변화율의 해석에 달려있다. 우리는 예제를 통하여 $f'(a)$의 의미를 다루게 될 것이다. 우선 움직이는 물체의 속도와 가속도에 관하여 생각해보자. 한 질점이 수직선 위에서 운동을 할 때 이 물체의 위치는 t에 관한 함수로 나타낼 수 있다.

예 3 물체가 일정한 속도 v_0로 직선을 따라 움직이고 시간 $t = 0$에서 이 물체의 위치가 s_0일 때, 시간 t에서 이 물체의 위치는 식 $s(t) = s_0 + v_0 t$ 로 주어진다(그림 2-2).

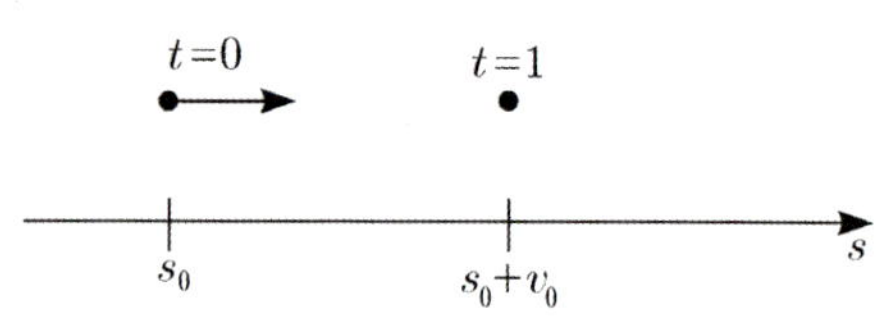

그림 2-2

어떤 물체에 지구 중력만이 작용하고 있다고 하자. 시간 $t = 0$일 때 바닥으로부터 물체의 높이는 h_0이고 속도가 v_0라고 하면 t초 후의 바닥으로부터 물체의 높이 $h(t)$는 $h(t) = -4.9t^2 + v_0 t + h_0$ 미터(m)로 알려져 있다.

예제 2-3 높이가 14.7m인 발코니에서 어떤 사람이 공을 초기속도 9.8m/s로 위로 던진다고 하자. 공의 높이를 나타내는 식을 구하여라. 그리고 공이 몇 초 후에 땅에 떨어지는지 구하여라.

풀이 $h(t)=-4.9t^2+9.8t+14.7$ 이고, $h(t)=0$을 풀면 $t=-1$, $t=3$이다. $t=0$일 때 공이 던져지므로 3초 후에 땅에 떨어진다. ∎

한 질점이 수직선 위에서 운동할 때, 시간 t와 $t+\Delta t$일 때의 물체의 위치를 각각 P, Q라 하자(그림 2-3). 한 정점 O에서 P, Q에 이르는 거리를 각각 s, $s+\Delta s$라 하고, 질점이 $s=s(t)$인 관계에 따라 운동한다면 시간 t와 $t+\Delta t$ 사이의 **평균속도**는

$$\frac{s(t+\Delta t)-s(t)}{\Delta t}=\frac{\Delta s}{\Delta t}$$

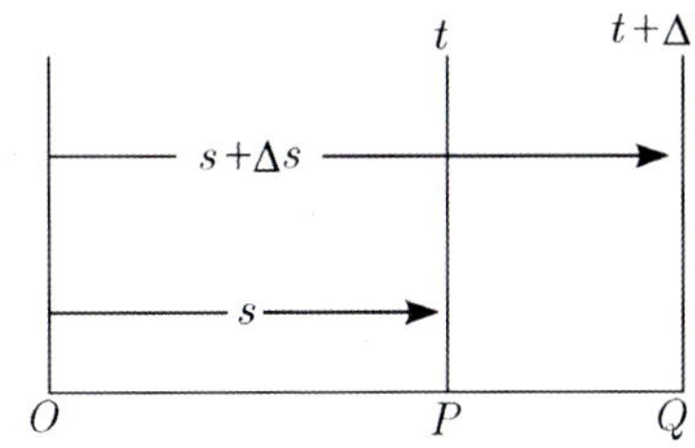

그림 2-3

이다. 함수 s가 미분가능하면 시간 t에서의 **속도** v는

$$v=s'(t)=\lim_{\Delta t\to 0}\frac{\Delta s}{\Delta t}$$

이다. 시간 t에서의 **속력**은 $|s'(t)|$이다. 질점이 P에서 Q까지 가는 동안 속도의 변화를 Δv라 할 때

$$a=v'(t)=\lim_{\Delta t\to 0}\frac{\Delta v}{\Delta t}$$

는 시간 t에서의 **가속도**(acceleration)이다.

예제 2-4 열쇠를 $100m$ 높이의 빌딩 꼭대기에서 땅으로 떨어뜨릴 때 3초 후의 열쇠의 속도를 구하여라.

풀이 열쇠를 떨어뜨리는 순간을 $t=0$라 하면 그 때의 속도 $v_0=0$이고 높이 $h_0=100$이다. t초 후의 열쇠의 땅으로부터의 높이를 $h(t)$라 하면

$$h(t)=-4.9t^2+100$$

이다. 그러므로 $t=3$일 때 열쇠의 속도는

$$\begin{aligned}v(3)&=\lim_{t\to 3}\frac{h(t)-h(3)}{t-3}=\lim_{t\to 3}\frac{-4.9t^2+100+4.9\cdot 3^2-100}{t-3}\\&=\lim_{t\to 3}\frac{-4.9(t^2-9)}{t-3}=-4.9\lim_{t\to 3}(t+3)=-29.4\ (m/s)\end{aligned}$$

이다. ∎

예 4 (개체군 성장) 어떤 개체군에서 개체군 성장을 살펴보자. $N(t)$가 시간 t에서 개체군의 크기를 나타낼 때, 시간 t와 $t+h$ 사이의 평균변화율

$$\frac{\Delta N}{\Delta t}=\frac{N(t+h)-N(t)}{h}$$

는 시구간 $[t,\ t+h]$에서의 **평균성장률**이고,

$$N'(t) = \lim_{\Delta t \to 0} \frac{\Delta N}{\Delta t} = \lim_{h \to 0} \frac{N(t+h) - N(t)}{h}$$

이 존재할 때 $N'(t)$는 시간 t에서의 **순간성장률**이 된다. 개체 당 순간성장률(instantaneous per capita growth rate)에 관심을 가질 때가 많은데, 이것은 순간성장률을 개체군의 크기로 나눈 것으로 정의된다. 즉

$$\text{시간 } t \text{에서 개체 당 순간성장률} = \frac{1}{N(t)} \frac{dN}{dt}.$$

여기서 $\dfrac{dN}{dt}$는 $N'(t)$를 나타내는 또 다른 표기법이다. $\dfrac{1}{N(t)} \dfrac{dN}{dt}$를 흔히 t를 생략하여 $\dfrac{1}{N} \dfrac{dN}{dt}$로 간단히 나타낸다.

예 5 (화학 반응 속도) 비가역 화학 반응

$$A + B \to AB$$

에서 반응 속도는 A와 B의 농도에 비례한다. AB의 농도를 x로 나타내고, A와 B의 초기 농도를 각각 a와 b로 나타내면, 반응 속도는

$$k(a-x)(b-x)$$

가 된다. 반응 속도는 반응이 진행됨에 따라 얼마나 빨리 AB의 농도 x가 변하는지를 말해준다. 따라서 x는 시간 t의 함수 $x = x(t)$이고, 반응 속도는 순간변화율

$$x'(t) = \lim_{\Delta t \to 0} \frac{x(t+\Delta t) - x(t)}{\Delta t}$$

이다. 그러므로 $x'(t)$를 $\dfrac{dx}{dt}$로 나타내면

$$\frac{dx}{dt} = k(a-x)(b-x)$$

가 된다($x'(t) = \dfrac{dx}{dt}$는 x의 도함수라 불리고, 위와 같이 도함수를 포함하는 방정식을 **미분방정식**(differential equation)이라고 한다.

f가 a에서 연속이면 f의 그래프 위에서 x가 a에 다가갈수록 $(x, f(x))$는 $(a, f(a))$에 가까이 다가간다. 다음 정리에서 f가 $x=a$에서 미분가능하면 연속임을 증명할 것이다. 그러나 함수가 $x=a$에서 연속이라고 해서 반드시 미분가능한 것은 아니다(예제 2-6, 2-7 참조).

정리 2-1 함수 $f(x)$가 $x=a$에서 미분가능하면 $x=a$에서 연속이다.

증명 $x \neq a$ 인 x 에 대하여 $f(x)$를 다음과 같이 나타낼 수 있다.

$$f(x) = \frac{f(x) - f(a)}{x - a}(x - a) + f(a).$$

$f(x)$가 $x = a$에서 미분가능하므로, $\lim_{x \to a} \frac{f(x) - f(a)}{x - a} = f'(a)$이다.

또한 $\lim_{x \to a}(x - a) = 0$, $\lim_{x \to a} f(a) = f(a)$이므로, 극한에 대한 정리 1-3에 의해

$$\begin{aligned}\lim_{x \to a} f(x) &= \left(\lim_{x \to a} \frac{f(x) - f(a)}{x - a}\right)\left(\lim_{x \to a}(x - a)\right) + \lim_{x \to a} f(a) \\ &= f'(a) \cdot 0 + f(a) = f(a)\end{aligned}$$

이다. 그러므로 함수 $f(x)$는 $x = a$에서 연속이다. ■

따라서 $f'(a)$가 존재하기 위해서는 반드시 $x = a$ 에서 함수가 연속이어야 한다.

예제 2-5 함수 $f(x) = \begin{cases} x + 1, & x < 0 \\ 0, & x = 0 \\ -x - 1, & x > 0 \end{cases}$ 은 $x = 0$에서 미분가능한가?

풀이 함수 $f(x)$ 의 그래프는 그림 2-4와 같다. $\lim_{x \to 0^-} f(x) = 1 \neq -1 = \lim_{x \to 0^+} f(x)$이므로 (그림 2-4 참조), $\lim_{x \to 0} f(x)$가 존재하지 않는다. 따라서 $f(x)$는 $x = 0$에서 연속이 아니다. 그러므로 함수 $f(x)$는 $x = 0$에서 미분가능하지 않다. ■

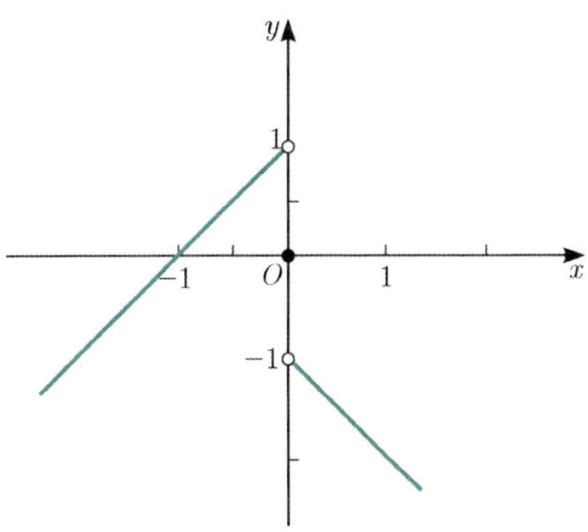

그림 2-4

별해 직접

$$\lim_{x \to 0} \frac{f(x) - f(0)}{x - 0}$$

가 존재하지 않는 것을 보임으로써 $x = 0$에서 미분가능하지 않음을 보일 수 있다.
$x > 0$에서

$$\frac{f(x) - f(0)}{x - 0} = \frac{(-x - 1) - 0}{x - 0} = \frac{-x - 1}{x} = -1 - \frac{1}{x}$$

이므로 $\lim_{x \to 0^+} \frac{f(x) - f(0)}{x - 0}$는 존재하지 않는다. 따라서 $x = 0$에서 $f(x)$는 미분가능하지 않다. ■

예제 2-6 $f(x) = x^{1/3}$ 은 $x = 0$에서 미분가능한가?

풀이 $\lim_{x \to 0} \frac{f(x) - f(0)}{x - 0} = \lim_{x \to 0} \frac{x^{1/3} - 0}{x} = \lim_{x \to 0} \frac{1}{x^{2/3}}$.

x가 0에 다가갈수록 $\dfrac{1}{x^{2/3}}$는 무한히 커지므로 $\displaystyle\lim_{x\to 0}\frac{f(x)-f(0)}{x-0}$이 존재하지 않는다. 즉, $f(x)$는 $x=0$에서 미분가능하지 않다(그림 2-5 참조). ▮

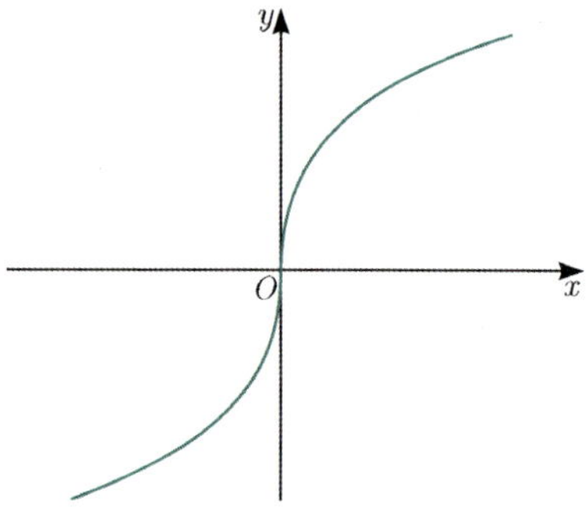

그림 2-5

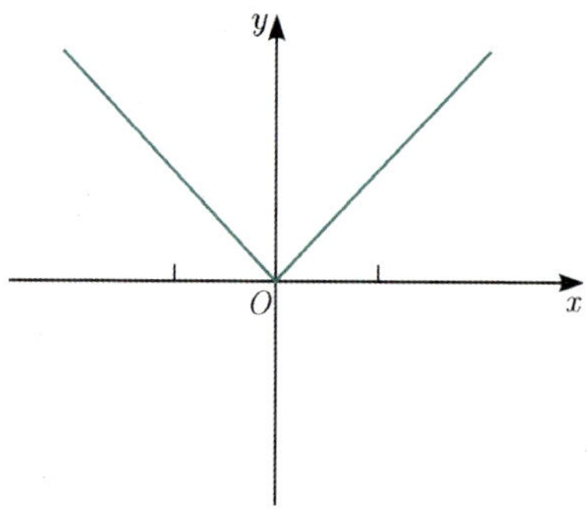

그림 2-6

예제 2-7 함수 $f(x)=|x|$는 $x=0$에서 미분가능한가?

풀이 $\displaystyle\lim_{x\to 0^+}\frac{|x|-0}{x-0}=\lim_{x\to 0^+}\frac{x}{x}=1$, $\displaystyle\lim_{x\to 0^-}\frac{|x|-0}{x-0}=\lim_{x\to 0^-}\frac{-x}{x}=-1$이므로 $\displaystyle\lim_{x\to 0}\frac{|x|-0}{x-0}$이 존재하지 않는다. 따라서 함수 $f(x)=|x|$는 $x=0$에서 미분가능하지 않다(그림 2-6참조). ▮

위에서 살펴본 바와 같이 어떤 함수가 a에서 연속이 아니면 a에서 미분가능할 수 없다. 그리고 a에서 연속인 함수가 a에서 미분가능하지 않을 수도 있다.

연습문제 2.1 Exercises

1. 주어진 구간에서 다음 함수들의 평균변화율을 구하여라.

(a) $y=ax^2+bx+c$, $[x, x+h]$　　(b) $y=\dfrac{4}{x}$, $[2, 2+\Delta x]$

(c) $y=2x^3$, $[a, a+h]$　　(d) $y=x+\dfrac{1}{x}$, $[3, 3+\Delta x]$

2. $x=2$에서 다음 함수들의 미분계수를 구하고, 점 $(2, f(2))$에서 접선과 법선의 방정식을 구하여라.

(a) $f(x)=2x-3$　　(b) $f(x)=3-2x$

(c) $f(x)=ax^2+bx+c$　　(d) $f(x)=x^2-4$

(e) $f(x)=x^3$

(f) $f(x)=x^3-12x$

(g) $f(x)=\dfrac{2}{x}$

3. $x=a$ 에서 $f(x)=mx+b$ 의 미분계수를 구하고, $(a, f(a))$ 에서 접선의 방정식을 구하여라.

4. $f(x)=|x+1|$ 에서 미분가능한 점들을 구하고, 그 점들에서의 미분계수를 구하여라.

5. 반지름이 $3cm$ 가 되는 순간의 반지름에 대한 원 면적의 변화율을 구하여라.

6. $N(t)$ 가 시간 t 에서 개체군의 크기를 나타내고, 미분방정식

$$\frac{dN}{dt}=rN$$

을 만족시킨다고 하자. 여기서 r 은 상수이다.

(a) 개체당 성장률을 구하여라.

(b) $r>0$ 이고, $N(0)=20$ 일 때, $t=1$ 에서 개체군 크기가 20보다 큰지 작은지를 밝혀라.

7. 초속 10m로 수직으로 위로 던진 공의 지상으로 부터의 거리 s 는 공식

$$s=10t-5t^2$$

으로 주어진다.

(a) 지상에 다시 떨어졌을 때의 속도를 구하여라.

(b) 속도가 0이 될 때의 시간을 구하여라.

8. 화학반응

$$A+B\rightarrow AB$$

를 생각하자. $x(t)$ 가 시간 t 에서 AB 의 농도를 나타내면,

$$\frac{dx}{dt}=k(a-x)(b-x)$$

이다. 여기서 k 는 양의 상수이고, a 와 b 는 각각 $t=0$ 일 때 A 와 B 의 농도를 나타낸다. $k=3$, $a=7$, $b=4$ 라고 가정하면, x 의 어떤 값에 대해 $\dfrac{dx}{dt}=0$ 이 되는가? 이것을 어떻게 설명할 수 있는가?

9. 어떤 상품의 x 개의 생산가는 $c(x)=2000+10x+0.05x^2$ 이라 한다.

(a) 생산량이 $x=100$ 에서 $x=105$ 로 변할 때 c 의 평균변화율을 구하여라.

(b) $x=100$ 일 때, x 에 관한 c 의 순간변화율을 구하여라.

2.2 도함수와 대수함수의 미분법, 연쇄법칙

f 가 미분가능한 모든 점들의 집합을 S라고 하자. $a \in S$에 대하여 $f'(a)$는 S위에서 함수 f'을 정의하고 이 함수 f'를 f 의 **도함수**라고 부른다. f 와 f'에 대하여 같은 변수 x 를 쓰는 것이 편리하므로 f 가 x 의 함수 $f(x)$이면 f'도 x의 함수 $f'(x)$로 나타낸다. 따라서

$$f'(x) = \lim_{h \to 0} \frac{f(x+h) - f(x)}{h}$$

이고, f'의 정의역은 위의 극한이 존재하는 모든 x 들의 집합이다. f'를 기호로

$$\frac{df}{dx} \text{ 또는 } Df$$

로 나타내기도 한다. $y = f(x)$이면 $f'(x)$를 y', $\dfrac{dy}{dx}$, Dy로도 나타낸다. 도함수를 구하는 일을 **미분한다**(differentiate)고 한다.

$y = f(x)$의 도함수 $f'(x)$가 존재하고, $f'(x)$의 도함수가 존재하면 이것을 처음 함수 $f(x)$의 **이계도함수**라 부르고

$$f''(x),\ y'',\ \frac{d^2y}{dx^2},\ \frac{d^2}{dx^2}f(x),\ D^2f(x),\ D^2y$$

등으로 표시한다. 일반적으로 $y = f(x)$의 **n 계도함수**를 $n-1$계 도함수의 도함수로 정의하고, 기호

$$f^{(n)}(x),\ y^{(n)},\ \frac{d^ny}{dx^n},\ \frac{d^n}{dx^n}f(x),\ D^nf(x),\ D^ny$$

등으로 표시한다.

임의의 함수의 도함수는 정의에 의하여 구할 수 있으나 매번 정의에 의하여 도함수를 구하는 것은 무척 번거로운 일이므로 이 절에서는 몇 개의 기본 공식을 살펴보기로 한다. 한 변수에 더하기, 빼기, 곱하기, 나누기, 거듭제곱근 구하기를 유한 번 적용하여 얻어지는 함수를 **대수함수**(algebraic function)라 하는데, 여기에서는 특히 이러한 함수의 미분법을 생각한다. 예를 들어

$$f(x) = x^2 + 2x + 1,\ g(x) = \sqrt{x^2 + x - 1},\ h(x) = \frac{2x+1}{x^3 - x^2 + 1}$$

등은 대수함수이나,

$$f(x) = 10^x,\ g(x) = \ln x,\ h(x) = \sin x$$

등은 대수함수가 아니다. 대수함수가 아닌 함수는 **초월함수**라고 부르며, 이들 함수는

2.4절과 제4장에서 다루기로 한다.

이제 함수의 도함수를 구하는데 유용한 공식 몇 가지를 살펴보자. 도함수의 정의와 극한에 관한 정리에 의하여 쉽게 증명될 수 있으므로 증명은 생략한다.

정리 2-2 c는 상수이고 함수 f와 g가 모두 미분가능할 때 다음이 성립한다.

D_1. $\dfrac{dc}{dx}=0$ D_2. $\dfrac{d}{dx}(cf)=c\dfrac{df}{dx}$

D_3. $\dfrac{d}{dx}(f\pm g)=\dfrac{df}{dx}\pm\dfrac{dg}{dx}$ D_4. $\dfrac{d}{dx}(fg)=f\dfrac{dg}{dx}+g\dfrac{df}{dx}$

D_5. $\dfrac{d}{dx}\left(\dfrac{f}{g}\right)=\dfrac{f'g-fg'}{g^2}$

D_4 로부터 n이 양의 정수일 때 다음 멱공식을 얻을 수 있다.

D_6. $\dfrac{d}{dx}(x^n)=nx^{n-1}$

D_5 로부터 다음과 같이 음의 정수일 경우에도 멱공식이 성립함을 알 수 있다.

$$\frac{d}{dx}(x^{-n})=\frac{d}{dx}\left(\frac{1}{x^n}\right)=\frac{-nx^{n-1}}{x^{2n}}=-nx^{-n-1}$$

예 6 $y=(x^2+1)(x^2+2x-1)$의 도함수는 다음과 같이 구할 수 있다.

$$\begin{aligned}y'&=(x^2+1)\frac{d}{dx}(x^2+2x-1)+(x^2+2x-1)\frac{d}{dx}(x^2+1)\\&=(x^2+1)\left(\frac{d}{dx}(x^2)+\frac{d}{dx}(2x)-\frac{d}{dx}(1)\right)+(x^2+2x-1)\left(\frac{d}{dx}(x^2)+\frac{d}{dx}(1)\right)\\&=(x^2+1)(2x+2-0)+(x^2+2x-1)(2x+0).\end{aligned}$$

예제 2-8 모노드(Monod) 성장함수

$$f(R)=\frac{aR}{k+R},\ R\geq 0$$

의 도함수를 구하여라(a와 k는 양의 상수).

풀이 D_5 에 의하여

$$\begin{aligned}\frac{d}{dR}f(R)&=\frac{(aR)'(k+R)-(aR)(k+R)'}{(k+R)^2}\\&=\frac{a(k+R)-aR}{(k+R)^2}=\frac{ak}{(k+R)^2}.\end{aligned}$$

■

y는 u의 함수 $y=f(u)$이고, 또 u는 x의 함수 $u=g(x)$이면 **합성함수** $y=f(g(x))$

는 x의 함수이며, 합성함수 y의 x에 관한 도함수는 미분법의 **연쇄법칙**(chain rule)이라 불리는 다음 공식에 의하여 얻어진다(증명은 생략한다).

정리 2-3 f와 g가 모두 미분가능하고 $F=f\circ g$는 $F(x)=f(g(x))$로 정의된 합성함수라면 F는 미분가능하고 F'은

$$F'(x)=f'(g(x))\cdot g'(x)$$

에 의해 주어진다. 이를 라이프니츠(Leibniz)의 기호로 나타내면 $y=f(u)$와 $u=g(x)$가 모두 미분가능한 함수일 때

$$D_7.\ \frac{dy}{dx}=\frac{dy}{du}\cdot\frac{du}{dx}$$

이다.

이제 r이 임의의 유리수일 때, $y=x^r$의 도함수를 정리 2-3을 이용하여 다음과 같이 간단히 구할 수 있다.

$r=\frac{m}{n}$(n은 양의 정수, m은 정수)으로 쓰면 $y^n=x^m$이다. 연쇄법칙을 이용하여 양변을 x에 관해 미분하면,

$$ny^{n-1}y'=mx^{m-1}.$$

따라서

$$\frac{d}{dx}(x^r)=rx^{r-1}.$$

예제 2-6에서와 같이 $r<1$일 때 x^r은 $x=0$에서 미분가능하지 않음을 알 수 있다.

참고 위의 멱공식은 실제로 r이 임의의 실수일 경우에도 성립하는데 4.4절에서 지수와 로그 함수의 미분을 이용하여 보여줄 것이다(정리 4-9 참조).

예 7 $y=\dfrac{\frac{x}{x+1}}{\frac{x}{x+1}+1}$의 도함수를 구하기 위해 $u=\frac{x}{x+1}$라 놓자. 그러면 $y=\frac{u}{u+1}$이므로

$$\frac{dy}{du}=\frac{1}{(u+1)^2},\quad \frac{du}{dx}=\frac{1}{(x+1)^2}.$$

따라서 D_7에 의하여

$$\frac{dy}{dx} = \frac{dy}{du} \cdot \frac{du}{dx} = \frac{1}{(u+1)^2} \cdot \frac{1}{(x+1)^2}$$
$$= \frac{1}{\left(\frac{x}{x+1}+1\right)^2} \cdot \frac{1}{(x+1)^2} = \frac{1}{(2x+1)^2}.$$

예 8 $f(x) = (x^2+2x+3)^{10}$ 의 도함수를 구하여 보자.

$$f'(x) = 10(x^2+2x+3)^9 \frac{d}{dx}(x^2+2x+3)$$
$$= 10(x^2+2x+3)^9(2x+2)$$
$$= 20(x+1)(x^2+2x+3)^9.$$

예제 2-9 함수 $f(x) = \sqrt{x^2+1}$ 에 대하여 $f'(x)$와 $f''(x)$를 구하여라.

풀이 $f(x) = (x^2+1)^{\frac{1}{3}}$ 이므로

$$f'(x) = \frac{1}{3}(x^2+1)^{-\frac{2}{3}}(2x) = \frac{2}{3}x(x^2+1)^{-\frac{2}{3}}$$

$$f''(x) = \frac{2}{3}(x^2+1)^{-\frac{2}{3}} + \frac{2}{3}x\left(-\frac{2}{3}\right)(x^2+1)^{-\frac{5}{3}}(2x)$$
$$= \frac{2}{3}(x^2+1)^{-\frac{2}{3}} - \frac{8}{9}x^2(x^2+1)^{-\frac{5}{3}}.$$

연습문제 2.2 Exercises

1. 다음 함수의 도함수를 구하여라.

(a) x^2 (b) x^2+2

(c) $5x-2+\frac{3}{x}$ (d) $3x^2-4x+5+6\sqrt{x}$

(e) $(x+2)^2$ (f) $(\sqrt{x}+3)^2$

(g) $\left(\sqrt{x}+\frac{1}{\sqrt{x}}\right)^2$ (h) $\left(\frac{x}{x+1}\right)^{-1}$

2. 다음 두 식을 비교하여라.

(a) $\frac{d}{dx}x^2$, $\left(\frac{dx}{dx}\right)^2$ (b) $\frac{d}{dx}\left(\frac{1}{x}\right)$, $\frac{1}{\frac{dx}{dx}}$

(c) $\dfrac{d}{dx}\sqrt{x}$, $\sqrt{\dfrac{dx}{dx}}$　　　(d) $\dfrac{d}{dx}(mx+b)$, $m\dfrac{dx}{dx}+b$

3. $f'(2)$를 구하여라.

(a) $f(x)=\sqrt{2x}+\dfrac{1}{\sqrt{2x}}$　　　(b) $f(x)=\sqrt[3]{3x+2}$

(c) $f(x)=(x-2)^5\cdot(x-5)^2$　　　(d) $f(x)=\dfrac{\sqrt{2x}}{x-1}$

4. 어떤 점에서 다음 곡선의 접선이 직선 $4y+x-8=0$에 수직인가?

(a) $y=x^2-4x+1$　　　(b) $y=\dfrac{x^2-3}{x}$

(c) $y=3+2\sqrt{x}$　　　(d) $y=\dfrac{2+x}{2-x}$

5. y'을 구하여라.

(a) $y=|x|x$　　　(b) $y=x+|x|$

(c) $y=(x-1)^4(x+2)^5(x-3)^6$　　　(d) $y=\dfrac{(x-1)^4(x-3)^6}{(x+2)^5}$

6. 다음의 차이는 무엇인가?

(a) $\dfrac{d}{dx}f(3x+4)$ 와 $f'(3x+4)$　　　(b) $\dfrac{d}{dx}f(x+4)$ 와 $f'(x+4)$

7. y'을 구하라.

(a) $y=\left(\dfrac{|x|+x}{2}\right)^6$　　　(b) $y=\sqrt{\sqrt{\sqrt{x}}}$

(c) $y=(x^{\frac{1}{10}})^5$　　　(d) $y=v^3\cdot v^2$

8. 다음 각 곡선에 대해서 주어진 점에서의 접선과 법선을 구하여라.

(a) $y=\sqrt{25-x^2}$, $(3, 4)$　　　(b) $y=\dfrac{1}{\sqrt{x+3}}$, $\left(1, \dfrac{1}{2}\right)$

9. 다음에 주어진 두 곡선의 주어진 점에서의 교각을 구하여라(두 곡선의 교각은 교점에서 두 곡선의 접선이 이루는 각이다).

(a) $y=\dfrac{x}{1-x^2}$, $y=\dfrac{x^2}{1-x}$, $(0, 0)$　　　(b) $y=\sqrt{x+2}$, $y=\dfrac{1}{\sqrt{x+2}}$, $(-1, 1)$

10. 다음과 같이 주어진 함수에서 $\frac{dy}{dx}$와 $\frac{dx}{dy}$를 비교하여라.

(a) $x+y=0$　　(b) $3x+4y+5=0$

(c) $xy=1$　　(d) $y=x^2$

11. 정오를 t분 지난 후 녹고 있는 눈덩이의 반지름이 $60-3t$ cm라 했을 때, 12시 10분에는 얼마나 빠른 속도로 부피가 변하고 있는가?

12. 두 질점의 시간 t에서의 위치가 각각 $s_1=t^3-t$, $s_2=6t^2-t^3$이다. 이 두 질점의 가속도가 같을 때 그들의 속도를 구하여라.

13. $B(t)$가 시간 t에서 비성장률 $g(B)$를 가진 생물량을 나타낸다고 하자. $B=0$에서 비성장률은 성장률 곡선의 $B=0$에서의 접선의 기울기임을 보여라.

14. 휴양지의 호수가 오물 정화조의 과도한 누수로 해로운 박테리아에 오염되고 있다. 호수에 살균제를 뿌린 후에, 환경부는 박테리아의 농도(1cm^{3}당 개체수)가 t일 후에

$$C(t)=500(8-t)^2,\ \ 0\le t\le 7$$

이 된다고 추정하였다.

(a) $C'(t)$를 구하여라.

(b) $C'(1)$과 $C'(6)$을 구하고 그 의미를 설명하여라.

15. 하수처리 공장에서 호수까지 뻗친 관을 통해 폐수를 호수로 내보내고 있다. 관의 끝에서 x (m) 떨어진 곳의 폐수 농도 $C(x)$(단위는 ppm)는 대략

$$C(x)=500(x+1)^{-2}$$

으로 주어진다. 다음 장소에서 농도의 순간 변화율을 구하여라.

(a) $x=9$인 곳　　(b) $x=99$인 곳

2.3 음함수의 미분법

방정식 $g(x,y)=0$이 주어졌을 때 x의 변역 X와 y의 변역 Y가 존재하여 $g(x,y)=0$을 대응규칙으로 하는 함수

$$f : X \to Y$$

가 정의되면, 방정식 $g(x, y) = 0$은 함수 f를 **음적으로**(implicitly) **정의한다**고 한다. 이때 y를 x의 **음함수**(implicit function)라고 한다. 음함수의 도함수를 구할 때에는 다음 두 가지 방법 중 하나를 이용한다.

1. 방정식 $g(x, y) = 0$을 y에 대하여 푼 다음, y를 x에 관하여 미분한다.
2. y를 x의 함수로 생각하고, 주어진 방정식 $g(x, y) = 0$의 양변을 x에 관하여 미분한 다음 y'에 대하여 푼다.

위의 두 번째 미분법을 **음함수의 미분법**(implicit differentiation)이라 한다.

예 9 $x^2y + xy^2 = 3x$에 음함수의 미분법을 적용하여, $\frac{dy}{dx}$를 구하면 다음과 같다.

$$\frac{d}{dx}(x^2y) + \frac{d}{dx}(xy^2) = \frac{d}{dx}(3x)$$

$$(2xy + x^2 \cdot \frac{dy}{dx}) + \left(y^2 + x \cdot 2y \cdot \frac{dy}{dx}\right) = 3.$$

따라서

$$\frac{dy}{dx} = \frac{3 - y^2 - 2xy}{x^2 + 2xy}, \quad (x^2 + 2xy \neq 0)$$

이다.

예제 2-10 데카르트 엽선(The Folium of Descartes, 그림 2-7) $x^3 + y^3 = 6xy$ 위의 점 $(3, 3)$에서의 접선의 방정식을 구하여라.

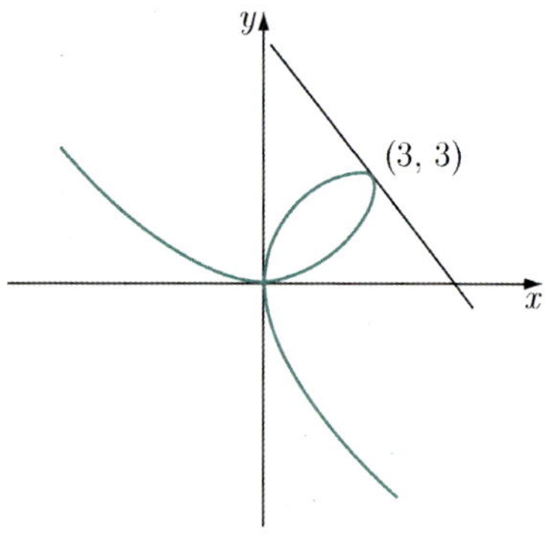

그림 2-7

풀이 음함수의 미분법을 이용하면

$$3x^2 + 3y^2 \cdot \frac{dy}{dx} = 6y + 6x \cdot \frac{dy}{dx}$$

이므로,

$$\frac{dy}{dx} = \frac{2y - x^2}{y^2 - 2x}$$

이다. 따라서

$$\left.\frac{dy}{dx}\right|_{(3,3)} = \frac{2 \cdot 3 - 3^2}{3^2 - 2 \cdot 3} = \frac{-3}{3} = -1$$

이므로 $(3, 3)$에서의 접선의 방정식은

$y - 3 = -1 \cdot (x - 3)$, 즉 $y = -x + 6$이다. ∎

예제 2-11 길이 $5m$ 인 사다리가 수직인 벽면에 기대어 있다. 사다리의 밑은 벽면으로부터 $0.3m/s$ 의 비율로 미끄러져 간다. 사다리의 밑이 벽에서 $3m$ 떨어질 때, 사다리의 위쪽 끝은 얼마나 빨리 벽면 아래로 미끄러지겠는가?

풀이 벽면과 사다리 사이의 거리를 x, 지면과 사다리의 위쪽 끝 사이의 거리를 y로 놓으면, x와 y는 시간 t의 함수이다. $\frac{dx}{dt} = 0.3\,(m/s)$이고, $x = 3(m)$일 때 $\frac{dy}{dt}$를 구하면 된다. 피타고라스 정리에 의하면

$$x^2 + y^2 = 25$$

를 얻을 수 있고, 양변을 t에 관해 미분하면

$$2x\frac{dx}{dt} + 2y\frac{dy}{dt} = 0$$

이 된다. 따라서

$$\frac{dy}{dt} = -\frac{x}{y}\frac{dx}{dt}$$

이다. $x = 3m$일 때 피타고라스 정리로부터 $y = 4m$ 이고 이 값들을 위 식에 대입하면

$$\frac{dy}{dt} = -\frac{3}{4}\cdot\frac{3}{10} = -\frac{9}{40}$$

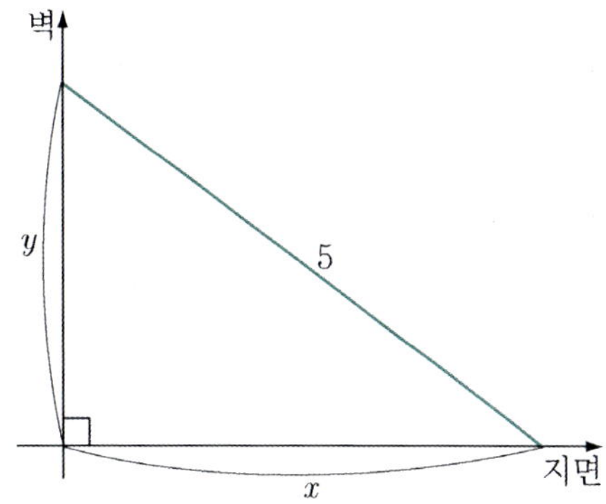

그림 2-8

를 얻게 된다. 이는 사다리의 위쪽 끝이 $\frac{9}{40}(m/s)$의 비율로 벽으로부터 미끄러진다는 사실을 말해준다. ■

연습문제 2.3 Exercises

1. 다음 각 식에서 $\frac{dy}{dx}$를 구하여라.

(a) $x = \frac{1}{3}y^3 + y$ (b) $x = \frac{y-1}{\sqrt{y}}$

2. 다음 각 식에서 음함수의 미분법을 이용하여 $\frac{dy}{dx}$, $\frac{d^2y}{dx^2}$을 구하여라.

(a) $x^2 - 4y^2 = 4$ (b) $x^{\frac{1}{2}} + y^{\frac{1}{2}} = a^{\frac{1}{2}}$

(c) $y^3 + y = x^4$ (d) $xy = (x-y)^2$

(e) $x^2 + y^2 = 2xy$ (f) $(x+y)^2 + 2xy = 0$

3. 두 점 $\left(\frac{\sqrt{3}}{4},\ \frac{1}{2}\right)$과 $\left(\frac{\sqrt{3}}{4},\ \frac{\sqrt{3}}{2}\right)$에서 곡선 $y^4 = y^2 - x^2$의 기울기를 구하여라.

4. 다음 주어진 점에서 곡선의 접선과 법선을 구하여라.

(a) $x^3 + y^3 = 9,\quad (1,\ 2)$　　(b) $y + \sqrt{x+y} = x,\quad (3,\ 1)$

(c) $x^2 + y^2 = (2x^2 + 2y^2 - x)^2,\quad (0,\ \frac{1}{2})$

(d) $x^{\frac{2}{3}} + y^{\frac{2}{3}} = 4,\quad (-3\sqrt{3},\ 1)$

(e) $y^2(2-x) = x^3,\quad (1,\ 1)$

5. 정오에 배 B는 배 A로부터 동쪽으로 $100\,km$ 떨어져 있었다. 배 A는 $25\,km/h$로 북쪽을 향하고, 배 B는 $35\,km/h$로 남쪽을 향해 간다. 오후 4시에 두 배 사이의 거리는 얼마나 빨리 변하겠는가?

6. 한 점이 포물선 $y = x^2$을 따라 움직이되, 그 점의 x좌표는 시간에 관해 $3\,m/s$의 비율로 증가한다. $x=2$일 때 y좌표는 시간에 대해 어떠한 비율로 증가하겠는가?

7. 건물에서 $9.6m$ 떨어진 지점에 한 등이 있다. 키가 $1.8m$인 사람이 등에서부터 건물을 향하여 $1.8m/s$의 속도로 걸어가고 있다. 그 사람이 건물에서부터 $4.8m$ 되는 곳에 이르렀을 때 건물에 비친 그 사람의 그림자의 시간에 관한 변화율을 구하여라 (단, 등의 높이는 무시).

2.4 삼각함수의 도함수

먼저 삼각함수에 대한 복습을 간단히 하기로 한다.

그림 2-9와 같이 좌표축과 각이 주어졌다고 하자. 주어진 각 θ를 나타내는 직선상의 한 점 $(x,\ y) \neq (0,\ 0)$를 택하여 $r = \sqrt{x^2 + y^2}$이라 놓고

$$\sin\theta = \frac{y}{r} = \frac{y}{\sqrt{x^2+y^2}}$$

$$\cos\theta = \frac{x}{r} = \frac{x}{\sqrt{x^2+y^2}}$$

라 정의한다. 여기서 $\sin\theta$나 $\cos\theta$는 직선상의 한 점 (x, y)의 선택에 무관함을 알 수 있다. 각은 도(degree)와 라디안(radian)으로 측정할 수 있는데, 그 관계는 $180° = \pi$라디안이다. 그러나 함수를 생각할 때는 각을 라디안으로 나타내는 것이 편리하므로, 앞으로 특별한 언급이 없는 한 각은 라디안으로 나타낸다.

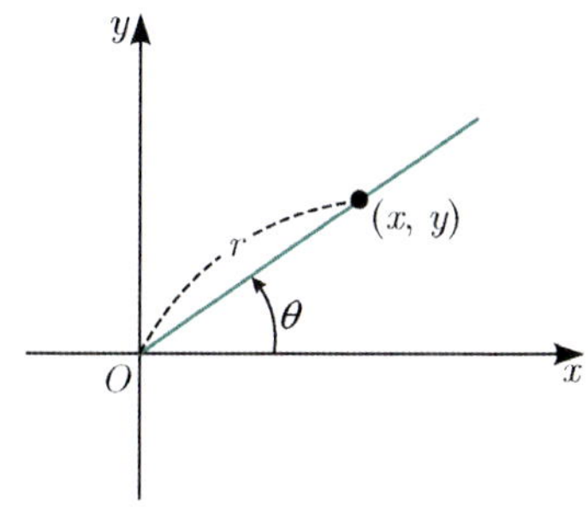

그림 2-9

sine과 cosine의 중요한 관계는 다음과 같다.

$$\cos\theta = \sin\left(\theta + \frac{\pi}{2}\right), \quad \sin\theta = \cos\left(\theta - \frac{\pi}{2}\right)$$

tangent, cotangent, secant, cosecant 함수는 각각 다음과 같이 정의된다.

$$\tan x = \frac{\sin x}{\cos x} \ (\cos x \neq 0), \quad \cot x = \frac{\cos x}{\sin x} \ (\sin x \neq 0)$$

$$\sec x = \frac{1}{\cos x} \ (\cos x \neq 0), \quad \csc x = \frac{1}{\sin x} \ (\sin x \neq 0)$$

함수 $y = \sin x$가 연속임을 앞에서 보았다. 다른 삼각함수의 연속성에 대해서는 sine함수의 연속성과 연속함수의 성질로부터 알 수 있다.

이제 삼각함수의 도함수를 구하여 보자. 도함수를 구할 때 다음의 극한값이 쓰이게 된다.

정리 2-4 $\displaystyle\lim_{\theta \to 0} \frac{\sin\theta}{\theta} = 1.$

증명 1.2절 예제 1-8 참조. ■

정리 2-5 $\displaystyle\lim_{\theta \to 0} \frac{\cos\theta - 1}{\theta} = 0.$

증명
$$\frac{\cos\theta - 1}{\theta} = \frac{(\cos\theta - 1)(\cos\theta + 1)}{\theta(\cos\theta + 1)} = \frac{\cos^2\theta - 1}{\theta(\cos\theta + 1)}$$
$$= \frac{-\sin^2\theta}{\theta(\cos\theta + 1)} = \frac{-\sin\theta}{\theta}(\sin\theta)\frac{1}{\cos\theta + 1}.$$

$\displaystyle\lim_{\theta \to 0} \frac{\sin\theta}{\theta}$, $\displaystyle\lim_{\theta \to 0} \sin\theta$, $\displaystyle\lim_{\theta \to 0} \frac{1}{\cos\theta + 1}$이 각각 존재하므로 극한의 곱을 이용하여

$$\lim_{\theta \to 0} \frac{\cos\theta - 1}{\theta} = \left(-\lim_{\theta \to 0} \frac{\sin\theta}{\theta}\right)\left(\lim_{\theta \to 0} \sin\theta\right)\left(\lim_{\theta \to 0} \frac{1}{\cos\theta + 1}\right)$$
$$= (-1) \cdot (0) \cdot \left(\frac{1}{2}\right) = 0$$

을 얻는다. ■

정리 2-6 함수 $\sin x$와 $\cos x$ 의 도함수는 존재하고

$D_8.\quad \dfrac{d(\sin x)}{dx} = \cos x\,,\qquad D_9.\quad \dfrac{d(\cos x)}{dx} = -\sin x$

증명 먼저 $\sin x$의 도함수를 구하자. $\sin x$의 x에서 $x+h$까지의 평균 변화율

$$\frac{\sin(x+h)-\sin x}{h}$$

은 삼각함수의 합의 공식에 의하여

$$\frac{\sin x\cos h+\cos x\sin h-\sin x}{h}$$

으로 표시되고, 이는 다시 $\sin x$를 포함하는 항을 함께 묶어 다음 식으로 표시된다.

$$\frac{\cos x\sin h+\sin x(\cos h-1)}{h}=\cos x\frac{\sin h}{h}+\sin x\frac{(\cos h-1)}{h}.$$

$\lim_{h\to 0}\dfrac{\sin h}{h}=1$이고, $\lim_{h\to 0}\dfrac{\cos h-1}{h}=0$ 이므로,

$$\lim_{h\to 0}\frac{\sin(x+h)-\sin x}{h}=\cos x$$

가 된다. 따라서 $\dfrac{d(\sin x)}{dx}=\cos x$ 이다.

$\cos x$ 의 도함수도 정의에 의하여 구할 수 있지만, D_7과 D_8을 이용하여 간단히 구할 수 있다.

$$\frac{d(\cos x)}{dx}=\frac{d}{dx}\sin\left(x+\frac{\pi}{2}\right)=\cos\left(x+\frac{\pi}{2}\right)=-\sin x\,.$$ ▮

참고 각을 x°와 같이 도($^\circ$)로 재었다면, $x^\circ=\dfrac{\pi}{180}x$ 라디안이므로 $\dfrac{d(\sin x^\circ)}{dx}=\dfrac{\pi}{180}\cos x^\circ$ 이다. 인수 $\dfrac{\pi}{180}$가 있어 복잡해지므로, 미분적분학에서는 삼각함수를 취급할 때 라디안법을 사용한다.

나머지 삼각함수들은 sine과 cosine으로 표시되므로 다음 공식을 쉽게 얻을 수 있다.

$D_{10}.\quad \dfrac{d}{dx}\tan x=\sec^2 x$
$D_{11}.\quad \dfrac{d}{dx}\cot x=-\csc^2 x$
$D_{12}.\quad \dfrac{d}{dx}\sec x=\sec x\tan x$
$D_{13}.\quad \dfrac{d}{dx}\csc x=-\csc x\cot x$

예제 2-12 $x=\pi/16$인 점에서 곡선 $y=\sin 4x$의 접선의 방정식을 구하여라.

풀이 $\dfrac{dy}{dx}=4\cos 4x$ 이므로 $x=\dfrac{\pi}{16}$인 점에서 접선의 기울기는

$$4\cos 4\left(\frac{\pi}{16}\right)=\frac{4}{\sqrt{2}}=2\sqrt{2}$$

로 주어진다. 이 접선은 점 $\left(\dfrac{\pi}{16}, \dfrac{1}{\sqrt{2}}\right)$을 지나므로 구하고자 하는 접선의 방정식은

$$y=2\sqrt{2}\,x+\left(\frac{\sqrt{2}}{2}-\frac{\sqrt{2}}{8}\pi\right)$$

이다. ■

예제 2-13 $y=\sin 5x\sin^5 x$일 때 $\dfrac{dy}{dx}$를 구하여라.

풀이
$$\begin{aligned}\frac{dy}{dx}&=5\cos 5x\ \sin^5 x+5\sin 5x\ \sin^4 x\ \cos x\\&=5\sin^4 x\,(\cos 5x\ \sin x+\sin 5x\ \cos x)\\&=5\sin^4 x\ \sin 6x.\end{aligned}$$
■

예제 2-14 x에 관한 함수 $y(x)$가 $\cos(x+y)=x$에 의해 음적으로 정의되었을 때 $\dfrac{dy}{dx}$를 구하여라.

풀이 음함수의 미분법과 연쇄법칙에 의하여 $\cos(x+y)=x$로부터

$$-\sin(x+y)\left(1+\frac{dy}{dx}\right)=1.$$

$\dfrac{dy}{dx}$에 대하여 풀면

$$\frac{dy}{dx}=\frac{1+\sin(x+y)}{-\sin(x+y)}.$$
■

예제 2-15 관찰자로부터 $200m$ 떨어진 곳에서 로켓이 수직으로 올라가고 있다. 로켓과 관찰자가 이루는 각을 θ라 하고 로켓이 지상으로부터 $600m$의 높이에 있을 때 높이에 대한 각의 변화율을 구하여라. (단, 관찰자의 키는 무시한다.)

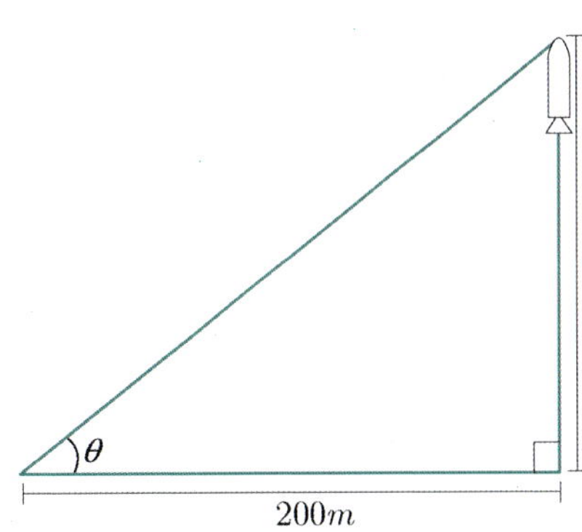

그림 2-10

풀이 로켓의 높이를 h라 놓으면

$$\tan\theta=\frac{h}{200}$$

를 얻는다. $h = 600\ m$일 때 $\dfrac{d\theta}{dh}$를 구하면 된다.

음함수의 미분법과 연쇄법칙을 이용하면

$$\sec^2\theta \frac{d\theta}{dh} = \frac{1}{200}$$

을 얻게 된다. 로켓이 관찰자로부터 $200m$ 떨어진 곳에서 수직으로 올라가고, $h = 600\ m$이면 피타고라스 정리에 의해 관찰자와 로켓 사이의 거리는 $200\sqrt{10}\ m$가 되므로

$$\frac{d\theta}{dh} = \frac{1}{200} \cdot \cos^2\theta = \frac{1}{200} \cdot \left(\frac{200}{200\sqrt{10}}\right)^2 = \frac{1}{2000} \quad rad/m$$

임을 알 수 있다 ▮

연습문제 2.4

Exercises

1. 다음의 극한값을 구하여라.

(a) $\displaystyle\lim_{h\to 0}\frac{\sin 2h}{h}$

(b) $\displaystyle\lim_{h\to 0}\frac{\tan h}{\sin h}$

(c) $\displaystyle\lim_{h\to 0}\frac{\cos 2h}{1+\sin h}$

(d) $\displaystyle\lim_{h\to 0}\frac{(\sin h)(\sin 2h)}{(\sin 3h)h}$

(e) $\displaystyle\lim_{h\to 0}\frac{\tan^2 h}{h\sin h}$

(f) $\displaystyle\lim_{h\to 0}\frac{\tan^3 h}{h^2\sin h\cos h}$

2. 다음 각 식에서 $\dfrac{dy}{dx}$를 구하여라.

(a) $y = \cos(x^2+1)$

(b) $y = 4\cot(3-2x)$

(c) $y = \dfrac{\sin x}{2+\cos x}$

(d) $y = x\sin x + \left(1-\dfrac{x^2}{2}\right)\cos x$

(e) $y = \tan(\sin x)$

(f) $y = \sin(\tan x)$

(g) $y = \cos(\tan x)$

(h) $y = \sqrt{\dfrac{1-\cos 4x}{1+\cos 4x}}$

3. 다음의 주어진 점에서 각 곡선의 접선의 방정식을 구하여라.

(a) $y = \sin \pi x$; $x = \dfrac{1}{2}$

(b) $y = \dfrac{1}{\tan x}$; $x = \dfrac{\pi}{4}$

4. 그림 2-11의 직각삼각형의 각 θ는 1초에 $\frac{1}{30}$라디안의 속도로 줄어든다고 할 때 다음을 구하여라.

(a) $x=12$로 고정되어 있고 $\theta=\frac{\pi}{3}$일 때 $\frac{dy}{dt}$

(b) $y=10\sqrt{2}$로 고정되어 있고 $\theta=\frac{\pi}{4}$일 때 $\frac{dz}{dt}$

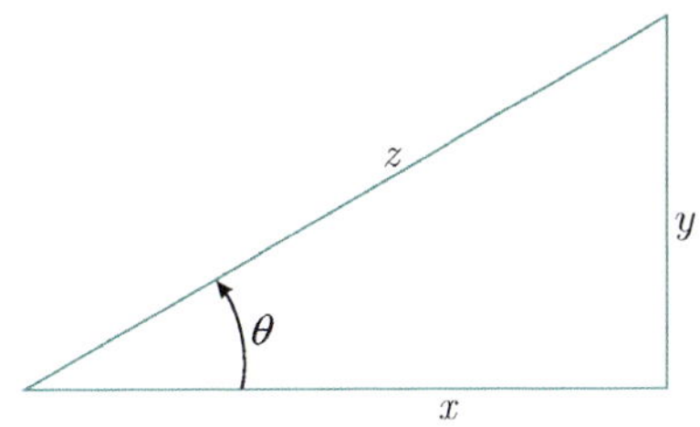

그림 2-11

5. 직선을 따라 움직이고 있는 어떤 물체의 시간 t에서 위치가 식 $s(t)=t-2\sin t$, $0\le t\le 2\pi$로 주어졌다고 하자. 물체가 양의 방향으로 움직이고 있는 시간대를 구하여라.

6. 삼각형의 두 변의 길이가 각각 $4m$, $5m$이고 두 변의 사잇각은 $0.06\,rad/s$의 비율로 증가한다. 고정된 길이를 갖는 두 변의 사잇각이 $\frac{\pi}{3}$일 때, 삼각형의 면적의 증가율은 얼마인가?

7. 지구를 관찰하는 인공위성은 지구 표면의 일부분만을 볼 수 있다. 인공위성이 그림 2-12와 같이 각 θ만큼의 지구 표면을 관찰할 수 있는 수평 탐지기를 가지고 있고 구의 반지름이 r, 인공위성으로부터 지구표면까지의 거리를 h라고 하자. $r=6378\,km$임을 이용하여 $\theta=\frac{\pi}{6}$일 때 θ에 대한 h의 변화율을 구하여라.

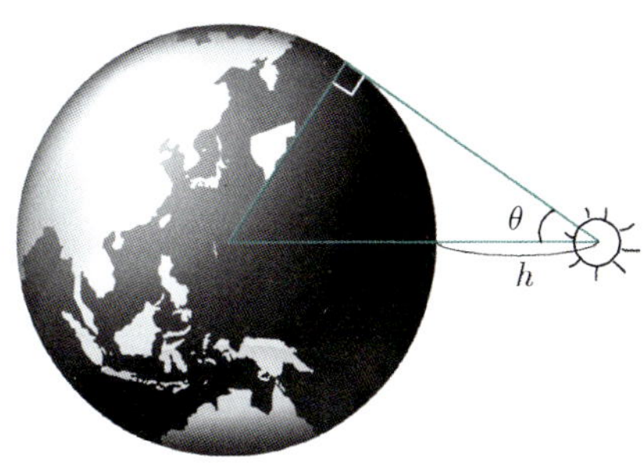

그림 2-12

2.5 미분과 근사값

$y=f(x)$가 미분가능한 함수일 때 도함수의 정의와 극한의 개념에서

$$\Delta y=f'(x)\Delta x+\epsilon\Delta x$$

를 얻는다. 여기서 ϵ은 Δx를 충분히 작게 택함으로써 얼마든지 작게 만들 수 있다. 따

라서 $f'(x)\Delta x$는 증분 Δy의 근사값으로 생각할 수 있다. 이때 $f'(x)\Delta x$를 y의 **미분**(differential) 또는 $f(x)$의 미분이라 부르고, 다음과 같이 기호 dy 또는 $df(x)$로 나타낸다.

$$dy = df(x) = f'(x)\Delta x.$$

Δx가 아주 작을 때 $dx = \Delta x$라 놓으면

$$dy = f'(x)dx$$

가 된다.

함수의 증분과 미분의 관계를 기하학적으로 그림 2-13과 같이 설명할 수 있다. $P(x,y)$와 $Q(x+\Delta x, y+\Delta y)$를 곡선 $y=f(x)$ 위의 두 점이라 한다. 점 P에서의 도함수의 값은 접선 PT의 기울기와 같으므로

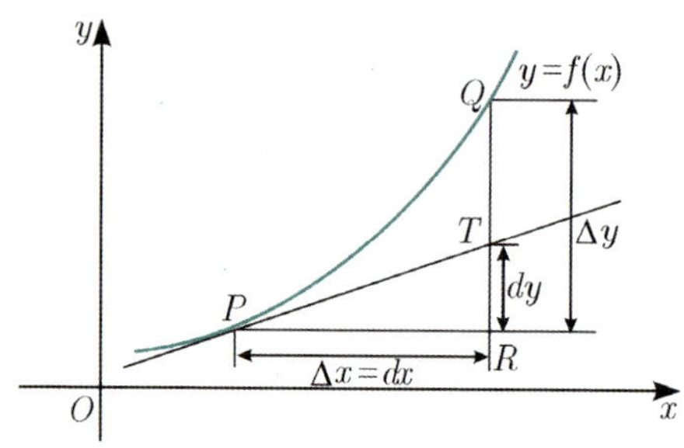

그림 2-13

$$dy = f'(x)dx = \frac{\overline{RT}}{\overline{PR}} \cdot \overline{PR} = \overline{RT}.$$

$dx = \Delta x$가 작을 때에는 Δy와 dy의 차는 매우 작으므로 함수의 증분 Δy의 근사값으로 미분 dy를 쓴다. 따라서

$$f(x+dx) = f(x) + \Delta y \approx f(x) + dy = f(x) + f'(x)dx.$$

이 식은 점 x에서의 함수의 값과 그 점에서의 변화율을 알면 그 점 바로 근처에 있는 점에서의 함수값을 근사적으로 계산할 수 있음을 뜻한다.

예제 2-16 미분을 이용하여 $\sqrt{98}$의 근사값을 구하여라.

풀이 $y = \sqrt{x}$, $y' = \dfrac{1}{2\sqrt{x}}$, $x=100$, $dx = -2$이므로

$$dy = \frac{1}{2\sqrt{100}}(-2) = -0.1$$

이고, 따라서 $\sqrt{98} \approx \sqrt{100} - 0.1 = 9.9$이다 ▮

예제 2-17 $N(t)$가 시간 t에서 박테리아군의 크기(백만을 단위로 하여)를 나타낸다고 하자. 개체당 성장률이 2%라고 할 때,

$$\frac{1}{N}\frac{dN}{dt} = 0.02$$

를 얻는다. $t=10$일 때 박테리아 수가 250,000,000, 즉 $N(10)=250$이면, $t=10.2$일 때 박테리아 수는 대략 얼마일까?

풀이 $N(10.2) \approx N(10) + N'(10)(10.2-10)$이다. 주어진 방정식으로부터 $N'(t) = 0.02N(t)$ 이므로 $N'(10) = N(10) \times 0.02 = 250 \times 0.02 = 5$ 이다. 따라서

$$N(10.2) \approx 250 + 5 \times 0.2 = 251$$

그러므로 $t = 10.2$일 때 박테리아 수는 대략 251,000,000이다. ▮

예10 1주에 x톤의 철강을 생산하기 위하여 $c(x)$원이 소요된다고 하자. 1주에 $x+h$톤을 생산하려면 더 많은 비용이 든다. $\dfrac{c(x+h)-c(x)}{h}$는 1주에 h톤을 더 생산하는데 소요되는 비용의 평균증가액이고 $c'(x) = \lim\limits_{h \to 0} \dfrac{c(x+h)-c(x)}{h}$ 는 x톤의 철강이 생산될 때의 한계원가(marginal cost)이다. 현재 1주에 x톤을 생산하는데 1톤을 더 생산하려면, 원가상승분 $\Delta c = c(x+1) - c(x)$는 대략 $c'(x)dx$ 이다. $dx = 1$이므로 $\Delta c \approx c'(x)$이다.

예제 2-18 x개의 물건을 만들기 위한 비용이 $c(x) = x^3 - 6x^2 + 15x$(천원)으로 나타나고, 현재 하루에 10개의 물건을 만들고 있다고 하자. 하루에 한 개를 더 만들기 위해 대략 얼마나 더 비용이 드는가?

풀이 $c(10+1) - c(10) \approx c'(10) \cdot 1 = c'(10)$. $c'(x) = 3x^2 - 12x + 15$이므로 $c'(10) = 195$, 즉 추가비용은 대략 195(천원)이다. ▮

dy를 y의 오차라 할 때 $\dfrac{dy}{y}$를 **상대오차**, $\left(\dfrac{dy}{y}\right) \times 100$을 **백분율오차**라 한다.

예제 2-19 지구가 완전한 구 형태라고 가정하고, 반지름이 $6330 \pm 5\,km$라고 했을 때 $\pm 5\,km$가 지구 표면적 계산에 미치는 상대오차는 얼마인가?

풀이 반지름이 r인 구의 표면적은 $S = 4\pi r^2$이다. $dS = 8\pi r\,dr$이므로 $r = 6330$, $dr = 5$일 때 $dS = 8\pi(6330)(5) = 253200\pi$이다. 이것은 굉장히 큰 차이로 보이나 상대오차를 구하면

$$\frac{dS}{S} = \frac{8\pi r dr}{4\pi r^2} = 2 \cdot \frac{dr}{r} = 2 \cdot \frac{5}{6330} \approx 0.0016$$

이므로 0.16%의 오차밖에는 주지 않는다. ▮

연습문제 2.5

Exercises

1. 미분을 써서 다음 수의 근사값을 구하여라.

(a) $\sqrt{27}$ (b) $\sqrt[3]{61}$

(c) $\sqrt[4]{83.7}$ (d) $\sqrt[3]{1001}$

2. 반경이 각각 4 m와 4.05 m인 두 공의 표면적의 차의 근사값을 구하여라.

3. 한 질점이 법칙 $s=t^{\frac{3}{2}}$에 따라 직선 위에서 움직이고 있다. t가 4에서 4.04로 변할 때 속력의 변화의 근사값을 구하여라. (s는 m, t는 sec를 단위로 한다.)

4. 1,000cc들이 정육면체 모양의 용기를 만들고자 한다. 용적을 3cc 이내의 오차로 정확하게 재기 위해서는 내부의 한 모서리를 어느 정도 정확하게 재어야 하는가?

5. 윗변, 아랫변이 각각 6cm, 12cm로 일정한 등변사다리꼴이 있다. 등변이 5cm에서 5.2cm로 변할 때 그 면적의 변화의 근사값을 구하여라.

6. 한 점이 포물선 $y^2=3x$를 따라 운동하고 있다. 그 점의 x좌표가 1에서 1.1로 변할 때 원점에서 그 점까지의 거리의 변화의 근사값을 구하여라.

7. 한 개체군의 개체당 성장률이 3%라고 가정하자. 즉 $N(t)$가 시간 t에서 개체군의 크기를 나타내면 $\frac{1}{N}\frac{dN}{dt}=0.03$이라고 가정하자. $t=4$일 때, 개체군의 크기가 100이면, $t=4.1$일 때의 크기는 대략 얼마인가?

제 3 장

도함수의 응용

케플러(1571-1630)는 포도주 통의 최적 비율을 결정하는 문제를 통하여 최대, 최소값에 대한 여러 문제를 생각하게 되었다. 「Doliometria(통에 대한 입체기하학)」에서 그는 구에 내접하고 정사각형의 밑면을 갖는 모든 직육면체 중에서 정육면체의 부피가 가장 크고, 같은 대각선을 갖는 모든 직원기둥 중에서 직경과 높이의 비가 $\sqrt{2}$ 대 1인 것의 부피가 가장 크다는 것을 보였다. 이 결과들은 주어진 치수에 대한 부피를 나열한 표로부터 얻어냈는데, 이러한 표로부터 케플러는 최대 부피에 가까이 감에 따라 주어진 치수의 변화에 대한 부피의 변화가 작아진다는 사실을 관찰하였다. 이것은 미분가능한 함수에 대해 극점에서 $f'(x)=0$이 되는 것과 관련된다.

페르마(1601-1665) 또한 그의 논문에서 최대 최소값에 대한 독창적이고 효과적인 방법을 보였다. 그는 일정한 길이 a의 선분을 길이 x인 선분과 $a-x$인 선분으로 나누어 그 두 선분을 두 변으로 하는 직사각형의 넓이를 최대로 하는 x의 값을 구하는 문제를 생각하였는데, 최대값 주변에서 함수값의 차이가 무시할 정도로 작다는 데에서 착안하여 다음과 같은 방법을 개발하였다. 선분 x와 $a-x$를 두 변으로 하는 직사각형의 넓이는 $A=x(a-x)$이고, 길이 x 대신에 $x+E$를 쓰면 넓이는 $A=(x+E)(a-x-E)$ 이다. 면적이 최대일 때 두 값은 같을 것이며 x와 $x+E$는 일치할 것이므로 $x(a-x)=(x+E)(a-x-E)$ 라 놓으면 $aE-2xE-E^2=0$을 얻는다. 여기서 양변을 E로 나눈 후 E를 0이라 하면, $x=\frac{a}{2}$이다. 이 방법은 함수개념이나 극한개념을 포함하고 있지않지만 여러 경우에 잘 적용되어서, 미분적분학이 엄밀하게 체계화될 때까지 거의 두 세기동안 기본적으로 적용되었다. 이것은 $f'(x)=0$이 되는 점을 찾는 과정과 같음을 알 수 있다.

이 장에서는 도함수를 이용하여 함수의 최대, 최소값을 구하는 방법, 곡선의 모양을 결정하는 방법, 방정식의 근의 근사값을 구하는 방법, 함수 $\frac{f(x)}{g(x)}$가 $x=a$ 또는 $\pm\infty$에서 $\frac{0}{0}$, $\frac{\infty}{\infty}$와 같은 부정형을 갖는 경우 그 극한값을 구하는 방법 등을 다룬다.

3.1 최대, 최소

미분의 응용에는 어떤 일을 하는데 최적의 방법을 찾는 문제들이 있다. 이런 문제들은 함수의 최대, 최소값을 찾는 문제와 밀접한 관련이 있다. 우선 최대, 최소값의 의미를 정확히 알아보도록 하자.

정의 함수 f 의 정의역에 속한 모든 x 에 대하여 $f(c) \geq f(x)$이 성립할 때 c를 **최대점**, $f(c)$를 **최대값**(maximum)이라 한다. 정의역에 속한 모든 x 에 대하여 $f(c) \leq f(x)$이 성립할 때 c를 **최소점**, $f(c)$를 **최소값**(minimum)이라 한다.

예 1 함수 $f(x)=x+1$이 닫힌구간 [0, 1]에서 정의되어 있다고 하면, $x=1$이 최대점, $x=0$이 최소점이 된다.

예 2 함수 $f(x)=\dfrac{1}{x}$은 $x=0$에서 정의되지 않는다. 또한 x가 양의 방향에서 0에 접근할 때 이 함수의 값은 한없이 커지므로 최대점이 존재하지 않는다. x가 음의 방향에서 0에 접근할 때 $f(x)$의 값은 한없이 작아지므로 최소점도 존재하지 않는다.

정의 c근방의 모든 x에 대하여 $f(c) \geq f(x)$이 성립할 때 c를 **극대점**, $f(c)$를 **극대값**(local maximum)이라 한다(여기서 c근방이란 c를 포함하는 열린구간을 의미한다). c근방의 모든 x에 대하여 $f(c) \leq f(x)$이 성립할 때 c를 **극소점**, $f(c)$를 **극소값**(local minimum)이라 한다. 이때 극대점과 극소점을 **극점**이라 하고, 극대값과 극소값을 **극값**(extremum)이라 한다.

그림 3-1에서 c_2가 최소점이고, c_1이 최대점이다. 이때 c_3에 가까운 x값만을 생각하면 $f(c_3)$가 가장 크므로 f의 극대값이 된다. 같은 방법으로 c_4에 가까운 x값만을 생각하면 $f(c_4)$가 가장 작으므로 f의 극소값이 된다.

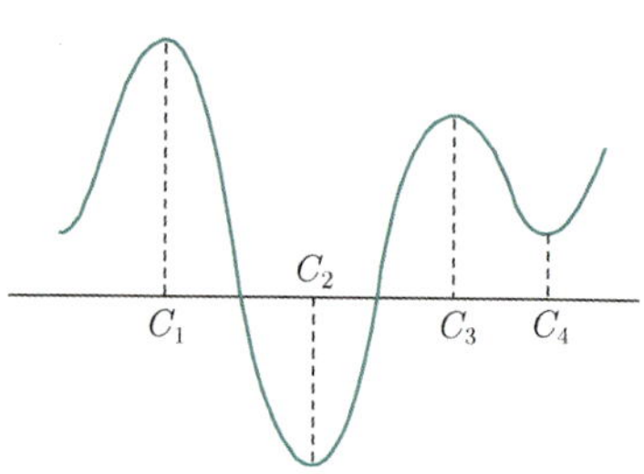

그림 3-1

정의 모든 $x \in [a,b]$에 대하여 $|f(x)| \leq K$를 만족하는 양수 K가 존재할 때 함수 $f(x)$는 $[a,b]$에서 **유계**(bounded)라고 한다.

다음 정리는 연속함수에 관한 중요한 정리로 증명은 해석학개론에서 다룬다.

정리 3-1 **(바이어슈트라스(Weierstrass) 정리)** 함수 f 가 닫힌구간 $[a,b]$ 에서 연속이면 f 는 $[a,b]$ 에서 유계이고 최대값과 최소값을 갖는다.

정리 3-2 **(페르마(Fermat) 정리)** 함수 f 가 열린구간 $(a,\ b)$의 점 c 에서 극대 또는 극소값을 갖고 $f'(c)$가 존재하면, $f'(c)=0$이다.

증명 우리는 여기서 극대점인 경우만 증명하기로 한다(극소점인 경우도 마찬가지로 증명할 수 있다). 충분히 작은 값 h(양수 또는 음수)를 택하면 $c+h$는 주어진 구간 내에 있고

$$f(c) \geq f(c+h)$$

이다. 따라서

$$f(c+h)-f(c) \leq 0.$$

이때 $h>0$이면

$$\frac{f(c+h)-f(c)}{h} \leq 0$$

이므로

$$\lim_{h \to 0^+} \frac{f(c+h)-f(c)}{h} \leq 0.$$

$h<0$ 이면

$$\frac{f(c+h)-f(c)}{h} \geq 0$$

이므로

$$\lim_{h \to 0^-} \frac{f(c+h)-f(c)}{h} \geq 0.$$

미분계수 $f'(c)$의 정의에 의하여 위의 두 극한이 일치하여야 하므로 $f'(c)=0$이 되어야 한다. ∎

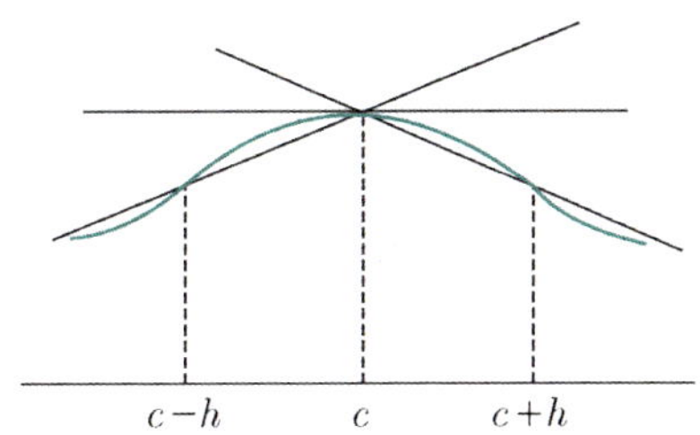

그림 3-2

일반적으로 위 정리의 역은 성립하지 않는다.

예 3 함수 $f(x)=x^3-1$이면 $f'(x)=3x^2$이므로 $f'(0)=0$이다. 그러나 그림 3-3을 보면 $f(0)$이 극대나 극소값이 아님을 알 수 있다.

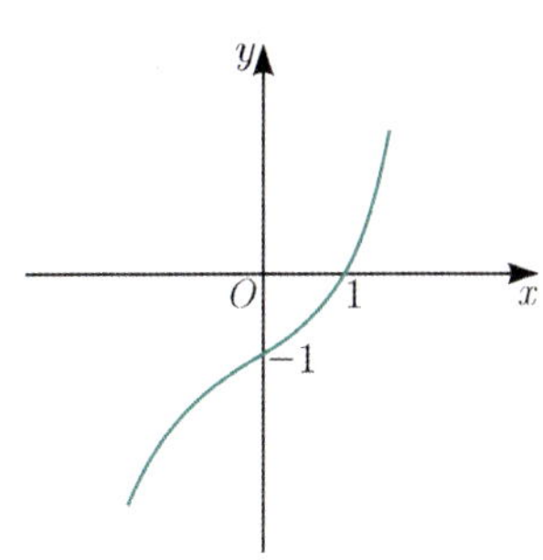

그림 3-3

> **정의** 함수 f 의 **임계점**(critical point)은 $f'(c)=0$이거나 $f'(c)$가 존재하지 않는 f 의 정의역 안에 있는 점 c를 말한다.

$f(a) > f(x)$인 경우(그림 3-6 참조)에도 최대값, 극대값 대신 최소값, 극소값을 이용하여 같은 방법으로 보일 수 있다. ■

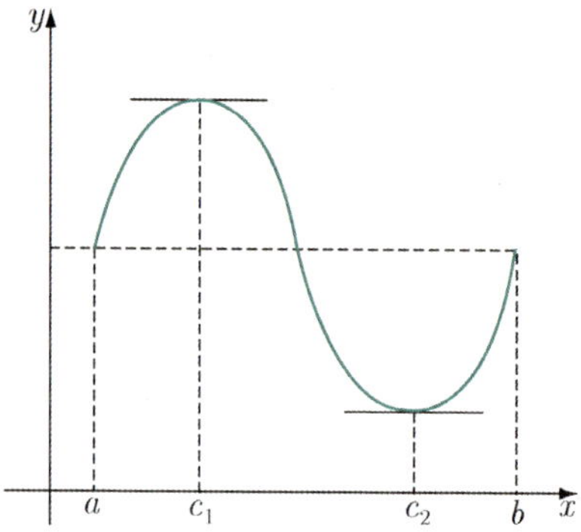

그림 3-6

예 4 공을 수직으로 위를 향해 던진다고 하자. 공은 올라가다가 중력의 영향을 받아 어느 순간 방향을 바꿔 내려올 것이다. 공의 위치를 함수 $s = f(t)$로 나타내면 서로 다른 순간 $t = a$, $t = b$에서 $f(a) = f(b)$이라 할 수 있다. 롤의 정리에 의하면 어떤 순간 $t = c$, $a < c < b$에서 $f'(c) = 0$이다. 이는 $t = c$에서 속도가 0이 됨을 나타내는데, 공이 제일 높이 올라갈 때임을 알 수 있다.

이제 함수 f가 닫힌구간 $[a, b]$에서 연속이고, 열린구간 (a, b)에서 미분가능할 때 롤의 정리에서와 같은 $f(a) = f(b)$이라는 가정을 주지 않을 경우 그림 3-7에서 보는 바와 같이 곡선

$$y = f(x), \quad a \le x \le b$$

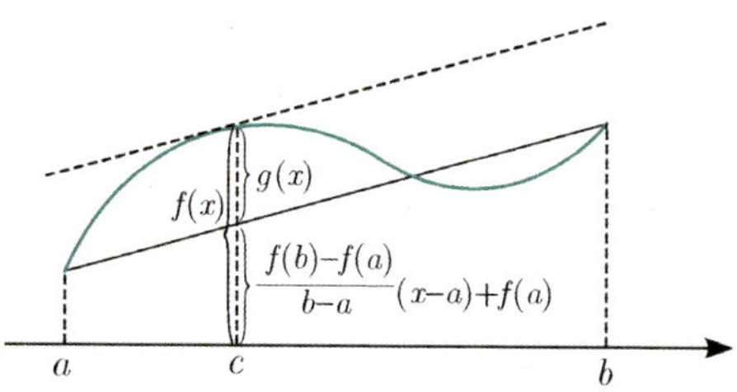

그림 3-7

에서 $a < c < b$인 수 c가 존재하여 점 $(c, f(c))$에서의 접선이 그래프의 양 끝점을 지나는 직선과 평행함을 증명하려고 한다.

정리 3-4 (평균값 정리, The Mean Value Theorem) 함수 f가 닫힌구간 $[a, b]$에서 연속이고, 열린구간 (a, b)에서 미분가능하면 $a < c < b$인 어떤 점 c에 대하여

$$f'(c) = \frac{f(b) - f(a)}{b - a}$$

이다.

증명 양 끝점을 지나는 직선의 방정식은

$$y = \frac{f(b) - f(a)}{b - a}(x - a) + f(a)$$

이다. 이제 다음과 같이 곡선 $y = f(x)$와 이 직선의 차를 생각하자.

$$g(x) = f(x) - \frac{f(b) - f(a)}{b - a}(x - a) - f(a)$$

그러면 g는 $[a, b]$에서 연속이고 (a, b)에서 미분가능하며

$$g(a) = f(a) - f(a) = 0$$

$$g(b) = f(b) - f(b) = 0$$

이므로 롤의 정리(정리 3-3)에 의하여 $a < c < b$인 어떤 점 c에 대하여

$$g'(c) = 0$$

임을 알 수 있다. 한편,

$$g'(x) = f'(x) - \frac{f(b) - f(a)}{b - a}$$

이므로,

$$0 = g'(c) = f'(c) - \frac{f(b) - f(a)}{b - a}$$

이고, 따라서

$$f'(c) = \frac{f(b) - f(a)}{b - a}$$

가 된다. ■

일반적으로 평균값 정리는 순간변화율이 구간에서의 평균변화율과 같아지는 순간이 있다는 것을 말해준다(예 5 참조).

예 5 자동차가 세 시간 동안 직선 도로를 따라 240km를 달렸다고 하자. 평균값 정리에 의하면 시간 $c \in (0, 3)$에서 $f'(c) = \dfrac{240}{3} = 80$을 만족하므로 세 시간 동안 속도계가 적어도 한번 80 km/h를 나타내었음을 알 수 있다.

연습문제 3.2

Exercises

1. $f(0) = -1$, $f(2) = 4$이고 모든 x에 대하여 $f'(x) \le 2$를 만족하는 함수 f가 존재하는가?

2. $a \le x \le b$일 때 $|f'(x)| \le M$을 만족시키는 상수 M이 존재하면

$$|f(b) - f(a)| \le M(b - a)$$

임을 증명하여라.

3. 방정식 $\tan x = 1 - x$가 (0, 1)에서 근을 갖는 것을 롤의 정리를 이용해서 증명하여라.
[힌트 : $f(x) = (x-1)\sin x$ 라고 하고 $f(0)$, $f(1)$, $f'(x)$를 구해보아라]

4. 방정식 $x^5+2x-1=0$ 이 꼭 하나의 실근을 가짐을 보여라.

5. $p(t)$를 임의의 다항식이라 하고 $f(x)=p(x^2)$라 하자. 임의의 $a>0$에 대하여 $f'(c)=\dfrac{f(a)-f(-a)}{2a}$ 가 되는 $c\in[-a,a]$를 구하여라.

6. 부등식 $|\sin b-\sin a|\le|b-a|$이 성립함을 보여라.

7. 함수 $f(x)=3x^2+2x+5$가 $[-1,1]$에서 평균값 정리의 가정을 만족함을 보이고 그 결과를 만족하는 수 c를 구하여라.

8. 시간 t에서 생물량을 $B(t)$로 표시했을 때, $B(0)=3$이고 모든 $t\in[0,3]$에 대해 $\left|\dfrac{dB}{dt}\right|\le 1$라고 하면, $B(3)$에 대해 무엇을 말할 수 있는가?

3.3 곡선의 증감과 오목성

정의 f가 어떤 구간에서 정의된 함수라 하자. x_1, x_2가 $x_1<x_2$인 이 구간의 임의의 점들일 때 $f(x_1)\le f(x_2)$이면 함수 f는 이 구간에서 **증가함수**(increasing function)라 하고, $f(x_1)\ge f(x_2)$이면 **감소함수**(decreasing function)라 한다. $x_1<x_2$일 때, $f(x_1)<f(x_2)$이면 **순증가함수**(strictly increasing function), $f(x_1)>f(x_2)$이면 **순감소함수**(strictly decreasing function)라 한다. 증가 또는 감소함수를 **단조함수**(monotone function), 순증가 또는 순감소함수를 **순단조함수**(strictly monotone function)라고 한다.

상수함수는 증가함수인 동시에 감소함수이다. 그림 3-8에서 함수 $f(x)$의 미분계수는 구간 $(x_1,\ x_2)$에서 양수이다. 그러면 이 구간에서 함수의 변화율이 양이므로 함수가 증가하고 있다고 해석할 수 있다. 일반적으로 다음과 같이 함수의 증가나 감소에 대한 판정법을 얻는다.

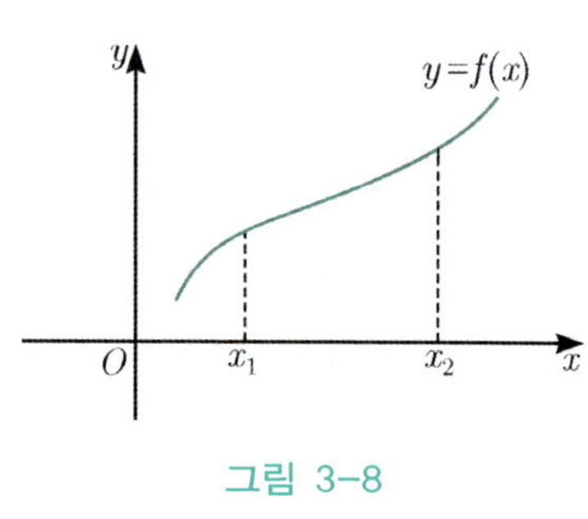

그림 3-8

정리 3-5 **(증가 · 감소 판정법)** 함수 f 가 구간 I 에서 연속이고, I 의 끝점을 제외한 구간 I^0 에서 미분가능하다고 하자. I^0 의 모든 x 에 대하여

(a) $f'(x)=0$ 이면 f 는 I 에서 상수함수이고

(b) $f'(x) \geq 0(f'(x)>0)$ 이면 f 는 I 에서 증가(순증가)함수이며

(c) $f'(x) \leq 0(f'(x)<0)$ 이면 f 는 I 에서 감소(순감소)함수이다.

증명 x_1, x_2 를 $x_1<x_2$ 인 구간 I 에 속하는 임의의 두 점이라 하면, f 는 $[x_1, x_2]$ 에서 연속이고 (x_1, x_2) 에서 미분가능하다. 따라서 평균값 정리에 의하면 $x_1<c<x_2$ 인 어떤 점 c 에 대하여 $f(x_2)-f(x_1)=f'(c)(x_2-x_1)$ 이다. I^0 의 모든 점에서 $f'(x)=0$ 이면, $x_2-x_1>0$ 이고 $f'(c)=0$ 이므로 $f(x_1)=f(x_2)$ 가 된다. 즉 f 는 상수함수이다. I^0 의 모든 점에서 $f'(x) \geq 0$ 이면 $f'(c) \geq 0$ 이고, 따라서 $f(x_1) \leq f(x_2)$ 이다. 즉, 함수 f 가 구간 I 에서 증가함수임을 나타낸다. I^0 의 모든 점에서 $f'(x)>0$ 이면 $f'(c)>0$ 이므로 $f(x_1)<f(x_2)$ 이고, 따라서 f 는 I 에서 순증가함수이다. 마지막 부분의 증명도 이와 비슷하므로 생략한다. ■

따름정리 두 함수 $f(x)$ 와 $g(x)$ 가 어떤 구간에서 미분가능하고 그 구간의 모든 점 x 에서 $f'(x)=g'(x)$ 이면, 어떤 상수 C 가 존재하여 그 구간에서 항상

$$f(x)=g(x)+C$$

이다.

증명 $\varphi(x)=f(x)-g(x)$ 라 두면

$$\varphi'(x)=f'(x)-g'(x)=0$$

이므로

$\varphi(x)=C$, 즉 $f(x)=g(x)+C$ 이다. ■

우리는 앞 절에서 극점은 임계점이 되나, 그 역은 성립하지 않음을 보았다. 정리 3-5에 의하여 임계점이 극소 또는 극대점이 되는 경우를 결정할 수 있다. 즉 f 가 연속함수이고 c 가 f 의 임계점일 때, f' 이 c 의 좌우에서 양에서 음으로 변하면 c 는 f 의 극대점이고, 음에서 양으로 변하면 c 는 f 의 극소점이다.

예제 3-3 함수 $f(x)=x^3+5x^2-1$ 의 증가 및 감소범위를 정하고, 극대 또는 극소점이 있으면 구하여라.

풀이 $f'(x)=3x^2+10x=x(3x+10)$ 이므로 $f'(x)=0$ 인 점은 $x=0$ 과 $x=-\dfrac{10}{3}$ 이다.

따라서 도함수의 부호는 구간

$$x<-\frac{10}{3}, \quad -\frac{10}{3}<x<0, \quad x>0$$

에 따라 일정하게 정해진다. $x < -\frac{10}{3}$에서 $f'(x) > 0$이므로 f는 $\left(-\infty, -\frac{10}{3}\right)$에서 순증가하고, 구간 $-\frac{10}{3} < x < 0$에서 $f'(x) < 0$이므로 f는 $\left(-\frac{10}{3}, 0\right)$에서 순감소하며, 구간 $x > 0$ 에서 $f'(x) > 0$이므로 f는 $(0, \infty)$에서 다시 순증가한다. 따라서 $x = -\frac{10}{3}$은 극대점이고, $x = 0$는 극소점이다. ▮

예제 3-4 음료수 회사에서 쥬스 250 을 담을 원기둥 모양의 캔을 만들려고 한다. 재료의 비용을 최소화하고자할 때 밑면의 반지름 r과 높이 h를 얼마로 해야 하는가?

풀이 재료의 비용을 최소화하기 위해서는 캔의 표면적을 최소화해야 한다. 원기둥의 표면적은

$$A = 2\pi r^2 + 2\pi rh$$

이고, 부피는 $\pi r^2 h = 250$이다. $h = \frac{250}{\pi r^2}$이므로 위 식에 대입하면

$$A = 2\pi r^2 + 2\pi r\frac{250}{\pi r^2} = 2\pi r^2 + \frac{500}{r}$$

이 된다. 이제 표면적 A는 r에 관한 함수이므로 $A(r) = 2\pi r^2 + \frac{500}{r}$, $r > 0$이라 놓을 수 있다.

$$A'(r) = 4\pi r - \frac{500}{r^2} = \frac{4(\pi r^3 - 125)}{r^2}, \quad r > 0$$

이므로 임계점은 $r = \sqrt[3]{\frac{125}{\pi}}$ 이다. $0 < r < \sqrt[3]{\frac{125}{\pi}}$ 에 대해 $A'(r) < 0$이고, $r > \sqrt[3]{\frac{125}{\pi}}$ 에 대해 $A'(r) > 0$ 이므로 $r = \sqrt[3]{\frac{125}{\pi}}$ 에서 표면적은 최소값을 갖는다. $r = \sqrt[3]{\frac{125}{\pi}}$ 일 때

$$h = \frac{250}{\pi r^2} = \frac{250}{\pi\left(\frac{125}{\pi}\right)^{2/3}} = \frac{2(125^3)^{1/3}}{\left(\frac{\pi^3 125^2}{\pi^2}\right)^{1/3}} = 2\sqrt[3]{\frac{125}{\pi}} = 2r$$

이다. 즉, 비용을 최소화하기 위해 반지름은 $\sqrt[3]{\frac{125}{\pi}}$, 높이는 지름과 같게 해야 한다. ▮

이제 곡선의 굽은 방향에 대하여 생각해 보자. 함수 f를 $[a, b]$에서 정의된 연속함수라 하고, (a, b)에서 f'과 f''이 존재한다고 하자. $f''(x)$는 곡선 $y = f(x)$의 기울기의 변화율로 생각할 수 있다. 만약 이계도함수 f''이 구간 (a, b) 에서 양이면 곡선의 기울기는 증가하고(그림 3-9(a) 참조), f''이 음이면 곡선의 기울기는 감소하게 된다(그림 3-9(b) 참조).

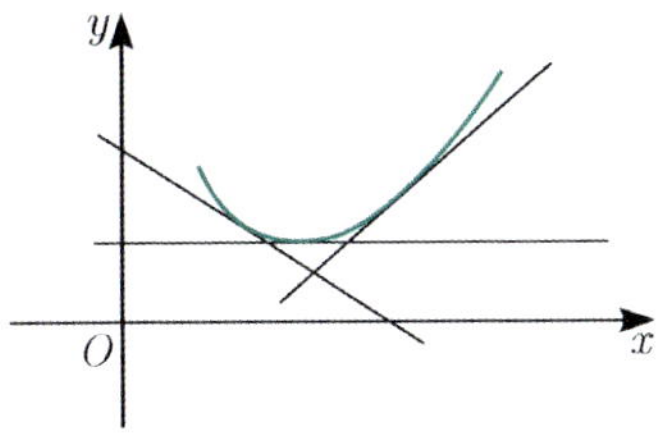

그림 3-9 (a)

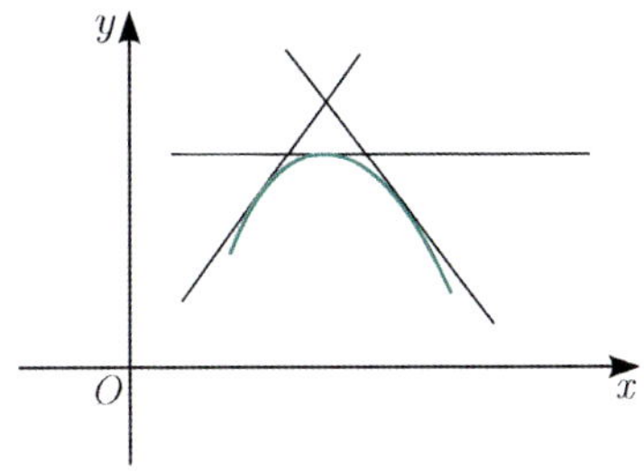

그림 3-9 (b)

정의 함수 f 의 그래프가 구간에서 모든 접선보다 위에 놓일 때(그림 3-9(a) 참조) f 는 그 구간에서 **위로 오목**(concave upward)이라 하고, f 의 그래프가 구간에서 모든 접선보다 아래에 놓일 때(그림 3-9(b) 참조) f 는 그 구간에서 **아래로 오목**(concave downward)이라 한다. 이것을 각각 **아래로 볼록**(convex downward), **위로 볼록**(convex upward)이라 하기도 한다.

함수의 오목과 볼록을 아래 참고처럼 정의하기도 한다.

참고 곡선 $y=f(x)$가 구간 내의 임의의 두 점 a, $b(a<b)$에 대하여,

$$a<x<b \text{ 일 때, } f(a)+\frac{f(b)-f(a)}{b-a}(x-a) \geq f(x)$$

을 만족하면 그 구간에서 **위로 오목** 또는 **아래로 볼록**이라고 한다. 만약 위 부등식에서 등호가 빠지면 위로 순오목 또는 아래로 순볼록이라고 한다. 부등식

$$a<x<b \text{ 일 때, } f(a)+\frac{f(b)-f(a)}{b-a}(x-a) \leq f(x)$$

가 성립하면 곡선 $y=f(x)$는 아래로 오목 또는 위로 볼록이라고 말한다. 등호가 빠진 경우 위의 경우와 마찬가지로 아래로 순오목 또는 위로 순볼록도 정의한다.

이계도함수를 이용하여 곡선의 오목성을 판정하게 하는 다음 정리를 얻을 수 있다(증명은 생략한다).

정리 3-6 함수 f 가 구간 $[a,\ b]$에서 연속이고 $(a,\ b)$에서 f'과 f''이 존재한다고 하자. 이 구간의 모든 x 값에 대하여

(a) $f''(x)>0$이면 곡선 $y=f(x)$는 $[a,b]$ 에서 위로 오목이고,

(b) $f''(x)<0$이면 곡선 $y=f(x)$는 $[a,b]$ 에서 아래로 오목이다.

정의 곡선 $y = f(x)$상의 점 P에서 f가 연속이고, 그 점에서 곡선이 위로 오목에서 아래로 오목으로 또는 그 반대의 상태로 바뀌는 경우 점 P를 **변곡점**(inflection point)이라 한다(그림 3-10).

f''이 $[a, b]$에서 연속이고, $c \in (a, b)$에서 변곡점을 가지면 $f''(c) = 0$이 된다. 그러나 $f''(x) = 0$인 점이 반드시 변곡점이 되는 것은 아니며, $f''(x)$가 존재하지 않는 점이 변곡점이 될 수도 있다는 사실을 다음 두 예에서 살펴보도록 하자.

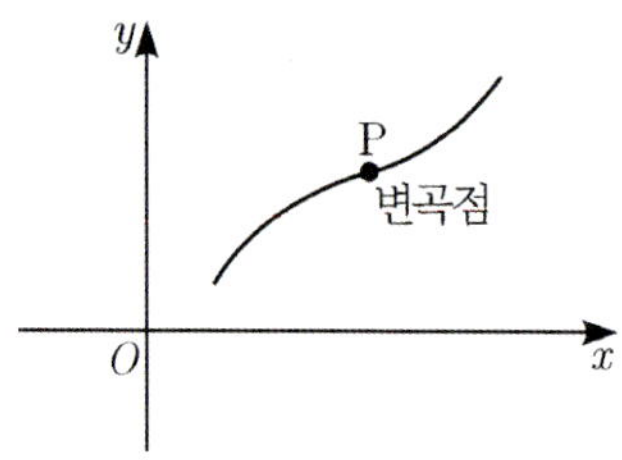

그림 3-10

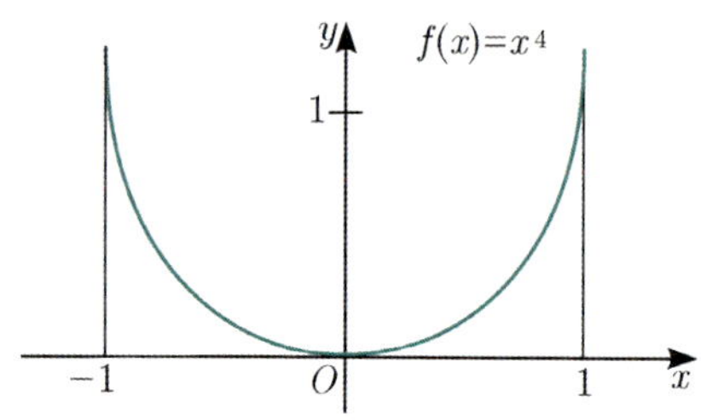

그림 3-11

예 6 $f(x) = x^4$의 변곡점을 조사해보자. $f''(x) = 12x^2$이므로 모든 x에 대하여 $f''(x) \geq 0$이다. 따라서 $f''(0) = 0$이나 f''의 부호가 0의 앞뒤에서 바뀌지 않으므로 $x = 0$에서 변곡점을 갖지 않는다(그림 3-11).

예 7 $f(x) = x^{\frac{1}{3}}$이라 하면

$$f''(x) = -\frac{2}{9}x^{-\frac{5}{3}}$$

이므로 $x \neq 0$일 때 $f''(x) \neq 0$이다.

$$x < 0 \text{에서 } f''(x) > 0, \quad x > 0 \text{에서 } f''(x) < 0$$

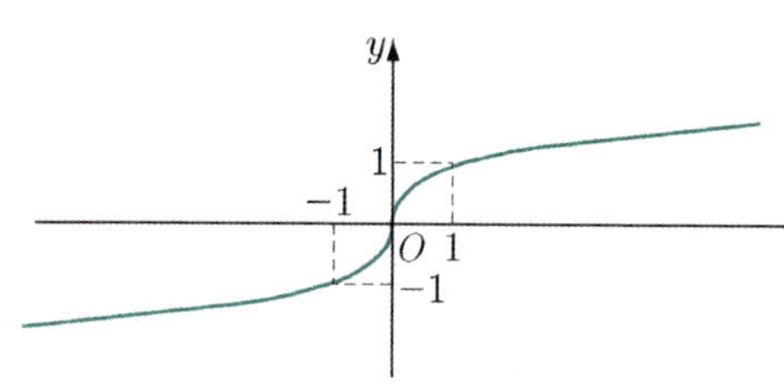

그림 3-12

이므로 $x = 0$에서 변곡점을 갖는다. 그러나 $f'(0)$도 $f''(0)$도 존재하지 않는다(그림 3-12).

$f''(x)$의 부호가 바뀌는 모든 점에서 변곡점이 존재하므로, 극대값과 극소값에 관한 다음의 판정법을 말할 수 있다.

정리 3-7 **(2계 도함수 판정법)** f''이 (a,b)에서 연속이고, $c \in (a, b)$라고 하자.

(a) $f'(c) = 0$이고 $f''(c) > 0$이면 f는 c에서 극소값을 갖는다.

(b) $f'(c) = 0$이고 $f''(c) < 0$이면 f는 c에서 극대값을 갖는다.

예제 3-5 함수 $f(x)=x^4-8x^3$ 의 극대값 혹은 극소값을 구하여라.

풀이 $f'(x)=4x^2(x-6)$, $f''(x)=12x(x-4)$ 이므로, $f'(0)=f'(6)=0$ 이다.
$f''(6)>0$ 이므로 2계 도함수 판정법에 의해서 $f(6)=-432$ 은 극소값이다.
그러나 $f''(0)=0$ 이므로 2계 도함수 판정법을 적용할 수 없다. ■

곡선의 오목볼록의 범위, 변곡점 등은 그래프를 그리는 데 큰 도움이 된다. 예를 들어 곡선이 어떤 구간에서 순감소하고, 아래로 순오목하다면 그림 3-13(a)와 같이 표시되며, (b), (c)의 경우는 제외된다.

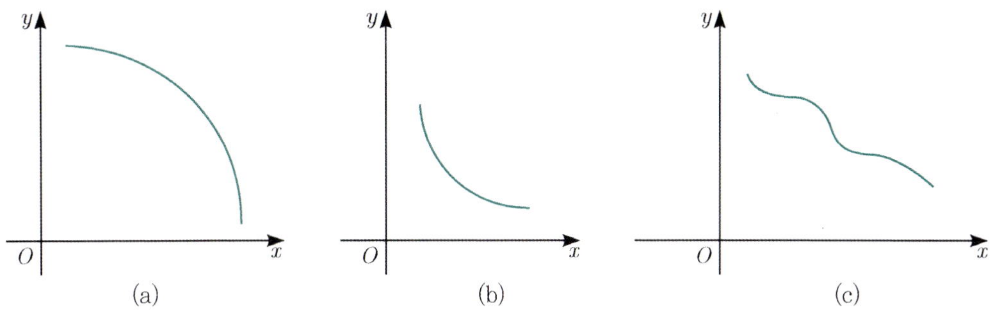

그림 3-13

예제 3-6 함수 $f(x)=x^{\frac{1}{3}}(x+4)$의 위로 오목 혹은 아래로 오목인 범위를 정하고 변곡점을 구하여라.

풀이 $f'(x)=\dfrac{1}{3}x^{-2/3}(x+4)+x^{1/3}=\dfrac{(x+4)+3x}{3x^{2/3}}=\dfrac{4(x+1)}{3x^{2/3}}$,

$$f''(x)=\frac{4\cdot 3x^{2/3}-4(x+1)\cdot 3\cdot \frac{2}{3}\cdot x^{-1/3}}{9x^{4/3}}=\frac{\frac{12x-8(x+1)}{x^{1/3}}}{9x^{4/3}}=\frac{4(x-2)}{9x^{5/3}}$$

이므로 $f''(2)=0$이고 $f''(0)$은 존재하지 않는다. $f''(x)$가 $x<0$에서 양, $0<x<2$에서 음, $x>2$에서 양이므로 0과 2에서 변곡점을 갖고, 함수의 그래프는 $x<0$ 또는 $x>2$에서 위로 오목, $0<x<2$에서 아래로 오목이 된다. ■

연습문제 3.3 Exercises

1. 다음 함수들의 증가 및 감소구간을 결정하여라.

(a) $f(x)=x^3+1$ (b) $f(x)=(x-1)(x-2)(x-3)$

(c) $f(x)=x^2-x+6$ (d) $f(x)=x^4-3x^2+1$

(e) $f(x)=x^3+x-2$ (f) $f(x)=-x^3+2x+1$

(g) $f(x)=2x^3+5$ (h) $f(x)=5x^2+1$

2. 함수 $f(x)$는 모든 x에 대하여 $f'(x)=f(x)$이고, $f(x)\neq 0$이라 하자. 그러면 $g'(x)=g(x)$인 임의의 함수에 대하여 상수 c가 존재하여

$$g(x)=cf(x)$$

임을 증명 하여라(함수 g/f를 미분하여 보아라).

3. 다음 각 함수의 최대 및 최소점을 모든 x에서, 또 주어진 구간에서 각각 구하여라. 또 함수의 증가 및 감소범위를 찾아라.

(a) $x^2-2x-8,\ [0,4]$ (b) $x^2-2x+1,\ [-1,4]$

(c) $4-4x-x^2,\ [-1,4]$ (d) $\sin x+\cos x,\ [0,\pi]$

(e) $3x-x^3,\ [-2,\sqrt{3}]$ (f) $(x-1)^{\frac{1}{3}}+\frac{1}{2}(x+1)^{\frac{2}{3}},\ [-2,7]$

(g) $x^{\frac{1}{2}}+1,\ [0,1]$ (h) $\sqrt{x^2+1},\ [0,8]$

4. $0\leq x<\frac{\pi}{2}$에서 $\tan x\geq x$임을 보여라.

5. 시간 t에서 개체군의 크기가 $N(t)$이고, 그것의 성장률이 로지스틱 성장함수

$$\frac{dN}{dt}=rN\left(1-\frac{N}{K}\right),\quad t\geq 0$$

로 주어진다고 하자. 여기서 r과 K는 양의 상수이다.

(a) $r=2$이고 $K=8$일 때 N의 함수로써 $\frac{dN}{dt}$의 그래프를 그려라.

(b) $f(N)=rN\left(1-\frac{N}{K}\right)$일 때 $f'(N)$을 구하고 $f(N)$의 증가 · 감소 범위를 구하여라.

6. 다음 함수의 위로 오목, 볼록 구간을 정하고, 또 변곡점을 구하여라.

(a) $f(x)=-3x^2$ (b) $f(x)=x^2-2x+4$

(c) $f(x)=x^3-8$ (d) $f(x)=x^4-6x^2+8$

(e) $f(x)=\frac{1}{\sqrt{x-3}}$ (f) $f(x)=\frac{1}{x^2-4}$

(g) $f(x)=\frac{1}{\sqrt{x}+1}$ (h) $f(x)=\frac{1}{x^4}$

7. 구간 $I=[-2, 3]$에서 $f''(x)=x^4-5x^3+4x^2+4$라 하자. I의 어디서 f가 아래로 오목한가?

8. 함수 f의 2계도함수 f''의 그래프가 다음과 같이 주어졌다고 하자. 이때, f의 변곡점의 x좌표를 말하고, 그 이유를 설명하여라.

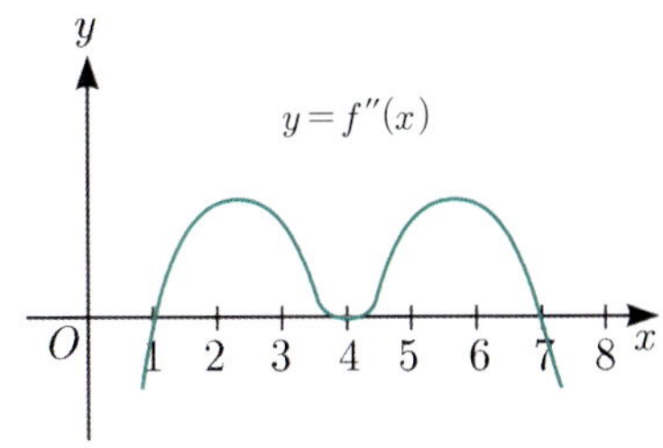

9. 함수 f의 1계도함수 f'의 그래프가 다음과 같이 주어졌다고 하자.

(a) f가 증가하는 구간을 구하여라.

(b) f가 극대값이나 극소값을 가지는 x의 값을 구하여라.

(c) f가 위로 오목하거나 아래로 오목한 구간을 구하여라.

(d) f의 변곡점의 x좌표를 구하여라.

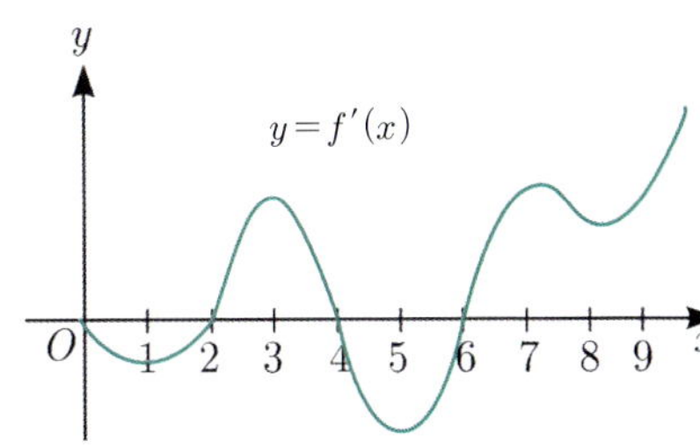

10. $f(x)=x|x|$는 $(0,0)$에서 변곡점을 갖지만 $f''(0)$은 존재하지 않음을 보여라.

11. $f(x)=\dfrac{1}{\sin x}+\dfrac{1}{\cos x}\left(0<x<\dfrac{\pi}{2}\right)$의 최대값과 최소값이 존재한다면 구하여라.

12. $f(x)$가 (a, b)에서 양수이고 위로 오목이면 $\{f(x)\}^2$도 위로 오목임을 보여라.

13. $f'(x)=4(x+1)(x-2)^2(x-3)^3(x-5)^4$일 때, $f(x)$가 극대값과 극소값을 갖는 x의 값을 구하여라.

14. 점 $(a,0)$에서 가장 가까운 곡선 $y=\sqrt{x}$ 위의 점을 구하여라. (단, $a>\dfrac{1}{2}$).

15. $f(x)=2\cos x+\sin 2x$의 그래프의 개형을 그려라.

16. 함수 $f(x)=a\sqrt{x}+\dfrac{b}{\sqrt{x}}$가 점 $(4,13)$을 변곡점으로 가지려면, a와 b는 각각 얼마여야 하는가?

17. 삼차함수 $f(x)$가 세 개의 실근 r_1, r_2, r_3을 가진다고 하자. 이 때, 변곡점의 x좌표는 $\dfrac{r_1+r_2+r_3}{3}$임을 보여라.

18. $k \geq 3$ 이라 하고 $f(x)=x^k$ 이라 하자. $f(x)$가 $x=0$에서 변곡점을 가지려면 k의 값은 무엇이어야 하는가?

19. p, q를 양의 정수라 하자. $p<q$이고 q는 홀수이고 $f(x)=x^{\frac{p}{q}}$ 라 하자. $f(x)$가 변곡점을 가지기 위한 p와 q의 조건은 무엇인가?

20. 두 공장 지역이 20 km 떨어져 있다. 두 지역 사이에 있는 지점의 분진 농도(단위는 ppm)는 분진의 근원으로부터의 거리의 제곱에 역비례하여 감소한다. (가)지역이 (나)지역보다 8배의 분진을 배출하면, 두 지역 사이의 특정 지점의 분진 농도는

$$C(x)=\frac{8k}{x^2}+\frac{k}{(20-x)^2},\quad 1\leq x\leq 19,\quad k>0$$

로 주어진다. 분진 농도가 최소가 되는 지점은 (가)로부터 얼마나 떨어진 곳인가?

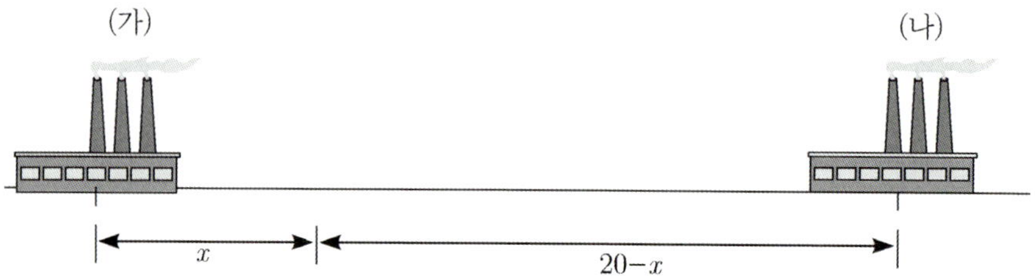

3.4 곡선의 개형

지금까지 어떤 함수의 그래프를 능률적으로 그릴 수 있는 방법을 보아 왔는데, 이를 구체적으로 정리해 보면 다음과 같다.

1. 좌표축과의 교점
2. 임계점
3. 증가범위 및 감소범위

4. 극대점과 극소점
5. x가 양 또는 음으로 매우 커질 때의 상황
6. y를 양 또는 음으로 매우 커지게 하는 x의 값
7. 곡선이 위로 혹은 아래로 오목인 범위(곡선의 굽은 방향)와 변곡점

위와 같은 상태에 유의하면 비교적 정확한 곡선의 개형을 그릴 수 있는데 몇가지 예를 들어 보기로 한다.

예제 3-7 함수 $f(x) = -x^3 + 3x - 5$의 그래프를 그려라.

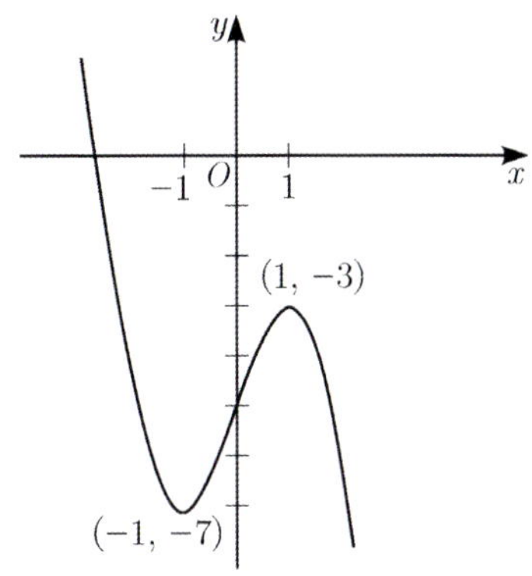

그림 3-14

풀이

1. $x = 0$일 때 $y = -5$.
2. $f'(x) = -3x^2 + 3$이므로 임계점은 $x = \pm 1$.
3. $f'(x) > 0$을 풀면 증가범위는 $-1 < x < 1$.
   $f'(x) < 0$을 풀면 감소범위는 $x > 1$ 또는 $x < -1$.
4. $x < -1$에서 감소, $x > -1$에서 증가이므로 $x = -1$은 극소점이고, 마찬가지 이유로 $x = 1$은 극대점이다. $f(-1) = -7$, $f(1) = -3$.
5. $\lim_{x \to \infty} f(x) = \lim_{x \to \infty} (-x^3)\left(1 - \frac{3}{x^2} + \frac{5}{x^3}\right) = -\infty$이고, $x \to -\infty$이면 $f(x) \to \infty$.
6. $f''(x) = -6x$이므로 $(0, -5)$가 변곡점이고, $x < 0$에서는 위로 오목하고, $x > 0$에서 아래로 오목하다.

이상의 결과를 종합하여 그래프로 나타내면 그림 3-14와 같다.

예제 3-8 함수 $f(x) = \frac{x^2}{8} - \frac{1}{x}$의 그래프를 그려라.

풀이

1. 이 함수는 $x = 0$에서 정의되지 않으므로 y축과의 교점은 없고 x축과의 교점은 $x = 2$이다.
2. $f'(x) = \frac{x}{4} + \frac{1}{x^2}$이므로 임계점은
   $x = -\sqrt[3]{4}$이다.
3. $x < -\sqrt[3]{4}$이면 $f'(x) < 0$이므로 이 구간에서 감소함수이고, $x > -\sqrt[3]{4}$일 때 $f'(x) > 0$이므로 이 구간에서 증가함수이다.
4. $x = -\sqrt[3]{4}$는 극소점이다.
5. $\lim_{x \to \infty} f(x) = \lim_{x \to \infty} \left(\frac{x^2}{8} - \frac{1}{x}\right) = \infty$, $\lim_{x \to -\infty} f(x) = \lim_{x \to -\infty} \left(\frac{x^2}{8} - \frac{1}{x}\right) = \infty$.

6. $\lim_{x \to 0^+}\left(\frac{x^2}{8} - \frac{1}{x}\right) = -\infty$, $\lim_{x \to 0^-}\left(\frac{x^2}{8} - \frac{1}{x}\right) = \infty$.

7. $f''(x) = \frac{1}{4} - \frac{2}{x^3}$ 이므로 $x > 2$ 또는 $x < 0$ 일 때 $f''(x) > 0$ 이고, $0 < x < 2$ 에서 $f''(x) < 0$ 이다. 즉, $x > 2$ 또는 $x < 0$ 에서는 f 는 위로 오목하고, $0 < x < 2$ 에서는 아래로 오목하다. 따라서 $(2, 0)$ 이 변곡점이고, 이를 그래프로 나타내면 그림 3-15와 같다. ▮

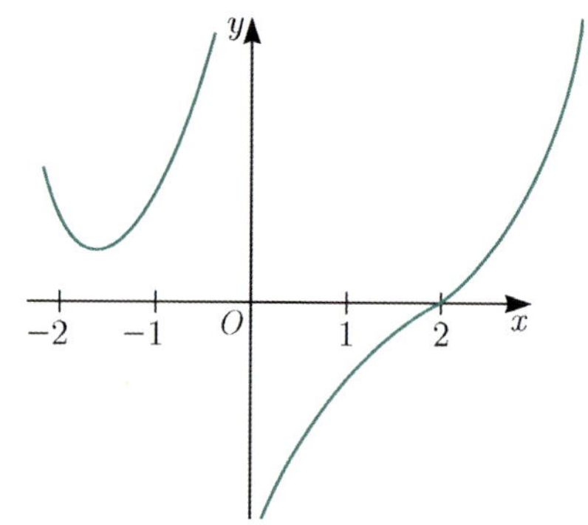

그림 3-15

연습문제 3.4 Exercises

1. 본문에서 지적한 사항을 조사하고 다음 다항함수의 그래프를 그려라.

(a) $y = x^5 + x$ (b) $y = x^4 + 4x$

(c) $y = x^3 + x - 1$ (d) $y = x^3 + 2x + 5$

2. 본문에서 지적한 7가지 사항을 조사하고 다음 유리함수의 그래프를 그려라.

(a) $y = x + \frac{1}{x}$ (b) $y = \frac{x^2 + 2}{x - 3}$

(c) $y = \frac{x + 1}{x^2 + 1}$ (d) $y = \frac{x^2 - 1}{x}$

(e) $y = \frac{x^2 + 2}{x + 1}$ (f) $y = \frac{\sqrt{2x^2 + 1}}{3x - 5}$

3. a, b, c, d $(a < b < c < d)$를 서로 다른 4개의 수라 하자. 이때 다음 각 곡선은 어떤 모양이 되겠는가?

(a) $y = (x - a)(x - b)$ (b) $y = (x - a)(x - b)(x - c)(x - d)$

4. 다음 다항함수의 그래프를 그리고, 증가 및 감소범위, 극대 및 극소점을 찾아라.

(a) $4x - \frac{1}{3}x^3$ (b) $x^2 + 4x + 2$

(c) $\frac{1}{3}x^3 + x - 2$ (d) $x^3 - 3x^2 + 6x - 3$

5. 다음 함수의 그래프를 그리고, 증가 및 감소범위, 극대 및 극소점을 찾아라.

(a) $\dfrac{2x}{x+4}$　　(b) $\dfrac{x}{3x-5}$

(c) $\dfrac{3x-2}{2x+3}$　　(d) $\dfrac{x^2-4}{(x-2)^2}$

6. 다음 함수의 그래프를 그리고, 증가 및 감소범위, 극대 및 극소점을 찾아라.

(a) $\dfrac{x+1}{x^2+5}$　　(b) $\dfrac{x+1}{x^2-5}$

(c) $\dfrac{4x}{x^2-9}$　　(d) $\dfrac{x^2-4}{x^3}$

7. 다음 함수의 그래프를 그리고, 증가 및 감소범위, 극대 및 극소점을 찾아라.

(a) $\dfrac{x^2}{\sqrt{x+1}}$　　(b) $(x-1)^{2/3}+3$

(c) $x^{2/3}\sqrt{9-x^2}\ (3 \le x \le 3)$　　(d) $(x-1)^{\frac{1}{3}}+\dfrac{1}{2}(x+1)^{\frac{2}{3}}\ (-2 \le x \le 7)$

(e) $x-\sin x$　　(f) $\sin 2x+\sqrt{3}\cos 2x$

3.5 뉴턴의 방법

방정식을 풀고 이를 응용하는 것이 수학에서는 중요한 일인데, 1차 방정식이나 2차 방정식같이 쉽게 공식에 의하여 풀 수 있는 것이 있는가 하면

$$\sin x-\frac{1}{x}=0$$

와 같이 쉽사리 공식에 의하여 풀 수 없는 경우가 많다. 여기서는 뉴턴의 방법(Newton's Method)으로 알려진 근의 근사값을 구하는 방법을 소개한다.

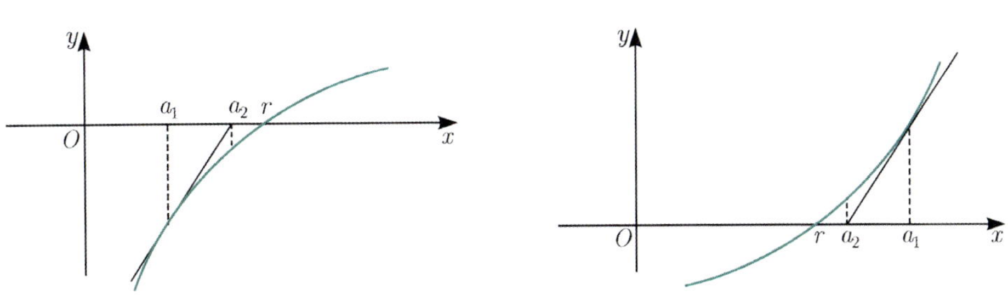

그림 3-16

뉴턴의 방법은 다음과 같이 기하학적으로 가장 잘 설명될 수 있다. 그림 3-16의 곡선 $y=f(x)$를 생각하자. $x=a_1$을 방정식 $f(x)=0$의 근 r에 대한 첫째 근사값이라 놓고, 점 $(a_1,\ f(a_1))$에서 곡선에 대한 접선의 방정식을 구한다. 접선의 방정식은

$$y-f(a_1)=f'(a_1)(x-a_1). \tag{1}$$

a_1을 r에 가까운 값으로 택하면 이 접선의 x축과의 교점 $x=a_2$는 a_1보다 r에 더 가까운 근사값이 된다. 따라서 식 (1)에 $x=a_2$, $y=0$를 대입하면 뉴턴의 공식

$$a_2=a_1-\frac{f(a_1)}{f'(a_1)} \tag{2}$$

을 얻는다. 이와 같은 과정을 반복하면 n번째 단계에서 근사값

$$a_{n+1}=a_n-\frac{f(a_n)}{f'(a_n)}, \quad n=1, 2, 3, \ldots$$

을 얻고, $\lim_{n\to\infty} a_n=r$이 된다. 따라서 근의 근사값을 소수점 이하 몇째 자리까지든지 구할 수 있다.

참고 그림 3-17의 경우와 같이 첫째 근사값 a_1을 r에 충분히 가깝게 택하지 못하면 뉴턴의 공식은 불합리한 결과를 초래할 수도 있다.

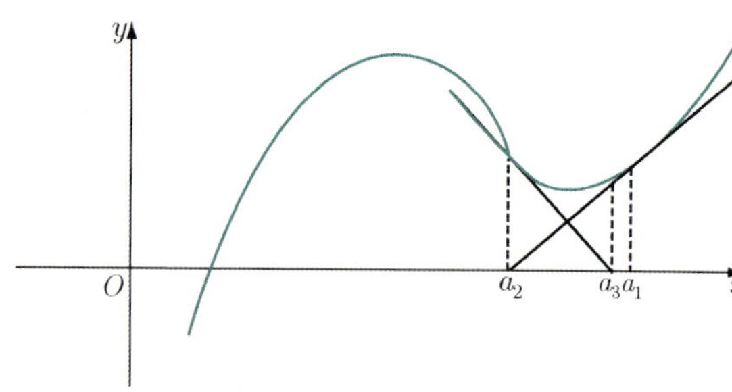

그림 3-17

예제 3-9 뉴턴의 방법으로 다음 방정식의 근을 $M=2$일 때 구하여라.

$$f(x)=x^2-M$$

풀이 $f(x)=x^2-M$이면

$f'(x)=2x$이고, 뉴턴의 방법을 적용하면

$$a_{n+1}=a_n-\frac{f(a_n)}{f'(a_n)}=a_n-\frac{a_n^2-M}{2a_n}=\frac{1}{2}\left(a_n+\frac{M}{a_n}\right)$$

이다. $M=2$일 때 $a_{n+1}=\dfrac{a_n}{2}+\dfrac{1}{a_n}$이고, $a_0=1$로부터 시작하면

$$a_1 = \frac{1}{2} + 1 = \frac{3}{2} = 1.5$$
$$a_2 = \frac{3}{4} + \frac{2}{3} = \frac{17}{12} = 1.4166\cdots$$
$$a_3 = \frac{17}{24} + \frac{12}{17} = \frac{577}{408} = 1.4142156\cdots$$
$$a_4 = \frac{577}{816} + \frac{408}{577} = 1.4142135623747\cdots$$

을 얻는다. ■

참고 뉴턴의 방법을 n번 적용한 후의 계산 오차를

$e_n = a_n - \sqrt{2} = a_n - 1.41421356237310\cdots$ 이라 하면,

$e_1 \approx 8.6 \times 10^{-2}$, $e_2 \approx 2.5 \times 10^{-3}$, $e_3 \approx 2.1 \times 10^{-6}$, $e_4 \approx 1.6 \times 10^{-12}$ 을 얻게 된다.

예제 3-10 뉴턴의 방법으로 다음 방정식의 근의 근사값을 π 근방에서 구하여라.

$$\sin x - \frac{1}{x} = 0$$

풀이 $f(x) = \sin x - \frac{1}{x}$ 이면 $f(\pi) = -\frac{1}{\pi} < 0$, $f\left(\frac{2\pi}{3}\right) = \frac{\sqrt{3}}{2} - \frac{3}{2\pi} > 0$ 이므로 $f(x) = 0$ 은 $\frac{2\pi}{3}$ 와 π 사이에 근을 갖는다. 또한 $\sin x$ 와 $\frac{1}{x}$ 의 그래프를 비교해 보면 $\frac{2\pi}{3}$ 와 π 사이에 단 한 개의 근을 갖고 이것이 π 에 가장 가까운 근이 됨을 알 수 있다. 따라서 $a_1 = \pi$ 로 잡고 뉴턴의 방법을 사용하면,

$$a_{n+1} = a_n - \frac{\sin a_n - \frac{1}{a_n}}{\cos a_n + \left(\frac{1}{a_n}\right)^2}$$

이므로, 컴퓨터 또는 공학계산기를 사용하여, a_n 의 값을 구하면

$a_2 = 2.787395047$, $a_3 = 2.772664761$, $a_4 = 2.772604709$, $a_5 = 2.772604708$

을 얻는다. ■

연습문제 3.5 Exercises

1. 뉴턴의 방법을 두 번 써서 다음 방정식의 근의 근사값을 주어진 점 근방에서 구하여라.

(a) $x^3 + x - 1 = 0$, $(a_1 = 0)$ (b) $x^3 - 12x^2 + 45x - 35 = 0$, $(a_1 = 1)$

(c) $x - \cos x = 0$, $\left(a_1 = \frac{1}{4}\pi\right)$ (d) $1 - x - \sin x = 0$, $(a_1 = 1)$

2. 뉴턴의 방법과 미분을 이용한 근사값 방법으로 $\sqrt[3]{10}$ 을 구한 결과를 비교하여라.

3. 뉴턴의 방법을 써서 방정식 $2\sin 2x - x = 1$의 최소 양수근을 소수점 이하 셋째자리까지 구하여라.

4. 0과 π 사이에 있는 x에 대하여 함수 $x^2 \sin x$의 극대값을 소수점 이하 셋째자리까지 구하여라.

5. 뉴턴의 방법을 사용하여 $f(x) = x^4 - 2x^3 + x^2 - x + 1$의 최소값에 대한 근사값을 구하라.

3.6 로피탈의 법칙과 극한

극한값을 구할 때 때때로 다음과 같은 문제를 접하게 된다.

$$\lim_{x \to a} \frac{f(x)}{g(x)}, \text{ 여기서 } f(a) = g(a) = 0. \tag{1}$$

$x = a$를 $\frac{f(x)}{g(x)}$에 대입하면 부정형 $\frac{0}{0}$을 얻는다.

$$f'(a) = \lim_{x \to a} \frac{f(x) - f(a)}{x - a}$$

에서와 같이, 미분계수를 구하는 문제에서 항상 부정형 $\frac{0}{0}$과 접하게 되므로, 부정형의 극한값을 구하는 것과 미분을 관련지어 생각하게 된다.

정리 3-7 (코시(Cauchy)의 정리) 함수 $f(x)$와 $g(x)$가 닫힌구간 $[a, b]$에서 연속이고, 열린구간 (a, b)에서 미분가능하다고 하자. 모든 $x \in (a, b)$에 대하여 $g'(x) \neq 0$이면

$$\frac{f(b) - f(a)}{g(b) - g(a)} = \frac{f'(c)}{g'(c)}, \quad a < c < b$$

을 만족하는 $x = c$가 적어도 하나 존재한다.

증명 평균값 정리를 이용하여 우선 $g(b) \neq g(a)$임을 보인다. 만일 $g(b) = g(a)$라면 평균

값 정리에 의하여

$$g'(d) = \frac{g(b)-g(a)}{b-a} = 0$$

을 만족시키는 d가 a와 b 사이에 존재하게 되므로 모순이다. 그러므로 $g(b) \neq g(a)$. 평균값 정리의 증명에서와 같이

$$F(x) = f(x) - f(a) - \frac{f(b)-f(a)}{g(b)-g(a)}\{g(x)-g(a)\}$$

라고 놓자. 그러면 함수 F는 $[a, b]$에서 연속이고, (a, b)에서 미분가능하고, $F(a) = F(b) = 0$이 된다. 그러므로 롤의 정리에 의하여 $a < c < b$인 어떤 c가 존재하여

$$F'(c) = f'(c) - \frac{f(b)-f(a)}{g(b)-g(a)} g'(c) = 0$$

이 된다. 따라서 $\dfrac{f'(c)}{g'(c)} = \dfrac{f(b)-f(a)}{g(b)-g(a)}$가 된다. ■

정리 3-8 **(로피탈(L' Hospital)의 법칙)** 함수 $f(x)$, $g(x)$가 $x = a$를 포함하는 구간에서 연속이고, 그 구간($x = a$는 제외할 수 있다)에서 도함수가 존재하고, 또 $g'(x) \neq 0$이면, $f(a) = g(a) = 0$일 때 우변의 극한값이 존재하기만 하면

$$\lim_{x \to a} \frac{f(x)}{g(x)} = \lim_{x \to a} \frac{f'(x)}{g'(x)} .$$

증명 x가 a에 충분히 가까우면 $[x, a]$($a > x$ 일 때) 또는 $[a, x]$($x > a$ 일 때)에서 f와 g는 코시의 정리의 가정을 만족시키므로

$$\frac{f(a)-f(x)}{g(a)-g(x)} = \frac{f'(x_1)}{g'(x_1)} \quad \text{또는} \quad \frac{f(x)-f(a)}{g(x)-g(a)} = \frac{f'(x_2)}{g'(x_2)}$$

와 같이 되는 x_1과 x_2가 존재한다. 여기서 $x < x_1 < a$, $a < x_2 < x$이다. $f(a) = g(a) = 0$이므로,

$$\frac{f(x)}{g(x)} = \frac{f'(x_1)}{g'(x_1)} \quad \text{또는} \quad \frac{f(x)}{g(x)} = \frac{f'(x_2)}{g'(x_2)}$$

가 된다. x_1과 x_2는 x가 a에 접근할 때 각각 a에 접근하므로

$$\lim_{x \to a} \frac{f(x)}{g(x)} = \lim_{x_1 \to a} \frac{f'(x_1)}{g'(x_1)} = \lim_{x \to a} \frac{f'(x)}{g'(x)}$$

또는

$$\lim_{x \to a} \frac{f(x)}{g(x)} = \lim_{x_2 \to a} \frac{f'(x_2)}{g'(x_2)} = \lim_{x \to a} \frac{f'(x)}{g'(x)}$$

가 된다. ■

$f(a)=g(a)=0$ 이면 $\dfrac{f(x)}{g(x)}$ 는 $x=a$ 에서 정의되지 않으며, 이를 부정형 $\dfrac{0}{0}$ 을 가진다고 한다. 이때 극한이 존재하면, 그 극한값을 구하는 것을 부정형 $\dfrac{0}{0}$ 의 값을 구한다고 한다.

예 8 $\displaystyle\lim_{x\to 1}\frac{x^2-1}{x-1}$ 을 생각해 보자. 이 식은 부정형 $\dfrac{0}{0}$ 을 가지지만 로피탈의 법칙을 이용하면 그 극한값은 $\displaystyle\lim_{x\to 1}\frac{x^2-1}{x-1}=\lim_{x\to 1}\frac{2x}{1}=2$ 이다.

이제 로피탈의 법칙을 적용하는 여러 가지 경우를 살펴보자(증명은 해석학개론에서 다룬다).

(1) 함수 $f(x)$ 와 $g(x)$ 가 충분히 큰(작은) x 에 대하여 미분가능하고, $x\to\infty\,(-\infty)$ 일 때 $\dfrac{f(x)}{g(x)}$ 가 $\dfrac{0}{0}$ 형을 취하면 이때에도 로피탈의 법칙이 적용된다. 즉

$$\lim_{x\to\pm\infty}\frac{f(x)}{g(x)}=\lim_{x\to\pm\infty}\frac{f'(x)}{g'(x)}.$$

(2) $f(x)$, $g(x)$ 가 $x\to a$ (또는 $x\to\pm\infty$)일 때 모두 한없이 증가하면 분수식 $\dfrac{f(x)}{g(x)}$ 는 $x=a$ (또는 $\pm\infty$)에서 부정형 $\dfrac{\infty}{\infty}$ 을 가지는데 이때에도 로피탈의 법칙을 사용할 수 있다.

예 9 $\displaystyle\lim_{x\to\infty}\frac{1-4x}{6x+5}=\lim_{x\to\infty}\frac{-4}{6}=-\frac{2}{3}.$

(3) $x\to a$ (또는 $x\to\pm\infty$)일 때 $f(x)\to 0$, $g(x)\to\infty$ 이면 $f(x)g(x)$ 는 $x=a$ (또는 $\pm\infty$)에서 부정형 $0\cdot\infty$를 가진다고 한다. 이 경우 $f(x)\cdot g(x)$ 를 $f(x)/(1/g(x))$ 로 고쳐 쓰고 로피탈의 법칙을 적용시켜 극한값을 구할 수 있다.

예 10 (a) $\displaystyle\lim_{x\to\infty}x\sin\frac{1}{x}=\lim_{t\to 0^+}\frac{\sin t}{t}=1$

(b) $\displaystyle\lim_{x\to 0}\sin 3x\cot 2x=\lim_{x\to 0}\frac{\sin 3x}{\tan 2x}=\lim_{x\to 0}\frac{3\cos 3x}{2\sec^2 2x}=\frac{3}{2}.$

(4) $f(x)$, $g(x)$ 가 $x\to a$ (또는 $x\to\pm\infty$)일 때 모두 한없이 증가하면 $f(x)-g(x)$ 는 $x=a$(또는 $\pm\infty$)에서 부정형 $\infty-\infty$를 갖는다고 한다. 이 경우 $f(x)-g(x)$ 를 대수적인 방법으로 분수식으로 고쳐 쓰고 로피탈의 법칙을 적용시켜 극한값을 구할 수 있다.

예 11 $\lim_{x \to 0}\left(\frac{1}{\sin x} - \frac{1}{x}\right) = \lim_{x \to 0}\frac{x - \sin x}{x \sin x} = \lim_{x \to 0}\frac{1 - \cos x}{\sin x + x \cos x}$

$$= \lim_{x \to 0}\frac{\sin x}{2\cos x - x\sin x} = 0.$$

(5) 로피탈의 법칙을 적용한 결과가 다시 부정형이면 그 과정을 반복할 수 있다.

예 12 $\lim_{x \to 0}\frac{x^3 - 5x^2}{x^3 + 2x^2} = \lim_{x \to 0}\frac{3x^2 - 10x}{3x^2 + 4x} = \lim_{x \to 0}\frac{6x - 10}{6x + 4} = -\frac{5}{2}.$

참고 한쪽 극한에 대해서도 위의 사실들이 성립한다.

연습문제 3.6 Exercises

1. 다음 유리 함수의 극한을 구하여라.

(a) $\lim_{x \to 2}\frac{x - 2}{x^2 - 4}$

(b) $\lim_{x \to 1}\frac{x^3 - 1}{4x^3 - x - 3}$

(c) $\lim_{x \to 1}\frac{2x^2 - (3x + 1)\sqrt{x} + 2}{x - 1}$

(d) $\lim_{x \to 0}\frac{2x}{x + 7\sqrt{x}}$

(e) $\lim_{r \to 1}\frac{a(r^n - 1)}{r - 1}$, n은 자연수

2. 삼각함수를 포함한 다음 함수의 극한을 구하여라.

(a) $\lim_{x \to 0}\frac{\sin 5x}{x}$

(b) $\lim_{\theta \to \pi}\frac{\sin\theta}{\pi - \theta}$

(c) $\lim_{t \to 0}\frac{\sin t^2}{t}$

(d) $\lim_{x \to \pi/2}\frac{2x - \pi}{\cos x}$

(e) $\lim_{t \to 0}\frac{\cos t - 1}{t^2}$

(f) $\lim_{t \to 0}\frac{10(\sin t - t)}{t^3}$

(g) $\lim_{x \to \pi/4}\frac{\sin x - \cos x}{x - \pi/4}$

(h) $\lim_{x \to \pi/2}\frac{1 - \sin x}{1 + \cos 2x}$

(i) $\lim_{x \to 0}\frac{x(\cos x - 1)}{\sin x - x}$

(j) $\lim_{h \to 0}\frac{\sin(a + h) - \sin a}{h}$

(k) $\lim_{x \to \pi/2^-}\left(x - \frac{\pi}{2}\right)\tan x$

3. 다음 함수의 극한을 구하여라.

(a) $\lim_{x\to 2}\dfrac{\sqrt{x^2+5}-3}{x^2-4}$

(b) $\lim_{x\to 0^+}\left(\dfrac{1}{x}-\dfrac{1}{\sqrt{x}}\right)$

(c) $\lim_{x\to 0}\dfrac{\sqrt{a(a+x)}-a}{x},\ a>0$

4. 다음 함수의 무한대에서의 극한을 구하여라.

(a) $\lim_{t\to\infty}\dfrac{6t+5}{3t-8}$

(b) $\lim_{x\to\infty}\dfrac{5x^2-3x}{7x^2+1}$

(c) $\lim_{x\to\infty}(x-\sqrt{x^2+x})$

5. $f(x)$가 미분가능하고 $f'(x)$가 연속이면,

$$\lim_{h\to 0}\frac{f(x+h)-f(x-h)}{2h}=f'(x)$$

임을 증명하여라.

6. $f(x)$의 1계, 2계 도함수가 모든 x에서 존재하고 연속일 때

$$\lim_{h\to 0}\frac{f(x+h)+f(x-h)-2f(x)}{h^2}$$

를 계산하여라.

제4장 초월함수와 도함수

로그는 스코틀란드 수학자 네이피어(John Napier, 1550-1617)가 1617년의 저서에서 그 성질을 기술하여 처음 알려졌다. 그는 지수와는 독립적으로 급수로부터 로그를 생각하였다. 지수에서 로그를 발견한 사람은 스위스의 뷔르기(Jost Bürgi, 1552-1632)이다. 상용로그는 영국의 브리그스(Henry Briggs, 1561-1630)가 생각해냈다. 로그의 발견에 의해 큰 수의 계산을 쉽게 할 수 있어서 로그는 전 유럽에 바로 전파되어 천문학 등에 크게 이용되었다.

쌍곡선과 x축 사이의 넓이가 로그함수에 의해 나타내진다는 것은 1647년에 출판된 성 빈센트 그레고리(Gregory of St. Vincent, 1584-1667)의 책에 실려있다. 숫자 e는 호이겐스(Christiaan Huygens, 1629-1695)가 처음 명시적으로 언급했으며, 지수의 역으로 로그를 설명한 사람은 스위스 태생의 오일러(Leonhard Euler, 1707-1783)이다. 오일러는 〈무한해석입문(1748)〉에서 대수함수와 지수함수, 삼각함수 같은 기본적인 초월함수 및 그들의 역에 대한 성질들을 체계적으로 보여주었다. 그러나 그것은 적분을 사용하지 않고 주로 급수를 사용하여 증명되었다.

이 장에서는 역삼각함수와 로그함수, 지수함수, 또 지수와 로그함수로 표시되는 쌍곡선 함수와 역쌍곡선 함수를 다룬다.

4.1 역함수

함수 $y=f(x)$가 어떤 구간 I에서 정의되었다고 하자. 함수 f가 단사함수이면 f의 치역 $f(I)$에 있는 임의의 y에 대하여 $y=f(x)$가 되는 x가 이 구간 I에 오직 하나만 존재하게 되므로 정의역을 $f(I)$, 치역을 I로 갖는 **역함수**(inverse function) $x=f^{-1}(y)$가 정의된다. 이때

$$x=f^{-1}(y) \iff y=f(x)$$

이므로

$$f(f^{-1}(y))=y\ ,\ f^{-1}(f(x))=x$$

임을 알 수 있다.

$y=f^{-1}(x)$의 그래프를 생각해 보자.

$$b=f^{-1}(a) \iff a=f(b)$$

이므로, 점 (a,b)가 $y=f^{-1}(x)$의 그래프 위의 점이면, (b,a)는 $y=f(x)$의 그래프 위의 점이다. 역으로 (a,b)가 $y=f(x)$의 그래프 위의 점이면 (b,a)는 $y=f^{-1}(x)$의 그래프 위의 점이다. 두 점 (a,b)와 (b,a)는 직선 $y=x$에 대해 대칭이므로, $y=f^{-1}(x)$의 그래프는 $y=f(x)$의 그래프와 직선 $y=x$에 대해 대칭이다.

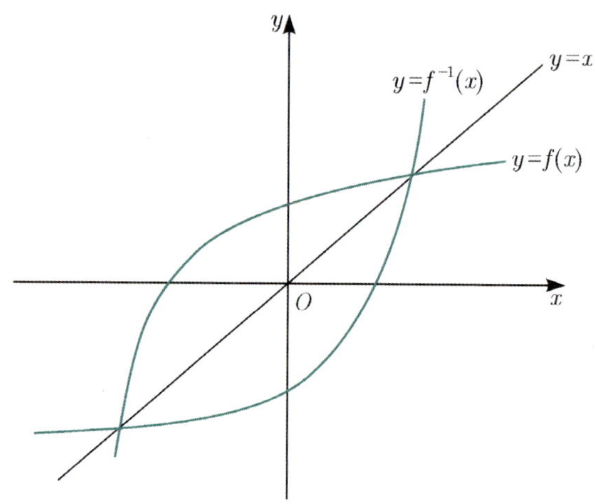

그림 4-1

예를 들어, 함수 $y=x^2\ (x\ge 0)$과 역함수 $y=\sqrt{x}$는 직선 $y=x$에 대해 대칭이다. (이 함수의 정의역은 $x\ge 0$이고 치역은 $y\ge 0$이다).
다음 정리는 역함수의 존재성을 판정하는 중요한 기준이 된다.

정리 4-1 함수 f가 순증가(또는 순감소) 함수이면 역함수 f^{-1}가 존재한다.

증명 함수 f가 순증가 함수라고 가정하자. f가 단사라는 것만 보이면 된다. $x_1 \ne x_2$이면 $x_1<x_2$ 또는 $x_2<x_1$이다. f가 순증가이므로 $x_1<x_2$이면 $f(x_1)<f(x_2)$이고, $x_2<x_1$이면 $f(x_2)<f(x_1)$이다. 따라서 $f(x_1)\ne f(x_2)$이다.

함수 f가 순감소 함수일 때도 마찬가지 방법으로 증명된다. ∎

정리 4-2 함수 f가 닫힌구간 $[a,b]$에서 연속이고 순증가 함수라고 하자. 그러면 역함수 f^{-1}는 닫힌구간 $[f(a),f(b)]$를 정의역으로 하는 연속함수이다.

증명 정리 4-1에 의해 f의 역함수 f^{-1}가 존재한다. 중간값 정리에 의해 $f(a) \le r \le f(b)$인 임의의 r에 대하여 $f(c)=r$인 $c \in [a, b]$가 존재한다. 즉 $f^{-1}(r)=c$가 되어 $[f(a), f(b)]$가 f^{-1}의 정의역이 된다. f^{-1}가 연속인 것의 증명은 생략하기로 한다. ■

다음 정리로부터 역함수의 도함수를 얻을 수 있다.

정리 4-3 함수 f가 열린구간 (a, b)에서 미분가능하고, 임의의 $x \in (a, b)$에 대하여 $f'(x) > 0$ (또는 $f'(x) < 0$)이면 f의 역함수 $x = f^{-1}(y)$가 존재하고 미분가능하며

$$(f^{-1})'(y) = \frac{1}{f'(x)} = \frac{1}{f'(f^{-1}(y))}, \quad (f'(x) \neq 0)$$

이다. 이를 라이프니츠의 기호법으로 표현하면

$$D_{14}. \quad \frac{dx}{dy} = \frac{1}{\dfrac{dy}{dx}}, \quad \left(\frac{dy}{dx} \neq 0\right)$$

이다.

증명 f는 순증가(또는 순감소)함수이므로 정리 4-1에 의하여 역함수가 존재한다. 또한 정리 4-2에 의하여 f^{-1}는 연속함수이다.

미분가능성을 보기 위하여 임의의 작은 수 k에 대하여

$$\frac{f^{-1}(y+k) - f^{-1}(y)}{k}$$

를 조사해 보자. $x = f^{-1}(y)$, $h = f^{-1}(y+k) - f^{-1}(y)$라 놓으면

$$x = f^{-1}(y), \quad f^{-1}(y+k) = x + h$$

가 된다. $y = f(x)$, $y + k = f(x+h)$이므로

$$k = f(x+h) - f(x).$$

그러므로

$$\frac{f^{-1}(y+k) - f^{-1}(y)}{k} = \frac{h}{f(x+h) - f(x)} = \frac{1}{\dfrac{f(x+h) - f(x)}{h}}.$$

$k \to 0$이면, f^{-1}가 연속이므로 $h \to 0$이다. 그리고

$$\lim_{h \to 0} \frac{f(x+h) - f(x)}{h} = f'(x) > 0 \quad (\text{또는 } f'(x) < 0)$$

이므로

$$(f^{-1})'(y)=\lim_{k\to 0}\frac{f^{-1}(y+k)-f^{-1}(y)}{k}$$

가 존재하고

$$(f^{-1})'(y)=\frac{1}{f'(x)}$$

임을 알 수 있다. ■

예제 4-1 함수 $f(x)=x^3-2x+1$ 이 구간 $x>\sqrt{\frac{2}{3}}$ 에서 정의되고, f^{-1}가 역함수일 때 $(f^{-1})'(0)$과 $(f^{-1})'(5)$를 구하여라.

풀이 $f'(x)=3x^2-2$ 이므로 $x>\sqrt{\frac{2}{3}}$ 에서 $f'(x)>0$ 이다. 따라서 정리 4-3에 의하여

$$(f^{-1})'(y)=\frac{1}{f'(x)}=\frac{1}{f'(f^{-1}(y))}.$$

$f(x)=0$ 을 만족시키는 x 는 $x>\sqrt{\frac{2}{3}}$ 에서 1이므로,

$$f^{-1}(0)=1,\ f'(f^{-1}(0))=f'(1)=1$$

이고, 따라서

$$(f^{-1})'(0)=\frac{1}{f'(1)}=1$$

이다. 마찬가지 방법으로 $f^{-1}(5)=2$, $f'(2)=10$ 이므로

$$(f^{-1})'(5)=\frac{1}{f'(2)}=\frac{1}{10}$$

이다. ■

연습문제 4.1 Exercises

1. 다음에서 $(f^{-1})'(c)$를 구하여라.

(a) $f(x)=x^3+7$; $c=6$ (b) $f(x)=5x^5+4x^3$; $c=9$

(c) $f(x)=x+\sqrt{x}$; $c=2$ (d) $f(x)=3x-\frac{1}{x^3}$; $c=-2$

2. 다음에서 $(f^{-1})'(c)$를 구하여라.

(a) $f(x)=\tan x,\ -\frac{\pi}{2}<x<\frac{\pi}{2}$; $c=\sqrt{3}$

(b) $f(x)=x+\sin x$; $c=0$

4.2 역삼각함수

함수 $y=\sin x$는 단사함수가 아니다. 그러나 정의역을 $\left[-\frac{\pi}{2}, \frac{\pi}{2}\right]$로 제한하면 $\sin x$는 구간 $\left[-\frac{\pi}{2}, \frac{\pi}{2}\right]$에서 순증가하게 된다. 따라서 정리 4-1에 의하여 역함수를 갖게 되는데 이 역함수를 **역사인(arcsine)함수**라고 부르고

$$y=\mathrm{Sin}^{-1}x \quad \text{또는} \quad y=\mathrm{Arcsin}\,x$$

로 나타낸다. 역함수와의 관계에 따르면

$$y=\mathrm{Sin}^{-1}x \quad \Leftrightarrow \quad x=\sin y,\ -1\le x\le 1\ ,\ -\frac{\pi}{2}\le y\le\frac{\pi}{2}$$

이므로 $y=\mathrm{Sin}^{-1}x$는 정의역 $[-1, 1]$과 치역 $[-\frac{\pi}{2}, \frac{\pi}{2}]$를 갖는 함수이다.

예제 4-2 $\mathrm{Sin}^{-1}\frac{1}{\sqrt{2}}$과 $\tan(\mathrm{Sin}^{-1}\frac{2}{3})$를 구하여라.

풀이 $y=\mathrm{Sin}^{-1}x \Leftrightarrow \sin y=x$, 단 $-\frac{\pi}{2}\le y\le\frac{\pi}{2}$ 이므로, $y=\mathrm{Sin}^{-1}\frac{1}{\sqrt{2}}$이라고 놓으면 $\sin y=\frac{1}{\sqrt{2}}$을 만족시키는 y를 $\left[-\frac{\pi}{2}, \frac{\pi}{2}\right]$안에서 찾으면 된다. 그러므로 $y=\mathrm{Sin}^{-1}\frac{1}{\sqrt{2}}=\frac{\pi}{4}$이다. $\theta=\mathrm{Sin}^{-1}\frac{2}{3}$ 라고 놓으면 $\sin\theta=\frac{2}{3}$ 이므로 피타고라스의 정리를 이용하면 $\tan(\mathrm{Sin}^{-1}\frac{2}{3})=\tan\theta=\frac{2}{\sqrt{5}}$ 임을 알 수 있다. ■

같은 방법으로 다른 삼각함수도 단사함수가 되게 정의역을 제한해 주면 다음과 같이 역삼각함수를 정의할 수 있다.

$$y=\mathrm{Cos}^{-1}x=\mathrm{Arccos}\,x \quad \Leftrightarrow \quad x=\cos y,\ \text{단}\ -1\le x\le 1,\ 0\le y\le\pi,$$

$$y=\mathrm{Tan}^{-1}x=\mathrm{Arctan}\,x \quad \Leftrightarrow \quad x=\tan y,\ \text{단}\ -\infty<x<\infty,\ -\frac{\pi}{2}<y<\frac{\pi}{2},$$

$y = \mathrm{Cot}^{-1}x \quad \Leftrightarrow \quad x = \cot y$, 단 $-\infty < x < \infty$, $0 < y < \pi$,

$y = \mathrm{Sec}^{-1}x \quad \Leftrightarrow \quad x = \sec y$, 단 $x \le -1$ 혹은 $x \ge 1$, $0 \le y \le \pi$, $y \ne \frac{\pi}{2}$,

$y = \mathrm{Csc}^{-1}x \quad \Leftrightarrow \quad x = \csc y$, 단 $x \le -1$ 혹은 $x \ge 1$, $-\frac{\pi}{2} \le y \le \frac{\pi}{2}$, $y \ne 0$.

예제 4-3 $\mathrm{Cot}^{-1}(1)$, $\mathrm{Cot}^{-1}(-1)$, $\mathrm{Csc}^{-1}(\sqrt{2})$, $\mathrm{Csc}^{-1}(-\sqrt{2})$, $\mathrm{Sec}^{-1}(2)$, $\mathrm{Sec}^{-1}(-2)$ 를 구하여라.

풀이 $\mathrm{Cot}^{-1}(1) = \frac{\pi}{4}$, $\mathrm{Cot}^{-1}(-1) = \frac{3\pi}{4}$, $\mathrm{Csc}^{-1}(\sqrt{2}) = \frac{\pi}{4}$, $\mathrm{Csc}^{-1}(-\sqrt{2}) = -\frac{\pi}{4}$,

$\mathrm{Sec}^{-1}(2) = \frac{\pi}{3}$, $\mathrm{Sec}^{-1}(-2) = \frac{2\pi}{3}$. ∎

예제 4-4 $\sin\left(\mathrm{Cos}^{-1}\frac{\sqrt{3}}{2}\right)$을 구하여라.

풀이 $\mathrm{Cos}^{-1}\frac{\sqrt{3}}{2} = \frac{\pi}{6}$이므로 $\sin\left(\mathrm{Cos}^{-1}\frac{\sqrt{3}}{2}\right) = \sin\frac{\pi}{6} = \frac{1}{2}$. ∎

이제 역삼각함수의 그래프와 도함수를 살펴보도록 하자. $y = \mathrm{Sin}^{-1}x$, $-1 \le x \le 1$ 의 그래프는 $y = \sin x$, $-\frac{\pi}{2} \le x \le \frac{\pi}{2}$ 의 그래프와 직선 $y = x$ 에 대해 대칭이므로 그림 4-2와 같다.

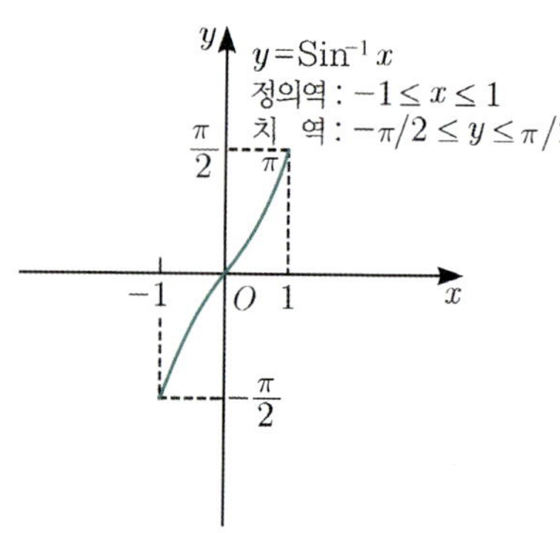

그림 4-2

정리 4-3에 의하여 $y = \mathrm{Sin}^{-1}x$ 의 도함수는

$$\frac{dy}{dx} = \frac{1}{\frac{dx}{dy}} = \frac{1}{\frac{d}{dy}\sin y} = \frac{1}{\cos y}$$

이다. 여기에서 $\cos y = \pm\sqrt{1-\sin^2 y} = \pm\sqrt{1-x^2}$ 이고, $-\frac{\pi}{2} \le y \le \frac{\pi}{2}$ 일 때 $\cos y \ge 0$이므로 +를 취하여

$$D_{15}. \quad \frac{d}{dx}\mathrm{Sin}^{-1}x = \frac{1}{\sqrt{1-x^2}}$$

을 얻는다.

예제 4-5 $y = \mathrm{Sin}^{-1}(2x^3)$의 도함수를 구하여라.

풀이 D_{15}와 연쇄법칙에 의하여

$$\frac{dy}{dx} = \frac{(2x^3)'}{\sqrt{1-(2x^3)^2}} = \frac{6x^2}{\sqrt{1-4x^6}}.$$

같은 방법으로 **역코사인**(arccosine) 함수와 **역탄젠트**(arctangent) 함수의 그래프를 그리면 다음과 같다.

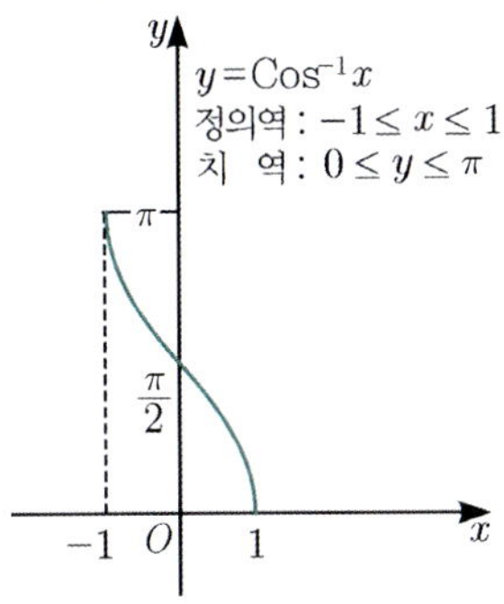

그림 4-3

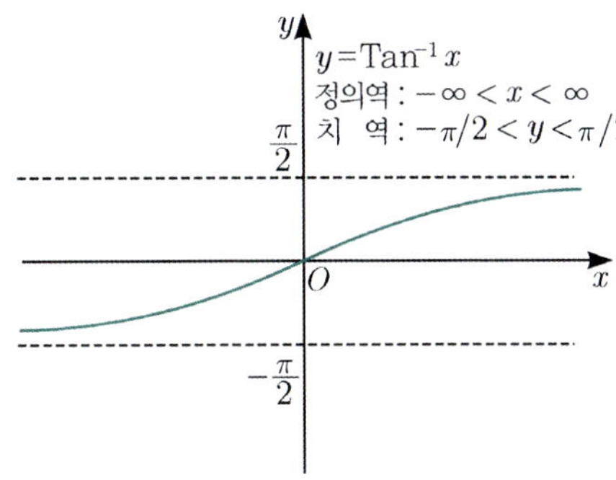

그림 4-4

그리고 D_{15}를 유도했던 방법으로 다음 공식들을 얻을 수 있다.

$$D_{16}.\ \frac{d}{dx}\mathrm{Cos}^{-1}x = \frac{-1}{\sqrt{1-x^2}}$$

$$D_{17}.\ \frac{d}{dx}\mathrm{Tan}^{-1}x = \frac{1}{1+x^2}$$

$$D_{18}.\ \frac{d}{dx}\mathrm{Cot}^{-1}x = -\frac{1}{1+x^2}$$

$$D_{19}.\ \frac{d}{dx}\mathrm{Sec}^{-1}x = \frac{1}{|x|\sqrt{x^2-1}}$$

$$D_{20}.\ \frac{d}{dx}\mathrm{Csc}^{-1}x = -\frac{1}{|x|\sqrt{x^2-1}}$$

예제 4-6 $x = \frac{1}{2\sqrt{3}}$에서 곡선 $y = \mathrm{Tan}^{-1}2x$의 접선의 방정식을 구하여라.

풀이 $\frac{dy}{dx} = \frac{1}{1+(2x)^2} \cdot 2 = \frac{2}{1+4x^2}$에 $x = \frac{1}{2\sqrt{3}}$을 대입하면 접선의 기울기는 $\frac{3}{2}$이다. $x = \frac{1}{2\sqrt{3}}$일 때 $y = \frac{\pi}{6}$이므로 구하고자 하는 접선은 기울기가 $\frac{3}{2}$이고, 점 $\left(\frac{1}{2\sqrt{3}}, \frac{\pi}{6}\right)$를 지나는 직선이다. 따라서 구하는 방정식은

$$y - \frac{\pi}{6} = \frac{3}{2}\left(x - \frac{1}{2\sqrt{3}}\right)$$

이 된다.

참고 경우에 따라서는 $y = \mathrm{Sec}^{-1}x$ 에서

$$x \geq 1 \text{ 이면 } 0 \leq \mathrm{Sec}^{-1}x < \frac{\pi}{2}$$

$$x \leq -1 \text{ 이면 } \pi \leq \mathrm{Sec}^{-1}x < \frac{3\pi}{2}$$

가 되게 잡기도 한다.

연습문제 4.2 Exercises

1. 다음 값을 구하여라.

(a) $\mathrm{Sin}^{-1}(0)$

(b) $\cos\left(\cos\left(\mathrm{Sin}^{-1}\left(\frac{3}{4}\right)\right)\right)$

(c) $\mathrm{Tan}^{-1}(-1)$

(d) $\mathrm{Tan}^{-1}(\sqrt{3})$

(e) $\mathrm{Tan}^{-1}\left(\frac{1}{\sqrt{3}}\right)$

(f) $\mathrm{Tan}^{-1}(-5)$

(g) $\mathrm{Cos}^{-1}\frac{3}{5} + \mathrm{Cos}^{-1}\frac{4}{5}$

(h) $\mathrm{Tan}^{-1}2 - \mathrm{Tan}^{-1}(-3)$

2. $D_{16} \sim D_{20}$을 증명하여라.

3. 다음 함수의 도함수를 구하여라.

(a) $\mathrm{Sin}^{-1}(x^2 - 1)$

(b) $\mathrm{Cos}^{-1}(2x + 5)$

(c) $\dfrac{1}{\mathrm{Sin}^{-1}x}$

(d) $\dfrac{2}{\mathrm{Cos}^{-1}2x}$

(e) $\mathrm{Sin}^{-1}x + \mathrm{Cos}^{-1}x$

(f) $x\,\mathrm{Sin}^{-1}x$

(g) $\mathrm{Tan}^{-1}(\sin 2x)$

(h) $x^2\,\mathrm{Tan}^{-1}2x$

(i) $\dfrac{\sin x}{\mathrm{Sin}^{-1}x}$

(j) $\mathrm{Sin}^{-1}(\cos x - x^2)$

(k) $\mathrm{Tan}^{-1}\dfrac{1}{x}$

(l) $(\mathrm{Tan}^{-1}x^2 + \mathrm{Sin}^{-1}2x)^{\frac{3}{2}}$

4. 주어진 점에서 다음 곡선들의 접선을 구하여라.

(a) $y = \mathrm{Sin}^{-1}x,\ x = \dfrac{1}{\sqrt{2}}$

(b) $y = \mathrm{Tan}^{-1}2x,\ x = \dfrac{\sqrt{3}}{2}$

5. 밑변의 길이가 8 m인 이등변삼각형의 높이가 0.3 m/min의 율로 증가한다. 높이가 6 m일 때 밑각의 변화율을 구하여라.

6. 기구가 관측자로부터 500 m 떨어진 땅 위의 지점을 떠나 200 m/min의 속도로 상승한다. 기구가 1,000 m의 높이에 있을 때 관측자의 기구에 대한 시각은 어떤 비율로 증가하는가?

7. 경찰차가 20 m/sec의 속력으로 네거리에 가까이 오고 있다. 이 차가 네거리로부터 500 m 떨어진 곳에 왔을 때 어떤 차가 15 m/sec의 속력으로 네거리를 횡단하여 경찰차와는 직각으로 달려나갔다. 만일 경찰차가 이 차에 계속 빛을 비춘다면, 2초 후에 이 빛의 회전속도는 얼마인가? 단, 양쪽의 차는 최초의 속도를 그대로 유지한다.

8. 어떤 물체가 6 m 높이에 있는 로프에 끌려 편편한 마루 위를 움직인다. 만일 이때, 로프의 고리가 1 m/sec로 끌린다면 마루와 로프가 이루는 각은 어떤 속도로 변하는지 θ의 함수로 나타내어라.

4.3 로그함수

로그함수 $\ln x$를 다음과 같이 정의한다. 즉 $x \geq 1$일 때는 1과 x 사이의 구간에서 곡선 $y=\dfrac{1}{x}$과 x축 사이의 면적으로, $0<x<1$일 때는 x부터 1까지의 구간의 면적에 -1을 곱한 것으로 정의한다. 그림 4-5의 빗금친 부분의 면적이 $x \geq 1$일 때의 $\ln x$ 값이다. $0<x<1$일 때는 그림 4-6의 면적에 -1을 곱한 것이 $\ln x$의 값이다. 그러므로 함수 $\ln x$는 $x>0$에 대해서만 정의되고, 특히 $\ln 1=0$이다.

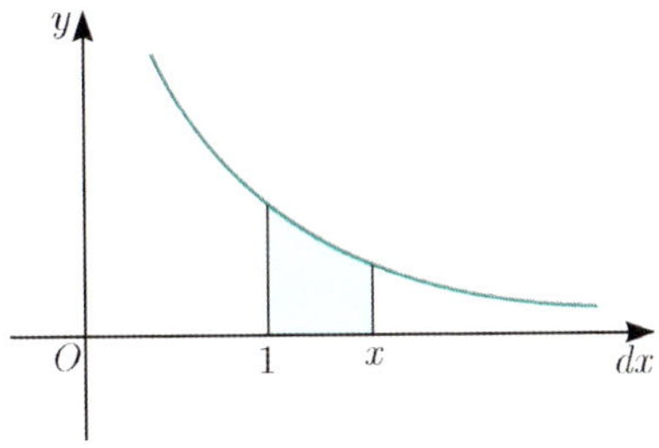

그림 4-5

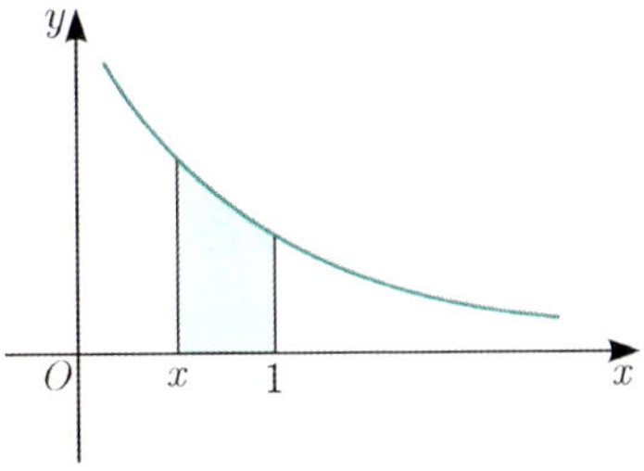

그림 4-6

2. 주어진 값에서 $\dfrac{dy}{dx}$를 구하여라.

(a) $y=\ln(x^2-8)$; $x=4$ (b) $y=\ln(3x-2)$; $x=2$

(c) $y=\sin(\ln x)$; $x=1$

3. 다음 함수의 2계 도함수를 구하여라.

(a) $x\ln x$ (b) $\ln\left(\dfrac{3}{x}\right)$

4. $f(x)=\ln x+\mathrm{Tan}^{-1}x$ 일 때, $(f^{-1})'(\frac{\pi}{4})$를 구하여라.

5. 귀납법을 이용하여 $x^n\ln x$의 $(n+1)$계도함수는 $\dfrac{n!}{x}$임을 증명하여라.

6. 다음 함수의 극대값과 극소값을 구하여라.

(a) $x-\ln x$ (b) $x^2+|\ln x|$

7. 주어진 값에서 다음 곡선의 접선의 방정식을 구하여라.

(a) $y=\ln(x+1)$; $x=3$ (b) $y=\ln(2x-5)$; $x=4$

8. 모든 $x>1$에 대하여 $\ln x<x$ 임을 증명하여라.

9. 모든 $x>0$에 대하여 $\ln(1+x)<x$ 임을 증명하여라.

10. 모든 자연수 n에 대하여 부등식

$$\frac{1}{n+1}<\ln\left(1+\frac{1}{n}\right)<\frac{1}{n}$$

이 성립함을 보여라.

11. 다음 함수의 도함수를 구하여라.

(a) $y=\log_2(x^2+2x+1)$ (b) $y=\log(\sin x)$

12. 함수 $y=\ln\dfrac{1+x}{1-x}$의 그래프를 $-1<x<1$인 구간에서 그려라.

4.4 지수함수

정리 4-6에 의하여 함수 $y=\ln x$는 순증가 함수이고 실수 전체가 치역이므로, 정리 4-1에 의하여 역함수가 존재하고, 이 역함수의 정의역은 $(-\infty, \infty)$이고, 치역은 $(0, \infty)$가 된다. 이 함수를 exp로 표시하고 이것을 **지수함수**(exponential function)라 한다. 즉

$$y=\exp(x) \quad \Leftrightarrow \quad \ln y = x, \quad -\infty < x < \infty, \ y>0$$

$y=\ln x$의 성질로부터 다음이 성립함을 쉽게 알 수 있다.

$$1=\exp(0)$$
$$\exp(a+b)=\exp(a)\cdot\exp(b)$$

e를 exp(1)을 나타내는 실수라고 하자. 즉 e는 $\ln(e)=1$을 만족시키는 실수이다. 이제부터 함수 $\exp(x)$를 e^x로 표시한다.

정리 4-7 함수 e^x는 미분가능하고

$$D_{23}. \quad \frac{d(e^x)}{dx}=e^x$$

증명 역함수의 미분공식인 정리 4-3에 의하여 함수 e^x는 미분가능하다. $y=e^x$, 즉 $x=\ln y$라 하면 $\dfrac{dx}{dy}=\dfrac{1}{y}=\dfrac{1}{e^x}$이므로

$$\frac{dy}{dx}=\frac{1}{\dfrac{dx}{dy}}=e^x$$

이다. ■

예제 4-9 $f(x)=e^{\cos 2x}$의 도함수를 구하여라.

풀이 D_{23}과 D_7(연쇄법칙)을 이용하면

$$\frac{df}{dx}=e^{\cos 2x}\cdot(\cos 2x)'=-2e^{\cos 2x}\sin 2x.$$ ■

함수 $f(x)=e^x$의 그래프는 $y=\ln x$의 그래프와 직선 $y=x$에 대해 대칭이므로, 그림 4-9와 같다. 또한 $f'(x)=f''(x)=e^x>0$이므로 $f(x)$는 순증가함수이고, 그 그래프는 위로 오목(아래로 볼록)하다.

양수 a에 대하여 다음과 같이 지수함수를 정의한다.

$$a^x = \exp(x \ln a) = e^{x \ln a}$$

귀납법에 의하여 x 가 자연수이면

$$a^x = \underbrace{a \cdot a \cdot \ \dots \ \cdot a}_{x\text{번}}$$

임을 보일 수 있다. 이와 같이 $e^{x \ln a}$로 정의된 a^x 는 x 가 정수 n 일 때는 우리가 이미 알고 있는 a^n 과 같다. 또한 임의의 실수 x, y 에 대해

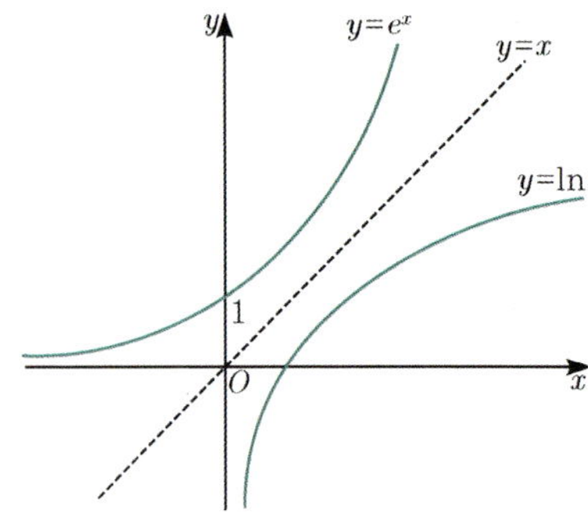

그림 4-9

$$a^x \cdot a^y = a^{x+y}, \ \ (a^x)^y = a^{xy}, \ \ a^{-x} = \frac{1}{a^x}$$

등과 같은 공식이 성립함을 정의로부터 알 수 있다. 그리고 지수함수와 로그함수의 역함수 관계로부터, 임의의 실수 x 에 대해

$$\ln a^x = x \ln a$$

이 성립한다(4.3절 따름정리와 비교).

정리 4-8 $a > 0$일 때 함수 a^x 는 미분가능하고 그 도함수는 다음과 같다.

$$D_{24}. \quad \frac{d(a^x)}{dx} = a^x \ln a$$

증명 $u = x \ln a$라 놓으면,

$$a^x = e^u, \ \frac{du}{dx} = \ln a$$

이다. 따라서 연쇄법칙에 의하여 a^x 는 미분가능하고,

$$\frac{d(a^x)}{dx} = \frac{d(e^u)}{du}\frac{du}{dx} = e^u \ln a = a^x \ln a$$

이다. ■

예제 4-10 $f(x) = a^{\sin x}$ 의 도함수를 구하여라.

풀이 공식 D_{24}와 연쇄법칙에 의하여,

$$\frac{df}{dx} = (a^{\sin x} \ln a)(\sin x)' = (\ln a)(\cos x)a^{\sin x}.$$ ■

정리 4-9 c는 임의의 상수이고 $x>0$일 때

$$f(x)=x^c$$

로 정의된 함수는 미분가능하고 그 도함수는 다음과 같다.

$$D_{25}.\quad \frac{d(x^c)}{dx}=cx^{c-1}$$

증명 정의에 의하여,

$$f(x)=e^{c\ln x}$$

이다. $u=c\ln x$라 놓으면 연쇄법칙에 의하여 f는 미분가능하고

$$f'(x)=e^u\frac{du}{dx}=e^{c\ln x}\frac{c}{x}=x^c\frac{c}{x}=c\,x^{c-1}$$

이다. ■

이제 지수함수와 로그함수를 이용하여 $f(x)^{g(x)}$ 형태의 함수의 극한을 구하는 문제를 생각해 보자.

$x\to a$(또는 $x\to\pm\infty$)일 때 $f(x)\to 0$, $g(x)\to 0$ 또는 $f(x)\to\infty$, $g(x)\to 0$ 또는 $f(x)\to 1$, $g(x)\to\infty$라면 $f(x)^{g(x)}$는 $x\to a$(또는 $x\to\pm\infty$)일 때, 각각 부정형 0^0, ∞^0, 1^∞을 가진다고 한다. 이때 $y=f(x)^{g(x)}$라 놓고 양변에 로그를 취하여 극한값을 구할 수 있다.

$$\lim_{x\to a}\ln y=\lim_{x\to a}g(x)\ln f(x)=k$$

가 된다면, 지수함수는 연속이므로

$$\lim_{x\to a}y=\lim_{x\to a}e^{\ln y}=e^{\lim_{x\to a}\ln y}=e^k.$$

한쪽 극한에 대해서도 마찬가지 방법을 적용할 수 있다.

예제 4-11 $\displaystyle\lim_{x\to 0^+}x^x$을 구하여라.

풀이 $y=x^x$라 놓으면 $\ln y=x\ln x$이므로

$$\lim_{x\to 0^+}\ln y=\lim_{x\to 0^+}x\ln x=\lim_{x\to 0^+}\frac{\ln x}{1/x}=\lim_{x\to 0^+}\frac{1/x}{-1/x^2}=\lim_{x\to 0^+}(-x)=0$$

이고, 따라서 $\displaystyle\lim_{x\to 0^+}y=e^0=1$이다. ■

예제 4-12 $\displaystyle\lim_{x\to\infty}x^{\frac{1}{x}}$을 구하여라.

풀이 $y=x^{\frac{1}{x}}$이라 놓으면 $\ln y=\frac{1}{x}\ln x$이다.

$$\lim_{x\to\infty}\ln y=\lim_{x\to\infty}\frac{\ln x}{x}=\lim_{x\to\infty}\frac{1/x}{1}=\lim_{x\to\infty}\frac{1}{x}=0$$

이고, 따라서

$$\lim_{x\to\infty}y=\lim_{x\to\infty}x^{\frac{1}{x}}=e^0=1$$

이다.

연습문제 4.4

Exercises

1. x 좌표가 각각 아래와 같을 때 그 점에서 곡선 $y=e^{2x}$의 접선의 방정식을 구하여라.

(a) 1 (b) -2 (c) 0

2. x 좌표가 2인 점에서 곡선 $y=xe^x$의 접선의 방정식을 구하여라.

3. 다음 각 함수의 도함수를 구하여라.

(a) $\ln(e^x+\sin x)$ (b) $\sin(e^{x+2})$

(c) $\cos(e^{4x-5})$ (d) $e^{\sin 2x}$

(e) $e^{\mathrm{Cos}^{-1}x}$ (f) $\ln e^x$

(g) $e^{\mathrm{Sin}^{-1}x}$ (h) $\tan(e^t)$

(i) $x^{\sqrt{x}}$ (j) $\mathrm{Sin}^{-1}(e^x+x)$

(k) $e^{\tan x}$ (l) 10^x

(m) π^x (n) $y=x^{2^x}$

(o) $y=(\sin x)^{\ln x}$

4. 귀납법을 이용하여 다음을 각각 증명하여라.

(a) xe^x의 n계도함수는 $(x+n)e^x$

(b) xe^{-x}의 n계도함수는 $(-1)^n(x-n)e^{-x}$

5. 다음 곡선을 좌표평면에 그려라.

(a) $y=e^{-\frac{1}{x}}$ (b) $y=e^{\frac{1}{x^2}}$

(c) $y=3^x$ 와 $y=3^{-x}$

6. 주어진 점에서 다음 각 곡선의 접선의 방정식을 구하여라.

(a) $y=\ln x$; $x=e$
(b) $y=x\ln x$; $x=e$
(c) $y=\ln(x^3)$; $x=e$
(d) $y=\dfrac{1}{\ln x}$; $x=e$
(e) $y=e^{2x}$; $x=1$
(f) $y=xe^x$; $x=2$
(g) $y=x^2e^{-x}$; $x=1$
(h) $y=x^x$; $x=1$
(i) $y=3^x$; $x=2$

7. $x+\ln x=0$를 만족하는 x는 단 하나임을 증명하여라.

8. 함수 $f(x)=e^{\frac{x}{2}}+e^{-\frac{x}{2}}$ 의 그래프를 그려라.

9. 함수 f가 열린구간 $-1<x<1$에서 미분가능하고 그 구간에서

$$f'(x)=\frac{1}{1-x^2}$$

이라 할 때 f가 이 구간에서 증가하는지 감소하는지를 판단하여라. $f(0)=0$ 이라 하고, 이 그래프를 그려라.

10. 함수 f가 열린구간 $-1<x<1$에서 미분가능하고

$$f(0)=0, \quad f'(x)=\frac{1}{(1-x^2)^2}$$

이라 한다. f가 이 구간에서 증가하는지 감소하는지를 판단하여라. 또 x가 1이나 -1에 가까워지면 $f(x)$는 어떻게 되는가?

11. 함수 $f(x)=\dfrac{1-\ln x}{x}$ 의 극대값과 극소값을 구하여라.

12. $a>0$일 때 함수 $f(x)=\dfrac{x^2}{a^x}$ 의 극대와 극소점을 구하여라.

13. 다음 극한값을 구하여라.

(a) $\displaystyle\lim_{x\to 0^+}(1+\sin x)^{\frac{1}{x}}$
(b) $\displaystyle\lim_{x\to\infty}\left(\frac{x}{x-2}\right)^x$

(c) $\lim_{x \to 0^+} (1+\tan x)^{\frac{1}{x}}$

(d) $\lim_{x \to \infty} (1-x^{-1/3})^x$

(e) $\lim_{x \to \infty} (e^x+x)^{\frac{1}{x}}$

(f) $\lim_{x \to 0^+} (1+x)^{\ln x}$

(g) $\lim_{x \to 0^+} (1+ax)^{\frac{b}{x}}$

(h) $\lim_{x \to \infty} x^{\frac{\ln 2}{1+\ln x}}$

14. (a) 로지스틱 성장곡선

$$N(t) = \frac{K}{1+\left(\frac{K}{N(0)}-1\right)e^{-rt}}$$

의 도함수를 구하여라. 여기서 r과 K는 양의 상수이고, $N(0)$는 $t=0$일 때 개체군의 크기이다.

(b) (a)의 $N(t)$가 미분방정식

$$\frac{dN}{dt} = rN\left(1-\frac{N}{K}\right)$$

을 만족시킴을 보여라.

4.5 쌍곡선함수와 역쌍곡선함수

이 절에서는 지수함수 e^x와 e^{-x}을 결합하여 정의되는 **쌍곡선함수**(hyperbolic function)와 그 도함수에 관하여 살펴보고자 한다. 또한 역쌍곡선함수도 살펴본다.

쌍곡선함수는 **쌍곡사인**(hyperbolic sine), **쌍곡코사인**(hyperbolic cosine) 등으로 불리며, 다음과 같이 정의된다.

$$\sinh x = \frac{e^x - e^{-x}}{2}, \qquad \operatorname{csch} x = \frac{1}{\sinh x}$$

$$\cosh x = \frac{e^x + e^{-x}}{2}, \qquad \operatorname{sech} x = \frac{1}{\cosh x}$$

$$\tanh x = \frac{\sinh x}{\cosh x}, \qquad \coth x = \frac{1}{\tanh x}$$

위에 정의된 쌍곡선함수들의 그래프의 개형은 다음과 같다.

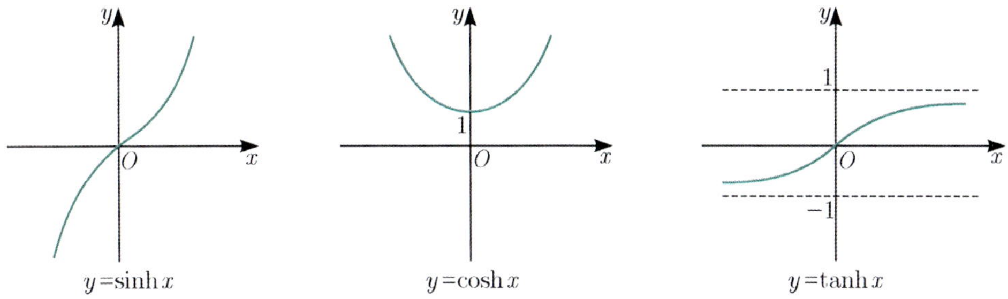

그림 4-10

삼각함수에서와 마찬가지로 쌍곡선함수를 포함하는 다음 항등식들이 정의로부터 유도된다.

$$\cosh^2 x - \sinh^2 x = 1$$
$$1 - \tanh^2 x = \operatorname{sech}^2 x$$
$$\coth^2 x - 1 = \operatorname{csch}^2 x$$
$$\sinh(x+y) = \sinh x \cosh y + \cosh x \sinh y$$
$$\cosh(x+y) = \cosh x \cosh y + \sinh x \sinh y$$

쌍곡선함수의 정의에서 다음과 같이 도함수를 구할 수 있다.

D_{26}. $\dfrac{d}{dx}\sinh x = \cosh x$	D_{29}. $\dfrac{d}{dx}\operatorname{csch} x = -\operatorname{csch} x \coth x$
D_{27}. $\dfrac{d}{dx}\cosh x = \sinh x$	D_{30}. $\dfrac{d}{dx}\operatorname{sech} x = -\operatorname{sech} x \tanh x$
D_{28}. $\dfrac{d}{dx}\tanh x = \operatorname{sech}^2 x$	D_{31}. $\dfrac{d}{dx}\coth x = -\operatorname{csch}^2 x$

이제 역쌍곡선함수에 대해 살펴보자. 쌍곡사인함수 $y = \sinh x$는 모든 실수 x에서 $\dfrac{dy}{dx} = \cosh x > 0$이므로 순증가함수이다. 따라서 역함수가 존재한다. 이를 **역쌍곡사인함수**라 하고 $\sinh^{-1} x$로 나타낸다. $y = \sinh^{-1} x$라 하면 $x = \sinh y = \dfrac{e^y - e^{-y}}{2}$이고, 이로부터 $e^y - e^{-y} = 2x$ 혹은 $e^{2y} - 2xe^y - 1 = 0$을 얻게 된다. 이 방정식을 풀면 $e^y = x \pm \sqrt{x^2+1}$이 되는데 $e^y > 0$이므로 $e^y = x + \sqrt{x^2+1}$, 결국 $y = \sinh^{-1} x = \ln(x + \sqrt{x^2+1})$을 얻게 된다.

$$\sinh^{-1}x = \ln(x + \sqrt{x^2+1}) \qquad (\text{모든 실수 } x)$$

마찬가지로 다른 역쌍곡선함수도 다음과 같이 로그함수로 구할 수 있다.

$$\cosh^{-1}x = \ln(x + \sqrt{x^2-1}) \qquad (x \geq 1),$$
$$\tanh^{-1}x = \frac{1}{2}\ln\frac{1+x}{1-x} \qquad (-1 < x < 1),$$
$$\coth^{-1}x = \frac{1}{2}\ln\frac{x+1}{x-1} \qquad (|x| > 1),$$
$$\operatorname{sech}^{-1}x = \ln\left(\frac{1}{x} + \frac{\sqrt{1-x^2}}{x}\right) \qquad (0 < x \leq 1),$$
$$\operatorname{csch}^{-1}x = \ln\left(\frac{1}{x} + \frac{\sqrt{1+x^2}}{|x|}\right) \qquad (x \neq 0).$$

이제 역쌍곡선함수의 도함수를 구해보자.

$y = \sinh^{-1}x$ 이면 $x = \sinh y$ 이므로 x 에 관한 음함수의 미분법을 이용하면

$$\cosh y \frac{dy}{dx} = 1$$

이 된다. $\cos h^2 y - \sin h^2 y = 1$, $\cosh y \geq 0$ 이므로 $\cosh y = \sqrt{1+\sinh^2 y}$ 이고, 따라서

$$\frac{dy}{dx} = \frac{1}{\cosh y} = \frac{1}{\sqrt{1+x^2}}$$

을 얻게 된다. 이와 같은 방법으로 역쌍곡선함수의 도함수를 다음과 같이 구할 수 있다.

D_{32}. $$\frac{d}{dx}\sinh^{-1}x = \frac{1}{\sqrt{x^2+1}}$$

D_{33}. $$\frac{d}{dx}\cosh^{-1}x = \frac{1}{\sqrt{x^2-1}} \qquad (x > 1)$$

D_{34}. $$\frac{d}{dx}\tanh^{-1}x = \frac{1}{1-x^2} \qquad (|x| < 1)$$

D_{35}. $$\frac{d}{dx}\coth^{-1}x = \frac{1}{1-x^2} \qquad (|x| > 1)$$

D_{36}. $$\frac{d}{dx}\operatorname{sech}^{-1}x = \frac{-1}{x\sqrt{1-x^2}} \qquad (0 < x < 1)$$

D_{37}. $$\frac{d}{dx}\operatorname{csch}^{-1}x = \frac{-1}{|x|\sqrt{1+x^2}} \qquad (x \neq 0)$$

참고 위에서 구한 로그함수 형태의 역쌍곡선함수를 직접 미분하는 방식으로 역쌍곡선함수의 도함수를 구할 수도 있다.

연습문제 4.5 Exercises

1. 다음 각 함수의 도함수를 구하여라.

(a) $y = \cosh e^{x} - e^{\cosh x}$　　(b) $y = \sinh^2 x - \sinh x^2$

(c) $y = \ln(\operatorname{csch} x) - \ln(\operatorname{sech} x)$　　(d) $y = \operatorname{csch}(\ln x) - \operatorname{sech}(\ln x)$

(e) $y = \sin(\cosh x) - \cos(\sinh x)$　　(f) $y = \operatorname{sech} x \operatorname{csch} x$

2. 공식 D_{26}, D_{27}, D_{28}을 증명하여라.

3. 모든 수 x에 대하여 $\cosh x + \sinh x = e^x$ 임을 보여라. 이를 이용하여 항등식

$$(\cosh x + \sinh x)^n = \cosh nx + \sinh nx$$

를 증명하여라.

4. $\dfrac{d}{dx}(2\mathrm{Tan}^{-1} e^{x}) = \dfrac{d}{dx}\mathrm{Tan}^{-1}(\sinh x)$ 임을 증명하여라.

5. $\cosh^{-1} x$, $\tanh^{-1} x$ 를 $\ln x$ 로 표시한 식들을 유도하여라.

6. 다음 함수의 그래프를 그려라.

(a) $y = \sinh^{-1} x$　　(b) $y = \cosh^{-1} x$

(c) $y = \tanh^{-1} x$　　(d) $y = \coth^{-1} x$

7. 다음 함수의 도함수를 구하여라.

(a) $y = \sinh^{-1} x^2$　　(b) $y = (\sinh^{-1} x)^2$

(c) $y = \tanh^{-1}(\cos x)$　　(d) $y = \operatorname{csch}^{-1}(\tan x)$

(e) $y = \coth^{-1}(\cosh x)$　　(f) $y = \sinh^{-1}(\tan x)$

(g) $y = \sinh^{-1}(\cos x)$　　(h) $y = \cosh^{-1}(\sec x)$

8. 다음 극한값을 구하여라.

(a) $\displaystyle\lim_{h \to 0} \frac{\sinh^{-1} h}{h}$　　(b) $\displaystyle\lim_{z \to 3} \frac{\cosh^{-1} z - \cosh^{-1} 3}{z - 3}$

제 5 장

적분의 정의와 응용

고대 그리스시대 이래로 수학자들은 평면도형의 면적을 계산해 왔다. 고대 그리스인들은 유클리드 기하학을 평행사변형, 삼각형의 면적을 구하는데 사용하고 일반적인 다각형을 삼각형으로 나누어서 그 면적을 구하였다. 유클리드 기하학은 직선으로 둘러싸인 도형의 면적을 다룰 때는 효과적이었으나 곡선으로 둘러싸인 도형의 면적을 구하는 데는 다른 접근이 필요하였다. 포물선을 직선으로 잘랐을 때 생기는 도형의 면적은 아르키메데스(약 287-212 B.C)가 에우독서스의 아이디어에 기초한 "실진법(method of exhaustion)"을 써서 계산하였다. 여기에서 극한의 개념이 나오게 되지만, 아르키메데스는 이것을 인식하지 못하였다.

17세기에 다시 곡선에 둘러싸인 평면도형의 면적을 구하는 데 관심을 갖게 되어서, 1636년에 페르마는 로베르발에게 보낸 편지에서 곡선 $y=x^n$아래 부분의 면적을 구했다고 하였다. 그의 방법은 아르키메데스가 곡선에 둘러싸인 부분의 면적을 구하기 위하여 그 도형에 내접하는 삼각형들로 도형을 "exhaust" 한 것과 달리 직사각형을 사용하는 것이었다. 그는 밑변이 b이고 높이가 b^n인 직사각형에 내접하는 곡선 $y=x^n$아래 부분의 면적이 이 직사각형 면적의 $\dfrac{1}{n+1}$이라는 것을 밝혔다. 이 문제는 1640년경에 카발리에리, 파스칼, 로베르발, 토리첼리 등에 의해서도 독립적으로 밝혀졌다. 코시(Augustin-Louis Cauchy, 1789-1857)가 처음으로 직사각형들의 넓이의 합의 극한으로 적분을 정의하였으나, 이것은 연속함수에만 사용될 수 있었고, 보다 더 일반적인 정의는 리만(Georg Bernhard Riemann, 1826-1866)에 의해 만들어졌다.

이 장에서는 리만적분의 정의, 적분과 도함수의 관계를 보여주는 미분적분학의 기본정리, 적분의 응용을 살펴볼 것이다.

5.1 부정적분

한 구간에서 정의된 함수 f에 대하여 F가 같은 구간에서 정의된 함수이고, 그 구간의 모든 점 x에 대하여

$$F'(x) = f(x)$$

이면 함수 F를 f의 **역도함수**(antiderivative)라고 한다. 함수 F가 f의 역도함수이면 임의의 상수 C에 대하여 $F(x)+C$도 f의 역도함수이다. 또 G가 F와 다른 f의 역도함수이면 $G'(x)=f(x)$이고 $F-G$의 도함수는 0이 된다. 따라서 한 상수 C가 존재하여

$$F(x) = G(x) + C$$

가 성립한다. 이와 같이 주어진 함수 f의 역도함수는 임의의 상수만큼의 차이를 가지고 무한히 많이 존재한다. 함수 $f(x)$의 모든 역도함수들의 집합을 $\int f(x)dx$로 나타내며, 이것을 f의 **부정적분**(indefinite integral)이라고 부른다. F가 f의 한 역도함수이면, 다른 역도함수는 F와 상수만큼의 차이가 있으므로,

$$\int f(x)dx = F(x) + C$$

로 나타낼 수 있다. 여기서 C는 임의의 상수로서, **적분상수**(integral constant)라고 하고, f를 **피적분함수**(integrand), x를 **적분변수**(integral variable)라고 한다. f의 부정적분을 구하는 일을 **적분한다**고 한다.

예 1 임의의 상수 C에 대하여 $\sin x + C$는 $\cos x$의 부정적분이다.

예 2 $x>0$일 때 $\frac{1}{x}$의 부정적분은 $\ln x + C$로 주어지고, $x<0$일 때 $\frac{1}{x}$의 부정적분은 $\ln(-x)+C'$로 주어진다. 여기서 C와 C'는 상수이다. 이것을 간단히

$$\int \frac{1}{x}dx = \ln|x| + C$$

와 같이 나타낸다.

도함수에 대한 지식을 이용하여 다음과 같은 **적분공식**이 성립함을 쉽게 알 수 있다.

I_1 $\int \{f(u)+g(u)\}du = \int f(u)du + \int g(u)du$

I_2 $\int af(u)du = a\int f(u)du$ (a는 상수)

I_3 $\int u^n du = \frac{u^{n+1}}{n+1} + C \ (n \neq -1)$	I_4 $\int \frac{du}{u} = \ln\lvert u \rvert + C$
I_5 $\int e^u du = e^u + C$	I_6 $\int a^u du = \frac{a^u}{\ln a} + C \ (a > 0, a \neq 1)$
I_7 $\int \sin u\, du = -\cos u + C$	I_8 $\int \cos u\, du = \sin u + C$
I_9 $\int \sec^2 u\, du = \tan u + C$	I_{10} $\int \csc^2 u\, du = -\cot u + C$
I_{11} $\int \sec u \tan u\, du = \sec u + C$	I_{12} $\int \csc u \cot u\, du = -\csc u + C$
I_{13} $\int \tan u\, du = \ln\lvert \sec u \rvert + C$	I_{14} $\int \cot u\, du = \ln\lvert \sin u \rvert + C$
I_{15} $\int \sec u\, du = \ln\lvert \sec u + \tan u \rvert + C$	I_{16} $\int \csc u\, du = \ln\lvert \csc u - \cot u \rvert + C$
I_{17} $\int \sinh u\, du = \cosh u + C$	I_{18} $\int \cosh u\, du = \sinh u + C$
I_{19} $\int \mathrm{sech}^2 u\, du = \tanh u + C$	I_{20} $\int \mathrm{csch}^2 u\, du = -\coth u + C$
I_{21} $\int \mathrm{sech}\, u \tanh u\, du = -\mathrm{sech}\, u + c$	I_{22} $\int \mathrm{csch}\, u \cot u\, du = -\mathrm{csch}\, u + C$
I_{23} $\int \tanh u\, du = \ln \cosh u + C$	I_{24} $\int \coth u\, du = \ln\lvert \sinh u \rvert + C$

연습문제 5.1 Exercises

1. 위의 공식 $I_1 \sim I_{24}$를 증명하여라.

2. 적분 공식들을 이용하여 다음 함수들을 적분하여라.

(a) $2\cot x - 3e^x$ (b) $3\sec^2 x + \cos x$

(c) $\frac{1}{4+x^2} - \frac{2}{\sqrt{4-x^2}}$ (d) $(2 - \tan x)\sec x$

(e) $5^x + \frac{4}{x}$ (f) $(\cos x + \csc x - 1)\csc x$

(g) $(3\tanh x - \mathrm{sech}\, x + 2)\mathrm{sech}\, x$ (h) $(\mathrm{csch}\, x - 3)\coth x$

3. 사람의 키(m) h에 대한 평균적인 몸무게(kg) W의 변화가 대략

$$\frac{dW}{dh} = 39h^2$$

으로 주어진다. $W(1.5) = 43.875\,kg$일 때 $W(h)$를 구하고, 키가 $160cm$인 사람의 평균 몸무게를 구하여라.

4. 직선을 따라 움직이는 물체의 속도는 식

$$v(t) = t^2 - 2t - 8\,,\, 1 \le t \le 6$$

으로 주어진다. 주어진 시간을 나타내는 구간 $1 \le t \le 6$ 에서 물체가 이동한 거리를 구하여라.

5.2 정적분(리만적분)

함수 f 가 구간 $[a, b]$에서 정의되었다고 하자. 구간 $[a, b]$를

$$a = x_0 < x_1 < x_2 < \cdots < x_{n-1} < x_n = b$$

와 같이 되는 점 $x_0, x_1, \cdots, x_n$ 에 의하여 n개의 구간으로 분할할 때, 이 분할을 기호

$$P = \{x_0, x_1, x_2, \cdots, x_{n-1}, x_n\}$$

으로 나타내고 **분할**(partition) P라 부른다.

분할 P에 대하여 제 i번째 소구간의 길이를 $\Delta x_i = x_i - x_{i-1}(i = 1, 2, \cdots\cdots, n)$라 할 때, $\Delta x_1, \Delta x_2, \cdots\cdots, \Delta x_n$ 중에서 가장 큰 것을 분할 P의 **노름**(norm)이라 하고, 기호 $|P|$로 나타낸다. 즉

$$|P| = \max\{\Delta x_i : i = 1, \cdots\cdots, n\}.$$

소구간 $[x_{i-1}, x_i]$에 속하는 한 점 $\xi_i(i = 1, 2, \cdots, n)$에 대하여 만든 합

$$S(P, f) = \sum_{i=1}^{n} f(\xi_i)\,\Delta x_i$$

를 함수 f의 분할 P에 대한 **리만합**(Rimann sum)이라고 한다.

일반적으로 함수 f가 구간 $[a, b]$에서 정의되고 $[a, b]$의 분할 P와 각 소구간 $[x_{i-1}, x_i]$ 안의 한 점 ξ_i를 택하는 방법에 관계없이 $|P| \to 0$일 때 리만합 $\sum_{i=1}^{n} f(\xi_i)\,\Delta x_i$가 일정한 값으로 수렴하면, 즉

$$\lim_{|P| \to 0} \sum_{i=1}^{n} f(\xi_i)\,\Delta x_i = (\text{일정한 값})$$

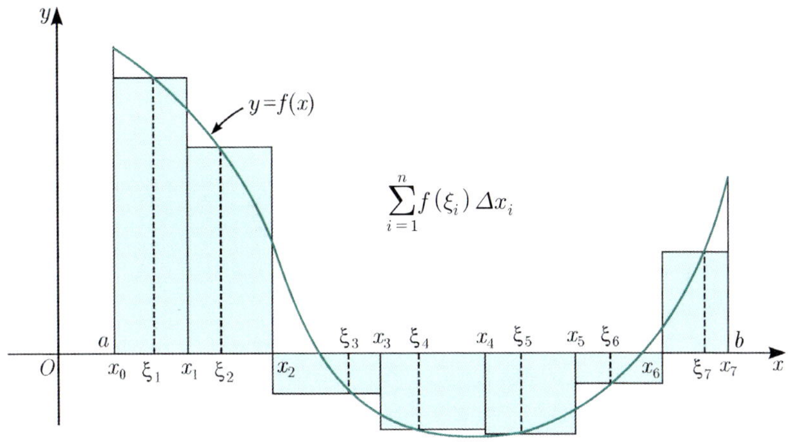

그림 5-1

이 존재하면, 함수 f는 $[a, b]$에서 **적분가능하다**(integrable) 또는 **리만적분가능하다**고 하고, 이 극한값을 기호

$$\int_a^b f(x)dx$$

로 나타내어, 이를 구간 $[a, b]$에서의 **정적분**(definite integral) 또는 **리만적분**이라고 부른다. 또 $f(x)$를 **피적분함수**, x를 **적분변수**, a를 **적분의 아래 한계**, b를 **윗 한계**, a와 b를 함께 가리켜 **적분한계**(integral limit)라고 부른다.

주의 리만적분의 정의에서 알 수 있는 바와 같이, 정적분 $\int_a^b f(x)dx$의 값은 오로지 함수 f와 적분한계 a, b에만 좌우되고, 적분변수를 가리키는 문자와는 무관하다. 즉

$$\int_a^b f(x)dx = \int_a^b f(t)dt = \int_a^b f(s)ds = \int_a^b f(u)du$$

이므로 $\int_a^b f(x)dx$를 간단히 $\int_a^b f$로 나타내기도 한다.

함수 f가 구간 $[a, b]$에서 적분가능할 때 다음과 같이 정의한다.

$$\int_b^a f(x)dx = -\int_a^b f(x)dx, \quad \int_a^a f(x)dx = 0.$$

예제 5-1 다음 함수 f는 $[a, b]$에서 리만적분가능하지 않음을 밝혀라.

$$f(x)=\begin{cases}1, & x\text{가 유리수일 때}\\ 0, & x\text{가 무리수일 때}\end{cases}$$

풀이 구간 $[a, b]$의 임의의 분할 $P=\{x_0, x_1, \cdots, x_n\}$에 대하여 소구간 $[x_{i-1}, x_i]$에는 반드시 유리수와 무리수가 존재하므로, 점 $\xi_i \in [x_{i-1}, x_i]$로서 유리수를 택하면

$$\sum_{i=1}^{n} f(\xi_i)\Delta x_i = \sum_{i=1}^{n} 1 \cdot \Delta x_i = b-a$$

이므로

$$\lim_{|P|\to 0} \sum_{i=1}^{n} f(\xi_i)\Delta x_i = b-a.$$

또 $\xi_i \in [x_{i-1}, x_i]$로서 무리수를 택하면

$$\sum_{i=1}^{n} f(\xi_i)\Delta x_i = \sum_{i=1}^{n} 0 \cdot \Delta x_i = 0$$

이므로

$$\lim_{|P|\to 0} \sum_{i=1}^{n} f(\xi_i)\Delta x_i = 0$$

즉 ξ_i를 택하는 방법에 따라서 $\lim_{|P|\to 0} \sum_{i=1}^{n} f(\xi_i)\Delta x_i$의 값이 다르므로 주어진 함수 f는 리만적분가능하지 않다. ∎

예제 5-2 구간 $[a, b]$에서 함수 $f(x)=k$(k는 상수)는 적분가능하고

$$\int_a^b f(x)dx = \int_a^b k\,dx = k(b-a)$$

임을 보여라.

풀이 $[a, b]$의 분할 $P=\{x_0, x_1, \cdots\cdots, x_n\}$과 소구간 $[x_{i-1}, x_i]$ 안의 한 점 ξ_i를 택하는 방법에 관계없이

$$\sum_{i=1}^{n} f(\xi_i)\Delta x_i = \sum_{i=1}^{n} k\Delta x_i = k\sum_{i=1}^{n} \Delta x_i = k(b-a)$$

이다. 따라서

$$\lim_{|P|\to 0} \sum_{i=1}^{n} f(\xi_i)\Delta x_i = k(b-a)$$

으로 일정하므로 f는 $[a, b]$에서 적분가능하고

$$\int_a^b f(x)dx = \int_a^b k\,dx = k(b-a).$$ ∎

실수의 성질과 연속함수의 성질로부터 다음 두 정리가 나온다(증명은 해석학개론에서 볼 수 있다).

정리 5-1 함수 f가 $[a, b]$에서 단조함수이면 f는 $[a, b]$에서 적분가능하다.

정리 5-2 함수 f가 구간 $[a, b]$에서 연속이면 f는 $[a, b]$에서 적분가능하다.

참고 함수 f가 구간 $[a, b]$에서 유계이고, 유한개의 점을 제외한 모든 점에서 연속일 때도 f는 $[a, b]$에서 적분가능하다. f가 적분가능임을 알면 노름이 0으로 가는 특정한 분할을 선택하여 그 분할에 관한 리만합의 극한값을 구한 것이 f의 리만적분이 된다.

예제 5-3 리만적분의 정의에 의하여 다음을 증명하여라.

$$\int_a^b e^x dx = e^b - e^a$$

풀이 $f(x) = e^x$ 라 놓으면 f 는 $[a, b]$에서 연속이므로, 정리 5-2에 의해 적분가능하다. 따라서 노름이 0으로 가는 분할들의 열을 잡아 그 분할들에 대한 리만합의 극한값을 구하면 된다.

이제 $[a, b]$를 n등분하는 분할 $P_n = \{x_0, x_1, \cdots, x_n\}$을 생각하자. $h = \dfrac{b-a}{n}$라 놓으면

$$x_0 = a,\ x_1 = a+h,\ x_2 = a+2h,\ \cdots,\ x_n = a+nh = b$$

이고, P_n의 노름은 $|P_n| = h$이다. P_n에 대한 리만합 $S(P_n, f) = \sum_{i=1}^{n} f(\xi_i)\Delta x_i$의 ξ_i로서 i번째 소구간 $[x_{i-1}, x_i]$의 한 끝점 x_{i-1}을 택하면, $x_{i-1} = a+(i-1)h$, $\Delta x_i = \dfrac{b-a}{n} = h$이므로

$$\begin{aligned} S(P_n, f) &= \sum_{i=1}^{n} f(x_{i-1})\Delta x_i = \sum_{i=1}^{n} f(a+(i-1)h)h \\ &= \sum_{i=1}^{n} e^{a+(i-1)h}\, h \\ &= \frac{e^a[e^{nh}-1]}{e^h-1}\, h \quad (\text{등비급수의 합}) \\ &= \frac{e^{a+nh}-e^a}{e^h-1}\, h = \frac{e^b-e^a}{e^h-1}\, h \quad (a+nh = b\text{이므로}). \end{aligned}$$

$n \to \infty$일 때, $|P_n| = h \to 0$이므로

$$\int_a^b f(x)dx = \lim_{n\to\infty} S(P_n, f) = \lim_{h\to 0} \frac{h}{e^h-1}(e^b-e^a)$$

$$= (e^b - e^a)\lim_{h\to 0}\frac{h}{e^h - 1}$$

$$= (e^b - e^a)\lim_{h\to 0}\frac{h'}{(e^h - 1)'} \quad \text{(로피탈의 법칙)}$$

$$= (e^b - e^a)\lim_{h\to 0}\frac{1}{e^h} = e^b - e^a.$$

예 3 함수 $f(x) = x$ 는 $[a, b]$ 에서 연속이므로 적분가능하다. 위 예제에서와 같이 $[a, b]$ 를 n 등분하는 분할 $P_n = \{x_0 = a,\ x_1 = a + h,\ \cdots,\ x_n = a + nh\}$, $h = \dfrac{b-a}{n}$ 에서 소구간 $[x_{i-1}, x_i]$ 의 한 끝점 x_i 를 택하면,

$$\int_a^b x\,dx = \lim_{n\to\infty}\sum_{i=1}^{n}(a + ih)\,h = \lim_{n\to\infty}\left(anh + \frac{n(n+1)}{2}\,h^2\right) = \frac{1}{2}(b^2 - a^2)$$

임을 알 수 있다. 마찬가지 방법으로 $\int_a^b x^2 dx = \frac{1}{3}(b^3 - a^3)$ 임을 보일 수 있다.

함수 f 가 구간 $[a, b]$ 에서 연속이고 $f(x) \ge 0$ 일 때 f 의 그래프와 x 축과 두 직선 $x = a$, $x = b$ 로 둘러싸인 도형의 면적을 $A(f, a, b)$ 라 하자. 구간 $[a, b]$ 의 분할을 $P = \{x_0, x_1, x_2, \cdots, x_n\}$ 라 하면, f 는 연속이므로 소구간 $[x_{i-1}, x_i]$ 에서 최대값 $f(\xi_i') = M_i$, $\xi_i' \in [x_{i-1}, x_i]$, 최소값 $f(\xi_i'') = m_i$, $\xi_i'' \in [x_{i-1}, x_i]$ 을 갖는다. 그림 5-2에서 보는 바와 같이

$$\sum_{i=1}^{n} f(\xi_i'')\Delta x_i = \sum_{i=1}^{n} m_i \Delta x_i \le A(f, a, b) \le \sum_{i=1}^{n} M_i \Delta x_i = \sum_{i=1}^{n} f(\xi_1')\Delta x_i.$$

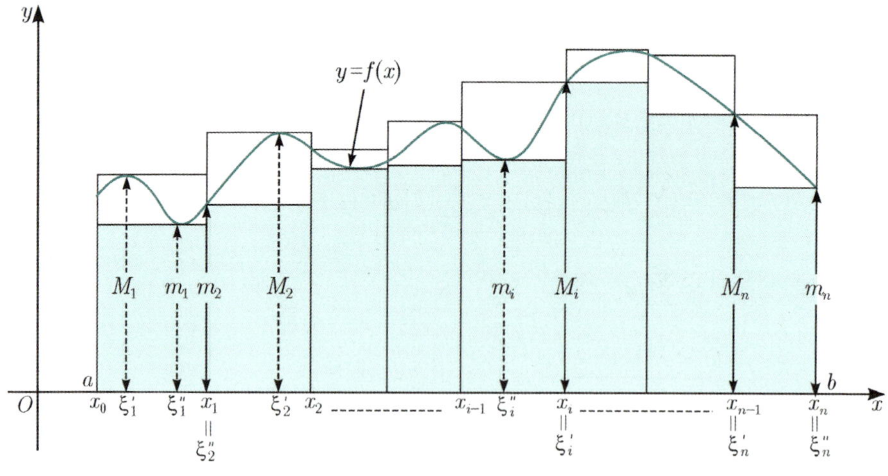

그림 5-2

그런데 f 는 $[a, b]$에서 적분가능하므로

$$\lim_{|P|\to 0}\sum_{i=1}^{n} f(\xi_i'')\Delta x_i = \lim_{|P|\to 0}\sum_{i=1}^{n} f(\xi_i')\Delta x_i = \int_a^b f(x)dx.$$

따라서 f 가 $[a, b]$에서 연속이고, $f(x) \geq 0$ 이면, f 의 그래프와 x 축과 두 직선 $x = a$, $x = b$로 둘러싸인 부분의 면적은

$$A(f, a, b) = \int_a^b f(x)dx$$

이 된다.

예 4 함수 $f(x) = e^x$ 와 x 축과 두 직선 $x = 0$, $x = 1$로 둘러싸인 도형의 면적은 예제 5-3에 의하여 $\int_0^1 e^x dx = e - 1$이다.

정리 5-3 **(정적분의 성질)** (1) f, g 가 $[a, b]$에서 적분가능하면, $f \pm g$ 와 cf (c는 임의의 실수)도 $[a, b]$에서 적분가능하고

$$\int_a^b \{f(x) \pm g(x)\}dx = \int_a^b f(x)dx \pm \int_a^b g(x)dx$$

$$\int_a^b cf(x)dx = c\int_a^b f(x)dx.$$

(2) 함수 f가 $[a, c]$에서 적분가능하고 $a < b < c$ 이면, f는 $[a, b]$, $[b, c]$에서도 적분가능하고

$$\int_a^b f(x)dx + \int_b^c f(x)dx = \int_a^c f(x)dx.$$

(3) 함수 f, g 가 구간 $[a, b]$에서 적분가능하고,

(i) $f(x) \geq 0$ 이면 $\int_a^b f(x)dx \geq 0$,

(ii) $f(x) \geq g(x)$ 이면 $\int_a^b f(x)dx \geq \int_a^b g(x)dx$.

증명 생략한다. ■

예제 5-4 정적분 $\int_{-1}^2 4|x|dx$ 를 계산하여라.

풀이 $4|x|$는 $[-1, 2]$에서 연속이므로 적분가능하다. 따라서 예 3과 정리 5-3(2)으로부터

$$\int_{-1}^2 4|x|dx = \int_{-1}^0 4(-x)xdx + \int_0^2 4xdx$$

$$= -4\int_{-1}^{0} x dx + 4\int_{0}^{2} x dx$$

$$= (-4)\cdot(-\frac{1}{2}) + 4\cdot 2 = 10.$$

유한개의 수 $x_1, x_2, \cdots, x_n$ 의 평균값(average value)은

$$\frac{x_1 + x_2 + \cdots + x_n}{n} = \frac{1}{n}\sum_{i=1}^{n} x_i$$

으로 주어진다. 이제 연속함수 $y = f(x)$, $a \le x \le b$ 의 평균값을 생각해보자. 닫힌구간 $[a, b]$ 를 n 개의 동일한 부분 구간으로 나누면 각 부분 구간의 길이는 $\Delta x = \frac{b-a}{n}$ 이다. 각 부분 구간 $[x_{i-1}, x_i]$, $i = 1, 2, \cdots, n$ 에서 ξ_i 를 선택하여 $f(\xi_1), f(\xi_2), \cdots f(\xi_n)$의 평균값을 구하면

$$\frac{1}{n}\sum_{i=1}^{n} f(\xi_i)$$

이다. $\Delta x = \frac{b-a}{n}$ 이므로 $\frac{1}{n} = \frac{\Delta x}{b-a}$ 를 적용하면

$$\frac{\Delta x}{b-a}\sum_{i=1}^{n} f(\xi_i) = \frac{1}{b-a}\sum_{i=1}^{n} f(\xi_i)\Delta x$$

가 된다. n 을 증가시키면 좁은 간격으로 분포되어 있는 점에서의 함수 값들의 평균값을 계산할 수 있다. 정적분의 정의에 의하여 극한값은

$$\lim_{n\to\infty} \frac{1}{b-a}\sum_{i=1}^{n} f(\xi_i)\Delta x = \frac{1}{b-a}\int_{a}^{b} f(x)\,dx$$

이다. 따라서 닫힌구간 $[a, b]$ 에서 함수 f 의 **평균값**(average value) f_{ave} 를

$$f_{ave} = \frac{1}{b-a}\int_{a}^{b} f(x)\,dx$$

라 정의할 수 있다.

예 5 구간 $[0, 2]$ 에서 함수 $f(x) = 1 + x^2$ 의 평균값을 구하면

$$f_{ave} = \frac{1}{2-0}\int_{0}^{2} (1 + x^2)\,dx = \frac{1}{2}\left\{(2-0) + \frac{1}{3}(2^3 - 0^3)\right\} = \frac{7}{3}$$

이다.

예제 5-5 10월말 어느 날 오전 8시부터 오후 6시까지 서울의 기온 T(℃)가 대략

$$T(t) = -\frac{2}{5}t^2 + 4t + 12\ ,\ \ 0 \le t \le 10$$

으로 나타내진다고 할 때, 오전 8시부터 오후 6시까지 기온의 평균을 구하여라. (단 t는 오전 8시를 0으로 하여 8시 이후 몇 시간 지났음을 나타낸다.)

풀이 $\frac{1}{10}\int_0^{10}\left(-\frac{2}{5}t^2+4t+12\right)dt=\frac{1}{10}\left(-\frac{2}{5}\cdot\frac{1}{3}10^3+4\cdot\frac{1}{2}10^2+12\cdot 10\right)=\frac{56}{3}$ 이므로 평균기온은 $\frac{56}{3}$ ℃이다. ∎

함수 f는 어떤 경우에 구간 $[a,b]$ 안에서 $f(\xi)=f_{ave}$를 만족하는 점 ξ를 가지겠는가? 다음 정리는 함수 f가 연속이면 이를 만족하는 점 ξ가 항상 존재한다는 사실을 말해준다.

정리 5-4 **(적분에 관한 평균값 정리)** f가 $[a,b]$에서 연속이면

$$\int_a^b f(x)dx=(b-a)f(\xi),\quad a\le\xi\le b$$

인 점 ξ가 존재한다.

증명 함수 f가 $[a,b]$에서 연속이므로 최대값 $M=f(x_M)$, $x_M\in[a,b]$, 최소값 $m=f(x_m)$, $x_m\in[a,b]$를 갖는다. 즉

$$m\le f(x)\le M.$$

정리 5-3의 (3)(ii)에 의하여

$$\int_a^b m\,dx\le\int_a^b f(x)dx\le\int_a^b M\,dx$$

이고, 따라서

$$m(b-a)\le\int_a^b f(x)dx\le M(b-a)$$

이다. 각 변을 $b-a$로 나누면

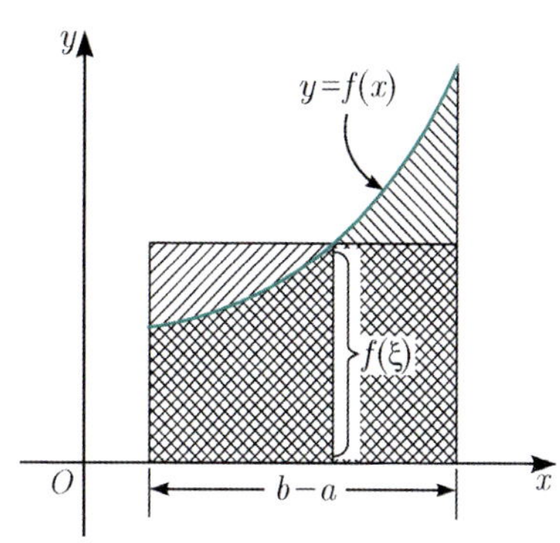

그림 5-3

$$m=f(x_m)\le\frac{1}{b-a}\int_a^b f(x)dx\le f(x_M)=M$$

이고 중간값 정리에 의하여

$$f(\xi)=\frac{1}{b-a}\int_a^b f(x)dx$$

와 같이 되는 ξ가 x_m과 x_M사이에 존재하며, $x_m\in[a,b]$, $x_M\in[a,b]$이므로 $a\le\xi\le b$이다. ∎

f가 $[a,b]$에서 연속이고 $f(x)\ge 0$일 때, 적분에 관한 평균값 정리의 기하학적 의미

는 그림 5-3에서 직사각형의 면적 $(b-a)f(\xi)$가 f의 그래프, x축, 직선 $x=a$, 직선 $x=b$로 둘러싸인 도형의 면적과 같아지게 하는 점 ξ가 a와 b사이에 존재함을 나타낸다. 여기서 $f(\xi)$가 $[a,b]$에서 f의 평균값이다.

연습문제 5.2

Exercises

1. 아래에 주어진 구간을 n등분하는 분할에 의하여 다음 정적분의 값을 구하여라

(a) $\int_0^1 x^2 dx$　　　(b) $\int_1^3 (x^2-1)dx$

2. 다음 극한을 정적분 모양으로 나타내어라.

(a) $\lim_{n\to\infty}\left(\frac{1}{n+1}+\frac{1}{n+2}+\dots\dots+\frac{1}{2n}\right)$

(b) $\lim_{n\to\infty}\frac{1}{n\sqrt{n}}(\sqrt{1}+\sqrt{2}+\dots\dots+\sqrt{n})$

(c) $\lim_{n\to\infty}\left\{\frac{1}{\sqrt{n^2+n}}+\frac{1}{\sqrt{n^2+2n}}+\dots\dots+\frac{1}{\sqrt{n^2+n^2}}\right\}$

(d) $\lim_{n\to\infty}\left\{\frac{1}{n}+\frac{1}{\sqrt{n^2+1}}+\frac{1}{\sqrt{n^2+2^2}}+\dots\dots+\frac{1}{\sqrt{n^2+(n-1)^2}}\right\}$

3. 함수 f가 $[a,b]$에서 연속일 때 다음을 증명하여라.

$$\left|\int_a^b f(x)dx\right| \le \int_a^b \left|f(x)\right|dx$$

[힌트] $\left|\sum_{i=1}^n a_i\right| \le \sum_{i=1}^n |a_i|$을 이용한다.

4. 위 1번의 (b)의 결과를 이용하여 구간 [1, 3]에서 함수 $f(x)=x^2-1$의 평균값을 구하여라. 그 평균값은 어느 점에서의 f의 값인가?

5. 어떤 비닐하우스의 온도 T(℃)가 24시간동안

$$T(t)=\frac{5}{9}(32+\sin\frac{\pi}{12}t),\ 0\le t\le 24$$

를 따라 변한다고 하자.

(a) T의 그래프를 그려라.

(b) 이 비닐하우스의 평균온도를 구하여라.

5.3 미분적분학의 기본정리

정리 5-5 **(미분적분학의 제1 기본정리)** 함수 f가 $[a, b]$에서 연속이면 $[a, b]$의 임의의 점 x에 대하여

$$F(x) = \int_a^x f(t)dt$$

인 함수 $F(x)$는 (a, b)에서 미분가능하고

$$F'(x) = \frac{d}{dx}\int_a^x f(t)dt = f(x)$$

가 된다. 즉 F는 f의 한 역도함수이다.

증명 정리 5-3에 의하여

$$\frac{F(x+\Delta x) - F(x)}{\Delta x} = \frac{1}{\Delta x}\left\{\int_a^{x+\Delta x} f(t)dt - \int_a^x f(t)dt\right\} = \frac{1}{\Delta x}\int_x^{x+\Delta x} f(t)dt.$$

적분에 관한 평균값정리에 의하여,

$$\frac{1}{\Delta x}\int_x^{x+\Delta x} f(t)dt = f(\xi)$$

를 만족하는 ξ가 x와 $x+\Delta x$ 사이에 존재하고, 따라서

$$\frac{F(x+\Delta x) - F(x)}{\Delta x} = f(\xi)$$

이다. $\Delta x \to 0$일 때 $\xi \to x$이고, f는 연속이므로

$$F'(x) = \lim_{\Delta x \to 0}\frac{F(x+\Delta x) - F(x)}{\Delta x} = \lim_{\xi \to x} f(\xi) = f(x).$$ ■

예 6 (1) $\dfrac{d}{dx}\displaystyle\int_2^{x^2} \sin t\, dt = \sin x^2 \dfrac{d}{dx}(x^2) = 2x \sin x^2$

(2) $\dfrac{d}{dx}\displaystyle\int_{x^3}^1 e^t\, dt = \dfrac{d}{dx}\left\{-\int_1^{x^3} e^t\, dt\right\} = -e^{x^3}\cdot 3x^2 = -3x^2e^{x^3}$

예제 5-6 $y = \displaystyle\int_{\sqrt{x}}^x \frac{1}{\sqrt{1+t^2}}dt$일 때 y'을 구하여라.

풀이 $y = \displaystyle\int_{\sqrt{x}}^x \frac{1}{\sqrt{1+t^2}}dt = \int_{\sqrt{x}}^1 \frac{1}{\sqrt{1+t^2}}dt + \int_1^x \frac{1}{\sqrt{1+t^2}}dt$

$$= -\int_1^{\sqrt{x}} \frac{1}{\sqrt{1+t^2}}dt + \int_1^{x} \frac{1}{\sqrt{1+t^2}}dt$$

이므로

$$y' = -\frac{1}{\sqrt{1+x}}\ \frac{1}{2\sqrt{x}} + \frac{1}{\sqrt{1+x^2}} = \frac{1}{\sqrt{1+x^2}} - \frac{1}{2\sqrt{x+x^2}}.$$ ∎

정리 5-6 **(미분적분학의 제 2 기본정리)** 함수 f가 $[a, b]$에서 연속일 때 f의 역도함수 중의 하나를 F라 하면

$$\int_a^b f(x)dx = F(b) - F(a).$$

증명 가정에 의하여 F는 f의 역도함수 중의 하나이고, 정리 5-5에 의하여 $\int_a^x f(t)dt$ 도 f의 역도함수 중의 하나이므로, 둘 사이에는 상수 C만큼의 차이가 있다. 즉

$$F(x) = \int_a^x f(t)dt + C. \tag{1}$$

또, 정의에 의하여 $\int_a^a f(t)dt = 0$ 이므로 $F(a) = C$. 따라서 (1)에서

$$\int_a^x f(t)dt = F(x) - F(a).$$

여기서 $x = b$로 놓으면

$$\int_a^b f(t)dt = F(b) - F(a).$$ ∎

참고 정적분의 계산에서 $[F(x)]_{x=a}^{x=b}$ 또는 $F(x)|_a^b$ 와 같은 기호는 $F(b) - F(a)$를 뜻한다.

미분적분학의 기본정리에 의하여 연속함수에 대해서는 역도함수를 이용함으로써 정적분의 계산이 용이하게 된다. 이를테면

예 7 예제 5-2의 정적분은 $\int_a^b k dx = \Big[kx\Big]_a^b = k(b-a).$

예 8 예제 5-3의 정적분은 $\int_a^b e^x dx = \Big[e^x\Big]_a^b = e^b - e^a.$

다음의 예는 미분적분학의 제 2 기본정리로부터 정적분이 누적변화량(cumulative change)으로 해석될 수 있음을 보여준다.

예 9 시간 t 에서 크기가 $N(t)$이고, 크기의 변화가

$$\frac{dN}{dt} = f(t),\ \ N(0) = N_0$$

로 주어지는 개체군을 생각해 보자. 여기서 $f(t)$는 $t \geq 0$에서 연속인 함수이다. 우리는 위 조건을 만족시키는 $N(t)$를 찾고 싶다. $N(t)$는 $f(t)$의 한 역도함수로써 $N(0) = N_0$를 만족시키므로

$$N(t) = \int_0^t f(u)du + N_0$$

로 표시된다. 이것을

$$N(t) - N(0) = \int_0^t \frac{dN}{du}du$$

로 고쳐 쓸 수 있다. 우변은 시구간 $[0, t]$에서 축적된 순간변화의 "합"이기 때문에 위 식으로부터 $\int_0^t \frac{dN}{du}du$는 시간이 0에서 t 까지 흐를 때 개체군 크기의 **순변화량**(net change) 또는 **누적변화량**(cumulative change)으로 해석할 수 있다. 즉

$$\begin{pmatrix}\text{구간 } [0, t]\text{에서} \\ \text{누적변화량}\end{pmatrix} = \int_0^t \begin{pmatrix}\text{시간 } u\text{에서} \\ \text{순간변화율}\end{pmatrix} du.$$

연습문제 5.3 Exercises

1. 다음을 계산하여라.

(a) $\dfrac{d}{dt}\displaystyle\int_0^t 6e^{x^2}dx$ (b) $\dfrac{d}{dx}\displaystyle\int_0^{x^2} 6e^{t^2}dt$

(c) $\dfrac{d}{dt}\displaystyle\int_t^b s^2 ds$ (d) $\dfrac{d}{d\theta}\displaystyle\int_0^\theta \sin x^5 dx$

(e) $\displaystyle\lim_{x_2 \to x_1} \frac{1}{x_2 - x_1}\left\{\int_0^{x_2} e^{t^2}dt - \int_0^{x_1} e^{t^2}dt\right\}$

(f) $\dfrac{d^2}{dx^2}\displaystyle\int_0^x \left(\int_1^{\cos t} \sqrt{1+s^3}\,ds\right)dt$

2. 다음 정적분이 틀리는 이유를 말하여라.

$$\int_{-1}^1 \frac{1}{x^2}dx = \left[-\frac{1}{x}\right]_{-1}^1 = -\frac{1}{1} - \left(-\frac{1}{-1}\right) = -2$$

3. 다음 정적분을 계산하여라.

(a) $\int_0^1 \frac{1}{1+x^2}dx$　　(b) $\int_{-\frac{\pi}{4}}^{\frac{\pi}{4}} \sec^2 t\,dt$

(c) $\int_0^{\frac{\pi}{4}} \tan\theta\,d\theta$　　(d) $\int_{-3}^{4} |5x+2|\,dx$

4. 미분적분학의 기본정리를 이용하여 다음 함수의 도함수를 구하여라.

(a) $f(x) = \int_{-1}^{x} (t^2+1)^{15}dt$　　(b) $f(t) = \int_0^t (y^2+25)^{\frac{1}{2}}dy$

(c) $h(z) = \int_2^z (v-1)^{\frac{1}{3}}dv$　　(d) $k(u) = \int_u^8 \left(t+\frac{1}{t}\right)dt$

(e) $A(t) = \int_2^t \frac{1}{x}dx$　　(f) $g(x) = \int_0^{x^2} \sqrt{2+u^2}\,du$

5. 극한 $\lim_{x\to 0}\frac{\int_0^x \tan(t^2)\,dt}{x^3}$ 를 구하여라.

6. 함수 $f(x)$가 우측 그래프와 같이 주어진다고 하자. 함수 $F(x)$가 $[0,8]$에서 $F(x) = \int_0^x f(t)\,dt$로 주어질 때, F가 극값을 갖는 x좌표를 구하여라.

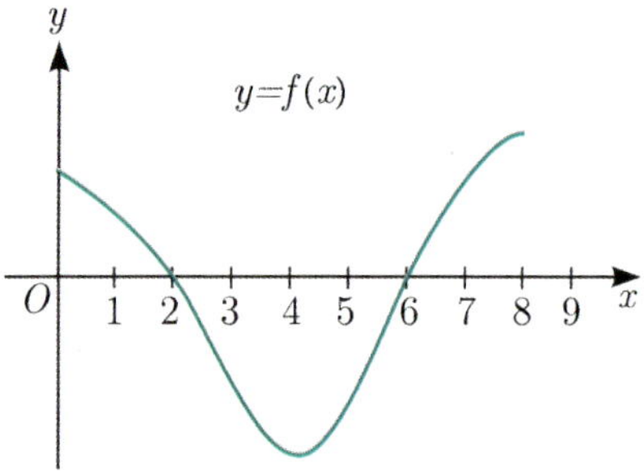

7. x축을 따라 움직이는 점이 있다. $x(t)$는 시간 t에서 점의 위치이고, $x'(t)$는 속도, $\int_a^b |x'(t)|dt$는 주어진 시간동안 점의 움직인 거리를 나타낸다. $x'(t) = t^2 - 2t\ m/s$ 일 때, 다음을 구하여라.

(a) 시간 $t=0$에서 시간 $t=3$에서 물체의 위치사이의 거리는?

(b) 구간 $0 \le t \le 3$에서 물체가 움직인 거리는?

8. 어떤 인공 서식지의 온도 $C(t)$ ℃가 2시간 동안에

$$C(t) = t^3 - 2t + 10,\ \ 0 \le t \le 2$$

를 따라 변하게 장치를 하였다. 이 기간 동안의 평균온도는 무엇인가?

9. 한 환경보호기구가 쓰레기 집하장에서 유해화학물질이

$$R(t) = \frac{500}{(1+t)^2}$$

의 비율로 스며 나오고 있다고 추정하였다. 여기서 t 는 유해화학물질이 스며 나오고 있는 것이 발견된 후의 년수를 나타내고, R 의 단위는 ℓ/년이다. 유해화학물질 침출수가 발견된 후 4년 동안 쓰레기장에서 스며 나오는 유해화학물질의 전체 양을 구하여라.

10. 1970년($t=0$) 이후 미국에서 목재 수요의 순간변화율이

$$Q'(t) = 12 + 0.006t^2, \quad 0 \le t \le 50$$

으로 계산되었다. 여기서 $Q(t)$는 1970년 이후에 소모된 총목재량을 10억 ft^3 단위로 나타낸 것이다. 1970년부터 2000년 사이에 얼마나 많은 목재를 소모하였겠는가? 또 2000년부터 2010년까지는 얼마나 소모하겠는가?

5.4 정적분의 응용

■ 면적

5.2절에서 본 것과 같이, f가 $[a, b]$에서 연속이고 $f(x) \ge 0$이면 f의 그래프와 x축, 두 직선 $x=a$, $x=b$로 둘러싸인 부분의 면적은

$$A(f, a, b) = \int_a^b f(x)dx$$

이다. 여기에서 $f(x)dx$ 를 그림 5-4에서 보는 바와 같이 세로가 $f(x)$ 가로가 dx 인 직사각형의 면적 dA 와 같이 생각하고, 구하는 면적 $\int_a^b dA$ 는 이와 같이 생각한 면적의 합의 $dx \to 0$인 극한으로 생각하면 편리하다. 이때 면적의 미분

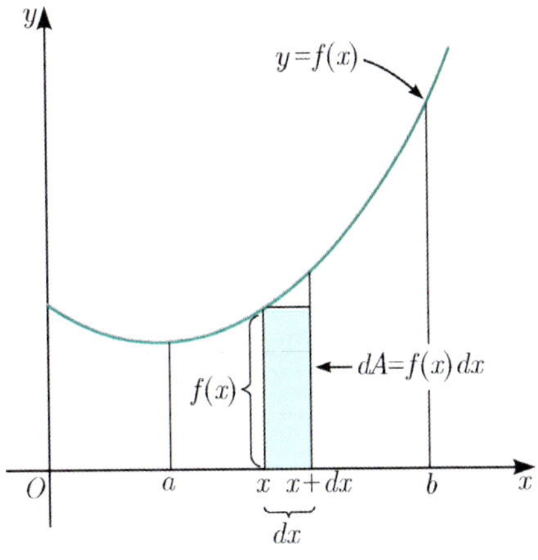

그림 5-4

$$dA = f(x)dx$$

를 **면적소**(element of area)라고 한다. 다음 예제는 면적소를 생각하는 것이 편리함을 보여준다.

예제 5-7 포물선 $y^2 = 4x$와 직선 $2x - y = 12$로 둘러싸인 도형의 면적을 구하여라.

풀이 두 방정식을 풀어서 교점 $P(4, -4)$, $Q(9, 6)$을 구하고, 그래프의 개형을 그린다(그림 5-5). 그래프의 개형을 보면 수직면적소보다 수평면적소를 생각하는 쪽이 적분한계를 단순하게 정할 수 있음을 알 수 있다. 수평면적소 $dA = (x_l - x_p)dy$이고 $2x - y = 12$에서 $x_l = \dfrac{y+12}{2}$, $y^2 = 4x$에서 $x_p = \dfrac{y^2}{4}$을 얻을 수 있으므로

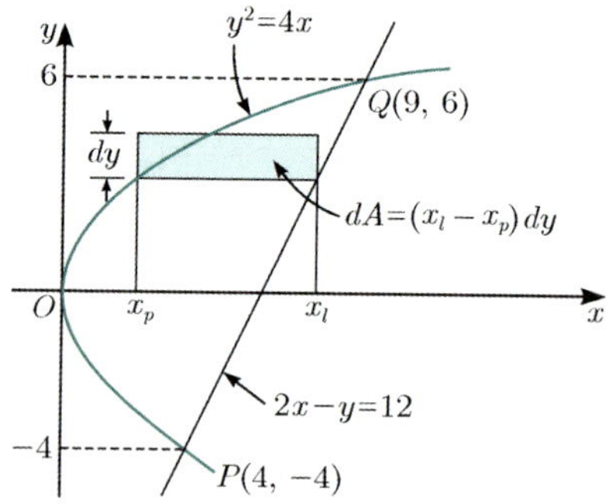

그림 5-5

$$dA = \left(\frac{y+12}{2} - \frac{y^2}{4}\right)dy$$
$$= \frac{-y^2 + 2y + 24}{4}dy$$

가 된다. 따라서 구하는 면적 A는

$$A = \int_{-4}^{6} \frac{-y^2 + 2y + 24}{4}dy = 41\frac{2}{3}$$

이다. ■

■ 곡선의 길이

함수 f와 그의 도함수 f'가 $[a, b]$에서 연속일 때 $x = a$에서 $x = b$까지의 곡선 $y = f(x)$의 길이를 구하여 보자. 구간 $[a, b]$의 분할 $P = \{a = x_0, x_1, \cdots, x_n = b\}$에서 x_0, x_1, x_2, ⋯, x_{n-1}, x_n에 대응하는 곡선상의 점을 각각 $P_0, P_1, P_2, \cdots, P_{n-1}, P_n$이라고 하면 구하는 길이는 그림 5-6에서

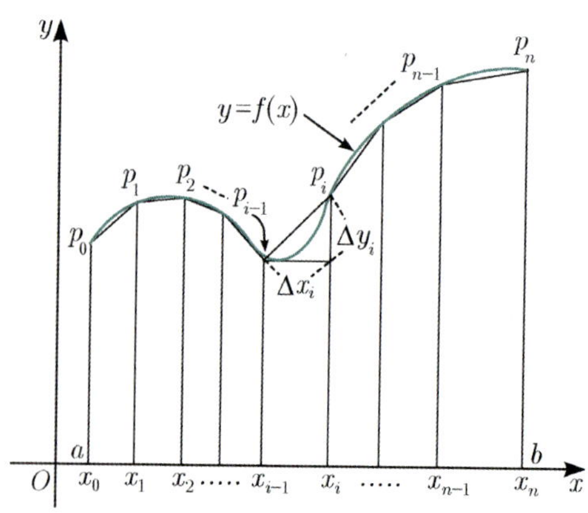

그림 5-6

$$\lim_{|P| \to 0} \sum_{i=1}^{n} |\overline{P_{i-1}P_i}|$$
$$= \lim_{|P| \to 0} \sum_{i=1}^{n} \sqrt{(\Delta x_i)^2 + (\Delta y_i)^2} = \lim_{|P| \to 0} \sum_{i=1}^{n} \sqrt{1 + (\Delta y_i / \Delta x_i)^2}\ \Delta x_i$$

와 같이 된다(극한이 존재하는 경우). f는 $[x_{i-1}, x_i]$에서 연속이고 미분가능하므로, 평균값 정리에 의하여

$$\frac{\Delta y_i}{\Delta x_i} = \frac{f(x_i) - f(x_{i-1})}{x_i - x_{i-1}}$$
$$= f'(\xi_i), \quad x_{i-1} < \xi_i < x_i$$

인 ξ_i가 존재한다. f'이 연속이므로

$\int_a^b \sqrt{1+\{f'(x)\}^2}\,dx$가 존재하고 리만적분의 정의에 의하여

$$\lim_{|P|\to 0} \sum_{i=1}^{n} \sqrt{1+\{f'(\xi_i)\}^2}\,\Delta x_i = \int_a^b \sqrt{1+\{f'(x)\}^2}\,dx$$

이다. 그러므로 f와 f'이 $[a, b]$에서 연속이면 $x=a$에서 $x=b$까지의 곡선 $y=f(x)$의 길이 L은

$$L = \int_a^b \sqrt{1+\{f'(x)\}^2}\,dx$$

로 정의한다.

참고 이 경우도 그림 5-7에서처럼 길이의 미분 dL을 생각하여

$$dL = \sqrt{dx^2 + dy^2} = \sqrt{1+\left(\frac{dy}{dx}\right)^2}\,dx$$

$$L = \int_a^b dL$$

과 같이 생각하면 편리하다.

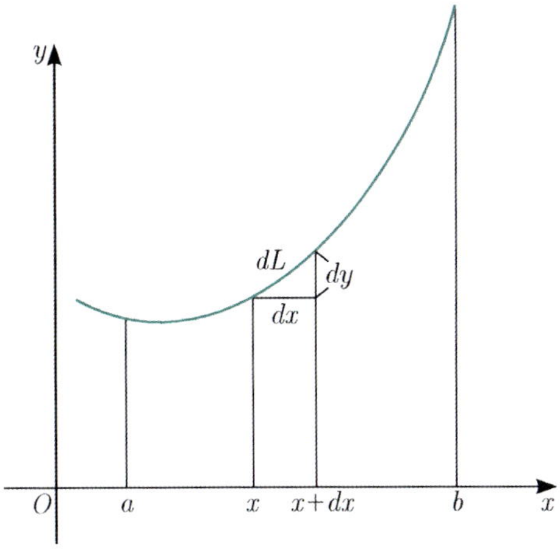

그림 5-7

곡선이 방정식 $x=g(y)$, $c \le y \le d$를 가지고 $g'(y)$가 이 구간에서 연속이라면 이 곡선의 길이 L은

$$L = \int_c^d \sqrt{1+\{g'(y)\}^2}\,dy = \int_c^d \sqrt{1+\left(\frac{dx}{dy}\right)^2}\,dy$$

가 된다.

예제 5-8 $x=1$에서 $x=4$까지의 곡선

$$y = \frac{2}{3}(x-1)^{\frac{3}{2}}$$

의 길이를 구하여라.

풀이 $y=\frac{2}{3}(x-1)^{\frac{3}{2}}$, $y'=\frac{2}{3}\cdot\frac{3}{2}(x-1)^{\frac{1}{2}}=(x-1)^{\frac{1}{2}}$은 모두 $[1, 4]$에서 연속이다.

$$dL=\sqrt{(dx)^2+(dy)^2}=\sqrt{1+(dy/dx)^2}=\sqrt{1+(x-1)}\,dx=\sqrt{x}\,dx$$

이므로

$$L=\int_1^4\sqrt{x}\,dx=\left[\frac{2}{3}x^{\frac{3}{2}}\right]_1^4=\frac{14}{3}.$$

■ 회전곡면의 넓이

회전곡면은 한 곡선을 직선 주위로 회전시킬 때 생기게 된다. 그림 5-8(a)처럼 $y=f(x)>0$, $a\le x\le b$에 의해 주어진 곡선을 x축 주위로 회전시킬 때 생기는 곡면의 넓이를 생각해보자. 여기서 f는 연속인 도함수를 갖는다고 가정하자. 먼저 곡선의 길이의 정의와 그림 5-8(a)로부터 선분 $\overline{P_{i-1}P_i}$를 x축 주위로 회전시킨 곡면의 넓이 ΔA_i를 구하여 보자.

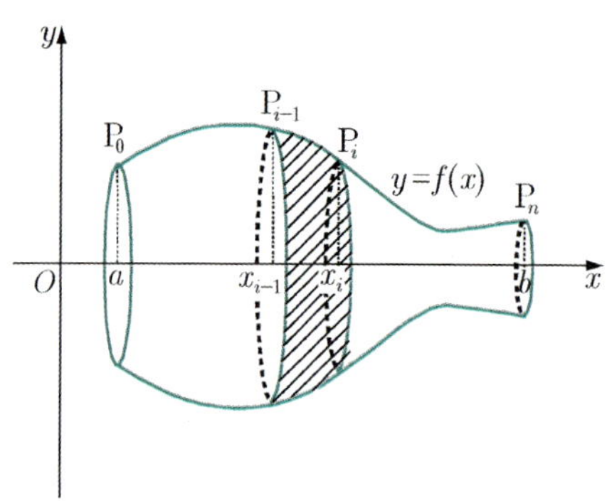

그림 5-8 (a)

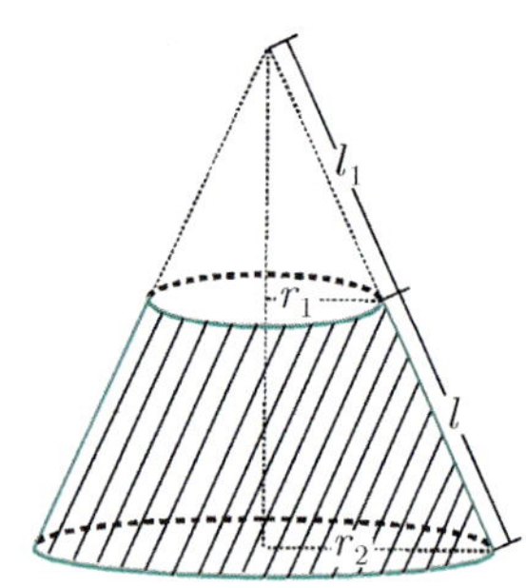

그림 5-8 (b)

그림 5-8(b)와 같이 각각의 길이가 l, r_1, r_2인 원뿔대의 옆넓이는 $\pi(r_1+r_2)l$이므로, $y_i=f(x_i)$라 놓고 앞의 곡선의 길이를 구하는 과정을 참조하면 $\xi_i\in[x_{i-1}, x_i]$에 대하여,

$$\Delta A_i=\pi(y_{i-1}+y_i)|\overline{P_{i-1}P_i}|=2\pi\frac{y_{i-1}+y_i}{2}\sqrt{1+\{f'(\xi_i)\}^2}\,\Delta x_i.$$

f가 연속이므로, Δx_i가 작으면 $y_i=f(x_i)\approx f(\xi_i)$, $y_{i-1}=f(x_{i-1})\approx f(\xi_i)$이다. 따라서 면적에 대한 리만합은

$$\sum_{i=1}^{n}\Delta A_i\approx\sum_{i=1}^{n}2\pi f(\xi_i)\sqrt{1+\{f'(\xi_i)\}^2}\,\Delta x_i$$

가 되고, f'이 연속이므로

$$\lim_{|P|\to 0}\sum_{i=1}^{n}2\pi f(\xi_i)\sqrt{1+\{f'(\xi_i)\}^2}\,\Delta x_i=\int_a^b 2\pi f(x)\sqrt{1+\{f'(x)\}^2}\,dx$$

를 얻게 된다. 그러므로 연속인 도함수를 가지는 함수 $y=f(x)$, $a \le x \le b$를 x축 주위로 회전시킬 때 얻어지는 곡면의 넓이 A는

$$A=\int_a^b 2\pi f(x)\sqrt{1+\{f'(x)\}^2}\,dx=\int_a^b 2\pi y\sqrt{1+\left(\frac{dy}{dx}\right)^2}\,dx$$

라 정의한다. 마찬가지로 곡선 $x=g(y)$, $c \le y \le d$를 y축 주위로 회전시킬 때 얻어지는 곡면의 넓이는 $A=\int_c^d 2\pi x\sqrt{1+\left(\frac{dx}{dy}\right)^2}\,dy$가 된다.

예제 5-9 곡선 $y=\sqrt{4-x^2}$, $-1 \le x \le 1$을 x축 주위로 회전시킬 때 얻어지는 곡면의 넓이를 구하여라.

풀이 $\frac{dy}{dx}=\frac{-2x}{2\sqrt{4-x^2}}=\frac{-x}{\sqrt{4-x^2}}$이므로

$$A=\int_{-1}^1 2\pi y\sqrt{1+\left(\frac{dy}{dx}\right)^2}\,dx=2\pi\int_{-1}^1\sqrt{4-x^2}\sqrt{1+\frac{x^2}{4-x^2}}\,dx$$

$$=2\pi\int_{-1}^1 2\,dx=8\pi.$$

예제 5-10 곡선 $y=\sqrt[3]{x}$, $1 \le y \le 2$을 y축 주위로 회전시킬 때 얻어지는 곡면의 넓이를 구하여라.

풀이 $y=\sqrt[3]{x}$이므로 $x=y^3$, $\frac{dx}{dy}=3y^2$이다. 따라서

$$A=\int_1^2 2\pi x\sqrt{1+\left(\frac{dx}{dy}\right)^2}\,dy=2\pi\int_1^2 y^3\sqrt{1+9y^4}\,dy$$

이다. $u=1+9y^4$이라 놓으면

$$A=\frac{2\pi}{36}\int_{10}^{145}\sqrt{u}\,du=\frac{\pi}{18}\left[\frac{2}{3}u^{\frac{3}{2}}\right]_{10}^{145}=\frac{\pi}{27}(145\sqrt{145}-10\sqrt{10})$$

이 된다.

■ 회전체의 체적

함수 f가 $[a,b]$에서 연속이고, $f(x) \ge 0$ (또는 $f(x) \le 0$)일 때, 곡선 $y=f(x)$, $x=a$, $x=b$ 및 x축으로 둘러싸인 영역을 x축 주위로 회전시킬 때 생기는 회전체의 체적을 생각해보자. 먼저 앞에서와 같이 구간 $[a,b]$의 분할 $P=\{a=x_0, x_1, \cdots, x_n=b\}$에 대해 그림 5-9(a)에서 처럼 가로 Δx_i, 세로 $f(\xi_i)$인 직사각형을 x축에 대하여 회전시킨 회전체의 부피를 ΔV_i라 하면

$$\Delta V_i = \pi\{f(\xi_i)\}^2 \Delta x_i$$

가 되고, 함수 f가 연속이므로

$$\lim_{|P|\to 0}\sum_{i=1}^{n}\Delta V_i = \lim_{|P|\to 0}\sum_{i=1}^{n}\pi\{f(\xi_i)\}^2\Delta x_i = \pi\int_a^b \{f(x)\}^2 dx$$

를 얻게 된다. 따라서 연속인 함수 $y = f(x)$, $a \le x \le b$를 x축 주위로 회전시킬 때 얻어지는 회전체의 체적 V는

$$V = \pi\int_a^b \{f(x)\}^2 dx$$

라 정의한다. 마찬가지로 곡선 $x = g(y)$, $c \le y \le d$를 y축 주위로 회전시킬 때 얻어지는 회전체의 체적은 $V = \pi\int_c^d \{g(y)\}^2 dy$가 된다.

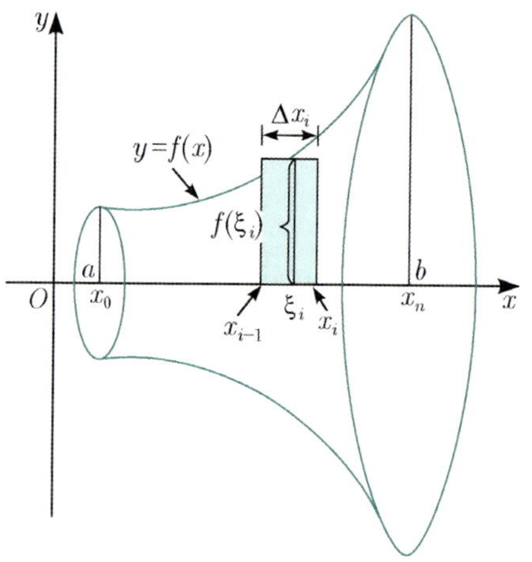

그림 5-9 (a)

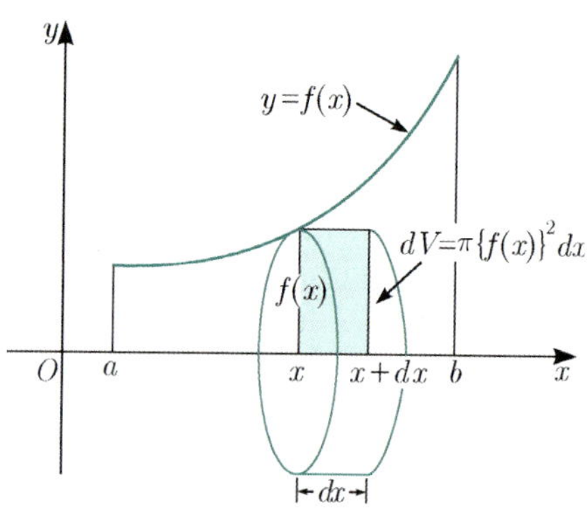

그림 5-9 (b)

참고 이 경우도 그림 5-9(b)에서 체적 V의 미분 dV(이를 체적소라고 한다)를

$$dV = \pi\{f(x)\}^2 dx$$

와 같이 구하고 $V = \int_a^b dV$와 같이 생각하면 편리하다.

예제 5-11 곡선 $y = x^3$, y축 및 직선 $y = 3$으로 둘러싸인 영역을 y축을 회전축으로 하여 회전시킬 때 생기는 회전체의 체적을 구하여라.

풀이 그림 5-10처럼 수평체적소 $dV = \pi x^2 dy$를 생각하는 것이 편리하다. $y = x^3$에서 $x = y^{\frac{1}{3}}$이므로

$$dV = \pi x^2 dy = \pi(y^{\frac{1}{3}})^2 dy = \pi y^{\frac{2}{3}} dy$$

이고, 따라서

$$V=\int_0^3 \pi y^{\frac{2}{3}}dy=\pi\left[\frac{3}{5}y^{\frac{5}{3}}\right]_0^3=\frac{9\sqrt[3]{9}}{5}\pi$$

이다.

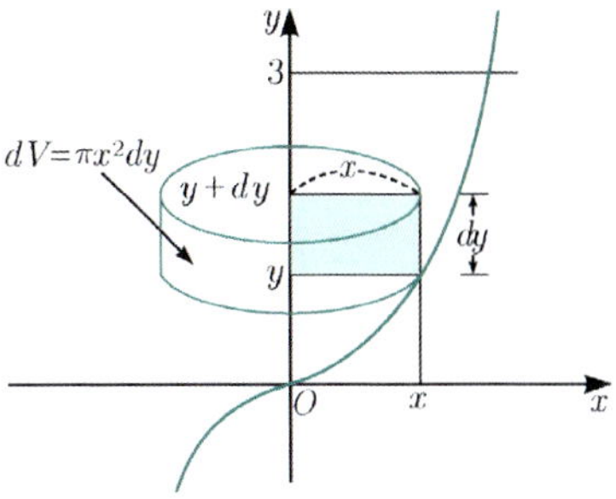

그림 5-10

예제 5-12 원 $x^2+y^2=2$와 곡선 $y^3=x^2$으로 둘러싸인 부분 중 작은 쪽이 x축을 회전축으로 회전할 때 생기는 입체의 체적을 구하여라.

풀이 먼저 두 곡선의 교점을 구하면 $(1,1)$과 $(-1,1)$이다. 그림 5-11에서 수직체적소 dV를 구하면

$$dV=\pi y_2^2dx-\pi y_1^2dx=\pi(y_2^2-y_1^2)dx$$

이다. $y^3=x^2$에서 $y_1=x^{2/3}$, $x^2+y^2=2$에서 $y_2^2=2-x^2$을 얻을 수 있으므로

$$dV=\pi\{(2-x^2)-(x^{2/3})^2\}dx$$

이고, 따라서

$$V=\pi\int_{-1}^1\{(2-x^2)-x^{4/3}\}dx$$

$$=\pi\left[2x-\frac{1}{3}x^3-\frac{3}{7}x^{7/3}\right]_{-1}^1=\frac{52}{21}\pi$$

이다.

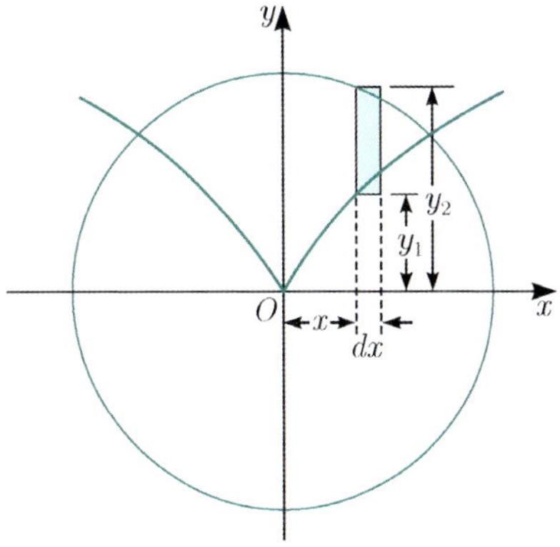

그림 5-11

연속함수 $y=f(x)$와 두 직선 $x=a$, $x=b$와 x축으로 둘러싸인 영역을 y축을 회전축으로 하여 회전시킬 때 생기는 입체의 체적을 V라 하자.

구간 $[a,b]$의 분할 $P=\{x_0,x_1,\cdots\cdots,x_n\}$에 의한 i 번째 소구간 $[x_{i-1},x_i]$를 밑변으로 하고, 또 $[x_{i-1},x_i]$의 중점 $\overline{x_i}\left(=\dfrac{x_{i-1}+x_i}{2}\right)$에서의 함수값 $f(\overline{x_i})$를 높이로 하는 가는 직사각형이 y축을 회전축으로 하여 회전할 때 생기는 원주대의 체적 ΔV_i는

$$\Delta V_i=\pi x_i^2f(\overline{x_i})-\pi x_{i-1}^2f(\overline{x_i})=\pi(x_i^2-x_{i-1}^2)f(\overline{x_i})$$

$$=\pi(x_i+x_{i-1})(x_i-x_{i-1})f(\overline{x_i})$$

와 같이 되고, $x_i-x_{i-1}=\Delta x_i$, $\overline{x_i}=\dfrac{x_i+x_{i-1}}{2}$이므로

$$\Delta V_i=\pi(2\overline{x_i})\Delta x_i f(\overline{x_i})=2\pi\overline{x_i}f(\overline{x_i})\Delta x_i.$$

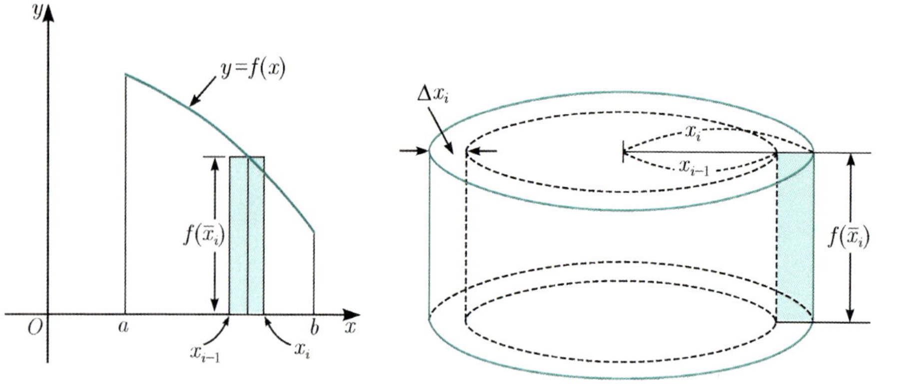

그림 5-12

따라서 구하는 체적 V는

$$\lim_{|P|\to 0} 2\pi \sum_{i=1}^{n} \overline{x_i}\, f(\overline{x_i}) \Delta x_i = 2\pi \int_a^b x f(x) dx$$

로 정의한다.

참고 이 경우도 그림 5-13에서 체적소가

$$dV = 2\pi x f(x) dx$$

와 같이 됨을 이용하면 편리하다.

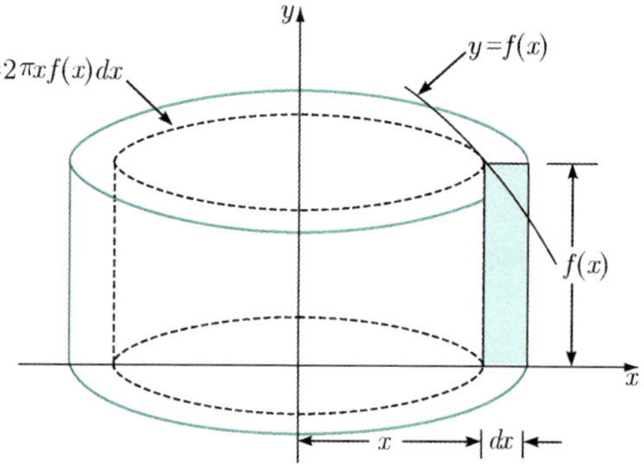

그림 5-13

예제 5-13 곡선 $x^2 - y = 2$와 직선 $y = x$로 둘러싸인 부분을 직선 $x = -1$을 회전축으로 하여 회전시킬 때 생기는 회전체의 체적 V를 구하여라.

풀이 그림 5-14와 같은 직사각형을 생각하면 직선과 포물선의 교점은 $(-1, -1)$과 $(2, 2)$이고, 회전체의 체적소 dV는

$$\begin{aligned} dV &= 2\pi(\text{회전축까지의거리})\cdot \\ &\quad (\text{직사각형의높이})dx \\ &= 2\pi(x+1)\{x-(x^2-2)\}dx \\ &= 2\pi(2+3x-x^3)dx \end{aligned}$$

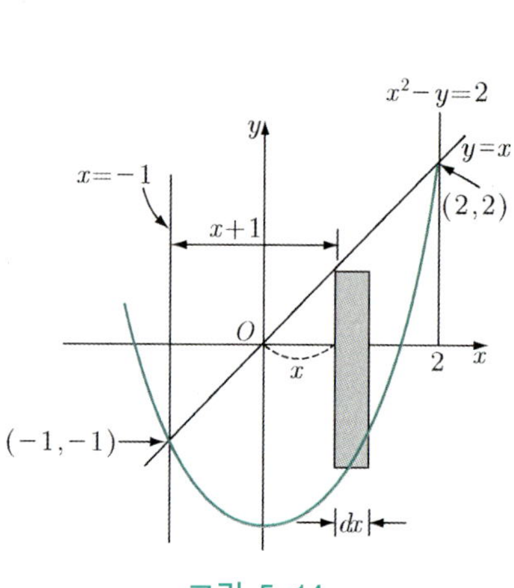

그림 5-14

이고, 따라서 체적 V는

$$V = 2\pi \int_{-1}^{2} (2 + 3x - x^3)dx = \frac{27}{2}\pi$$

이다.

연습문제 5.4

Exercises

1. 구간 $[a, b]$에서 곡선 $y = f(x)$(단, $f(x)$는 이 구간에서 연속함수)와 x축 사이의 도형의 면적 S는 다음과 같음을 설명하여라.

$$S = \int_a^b |f(x)|dx$$

2. 다음 곡선으로 둘러싸인 도형의 면적을 구하여라.

(a) 곡선 $y = x^3 - x^2 - 4x + 4$와 x축

(b) 곡선 $y^2 = x^3$, y축, 직선 $y = 1$, $y = 2$

(c) 구간 $[0, \pi]$에서 곡선 $y = \sin x$와 곡선 $y = \cos x$ 와 x축

(d) 곡선 $y^2 = 4x$와 직선 $4x - 3y - 4 = 0$

(e) 곡선 $y = x^2$과 곡선 $y = \dfrac{2}{x^2 + 1}$

3. 주어진 곡선의 길이를 구하여라.

(a) $y = \ln(\sec x)$, $0 \le x \le \dfrac{\pi}{4}$

(b) $y = \displaystyle\int_1^x \sqrt{t^3 - 1}\, dt$, $1 \le x \le 4$

4. 주어진 곡선을 x축 주위로 회전시켰을 때 생기는 곡면의 넓이를 구하여라.

(a) $y = \cosh x$, $0 \le x \le 1$

(b) $x = \dfrac{1}{3}(y^2 + 2)^{3/2}$, $1 \le y \le 2$

5. 곡선 $x = \sqrt{a^2 - y^2}$, $0 \le y \le \dfrac{a}{2}$을 y축 주위로 회전시켰을 때 생기는 곡면의 넓이를 구하여라.

6. 다음에 주어진 각각의 영역을 주어진 축을 회전축으로 하여 회전시켰을 때 생기는 회전체의 체적을 구하여라.

(a) 타원 $\frac{x^2}{a^2}+\frac{y^2}{b^2}=1$; x축 (b) 타원 $\frac{x^2}{a^2}+\frac{y^2}{b^2}=1$; y축

(c) 두 곡선 $y=x^2$, $y=\sqrt{8}\,x$로 둘러싸인 영역 ; x축

(d) 두 곡선 $y=x^2$, $y=\sqrt{8}\,x$로 둘러싸인 영역 ; y축

(e) 제1사분면에서 두 포물선 $y=x^2$, $y=2-x^2$으로 둘러싸인 영역 ; y축

(f) $x=1+y^2$, $x=0$, $y=1$, $y=2$로 둘러싸인 영역 ; x축

7. 직선 위를 운동하는 물체의 속도가 다음 식을 만족한다고 하자.

$$\frac{ds}{dt}=v(t)=5\cos\pi t\,(m/\mathrm{sec}),\ s(0)=2$$

(a) 위치 함수 $s(t)$를 구하여라.

(b) $t=0$와 $t=\frac{3}{2}$에서 물체의 위치 사이의 거리를 구하여라.

(c) $t=0$에서 $t=\frac{3}{2}$까지 물체가 움직인 거리를 구하여라.

8. 1970년($t=0$) 이후 어느 나라에서 목재 수요의 순간변화율이

$$Q'(t)=12+0.006t^2,\ 0\le t\le 50$$

으로 계산되었다. 여기서 $Q(t)$는 1970년 이후에 소모된 총목재량을 $10^9(m^3)$ 단위로 나타낸 것이다. 구간 $[20,30]$ 위에서 Q'의 그래프와 t축 사이의 면적을 구하고 그것이 무엇을 나타내는지 설명하여라.

제 6 장

여러 가지 적분법

적분할 때 가장 흔히 쓰이는 방법은 치환적분법이다. 치환에 의해 정적분을 계산하는 것은 뉴턴의 스승인 캠브리지 대학의 교수 배로(Isaac Barrow, 1630–1677)의 책에 처음 나타났다. 또한 1742년에 출판된 요한 베르누이(Johann Bernoulli, 1667–1748)의 강의록에도, 예를 들어 $(ax+x^2)\sqrt{a+x}$ 의 적분을 구할 때 $\sqrt{a+x}=y$로 치환하여 계산하는 것이 나온다. 이 강의록은 베르누이가 로피탈(Marquis de L'Hôpital, 1661–1704)에게 강의한 것으로 1691년에 씌어졌다.

이 장에서는 치환적분법을 비롯하여 여러 특수한 형태의 함수들을 적분하는 방법을 익히도록 한다.

6.1 치환적분법

연속함수 f의 부정적분을 구하는 가장 기본적인 방법은 f의 한 역도함수를 구한 후 모든 역도함수를 다 나타내기 위하여 적분상수를 더하는 것이다. 즉 연속함수 f에 대하여

$$F'(x) = f(x)$$

인 $F(x)$를 알면

$$\int f(x)dx = F(x) + C$$

가 된다.

이제까지 살펴본 함수들의 도함수를 복습해 보면, 5-1절에서 본 것과 같은 기본적인 적분공식 $I_1 \sim I_{24}$를 얻을 수 있다. 이 장에서는 적분공식을 그대로 사용할 수 없는 경우에 대한 적분법을 알아보고자 한다. 가장 흔히 쓰이는 적분법은 적당한 치환에 의하여 주어진 적분을 기본 공식에 맞는 형태로 바꾸어 적분을 구하는 것이다. 이러한 적분법을 **치환적분법**(Integration by substitution)이라고 한다.

정리 6-1 $u = g(x)$, $F'(u) = f(u)$이고 $f(u)$와 $g'(x)$가 연속이면

$$\int f(g(x))\, g'(x)\, dx = \int f(u)du = F(g(x)) + C.$$

증명 $\dfrac{d}{dx}F(g(x)) = f(g(x))\, g'(x)$이므로 $F(g(x))$는 $f(g(x))\, g'(x)$의 역도함수이다. 따라서

$$\int f(g(x))g'(x)dx = F(g(x)) + C$$

이다. 한편 $F'(u) = f(u)$이므로 $F(u)$는 $f(u)$의 역도함수이다. 즉

$$\int f(u)du = F(u) + C = F(g(x)) + C$$

이므로, 정리가 성립한다. ∎

위와 같이 치환적분법을 사용할 때 du를 미분처럼

$$du = \frac{du}{dx}dx = g'(x)dx$$

로 생각하면 편리하다.

예제 6-1 다음을 계산하여라.

(1) $\int x^2(2x^3-1)^2dx$

(2) $\int \frac{e^{2x}-e^{-2x}}{e^{2x}+e^{-2x}}dx$

(3) $\int \frac{\sin\sqrt{x}}{\sqrt{x}}dx$

(4) $\int \frac{\sec^2(\sin x)}{\sec x}dx$

(5) $\int \frac{\mathrm{Tan}^{-1}x}{1+x^2}dx$

(6) $\int \frac{a^{\tan\theta}}{\cos^2\theta}d\theta$

풀이 (1) $u=2x^3-1$로 놓으면 $du=6x^2dx$,

$$\int x^2(2x^3-1)^2dx=\frac{1}{6}\int(2x^3-1)^2 6x^2dx$$
$$=\frac{1}{6}\int u^2du=\frac{1}{6}\cdot\frac{(2x^3-1)^3}{3}+C$$
$$=\frac{1}{18}(2x^3-1)^3+C.$$

(2) $u=e^{2x}+e^{-2x}$로 놓으면 $du=2(e^{2x}-e^{-2x})dx$,

$$\int \frac{e^{2x}-e^{-2x}}{e^{2x}+e^{-2x}}dx=\frac{1}{2}\int\frac{2(e^{2x}-e^{-2x})}{e^{2x}+e^{-2x}}dx$$
$$=\frac{1}{2}\int\frac{du}{u}=\frac{1}{2}\ln(e^{2x}+e^{-2x})+C.$$

(3) $u=\sqrt{x}$로 놓으면 $du=\frac{dx}{2\sqrt{x}}$,

$$\int\frac{\sin\sqrt{x}}{\sqrt{x}}dx=2\int\sin\sqrt{x}\cdot\frac{dx}{2\sqrt{x}}$$
$$=2\int\sin u\,du=-2\cos\sqrt{x}+C.$$

(4) $u=\sin x$로 놓으면 $du=\cos x\,dx=\frac{1}{\sec x}dx$,

$$\int\frac{\sec^2(\sin x)}{\sec x}dx=\int\sec^2 u\,du=\tan(\sin x)+C.$$

(5) $u=\mathrm{Tan}^{-1}x$로 놓으면 $du=\frac{1}{1+x^2}dx$,

$$\int\frac{\mathrm{Tan}^{-1}x}{1+x^2}dx=\int u\,du=\frac{1}{2}(\mathrm{Tan}^{-1}x)^2+C.$$

(6) $u=\tan\theta$로 놓으면 $du=\sec^2\theta\,d\theta=\frac{1}{\cos^2\theta}d\theta$,

$$\int\frac{a^{\tan\theta}}{\cos^2\theta}d\theta=\int a^u du=\frac{1}{\ln a}a^{\tan\theta}+C.$$

예제 6-2 다음을 계산하여라.

(1) $\int \frac{x^2}{\sqrt{2-3x}}dx$　　　　(2) $\int \frac{dx}{\sqrt{x}+\sqrt{x^3}}$

풀이 (1) 피적분함수가 $\sqrt[n]{g(x)}$ 와 같은 형태의 식을 포함하면 $\sqrt[n]{g(x)}=t$ 로 치환한다.

따라서 $\sqrt{2-3x}=t$ 로 놓으면 $x=\frac{2}{3}-\frac{1}{3}t^2$, $dx=-\frac{2}{3}t\,dt$ 이므로

$$\begin{aligned}\int \frac{x^2}{\sqrt{2-3x}}dx &= \int\left(\frac{2}{3}-\frac{t^2}{3}\right)^2\cdot\frac{1}{t}\cdot\left(-\frac{2}{3}t\,dt\right)\\ &= -\frac{2}{3}\int\left(\frac{4}{9}-\frac{4}{9}t^2+\frac{1}{9}t^4\right)dt\\ &= -\frac{2}{3}\left(\frac{4}{9}\sqrt{2-3x}-\frac{4}{27}(2-3x)^{\frac{3}{2}}+\frac{1}{45}(2-3x)^{\frac{5}{2}}\right)+C\end{aligned}$$

이다.

(2) $x^{\frac{1}{m}}, x^{\frac{1}{n}}, \ldots\ldots$를 포함하는 적분은 $m, n, \ldots\ldots$의 최소공배수를 r이라 할 때 $x^{\frac{1}{r}}=t$로 치환한다. $\sqrt{x}=x^{\frac{1}{2}}$, $\sqrt[4]{x^3}=x^{\frac{3}{4}}$에서 2, 4의 최소공배수는 4이다.

$x^{\frac{1}{4}}=t$로 놓으면 $x=t^4$, $\sqrt{x}=t^2$, $\sqrt[4]{x^3}=t^3$, $dx=4t^3dt$ 이므로

$$\begin{aligned}\int\frac{dx}{\sqrt{x}+\sqrt[4]{x^3}} &= \int\frac{4t^3dt}{t^2+t^3}=4\int\frac{tdt}{1+t}=4\int\left(1-\frac{1}{1+t}\right)dt\\ &= 4\{x^{1/4}-\ln(1+x^{1/4})\}+C\end{aligned}$$

이다. ■

정리 6-2 함수 $x=g(t)$가 $[\alpha, \beta]$에서 순증가(또는 순감소)할 때, $g'(t)$가 $[\alpha, \beta]$에서 연속이고 $f(x)$가 $[a=g(\alpha),\ b=g(\beta)]$에서 연속이면,

$$\int_\alpha^\beta f(g(t))\cdot g'(t)dt=\int_a^b f(x)dx.$$

증명 $f(x)$가 $[a,b]$에서 연속이므로 $F'(x)=f(x)$와 같이 되는 $F(x)$가 존재하고, $g'(t)$가 존재하고 연속이므로

$$\int f(g(t))g'(t)dt=F(g(t))+C$$

이다. 따라서

$$\begin{aligned}\int_\alpha^\beta f(g(t)g'(t)dt &= [F(g(t))]_\alpha^\beta=F(g(\beta))-F(g(\alpha))\\ &= F(b)-F(a)=\int_a^b f(x)dx\end{aligned}$$

이다. ■

예제 6-3 다음을 계산하여라.

(1) $\int_0^1 e^{3-2x}\,dx$ (2) $\int_0^{\frac{\pi}{2}} \sin\theta\cos^2\theta\,d\theta$

풀이 (1) $3-2x=t$로 놓으면 $dx=-\frac{1}{2}dt$이고, $x=0$일 때 $t=3$, $x=1$일 때 $t=1$이다.

$$\int_0^1 e^{3-2x}\,dx=\int_3^1 e^t\left(-\frac{1}{2}dt\right)=\frac{1}{2}\int_1^3 e^t\,dt=\frac{1}{2}[e^t]_1^3=\frac{1}{2}(e^3-e).$$

(2) $\cos\theta=t$로 놓으면 $\sin\theta\,d\theta=-dt$이고, $\theta=0$일 때 $t=1$, $\theta=\frac{\pi}{2}$일 때 $t=0$이므로

$$\int_0^{\frac{\pi}{2}}\sin\theta\cos^2\theta\,d\theta=\int_1^0 t^2(-dt)=\int_0^1 t^2dt=\left[\frac{t^3}{3}\right]_0^1=\frac{1}{3}.$$

연습문제 6.1 Exercises

1. 다음을 $a\int t^n dt$ (n은 유리수) 모양이 되도록 치환하여 계산하여라.

(a) $\int\sqrt{3x+1}\,dx$ (b) $\int\frac{dx}{5-2x}$

(c) $\int\frac{\sqrt{x}\,dx}{x+x\sqrt{x}}$ (d) $\int\frac{\ln x}{x}dx$

(e) $\int\frac{1+\cos y}{y+\sin y}dy$ (f) $\int_{-3}^{-2}\frac{y+2}{y^2+4y}dy$

(g) $\int_0^1\frac{\mathrm{Sin}^{-1}x}{\sqrt{1-x^2}}dx$ (h) $\int_{-1}^1|2x-1|\,dx$

2. 다음 적분을 계산하여라.

(a) $\int x\sqrt{x+4}\,dx$ (b) $\int\frac{dx}{x-\sqrt[3]{x}}$

(c) $\int\frac{tdt}{\sqrt[4]{1+2t}}$ (d) $\int\frac{x^3}{\sqrt[3]{x^2+1}}dx$

(e) $\int_1^3 x\sqrt[3]{x^2-1}\,dx$ (f) $\int_0^7\frac{dy}{1+\sqrt[3]{y+1}}$

3. 다음 곡선으로 둘러싸인 부분의 면적을 구하여라.

(a) $y=\dfrac{4}{\sqrt{1-2x}}$, $y=0$, $x=-4$, $x=0$

(b) $y=\dfrac{x^2+1}{x+1}$, $x+3y=7$

(c) $y=\dfrac{x}{1+\sqrt{x}}$, $y=0$, $x=4$

4. 다음 정적분의 계산이 틀리는 이유를 말하여라.

$$\int_0^{\pi}\sqrt{1-\sin^2\theta}\,d\theta=\int_0^{\pi}\cos\theta\,d\theta=\Big[\sin\theta\Big]_0^{\pi}=\sin\pi-\sin 0=0$$

5. 다음 주어진 곡선으로 둘러싸인 영역을 x축을 축으로 하여 회전시켰을 때의 회전체의 체적을 구하여라.

(a) $y=\tan x\sec x$, $y=0$, $x=\dfrac{1}{4}\pi$

(b) $y=x+\sqrt{x+1}$, $y=0$, $x=0$, $x=3$

6. 곡선 $y^2=4(x+4)^3$, $0\le x\le 2$, $y\ge 0$의 호의 길이를 구하여라.

7. 다음을 증명하여라.

(a) $f(x)$가 우함수, 즉 $f(-x)=f(x)$일 때 $\displaystyle\int_{-a}^{a}f(x)dx=2\int_0^a f(x)dx$.

(b) $f(x)$가 기함수, 즉 $f(-x)=-f(x)$일 때 $\displaystyle\int_{-a}^{a}f(x)dx=0$.

8. 유조선이 좌초하여 오일이 새어나와 원형의 오일 슬릭(slick)을 만들고 있다. 슬릭의 반경 Rcm이 t분 후에 대략

$$\frac{dR}{dt}=\frac{1800}{t+9},\quad t\ge 0$$

의 비율로 증가할 때, 16분 후에 슬릭의 반경을 구하여라(단 $R(0)=0$이다).

9. 어떤 유기체의 나이가 x일 때 길이 $L(x)$는

$$\frac{dL}{dx}=e^{-0.1x},\quad x\ge 0$$

를 만족시킨다고 한다. $L_\infty = \lim_{x\to\infty} L(x) = 25$일 때 $L(x)$를 구하여라. $x=0$일 때 유기체는 얼마나 큰가?

10. 어떤 개체군의 성장률은 계절에 따라 변한다. $N(t)$가 시간 t에서 개체군의 크기를 나타내고, t의 단위는 년일 때

$$\frac{dN}{dt} = 3\sin 2\pi t$$

라고 하자. $N(0)=10$(1단위는 1,000)일 때 $N(t)$를 구하여라. 계절에 따른 성장률의 변동이 개체군의 크기에 어떻게 반영되는가?

11. 어떤 도시의 인구는 현재로부터 t년 후에

$$P'(t) = \frac{100e^{20t}}{1+e^{20t}} \quad (\text{사람 수/년})$$

의 비율로 증가한다고 한다. 현재 인구가 $P(0)=40,000$일 때, t년 후에 이 도시의 인구 $P(t)$를 구하여라.

6.2 부분적분법

두 함수의 곱에 대한 미분공식은 다음과 같다.

$$(uv)'(x) = u(x)v'(x) + u'(x)v(x)$$

따라서 다음 적분공식을 얻는다.

$$\int \{u(x)v'(x) + u'(x)v(x)\}dx = u(x)v(x) + C$$

$\int u'(x)v(x)dx$를 양변에서 빼고 $C = \int 0\,dx$를 이용하면

$$\int u(x)v'(x)dx = u(x)v(x) - \int u'(x)v(x)dx \tag{1}$$

를 얻는데, 이 공식을 **부분적분법**(Integration by parts)이라고 한다. 이 공식을 미분을 써서 나타내면 더욱 편리하다. 즉 $du = u'(x)dx$, $dv = v'(x)dx$이므로, 이것을 위의 공식 (1)에 넣으면

$$\int u\,dv = uv - \int v\,du \tag{2}$$

를 얻는다.

부분적분법은 $\int xe^x\,dx$ 와 같이

$$\int f(x)g(x)dx$$

의 형태의 적분에서 f가 미분에 의하여 좀 더 간단한 형태의 함수가 되고, g는 쉽게 적분할 수 있는 경우에

$$u = f(x),\ \ dv = g(x)dx$$

라고 놓고 계산한다. 또한

$$\int e^x \sin x\,dx$$

와 같이 미분이나 적분을 반복함으로써 같은 형태의 피적분함수가 다시 나오는 경우에 부분적분법을 사용하여 계산할 수 있다.

정적분의 경우에는 다음과 같이 계산한다.

$$\int_a^b u\,dv = [uv]_a^b - \int_a^b v\,du$$

예제 6-4 $\int x^2\cos 2x\,dx$ 를 계산하여라.

풀이 $u = x^2$, $dv = \cos 2x\,dx$ 로 놓으면

$$du = 2x\,dx,\ \ v = \frac{1}{2}\sin 2x$$

이므로 공식 (2)에 의하여

$$\int x^2\cos 2x\,dx = \frac{1}{2}x^2\sin 2x - \int x\sin 2x\,dx. \tag{3}$$

$\int x\sin 2x\,dx$ 에서 다시 $u = x$, $dv = \sin 2x\,dx$ 로 놓으면, $du = dx, v = -\frac{1}{2}\cos 2x$ 이므로

$$\begin{aligned}\int x\sin 2x\,dx &= -\frac{1}{2}x\cos 2x + \int \frac{1}{2}\cos 2x\,dx \\ &= -\frac{1}{2}x\cos 2x + \frac{1}{4}\sin 2x + C'.\end{aligned} \tag{4}$$

(3), (4)에서

$$\int x^2\cos 2x\,dx = \frac{1}{2}x^2\sin 2x + \frac{1}{2}x\cos 2x - \frac{1}{4}\sin 2x + C.$$ ▮

예제 6-5 $\int_0^{\pi} e^x \sin x\, dx$ 를 계산하여라.

풀이 $$\int_0^{\pi} e^x \sin x\, dx = \int_0^{\pi} \sin x\, de^x = \Big[e^x \sin x\Big]_0^{\pi} - \int_0^{\pi} e^x \cos x\, dx$$

$$= -\int_0^{\pi} e^x \cos x\, dx \tag{5}$$

이고,

$$\int_0^{\pi} e^x \cos x\, dx = \int_0^{\pi} \cos x\, de^x = \Big[e^x \cos x\Big]_0^{\pi} - \int_0^{\pi} e^x(-\sin x\, dx)$$

$$= -e^{\pi} - 1 + \int_0^{\pi} e^x \sin x\, dx \tag{6}$$

이므로 (5), (6)에서

$$\int_0^{\pi} e^x \sin x\, dx = e^{\pi} + 1 - \int_0^{\pi} e^x \sin x\, dx.$$

우변의 적분을 이항하고 양변을 2로 나누면

$$\int_0^{\pi} e^x \sin x\, dx = \frac{1}{2}(e^{\pi} + 1).$$

■

참고 예제 6-5에서는 첫 번째 부분적분에서 $u = e^x$, $dv = \sin x\, dx$, 두 번째 부분적분에서 $u = e^x$, $dv = \cos x\, dx$ 와 같이 해도 된다.

예 1 $$\int \underbrace{\ln x}_{u}\ \underbrace{dx}_{dv} = \underbrace{(\ln x)}_{u} \cdot \underbrace{x}_{v} - \int \underbrace{x}_{v} \cdot \underbrace{\frac{dx}{x}}_{du} = x\ln x - x + C.$$

예제 6-6 $\int \sec^3\theta\, d\theta$ 를 계산하여라.

풀이 $u = \sec\theta$, $dv = \sec^2\theta\, d\theta$ 로 놓으면

$$du = \sec\theta \tan\theta\, d\theta, \quad v = \tan\theta$$

이므로 (2)에 의하여

$$\int \sec^3\theta\, d\theta = \sec\theta \tan\theta - \int \sec\theta \tan^2\theta\, d\theta$$

$$= \sec\theta \tan\theta - \int \sec\theta \cdot (\sec^2\theta - 1)d\theta$$

$$= \sec\theta \tan\theta - \int \sec^3\theta\, d\theta + \int \sec\theta\, d\theta$$

이다. ($\int \sec\theta\, d\theta = \ln|\sec\theta + \tan\theta| + C$)의 계산은 다음 절 예 11에서 볼 수 있다.

$$\int \sec^3\theta\, d\theta = \sec\theta \tan\theta - \int \sec^3\theta\, d\theta + \ln|\sec\theta + \tan\theta| + C'$$

이므로, $\int \sec^3\theta\, d\theta$를 좌변으로 이항하고 양변을 2로 나누면

$$\int \sec^3\theta\, d\theta = \frac{1}{2}\sec\theta \tan\theta + \frac{1}{2}\ln|\sec\theta + \tan\theta| + C$$

이다.

연습문제 6.2

Exercises

1. 부분적분법에 의하여 다음 적분을 계산하여라.

(a) $\int \theta \cos\theta\, d\theta$ (b) $\int xe^{-x}\, dx$

(c) $\int x \sec x \tan x\, dx$ (d) $\int (x^3+1)\ln x\, dx$

(e) $\int e^{ax}\sin bx\, dx$ (f) $\int e^{-x}\cos 2x\, dx$

(g) $\int (\ln x)^3\, dx$ (h) $\int \mathrm{Tan}^{-1}x\, dx$

(i) $\int x \sin x \cos x\, dx$ (j) $\int_{-1}^{1} \mathrm{Cos}^{-1}x\, dx$

(k) $\int_0^2 x^2 e^x\, dx$

2. 다음 적분을 계산하여라.

(a) $\int x \sec^2\frac{x}{3}dx$ (b) $\int \sin(\ln x)dx$

(c) $\int x^3 \sin(x^2)dx$

3. 곡선 $y = xe^{-x}$, x축 및 $x=1$로 둘러싸인 부분에 대하여 다음을 구하여라.

(a) 면적

(b) x축을 축으로 한 회전체의 체적

4. 다음 공식을 증명하여라.

(a) $\int x^n \sin ax\, dx = -\dfrac{x^n \cos ax}{a} + \dfrac{n}{a}\int x^{n-1}\cos ax\, dx,\ n \geq 1$

(b) $\int x^n e^{ax}\, dx = \dfrac{x^n e^{ax}}{a} - \dfrac{n}{a}\int x^{n-1} e^{ax}\, dx,\ n \geq 1$

5. 공장이 하루의 가동을 멈춘지 t 시간 후에 분진의 농도(단위는 ppm)는

$$C(t) = \frac{20\ln(t+1)}{(t+1)^2}$$

로 주어진다. $t=0$부터 $t=5$까지의 시간에 분진농도의 평균을 구하여라.

6. 환자가 알약을 복용하면, 약 성분이 혈류에 흡수된다. 알약을 먹고 t 분 후에 약의 흡수율은

$$R(t) = t\,e^{0.2t}$$

이다. 알약복용 후 처음 10분 동안 혈류에 흡수된 약의 총량을 구하여라.

6.3 삼각함수의 적분

예 2~5는 삼각함수를 적분공식을 사용하여 적분한 예이다.

예 2 $\int \sec^2\dfrac{x}{2}dx = 2\int \sec^2\dfrac{x}{2}d\left(\dfrac{x}{2}\right) = 2\tan\dfrac{x}{2} + C.$

예 3 $\int e^{3x}\tan e^{3x}\, dx = \dfrac{1}{3}\int \tan e^{3x}\, d(e^{3x}) = \dfrac{1}{3}\ln|\sec e^{3x}| + C.$

예 4 $\int \tan^2\theta\, d\theta = \int (\sec^2\theta - 1)\, d\theta = \tan\theta - \theta + C.$

예 5 $\int \csc 3x\, dx = \dfrac{1}{3}\int \csc 3x\, d(3x) = \dfrac{1}{3}\ln|\csc 3x - \cot 3x| + C.$

삼각함수의 적분은 피적분함수를 적당히 변환함으로써 적분하기 쉬운 모양으로 되는 경우가 있는데, 다음은 그 대표적인 경우이다.

1 $\int \sin au \cos bu\, du$, $\int \sin au \sin bu\, du$, $\int \cos au \cos bu\, du$ 형

다음 공식을 이용한다.

$$\sin A \cos B = \frac{1}{2}\left\{\sin(A-B) + \sin(A+B)\right\}$$
$$\sin A \sin B = \frac{1}{2}\left\{\cos(A-B) - \cos(A+B)\right\}$$
$$\cos A \cos B = \frac{1}{2}\left\{\cos(A-B) + \cos(A+B)\right\}$$

예 6 $\int \cos 5x \cos 3x\, dx = \frac{1}{2}\int (\cos 2x + \cos 8x)dx = \frac{1}{4}\sin 2x + \frac{1}{16}\sin 8x + C.$

2 $\int \sin^m u \cos^n u\, du$ 형

(1) m 또는 n이 홀수인 경우 다음 공식을 이용한다.

$$\sin^2 u = 1 - \cos^2 u, \quad \cos^2 u = 1 - \sin^2 u$$
$$\sin u\, du = d(-\cos u), \quad \cos u\, du = d(\sin u)$$

(2) m과 n이 모두 짝수인 경우 다음 공식을 이용한다.

$$\sin^2 u = \frac{1 - \cos 2u}{2}, \quad \cos^2 u = \frac{1 + \cos 2u}{2}$$

예 7
$$\begin{aligned}\int \sin^3 x \cos^2 x\, dx &= \int \sin^2 x \cos^2 x (\sin x\, dx)\\ &= \int (1 - \cos^2 x)\cos^2 x\, d(-\cos x)\\ &= -\int (\cos^2 x - \cos^4 x) d(\cos x) = -\frac{\cos^3 x}{3} + \frac{\cos^5 x}{5} + C.\end{aligned}$$

예 8
$$\begin{aligned}\int \sin^4 x \cos^2 x\, dx &= \int \left(\frac{1-\cos 2x}{2}\right)^2\left(\frac{1+\cos 2x}{2}\right)dx\\ &= \frac{1}{8}\int (1 - \cos 2x - \cos^2 2x + \cos^3 2x)dx\\ &= \frac{1}{8}\left\{\int dx - \frac{1}{2}\int \cos 2x\, d(2x) - \int \frac{1+\cos 2(2x)}{2}dx + \frac{1}{2}\int (1 - \sin^2 2x) d(\sin 2x)\right\}\\ &= \frac{1}{8}\left\{x - \frac{1}{2}\sin 2x - \left(\frac{x}{2} + \frac{1}{8}\sin 4x\right) + \frac{1}{2}\left(\sin 2x - \frac{\sin^3 2x}{3}\right)\right\} + C\end{aligned}$$

$$= \frac{x}{16} - \frac{1}{64}\sin 4x - \frac{1}{48}\sin^3 2x + C.$$

3 $\int \tan^n u\, du,\ \int \cot^n u\, du$ 형 (n은 임의의 양의 정수)

다음 공식을 이용한다.

$$\tan^2 u = \sec^2 u - 1,\ \cot^2 u = \csc^2 u - 1$$

예 9 $\int \tan^4 x\, dx = \int \tan^2 x \cdot (\sec^2 x - 1)dx$

$$= \int \tan^2 x \sec^2 x\, dx - \int (\sec^2 x - 1)dx$$

$$= \int \tan^2 x\, d(\tan x) - \int \sec^2 x\, dx + \int dx = \frac{\tan^3 x}{3} - \tan x + x + C$$

$$\int \tan^5 x\, dx = \int \tan^3 x \cdot (\sec^2 x - 1)dx$$

$$= \int \tan^3 x \sec^2 x\, dx - \int \tan x(\sec^2 x - 1)dx$$

$$= \int \tan^3 x\, d(\tan x) - \int \tan x\, d(\tan x) + \int \tan x\, dx$$

$$= \frac{1}{4}\tan^4 x - \frac{1}{2}\tan^2 x + \ln|\sec x| + C.$$

4 $\int \sec^n u\, du,\ \int \csc^n u\, du$ 형

n이 4이상인 짝수일 때는 다음 공식을 이용한다.

$$\sec^2 u = 1 + \tan^2 u,\ \csc^2 u = 1 + \cot^2 u$$

예 10 $\int \csc^4 x\, dx = \int (1 + \cot^2 x)\csc^2 x\, dx = \int (1 + \cot^2 x)d(-\cot x)$

$$= -\cot x - \frac{1}{3}\cot^3 x + C.$$

n이 홀수일 때는 아래의 예들처럼 계산한다.

예 11 $\int \sec x\, dx = \int \frac{1}{\cos x}\frac{\cos x}{\cos x}dx = \int \frac{d(\sin x)}{1 - \sin^2 x} = \frac{1}{2}\ln\left|\frac{1 + \sin x}{1 - \sin x}\right| + C$

$$= \frac{1}{2}\ln\frac{(1 + \sin x)^2}{1 - \sin^2 x} + C = \ln\left|\frac{1 + \sin x}{\cos x}\right| + C = \ln|\sec x + \tan x| + C.$$

참고 예 11은 다음과 같이 보일 수도 있다.

$$\int \sec x\, dx = \int \sec x \frac{\sec x + \tan x}{\sec x + \tan x} dx = \int \frac{\sec^2 x + \sec x \tan x}{\sec x + \tan x} dx.$$

이때 $u = \sec x + \tan x$로 치환하면 $du = (\sec x \tan x + \sec^2 x)dx$이므로

$$\int \sec x\, dx = \int \frac{du}{u} = \ln|u| + C = \ln|\sec x + \tan x| + C$$

이다. 마찬가지로 $\int \csc x\, dx$의 경우도 분모, 분자에 $\csc x - \cot x$를 곱하고 $u = \csc x - \cot x$로 치환하면 $\ln|\csc x - \cot x| + C$를 얻을 수 있다.

참고 n이 홀수일 때는, 예컨대 $\int \csc^3 u\, du = \int \csc u \cdot \csc^2 u\, du = \int \csc u\, d(-\cot u)$ 와 같이 변형하고 6.2절의 부분적분법에 의하여 계산한다.

5 $\int \tan^m u \sec^n u\, du$ 형

(1) m이 임의의 수이고, n이 짝수($n = 2k$)일 때, 다음 공식을 이용한다.

$$\sec^{2k} u\, du = \sec^{2(k-1)} u \cdot \sec^2 u\, du = (1 + \tan^2 u)^{k-1} d(\tan u)$$

(2) m이 홀수($m = 2k+1$)이고, n이 임의의 수일 때, 다음 공식을 이용한다.

$$\begin{aligned}\tan^{2k+1} u \sec^n u\, du &= \tan^{2k} u \sec^{n-1} u \cdot \sec u \tan u\, du \\ &= (\sec^2 u - 1)^k \sec^{n-1} u\, d(\sec u)\end{aligned}$$

(3) m이 짝수이고, n이 홀수인 경우는 6-2절의 부분적분법을 이용한다.

참고 $\int \cot^m u \csc^n u\, du$ 형은 $\int \tan^m u \sec^n u\, du$ 형과 마찬가지 방법으로 한다.

예12

$$\begin{aligned}\int \tan^{-\frac{3}{2}} x \sec^4 x\, dx &= \int \tan^{-\frac{3}{2}} x\, (1 + \tan^2 x)\, d(\tan x) \\ &= \int \tan^{-\frac{3}{2}} x\, d(\tan x) + \int \tan^{\frac{1}{2}} x\, d(\tan x) \\ &= -2\tan^{-\frac{1}{2}} x + \frac{2}{3} \tan^{\frac{3}{2}} x + C.\end{aligned}$$

예13

$$\begin{aligned}\int \tan^3 x \sec^{-\frac{1}{2}} x\, dx &= \int \tan^2 x \sec^{-\frac{3}{2}} x \sec x \tan x\, dx \\ &= \int (\sec^2 x - 1) \sec^{-\frac{3}{2}} x\, d(\sec x) \\ &= \int \sec^{\frac{1}{2}} x\, d(\sec x) - \int \sec^{-\frac{3}{2}} x\, d(\sec x) \\ &= \frac{2}{3} \sec^{\frac{3}{2}} \mathrm{x} + 2\sec^{-\frac{1}{2}} x + C.\end{aligned}$$

예14 $\int \tan^2 x \sec x \, dx = \int (\tan x)(\tan x \sec x) dx$

$$= \tan x \sec x - \int (\tan x)' \sec x \, dx$$

$$= \tan x \sec x - \left\{ \frac{1}{2} \tan x \sec x + \frac{1}{2} \ln |\tan x + \sec x| \right\} + C$$

(예제 6-6 참조)

$$= \frac{1}{2} \tan x \sec x - \frac{1}{2} \ln |\tan x + \sec x| + C.$$

6 기타

예15 $\int_{\frac{\pi}{6}}^{\frac{\pi}{3}} \frac{dx}{1+\cos x} = \int_{\frac{\pi}{6}}^{\frac{\pi}{3}} \frac{1-\cos x}{1-\cos^2 x} dx = \int_{\frac{\pi}{6}}^{\frac{\pi}{3}} \frac{1-\cos x}{\sin^2 x} dx$

$$= \int_{\frac{\pi}{6}}^{\frac{\pi}{3}} (\csc^2 x - \csc x \cot x) dx$$

$$= \Big[-\cot x + \csc x \Big]_{\frac{\pi}{6}}^{\frac{\pi}{3}} = -\frac{1}{\sqrt{3}} + \frac{2}{\sqrt{3}} + \sqrt{3} - 2 = \frac{4}{\sqrt{3}} - 2.$$

부분적분법에 의하여 다음과 같은 삼각함수에 대한 **점화공식**(reduction formula) (1), (2)를 유도할 수 있다. 여기서 점화공식은 피적분함수의 차수를 보다 낮은 것으로 고쳐서 적분하는 것이다.

$$\int \sin^n x \, dx = -\frac{1}{n} \sin^{n-1} x \cos x + \frac{n-1}{n} \int \sin^{n-2} x \, dx \quad (\text{단, } n \geq 2) \qquad (1)$$

$$\int \cos^n x \, dx = \frac{1}{n} \cos^{n-1} x \sin x + \frac{n-1}{n} \int \cos^{n-2} x \, dx \quad (\text{단, } n \geq 2) \qquad (2)$$

[(1)의 증명] $u = \sin^{n-1} x$, $dv = \sin x \, dx$로 놓으면

$$\int \sin^n x \, dx = (\sin^{n-1} x)(-\cos x) - \int (-\cos x)(n-1) \sin^{n-2} x \cdot \cos x \, dx$$

$$= -\sin^{n-1} x \cdot \cos x + (n-1) \int \sin^{n-2} x \cdot \cos^2 x \, dx$$

$$= -\sin^{n-1} x \cdot \cos x + (n-1) \int \sin^{n-2} x \cdot (1 - \sin^2 x) dx.$$

$$\int \sin^n x \, dx = -\sin^{n-1} x \cdot \cos x + (n-1) \int \sin^{n-2} x \, dx - (n-1) \int \sin^n x \, dx.$$

우변의 끝항을 이항하고 n으로 나누면 (1)을 얻게 된다.

(2)도 마찬가지로 증명한다.

연습문제 6.3

Exercises

1. 다음 적분을 구하여라.

(a) $\int \cos\frac{2}{3}x\,dx$

(b) $\int \frac{1}{x^2}\sin\frac{\pi}{x}dx$

(c) $\int \sin^3 3x\,dx$

2. 다음 적분을 구하여라.

(a) $\int \sin 3x\cos 5x\,dx$

(b) $\int \sin 3x\sin 2x\,dx$

(c) $\int \cos^4 2x\,dx$

(d) $\int \sin^5 2t\cos^2 2t\,dt$

(e) $\int \sin^4\frac{\theta}{2}\cos^2\frac{\theta}{2}d\theta$

(f) $\int_{\frac{\pi}{3}}^{\frac{\pi}{6}} \sin^2 2\theta\cos^3 2\theta\,d\theta$

3. 다음 적분을 구하여라.

(a) $\int \tan^2\frac{2}{3}x\,dx$

(b) $\int_{\frac{\pi}{6}}^{\frac{\pi}{4}} \cot^3\theta\,d\theta$

(c) $\int \sec^4 3x\,dx$

(d) $\int \csc^4\frac{3}{2}\theta\,d\theta$

(e) $\int_{-\frac{\pi}{4}}^{\frac{\pi}{4}} \sec^6 t\,dt$

(f) $\int \tan 5\theta\sec^4 5\theta\,d\theta$

(g) $\int \tan^3 3t\sec^3 3t\,dt$

(h) $\int \cot x\csc^3 x\,dx$

(i) $\int \cot^2 2y\csc^4 2y\,dy$

(j) $\int \cot t\,dt$

(k) $\int \frac{\sin x}{1+\sin x}dx$

(l) $\int t\sec^2(t^2)\tan^4(t^2)\,dt$

4. 구간 $[-\pi, \pi]$에서 함수 $f(x)=\sin^2 x\cos^2 x$의 평균값을 구하여라.

5. 구간 $[0, \pi]$에서 곡선 $y=\sin x$와 x축으로 둘러싸인 영역을 x축 주위로 회전시켰을 때 생기는 회전체의 체적을 구하여라.

6. 다음 공식을 증명하여라.

(a) $\int \tan^n x\, dx = \dfrac{\tan^{n-1} x}{n-1} - \int \tan^{n-2} x\, dx \quad (n \geq 2)$

(b) $\int \sec^n x\, dx = \dfrac{\sec^{n-2} x \tan x}{n-1} + \dfrac{n-2}{n-1} \int \sec^{n-2} x\, dx \quad (n \geq 2)$

(c) $\int (x^2 + a^2)^n\, dx = \dfrac{x(x^2 + a^2)^n}{2n+1} + \dfrac{2na^2}{2n+1} \int (x^2+a^2)^{n-1}\, dx \quad (n \neq -\dfrac{1}{2})$

6.4 삼각치환

피적분함수가 u와 $\sqrt{a^2 - u^2}$, $\sqrt{a^2 + u^2}$, $\sqrt{u^2 - a^2}$ 중의 하나를 포함하는 유리함수로 되어 있을 때에는 양의 상수 a에 대하여 아래와 같이 치환한다. 이 치환에 의하여 피적분함수는 삼각함수를 포함하는 것으로 치환되므로 이 치환을 **삼각치환**(trigonometric substitution)이라고 한다.

[1] $\int f(u, \sqrt{a^2 - u^2})\, du$ 형

그림 6-1과 같은 직각삼각형을 생각하여

$$u = a \sin\theta, \quad -\frac{\pi}{2} \leq \theta \leq \frac{\pi}{2}$$

로 치환한다.

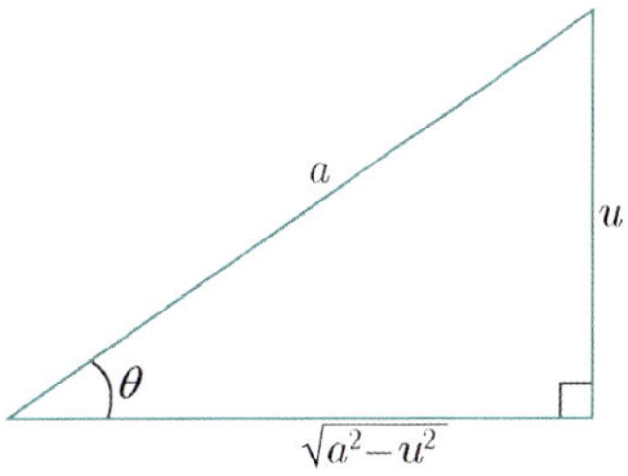

그림 6-1

[2] $\int f(u, \sqrt{u^2 + a^2})\, du$ 형

그림 6-2와 같은 직각삼각형을 생각하여

$$u = a \tan\theta, \quad -\frac{\pi}{2} < \theta < \frac{\pi}{2}$$

로 치환한다.

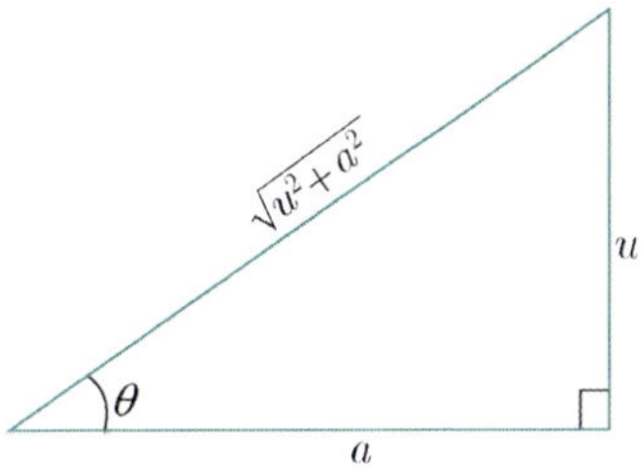

그림 6-2

[3] $\int f(u, \sqrt{u^2 - a^2})\, du$ 형

그림 6-3과 같은 직각삼각형을 생각하여

$$u = a \sec\theta, \quad 0 \leq \theta < \frac{\pi}{2} \text{ 또는 } \frac{\pi}{2} < \theta \leq \pi$$

로 치환한다.

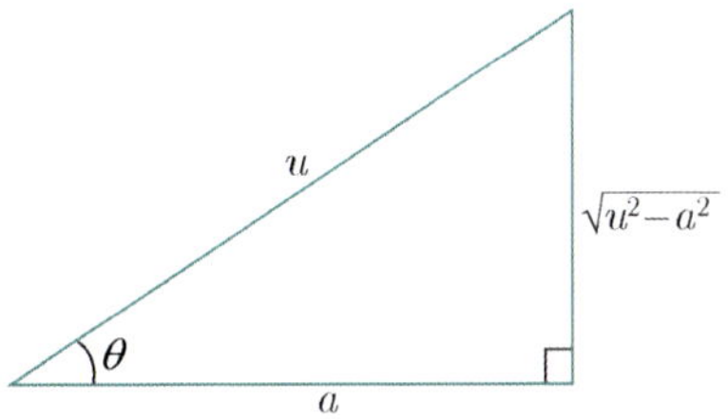

그림 6-3

예제 6-7 $\displaystyle\int \frac{dx}{(9-x^2)^{3/2}}$ 를 계산하여라.

풀이 피적분함수가 위 ①의 형태이므로

$$x = 3\sin\theta,\ -\frac{\pi}{2} \le \theta \le \frac{\pi}{2}$$

로 치환한다. $\sqrt{9-x^2} = 3\cos\theta$, $dx = 3\cos\theta\, d\theta$ 이므로

$$\int \frac{dx}{(9-x^2)^{3/2}} = \int \frac{3\cos\theta\, d\theta}{(3\cos\theta)^3} = \frac{1}{9}\int \sec^2\theta\, d\theta$$

$$= \frac{1}{9}\tan\theta + C.$$

$\sin\theta = \dfrac{x}{3}$ 이므로 $\tan\theta = \dfrac{x}{\sqrt{9-x^2}}$ 이다

(그림 6-4 참조).

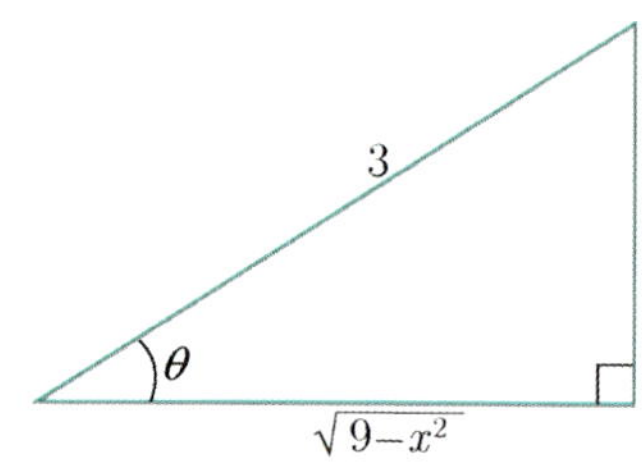

그림 6-4

따라서

$$\int \frac{dx}{(9-x^2)^{3/2}} = \frac{1}{9}\cdot\frac{x}{\sqrt{9-x^2}} + C.$$

이다. ■

삼각치환에 의하여 다음 적분공식을 유도할 수 있다.

I_{25}. $\displaystyle\int \frac{du}{u\sqrt{u^2-a^2}} = \frac{1}{a}\mathrm{Sec}^{-1}\frac{u}{a} + C$

I_{26}. $\displaystyle\int \frac{du}{\sqrt{u^2 \pm a^2}} = \ln|u + \sqrt{u^2 \pm a^2}| + C$ (복호동순)

I_{27}. $\displaystyle\int \sqrt{a^2-u^2}\, du = \frac{u}{2}\sqrt{a^2-u^2} + \frac{a^2}{2}\mathrm{Sin}^{-1}\frac{u}{a} + C$

I_{28}. $\displaystyle\int \sqrt{u^2 \pm a^2}\, du = \frac{u}{2}\sqrt{u^2 \pm a^2} \pm \frac{a^2}{2}\ln|u + \sqrt{u^2 \pm a^2}| + C$ (복호동순)

예컨대, 공식 I_{28} 에서 $\int \sqrt{u^2+a^2}\, du$ 은 위 ②의 경우이므로 $u = a\tan\theta$, $-\dfrac{\pi}{2} < \theta < \dfrac{\pi}{2}$,

로 놓으면 $\sqrt{u^2+a^2} = a\sec\theta$, $du = a\sec^2\theta\, d\theta$ 가 된다. 따라서

$$\int \sqrt{u^2+a^2}\, du = \int a\sec\theta \cdot a\sec^2\theta\, d\theta = a^2\int \sec^3\theta\, d\theta$$

$$= a^2\left\{\frac{1}{2}\sec\theta\tan\theta + \frac{1}{2}\ln|\sec\theta + \tan\theta|\right\} + C' \quad \text{(예제 6-6)}$$

$$= a^2\,\frac{1}{2}\,\frac{\sqrt{u^2+a^2}}{a}\,\frac{u}{a} + a^2\,\frac{1}{2}\ln\left|\frac{\sqrt{u^2+a^2}}{a} + \frac{u}{a}\right| + C' \quad \text{(그림 6-2)}$$

$$= \frac{u}{2}\sqrt{u^2+a^2} + \frac{a^2}{2}\ln|u + \sqrt{u^2+a^2}| + C$$

이다. 또 $\int \sqrt{u^2-a^2}\,du$는 위 3의 경우이므로 $u \ge a$인 경우 $0 \le \theta < \frac{\pi}{2}$ 이고 $u = a\sec\theta$로 놓으면 $\sqrt{u^2-a^2} = a\tan\theta$, $du = a\sec\theta\tan\theta\,d\theta$가 된다. 따라서

$$\begin{aligned}\int \sqrt{u^2-a^2}\,du &= \int a\tan\theta\, a\sec\theta\tan\theta\,d\theta = a^2\int \sec\theta\tan^2\theta\,d\theta \\ &= a^2\int \sec\theta(\sec^2\theta-1)d\theta = a^2\int(\sec^3\theta-\sec\theta)d\theta \\ &= a^2\left\{\frac{1}{2}\sec\theta\tan\theta+\frac{1}{2}\ln|\sec\theta+\tan\theta|-\ln|\sec\theta+\tan\theta|\right\}+C' \\ &= a^2\left\{\frac{1}{2}\frac{u}{a}\frac{\sqrt{u^2-a^2}}{a}-\frac{1}{2}\ln\left|\frac{u}{a}+\frac{\sqrt{u^2-a^2}}{a}\right|\right\}+C' \quad (\text{그림 6-3}) \\ &= \frac{u}{2}\sqrt{u^2-a^2}-\frac{a^2}{2}\ln|u+\sqrt{u^2-a^2}|+C\end{aligned}$$

이다. $u \le -a$인 경우도 같은 방법으로 결과를 얻을 수 있다.

예제 6-8 $\int \frac{x^3}{\sqrt{x^2+9}}dx$를 계산하여라.

풀이 피적분함수가 2의 형태이므로

$$x = 3\tan\theta,\ -\frac{\pi}{2} < \theta < \frac{\pi}{2}$$

로 치환한다. $\sqrt{x^2+9} = 3|\sec\theta| = 3\sec\theta$, $dx = 3\sec^2\theta d\theta$이므로

$$\begin{aligned}\int \frac{x^3}{\sqrt{x^2+9}}dx &= \int \frac{(3\tan\theta)^3}{3\sec\theta}\cdot 3\sec^2\theta\,d\theta = 27\int \tan^3\theta\sec\theta\,d\theta \\ &= 27\int \tan^2\theta\cdot\tan\theta\sec\theta\,d\theta \\ &= 27\int(\sec^2\theta-1)d(\sec\theta) \\ &= 27\left(\frac{\sec^3\theta}{3}-\sec\theta\right)+C \\ &= 9\sec^3\theta-27\sec\theta+C.\end{aligned}$$

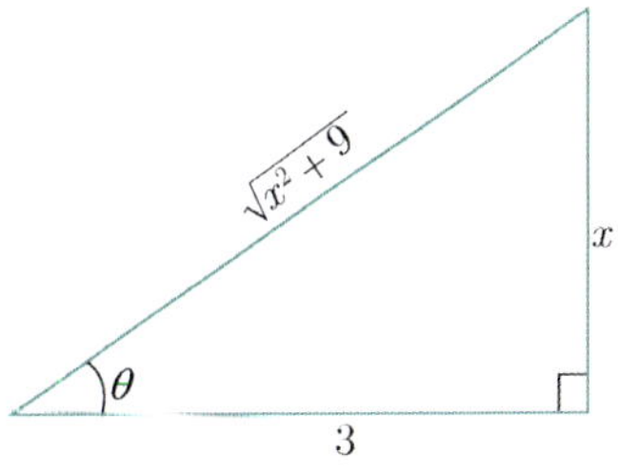

그림 6-5

$\tan\theta = \frac{x}{3}$이므로 $\sec\theta = \frac{\sqrt{x^2+9}}{3}$이다 (그림 6-5 참조). 따라서

$$\begin{aligned}\int \frac{x^3}{\sqrt{x^2+9}}dx &= 9\left(\frac{\sqrt{x^2+9}}{3}\right)^3-27\cdot\frac{\sqrt{x^2+9}}{3}+C \\ &= \frac{1}{3}(x^2+9)^{\frac{3}{2}}-9\sqrt{x^2+9}+C\end{aligned}$$

이다. ■

예제 6-9 $\int \sqrt{5+4x-x^2}\,dx$를 계산하여라.

풀이 $\sqrt{5+4x-x^2} = \sqrt{3^2-(x-2)^2}$ 이므로

$$x-2 = 3\sin\theta,\ -\frac{\pi}{2} \le \theta \le \frac{\pi}{2}$$

로 치환한다. $\sqrt{5+4x-x^2} = 3|\cos\theta| = 3\cos\theta,\ dx = 3\cos\theta\,d\theta$이므로

$$\begin{aligned}\int \sqrt{5+4x-x^2}\,dx &= \int 3\cos\theta \cdot 3\cos\theta\,d\theta \\ &= 9\int \cos^2\theta\,d\theta \\ &= \frac{9}{2}\int (1+\cos 2\theta)\,d\theta \\ &= \frac{9}{2}\left(\theta + \frac{1}{2}\sin 2\theta\right) + C \\ &= \frac{9}{2}\theta + \frac{9}{4}\cdot 2\sin\theta\cos\theta + C \\ &= \frac{9}{2}\theta + \frac{9}{2}\sin\theta\cos\theta + C\end{aligned}$$

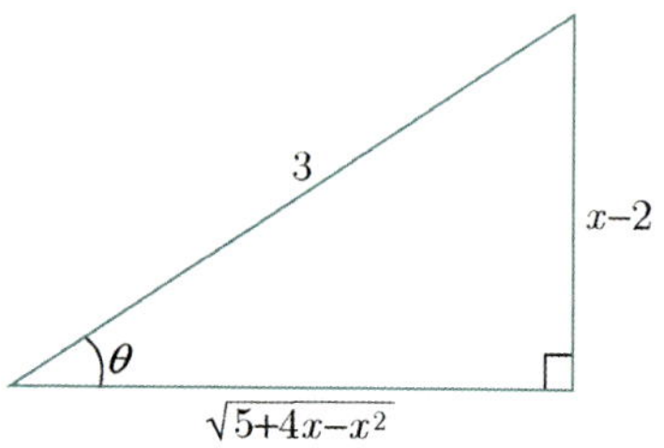

그림 6-6

$\sin\theta = \dfrac{x-2}{3}$이므로 $\theta = \mathrm{Sin}^{-1}\left(\dfrac{x-2}{3}\right)$

$\cos\theta = \dfrac{\sqrt{5+4x-x^2}}{3}$ 이다(그림 6-6 참조). 따라서

$$\begin{aligned}\int \sqrt{5+4x-x^2}\,dx &= \frac{9}{2}\mathrm{Sin}^{-1}\left(\frac{x-2}{3}\right) + \frac{9}{2}\cdot\frac{x-2}{3}\cdot\frac{\sqrt{5+4x-x^2}}{3} + C \\ &= \frac{9}{2}\mathrm{Sin}^{-1}\left(\frac{x-2}{3}\right) + \frac{1}{2}(x-2)\sqrt{5+4x-x^2} + C\end{aligned}$$

이다. ■

연습문제 6.4

Exercises

1. 적분공식 $\int \dfrac{1}{\sqrt{a^2-u^2}}du = \mathrm{Sin}^{-1}\dfrac{u}{a} + C$와 $\int \dfrac{1}{a^2+u^2}du = \dfrac{1}{a}\mathrm{Tan}^{-1}\dfrac{u}{a} + C$를 삼각치환에 의하여 유도하여라.

2. 적분공식 $I_{25} \sim I_{28}$ 을 삼각치환에 의하여 유도하여라.

3. 다음 적분을 계산하여라.

(a) $\displaystyle\int \frac{3x-2}{\sqrt{4-x^2}}dx$ (b) $\displaystyle\int \frac{dx}{\sqrt{x^2+2x+2}}$

(c) $\displaystyle\int \frac{e^x dx}{(a^2-e^{2x})^{3/2}}$ (d) $\displaystyle\int \frac{x\,dx}{\sqrt{8+2x-x^2}}$

(e) $\displaystyle\int \frac{dx}{x\sqrt{2ax-x^2}}$ (f) $\displaystyle\int_0^2 x^2\sqrt{4-x^2}\,dx$

4. 다음 적분을 계산하여라.

(a) $\displaystyle\int \frac{dx}{(x^2+4)^{3/2}}$ (b) $\displaystyle\int \frac{t^2 dt}{(t^2+16)^{3/2}}$

(c) $\displaystyle\int_5^9 \frac{ds}{s\sqrt{s^2+144}}$

5. 다음 적분을 계산하여라.

(a) $\displaystyle\int \frac{dx}{x\sqrt{x^2-9}}$ (b) $\displaystyle\int \frac{dz}{z^2\sqrt{z^2-4}}$

(c) $\displaystyle\int \frac{dx}{\sqrt{(4x^2-9)^3}}$ (d) $\displaystyle\int \frac{\sqrt{x^2-4}}{x^2}dx$

(e) $\displaystyle\int_3^6 \frac{dr}{r^3\sqrt{r^2-9}}$

6. 타원 $\dfrac{x^2}{a^2}+\dfrac{y^2}{b^2}=1$로 둘러싸인 영역의 면적을 구하여라.

7. 곡선 $y=\dfrac{\sqrt{x^2-9}}{x^2}$, $y=0$, $x=5$로 둘러싸인 영역의 면적을 구하여라.

8. $x=1$에서 $x=5$까지의 곡선 $y=\ln x$ 의 길이를 구하여라.

9. 곡선 $y=e^x$, $0\le x\le 1$을 x축 주위로 회전시킬 때 생기는 곡면의 면적을 구하여라.

10. 타원 $\dfrac{x^2}{a^2}+\dfrac{y^2}{b^2}=1$, $a>b$을 x축 주위로 회전시켰을 때 생기는 곡면의 넓이를 구하여라.

6.5 부분분수에 의한 유리함수의 적분

이 절에서는 $f(x)$와 $g(x)$가 실계수 다항식일 때 유리함수 $\dfrac{f(x)}{g(x)}$의 적분

$$\int \frac{f(x)}{g(x)}dx$$

를 다룬다. 예를 들어

$$f(x) = 2x^6 + x^5 + 10x^4 - 10x^3 + 10x^2 - 6x + 2$$
$$g(x) = 2x^5 - x^4 + 2x^3 - x^2$$

인 경우를 생각해보자. $f(x)$의 차수가 $g(x)$의 차수보다 높으므로 $f(x)$를 $g(x)$로 나누면

$$\frac{f(x)}{g(x)} = x + 1 + \frac{9x^4 - 11x^3 + 11x^2 - 6x + 2}{2x^5 - x^4 + 2x^3 - x^2}$$

를 얻는다.

$$r(x) = 9x^4 - 11x^3 + 11x^2 - 6x + 2$$

로 놓으면 $\dfrac{r(x)}{g(x)}$는 분자의 차수가 분모의 차수보다 낮은 유리함수이다. 이와 같은 유리함수를 **진유리함수**(proper rational function)라고 한다.

$$\frac{r(x)}{g(x)} = \frac{2}{x} - \frac{2}{x^2} + \frac{3}{2x-1} + \frac{x-2}{x^2+1} \tag{1}$$

임을 확인해 볼 수 있는데 이와 같이 부분분수들의 합으로 나타내는 것을 $\dfrac{r(x)}{g(x)}$를 **부분분수**(partial fraction)**로 분해한다**고 한다. (1)로부터

$$\frac{f(x)}{g(x)} = x + 1 + \frac{2}{x} - \frac{2}{x^2} + \frac{3}{2x-1} + \frac{x-2}{x^2+1} \tag{2}$$

이 되므로 $\dfrac{f(x)}{g(x)}$를 적분하기 위해서는 (2)의 우변의 항들을 적분해서 더하면 된다.

위와 같이 유리함수 $\dfrac{f(x)}{g(x)}$를 적분하기 위하여 우선 분자의 차수가 분모의 차수보다 높으면 $f(x)$를 $g(x)$로 나눈 몫 $q(x)$와 나머지 $r(x)$를 구하여

$$\frac{f(x)}{g(x)} = q(x) + \frac{r(x)}{g(x)}$$

와 같이 고쳐 쓴 다음, $\dfrac{r(x)}{g(x)}$를 부분분수로 분해하면 $\dfrac{f(x)}{g(x)}$의 적분을 쉽게 구할 수 있다.

이제 진유리함수 $\frac{r(x)}{g(x)}$를 부분분수로 분해하는 방법을 살펴보자. 대수학의 기본정리에 의해 실계수 다항식은 일차식 $ax+b$와 실계수로 더 이상 인수분해되지 않는 이차식 ax^2+bx+c 형태의 인수들로 나누어진다. 따라서 분모 $g(x)$를 일차식과 이차식의 곱으로 인수분해하면 다음 정리에 의해 진유리함수를 부분분수로 분해할 수 있다.

정리 6-3 임의의 진유리함수 $\frac{r(x)}{g(x)}$는 아래와 같이 부분분수로 분해된다.

(1) 분모의 인수 중에 $(ax+b)^n$ [단, n은 $g(x)$가 포함하는 $ax+b$의 최고 멱지수]이 있을 경우, 이에 대응하는 부분분수는

$$\frac{A_1}{ax+b}+\frac{A_2}{(ax+b)^2}+\cdots\cdots+\frac{A_n}{(ax+b)^n}$$

형태가 된다. 여기서 $A_1, A_2 \ldots\ldots, A_n$은 적당한 상수이다.

(2) 분모의 인수 중에 $(ax^2+bx+c)^n$ [단, n은 $g(x)$가 포함하는 ax^2+bx+c의 최고 멱지수]이 있을 경우, 이에 대응하는 부분분수는

$$\frac{A_1x+B_1}{ax^2+bx+c}+\frac{A_2x+B_2}{(ax^2+bx+c)^2}+\cdots\cdots+\frac{A_nx+B_n}{(ax^2+bx+c)^n}$$

형태가 된다. 여기서 $A_1, A_2, \cdots\cdots, A_n$과 $B_1, B_2, \cdots\cdots, B_n$은 적당한 상수이고, ax^2+bx+c는 더 이상 실계수로 인수분해되지 않는다. 앞의 예를 다시 살펴보면 분모 $g(x)$가

$$g(x)=x^2(2x-1)(x^2+1)$$

로 인수분해되므로

$$\frac{r(x)}{g(x)}=\frac{A}{x}+\frac{B}{x^2}+\frac{C}{2x-1}+\frac{Dx+E}{x^2+1} \qquad (3)$$

와 같이 부분분수로 분해된다. (3)이 항등식이 되도록 상수 A, B, C, D, E를 결정하면 앞의 식 (1)과 같이 된다.

예제 6-10 $\int \frac{x^3+2}{x-1}dx$를 계산하여라.

풀이 유리함수 $\frac{x^3+2}{x-1}$의 분자의 차수가 분모의 차수보다 높으므로 x^3+2를 $x-1$로 나누면

$$\frac{x^3+2}{x-1}=x^2+x+1+\frac{3}{x-1}$$

이 되고, 따라서

$$\int \frac{x^3+2}{x-1}dx=\int (x^2+x+1)dx+\int \frac{3}{x-1}dx$$

$$= \frac{x^3}{3} + \frac{x^2}{2} + x + 3\ln|x-1| + C$$

이다. ▮

예제 6-11 $\int \frac{x^2+2x-2}{x^3-4x}dx$ 를 계산하여라.

풀이 정리 6-3에 의하여

$$\frac{x^2+2x-2}{x^3-4x} = \frac{x^2+2x-2}{x(x+2)(x-2)} = \frac{A}{x} + \frac{B}{x+2} + \frac{C}{x-2} \tag{4}$$

가 되고, 분자만을 생각하면 항등식

$$x^2+2x-2 = A(x+2)(x-2) + Bx(x-2) + Cx(x+2) \tag{5}$$

를 얻게 된다. A, B, C를 구하는 방법은 아래와 같이 두 가지가 있다.

[방법 1] (대입법) 식 (5)는 모든 값에 대하여 성립하므로, (5)에 $x=0$, -2, 2를 대입하면 다음 결과를 얻는다.

$x=0$일 때, $-2=-4A$, $A=\frac{1}{2}$

$x=-2$일 때, $-2=8B$, $B=-\frac{1}{4}$

$x=2$일 때, $6=8C$, $C=\frac{3}{4}$

[방법 2] (미계정수법) 식 (5)를 다음과 같이 고쳐 쓴다.

$$x^2+2x-2 = (A+B+C)x^2 - 2(B-C)x - 4A \tag{6}$$

(6)은 항등식이므로 양변의 x^2, x, 상수항의 계수를 비교하면

$$A+B+C=1,\ -2B+2C=2,\ -4A=-2$$

이고 연립방정식을 풀면 $A=\frac{1}{2}$, $B=-\frac{1}{4}$, $C=\frac{3}{4}$을 얻는다. 이제 이 값들을 (4)에 대입하고 적분하면

$$\begin{aligned}\int \frac{x^2+2x-2}{x^3-4x}dx &= \frac{1}{2}\int\frac{dx}{x} - \frac{1}{4}\int\frac{dx}{x+2} + \frac{3}{4}\int\frac{dx}{x-2} \\ &= \frac{1}{2}\ln|x| - \frac{1}{4}\ln|x+2| + \frac{3}{4}\ln|x-2| + C \\ &= \frac{1}{4}\ln\left|\frac{x^2(x-2)^3}{x+2}\right| + C\end{aligned}$$

가 된다. ▮

예제 6-12 $\int \frac{x}{(x+1)^2(x^2+x+1)}dx$ 를 계산하여라.

풀이
$$\frac{x}{(x+1)^2(x^2+x+1)} = \frac{A}{x+1} + \frac{B}{(x+1)^2} + \frac{Cx+D}{x^2+x+1} \tag{7}$$

$$x = A(x+1)(x^2+x+1) + B(x^2+x+1) + (Cx+D)(x+1)^2. \tag{8}$$

양변에 $x=-1$을 대입하면 $-1 = B(1-1+1)$이므로 $B=-1$이다. 이를 (8)에 대입하고 좌변으로 이항하면

$$x^2+2x+1 = A(x+1)(x^2+x+1) + (Cx+D)(x+1)^2$$

을 얻는다. 양변이 $(x+1)$로 나누어떨어지므로

$$\begin{aligned} x+1 &= A(x^2+x+1) + (Cx+D)(x+1) \\ &= (A+C)x^2 + (A+C+D)x + (A+D). \end{aligned}$$

양변의 x^2, x, 상수항의 계수를 비교하면

$$A+C=0,\ A+C+D=1,\ A+D=1$$

이므로

$$A=0,\ C=0,\ D=1$$

을 얻게 된다. 이 값들을 (7)에 대입하면

$$\int \frac{x}{(x+1)^2(x^2+x+1)}dx = -\int \frac{dx}{(x+1)^2} + \int \frac{dx}{x^2+x+1} \tag{9}$$

이다. 여기서

$$\int \frac{dx}{(x+1)^2} = -\frac{1}{x+1} + C_1 \tag{10}$$

이다. $\displaystyle\int \frac{dx}{x^2+x+1} = \int \frac{dx}{\left(x+\frac{1}{2}\right)^2 + \frac{3}{4}}$이므로

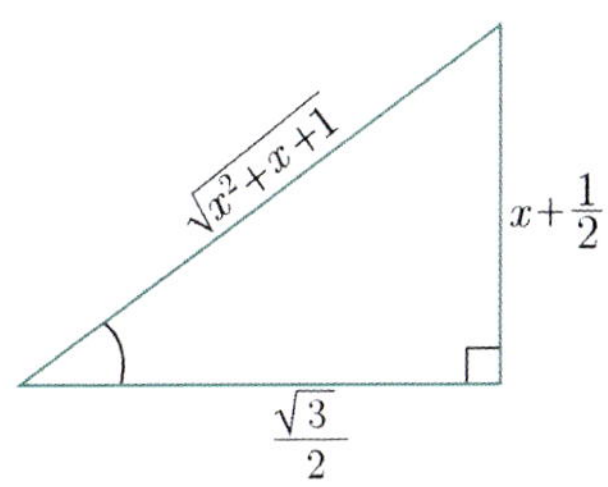

그림 6-7

$x+\frac{1}{2} = \frac{\sqrt{3}}{2}\tan\theta$로 치환하면

$dx = \frac{\sqrt{3}}{2}\sec^2\theta\, d\theta$이므로

$$\begin{aligned} \int \frac{dx}{x^2+x+1} &= \int \frac{\frac{\sqrt{3}}{2}\sec^2\theta}{\frac{3}{4}\sec^2\theta}d\theta = \frac{2\sqrt{3}}{3}\int d\theta \\ &= \frac{2\sqrt{3}}{3}\theta + C_2 = \frac{2\sqrt{3}}{3}\mathrm{Tan}^{-1}\left(\frac{x+\frac{1}{2}}{\frac{\sqrt{3}}{2}}\right) + C_2 \\ &= \frac{2\sqrt{3}}{3}\mathrm{Tan}^{-1}\left(\frac{2x+1}{\sqrt{3}}\right) + C. \end{aligned} \tag{11}$$

(10), (11)을 (9)에 대입하고 $-C_1 + C_2 = C$로 놓으면

$$\int \frac{x}{(x+1)^2(x^2+x+1)}dx = \frac{1}{x+1} + \frac{2\sqrt{3}}{3}\mathrm{Tan}^{-1}\left(\frac{2x+1}{\sqrt{3}}\right) + C$$

를 얻게 된다.

부분분수로 분해하는 방법에 의하여 다음 적분공식을 유도할 수 있다.

$$I_{29}.\ \int \frac{du}{a^2-u^2} = \frac{1}{2a}\ln\left|\frac{a+u}{a-u}\right| + C$$

$$I_{30}.\ \int \frac{du}{u^2-a^2} = \frac{1}{2a}\ln\left|\frac{u-a}{u+a}\right| + C$$

연습문제 6.5 Exercises

1. 다음 함수를 부분분수로 분해한 모양으로 고쳐 써라. 단, 그 계수는 구하지 말아라.

$$f(x) = \frac{x^5+10x}{(x+1)^4(x-2)^3(x^2+x+9)^3}$$

2. 6.5절에 있는 적분공식 I_{29}, I_{30}을 유도하여라.

3. 다음 적분을 계산하여라.

(a) $\displaystyle\int \frac{(4x^2+6)dx}{x^3+3x}$　　(b) $\displaystyle\int \frac{(x^2+x)dx}{(x-1)(x^2+1)}$

(c) $\displaystyle\int \frac{2t^2-8t-8}{(t-2)(t^2+4)}dt$　　(d) $\displaystyle\int \frac{4dx}{x^4-1}$

(e) $\displaystyle\int \frac{(2z^2+3z+2)dz}{(z+2)(z^2+2z+2)}$　　(f) $\displaystyle\int_0^1 \frac{(2x^2+x+3)dx}{(x+1)(x^2+1)}$

(g) $\displaystyle\int_3^4 \frac{(5t^3-4t)dt}{t^4-16}$

4. 다음 적분을 계산하여라.

(a) $\displaystyle\int \frac{2y^3+y^2+2y+2}{y^4+3y^2+2}dy$　　(b) $\displaystyle\int \frac{(x^3+3x)dx}{(x^2+1)^2}$

(c) $\displaystyle\int \frac{(4x^2+2x+8)}{(x^2+2)^2}dx$　　(d) $\displaystyle\int \left(\frac{t+3}{t^2+4t+5}\right)^2 dt$

(e) $\displaystyle\int_0^2 \frac{z^3+2z^2+6z+8}{(z^2+4)^2}dz$

5. 다음 적분을 계산하여라.

(a) $\displaystyle\int \frac{2x\,dx}{(x^2+1)(x+1)^2}$　　(b) $\displaystyle\int_0^1 \frac{(4x^2+2x)dx}{(x^2+1)(x+1)^2}$

(c) $\displaystyle\int \frac{x^2+2x-10}{x^2(x^2+4x+5)}dx$　　(d) $\displaystyle\int \frac{x^3+x+2}{x(x^2+1)^2}dx$

6. 다음 적분을 계산하여라.

(a) $\displaystyle\int \frac{t^5dt}{(t^2+4)^2}$　　(b) $\displaystyle\int \frac{4x^2-3x+2}{4x^2-4x+3}dx$

(c) $\displaystyle\int \frac{x^5+9x^3-9x^2-9x+9}{x^3+9x}dx$

7. 곡선 $(x+2)^2y=4-x$ 로 둘러싸인 제 1사분면의 면적을 구하여라.

8. 7번의 영역을 x 축을 중심으로 회전시켰을 때 얻어지는 회전체의 체적을 구하여라.

6.6 그 밖의 치환

피적분함수가 $\sin x$와 $\cos x$ 의 유리함수로 되어 있을 때

$$\tan\frac{x}{2}=u$$

로 놓으면

$$dx=\frac{2du}{1+u^2} \tag{1}$$

$$\sin x=\frac{2u}{1+u^2},\quad \cos x=\frac{1-u^2}{1+u^2} \tag{2}$$

와 같이 되므로, 주어진 피적분함수를 u 에 관한 유리함수로 고칠 수 있다. x 와 u 의 관계는 그림 6-8이 잘 보여주고 있다.

(1)의 증명 : $x=2\,\mathrm{Tan}^{-1}u$ 이므로 $dx=\dfrac{2du}{1+u^2}$

(2)의 증명 : $\sin x = 2\sin\frac{x}{2}\cos\frac{x}{2} = \frac{2\sin\frac{x}{2}\cos\frac{x}{2}}{\cos^2\frac{x}{2}+\sin^2\frac{x}{2}}$

$$= \frac{2\tan\frac{x}{2}}{1+\tan^2\frac{x}{2}} = \frac{2u}{1+u^2}$$

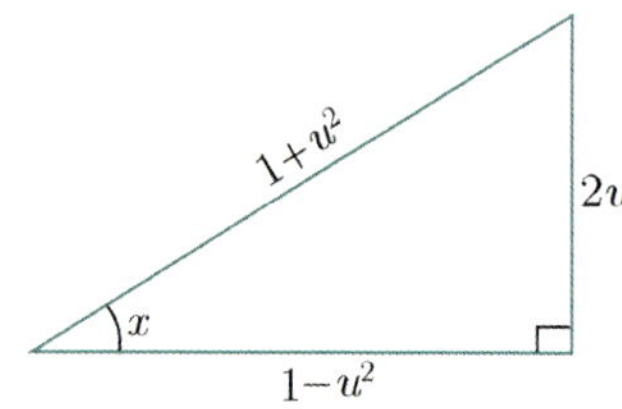

그림 6-8

$$\cos x = \cos^2\frac{x}{2} - \sin^2\frac{x}{2} = \frac{\cos^2\frac{x}{2} - \sin^2\frac{x}{2}}{\cos^2\frac{x}{2} + \sin^2\frac{x}{2}} = \frac{1-u^2}{1+u^2}$$

예제 6-13 $\int \frac{dx}{4\sin x + 3\cos x}$ 를 계산하여라.

풀이 $\tan\frac{x}{2} = u$ 로 놓으면

$$dx = \frac{2du}{1+u^2},\ \sin x = \frac{2u}{1+u^2},\ \cos x = \frac{1-u^2}{1+u^2}$$

이므로

$$\int \frac{dx}{4\sin x + 3\cos x} = \int \frac{\frac{2du}{1+u^2}}{4\frac{2u}{1+u^2} + 3\frac{1-u^2}{1+u^2}} = -2\int \frac{du}{3u^2 - 8u - 3}$$

$$= -2\int \frac{du}{(3u+1)(u-3)} = -2\int \left(-\frac{3}{10}\frac{1}{3u+1} + \frac{1}{10}\frac{1}{u-3}\right)du$$

$$= \frac{3}{5}\int \frac{du}{3u+1} - \frac{1}{5}\int \frac{du}{u-3} = \frac{1}{5}\ln|3u+1| - \frac{1}{5}\ln|u-3| + C$$

$$= \frac{1}{5}\ln\left|\frac{3u+1}{u-3}\right| + C = \frac{1}{5}\ln\left|\frac{3\tan\frac{x}{2}+1}{\tan\frac{x}{2}-3}\right| + C.$$ ■

적분하는데 도움이 되는 또 다른 치환은

$$x = \frac{1}{u},\ dx = -\frac{1}{u^2}du$$

이다. 이 치환을 **역치환**(reciprocal substitution)이라고 한다.

예제 6-14 $\int \frac{dx}{x\sqrt{2x - x^2}}$ 를 계산하여라.

풀이 $x=\frac{1}{u}$로 놓으면 $dx=-\frac{1}{u^2}du$ 이므로

$$\int \frac{dx}{x\sqrt{2x-x^2}}=\int \frac{-\frac{1}{u^2}du}{\frac{1}{u}\sqrt{\frac{2}{u}-\frac{1}{u^2}}}=\int \frac{-\frac{1}{u^2}du}{\frac{1}{u}\sqrt{\frac{2u-1}{u^2}}}.$$

실수의 범위에서 생각하면 $2u-1>0$, 즉 $u>\frac{1}{2}>0$이어야 하므로, $\sqrt{u^2}=|u|=u$이고,

$$\text{준식}=\int \frac{-\frac{1}{u^2}du}{\frac{1}{u^2}\sqrt{2u-1}}=\int \frac{-du}{\sqrt{2u-1}}=-\sqrt{2u-1}+C=-\sqrt{\frac{2-x}{x}}+C.$$

참고 치환을 써서 정적분을 계산할 때, 치환식이 적분구간의 모든 값에 대하여 함수로써 정의되어야 한다. 예컨대 역치환 $x=\frac{1}{u}$에 의하여

$$\int_{-1}^{1}\frac{dx}{(1+x^2)^{\frac{3}{2}}}=-\int_{-1}^{1}\frac{u\,du}{(u^2+1)^{\frac{3}{2}}}=\left[\frac{1}{\sqrt{u^2+1}}\right]_{-1}^{1}=0$$

과 같이 계산하면 원적분의 피적분함수가 항상 양이므로 이것은 명백히 틀린다. 이와 같이 틀린 결과가 나타나는 것은 치환식 $x=\frac{1}{u}$이 구간 $[-1,\ 1]$의 한 점 $u=0$에서 정의되지 않기 때문이다.

연습문제 6.6

Exercises

1. 다음 적분을 계산하여라.

(a) $\int \frac{dx}{3\sin x+4\cos x}$

(b) $\int \frac{dx}{2+\cos x}$

(c) $\int \frac{dx}{1+\sin x+\cos x}$

(d) $\int \frac{\cot x\,dx}{1+\cos x}$

(e) $\int_0^{\frac{\pi}{4}}\frac{2d\theta}{1+\tan\theta}$

(f) $\int_0^{\frac{\pi}{4}}\frac{dx}{3-5\sin 2x}$

2. 치환법을 사용하여 다음 적분을 계산하여라.

(a) $\displaystyle\int \frac{dx}{x\sqrt{x^2+2x-1}}$ (b) $\displaystyle\int \frac{dx}{x^2\sqrt{2x-x^2}}$

(c) $\displaystyle\int_{\frac{1}{2}}^{2} \frac{dx}{x\sqrt{5x^2+4x-1}}$ (d) $\displaystyle\int_{2}^{5} \frac{dx}{x\sqrt{x^2-2x+5}}$

6.7 특이적분

정적분 $\int_a^b f(x)dx$ 에서 우리는 지금까지 적분한계 a, b가 유한이고, 함수 f가 $[a, b]$에서 정의되는 유계함수인 경우만 생각해 왔는데, 여기서는 a, b 중 적어도 하나가 무한대이거나, $[a, b]$ 내의 적어도 한 점에서 f가 무한대로 되는 경우를 생각한다. 이러한 경우의 정적분을 **특이적분**(improper integral)이라고 한다.

■ 적분한계가 무한대인 경우

적분한계 중 적어도 하나가 무한대인 특이적분은 다음과 같이 정의한다(단, 우변의 극한값이 존재하는 경우).

$$\int_a^{\infty} f(x)dx = \lim_{b\to\infty}\int_a^b f(x)dx$$

$$\int_{-\infty}^{b} f(x)dx = \lim_{a\to-\infty}\int_a^b f(x)dx$$

$$\int_{-\infty}^{\infty} f(x)dx = \lim_{a\to-\infty}\int_a^c f(x)dx + \lim_{b\to\infty}\int_c^b f(x)dx,\ (c\text{는 임의의 상수})$$

우변의 극한값이 존재하면 그 특이적분은 **수렴한다**(converge)고 하고, 극한값이 존재하지 않으면 **발산한다**(diverge)고 한다(특이적분이 $\pm\infty$로 발산하는 경우, 예를 들어, 특이적분을 $\int_a^{\infty} f(x)dx = \infty$와 같이 쓰기도 한다).

예16 $\displaystyle\int_{-\infty}^{0} e^{-x}dx = \lim_{a\to-\infty}\int_a^0 e^{-x}dx = -\lim_{a\to-\infty}(1-e^{-a}) = \infty.$

예17 $\displaystyle\int_2^{\infty}\frac{dx}{x} = \lim_{b\to\infty}\int_2^b \frac{dx}{x} = \lim_{b\to\infty}(\ln b - \ln 2) = \infty.$

예18 $\int_0^\infty \sin x\,dx = -\lim_{b\to\infty}(\cos b - 1)$. 우변의 극한값이 존재하지 않으므로 $\int_0^\infty \sin x\,dx$는 발산한다.

예19
$$\begin{aligned}\int_{-\infty}^{\infty}\frac{1}{1+x^2}dx &= \int_{-\infty}^{0}\frac{1}{1+x^2}dx+\int_0^\infty\frac{1}{1+x^2}dx\\ &= \lim_{a\to-\infty}\int_a^0\frac{1}{1+x^2}dx+\lim_{b\to\infty}\int_0^b\frac{1}{1+x^2}dx\\ &= \lim_{a\to-\infty}[\mathrm{Tan}^{-1}x]_a^0+\lim_{b\to\infty}[\mathrm{Tan}^{-1}x]_0^b\\ &= -\lim_{a\to-\infty}\mathrm{Tan}^{-1}a+\lim_{b\to\infty}\mathrm{Tan}^{-1}b=\pi.\end{aligned}$$

■ 피적분함수가 적분구간의 어떤 점에서 무한대로 가는 경우

함수 f가 적분한계에서 무한대로 발산하는 경우, 특이적분은 다음과 같이 정의한다(단, 우변의 극한값이 존재하는 경우).

$$\lim_{x\to b^-}f(x)=\pm\infty \text{ 인 경우, } \int_a^b f(x)dx=\lim_{t\to b^-}\int_a^t f(x)dx$$

$$\lim_{x\to a^+}f(x)=\pm\infty \text{ 인 경우, } \int_a^b f(x)dx=\lim_{t\to a^+}\int_t^b f(x)dx$$

오른쪽 적분의 극한값이 존재하면 특이적분이 수렴한다고 하고, 그렇지 않으면 발산한다고 한다. 극한값이 $\pm\infty$로 발산하는 경우 아래 예 20과 같이 쓴다.

함수 f가 구간 (a, b) 내의 한 점 c에서 무한대인 경우, $\int_a^c f(x)dx$와 $\int_c^b f(x)dx$가 모두 정의될 때 특이적분은 다음과 같이 정의한다.

$$\int_a^b f(x)dx=\int_a^c f(x)dx+\int_c^b f(x)dx$$

예20 $\int_0^1\frac{dx}{x}=\lim_{a\to0^+}\int_a^1\frac{dx}{x}=\lim_{a\to0^+}[\ln 1-\ln a]=\infty\cdot$

예제 6-15 $\int_1^2\frac{x+1}{x\sqrt{x-1}}dx$를 계산하여라.

풀이 $\sqrt{x-1}=t$로 놓으면 $x=t^2+1$, $dx=2t\,dt$이다. $x=1$일 때 $t=0$, $x=2$일 때 $t=1$이므로

$$\begin{aligned}\int_1^2\frac{x+1}{x\sqrt{x-1}}dx &= \int_0^1\frac{t^2+2}{(t^2+1)t}\cdot 2t\,dt=2\int_0^1\frac{t^2+2}{t^2+1}dt\\ &= 2\int_0^1\left(1+\frac{1}{t^2+1}\right)dt=2[t+\mathrm{Tan}^{-1}t]_0^1=2\left(1+\frac{\pi}{4}\right).\end{aligned}$$ ■

예제 6-16 $\displaystyle\int_0^1 \frac{dx}{\sqrt{x^2+2x}}$를 계산하여라.

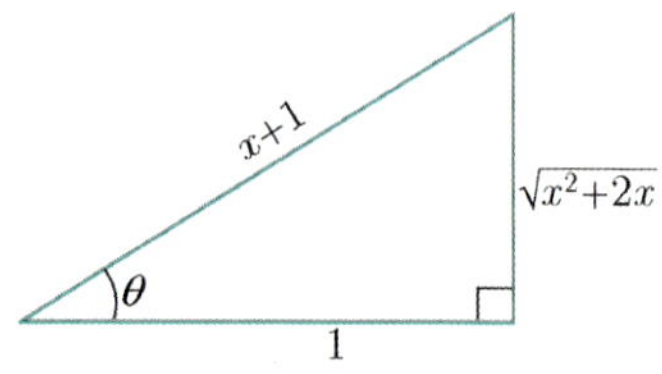

그림 6-9

풀이 $x^2+2x=(x+1)^2-1$이므로 그림 6-9와 같은 직각삼각형을 생각하여

$$x+1=\sec\theta,\ 0\le\theta<\frac{\pi}{2} \text{ 또는 } \frac{\pi}{2}<\theta\le\pi$$

로 놓으면 $\sqrt{x^2+2x}=\tan\theta$, $dx=\sec\theta\tan\theta\,d\theta$이고

$x=0$일 때 $\theta=0$, $x=1$일 때 $\theta=\dfrac{\pi}{3}$이므로

$$\int_0^1 \frac{dx}{\sqrt{x^2+2x}}=\int_0^{\frac{\pi}{3}}\frac{\sec\theta\tan\theta\,d\theta}{\tan\theta}=\int_0^{\frac{\pi}{3}}\sec\theta\,d\theta$$

$$=\left[\ln|\sec\theta+\tan\theta|\right]_0^{\frac{\pi}{3}}=\ln(2+\sqrt{3}).$$

예 21 $$\int_{-2}^{0}\frac{dx}{(x+1)^2}=\int_{-2}^{-1}\frac{dx}{(x+1)^2}+\int_{-1}^{0}\frac{dx}{(x+1)^2}$$

$$=\lim_{b\to-1^-}\left[-\frac{1}{x+1}\right]_{-2}^{b}+\lim_{a\to-1^+}\left[-\frac{1}{x+1}\right]_{a}^{0}=\infty.$$

참고 위 적분을 다음과 같이 계산하면 함수가 무한대로 되는 점을 무시하였으므로 틀리게 된다.

$$\int_{-2}^{0}\frac{dx}{(x+1)^2}=\left[-\frac{1}{x+1}\right]_{-2}^{0}=-1-1=-2$$

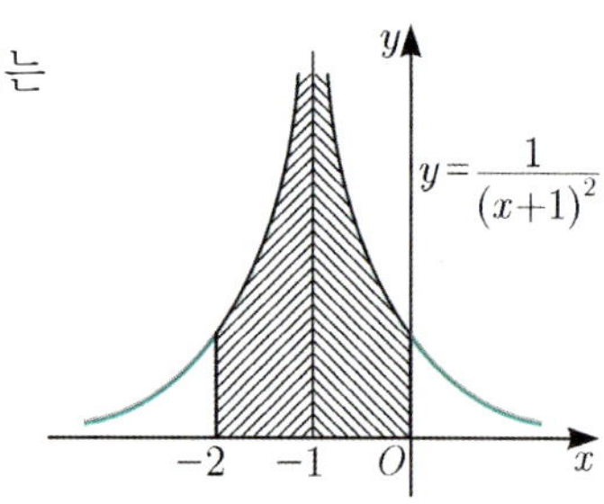

그림 6-10

예제 6-17 n이 실수일 때, $\displaystyle\int_1^\infty \frac{dx}{x^n}$는 $n>1$일 때 수렴하고, $n\le1$일 때 발산함을 보여라.

풀이 $n=1$일 때는 예 17에서와 같이 발산함을 알 수 있다. $n\ne1$이면

$$\int_1^\infty\frac{dx}{x^n}=\lim_{b\to\infty}\int_1^b\frac{dx}{x^n}=\lim_{b\to\infty}\frac{1}{-n+1}(b^{-n+1}-1)$$

이므로 $n>1$일 때만 수렴한다.

예제 6-18 $\displaystyle\int_2^\infty\frac{dx}{x(\ln x)^n}$는 $n>1$일 때만 수렴함을 보여라.

풀이 $u=\ln x$로 놓으면, $\displaystyle\int_2^\infty\frac{dx}{x(\ln x)^n}=\int_{\ln 2}^\infty\frac{du}{u^n}$이므로 예제 6-17에 의해 $n>1$일 때만 수렴한다.

연습문제 6.7

Exercises

1. 다음 특이적분을 계산하여라.

(a) $\displaystyle\int_2^{\infty} \frac{dx}{(1-x)^{2/3}}$ (b) $\displaystyle\int_{-\infty}^{-1} \frac{dx}{x^4}$

(c) $\displaystyle\int_{-\infty}^{0} e^{3x}\, dx$ (d) $\displaystyle\int_2^{\infty} e^{-x}\sin x\, dx$

(e) $\displaystyle\int_1^{\infty} \frac{\ln x}{x} dx$ (f) $\displaystyle\int_{-\infty}^{\infty} \frac{dx}{e^x + e^{-x}}$

(g) $\displaystyle\int_{-\infty}^{\infty} \frac{x\, dx}{(x^2+4)^2}$

2. 다음 특이적분을 계산하여라.

(a) $\displaystyle\int_1^4 \frac{dx}{\sqrt{x-1}}$ (b) $\displaystyle\int_0^2 \frac{dx}{\sqrt{2x-x^2}}$

3. 다음 특이적분을 계산하여라.

(a) $\displaystyle\int_{\frac{1}{2}}^{2} \frac{dx}{x(\ln x)^{1/5}}$ (b) $\displaystyle\int_{-2}^{0} \frac{dx}{2x+3}$

(c) $\displaystyle\int_3^5 \frac{dx}{(4-x)^{2/3}}$ (d) $\displaystyle\int_0^2 \frac{x\, dx}{(x^2-1)^{2/3}}$

4. $\displaystyle\int_0^{\infty} x^2 e^{-x^2} dx = \frac{1}{2}\int_0^{\infty} e^{-x^2} dx$ 임을 보여라.

5. 곡선 $y = \sqrt{x}\, e^{-x^2}$과 x축으로 둘러싸인 부분을 x축을 중심으로 회전시켰을 때 생기는 회전체의 체적을 구하여라.

6. 두 직선 $x=3$과 $x=5$ 사이에 있고, 곡선 $y=(2x-6)^{-\frac{1}{4}}$ 아래에 있는 영역 중에서 제 1사분면에 있는 면적을 구하여라.

7. 곡선 $x^{2/3}+y^{2/3}=1$의 길이를 구하여라.

8. 쓰레기 집하장에서 유해화학물질의 침출률 $R(\ell/\text{년})$은 지금부터 t년 후에

$$R(t)=\frac{500}{(1+t)^2}$$

으로 추정된다. 이와 같이 유해화학물질이 스며 나오는 것이 무한히 계속된다면, 쓰레기장에서 스며 나오는 유해화학물질의 총량은 얼마인가?

9. 사람이 약을 복용하면, 약 전체량이 다 몸에 흡수되는 것은 아니다. 흡수된 약의 양을 결정하는 방법 중 하나는 몸에서 약이 배설되는 비율(mℓ/min)을 측정하는 것이다. 약의 배설률 $R(t)$는

$$R(t)=te^{-0.2t}$$

로 주어진다. 여기서 t는 약을 복용한지 몇 분 후인가를 나타낸다. 얼마나 많은 양의 약이 몸에서 배설되는가?

제 7 장

수열과 무한급수

무한급수는 곡선 아래의 면적을 구하는 구적법에서 등장하였다. 일찍이 아르키메데스(Archimedes, 287?-212 B.C.)는 포물선의 구적에서 $1+\frac{1}{4}+\frac{1}{4^2}+\ldots+\frac{1}{4^{n-1}}+\ldots=\frac{4}{3}$임을 보였다. 라이프니츠(G.W. Leibniz, 1646-1716)는 $\frac{1}{1}+\frac{1}{3}+\frac{1}{6}+\frac{1}{10}+\frac{1}{15}+\ldots$을 $\frac{2}{k(k+1)}=\frac{2}{k}-\frac{2}{k+1}$라는 사실에 착안하여 $\sum_{k=1}^{n}\frac{2}{k(k+1)}=2-\frac{2}{n+1}$이고, 따라서 위 급수의 합이 2임을 알아냈다. 오일러(L. Euler, 1707-1783)도 여러 개의 수렴급수와 발산급수를 남겼다.

달랑베르(J.L. d'Alembert, 1717?-1783)가 특정한 급수의 수렴과 관련하여 비교판정법 같은 수렴에 대한 판정법을 사용했지만, 일반적인 급수의 수렴, 발산을 판정하는 것은 1821년에 발표된 코시(A.L. Cauchy, 1789-1857)의 〈Cour d'analyse〉에서 증명되었다. 코시는 이 장에서 공부할 근판정법, 비판정법, 교대급수 판정법, 절대수렴하는 두 급수의 곱은 절대수렴함을 증명하였다. 또한 오늘날 코시판정법이라고 불리는 일반적인 급수의 수렴에 대한 필요충분조건을 보여 주었는데, 충분조건의 증명은 실수들의 집합의 구조에 대한 지식을 필요로 하기 때문에 코시는 증명을 시도하지 않았다. 그것은 볼차노(B. Bolzano, 1781-1848), 바이어슈트라스(K.T. Weierstrass, 1815-1897) 등을 거쳐 19세기 후반에 데데킨트(J.W.R. Dedekind, 1831-1916) 등에 의해 실수체계가 확립된 후에야 증명될 수 있었다.

이 장에서는 수열과 무한급수를 공부하고, 양항급수와 교대급수의 여러 가지 수렴판정법들에 관하여 알아본다.

7.1 수열

정의역이 모든 자연수들의 집합 $\mathbb{N}$인 함수 $f:\mathbb{N}\to\mathbb{R}$을 **수열**(sequence)이라고 부르고 n에서의 함수값을 $f(n)$ 대신 $x_n, a_n, \cdots$ 등으로 표시한다. $f(n)=x_n$으로 쓰면, 이 수열을

$$x_1, x_2, x_3, \cdots, x_n, \cdots$$

과 같이 나열할 수 있고, 간단히 $\langle x_n \rangle$ (또는 $\{x_n\}$)으로 나타낸다. 예를 들어 $x_n=2n$인 수열 $\langle x_n \rangle$은 $\langle 2n \rangle$으로 표시 된다(경우에 따라서 수열은 $n=0$일 때의 항 x_0로부터 시작할 수도 있다).

수열 $\langle x_n \rangle$에 대해서, n이 한없이 커질 때, x_n이 일정한 수 a에 한없이 가까워지면, $n\to\infty$일 때 $x_n\to a$ 또는 $\lim\limits_{n\to\infty} x_n=a$로 표시하고, 수열 $\langle x_n \rangle$은 a에 **수렴한다**(converge)고 하며, a를 수열 $\langle x_n \rangle$의 **극한**(limit)이라고 한다. 수렴하지 않는 수열은 **발산한다**(diverge)고 한다.

수열의 극한을 정확히 정의하면 다음과 같다.

정의 $\lim\limits_{n\to\infty} x_n=a \iff$ 임의의 $\epsilon>0$에 대하여 자연수 M이 존재하여

$$n>M\text{이면 } |x_n-a|<\epsilon.$$

예제 7-1 $\lim\limits_{n\to\infty}\dfrac{1}{n}=0$임을 증명하여라.

풀이 임의로 주어진 $\epsilon>0$가 있다고 하자. $n>M$인 모든 자연수 n에 대하여 $\left|\dfrac{1}{n}-0\right|<\epsilon$이 되는 충분히 큰 자연수 M을 찾으면 된다. $\dfrac{1}{n}<\epsilon$이 성립하려면 $n>\dfrac{1}{\epsilon}$이어야 하므로, $M>\dfrac{1}{\epsilon}$이면 $n>M$인 모든 자연수 n에 대해서

$$\left|\frac{1}{n}-0\right|=\frac{1}{n}<\frac{1}{M}<\epsilon$$

이 성립한다. ∎

발산하는 수열 $\langle x_n \rangle$에 대하여, n이 한없이 커질 때, x_n이 한없이 커지면 $\langle x_n \rangle$은 ∞로 발산한다고 하며, $\lim\limits_{n\to\infty} x_n=\infty$로 나타낸다. 이것을 정확히 정의하면 다음과 같다.

> **정의** $\lim_{n\to\infty} x_n = \infty \iff$ 임의의 큰 수 $K>0$에 대하여 자연수 M이 존재하여
>
> $n>M$이면 $x_n > K$.

$\langle -x_n \rangle$이 ∞로 발산할 때, $\langle x_n \rangle$은 $-\infty$로 발산한다고 하고, $\lim_{n\to\infty} x_n = -\infty$로 나타낸다.

예 1 $x_n = a_0 r^n$인 수열 $\langle x_n \rangle$에 대하여,

$$\lim_{n\to\infty} x_n = \begin{cases} 0, & |r|<1\text{일 때} \\ a_0, & r=1\text{일 때} \end{cases}$$

임을 증명할 수 있다. 그 외의 r값에 대해서는 $\lim_{n\to\infty} x_n$은 존재하지 않는다. 따라서 수열 $\langle a_0 r^n \rangle$은 $|r|<1$일 때와 $r=1$일 때만 수렴하고, 그 외의 경우는 발산한다.

> **정의** $\langle x_n \rangle$이 수열일 때, 모든 자연수 n에 대하여 $|x_n| \le K$를 만족시키는 양수 K가 존재하면 수열 $\langle x_n \rangle$은 **유계**(bounded)라고 한다.

정의로부터 다음 정리를 증명할 수 있다(해석학개론 참조).

정리 7-1 수렴하는 수열은 유계이다.

예 2 수열 $\langle \log n \rangle$ 또는 $\langle \sqrt{n} \rangle$은 유계가 아니므로 발산한다.

수열의 극한을 구할 때 다음 정리가 유용하게 쓰인다.

정리 7-2 수열 $\langle x_n \rangle$, $\langle y_n \rangle$이 수렴할 때

(1) $\lim_{n\to\infty} (x_n \pm y_n) = \lim_{n\to\infty} x_n \pm \lim_{n\to\infty} y_n$

(2) $\lim_{n\to\infty} kx_n = k \lim_{n\to\infty} x_n$ (k는 상수)

(3) $\lim_{n\to\infty} x_n y_n = \lim_{n\to\infty} x_n \cdot \lim_{n\to\infty} y_n$

(4) $y_n \neq 0$, $\lim_{n\to\infty} y_n \neq 0$ 일 때 $\lim_{n\to\infty} \frac{x_n}{y_n} = \frac{\lim_{n\to\infty} x_n}{\lim_{n\to\infty} y_n}$.

증명 생략(해석학개론 참고). ∎

예 3 $\lim_{n\to\infty} \frac{n+1}{n} = \lim_{n\to\infty}\left(1+\frac{1}{n}\right) = \lim_{n\to\infty} 1 + \lim_{n\to\infty}\frac{1}{n} = 1+0=1$.

$\lim_{n\to\infty}\frac{3n^2-5}{n^2} = \lim_{n\to\infty}\left(3-5\frac{1}{n}\frac{1}{n}\right) = \lim_{n\to\infty} 3 - 5\left(\lim_{n\to\infty}\frac{1}{n}\right)^2 = 3$.

수열의 극한에 대하여도 정리 1-6(극한값의 대소 관계), 1-7(조임 정리)과 같은 정리가 성립한다. 조임 정리를 이용하면, 극한값과 함께 극한의 존재여부도 보일 수 있다.

정리 7-3 (조임 정리, Squeeze Theorem) 충분히 큰 모든 n에 대하여, $a_n \leq b_n \leq c_n$라고 하자. 이때 $\lim_{n\to\infty} a_n = \lim_{n\to\infty} c_n = L$이면, $\lim_{n\to\infty} b_n$가 존재하고 $\lim_{n\to\infty} b_n = L$이다.

예제 7-2 $a>0$일 때 $\lim_{n\to\infty} \sqrt[n]{a} = 1$임을 보여라.

풀이 $a>1$인 경우를 생각하자. $a>1$이면 $\sqrt[n]{a} > 1$이다. 따라서 $\sqrt[n]{a} = 1 + x_n$이라 두면, $x_n > 0$이다.

$$a = (1+x_n)^n = 1 + nx_n + \frac{n(n-1)}{2}x_n^2 + \cdots + x_n^n \geq 1 + nx_n$$

으로부터 $0 < x_n \leq \frac{a-1}{n}$을 얻는다. $\lim_{n\to\infty}\frac{a-1}{n} = (a-1)\lim_{n\to\infty}\frac{1}{n} = 0$이므로, 조임 정리에 의하여

$$\lim_{n\to\infty} x_n = 0.$$

따라서

$$\lim_{n\to\infty} \sqrt[n]{a_n} = \lim_{n\to\infty}(1+x_n) = 1 + \lim_{n\to\infty} x_n = 1+0=1.$$

$a=1$인 경우와 $0<a<1$인 경우는 독자에게 맡긴다. ∎

정의 수열 $\langle x_n \rangle$에 대하여 $x_1 \leq x_2 \leq x_3 \leq \ldots$ $(x_1 \geq x_2 \geq x_3 \geq \cdots)$이면 $\langle x_n \rangle$은 **단조증가(감소)**(monotone increasing(decreasing)) **수열**이라고 한다.

단조증가(감소)수열의 수렴·발산 여부는 다음 정리에 의하여 비교적 쉽게 판정할 수 있다.

정리 7-4 위로(또는 아래로) 유계인 단조증가(또는 단조감소) 수열 $\langle x_n \rangle$은 수렴한다. 따라서 단조수열 $\langle x_n \rangle$이 수렴하기 위한 필요충분조건은 $\langle x_n \rangle$이 유계인 것이다.

예 4 수열 $\left\langle \frac{1}{n} \right\rangle$은 모든 n에 대하여 $\frac{1}{n+1} < \frac{1}{n}$이고 $\left|\frac{1}{n}\right| \le 1$이므로 단조감소이고 유계이다. 따라서 수렴한다. 반면 수열 $\langle 3n+1 \rangle$은 단조증가이지만 유계가 아니므로 발산한다.

수열 $\langle x_n \rangle$에 대해 x_n이 n에 관한 식으로 주어지면 위에서 본 것처럼 수열의 수렴, 발산 여부와 수렴하는 경우 극한을 구할 수 있다. 그러나 $n = 1, 2, 3, \ldots$에 대해 수열 $\langle a_n \rangle$이

$$a_n = \frac{1}{4}a_{n-1} + \frac{3}{4}, \quad a_0 = 2$$

와 같이 점화식으로 주어진 경우를 생각해보자. $n = 1, 2, 3, \ldots$을 대입하면

$$a_1 = \frac{5}{4}, \quad a_2 = \frac{17}{16}, \quad a_3 = \frac{65}{64}, \quad a_4 = \frac{257}{256}, \ldots$$

을 얻는다. 이로부터

$$a_n = \frac{4^n + 1}{4^n} = 1 + \frac{1}{4^n}$$

이라고 추측할 수 있다. 이것이 맞는 것을 다음과 같이 확인할 수 있다.

$$a_n = 1 + \frac{1}{4^n} = \frac{1}{4}\ \frac{1}{4^{n-1}} + 1$$

$$a_{n-1} = 1 + \frac{1}{4^{n-1}} \text{ 로부터 } \frac{1}{4^{n-1}} = a_{n-1} - 1$$

$$a_n = \frac{1}{4}(a_{n-1} - 1) + 1 = \frac{1}{4}a_{n-1} + \frac{3}{4}.$$

그러므로 $a_n = 1 + \frac{1}{4^n}$이므로, $\lim_{n \to \infty} a_n = 1$이다.

위의 경우에는 a_n을 n에 관한 식으로 나타내기가 비교적 간단한 경우였다. 그렇지 않은 경우는 아래의 예제에서와 같이 극한을 구한다.

예제 7-3 $a_1 = a, \ a_{n+1} = \frac{3}{a_n}, \ n = 1, 2, 3, \ldots$일 때 $\lim_{n \to \infty} a_n$이 존재하면 구하여라.

풀이 $\lim_{n \to \infty} a_n$이 존재한다고 가정하면 $\lim_{n \to \infty} a_{n+1} = \lim_{n \to \infty} a_n$이므로 $\lim_{n \to \infty} a_n = L$이라 놓으면 $L = \frac{3}{L}$을 얻는다. 따라서 $L = \pm\sqrt{3}$이다. 그런데 수열의 처음 몇 항을 구해보면,

$$a_2 = \frac{3}{a_1} = \frac{3}{a},\ a_3 = \frac{3}{a_2} = a,\ \ a_4 = \frac{3}{a_3} = \frac{3}{a},\ \ a_5 = \frac{3}{a_4} = a.$$

수열은 a와 $\frac{3}{a}$이 반복되므로 $a \neq \frac{3}{a}$, 즉 $a \neq \pm\sqrt{3}$ 인 한 $\lim_{n\to\infty} a_n$은 존재하지 않고, $a = \pm\sqrt{3}$ 일 때, $\lim_{n\to\infty} a_n = a = \pm\sqrt{3}$ 이다.

예제 7-4 $a_1 = 3$, $a_{n+1} = \sqrt{5a_n}$, $n = 1, 2, 3, \ldots$ 일 때 $\lim_{n\to\infty} a_n$ 이 존재한다고 가정하고, $\lim_{n\to\infty} a_n$ 을 구하여라.

풀이 $\lim_{n\to\infty} a_n = L$이라 놓으면, $\lim_{n\to\infty} a_{n+1} = \lim_{n\to\infty} \sqrt{5a_n}$ 으로부터 $L = \sqrt{5L}$ 을 얻는다.
이 방정식의 근은 $L = 0, 5$이다. 그런데 $a_n \geq 3$이므로 $\lim_{n\to\infty} a_n = 5$이다.

위의 예제에서 모든 n에 대하여 $a_{n+1} \geq a_n$이고, $a_n < 5$이므로 정리 7-4에 의하여 이 수열이 수렴함을 알 수 있다. 실제로 a_n 의 값들을 구해보면(소수 셋째 자리에서 반올림한 값)

$$a_1 = 3,\ a_2 = 3.87,\ a_3 = 4.40,\ a_4 = 4.69,\ a_5 = 4.84,$$
$$a_6 = 4.92,\ a_7 = 4.96,\ a_8 = 4.98,\ a_9 = 4.99,\ \cdots$$

을 얻어, 실제로 $\lim_{n\to\infty} a_n = 5$임을 확인할 수 있다.

예제 7-5 뉴톤 방법은 방정식 $f(x) = 0$의 해를 근사적으로 구하는 수치방법이다(3.5절 참조). 그래프 $y = f(x)$의 점 $(x_n, f(x_n))$에서의 접선의 근을 이용하면, 점화식

$$x_{n+1} = x_n - \frac{f(x_n)}{f'(x_n)}$$

을 유도할 수 있다. 예를 들어 $f(x) = x^2 - p$에 대해 뉴톤 방법을 적용할 때, 수열

$$x_1 = \frac{1}{2}(1+p),\ \ x_{n+1} = \frac{x_n}{2} + \frac{p}{2x_n}\ (n \geq 1)$$

의 극한이 존재한다는 것을 보이고, 그 극한값이 $\sqrt{p}$ 임을 보여라.

풀이 이 수열의 극한값이 존재한다는 것을 보이기 위해서는, 정리 7-4에 의해 이 수열이 유계이고 단조(감소)함을 보이면 충분하다. 산술평균은 기하평균보다 크므로,

$$x_{n+1} = \frac{1}{2}\left(x_n + \frac{p}{x_n}\right) \geq \sqrt{x_n \cdot \frac{p}{x_n}} = \sqrt{p},\ \ (n \geq 1).$$

마찬가지로 $x_1 = \frac{1}{2}(1+p) \geq \sqrt{p}$ 이다. 따라서 수열 $\langle x_n \rangle$은 아래로 유계이고,

$$x_n \geq \sqrt{p}\text{일 때, } x_{n+1} = \frac{x_n}{2} + \frac{p}{2x_n} \leq \frac{x_n}{2} + \frac{\sqrt{p}}{2} \leq x_n, (n \geq 1)$$

이다. 따라서 수열 $\langle x_n \rangle$은 단조(감소)이고 유계이다.

극한값을 $\lim_{n\to\infty} x_n = L$이라 하면, $L = \lim_{n\to\infty} x_{n+1} = \lim_{n\to\infty}\left(\frac{x_n}{2} + \frac{p}{2x_n}\right) = \frac{L}{2} + \frac{p}{2L}$이므로 $L^2 = \frac{L^2}{2} + \frac{p}{2}$. 즉 $L^2 = p$ 또는 $L = \sqrt{p}$이다.

연습문제 7.1 Exercises

1. 수열 $\langle n^2 \rangle$과 $\langle -n^3 \rangle$은 유계인 수열인가?

2. 다음 수열 중에서 수렴하는 수열은 어느 것인가?

(a) $\left\langle \frac{n+1}{n+2} \right\rangle$ (b) $\left\langle \frac{(-1)^n}{n} \right\rangle$

(c) $\langle 2 + (-1)^n \rangle$ (d) $\langle 3^{-n} \rangle$

(e) $\langle \sin n\pi \rangle$ (f) $\langle \sqrt[3]{n} \rangle$

3. 다음에서 $\lim_{n\to\infty} a_n$이 존재한다고 가정하고, 그 값을 구하여라.

(a) $a_{n+1} = \frac{1}{2}(a_n + 5),\ a_1 = 1$ (b) $a_{n+1} = \sqrt{2a_n},\ a_1 = 1$

(c) $a_{n+1} = \sqrt{2a_n},\ a_1 = 0$ (d) $a_{n+1} = 2a_n(1 - a_n),\ a_1 = 0.1$

(e) $a_{n+1} = \frac{1}{2}\left(a_n + \frac{4}{a_n}\right),\ a_1 = 1$ (f) $a_{n+1} = \frac{1}{2}\left(a_n + \frac{9}{a_n}\right),\ a_1 = -1$

7.2 무한급수

수열 $\langle u_n \rangle$의 합의 꼴을 **급수**(series)라 한다. 즉 수열 $u_1, u_2, u_3, \cdots, u_n, \cdots$에 대응하는 급수는

$$\sum_{n=1}^{\infty} u_n = u_1 + u_2 + u_3 + \cdots + u_n + \cdots$$

이다.

항의 개수가 유한인 급수를 **유한급수**, 항의 개수가 무한인 급수를 **무한급수**라고 한다. 앞으로 급수라 함은 무한급수를 일컫는 것으로 한다.

예 5 수열 $1, \frac{1}{2}, \frac{1}{4}, \frac{1}{8}, \frac{1}{16}, \cdots$에 대응하는 급수는 $1+\frac{1}{2}+\frac{1}{4}+\frac{1}{8}+\frac{1}{16}+\cdots$이다.

모든 항이 양수인 급수를 **양항급수**(series of positive terms)라 하고, 양의 항과 음의 항이 교대로 나타나는 급수를 **교대급수**(alternating series)라 한다.

예 6 급수 $1-\frac{1}{2}+\frac{1}{3}-\frac{1}{4}+\cdots$ 혹은 급수 $1-\frac{1}{2^2}+\frac{1}{3^2}-\frac{1}{4^2}+\cdots$은 교대급수이지만, 급수 $1+\frac{1}{2}-\frac{1}{3}-\frac{1}{4}+\frac{1}{5}+\frac{1}{6}-\cdots$은 교대급수가 아니다.

급수 $u_1+u_2+u_3+\cdots$에서

$$S_1=u_1,\ S_2=u_1+u_2,\ S_3=u_1+u_2+u_3,\ \cdots,\quad S_n=\sum_{i=1}^{n}u_i,\ \cdots$$

라고 하면 수열 $S_1,\ S_2,\ S_3,\ \cdots,\ S_n,\ \cdots$을 얻는다. S_n을 급수의 n번째 **부분합**이라 하고 수열 $\langle S_n \rangle$을 급수의 **부분합수열**이라고 부른다.

$$n\to\infty \text{ 일 때 } S_n\to S \ (S\text{는 일정한 수})$$

이면 무한급수 $u_1+u_2+u_3+\cdots$는 S로 **수렴한다**(converge)고 한다. 수렴급수에 있어서 극한값 S를 **급수의 합**이라 하고 $\sum_{n=1}^{\infty}u_n=S$ 또는 $u_1+u_2+u_3+\cdots=S$와 같이 나타낸다. 급수가 수렴하지 않을 때 급수는 **발산한다**(diverge)고 한다.

참고 기호 $\sum_{n=1}^{\infty}u_n$은 때때로 급수 자체를 나타내기도 하고, 또 수렴하는 급수의 합을 나타내기도 한다.

참고 유한개의 항을 더하거나 빼더라도 급수의 수렴이나 발산에 영향을 미치지 못하고 다만 극한값에 일정한 양만큼의 변화만을 가져온다.

예제 7-6 a, r이 상수이고, $|r|<1$일 때 무한급수

$$a+ar+ar^2+\cdots+ar^{n-1}+\cdots \tag{1}$$

의 합은 $\frac{a}{1-r}$임을 보여라.

풀이 $S_n = a + ar + ar^2 + \cdots + ar^{n-1} = \dfrac{a(1-r^n)}{1-r} = \dfrac{a}{1-r} - \dfrac{ar^n}{1-r}$에서 $n \to \infty$일 때 $r^n \to 0$이므로

$$S_n \longrightarrow \frac{a}{1-r}.$$

따라서 $a + ar + ar^2 + \cdots + ar^{n-1} + \cdots = \sum_{n=1}^{\infty} ar^{n-1} = \dfrac{a}{1-r}$이다. ▮

예제 7-7 위 예제의 무한급수 (1)에서, $a \neq 0$, $|r| \geq 1$이면 급수는 발신함을 보어라.

풀이 $|r| > 1$이면 $n \to \infty$일 때 r^n의 극한값이 존재하지 않으므로 S_n의 극한값이 존재하지 않는다. 따라서 무한급수 (1)은 발산한다.

$r = 1$이면 $\lim_{n \to \infty} S_n = \lim_{n \to \infty} na$이므로 발산한다.

$r = -1$이면 부분합수열은 $\langle S_n \rangle = a, 0, a, 0, a, 0, \cdots$ 이므로 발산(진동)한다. ▮

참고 (1)과 같은 무한급수를 **기하급수**(geometric series)라고 한다.

정리 7-5 수렴급수 $\sum_{n=1}^{\infty} u_n$의 제 n항 u_n은 n이 한없이 증가할 때 0에 수렴한다.

증명 수렴급수의 합을 S라 하고 제 n항까지의 부분합을 S_n이라 하면, $u_n = S_n - S_{n-1}$이므로

$$\lim_{n \to \infty} u_n = \lim_{n \to \infty} (S_n - S_{n-1}) = S - S = 0.$$ ▮

위 정리는 급수가 수렴하기 위한 필요조건이지만 충분조건은 아니다. 즉 $n \to \infty$일 때 급수의 제 n항 u_n이 0에 수렴한다고 해서 급수가 수렴한다고 말할 수 없다.

따름정리 $n \to \infty$일 때 무한급수의 n번째 항 u_n이 0에 수렴하지 않으면 그 급수는 발산한다.

증명 정리 7-5의 대우이므로 성립한다. ▮

예 7 **조화급수**

$$1 + \frac{1}{2} + \frac{1}{3} + \cdots + \frac{1}{n} + \cdots \tag{2}$$

에서 다음 사실은 명백하다.

$$1 + \frac{1}{2} > \frac{1}{2} = \frac{1}{2},$$
$$\frac{1}{3} + \frac{1}{4} > \frac{2}{4} = \frac{1}{2},$$

$$\frac{1}{5}+\frac{1}{6}+\frac{1}{7}+\frac{1}{8}>\frac{4}{8}=\frac{1}{2},$$

$$\cdots\cdots\cdots\cdots\cdots\cdots\cdots\cdots\cdots\cdots$$

$$\frac{1}{2^{k-1}+1}+\frac{1}{2^{k-1}+2}+\ldots+\frac{1}{2^k}>\frac{2^{k-1}}{2^k}=\frac{1}{2}$$

위의 k 개의 부등식에 대해서 변변 더하면

$$1+\frac{1}{2}+\frac{1}{3}+\cdots\ \frac{1}{2^k}>\frac{k}{2}. \tag{3}$$

$k\to\infty$ 일 때 (3)의 우변은 무한대가 되므로 (2)는 발산한다(정리 7-4 참고). 따라서 조화급수는 $n\to\infty$ 일 때 n 번째 항 $\dfrac{1}{n}\to 0$ 이지만, 발산하는 급수의 한 예이다.

급수의 수렴과 합에 대한 정의와 수열의 극한에 대한 기본정리로부터 다음이 성립함을 쉽게 알 수 있다.

정리 7-6 두 수렴하는 급수 $\sum_{n=1}^{\infty} a_n$, $\sum_{n=1}^{\infty} b_n$ 과 실수 c 가 주어져 있을 때 급수 $\sum_{n=1}^{\infty}(a_n+b_n)$ 과 $\sum_{n=1}^{\infty} ca_n$ 은 수렴하고, 그 합은 다음과 같다.

$$\sum_{n=1}^{\infty}(a_n+b_n)=\sum_{n=1}^{\infty}a_n+\sum_{n=1}^{\infty}b_n,$$

$$\sum_{n=1}^{\infty}ca_n=c\sum_{n=1}^{\infty}a_n.$$

양항급수 $u_1+u_2+u_3+\cdots$ 의 부분합수열은 증가수열이므로 정리 7-4로부터 다음을 알 수 있다.

정리 7-7 양항급수 $u_1+u_2+u_3+\cdots$ 이 수렴하기 위한 필요충분조건은 모든 n 에 대하여 $S_n=\sum_{i=1}^{n}u_i$ 이 일정한 수 K 보다 작은 것이며, 이때 이 급수의 합은 K 보다 크지 않다.

연습문제 7.2 Exercises

1. 다음 무한급수가 수렴하는지 발산하는지 판정하고 수렴하면 그 급수의 합을 구하여라.

(a) $1+\frac{1}{5}+\frac{1}{25}+\cdots+\left(\frac{1}{5}\right)^n+\cdots$ (b) $1+\pi^{-1}+\pi^{-2}+\cdots+\pi^{-n}+\cdots$

(c) $3+\frac{3}{2}+\frac{3}{4}+\cdots+\frac{3}{2^n}+\cdots$ (d) $\sum_{n=1}^{\infty}\left[\left(\frac{2}{3}\right)^n-\left(\frac{3}{5}\right)^n\right]$

(e) $\sum_{n=1}^{\infty}\frac{n}{2n+3}$ (f) $\sum_{n=1}^{\infty}\left(\frac{e}{7}\right)^n$

(g) $\sum_{n=1}^{\infty}\frac{1+2^n+7^n}{5^n}$

2. 다음 소수에 의해 표현되는 유리수를 구하여라.

(a) 0.232323⋯ (b) 0.3333⋯

(c) 0.5212121⋯ (d) 2.1631216312⋯

7.3 적분판정법

양항급수의 수렴여부를 판정하는 방법이 몇 가지 있는데, 그 첫 번째 것이 다음의 적분판정법(integral test)이다.

정리 7-8 **(적분판정법)** 양항급수

$$u_1+u_2+u_3+\cdots+u_n+\cdots \tag{1}$$

의 n 번째 항 u_n 을 $f(n)$으로 나타내고, $[1, \infty)$에서 $f(x)$가 양의 값을 갖는 연속인 감소함수라고 하면, 급수 (1)의 수렴, 발산 여부는 적분

$$\int_1^{\infty} f(x)dx \tag{2}$$

의 수렴, 발산 여부에 따라 결정된다.

증명 적분 (2)가 존재해서 U와 같다고 하면, 급수 (1)의 수렴을 다음과 같이 증명할 수 있다. $y=f(x)$의 그래프에 그림 7-1과 같이 단위 나비(width of length 1)의 직사각형을 내접시킨다. 이 직사각형들의 면적은 $u_2, u_3, u_4, \cdots$ 라는 것을 알 수 있다.

따라서 처음 $n-1$개의 직사각형의 면적의 합을 A_n 이라 하면, $A_n=\sum_{i=2}^{n}u_i$이고

$$A_n \le \int_1^n f(x)dx \le \int_1^\infty f(x)dx = U.$$

따라서 모든 자연수 n에 대해 부분합

$S_n = \sum_{i=1}^{n} u_i$ 는

$$S_n = u_1 + A_n \le u_1 + U$$

이므로, 정리 7-7에 의해 급수 (1)은 수렴한다.

정리의 둘째 부분은 단위 나비의 외접직사각형을 사용하여 같은 방법으로 증명된다. ▮

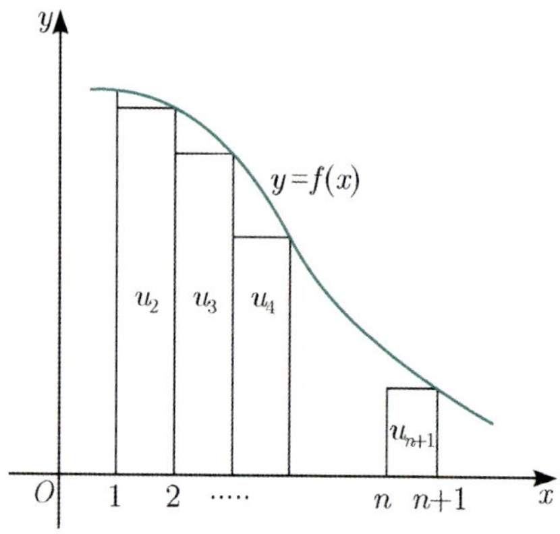

그림 7-1

예 8 급수 $1+\frac{1}{2}+\frac{1}{3}+\frac{1}{4}+\cdots$에 대해

$f(x)=\frac{1}{x}$는 단조감소하는 연속함수이고

$$\int_1^\infty \frac{dx}{x} = \lim_{n\to\infty}\int_1^n \frac{dx}{x} = \lim_{n\to\infty}[\ln x]_1^n = \lim_{n\to\infty}\ln n = \infty$$

이므로 적분판정법에 의해서 급수는 발산한다.

예제 7-8 $\sum_{k=1}^{\infty}\frac{1}{k\ln(k+5)}$의 수렴 여부를 밝혀라.

풀이 $f(x)=\frac{1}{x\ln(x+5)}$은 $[1,\infty)$에서 양의 값을 갖는 연속인 감소함수이므로 적분판정법을 쓸 수 있다. $\frac{1}{k\ln(k+5)} > \frac{1}{(k+5)\ln(k+5)}$ 이므로

$$\int_1^n \frac{dx}{x\ln(x+5)} \ge \int_1^n \frac{dx}{(x+5)\ln(x+5)} = [\ln\ln(x+5)]_1^n = \ln\ln(n+5) - \ln\ln 6.$$

$n\to\infty$일 때 우변이 발산하므로 $\int_1^\infty \frac{dx}{x\ln(x+5)}$는 발산하고, 따라서 적분판정법에 의해 급수 $\sum_{k=1}^{\infty}\frac{1}{k\ln(k+5)}$은 발산한다. ▮

정리 7-9 p-급수

$$\sum_{n=1}^{\infty}\frac{1}{n^p} = \frac{1}{1^p}+\frac{1}{2^p}+\cdots+\frac{1}{n^p}+\cdots \text{(단, } p\text{는 실수)}$$

에서 $p>1$이면 급수는 수렴하고, $p\le 1$이면 발산한다.

증명 먼저 $p>0$인 경우를 생각하자. $f(n)=\dfrac{1}{n^p}$로 놓으면 $f(x)=\dfrac{1}{x^p}$는 $x \ge 1$에서 연속인 감소함수이고, $p \ne 1$일 때

$$\int_1^\infty \frac{1}{x^p}dx = \lim_{n\to\infty}\int_1^n \frac{1}{x^p}dx = \frac{1}{1-p}\lim_{n\to\infty} n^{1-p} - \frac{1}{1-p}.$$

$p>1$, 즉 $(1-p)<0$이면 $n\to\infty$일 때 $n^{1-p}\to 0$. 따라서 이때 적분이 일정한 값 $\dfrac{1}{p-1}$을 가지므로 급수는 수렴한다.

$p<1$, 즉 $(1-p)>0$이면 $n\to\infty$일 때 $n^{1-p}\to\infty$. 따라서 이때 급수는 발산한다.

$p=1$이면 조화급수이므로 발산한다.

$p\le 0$이면 $\displaystyle\lim_{n\to\infty}\frac{1}{n^p}\ne 0$이므로 $\displaystyle\sum_{n=1}^\infty \frac{1}{n^p}$은 발산한다. ∎

예 9 $\displaystyle\sum_{k=1}^\infty \frac{1}{k^2} = \frac{1}{1^2}+\frac{1}{2^2}+\frac{1}{3^2}+\cdots$ 은 $p=2$인 p-급수이므로 수렴한다.

적분판정법에 의해 양항급수 Σu_n이 수렴한다고 가정할 때, 충분히 많은 항들을 더하여 그 합에 접근하는 방법을 생각해 보자. 무한급수의 합 S에서 n항까지의 부분합 S_n을 뺀 것을 **나머지**(remainder)라 하고, 이것을 R_n으로 나타내면

$$R_n = S - S_n = u_{n+1} + u_{n+2} + \cdots \tag{3}$$

은 실제 합 S대신 부분합 S_n을 사용할 때 생기는 오차이다.

정리 7-10 $f(n)=u_n$일 때 무한급수 $\displaystyle\sum_{n=1}^\infty u_n$과 특이적분 $\displaystyle\int_1^\infty f(x)dx$이 적분판정법의 수렴조건을 만족하면, R_n이 (3)에서 주어진 나머지일 때

$$\int_{n+1}^\infty f(x)dx \le R_n \le \int_n^\infty f(x)dx \tag{4}$$

증명 그림 7-2로부터, k가 $n+1$, $n+2$, $\cdots$일 때

$$\int_k^{k+1} f(x)dx \le u_k \le \int_{k-1}^k f(x)dx.$$

모든 $k\ge n+1$에 대해 이 부등식을 더하면,

$$\sum_{k=n+1}^\infty \int_k^{k+1} f(x)dx = \int_{n+1}^\infty f(x)dx,$$

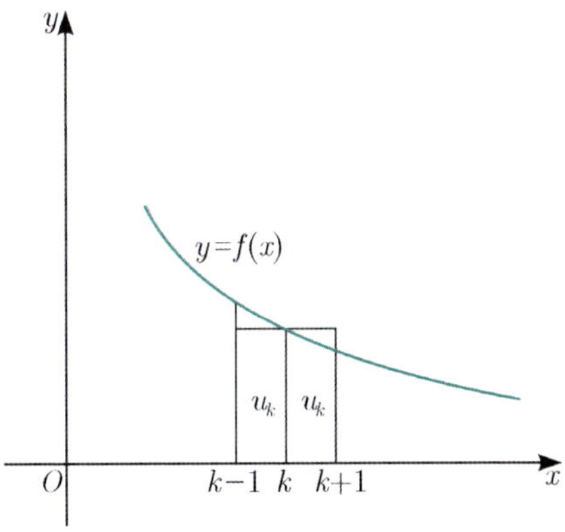

그림 7-2

$$\sum_{k=n+1}^{\infty} \int_{k-1}^{k} f(x)dx = \int_{n}^{\infty} f(x)dx$$

의 관계로부터 부등식 (4)를 얻는다. ■

(4)의 식으로부터 $R_n = S - S_n$ 을 대입하면 다음과 같은 식을 얻을 수 있다.

$$S_n + \int_{n+1}^{\infty} f(x)dx \le S \le S_n + \int_{n}^{\infty} f(x)dx. \tag{5}$$

예제 7-9 급수 $\sum_{n=2}^{\infty} \frac{1}{n(\ln n)^2}$ 이 수렴함을 보이고, 오차가 0.01 이내가 되도록 합을 구하기 위하여 얼마나 많은 항을 더해야 하는가 결정하여라.

풀이 $\ln 1 = 0$이기 때문에 $n = 2$부터 시작한다. $f(x) = \frac{1}{x(\ln x)^2}$ 이라 놓자. 그러면

$$\int_{2}^{\infty} \frac{1}{x(\ln x)^2} dx = \lim_{b \to \infty} \left[-\frac{1}{\ln x} \right]_2^b = \frac{1}{\ln 2} < \infty.$$

그러므로 이 급수는 적분판정법에 의해 수렴한다. 우리는 $R_n < 0.01$을 만족하는 충분히 큰 n을 선택하고자 한다. 식 (4)의 오른쪽 부등식으로부터

$$R_n \le \int_{n}^{\infty} \frac{1}{x(\ln x)^2} dx = \frac{1}{\ln n}.$$

따라서

$$\frac{1}{\ln n} < 0.01, \ \ln n > 100, \ n > e^{100} \approx 2.7 \times 10^{43}.$$ ■

연습문제 7.3 Exercises

1. 적분판정법을 이용하여 유리함수에 대한 다음 급수의 수렴여부를 판정하여라.

(a) $\sum_{n=1}^{\infty} \frac{n}{n^2+1}$

(b) $\sum_{n=1}^{\infty} \frac{1}{4n^2+25}$

(c) $\sum_{n=1}^{\infty} \frac{n}{n^4+2n^2+1}$

(d) $\sum_{n=1}^{\infty} \frac{1}{(n+1)^3}$

(e) $\sum_{n=1}^{\infty} \frac{2n+5}{n^2+5n+7}$

(f) $\sum_{n=1}^{\infty} \frac{1}{\sqrt{n+1}}$

2. 적분판정법을 이용하여 다음 급수의 수렴여부를 판정하여라.

(a) $\sum_{n=2}^{\infty} \frac{1}{n \ln n}$ (b) $\sum_{n=1}^{\infty} \frac{n^2}{e^n}$

(c) $\sum_{n=1}^{\infty} \frac{\ln n}{n^2}$ (d) $\sum_{n=1}^{\infty} \ln\left(1+\frac{1}{n^2}\right)$

(e) $\sum_{n=3}^{\infty} \frac{1}{n\sqrt{\ln n}}$ (f) $\sum_{n=1}^{\infty} \frac{2^{\frac{1}{n}}}{n^2}$

3. 다음 무한급수에 왜 적분판정법을 적용할 수 없는지 설명하여라.

(a) $\sum_{n=1}^{\infty} \frac{(-1)^n}{n}$ (b) $\sum_{n=1}^{\infty} e^{-n} \sin n$

(c) $\sum_{n=1}^{\infty} \frac{2+\sin n}{n^2}$

4. 나머지 R_n 이 다음 E 보다 작게 되기 위한 최소의 양의 정수 n 을 구하여라.

(a) $\sum_{n=1}^{\infty} \frac{1}{n^2}$; $E = 0.0001$ (b) $\sum_{n=1}^{\infty} \frac{1}{n^2}$; $E = 0.00005$

(c) $\sum_{n=1}^{\infty} \frac{1}{n^6}$; $E = 2 \times 10^{-10}$

7.4 비교판정법

급수의 수렴 또는 발산을 판정하는 또 하나의 방법으로, 주어진 급수를 이미 수렴 또는 발산이 알려진 급수와 비교하는 비교판정법(comparison test)이 있다.

두 양항급수

$$(A)\quad a_1 + a_2 + a_3 + \cdots + a_n + \cdots$$
$$(B)\quad b_1 + b_2 + b_3 + \cdots + b_n + \cdots$$

을 생각하자.

정리 7-11 (비교판정법) 모든 n 에 대해 $a_n \le b_n$ 일 때, 양항급수 (B)가 수렴하면 양항급수 (A)도 수렴한다.

증명 $A_n = a_1 + a_2 + \cdots + a_n$, $B_n = b_1 + b_2 + \cdots + b_n$ 이라 하자. $a_n \le b_n \, (n = 1, 2, 3, \cdots)$ 이므로 모든 n 에 대해서 $A_n \le B_n$ 이다. 급수 (B)가 수렴하면, 정리 7-7에 의해 모든 n 에 대해 $S_n \le K$인 양수 K가 존재한다. 따라서 모든 n 에 대해 $A_n \le B_n \le K$ 이므로 정리 7-7에 의해 (A)는 수렴한다. ∎

따름정리 모든 n 에 대해 $a_n \le b_n$ 일 때, 양항급수 (A)가 발산하면 양항급수 (B)도 발산한다.

참고 급수의 수렴 여부에 유한개의 항은 영향을 미치지 않으므로, 충분히 큰 n 에 대해 $a_n \le b_n$ 가 만족될 때도 위 정리가 성립한다.

참고 수렴 또는 발산이 알려진 급수가 비교급수로 사용되는데, 특히 다음 것들이 많이 쓰인다.

<수렴을 위한 비교급수>

$$a + ar + ar^2 + \cdots \ (a > 0, \ 0 < r < 1)$$

$$1 + \frac{1}{2^p} + \frac{1}{3^p} + \cdots + \frac{1}{n^p} + \cdots \ (p > 1)$$

<발산을 위한 비교급수>

$$a + ar + ar^2 + \cdots \ (a > 0, \ r \ge 1)$$

$$1 + \frac{1}{2} + \frac{1}{3} + \frac{1}{4} + \cdots \ (\text{조화급수})$$

예제 7-10 $5 + \frac{2}{3} + 1 + \frac{2}{7} + \frac{1}{2} + \frac{1}{3!} + \frac{1}{4!} + \cdots + \frac{1}{k!} + \cdots \quad (1)$

가 수렴급수임을 보여라.

풀이 처음 4개의 항을 제외한 급수

$$\frac{1}{2} + \frac{1}{3!} + \frac{1}{4!} + \cdots + \frac{1}{k!} + \cdots \quad (2)$$

을 생각하자.

$$\frac{1}{2} \ge \frac{1}{2}, \quad \frac{1}{2^2} > \frac{1}{3!}, \quad \frac{1}{2^3} > \frac{1}{4!}, \ \cdots$$

에서

$$\frac{1}{2} + \frac{1}{2^2} + \frac{1}{2^3} + \cdots$$

은 수렴하므로 비교판정법에 의해 급수 (2)는 수렴한다. 따라서 급수 (1)은 수렴한다. ∎

예제 7-11 다음 급수의 수렴 여부를 조사하여라.

$$\frac{1}{1\cdot 3}+\frac{1}{2\cdot 4}+\frac{1}{3\cdot 5}+\cdots+\frac{1}{n(n+2)}+\cdots \tag{3}$$

풀이 수렴하는 p급수 $(p=2)$

$$1+\frac{1}{2^2}+\frac{1}{3^2}+\cdots+\frac{1}{n^2}+\cdots$$

를 생각하자. n번째 항을 각각 비교하면 모든 양의 정수에 대해서

$$\frac{1}{n(n+2)}<\frac{1}{n^2}.$$

따라서 비교판정법에 의해 급수 (3)은 수렴한다. ■

예제 7-12 다음 급수의 수렴 여부를 조사하여라.

$$\frac{2}{1\cdot 3}+\frac{3}{2\cdot 4}+\frac{4}{3\cdot 5}+\cdots+\frac{n+1}{n(n+2)}+\cdots \tag{4}$$

풀이 주어진 급수의 n번째 항을 보면 모든 양의 정수 n에 대하여

$$\frac{n+1}{n(n+2)}=\frac{n+1}{n}\ \frac{1}{n+2}>\frac{1}{n+2}.$$

그런데 급수

$$\frac{1}{3}+\frac{1}{4}+\frac{1}{5}+\cdots+\frac{1}{n+2}+\cdots$$

은 발산한다. 따라서 비교판정법에 의해 급수 (4)는 발산한다. ■

정리 7-12 **(극한비교 판정법)** 두 양항급수 Σa_n, Σb_n에 대하여, 극한값 $L=\lim\limits_{n\to\infty}\dfrac{a_n}{b_n}$이 존재하고, $0<L<\infty$이면, 두 급수는 모두 수렴하거나 또는 모두 발산한다.

증명 $P<L<Q$를 만족하는 두 고정된 양수 P와 Q를 선택한다. 그러면 충분히 큰 n에 대하여 $P<\dfrac{a_n}{b_n}<Q$이고 $P\,b_n<a_n<Q\,b_n$을 만족한다. 만일 Σb_n이 수렴하면, $\Sigma Q\,b_n$도 수렴하므로 비교판정법에 의해 Σa_n도 수렴한다. 만일 Σb_n이 발산하면 $\Sigma P\,b_n$도 발산하므로 비교판정법에 의해 Σa_n도 발산한다. 그러므로 한 급수의 수렴 또는 발산은 다른 급수의 수렴, 발산을 의미한다. ■

참고 두 양항급수 Σa_n, Σb_n에 대하여, $\lim\limits_{n\to\infty}\dfrac{a_n}{b_n}=\infty$이면 Σb_n이 발산할 경우 Σa_n도 발산함은 정리 7-12의 따름정리에 의해 쉽게 알 수 있다.

예제 7-13 $\displaystyle\sum_{n=1}^{\infty}\frac{3n^2+n}{n^4+\sqrt{n}}$의 수렴 여부를 판정하라.

크게 되는 양의 정수 k가 존재한다. 이것은 항이 점점 커짐을 의미한다. 그러므로 $\lim_{n\to\infty} u_n \neq 0$ 이고, 따라서 급수는 발산한다.

(c) p 급수를 예로 들면 $\dfrac{u_{n+1}}{u_n} = \left(\dfrac{n}{n+1}\right)^p = \left(1 - \dfrac{1}{n+1}\right)^p$ 이고, $n \to \infty$ 일 때의 극한값 R은 p에 관계없이 항상 1이다. 그러나 p 급수는 $p>1$일 때 수렴하고 $p \leq 1$ 일 때 발산함을 알고 있다. 즉 $R=1$일 때는 비판정법으로 급수의 수렴여부를 판정할 수 없으며 다른 판정법을 사용해야 한다. ■

예제 7-14 $\sum_{n=0}^{\infty} (2^n+5)/3^n$의 수렴 여부를 조사하여라.

풀이

$$\lim_{n\to\infty} \frac{u_{n+1}}{u_n} = \lim_{n\to\infty} \frac{(2^{n+1}+5)/3^{n+1}}{(2^n+5)/3^n} = \lim_{n\to\infty} \frac{1}{3} \cdot \frac{2^{n+1}+5}{2^n+5}$$

$$= \lim_{n\to\infty} \frac{1}{3}\left(\frac{2+5\cdot 2^{-n}}{1+5\cdot 2^{-n}}\right) = \frac{2}{3} = R$$

따라서 $R<1$이므로 비판정법에 의해 주어진 급수는 수렴한다. ■

예제 7-15 급수 $\dfrac{1!}{10} + \dfrac{2!}{10^3} + \dfrac{3!}{10^5} + \cdots + \dfrac{n!}{10^{2n-1}} + \cdots$ 의 수렴 여부를 조사하여라.

풀이 $u_n = \dfrac{n!}{10^{2n-1}}$, $u_{n+1} = \dfrac{(n+1)!}{10^{2n+1}}$ 이고

$$\lim_{n\to\infty} \frac{u_{n+1}}{u_n} = \lim_{n\to\infty} \frac{(n+1)}{100} = \infty$$

이므로 비판정법에 의해 주어진 급수는 발산한다. ■

정리 7-14 **(근판정법)** 양항급수 $\sum_{n=1}^{\infty} a_n$ 에 대해

$$\lim_{n\to\infty} \sqrt[n]{a_n} = R \ (R = \infty \text{도 될 수 있다})$$

이라면, 급수 Σa_n 은

(a) $R<1$일 때 수렴,

(b) $R>1$일 때 발산,

(c) $R=1$이면 이 방법으로 판정할 수 없다.

증명 만일 $R<1$이면 $R<r<1$이 되는 r을 선택한다. 그러면 충분히 큰 n에 대하여 $a_n^{1/n} < r$, 즉 $a_n < r^n$ 을 만족한다. Σr^n 이 수렴하므로, 비교판정법에 의해 Σa_n 은 수렴한다. 만일 $R>1$이면 충분히 큰 n에 대해 $a_n^{1/n} > 1$이고 따라서 $a_n > 1$이다. 그

러므로 $\lim a_n \neq 0$ 이기 때문에 Σa_n 은 발산한다. p-급수 $\sum_{n=1}^{\infty} \frac{1}{n^p}$ 을 예로 들면 p에 상관없이 $\lim_{n\to\infty} (\sqrt[n]{n})^p = 1$(아래의 참고)인데, p-급수는 $p > 1$일 때 수렴하고, $p \leq 1$ 일 때 발산하므로, $R=1$일 때는 근판정법에 의해 수렴 여부를 판정할 수 없다. ▮

참고 함수 $f(x)$에 대해 $\lim_{x\to\infty} f(x) = L$ 이면, $\lim_{n\to\infty} x_n = \infty$ 인 임의의 수열 $\langle x_n \rangle$에 대해 $\lim_{n\to\infty} f(x_n) = L$ 이다. 그러므로 수열의 극한 $\lim_{n\to\infty} a_n$ 을 구할 때에, $a_n = f(n)$ 인 함수 $f(x)$에 대해 $\lim_{x\to\infty} f(x) = L$ 이면 $\lim_{n\to\infty} f(n) = \lim_{n\to\infty} a_n = L$ 이 된다. 따라서 4-4절의 예제 4-12에 의하여 $\lim_{n\to\infty} n^{1/n} = 1$ 이다.

예제 7-16 다음 급수의 수렴 여부를 판정하여라.

$$\sum_{n=0}^{\infty} \frac{1}{2^{n+(-1)^n}} = \frac{1}{2} + \frac{1}{1} + \frac{1}{8} + \frac{1}{4} + \frac{1}{32} + \frac{1}{16} + \cdots$$

풀이 $a_n = \frac{1}{2^{n+(-1)^n}}$ 일 때 만일 n이 짝수이면 $\frac{a_{n+1}}{a_n} = 2$, n이 홀수이면 $\frac{a_{n+1}}{a_n} = \frac{1}{8}$ 이므로 비판정법에서 요구하는 극한이 존재하지 않는다. 그러나

$$\lim_{n\to\infty} a_n^{\frac{1}{n}} = \lim_{n\to\infty} \left(\frac{1}{2^{n+(-1)^n}} \right)^{\frac{1}{n}} = \lim_{n\to\infty} \frac{1}{2} \frac{1}{2^{(-1)^n/n}} = \frac{1}{2}.$$

그러므로 근판정법에 의해 급수는 수렴한다. ▮

연습문제 7.5 Exercises

1. 다음 양항급수의 수렴여부를 비판정법과 근판정법을 이용하여 판정하여라.

(a) $\sum_{n=1}^{\infty} \frac{2^n}{n!}$

(b) $\sum_{n=1}^{\infty} \frac{e^n}{n+1}$

(c) $\sum_{n=2}^{\infty} \frac{1}{(\ln n)^n}$

(d) $\sum_{n=1}^{\infty} \left(\frac{n}{2n-1} \right)^{2n}$

(e) $\sum_{n=1}^{\infty} \frac{2}{e^n + e^{-n}}$

(f) $\sum_{n=1}^{\infty} \frac{(2)(4)\cdots(2n)}{(2)(5)\cdots(3n-1)}$

(g) $\sum_{n=1}^{\infty} \frac{n!\,n^n}{(2n)!}$ (h) $\sum_{n=1}^{\infty} \frac{e^n}{(n+1)^n}$

2. 다음 양항급수의 수렴여부를 7.2절부터 학습한 다양한 방법을 이용하여 판정하여라.

(a) $\sum_{n=1}^{\infty} \frac{2^n}{(1+\cos\frac{1}{n})^n}$ (b) $\sum_{n=2}^{\infty} \frac{1}{\sqrt{n}\ln 2}$

(c) $\sum_{n=2}^{\infty} \frac{\ln n}{n}$ (d) $\sum_{n=1}^{\infty} \frac{\sqrt{2n}}{n+4}$

(e) $\sum_{n=1}^{\infty} \frac{\sqrt{n}}{n^2+3}$ (f) $\sum_{n=1}^{\infty} (1-\frac{1}{n})^n$

(g) $\sum_{n=1}^{\infty} \left(e^{\frac{1}{n}}-1\right)$ (h) $\sum_{n=1}^{\infty} (1-\cos\frac{1}{n})^n$

(i) $\sum_{n=3}^{\infty} \frac{1}{n(\ln n)(\ln\ln n)^3}$ (j) $\sum_{n=1}^{\infty} \frac{3n}{n^2+1}$

7.6 교대급수와 절대수렴

급수에 양의 항과 음의 항이 교대로 나타날 때는 아래의 교대급수판정법(alternating series test)이 유용하다.

정리 7-15 **(교대급수판정법)** $u_1, u_2, u_3, \cdots$ 가 양수로서

(a) $u_1 \geq u_2 \geq u_3 \geq u_4 \geq \cdots$

(b) $\lim_{n\to\infty} u_n = 0$

일 때 교대급수

$$u_1 - u_2 + u_3 - u_4 + \cdots \tag{1}$$

은 수렴한다.

증명 급수 (1)의 처음 $2k$ 개의 합은 다음의 두 형태로 표시된다.

$$S_{2k} = (u_1 - u_2) + (u_3 - u_4) + \cdots + (u_{2k-1} - u_{2k}) \tag{2}$$

$$S_{2k} = u_1 - (u_2 - u_3) - \cdots - (u_{2k-2} - u_{2k-1}) - u_{2k} \tag{3}$$

모든 n에 대하여 $u_n \geq u_{n+1}$ 이므로 식 (2)와 (3)의 괄호안의 차는 양수이거나 0이다. 따라서 식 (2)는 S_{2k}가 양수이거나 0의 합임을 보여주고, 또한 식 (3)으로부터 모든 k에 대하여 $S_{2k} \leq u_1$이다. 따라서 정리 7-4에 의해서 $k \to \infty$일 때 S_{2k}는 극한값 S를 갖는다.

또한, 홀수개의 항의 합 S_{2k+1}은

$$S_{2k+1} = S_{2k} + u_{2k+1}$$

이다. (b)에서 $u_{2k+1} \to 0$이므로

$$\lim_{k\to\infty} S_{2k+1} = \lim_{n\to\infty} S_{2k} + \lim_{k\to\infty} u_{2k+1} = S + 0 = S.$$

따라서 n이 짝수이건, 홀수이건 S_n은 $n \to \infty$일 때 극한값 S를 가지므로 급수 (1)은 수렴한다. ■

참고 교대급수 $\sum_{k=1}^{\infty} (-1)^{k-1} u_k$이 수렴하는 경우, 이 교대급수의 합 S에서 n항까지의 부분합 S_n을 뺀 나머지 R_n은 $|R_n| \leq u_{n+1}$을 만족한다.

예 10 급수

$$\sum_{k=1}^{\infty} \frac{(-1)^{k+1}}{k} = \frac{1}{1} - \frac{1}{2} + \frac{1}{3} - \frac{1}{4} + \cdots,$$

은 정리 7-15의 조건을 만족하므로 수렴한다. 그리고 $|R_6| = \left|\frac{1}{7} - \frac{1}{8} + \cdots\right| \leq \frac{1}{7}$이다.

급수 $\sum_{k=1}^{\infty} |a_k|$가 수렴하면 급수 $\sum_{k=1}^{\infty} a_k$는 **절대수렴한다**(absolutely convergent)고 하고, 급수 $\sum_{k=1}^{\infty} a_k$는 수렴하지만 $\sum_{k=1}^{\infty} |a_k|$가 발산할 때 $\sum_{k=1}^{\infty} a_k$는 **조건부수렴한다**(conditionally convergent)고 한다.

급수 $\sum_{k=1}^{\infty} \frac{(-1)^{k+1}}{k^2} = \frac{1}{1^2} - \frac{1}{2^2} + \frac{1}{3^2} - \frac{1}{4^2} + \cdots$에서 $\sum_{k=1}^{\infty} \frac{1}{k^2}$이 수렴하므로 $\sum_{k=1}^{\infty} \frac{(-1)^{k+1}}{k^2}$은 절대수렴하고, $\sum_{k=1}^{\infty} \frac{(-1)^{k+1}}{k}$에서 $\sum_{k=1}^{\infty} \frac{1}{k}$이 발산하므로 $\sum_{k=1}^{\infty} \frac{(-1)^{k+1}}{k}$은 조건부수렴한다.

정리 7-16 $\sum_{k=1}^{\infty} |a_k|$가 수렴하면 $\sum_{k=1}^{\infty} a_k$는 수렴한다. 즉 절대수렴하면 수렴한다.

증명 $a_k \leq |a_k|$이므로

$$0 \leq a_k + |a_k| \leq 2|a_k|$$

이다. $\sum_{k=1}^{\infty}|a_k|$가 수렴하므로 $\sum_{k=1}^{\infty}2|a_k|$가 수렴하고, 비교판정법에 의해서 $\sum_{k=1}^{\infty}(a_k+|a_k|)$는 수렴한다. 두 수렴급수의 차는 수렴하므로

$$\sum_{k=1}^{\infty}a_k=\sum_{k=1}^{\infty}\{(a_k+|a_k|)-|a_k|\}$$

가 수렴한다. ■

참고 $1-\frac{1}{2}+\frac{1}{3}-\frac{1}{4}+\cdots$은 수렴하지만 $1+\frac{1}{2}+\frac{1}{3}+\cdots$은 발산하므로 위 정리의 역은 성립하지 않는다.

참고 절대수렴하는 급수는 항들을 임의로 재배열하더라도 합은 항상 동일하다. 하지만 조건부 수렴하는 급수 $L=1-\frac{1}{2}+\frac{1}{3}-\frac{1}{4}+\cdots\ (>0)$을 분모를 4로 나눈 나머지에 따라 각 항을 재배열하여 급수를 구하면

$$\begin{aligned} L&=\left(1+\frac{1}{3}+\frac{1}{5}+\cdots\right)-\left(\frac{1}{2}+\frac{1}{6}+\frac{1}{10}+\cdots\right)-\left(\frac{1}{4}+\frac{1}{8}+\frac{1}{12}+\cdots\right)\\ &=\left(1-\frac{1}{2}\right)-\frac{1}{4}+\left(\frac{1}{3}-\frac{1}{6}\right)-\frac{1}{8}+\left(\frac{1}{5}-\frac{1}{10}\right)-\frac{1}{12}+\cdots\\ &=\frac{1}{2}-\frac{1}{4}+\frac{1}{6}-\frac{1}{8}+\frac{1}{10}-\frac{1}{12}+\cdots=\frac{1}{2}\left(1-\frac{1}{2}+\frac{1}{3}-\frac{1}{4}+\frac{1}{5}-\frac{1}{6}\right) \end{aligned}$$

이므로, $L=\frac{L}{2}\ (>0)$와 같은 모순된 결론을 얻게 된다.

무한급수 $\sum_{k=0}^{\infty}a_k$와 $\sum_{k=0}^{\infty}b_k$에 대하여

$$c_k=\sum_{i+j=k}a_ib_j=a_0b_k+a_1b_{k-1}+\cdots+a_kb_0$$

일 때, 무한급수 $\sum_{k=0}^{\infty}c_k$를 두 급수의 **코시곱**(Cauchy product)이라고 한다.

정리 7-17 $\sum_{k=0}^{\infty}a_k$와 $\sum_{k=0}^{\infty}b_k$가 절대수렴하면, 두 급수의 코시곱 $\sum_{k=0}^{\infty}c_k$도 절대수렴하고,

$$\sum_{k=0}^{\infty}c_k=\left(\sum_{k=0}^{\infty}a_k\right)\left(\sum_{k=0}^{\infty}b_k\right)$$

이다. 여기서 $c_k=\sum_{i+j=k}a_ib_j=a_0b_k+a_1b_{k-1}+\cdots+a_kb_0$.

증명 해석학개론에서 다룬다. ■

참고 필요에 따라서 무한급수의 첫 항을 $k=0$부터 또는 1보다 큰 자연수 n에 대해 $k=n$부터 시작할 수 있다.

연습문제 7.6 Exercises

1. 다음 급수의 수렴 여부를 판정하고, 수렴급수에 대하여는 절대수렴과 조건부수렴을 구분하여라.

(a) $\sum_{k=1}^{\infty}(-1)^k$ (b) $\sum_{k=1}^{\infty}\frac{(-1)^{k+1}}{5k-4}$

(c) $\sum_{k=2}^{\infty}\frac{(-1)^k k^2}{k^3+1}$ (d) $\sum_{k=2}^{\infty}\frac{(-1)^k k(k+1)}{(k+2)^3}$

2. 다음 급수의 수렴 여부를 판정하고, 수렴급수에 대하여는 절대수렴과 조건부수렴을 구분하여라.

(a) $\sum_{k=1}^{\infty}\frac{k!}{(-3)^k}$ (b) $\sum_{k=1}^{\infty}\frac{(-1)^k 2^k}{k}$

(c) $\sum_{k=1}^{\infty}\frac{(-1)^k k^k}{k!}$ (d) $\sum_{n=1}^{\infty}(-1)^n\frac{3^n}{n(2^n+1)}$

(e) $\sum_{k=1}^{\infty}\frac{k^2}{(-2)^k}$ (f) $\sum_{n=1}^{\infty}(-1)^n\frac{n!}{1\cdot 3\cdot 5\cdots(2n-1)}$

3. 다음 급수의 수렴 여부를 판정하고, 수렴급수에 대하여는 절대수렴과 조건부수렴을 구분하여라.

(a) $\sum_{k=2}^{\infty}\frac{(-1)^k}{k\ln k}$ (b) $\sum_{k=2}^{\infty}\frac{(-1)^k k}{\ln k}$

(c) $\sum_{k=0}^{\infty}\cos\frac{k\pi}{2}$ (d) $\sum_{k=3}^{\infty}\frac{\sin\frac{\pi k}{7}}{k^3}$

(e) $\sum_{n=2}^{\infty}\left[\ln\left(\frac{1}{n}\right)\right]^n$

제 8 장

함수의 전개

함수의 멱급수 전개는 17, 18세기에 광범위하게 쓰였으나 수렴에 대한 정확한 개념의 정립은 19세기 초 코시(A.L. Cauchy, 1789-1857)에 이르러서야 이루어지게 되었다.

뉴턴(Isaac Newton, 1642-1672)은 함수를 멱급수로 전개함으로써, $\int x^n\,dx = \frac{x^{n+1}}{n+1} + C$ 와 같은 간단한 방정식에 대해서만 알려진 규칙들을 훨씬 넓은 범위의 곡선에 적용시켜 곡선 아래의 넓이와 식의 근사값을 구하였고, 이와 같은 수학적 방법을 여러 물리문제에 활용하였다. 뉴턴의 급수 전개와 관련한 가장 큰 업적은 자연수 n에 대해 잘 알려진 이항전개식

$$(a+x)^n = a^n + \frac{n}{1}a^{n-1}x + \frac{n(n-1)}{1\cdot 2}a^{n-2}x^2 + ... + x^n$$

을 n이 유리수일 때로 확장한 '이항정리' 이다. 오일러(L. Euler, 1707-1783)도 1748년에 이항전개 등의 방법에 의해

$$e^z = 1 + \frac{z}{1} + \frac{z^2}{1\cdot 2} + \frac{z^3}{1\cdot 2\cdot 3} + ...$$

과 같은 멱급수 전개와 코사인과 사인함수의 멱급수전개도 보여 주었다.

매크로린(C. MacLaurin, 1698-1746)이 1742년의 논문에서 테일러(B. Taylor, 1685-1731)의 논문에 나온 급수를 테일러급수라고 불렀으며, 1772년에 라그랑주(J.L. Lagrange, 1736-1813)는 모든 함수가 "테일러급수"

$$f(x+h) = a_0 + a_1 h + \frac{1}{2!}a_2 h^2 + \cdots$$

로 전개될 수 있고 미분계수는 계수 $a_0, a_1, a_2, \cdots$ 로 정의된다고 주장하였다. 멱급수 특히 테일러 급수 전개는 다양한 함수를 컴퓨터로 빠르고 효율적으로 처리하고자 하는 수치해석학에서 매우 유용하게 사용되어진다. 급수 전개를 통해 과거 대수적 방법으로는 해결할 수 없었던 $\int_0^1 e^{-x^2}dx$의 근사값을 손쉽게 구할 수 있다.

이 장에서는 멱급수의 수렴여부를 밝히며 함수를 멱급수로 전개해서 나타낼 수 있음을 보인다.

8.1 멱급수

상수 $a, c_0, c_1, c_2, \cdots, c_n, \cdots$과 변수 x로 이루어진

$$\sum_{n=0}^{\infty} c_n (x-a)^n = c_0 + c_1(x-a) + c_2(x-a)^2 + \cdots + c_n(x-a)^n + \cdots \tag{1}$$

인 꼴의 무한급수를 $\boldsymbol{x-a}$의 **멱급수**(power series in $x-a$)라고 한다.

(1)에서 a가 0이면 멱급수는 다음의 형태를 갖는다.

$$\sum_{n=0}^{\infty} c_n x^n = c_0 + c_1 x + c_2 x^2 + \cdots + c_n x^n + \cdots \tag{2}$$

식 (2)에서의 멱급수는 $x=0$에서 명백히 수렴하고, 일반적으로 0이 아닌 어떤 x에서 멱급수는 수렴하거나 발산할 것이다. 이 멱급수는 x^n을 포함하는 급수이므로 어떤 x에 대해 이 급수가 수렴할지 판정하기 위해 비판정법을 쓰는 것이 효과적이다.

극한 $R = \lim\limits_{n \to \infty} \left| \dfrac{c_{n+1}}{c_n} \right|$이 존재한다고 가정하자. 식 (2)의 급수에 대해 비판정법을 적용하기 위하여, $a_n = c_n x^n$이라 놓고 다음 극한을 계산한다.

$$\lim_{n \to \infty} \left| \frac{a_{n+1}}{a_n} \right| = \lim_{n \to \infty} \left| \frac{c_{n+1} x^{n+1}}{c_n x^n} \right| = R|x|$$

그러면, 비판정법에 의하여 $R|x| < 1$인 x에 대하여 $\sum\limits_{n=0}^{\infty} |a_n|$이 수렴하므로 $\sum\limits_{n=0}^{\infty} c_n x^n$은 절대수렴하고, $R|x| > 1$인 x에 대하여는 $\sum\limits_{n=0}^{\infty} c_n x^n$은 발산한다. 그러므로 만일 $R=0$이면, 모든 x에 대해 $\sum\limits_{n=0}^{\infty} c_n x^n$은 절대수렴하고, $R = +\infty$이면 0이 아닌 x에 대해 $\sum\limits_{n=0}^{\infty} c_n x^n$은 발산하고 $x=0$일 때만 수렴한다.

그리고 만일 R이 양의 실수라면 $R|x| < 1$을 만족하는 모든 x에 대해, 즉 $|x| < \rho = \dfrac{1}{R}$일 때 $\sum\limits_{n=0}^{\infty} c_n x^n$은 절대수렴한다. 반대로 $|x| > \rho$이면 $\sum\limits_{n=0}^{\infty} c_n x^n$은 발산한다. 그리고 $|x| = \rho$이면 비판정법을 쓸 수 없다. 따라서 우리는 결론적으로 다음 정리를 얻는다.

정리 8-1 **(멱급수의 수렴성)** 멱급수 $\sum\limits_{n=0}^{\infty} c_n x^n$에 대해 다음이 성립한다.

(1) [$R=0$인 경우] 이 급수는 모든 x에 대해 절대수렴하거나,

(2) [$R=\infty$인 경우] $x=0$일 때만 수렴하거나,

(3) [$0<R<\infty$인 경우] $|x|<\rho$일 때 $\sum_{n=0}^{\infty} c_n x^n$이 절대수렴하고, $|x|>\rho$일 때 $\sum_{n=0}^{\infty} c_n x^n$이 발산하는 양수 ρ가 존재한다.

이때 ρ를 멱급수 $\sum_{n=0}^{\infty} c_n x^n$의 **수렴반경**(radius of convergence)이라 하고, 멱급수가 수렴하는 x의 구간을 그 멱급수의 **수렴구간**(interval of convergence)이라고 한다(모든 x에 대해 수렴하는 경우 수렴반경은 ∞, 수렴구간은 $(-\infty,\ \infty)$이라고 한다). $x-a$의 멱급수의 수렴성에 대해서도 x^n을 단지 $(x-a)^n$으로 치환해서 생각하면 다음과 같다.

(1') 식 (1)의 멱급수는 모든 x에 대해 절대수렴하거나,

(2') $x-a=0$, 즉 $x=a$일 때만 수렴하거나,

(3') $|x-a|<\rho$일 때 $\sum_{n=0}^{\infty} c_n (x-a)^n$이 절대수렴하고, $|x-a|>\rho$일 때 $\sum_{n=0}^{\infty} c_n (x-a)^n$이 발산하는 양수 ρ가 존재한다.

이때 수렴반경 ρ가 $0<\rho<\infty$인 경우에 수렴구간의 양 끝점, $x=a+\rho$와 $x=a-\rho$에서의 수렴성은 별도로 검사해야 한다.

예제 8-1 다음 급수의 수렴구간을 구하여라.

$$\sum_{n=0}^{\infty} \frac{x^n}{n+1} = 1 + \frac{x}{2} + \frac{x^2}{3} + \frac{x^3}{4} + \frac{x^4}{5} + \cdots$$

풀이 $a_n = \dfrac{x^n}{n+1}$이라 놓고 비판정법을 적용하면

$$\lim_{n\to\infty}\left|\frac{a_{n+1}}{a_n}\right| = \lim_{n\to\infty}\left|\frac{x^{n+1}}{n+2}\ \frac{n+1}{x^n}\right| = |x|\lim_{n\to\infty}\frac{n+1}{n+2} = |x|$$

이므로 주어진 급수는 $|x|<1$이면 절대수렴하고, $|x|>1$이면 발산한다.
$x=1$ 또는 $x=-1$일 때는 비판정법으로 판정할 수 없다. 이에 대응하는 급수는

$x=1$일 때 $1+\frac{1}{2}+\frac{1}{3}+\frac{1}{4}+\cdots$ (발산)

$x=-1$일 때 $1-\frac{1}{2}+\frac{1}{3}-\frac{1}{4}+\cdots$ (수렴)

따라서 수렴구간은 $[-1,\ 1)$이다.

예제 8-2 다음 급수의 수렴구간을 구하여라.

$$x+\frac{x^2}{2!}+\frac{x^3}{3!}+\cdots+\frac{x^n}{n!}+\cdots$$

풀이 $a_n=\dfrac{x^n}{n!}$이라 놓고 비판정법을 적용하면,

$$\lim_{n\to\infty}\left|\frac{a_{n+1}}{a_n}\right|=\lim_{n\to\infty}\left|\frac{x^{n+1}}{(n+1)!}\ \frac{n!}{x^n}\right|=\lim_{n\to\infty}\left|\frac{x}{n+1}\right|=0$$

이므로, 이 급수는 모든 x 값에 대하여 절대수렴하고 수렴구간은 $(-\infty,\ \infty)$이다. ■

예제 8-3 $x\neq 0$에 대해서 다음 급수가 발산함을 보여라.

$$\sum_{n=1}^{\infty} n!\,x^n=x^1+2!\,x^2+3!\,x^3+\cdots+n!\,x^n+\cdots$$

풀이 $a_n=n!x^n$이라 놓고 비판정법을 적용하면, $x\neq 0$일 때

$$\lim_{n\to\infty}\left|\frac{a_{n+1}}{a_n}\right|=\lim_{n\to\infty}\left|\frac{(n+1)!\,x^{n+1}}{n!\,x^n}\right|=|x|\lim_{n\to\infty}(n+1)=\infty.$$

따라서 $x\neq 0$일 때 주어진 급수는 발산한다. ■

예제 8-4 다음 급수의 수렴구간을 구하여라.

$$\sum_{n=1}^{\infty}(-1)^n\frac{(x-2)^n}{n\cdot 4^n}=-\frac{(x-2)}{4}+\frac{(x-2)^2}{2\cdot 4^2}-\frac{(x-2)^3}{3\cdot 4^3}+\cdots$$

풀이 $a_n=(-1)^n\dfrac{(x-2)^n}{n\cdot 4^n}$이라 놓으면,

$$\begin{aligned}\lim_{n\to\infty}\left|\frac{a_{n+1}}{a_n}\right| &=\lim_{n\to\infty}\frac{|x-2|^{n+1}}{(n+1)4^{n+1}}\ \frac{n\,4^n}{|x-2|^n}\\ &=\frac{|x-2|}{4}\lim_{n\to\infty}\frac{n}{n+1}\\ &=\frac{|x-2|}{4}.\end{aligned}$$

따라서 이 급수는 $\dfrac{|x-2|}{4}<1$일 때 즉 $|x-2|<4$일 때 절대수렴하고, $\rho=4$가 수렴반경이 된다. 그러므로 이 급수는 $-2<x<6$일 때 수렴하고, $x<-2$ 또는 $x>6$일 때 발산한다. 특히 $x=-2$일 때 이 급수는 발산하는 조화급수 $\displaystyle\sum_{n=1}^{\infty}\frac{1}{n}$이 되고 $x=6$일 때는 수렴하는 교대급수 $\displaystyle\sum_{n=1}^{\infty}\frac{(-1)^n}{n}$이 된다. 그러므로 이 급수의 수렴구간은 $(-2,\ 6]$이다. ■

참고 멱급수의 수렴구간을 구하기 위해 비판정법 대신 근판정법을 이용해도 된다. (연습문제 8.1 2(g)번 참조.)

연습문제 8.1 Exercises

1. 다음 각 급수의 수렴구간을 구하여라.

(a) $\sum_{k=0}^{\infty} \frac{x^k}{6^k} = 1 + \frac{x}{6} + \frac{x^2}{6^2} + \frac{x^3}{6^3} + \cdots$

(b) $\sum_{k=0}^{\infty} \frac{(x+1)^k}{3^k} = 1 + \frac{x+1}{3} + \frac{(x+1)^2}{3^2} + \frac{(x+1)^3}{3^3} + \cdots$

(c) $\sum_{k=0}^{\infty} (3x)^k = 1 + 3x + (3x)^2 + (3x)^3 + \cdots$

(d) $\sum_{k=0}^{\infty} \frac{(x-1)^k}{k^3+3} = \frac{1}{3} + \frac{x-1}{1^3+3} + \frac{(x-1)^2}{2^3+3} + \frac{(x-1)^3}{3^3+3} + \cdots$

(e) $\sum_{k=0}^{\infty} \frac{(x+17)^k}{k!} = 1 + \frac{x+17}{1!} + \frac{(x+17)^2}{2!} + \frac{(x+17)^3}{3!} + \cdots$

2. 다음 각 급수의 수렴구간을 구하여라.

(a) $\sum_{k=0}^{\infty} x^{2k}$

(b) $\sum_{k=1}^{\infty} \frac{(-1)^k x^{2k}}{k^k}$

(c) $\sum_{k=0}^{\infty} \frac{(-1)^k k x^k}{\sqrt{k+1}}$

(d) $\sum_{k=1}^{\infty} \frac{2^k (x-3)^k}{k^2}$

(e) $\sum_{k=0}^{\infty} x^{2^k}$

(f) $\sum_{k=0}^{\infty} (5x-3)^k$

(g) $\sum_{k=0}^{\infty} \left(\frac{x^2+1}{5}\right)^k$

(h) $\sum_{k=0}^{\infty} \frac{k^3 (x+1)^k}{3^k}$

8.2 함수의 멱급수 전개

예제 7-6으로부터 기하급수 $\sum_{n=0}^{\infty} x^n$ 은 $|x|<1$일 때 수렴하고 그 합이 $\frac{1}{1-x}$ 인 것을 안다. 따라서 $|x|<1$일 때 함수 $\frac{1}{1-x}$ 을 다음과 같이 멱급수로 나타낼 수 있다.

$$\frac{1}{1-x} = 1 + x + x^2 + \cdots, \quad |x| < 1 \tag{1}$$

일반적으로 함수 $f(x)$를 a을 포함하는 어떤 열린구간에서

$$f(x) = c_0 + c_1(x-a) + c_2(x-a)^2 + \cdots + c_n(x-a)^n + \cdots$$

와 같이 나타낼 수 있을 때, f는 그 구간에서 **멱급수 전개** $\sum_{n=0}^{\infty} c_n(x-a)^n$ **을 갖는다**고 한다. 예를 들어 함수 $\frac{1}{1-x}$은 $|x|<1$인 구간에서 멱급수 전개 $\sum_{n=0}^{\infty} x^n$을 갖는다.

위 식 (1)과 같이 이미 알고 있는 함수의 멱급수 전개를 이용하여 다른 함수의 멱급수 전개를 구할 수 있다.

예 1 식 (1)에 x 대신 $-x$를 대입하면 $\frac{1}{1+x}$의 멱급수 전개를 다음과 같이 얻을 수 있다.

$$\frac{1}{1+x} = 1 - x + x^2 - x^3 + \cdots = \sum_{n=0}^{\infty} (-1)^n x^n, \quad |-x| = |x| < 1$$

마찬가지로, (1)에 $-x^2$를 대입하면,

$$\frac{1}{1+x^2} = 1 - x^2 + x^4 - x^6 + \cdots, \quad |x^2| < 1, \text{ 즉 } |x| < 1.$$

수렴하는 무한급수의 성질로부터 함수의 멱급수 전개에 대하여 다음과 같은 성질을 얻는다.

정리 8-2 함수 $f(x)$와 $g(x)$가

$$f(x) = \sum_{n=0}^{\infty} a_n(x-c)^n, \quad |x-c| < R_1$$

$$g(x) = \sum_{n=0}^{\infty} b_n(x-c)^n, \quad |x-c| < R_2$$

와 같이 멱급수로 나타내졌다고 하고, $R = \min\{R_1, R_2\}$라고 하자.

그러면 $f(x)+g(x)$, $kf(x)$, $f(x)g(x)$는 다음과 같은 멱급수 전개를 갖는다.

$$f(x) + g(x) = \sum_{n=0}^{\infty} (a_n + b_n)(x-c)^n, \quad |x-c| < R$$

$$kf(x) = \sum_{n=0}^{\infty} ka_n(x-c)^n, \quad |x-c| < R_1$$

$$f(x)g(x) = \sum_{n=0}^{\infty} \left(\sum_{m=0}^{n} a_{n-m} b_m \right)(x-c)^n, \quad |x-c| < R.$$

예 2 $\dfrac{1+x}{2-x}=(1+x)\left(\dfrac{1}{2}\right)\dfrac{1}{1-\dfrac{x}{2}}=\dfrac{1}{2}(1+x)\left(1+\dfrac{x}{2}+\left(\dfrac{x}{2}\right)^2+\left(\dfrac{x}{2}\right)^3+\cdots\right)$

$$=\frac{1}{2}+\frac{3}{2^2}x+\frac{3x^2}{2^3}+\frac{3x^3}{2^4}+\cdots+\frac{3x^{n-1}}{2^n}+\cdots,\ \left|\frac{x}{2}\right|<1 \ \text{즉, } |x|<2.$$

예제 8-5 $\dfrac{1}{x^2+2x-3}$을 적당한 구간에서 멱급수로 나타내어라.

풀이 $\dfrac{1}{x^2+2x-3}=\dfrac{1}{(x+3)(x-1)}=\dfrac{-\dfrac{1}{4}}{x+3}+\dfrac{\dfrac{1}{4}}{x-1}$로 쓸 수 있다.

$$\frac{1}{x+3}=\frac{1}{3\left\{1-\left(-\dfrac{x}{3}\right)\right\}}=\frac{1}{3}\sum_{n=0}^{\infty}\left(-\frac{x}{3}\right)^n$$

$$=\frac{1}{3}\sum_{n=0}^{\infty}\frac{(-1)^n}{3^n}x^n,\ \left|-\frac{x}{3}\right|<1,\ \text{즉 } |x|<3$$

$$\frac{1}{x-1}=-\frac{1}{1-x}=-\sum_{n=0}^{\infty}x^n,\ |x|<1$$

이므로

$$\frac{1}{x^2+2x-3}=-\frac{1}{12}\sum_{n=0}^{\infty}\frac{(-1)^n}{3^n}x^n-\frac{1}{4}\sum_{n=0}^{\infty}x^n$$

$$=\sum_{n=0}^{\infty}\left[-\frac{1}{12}\frac{(-1)^n}{3^n}-\frac{1}{4}\right]x^n$$

$$=-\frac{1}{12}\sum_{n=0}^{\infty}\left[\frac{(-1)^n}{3^n}+3\right]x^n$$

$$=-\frac{1}{12}\left(4+\frac{8}{3}x+\frac{28}{9}x^2+\frac{80}{27}x^3+\cdots\right),\ |x|<1.$$

멱급수 전개를 갖는 함수 $f(x)$의 미분과 적분에 대하여 다음 정리가 성립한다.

정리 8-3 함수 $f(x)$가

$$f(x)=\sum_{n=0}^{\infty}c_n(x-a)^n,\ |x-a|<R$$

과 같이 멱급수로 나타내졌다고 하자. 그러면

(1) f 는 $|x-a|<R$에서 미분가능하고

$$f'(x)=\sum_{n=1}^{\infty}nc_n(x-a)^{n-1},\ |x-a|<R$$

와 같이 멱급수로 나타내진다.

(2) $|x-a|<R$ 인 임의의 x 에 대하여, $\int_a^x f(t)dt$ 는 다음과 같이 멱급수로 나타내진다.

$$\int_a^x f(t)dt = \sum_{n=0}^{\infty} \frac{c_n}{n+1}(x-a)^{n+1},\ |x-a|<R$$

증명 편의상 $a=0$로 잡는다. 비판정법으로 $\sum_{n=0}^{\infty} c_n x^n$, $\sum_{n=1}^{\infty} nc_n x^{n-1}$, $\sum_{n=0}^{\infty} \frac{c_n}{n+1} x^{n+1}$이 모두 같은 수렴구간을 갖는 것을 알 수 있다.

(1) $|x|<R$인 임의의 x를 생각하자. 그러면 $|x|+\delta<R$인 $\delta>0$가 존재하므로 우리는 $|h|<\delta$인 h만을 생각하자. $|x+h|\le|x|+|h|<R$ 이므로

$$\begin{aligned} f(x+h)-f(x) &= \sum_{n=0}^{\infty} c_n(x+h)^n - \sum_{n=0}^{\infty} c_n x^n \\ &= \sum_{n=1}^{\infty} c_n\{(x+h)^n - x^n\}. \end{aligned}$$

평균값 정리에 의하여 x 와 $x+h$ 사이에 x_n 이 존재하여

$$(x+h)^n - x^n = n{x_n}^{n-1}h$$

가 된다. 그러므로

$$\frac{f(x+h)-f(x)}{h} = \sum_{n=1}^{\infty} nc_n {x_n}^{n-1}.$$

따라서

$$\frac{f(x+h)-f(x)}{h} - \sum_{n=1}^{\infty} nc_n x^{n-1} = \sum_{n=2}^{\infty} nc_n\left({x_n}^{n-1} - x^{n-1}\right).$$

평균값 정리를 다시 쓰면 x_n 과 x 사이에 y_n 이 존재하여

$${x_n}^{n-1} - x^{n-1} = (n-1){y_n}^{n-2}(x_n - x).$$

그러므로

$$\frac{f(x+h)-f(x)}{h} - \sum_{n=1}^{\infty} nc_n x^{n-1} = \sum_{n=2}^{\infty} (n-1)nc_n {y_n}^{n-2}(x_n - x).$$

그런데 $|y_n|\le|x|+\delta<R$이고 $|x_n - x|\le|h|$이므로

$$\begin{aligned} &\left|\frac{f(x+h)-f(x)}{h} - \sum_{n=1}^{\infty} nc_n x^{n-1}\right| \le \sum_{n=2}^{\infty} (n-1)n|c_n||y_n|^{n-2}|x_n - x| \\ &\le |h|\sum_{n=2}^{\infty}(n-1)n|c_n|(|x|+\delta)^{n-2}. \end{aligned}$$

그런데 $\sum_{n=2}^{\infty} n(n-1)|c_n|(|x|+\delta)^{n-2}$은 수렴하는 무한급수이므로 한 상수와 같다.

그러므로 $h\to 0$이면 $\left(\frac{f(x+h)-f(x)}{h} - \sum_{n=1}^{\infty} nc_n x^{n-1}\right)\to 0$ 이다. 즉 $f(x)$는 x 에

서 미분가능하고 $f'(x)=\sum_{n=1}^{\infty} nc_n x^{n-1}$ 이 된다.

(2) $F(x)=\sum_{n=0}^{\infty} \frac{c_n}{n+1} x^{n+1}$ 이라 놓으면 $|x|<R$에서 함수 $F(x)$가 정의되고 (1)에 의해 $F'(x)=\sum_{n=0}^{\infty} c_n x^n = f(x)$가 된다. 그런데 $F(0)=0$이므로

$$F(x)=\int_0^x f(t)dt$$

가 된다. ■

따름정리 함수 $f(x)$가 구간 $|x-a|<R$에서 멱급수 $\sum_{n=0}^{\infty} c_n(x-a)^n$로 나타내지면, f는 이 구간에서 모든 계수의 도함수를 가지며, k계$(k \geq 1)$ 도함수는

$$f^{(k)}(x)=\sum_{n=k}^{\infty} n(n-1)\cdots(n-k+1)c_n(x-a)^{n-k}, \quad |x-a|<R$$

로 나타내진다.

따름정리 $f(x)=\sum_{n=0}^{\infty} c_n(x-a)^n$, $|x-a|<R$ 이면 모든 n에 대하여

$$c_n=\frac{f^{(n)}(a)}{n!}.$$

예제 8-6 $\frac{1}{(1-x)^2}$을 적당한 구간에서 멱급수로 나타내어라.

풀이 $\frac{1}{(1-x)^2}=\left(\frac{1}{1-x}\right)'=\left(\sum_{n=0}^{\infty} x^n\right)'=\sum_{n=1}^{\infty} nx^{n-1}$, $|x|<1$. ■

예제 8-7 $f(x)=\ln(1-x)$를 적당한 구간에서 멱급수로 나타내어라.

풀이 $\ln(1-x)=-\int_0^x \frac{1}{1-t}dt$ 이므로 정리 8-3에 의하여

$$\ln(1-x)=-\int_0^x (1+t+t^2+\cdots+t^n+\cdots)dt \tag{2}$$

$$=-x-\frac{x^2}{2}-\frac{x^3}{3}-\cdots-\frac{x^{n+1}}{n+1}-\cdots, \quad |x|<1.$$ ■

예제 8-8 $\ln\sqrt{\frac{1+x}{1-x}}=x+\frac{x^3}{3}+\frac{x^5}{5}+\frac{x^7}{7}+\cdots$, $|x|<1$임을 보여라.

풀이 $\ln\sqrt{\dfrac{1+x}{1-x}}=\dfrac{1}{2}\{\ln(1+x)-\ln(1-x)\}$이므로 위 예제 8-7과 정리 8-2로부터,

$$\begin{aligned}\ln\sqrt{\frac{1+x}{1-x}}&=\frac{1}{2}\left\{\left(x-\frac{x^2}{2}+\frac{x^3}{3}-\frac{x^4}{4}+\frac{x^5}{5}-\cdots\right)\right.\\&\qquad\left.-\left(-x-\frac{x^2}{2}-\frac{x^3}{3}-\frac{x^4}{4}-\frac{x^5}{5}-\cdots\right)\right\}\\&=x+\frac{x^3}{3}+\frac{x^5}{5}+\cdots,\ |x|<1.\end{aligned}$$

예 3 $\mathrm{Tan}^{-1}x=\displaystyle\int_0^x\frac{dt}{1+t^2}=\int_0^x\left(\sum_{n=0}^{\infty}(-1)^n t^{2n}\right)dt=\sum_{n=0}^{\infty}\frac{(-1)^n x^{2n+1}}{2n+1},\ |x|<1.$

참고 위 예 3에서 $\displaystyle\sum_{n=0}^{\infty}\frac{(-1)^n x^{2n+1}}{2n+1}$은 $x=1$일 때 $\mathrm{Tan}^{-1}1$로 수렴함을 보일 수 있다.

따라서 $\mathrm{Tan}^{-1}1=\dfrac{\pi}{4}$이므로

$$\pi=4\sum_{n=0}^{\infty}\frac{(-1)^n}{2n+1}$$

을 얻는다.

참고 역삼각함수 $y=\mathrm{Tan}^{-1}x$는 $x\in(-\infty,\infty)$에 대하여, $x=\tan y\,(-\dfrac{\pi}{2}<y<\dfrac{\pi}{2})$로 정의된 함수이다. 따라서 $\dfrac{dy}{dx}=\dfrac{1}{dx/dy}=\dfrac{1}{\sec^2 y}=\dfrac{1}{1+\tan^2 y}=\dfrac{1}{1+x^2}$ 이다.

연습문제 8.2 Exercises

1. 다음 유리함수들의 멱급수 전개를 구하여라.

(a) $\dfrac{1}{x-1}+\dfrac{1}{x+1}$

(b) $\dfrac{1}{x+2}-\dfrac{1}{x-2}$

(c) $\dfrac{x}{2x^2-x-3}$

(d) $\dfrac{x^2}{x^2+2x-3}$

(e) $\dfrac{3x+1}{x^2-1}$

2. 주어진 기본 함수들의 멱급수 전개를 구하고, 이를 활용하여 다음 함수들의 멱급수 전개를 구하여라.

(a) $\ln(1+x)$; $x\ln(1+x)$, $\dfrac{\ln(1+2x)}{x}$

(b) $\mathrm{Tan}^{-1}2x$; $\dfrac{\mathrm{Tan}^{-1}2x}{x}$, $\dfrac{\mathrm{Tan}^{-1}2x-2x}{x^3}$

3. 주어진 기본 함수들의 멱급수 전개를 이용하여 다음 미분과 적분 함수들의 멱급수 전개를 구하여라.

(a) $\dfrac{1}{1-x^2}$; $\dfrac{2x}{(1-x^2)^2}=\dfrac{d}{dx}\left(\dfrac{1}{1-x^2}\right)$

(b) $\dfrac{1}{2x-3}$; $\dfrac{1}{(2x-3)^2}=-\dfrac{1}{2}\dfrac{d}{dx}\left(\dfrac{1}{2x-3}\right)$

(c) $\dfrac{1}{2-x}$; $\dfrac{1}{(2-x)^2}=\dfrac{d}{dx}\left(\dfrac{1}{2-x}\right)$, $\ln(2-x)=\ln 2-\displaystyle\int_0^x \frac{1}{2-t}dt$

(d) $\dfrac{3}{3-x}$; $\dfrac{3}{(3-x)^2}=\dfrac{d}{dx}\left(\dfrac{3}{3-x}\right)$, $3\ln(3-x)=3\ln 3-\displaystyle\int_0^x \frac{3}{3-t}dt$

4. 다음 함수들의 멱급수 전개를 구하여라.

(a) $\dfrac{1+x}{1-x}$

(b) $\dfrac{x^2+1}{x-1}$

(c) $(x-1)\mathrm{Tan}^{-1}x$

(d) $(x^2-1)\mathrm{Tan}^{-1}x$

(e) $\ln\dfrac{1}{1-x}-\mathrm{Tan}^{-1}x$

(f) $\dfrac{\mathrm{Tan}^{-1}x}{1-x}$

(g) $\dfrac{1}{1-x}-\dfrac{1}{1-x^2}$

8.3 테일러 정리

앞 절에서 우리는 함수 $f(x)$가 $|x-a|<R$에서 멱급수 전개 $\sum_{n=0}^{\infty}c_n(x-a)^n$을 가지면 $c_n=\dfrac{f^{(n)}(a)}{n!}$가 성립함을 보았다. 따라서 이때

$$f(x)=\sum_{n=0}^{\infty}\frac{f^{(n)}(a)}{n!}(x-a)^n,\ |x-a|<R$$

과 같이 나타내진다.

주어진 함수 $f(x)$에 대하여, f가 a에서 모든 계수의 도함수를 가질 때, 멱급수

$$\sum_{n=0}^{\infty} \frac{f^{(n)}(a)}{n!}(x-a)^n \tag{1}$$

을 f 의 $x=a$에서의 **테일러 급수**(Taylor series of f about a)라고 부른다. 특히 $a=0$일 때, 테일러 급수는

$$\sum_{n=0}^{\infty} \frac{f^{(n)}(0)}{n!}x^n \tag{2}$$

으로 나타내지고, 이것을 f의 **매크로린 급수**(Maclaurin series)라고 부른다. 따라서 함수 $f(x)$가 멱급수 전개를 가지면, 그 멱급수는 반드시 f의 테일러 급수가 된다(정리 8-3의 따름정리 참조).

예제 8-9 $\sin x$에 관한 매크로린 급수와 그 수렴구간을 구하여라.

풀이 $f(x)=\sin x$라 하면 $f'(x)=\cos x$, $f''(x)=-\sin x$, $f'''(x)=-\cos x$, $f^{(4)}(x)=\sin x, \cdots$가 된다. $x=0$에서 $f(0)=0$, $f'(0)=1$, $f''(0)=0$, $f'''(0)=-1$, $f^{(4)}(0)=0$, $\cdots$이므로 이들을 식 (2)에 대입하면, $\sin x$의 매크로린 급수는

$$x-\frac{x^3}{3!}+\frac{x^5}{5!}-\frac{x^7}{7!}+\cdots+(-1)^{n-1}\frac{x^{2n-1}}{(2n-1)!}+\cdots.$$

$\lim_{n\to\infty}\left|\frac{x^{2n+1}}{(2n+1)!}\,\frac{(2n-1)!}{x^{2n-1}}\right|=x^2\lim_{n\to\infty}\frac{1}{(2n+1)2n}=0$이므로 $\sin x$의 매크로린 급수는 모든 실수에서 수렴한다. ■

예제 8-10 $f(x)=\ln x$ 의 $x=2$에서의 테일러 급수를 구하여라.

풀이 $f(x)=\ln x$ 를 계속하여 미분하면 $f'(x)=x^{-1}$, $f''(x)=-x^{-2}$, $f'''(x)=2x^{-3}$, $f^{(4)}(x)=-6x^{-4}$, $\cdots$가 된다. $x=2$에서 $f(2)=\ln 2$, $f'(2)=\frac{1}{2}$, $f''(2)=-\frac{1}{4}$, $f'''(2)=\frac{1}{4}$, $f^{(4)}(2)=-\frac{3}{8}$, $\cdots$이므로 이들을 식 (1)에 대입하면 $f(x)=\ln x$의 $x=2$에서의 테일러 급수는

$$\ln 2+\frac{1}{2}(x-2)-\frac{1}{4}\frac{(x-2)^2}{2!}+\frac{1}{4}\frac{(x-2)^3}{3!}-\frac{3}{8}\frac{(x-2)^4}{4!}+\cdots.$$ ■

예제 8-11 $\sin x$의 $x=\frac{\pi}{4}$에서의 테일러 급수와 그 수렴구간을 구하여라.

풀이 $f(x)=\sin x$ 를 계속하여 미분하면 $f'(x)=\cos x$, $f''(x)=-\sin x$, $f'''(x)=-\cos x$, $f^{(4)}(x)=\sin x$, $\cdots$가 된다. $x=\frac{\pi}{4}$일 때 $f\left(\frac{\pi}{4}\right)=\sin\frac{\pi}{4}=\frac{1}{\sqrt{2}}$, $f'\left(\frac{\pi}{4}\right)=\frac{1}{\sqrt{2}}$,

$f''\left(\frac{\pi}{4}\right)=-\frac{1}{\sqrt{2}}$, $f'''\left(\frac{\pi}{4}\right)=-\frac{1}{\sqrt{2}}$, $f^{(4)}\left(\frac{\pi}{4}\right)=\frac{1}{\sqrt{2}}$, ⋯ 이므로 이들을 (1)식에 대입하면, $\sin x$ 의 $x=\frac{\pi}{4}$ 에서의 테일러 급수는

$$\frac{1}{\sqrt{2}}\left[1+\left(x-\frac{\pi}{4}\right)-\frac{\left(x-\frac{\pi}{4}\right)^2}{2!}-\frac{\left(x-\frac{\pi}{4}\right)^3}{3!}+\cdots\right].$$

비판정법으로 이 테일러 급수는 모든 x 의 값에 대하여 수렴함을 알 수 있다. 따라서 수렴구간은 $(-\infty, \infty)$. ▮

이제 함수 f 가 모든 계수의 도함수를 가질 때 f 의 테일러 급수 $\sum_{n=0}^{\infty}\frac{f^{(n)}(a)}{n!}(x-a)^n$ 이 어떤 경우에 $f(x)$ 로 수렴하는가를 살펴보도록 하자. 다항식

$$P_n(x)=\sum_{k=0}^{n}\frac{f^{(k)}(a)}{k!}(x-a)^k=f(a)+f'(a)(x-a)$$
$$+\frac{f''(a)}{2!}(x-a)^2+\cdots+\frac{f^{(n)}(a)}{n!}(x-a)^n$$

을 **$x=a$ 에서 f 의 n 차 테일러 다항식**(n-th order Taylor polynomial of f about $x=a$)이라고 부른다. 참고로 1차 테일러 다항식은 $x=a$ 에서 함수 $f(x)$의 접선의 방정식이다.

앞 절에서 본 함수들의 멱급수 전개는 모두 그 함수들의 테일러 급수 전개이며, 테일러 급수가 적당한 구간에서 그 함수로 수렴하는 것을 보여준다.

$f(x)=\sum_{n=0}^{\infty}\frac{f^{(n)}(a)}{n!}(x-a)^n$ 이라는 것은 곧 $n\to\infty$ 일 때 $f(x)-P_n(x)\to 0$을 뜻한다. $R_n(x)=f(x)-P_n(x)$라고 놓았을 때 다음 정리는 $R_n(x)$에 관한 공식을 주어, $P_n(x)$를 $f(x)$의 근사값으로 정했을 때 생기는 오차의 한계를 알게 한다.

정리 8-4 **(테일러의 정리)** x 와 a 를 포함하는 구간에서 f와 그의 $n+1$계까지의 도함수가 연속이면 x 와 a 사이의 어떤 x_1 이 존재하여

$$f(x)=f(a)+f'(a)(x-a)+\frac{f''(a)}{2!}(x-a)^2+\cdots+\frac{f^{(n)}(a)}{n!}(x-a)^n$$
$$+\frac{f^{(n+1)}(x_1)}{(n+1)!}(x-a)^{n+1} \tag{3}$$

을 만족한다.

증명 $F(t)=f(x)-f(t)-f'(t)(x-t)-\frac{f''(t)}{2!}(x-t)^2-\cdots-\frac{f^{(n)}(t)}{n!}(x-t)^n-$

$R_n(x)\dfrac{(x-t)^{n+1}}{(x-a)^{n+1}}$이라 놓자. 여기서 $R_n(x)=f(x)-P_n(x)$이다.

$F(t)$는 x와 a 사이에서 미분가능하고 연속이며, $F(x)=F(a)=0$이다. 따라서 롤의 정리에 의하여 $F'(x_1)=0$을 만족시키는 x_1이 x와 a 사이에 존재한다.

$$F'(t)=-\frac{f^{(n+1)}(t)}{n!}(x-t)^n+R_n(x)(n+1)\frac{(x-t)^n}{(x-a)^{n+1}}$$

이므로, $F'(x_1)=0$로부터

$$R_n(x)=\frac{f^{(n+1)}(x_1)}{(n+1)!}(x-a)^{n+1}$$

을 얻는다. 따라서 (3)이 성립한다. ∎

참고 (3)을 **테일러 공식**(Taylor' s formula)이라 하고, $R_n(x)=\dfrac{f^{(n+1)}(x_1)}{(n+1)!}(x-a)^{n+1}$을 **라그랑즈의 나머지 공식**(Lagrange remainder formula)이라고 한다.

예제 8-12 함수 e^x의 매크로린 급수를 구하고, 이 급수는 모든 x에서 e^x를 나타냄을 보여라.

풀이 $n=0,1,2,\cdots$에 대해서 $f^{(n)}(x)=e^x$이다. 따라서 e^x의 매크로린 급수는 $\displaystyle\sum_{n=0}^{\infty}\frac{x^n}{n!}$이다.

$$R_n(x)=\frac{f^{(n+1)}(x_1)}{(n+1)!}x^{n+1},\ \text{여기서}\ 0<x_1<x\ (\text{혹은}\ x<x_1<0)$$

이므로

$$|R_n(x)|\le\begin{cases}\dfrac{e^x}{(n+1)!}|x|^{n+1}, & x\ge 0\\[2mm] \dfrac{1}{(n+1)!}|x|^{n+1}, & x<0.\end{cases}$$

$\displaystyle\sum_{n=0}^{\infty}\frac{x^n}{n!}$이 비판정법에 의하여 모든 x에 대해 절대수렴하므로, 모든 실수 x에 대해 $\displaystyle\lim_{n\to\infty}\frac{|x|^n}{n!}=0$이다. 따라서 모든 x에 대해 $\displaystyle\lim_{n\to\infty}R_n(x)=0$이므로

$$e^x=\sum_{n=0}^{\infty}\frac{x^n}{n!},\quad -\infty<x<\infty.$$ ∎

예제 8-13 $x=a$에서 $f(x)=\cos x$의 테일러 급수를 구하고, 모든 x에서 이 급수는 $\cos x$를 나타냄을 보여라.

풀이 $f(x)=\cos x$이면 $f'(x)=-\sin x$, $f''(x)=-\cos x$, $f'''(x)=\sin x,\cdots$이므로

$f(a)=\cos a$, $f'(a)=-\sin a$, $f''(a)=-\cos a$, $f'''(a)=\sin a, \cdots$ 이다. 그러므로 $\cos x$ 의 테일러 급수는

$$\cos a-(\sin a)(x-a)-(\cos a)\frac{(x-a)^2}{2!}+(\sin a)\frac{(x-a)^3}{3!}+\cdots .$$

$R_n(x)=\dfrac{f^{(n+1)}(x_1)}{(n+1)!}(x-a)^{n+1}$, 여기서 x_1 은 a 와 x 사이의 한 수이고, $f^{(n+1)}(x_1)$ 은 $\cos x_1$, $\sin x_1$, $-\cos x_1$, $-\sin x_1$중의 하나이므로 $|f^{(n+1)}(x_1)|\le 1$ 이다. 그러므로

$$|R_n(x)|\le\frac{|x-a|^{n+1}}{(n+1)!}$$

이고, 따라서 모든 x 에 대해서 $\lim_{n\to\infty}R_n(x)=0$ 이다. 그러므로 모든 x 에 대해서

$$\cos x=\cos a-(\sin a)(x-a)-(\cos a)\frac{(x-a)^2}{2!}+(\sin a)\frac{(x-a)^2}{3!}+\cdots .$$ ▮

예제 8-14 매크로린 급수를 6항까지 취하여 $\sqrt{e}$ 의 값을 구하고 그 정확도를 평가하여라.

풀이 e^x 의 매크로린 급수 전개식에서 여섯 항을 취하고 $x=\dfrac{1}{2}$을 대입하면

$$e^{1/2}=1+\frac{1}{2}+\frac{\left(\frac{1}{2}\right)^2}{2!}+\frac{\left(\frac{1}{2}\right)^3}{3!}+\frac{\left(\frac{1}{2}\right)^4}{4!}+\frac{\left(\frac{1}{2}\right)^5}{5!}+R_5$$
$$=1.6486979\cdots+R_5.$$

$R_5=R_5\left(\dfrac{1}{2}\right)=\dfrac{f^{(6)}(x_1)}{6!}\left(\dfrac{1}{2}\right)^6$, $0<x_1<\dfrac{1}{2}$ 이고 $f^{(6)}(x_1)=e^{x_1}<e^{\frac{1}{2}}<4^{\frac{1}{2}}=2$ 이므로

$$R_5<\frac{2}{6!}\left(\frac{1}{2}\right)^6=0.000043\cdots<\frac{1}{2}10^{-4}.$$

따라서 소수 넷째자리까지 정확한 $\sqrt{e}$ 의 값은 1.6487이다 ▮

예제 8-15 $\displaystyle\int_0^1 e^{-x^2}dx$ 의 근사값을 오차가 $\dfrac{1}{2}10^{-4}$ 보다 작게 구하여라.

풀이 $e^{-x^2}=\displaystyle\sum_{n=0}^{\infty}\frac{(-1)^n x^{2n}}{n!}$ 이므로 정리 8-3에 의해

$$\int_0^x e^{-t^2}dt=\sum_{n=0}^{\infty}\frac{(-1)^n x^{2n+1}}{(2n+1)n!}$$

이다. 따라서

$$\int_0^1 e^{-x^2}dx=\sum_{n=0}^{\infty}\frac{(-1)^n}{(2n+1)n!}$$

이다. 이것은 교대급수이므로

$$|R_n| \le \frac{1}{(2n+3)(n+1)!}$$

이고, $n=6$을 대입하면 $R_6 \le \dfrac{1}{15\cdot 7!} \approx 1.32\times 10^{-5}$이므로

$$\int_0^1 e^{-x^2}dx \approx 1-\frac{1}{3}+\frac{1}{10}-\frac{1}{42}+\frac{1}{216}-\frac{1}{1320}+\frac{1}{9360} \approx 0.7468.$$ ■

$(1+x)^k$의 매크로린 급수를 **이항급수**(binomial series)라고 한다. $(1+x)^k$의 매크로린 급수는

$$1+kx+\frac{k(k-1)}{2!}x^2+\frac{k(k-1)(k-2)}{3!}x^3+\cdots$$
$$+\frac{k(k-1)(k-2)\cdots(k-n+1)}{n!}x^n+\cdots \tag{4}$$

이다. 비판정법에 의하여 이 급수는 $|x|<1$일 때 수렴함을 알 수 있고, $|x|<1$일 때 $(1+x)^k$으로 수렴한다는 것을 보일 수 있다. 따라서

$$\binom{k}{0}=1,\ \binom{k}{n}=\frac{k(k-1)(k-2)\cdots(k-n+1)}{n!},\ n\ge 1$$

이라 놓으면,

$$(1+x)^k=\sum_{n=0}^{\infty}\binom{k}{n}x^n,\ |x|<1 \tag{5}$$

으로 나타낼 수 있다. 그리고 $R_N(x)=\displaystyle\sum_{n=N+1}^{\infty}\binom{k}{n}x^n$, $|k|<1$일 때

$$|R_N(x)| \le |k|\frac{|x|^{N+1}}{1-|x|} \tag{6}$$

임을 알 수 있다.

예 4 $(1+x)^{-2}=1-2x+3x^2-4x^3+\cdots,\ |x|<1.$

$\sqrt{1-x}=1-\dfrac{1}{2}x-\dfrac{1}{8}x^2-\dfrac{1}{16}x^3\cdots,\ |x|<1.$

$\sqrt{x}=\sqrt{1+(x-1)}=1+\dfrac{1}{2}(x-1)-\dfrac{1}{8}(x-1)^2+\dfrac{1}{16}(x-1)^3-\cdots,\ |x-1|<1.$

예 5 식 (5)에서 k에 $-\dfrac{1}{2}$, x에 $-x^2$을 대입하면

$$\frac{1}{\sqrt{1-x^2}}=1+\frac{1}{2}x^2+\frac{3}{8}x^4+\frac{5}{16}x^6+\cdots,\ |x|<1.$$

예제 8-16 $\mathrm{Sin}^{-1}x = x + \dfrac{x^3}{6} + \dfrac{3x^5}{40} + \dfrac{5x^7}{112} + \cdots,\ |x| < 1$임을 보여라.

풀이 $\mathrm{Sin}^{-1}x = \displaystyle\int_0^x \frac{1}{\sqrt{1-t^2}}dt$ 이므로

$$\mathrm{Sin}^{-1}x = \int_0^x \left(1 + \frac{1}{2}t^2 + \frac{3}{8}t^4 + \frac{5}{16}t^6 + \cdots\right)dt$$

$$= x + \frac{1}{6}x^3 + \frac{3}{40}x^5 + \frac{5}{112}x^7 + \cdots,\ |x| < 1.$$

참고 역삼각함수 $y = \mathrm{Sin}^{-1}x$는 $x \in [-1,1]$에 대하여, $x = \sin y\left(-\dfrac{\pi}{2} \le y \le \dfrac{\pi}{2}\right)$로 정의된 함수이다. 따라서 $\dfrac{dy}{dx} = \dfrac{1}{dx/dy} = \dfrac{1}{\cos y} = \dfrac{1}{\sqrt{1-\sin^2 y}} = \dfrac{1}{\sqrt{1-x^2}}$. 마찬가지로 역삼각함수 $y = \mathrm{Cos}^{-1}x$는 $x \in [-1,1]$에 대하여, $x = \cos y\,(0 \le y \le \pi)$로 정의된다. 따라서 $\dfrac{dy}{dx} = \dfrac{1}{dx/dy} = \dfrac{-1}{\sin y} = \dfrac{-1}{\sqrt{1-\cos^2 y}} = \dfrac{-1}{\sqrt{1-x^2}}$이다.

예제 8-17 $\sqrt[3]{1.1}$ 을 소수 넷째자리까지 구하여라.

풀이 $(1+x)^{\frac{1}{3}} = 1 + \dfrac{1}{3}x + \dfrac{1}{2}\cdot\dfrac{1}{3}\left(-\dfrac{2}{3}\right)x^2 + \dfrac{1}{6}\cdot\dfrac{1}{3}\left(-\dfrac{2}{3}\right)\left(-\dfrac{5}{3}\right)x^3 + \cdots$

이고, (6)으로부터

$$|R_N(0.1)| \le \frac{1}{3}\,\frac{(0.1)^{N+1}}{1-0.1}$$

이므로 $|R_3(0.1)| \le \dfrac{0.0001}{2.7} \approx 0.000037 < \dfrac{1}{2}10^{-4}$.

그러므로 $\sqrt[3]{1.1}$ 을 소수 넷째까지 구한 근사값은

$$\sqrt[3]{1.1} \approx 1 + \frac{1}{3}(0.1) + \left(\frac{1}{2}\right)\left(\frac{1}{3}\right)\left(-\frac{2}{3}\right)(0.01)$$
$$+ \left(\frac{1}{6}\right)\left(\frac{1}{3}\right)\left(-\frac{2}{3}\right)\left(-\frac{5}{3}\right)(0.001) \approx 1.0323.$$

참고 $1 + \dfrac{1}{3}(0.1) + \left(\dfrac{1}{2}\right)\left(\dfrac{1}{3}\right)\left(-\dfrac{2}{3}\right)(0.01) + \left(\dfrac{1}{6}\right)\left(\dfrac{1}{3}\right)\left(-\dfrac{2}{3}\right)\left(-\dfrac{5}{3}\right)(0.001) + \cdots$ 은 수렴하는 교대급수이므로, $|R_3| \le \left|\left(\dfrac{1}{24}\right)\left(\dfrac{1}{3}\right)\left(-\dfrac{2}{3}\right)\left(-\dfrac{5}{3}\right)\left(-\dfrac{8}{3}\right)(0.0001)\right| < 0.000004$ 이다.

연습문제 8.3 Exercises

1. 주어진 점에서 다음 함수들의 테일러 급수를 구하고, 그 급수의 수렴반경을 구하여라. 그리고 (a)번부터 (f)번까지는 테일러 급수의 합이 주어진 함수인가를 밝혀라.

(a) $\sqrt{x}$; $x=1$

(b) $\dfrac{1}{x}$; $x=2$

(c) $\dfrac{1}{x+2}$; $x=0$

(d) $x\sin x^2$; $x=0$

(e) $\ln x$; $x=1$

(f) e^x ; $x=2$

(g) $\sin x$; $x=\dfrac{\pi}{3}$

(h) $\ln x$; $x=2$

(i) $\sqrt{2+x}$; $x=1$

(j) $\mathrm{Cos}^{-1}x$; $x=0$

2. 다음 함수들의 매크로린 급수의 0이 아닌 처음 3항을 구하여라. "*"표시가 붙은 문제에 대해서는 급수의 수렴구간을 구하고, 그 안에서 급수의 합이 주어진 함수값인가를 밝혀라.

*(a) $\ln(1-x^2)$

(b) $\tan x$

(c) $\ln(\cos x)$

(d) $(\ln(1-x))^2$

*(e) $(1+x^2)^{-1}$

*(f) $\mathrm{Tan}^{-1}x$

(g) $\ln(\sec x)$

(h) $\displaystyle\int_0^x t^2\cos t\,dt$

(i) $\displaystyle\int_0^x \frac{\sin t}{t}dt$

*(j) $\sinh x$

*(k) $\cosh x$

(l) $\dfrac{\sin x}{e^x}$

3. $\ln\dfrac{3}{4}$의 값을 소수 셋째 자리까지 구하여라.

4. e^x에 대한 매크로린 급수의 5항을 써서 $\sqrt[3]{e}$을 구하고 그 정확도를 평가하여라.

5. $\mathrm{Sin}^{-1}x$에 대한 매크로린 급수의 첫 항을 써서 $\mathrm{Sin}^{-1}\left(\dfrac{1}{3}\right)$을 구하고 그 정확도를 평가하여라.

6. 다음 적분의 값을 소수 넷째 자리까지 구하여라.

(a) $\int_0^1 \sin x^2 dx$ (b) $\int_0^{\frac{1}{4}} e^x \ln(1+x)dx$

7. (a) $|x-\sin x|<0.0001$이 되기 위한 x의 범위를 구하여라.

(b) $|x| \leq \pi$일 때 $\sin x$와 $x-\frac{x^3}{6}+\frac{x^5}{120}$의 차이가 얼마나 되나 밝혀라.

8. 다음 근사공식들은 주어진 x의 값에 대하여 얼마나 정확한가?

(a) $\sin x = x - \frac{x^3}{6}$; (i) 30°, (ii) 90°

(b) $e^{-x}=1-x$; (i) 0.1, (ii) 0.5

(c) $\mathrm{Tan}^{-1}x = x-\frac{1}{3}x^3$; (i) 0.5, (ii) 1

9. 다음 함수들의 매크로린 급수를 구하여라.

(a) $f(x)=\sqrt{1+x}$ (b) $f(x)=\frac{1}{(1-x)^{1/3}}$

(c) $f(x)=\sqrt{4+x^2}$ (d) $f(x)=\frac{1}{\sqrt{9+x^2}}$

(e) $f(x)=\frac{1}{(x+2)^3}$ (f) $f(x)=\frac{\mathrm{Sin}^{-1}x}{x}$

(g) $f(x)=\mathrm{Sin}^{-1}2x$

10. $f(x)=\sqrt{1-x}$ 에 대한 매크로린 급수의 3항을 써서 $\sqrt{0.98}$ 을 구하고 그 정확도를 평가하여라.

제 9 장

해석기하

이 장에서는 우선 원추곡선에 속하는 원, 타원, 포물선, 쌍곡선을 다룬다. 그리스의 아폴로니우스는 B.C. 3세기에 평면도형 중에서 가장 잘 알려진 것 중의 하나인 원추곡선에 대한 8권의 책을 써서 당시에 "위대한 기하학자"로 알려졌다. 원추곡선은 아래 그림에서처럼 이중직원추(double circular cone)를 평면으로 잘랐을 때 생긴다. 경우에 따라 한 점, 한 직선, 또는 교차하는 두 직선을 얻을 수도 있다.

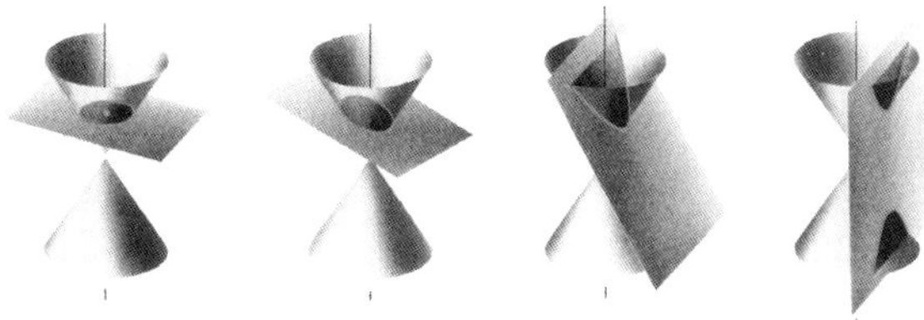

다음으로 극좌표를 다루는데, 극좌표는 아르키메데스와 같은 그리스인들이 각과 동경벡터를 사용하며 나선형곡선을 묘사했지만, 성 빈센트 그레고리(Gregory of St. Vincent, 1584-1667)와 카발리에리(Cavalieri, 1598-1647)가 동시에 독립적으로 좌표계로서 극좌표를 처음으로 발표하였다. 좀 더 정확히 하면, 성 빈센트는 1625년에 그리엔베르거(Grienberger)에게 보낸 편지에 극좌표에 대해 썼으나 1647년에 출판하였고, 카발리에리는 1635년에 출판물로 발표하였으며 1653년에 수정본을 냈다.

그 외에 삼차원 공간의 좌표와 여러 가지 이차곡면을 살펴본다.

9.1 평면해석기하 (원, 타원, 포물선, 쌍곡선)

■ 원

평면에서 한 정점으로부터 일정한 거리에 있는 점들의 집합을 **원**(circle)이라고 한다. 주어진 정점을 원의 **중심**(center), 일정한 거리를 원의 **반지름**(radius)이라고 한다. $C(h,k)$를 원의 중심, r을 반지름, $P(x,y)$를 원 위의 점이라고 하자(그림 9-1). 그러면

$$\overline{CP} = r \qquad (1)$$

이므로

$$\sqrt{(x-h)^2+(y-k)^2} = r,$$

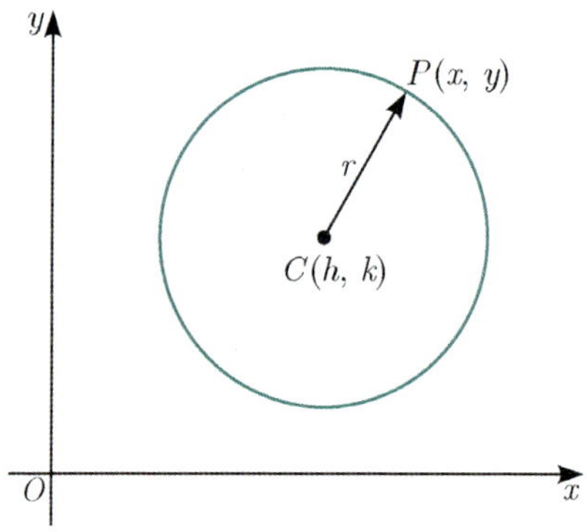

그림 9-1 $(x-h)^2+(y-k)^2=r^2$

또는

$$(x-h)^2+(y-k)^2=r^2 \qquad (2)$$

이 성립한다.

만약 (1)이 만족되면 (2)가 만족되고, 이 명제의 역도 성립하므로 (2)는 원의 방정식이다.

예제 9-1 방정식 $x^2+y^2+4x-6y=12$는 어떠한 곡선인가?

풀이 x 항과 y 항들을 완전제곱형으로 고치면

$(x^2+4x+4)+(y^2-6y+9)=12+4+9,$

$(x+2)^2+(y-3)^2=25.$

그러므로 중심 $C(-2,3)$, 반지름 $r=5$인 원이다(그림 9-2). ▮

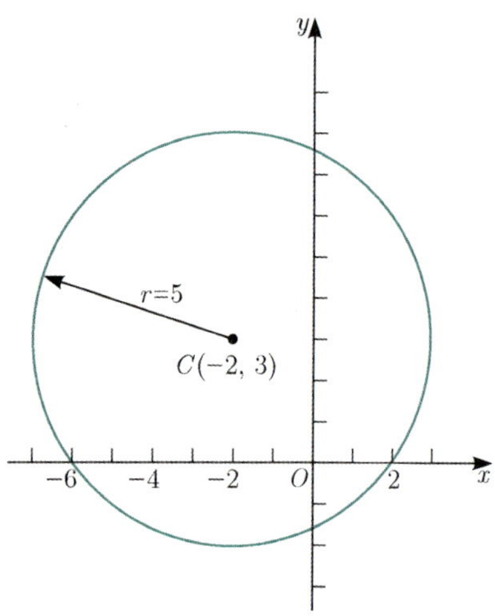

그림 9-2 $x^2+y^2+4x-6y=12$

■ 타원

평면에서 두 고정점으로부터 거리의 합이 일정한 점들의 집합을 **타원**(ellipse)이라 한다. 두 고정점들을 타원의 **초점**(focus)이라 한다.

초점들을 $F_1(-c,0)$, $F_2(c,0)$으로 하고 $\overline{PF_1}+\overline{PF_2}=2a$라면(그림 9-3), 타원 위의

점 $P(x,y)$의 좌표는

$$\sqrt{(x+c)^2+y^2}+\sqrt{(x-c)^2+y^2}=2a$$

를 만족한다. 이 식을 간단히 하기 위해 둘째 항을 우변으로 옮기고 양변을 제곱하여 간단히 하면

$$a-\frac{c}{a}x=\sqrt{(x-c)^2+y^2}$$

이다. 다시 제곱하여 간단히 하면

$$\frac{x^2}{a^2}+\frac{y^2}{a^2-c^2}=1 \tag{3}$$

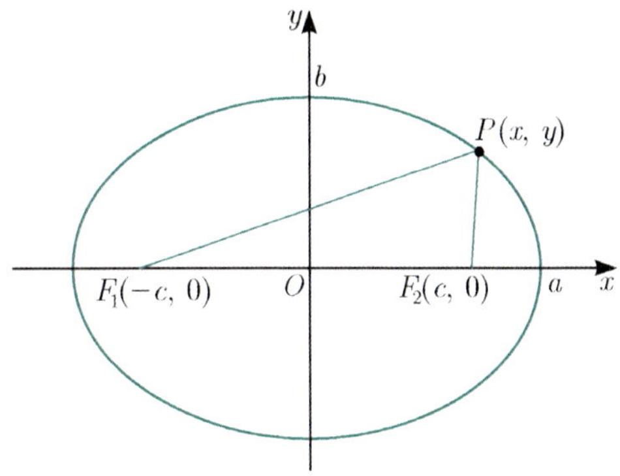

그림 9-3 타원 $\frac{x^2}{a^2}+\frac{y^2}{b^2}=1,\ a>b$

이 된다. 삼각형 F_1F_2P의 두 변의 길이의합 $\overline{PF_1}+\overline{PF_2}=2a$는 $\overline{F_1F_2}=2c$보다 크므로 (3)에서 $a^2-c^2>0$이다.

$$b=\sqrt{a^2-c^2} \tag{4}$$

이라고 하면, (3)은

$$\frac{x^2}{a^2}+\frac{y^2}{b^2}=1 \tag{5}$$

이 된다. 이 식은 두 좌표축과 원점에 대해 대칭이고 $x=a$, $x=-a$, $y=b$ 및 $y=-b$로 된 사각형의 내부에 있다. 절편은 $(\pm a, 0)$ 및 $(0, \pm b)$이고, 기울기

$$\frac{dy}{dx}=\frac{-b^2x}{a^2y}$$

는 점 $(0, \pm b)$에서 0이고, 점 $(\pm a, 0)$에서 $\mp\infty$로 발산하므로, 이 곡선은 각 좌표축과 직각으로 만난다.

P의 좌표가 기하학적 조건 $\overline{PF_1}+\overline{PF_2}=2a$를 만족하면 P의 좌표는 (3)을 만족한다는 것을 알았다. 역으로 $0<c<a$일 때, x, y가 방정식 (3)을 만족하면

$$y^2=(a^2-c^2)\frac{a^2-x^2}{a^2}$$

이고, 이것을 아래 식

$$\overline{PF_1}=\sqrt{(x+c)^2+y^2}\ ,\quad \overline{PF_2}=\sqrt{(x-c)^2+y^2} \tag{6}$$

에 대입한 후, $-a\le x\le a$와 $-c\le \frac{c}{a}x\le c$를 이용하여 근호를 정리하면

$$\overline{PF_1}+\overline{PF_2}=2a \tag{7}$$

를 얻는다. 즉, 방정식 (3)을 만족하는 점 $P(x,y)$는 $\overline{PF_1}+\overline{PF_2}=2a$인 타원상의 점임을

은 x 및 y축이고, 쌍곡선의 횡단축, 즉 초점이 놓인 대칭축은 좌표축과 45 ° 를 이룬다.

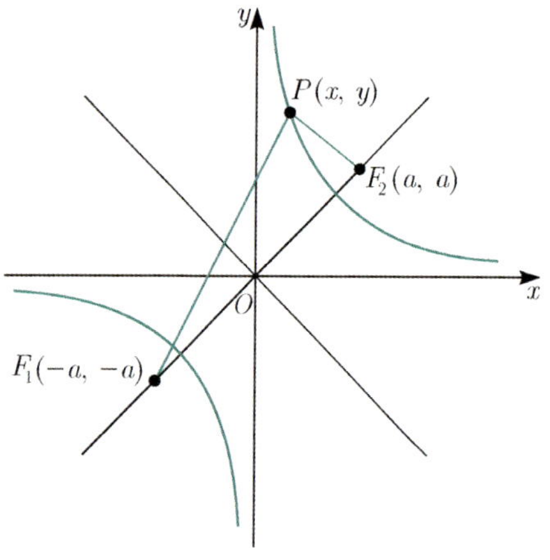

그림 9-14 쌍곡선 $2xy = a^2$

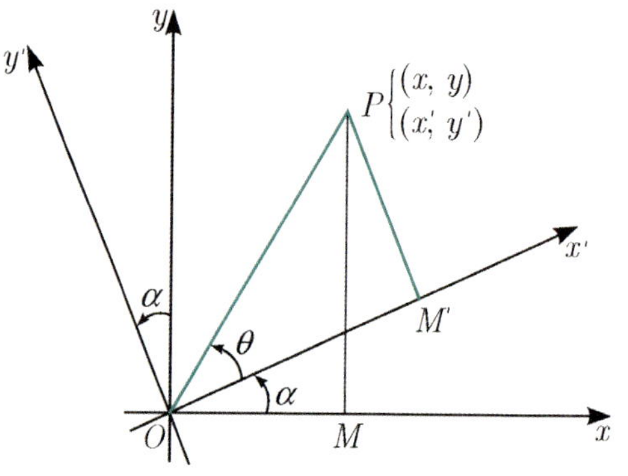

그림 9-15 시계 반대방향으로 각 α만큼 회전

1 축의 회전 (새로운 방법)

곡선의 방정식은 좌표축을 시계반대 방향으로 각 α만큼 회전하여 생기는 새로운 축 x', y'에 관하여 나타낼 수 있다. 그림 9-18의 기호를 써서

$$x = \overline{OM} = \overline{OP}\cos(\theta+\alpha), \qquad (3a)$$
$$y = \overline{MP} = \overline{OP}\sin(\theta+\alpha)$$

인 반면

$$x' = \overline{OM'} = \overline{OP}\cos\theta, \qquad (3b)$$
$$y' = \overline{M'P} = \overline{OP}\sin\theta$$

이다.

식 (3a)에 관계식

$$\cos(\theta+\alpha) = \cos\theta\cos\alpha - \sin\theta\sin\alpha,$$
$$\sin(\theta+\alpha) = \sin\theta\cos\alpha + \cos\theta\sin\alpha$$

들을 이용하고 식 (3b)를 적용하면 다음과 같은 축의 회전에 관한 방정식을 얻을 수 있다.

$$x = x'\cos\alpha - y'\sin\alpha$$
$$y = x'\sin\alpha + y'\cos\alpha \qquad (4)$$

예제 9-6 x 및 y축을 원점에 관해 $\alpha = 45^\circ$ 회전시켰을 때 식 (2)를 새 좌표로 표시하여라.

풀이 $\cos 45^\circ = \sin 45^\circ = \dfrac{1}{\sqrt{2}}$이므로 $x = \dfrac{x'-y'}{\sqrt{2}}$, $y = \dfrac{x'+y'}{\sqrt{2}}$를 식 (2)에 대입하면

$$(x')^2-(y')^2=a^2.$$

예제 9-7 좌표축들을 각 α 만큼 회전시켰을 때, 곡선

$$x^2+xy+y^2=3 \tag{5}$$

의 새 방정식에서 $x'y'$항이 없어지도록 하는 α와 새 방정식을 구하여라.

풀이 식 (5)에 식 (4)를 대입하면,

$$(x'\cos\alpha-y'\sin\alpha)^2+(x'\cos\alpha-y'\sin\alpha)(x'\sin\alpha+y'\cos\alpha)+(x'\sin\alpha+y'\cos\alpha)^2=3$$

과 같고, 이를 전개하여 x'와 y'에 대해 정리하면

$$(\cos^2\alpha+\cos\alpha\sin\alpha+\sin^2\alpha)(x')^2+(\cos^2\alpha-\sin^2\alpha)(x'y')+(\sin^2\alpha-\sin\alpha\cos\alpha+\cos^2\alpha)(y')^2=3 \tag{6}$$

을 얻는다. 이때, $x'y'$항을 소거하는 조건은

$$\cos^2\alpha-\sin^2\alpha=\cos 2\alpha=0$$

이므로, $\alpha=\pm 45^\circ$ 을 얻는다. 이때, $\alpha=45^\circ$ 를 식 (6)에 대입하면

$$\frac{3}{2}x'^2+\frac{1}{2}y'^2=3,\ 즉\ \frac{x'^2}{2}+\frac{y'^2}{6}=1$$

을 얻게 되고, 이 식은 새 좌표축 y'축 위에 초점이 있는 타원의 방정식이다.

2 판별식에 의한 이차곡선의 종류 판정

이차곡선 방정식의 일반형

$$Ax^2+Bxy+Cy^2+Dx+Ey+F=0 \tag{7}$$

이 어떤 종류의 이차곡선을 나타내는지를 판정하는 방법을 다루기로 하자. 축의 회전에 관한 방정식 (4)를 이차곡선 방정식의 일반형 (7)에 적용시키면, 새 이차곡선 방정식

$$A'x'^2+B'x'y'+C'y'^2+D'x'+E'y'+F'=0 \tag{8}$$

을 얻고, 그 계수들은 다음과 같은 관계를 갖는다.

$$\begin{aligned}
A'&=A\cos^2\alpha+B\cos\alpha\sin\alpha+C\sin^2\alpha,\\
B'&=B(\cos^2\alpha-\sin^2\alpha)+2(C-A)\sin\alpha\cos\alpha,\\
C'&=A\sin^2\alpha-B\sin\alpha\cos\alpha+C\cos^2\alpha,\\
D'&=D\cos\alpha+E\sin\alpha,\\
E'&=-D\sin\alpha+E\cos\alpha,\\
F'&=F
\end{aligned} \tag{9}$$

이때, 새 곡선방정식 (8)은

$$\cot 2\alpha = \frac{A-C}{B} (B \neq 0 \text{일 때}) \tag{10}$$

에 의해 결정되는 각 α 만큼 축들을 회전하여, 동치형인

$$A'x'^2 + C'y'^2 + D'x' + E'y' + F' = 0 \tag{11}$$

형으로 변환될 수 있다.

$x'y'$항이 없는 (11)의 방정식에 대한 곡선의 성질은 다음과 같이 결정된다.

(a) A' 또는 $C' = 0$, 즉 $A'C' = 0$이면 포물선,

(b) A'과 C'이 동일부호, 즉 $A'C' > 0$이면 타원,

(c) A'과 C'이 반대부호, 즉 $A'C' < 0$이면 쌍곡선이다.

그런데 축의 회전에 관해서 계수 A, B 및 C와 A', B' 및 C'이 조건

$$B^2 - 4AC = B'^2 - 4A'C' \tag{12}$$

을 만족한다는 사실은 식 (9)를 사용하여 쉽게 증명할 수 있다. 즉 $B^2 - 4AC$는 축의 회전에 관해 불변량이다. 그러나 $B' = 0$이 되게 축을 회전시키면 (12)의 오른편 식은 단지 $-4A'C'$이다. 따라서 $B^2 - 4AC$의 값으로 곡선 (7)이 포물선인지, 타원인지, 쌍곡선인지를 판별할 수 있다. 즉 곡선 (7)은

(a) $B^2 - 4AC = 0$이면 포물선,

(b) $B^2 - 4AC < 0$이면 타원,

(c) $B^2 - 4AC > 0$이면 쌍곡선이다.

이런 의미에서 $B^2 - 4AC$를 이차방정식 (7)의 **판별식**(discriminant)이라고 한다.

예 1 (a) $3x^2 - 6xy + 3y^2 + 2x - 7 = 0$은 $B^2 - 4AC = (-6)^2 - 4 \cdot 3 \cdot 3 = 0$이기 때문에 포물선이다.

(b) $x^2 + xy + y^2 - 1 = 0$은 $B^2 - 4AC = (1)^2 - 4 \cdot 1 \cdot 1 = -3 < 0$이기 때문에 타원이다.

(c) $xy - y^2 - 5y + 1 = 0$은 $B^2 - 4AC = (1)^2 - 4(0)(-1) = 1 > 0$이기 때문에 쌍곡선이다.

■ 원추곡선

원, 타원, 포물선 및 쌍곡선은 원추면을 평면으로 잘라서 얻어질 수 있기 때문에 **원추곡선**(conic sections)이라고 불린다.

일반적으로 자르는 평면이 원추의 축과 각 α를 이루고 원추의 모선이 원추의 축과 각 β를 이룬다고 하자. 그러면 그 절단선은

① $\alpha = 90^\circ$이면 원,　② $\beta < \alpha < 90^\circ$이면 타원,

③ $\alpha = \beta$이면 포물선,　④ $0 < \alpha < \beta$이면 쌍곡선

이 된다(그림 9-16 참고).

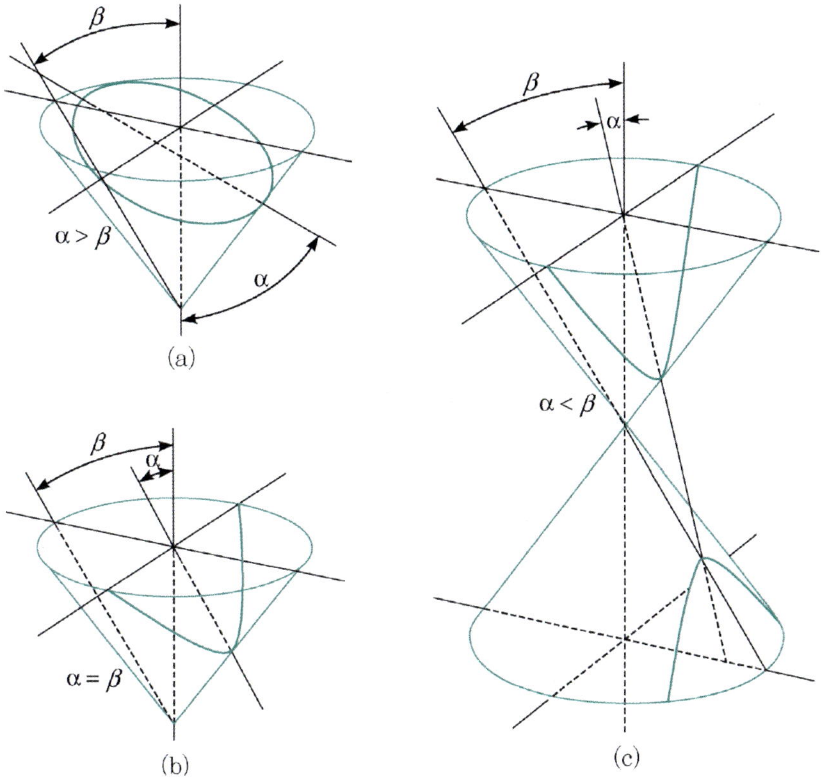

그림 9-16 (a) 타원, (b) 포물선, (c) 쌍곡선에서 원추면을 절단하는 평면

연습문제 9.2

Exercises

1. 다음 각각을 판별식을 사용하여 원, 타원, 포물선 또는 쌍곡선인지 판별하여라.

(a) $x^2 - y^2 - 1 = 0$　(b) $3x^2 + 6xy + 3y^2 - 4x + 5y = 12$

(c) $y^2 - 4x - 4 = 0$　(d) $x^2 + y^2 + xy + x - y = 3$

(e) $x^2 - 3xy + 3y^2 + 6y = 7$　(f) $6x^2 + 3xy + 2y^2 + 17y + 2 = 0$

(g) $3x^2 + 12xy + 12y^2 + 435x - 9y + 72 = 0$

(h) $25x^2 + 9y^2 - 225 = 0$

2. $B^2-4AC<0$이면 $Ax^2+Bxy+Cy^2=1$은 타원을 나타낸다. 준축들이 길이 a 및 b를 갖는다면 타원의 넓이는 πab이다. 위에 주어진 타원의 넓이가 $\dfrac{2\pi}{\sqrt{4AC-B^2}}$ 임을 보여라.

3. 다음 각 방정식들을 축의 회전으로 xy항을 갖지 않는 방정식으로 바꾸어라.

(a) $xy=2$ (b) $3x^2+4\sqrt{3}\,xy-y^2=7$

(c) $2y^2+\sqrt{3}\,xy-x^2=2$ (d) $x^2+2\sqrt{3}\,xy+3y^2+2\sqrt{3}\,x-2y=0$

4. $x^2+y^2=r^2$은 축의 회전에 관한 방정식에서 임의의 각 α에 대해 $x'^2+y'^2=r^2$임을 밝혀라.

5. $14x^2+16xy+2y^2-10x+26370y-17=0$에서 xy항을 소거하기 위해 좌표축이 회전되는 각을 α라 했을 때 $\sin\alpha$와 $\cos\alpha$를 구하여라.

9.3 평면의 극좌표

평면상의 점 또는 곡선에 관한 연구에서 지금까지 사용한 직교좌표계와는 다른 좌표계들이 편리하게 사용되는 경우가 많다. 그 중에서 뉴턴이 도입한 **극좌표계**(system of polar coordinates)에 대하여 알아본다. 그림 9-20처럼 평면상에 한 반직선 $\overrightarrow{OX}$를 고정시키고, 평면상의 임의의 점 P의 위치를

$$\overline{OP}=r,\quad \angle XOP=\theta$$

인 r, θ의 순서쌍 (r,θ)에 의하여 나타낼 수 있다. 이때 (r,θ)를 점 P의 **극좌표**(polar coordinate)이라고 하고, 정점 O를 극 또는 **극점**(pole), $\overrightarrow{OX}$를 **극축**(polar axis)이라고 한다. 그리고 r을 **동경**(radius) 또는 **동경벡터**(radius vector), θ를 **편각**(amplitude)이라고 한다. 편각은 극축으로부터 시계 반대방향으로 잴 때 **양**, 시계 방향으로 잴 때 **음**이라고 한다.

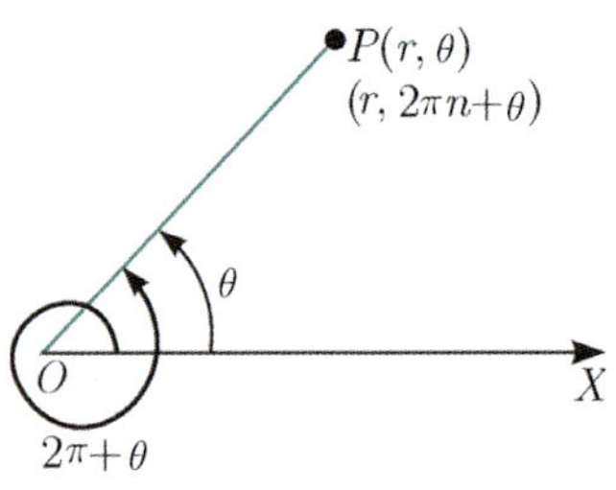

그림 9-17

극좌표의 r에 음수를 사용하는 것이 때때로 편리할 때가 있다. r이 음수일 때 점 $P(r,\theta)$는 각 θ인 반직선의 정반대인 반직선상의 극에서 거리 $|r|$인 점이다(그림 9-18).

그러므로 (r, θ)와 $(-r, \theta+\pi)$는 같은 점을 나타낸다. 만일에 $r=0$이면 점 P는 θ에 상관없이 극이다.

참고 극좌표 (r, θ)를 갖는 점은 이 밖에도 모든 정수 n에 대하여 $((-1)^n r,\ n\pi+\theta)$와 같이 여러 가지 극좌표로 나타낼 수 있다.

직교좌표계에 있어서는 점의 좌표와 점의 위치는 1대 1로 대응하지만, 극좌표계에 있어서는 한 점의 위치를 여러 가지 극좌표로 나타낼 수 있으므로 1대 1로 대응하지 않는다.

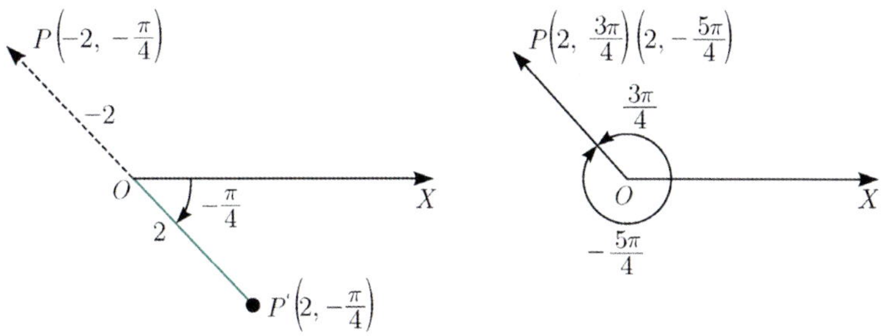

그림 9-18

그림 9-18의 오른쪽 그림은 극좌표 $\left(2, \dfrac{3\pi}{4}\right)$를 갖는 점 P가 그 밖의 여러 가지 극좌표로 나타내어짐을 보이는 것이다. 점 (r, θ)와 대칭인 점들은 다음과 같다(그림 9-19(a) 참조).

점 (r, θ)의 x축에 대칭인 점은 $(r, -\theta)$ 또는 $(-r, \pi-\theta)$
점 (r, θ)의 y축에 대칭인 점은 $(-r, -\theta)$ 또는 $(r, \pi-\theta)$
점 (r, θ)의 원점에 대칭인 점은 $(-r, \theta)$ 또는 $(r, \theta+\pi)$

직교좌표계의 x축의 양의 부분을 극축으로 하는 극좌표계를 생각하면 임의의 점 P의 직교좌표 (x, y)와 극좌표 (r, θ)사이에는 그림 9-19(b)에서 보는 바와 같이 다음과 같은 관계가 있다.

$$\begin{cases} x = r\cos\theta \\ y = r\sin\theta \end{cases} \qquad \begin{cases} r = \pm\sqrt{x^2+y^2} \\ \theta = \mathrm{Tan}^{-1}\dfrac{y}{x} + n\pi \ (n\text{은 정수}) \end{cases}$$

여기서 부호와 n은 점 (x, y)의 위치에 따라 결정된다.

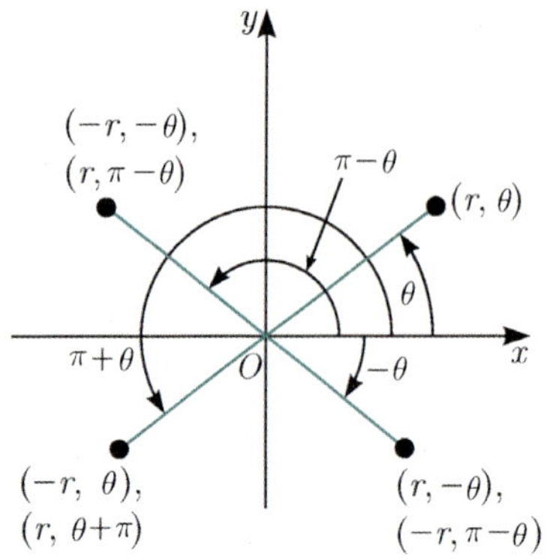

그림 9-19 (a)

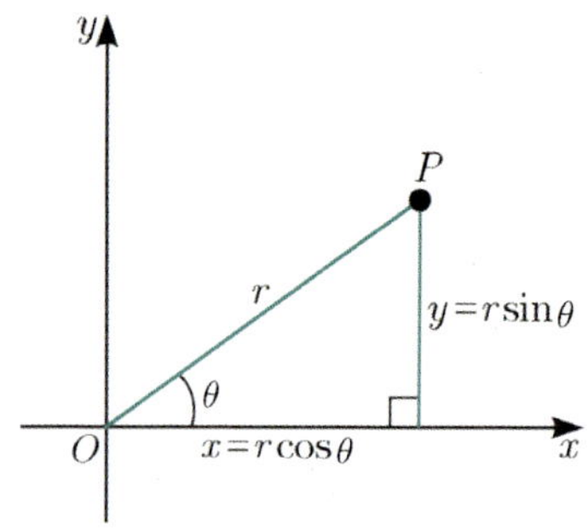

그림 9-19 (b)

예 2 직교좌표가 $(-1,-1)$ 인 점 P 의 극좌표는

$$r=\pm\sqrt{(-1)^2+(-1)^2}=\pm\sqrt{2}$$

$$\theta=\mathrm{Tan}^{-1}1+n\pi=\frac{\pi}{4}+n\pi$$

및 그림 9-20에서 다음과 같이 된다.

$\left(-\sqrt{2},\frac{\pi}{4}\right)$, $\left(\sqrt{2},\frac{5\pi}{4}\right)$ 등.

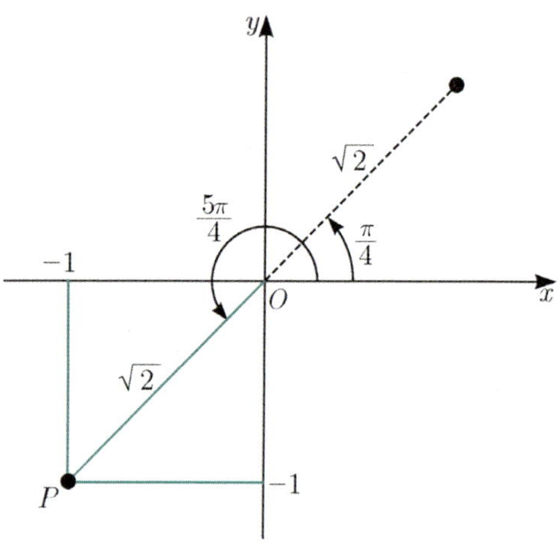

그림 9-20

예 3 포물선의 직교방정식 $y^2=4ax$ 는 극좌표계에서는

$$(r\sin\theta)^2=4a(r\cos\theta)$$

즉 $r=4a\cot\theta\csc\theta$ 와 같이 되는데, 이를 **극방정식**(polar equation)이라고 한다.

예제 9-8 다음 극방정식을 직교방정식으로 고쳐라.

(a) $r^2=4r\cos\theta$

(b) $r=\dfrac{2}{1-\cos\theta}$

풀이 (a) $r^2=x^2+y^2$이고 $x=r\cos\theta$ 이므로 $r^2=4r\cos\theta$ 는 $x^2+y^2=4x$. 따라서 구하는 직교방정식은 $(x-2)^2+y^2=4$이다.

(b) 주어진 방정식은 $r-r\cos\theta=2$. 그런데 $r=\pm\sqrt{x^2+y^2}$, $r\cos\theta=x$ 이므로, 이를 주어진 식에 대입하면

$$\pm\sqrt{x^2+y^2}-x=2,\ x^2+y^2=x^2+4x+4.$$

그러므로 구하는 직교방정식은 다음과 같이 된다.

$$y^2 = 4(x+1)$$

이는 x축을 대칭축으로 하는 포물선을 가리킨다.

예제 9-9 원 $x^2 + y^2 = ax$의 극방정식을 구하여라.

풀이 $x^2 + y^2 = r^2$, $x = r\cos\theta$이므로 $r^2 = ar\cos\theta$. 따라서,

$$r = a\cos\theta.$$

아래의 그림 9-21은 여러 형태의 원과 그의 극방정식을 보여준다.

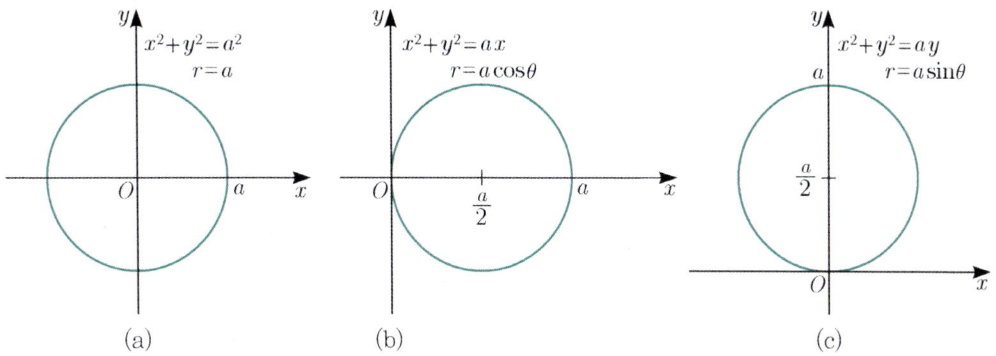

그림 9-21

■ 극곡선의 교점

일반적으로 극곡선(극방정식의 그래프)은 주어진 극방정식을 만족하는 r, θ로 된 점 (r, θ)를 지나는 곡선이다. 따라서 θ에 임의의 값을 주고 그에 대응하는 r의 값을 주어진 극방정식에서 구하여 (r, θ)의 자취를 구함으로써 극곡선을 그릴 수 있다. 이때 θ가 증가하는 순서로 점 (r, θ)를 구하고, 같은 순서로 그 점들을 지나는 곡선을 그리면 된다.

예제 9-10 심장형(cardioid) $r = 4(1-\cos\theta)$의 그래프를 그려라.

풀이 $\cos(-\theta) = \cos\theta$이므로 θ의 +값과 −값을 동시에 주고, 그 값에 대응하는 r값을 구하여 아래와 같은 표를 만든다. (그림 9-22(a) 참조)

θ	0	$\pm\frac{\pi}{6}$	$\pm\frac{\pi}{3}$	$\pm\frac{\pi}{2}$	$\pm\frac{2\pi}{3}$	$\pm\frac{5\pi}{6}$	$\pm\pi$
r	0	0.5	2	4	6	7.5	8

점들을 매끈한 곡선으로 연결하면 그래프는 그림 9-22(b)처럼 된다.

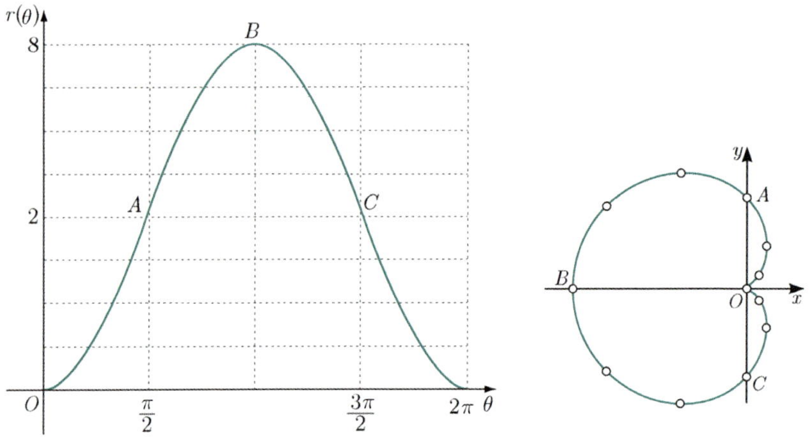

그림 9-22 (a) $r=4(1-\cos\theta)$ 그림 9-22 (b) 심장형(cardioid)

한 점의 극좌표는 여러 가지로 표시된다. 이를테면 $\left(2, \dfrac{\pi}{6}\right)$, $\left(2, -\dfrac{11\pi}{6}\right)$, $\left(-2, \dfrac{7}{6}\pi\right)$ 등은 모두 같은 점을 가리킨다. 이러한 표현의 부정성 때문에 곡선의 극방정식은 여러 가지 다른 모양으로 표현된다. 이를테면 $r=2$인 원의 방정식은 $r=-2$로도 표현된다.

일반적으로 $F(r, \theta)=0$을 한 곡선의 극방정식이라 하면, 그 곡선은 다음 극방정식의 어느 하나로 나타낼 수 있다.

$$F((-1)^n r, \theta+n\pi)=0 \text{ , 단 } n=0, \pm 1, \pm 2, \ldots\ldots \tag{1}$$

예 4 심장형의 극방정식 $r=4(1-\cos\theta)$에서

$$(-1)^n r=4\{1-\cos(\theta+n\pi)\}, \quad n=0, \pm 1, \pm 2, \ldots\ldots \tag{2}$$

로 놓으면, $n=0, \pm 2, \pm 4, \ldots\ldots$ 인 경우 (2)는

$$r=4(1-\cos\theta) \tag{3}$$

와 같이 되고, $n=\pm 1, \pm 3, \pm 5, \ldots\ldots$ 인 경우 (2)는

$$-r=4(1+\cos\theta) \tag{4}$$

와 같이 되는데, (3), (4)의 그래프는 일치하여 그림 9-26과 같이 됨을 쉽게 확인할 수 있다.

두 극곡선

$$F(r, \theta)=0, \quad G(r, \theta)=0 \tag{5}$$

의 교점을 구하는데 다음 과정이 필요하다.

[1] 식 (1)에 의해 예 4의 방법으로 (5)의 각 곡선을 나타내는 서로 다른 극방정식

$$F_1 = 0, F_2 = 0, F_3 = 0, \ldots\ldots \tag{6}$$

$$G_1 = 0, G_2 = 0, G_3 = 0, \ldots\ldots \tag{7}$$

을 구한다.

[2] 식 (6)과 식 (7)로 이루어진 연립방정식을 푼다.

[3] $F(0, \theta_1) = 0$과 $G(0, \theta_2) = 0$를 만족하는 θ_1과 θ_2가 존재하면, 극이 교점임을 가리킨다.

예제 9-11 곡선 $r = 4\cos 2\theta$ 와 원 $r = 2$의 교점을 구하여라(단 $-\pi < \theta \leq \pi$).

풀이 [1] $(-1)^n r = 4\cos(2\theta + 2n\pi)$에서 $r = \pm 4\cos 2\theta$ 이다.

$(-1)^n r = 2$에서 $r = \pm 2$

[2] $r = 4\cos 2\theta$ 와 $r = 2\,(-\pi < \theta \leq \pi)$를 연립시켜서 풀면

$$\theta = \pm\frac{\pi}{6}, \theta = \pm\frac{5\pi}{6}.$$

여기서 4개의 교점

$$\left(2, \pm\frac{\pi}{6}\right),\ \left(2, \pm\frac{5\pi}{6}\right)$$

를 얻는다.

또 $r = 4\cos 2\theta$ 와 $r = -2\,(-\pi < \theta \leq \pi)$ 에서 4개의 교점 $\left(-2, \pm\frac{\pi}{3}\right)$, $\left(-2, \pm\frac{2\pi}{3}\right)$를 얻는데, 이는 4개의 점 $\left(2, \pm\frac{\pi}{3}\right)$, $\left(2, \pm\frac{2\pi}{3}\right)$와 같음을 쉽게 알 수 있다.

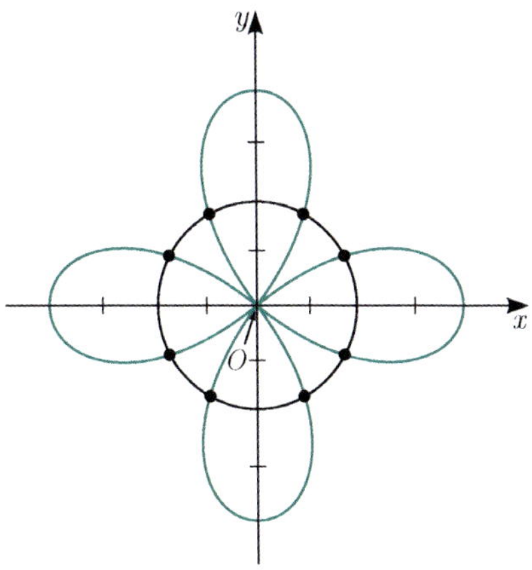

그림 9-23

[3] $r = \pm 2$이므로 $r = 0$일 수 없다. 그러므로 극은 교점이 아니다.

이와 같이 하여 8개의 교점

$$\left(2, \pm\frac{\pi}{6}\right),\ \left(2, \pm\frac{\pi}{3}\right),\ \left(2, \pm\frac{2\pi}{3}\right),\ \left(2, \pm\frac{5\pi}{6}\right)$$

가 구하여진다. ∎

연습문제 9.3 Exercises

1. 다음 각 극좌표를 직교좌표로 나타내고, 그 점을 좌표평면상에 나타내어라.

(a) $\left(3, \frac{\pi}{4}\right)$　　(b) $\left(5, \frac{3}{2}\pi\right)$

(c) $\left(2, \dfrac{\pi}{6}\right)$ (d) $(-6, \pi)$

(e) $\left(4, \dfrac{2}{3}\pi\right)$

2. 다음 각 직교좌표를 극좌표로 나타내고, 그 점을 좌표평면상에 나타내어라. 단, 편각을 θ 라 하면, $-\pi < \theta \leq \pi$ 라고 한다.

(a) $(\sqrt{3}, 1)$ (b) $(3, -3\sqrt{3})$

(c) $(-3, 0)$ (d) $(-5, 5)$

(e) $(-2\sqrt{3}, -2)$

3. 다음 극방정식을 직교방정식으로 고쳐라.

(a) $r = 4\sin\theta$ (b) $r\cos\theta - 5 = 0$

(c) $r = 3$ (d) $\theta = 2$

(e) $r = \dfrac{3}{1+\cos\theta}$ (f) $r = \dfrac{2}{2-\cos\theta}$

4. 다음 직교방정식을 극방정식으로 고쳐라.

(a) $y = 0$ (b) $y^2 = 2kx$

(c) $b^2x^2 + a^2y^2 = a^2b^2$

5. 다음 극곡선의 개형을 그려라.

(a) $r = a\theta$ (아르키메데스의 나선형) (b) $r^2 = a^2\sin 2\theta$

6. 다음 극곡선의 교점을 구하여라(단, $-\pi < \theta \leq \pi$).

(a) $\begin{cases} r = 2\sin\theta \\ r = 2\cos\theta \end{cases}$ (b) $\begin{cases} r = 4\cos\theta \\ r = 4(1-\cos\theta) \end{cases}$

(c) $\begin{cases} r = \cos\theta \\ r^2 = 2+\cos\theta \end{cases}$ (d) $\begin{cases} r^2\sin 2\theta = 8 \\ r = 2\sec\theta \end{cases}$

7. 다음 극곡선에서 주어진 θ 의 값에 대응하는 곡선 위의 점에서의 접선의 기울기를 구하여라.

(a) $r = \tan\theta$; $\theta = \pi/4$ (b) $r = \sin^2\theta$; $\theta = \pi/3$

(c) $r = \cos 2\theta$; 극점 (d) $r^2 = \cos 2\theta$; $\theta = \pi/6$

8. 심장형 $r = a(1+\cos\theta)$ 위에서 접선이 수평으로 되는 점들의 극좌표를 구하여라.

9. 다음 각 곡선의 교점의 극좌표를 구하고, 그 점에서 두 곡선의 접선이 이루는 예각

의 크기를 구하여라.

(a) $r = a,\ r = 2a\sin\theta$ (b) $r = a,\ r = a(1-\sin\theta)$

(c) $r = a\sec\theta,\ r = 2a\sin\theta$ (d) $r = a\cos\theta,\ r = a(1+\cos\theta)$

(e) $r = \dfrac{1}{1-\cos\theta},\ r = \dfrac{1}{1+\cos\theta}$

9.4 삼차원공간의 좌표

삼차원 공간에서 점의 위치를 나타내는 대표적인 방법은 직교좌표, 원주좌표, 구면좌표이다.

■ 직교좌표

공간 위의 한 점 O에서 만나는 동일평면 위에 있지 않은 3개의 직선 $X'OX$, $Y'OY$, $Z'OZ$를 잡고, O를 원점으로 OX, OY, OZ를 양의 반직선으로 하는 좌표계를 도입하면 공간의 임의의 점 P에 대하여 실수의 순서모임 (x, y, z)가 대응된다. 여기서 x, y, z는 점 P를 지나서 평면 YOZ, ZOX, XOY에 평행인 평면이 각각 직선 $X'X$, $Y'Y$, $Z'Z$와 만나는 점 L, M, N의 각 직선 위의 좌표이다.

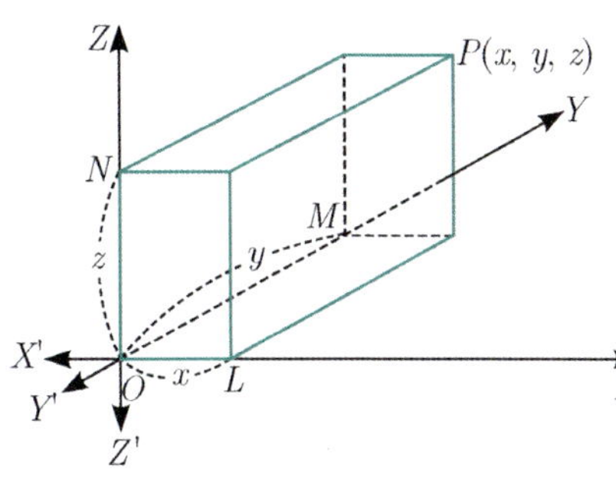

그림 9-24 $\overline{OL} = x,\ \overline{OM} = y,\ \overline{ON} = z$

역으로, 실수의 순서모임 (x, y, z)가 주어지면 직선 $X'X$, $Y'Y$, $Z'Z$ 위에서 각각 좌표 x, y, z를 갖는 점 L, M, N이 정해진다.
L, M, N을 지나서 각각 평면 YOZ, ZOX, XOY에 평행인 평면을 만들면 이 세개의 평면의 교점 P가 단 하나 결정된다. 따라서 공간에서의 모든 점과 실수의 순서모임 (x, y, z) 전체와의 사이에 일대일 대응이 이루어진다.

이 대응을 **공간에서의 평행좌표계**라 부르고, 점 P에 대응하는 실수의 순서모임을 점 P의 **좌표**라 한다. 그리고 3개의 직선 $X'X$, $Y'Y$, $Z'Z$를 각각 X축, Y축, Z축이라 하고, 이들을 총칭하여 **좌표축**(coordinate axes)이라 부르며, 2개씩의 좌표축으로 결정되는 평면을 **좌표평면**이라 한다. 특히 좌표축이 서로 직교할 때, 이를 **직교좌표계**(rectangular coordinate system) 또는 **카테시안 좌표계**(cartesian coordinate system)라 한다.

■ 원주좌표

공간에서 점 P의 위치는 P에서 직교축 $O-XYZ$의 XY평면에 내린 수선의 발 P'의 XY평면에서의 극좌표(r, θ)와 P의 z좌표에 의해 나타낼 수 있다(그림 9-29). 즉

$$\overline{OP'} = r,\ \angle XOP' = \theta,\ \overline{PP'} = z$$

라고 하면, 점 P에는 3개의 실수의 순서모임 (r, θ, z)가 대응된다. 이 대응을 **원주좌표계**(cylindrical coordinate system)라 한다. O를 **극** 또는 **극점**, r을 **동경**, θ를 **방위각**이라 한다. 평면에서의 극좌표와 달리 원주좌표계에서는 일반적으로 r을 $r \geq 0$로 제한한다.

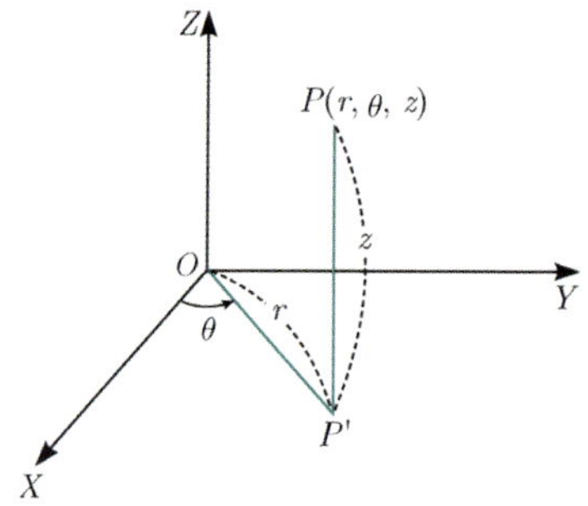

그림 9-25

직교좌표 (x, y, z)와 원주좌표 (r, θ, z) 사이에는 다음과 같은 관계가 성립한다.

$$x = r\cos\theta,\ y = r\sin\theta,\ z = z$$

$$r = \sqrt{x^2 + y^2},\ \tan\theta = \frac{y}{x},\ z = z$$

■ 구면좌표

공간에서 한 점 P는 두 각과 한 거리로 나타낼 수 있다. P를 XY평면 위에 내린 수선의 발을 P'라 할 때 ρ를 원점으로부터 점 P까지의 거리, φ는 반직선 OP가 양의 z축과 이루는 각, θ는 점 P의 원주좌표에서의 θ, 즉 P'의 극좌표에서의 θ라 하면, 점 P에는 3개의 실수의 순서모임 (ρ, φ, θ)가 대응된다(그림 9-26).

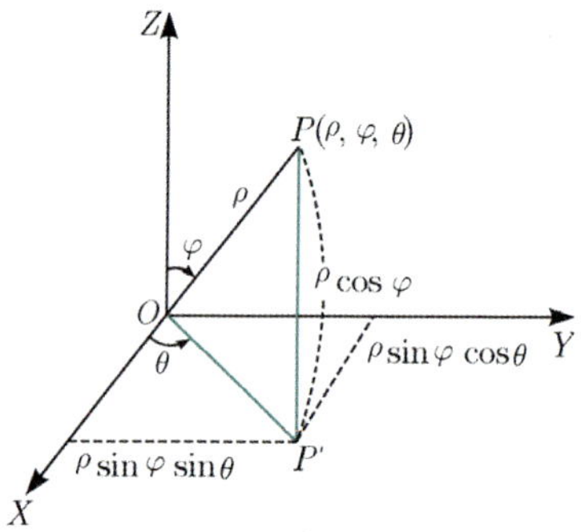

그림 9-26

이 대응을 공간의 **구면좌표계**(spherical coordinate system)라 하며, (ρ, φ, θ)를 P의 **구면좌표**라 한다. O를 극, ρ를 **동경**, φ를 **천정각**, θ를 **방위각**이라 한다. 이때

$$\rho \geq 0,\ 0 \leq \varphi \leq \pi, 0 \leq \theta \leq 2\pi$$

로 정한다.

직교좌표와 구면좌표 사이에는

$$x = \rho\sin\varphi\cos\theta,\ y = \rho\sin\varphi\sin\theta,\ z = \rho\cos\varphi$$

$$\rho = \sqrt{x^2 + y^2 + z^2},\ \tan\varphi = \frac{\sqrt{x^2 + y^2}}{z},\ \tan\theta = \frac{y}{x}$$

이고, 원주좌표와 구면좌표 사이에는 다음과 같은 관계가 있다.

$$r = \rho \sin\varphi,\ \ \theta = \theta,\ \ z = \rho\cos\varphi$$

$$\rho = \sqrt{r^2 + z^2},\ \ \tan\varphi = \frac{r}{z},\ \ \theta = \theta$$

예제 9-12 공간에서 구면좌표가 $\left(2, \frac{\pi}{3}, -\frac{\pi}{6}\right)$ 인 점 P의 직교좌표와 직교좌표가 $(1, \sqrt{3}, 2)$ 인 점 Q의 구면좌표를 구하여라.

풀이 점 P의 직교좌표를 (x, y, z)라 하면

$$x = 2\sin\frac{\pi}{3}\cos\frac{-\pi}{6} = 2\ \frac{\sqrt{3}}{2}\ \frac{\sqrt{3}}{2} = \frac{3}{2},$$

$$y = 2\sin\frac{\pi}{3}\sin\frac{-\pi}{6} = 2\ \frac{\sqrt{3}}{2}\ \frac{-1}{2} = -\frac{\sqrt{3}}{2},$$

$$z = 2\cos\frac{\pi}{3} = 2 \cdot \frac{1}{2} = 1.$$

따라서 P의 직교좌표는 $\left(\frac{3}{2}, -\frac{\sqrt{3}}{2}, 1\right)$이다. 점 Q의 구면좌표를 (ρ, φ, θ)라 하면

$$\rho = \sqrt{1^2 + (\sqrt{3})^2 + 2^2} = 2\sqrt{2},$$

$$\tan\varphi = \frac{\sqrt{1^2 + (\sqrt{3})^2}}{2} = 1,\ \ \tan\theta = \frac{\sqrt{3}}{1}.$$

따라서 $\varphi = \frac{\pi}{4}$, $\theta = \frac{\pi}{3}$ 그러므로 Q의 구면좌표는 $\left(2\sqrt{2}, \frac{\pi}{4}, \frac{\pi}{3}\right)$이다. ■

연습문제 9.4

Exercises

1. 다음 직교좌표를 원주좌표와 구면좌표로 표시하여라.

	직 교 (x, y, z)	원 주 (r, θ, z)	구 면 (ρ, φ, θ)
(a)	$(1, 0, 0)$		
(b)	$(0, 1, 0)$		
(c)	$(0, 0, 1)$		

2. 다음 원주좌표를 직교좌표와 구면좌표로 표시하여라.

	직 교 (x, y, z)	원 주 (r, θ, z)	구 면 (ρ, φ, θ)
(a)		$(1, 0, 0)$	
(b)		$(\sqrt{2}, 0, 1)$	
(c)		$(1, \frac{\pi}{2}, 1)$	

3. 다음 구면좌표를 직교좌표와 원주좌표로 표시하여라.

	직 교 (x, y, z)	원 주 (r, θ, z)	구 면 (ρ, φ, θ)
(a)			$(\sqrt{3}, \frac{\pi}{3}, -\frac{\pi}{2})$
(b)			$(2\sqrt{2}, \frac{\pi}{2}, \frac{3\pi}{2})$
(c)			$(\sqrt{2}, \pi, \frac{3\pi}{2})$

9.5 이차곡면

■ 타원면

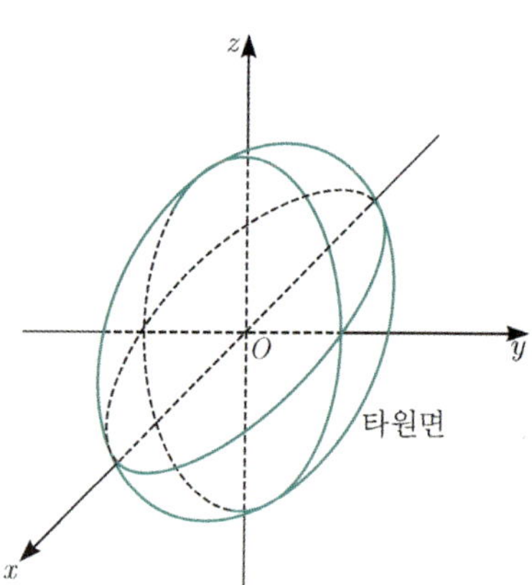

그림 9-27

방정식 $\frac{x^2}{a^2}+\frac{y^2}{b^2}+\frac{z^2}{c^2}=1$이 나타내는 곡면을 **타원면**(ellipsoid)이라 한다(그림 9-27).

이 방정식은 x^2, y^2, z^2만을 포함하므로 타원면은 yz, zx, xy 평면에 관해서 대칭이고, 원점에 관해서도 대칭이다. 그리고

$$-a \le x \le a$$
$$-b \le y \le b$$
$$-c \le z \le c$$

이어야 하므로 타원면은 이 범위 안에 있다. 또 yz, zx, xy 평면과의 교선은 각각

$$\frac{y^2}{b^2}+\frac{z^2}{c^2}=1,\quad \frac{z^2}{c^2}+\frac{x^2}{a^2}=1,\quad \frac{x^2}{a^2}+\frac{y^2}{b^2}=1$$

인 타원이다. 또한 $z=z_1$ 인 평면과의 교선은

$$\frac{x^2}{a^2}+\frac{y^2}{b^2}+\frac{z_1^2}{c^2}=1 \text{ 또는 } \frac{x^2}{a^2\left(1-\dfrac{z_1^2}{c^2}\right)}+\frac{y^2}{b^2\left(1-\dfrac{z_1^2}{c^2}\right)}=1$$

인 타원이다.

특히 a, b, c 중의 어느 두 개, 예컨대 a와 b가 같다면 타원면은

$$\frac{x^2+y^2}{a^2}+\frac{z^2}{c^2}=1\,(\text{직교좌표계}) \text{ 또는 } \frac{r^2}{a^2}+\frac{z^2}{c^2}=1\,(\text{원주좌표계})$$

이 되는데, 이는 zx 평면 내의 타원 $\frac{x^2}{a^2}+\frac{z^2}{c^2}=1$ 또는 yz 평면 내의 타원 $\frac{y^2}{a^2}+\frac{z^2}{c^2}=1$을 z축을 중심으로 회전하여 얻어지는 타원면으로, **회전타원면**이라 부른다.

또 $a=b=c=1$ 인 경우의 타원면의 방정식은

$$x^2+y^2+z^2=1$$

이 되어, 이는 원점을 중심으로 하고 반지름 1 인 구(sphere)를 나타낸다. 반지름 a인 구는 구면좌표계에서 $\rho=a$로 간단히 나타내지므로, 반지름이 1인 구는 $\rho=1$로 표시할 수 있다.

일반적인 타원면 $\frac{(x-h)^2}{a^2}+\frac{(y-k)^2}{b^2}+\frac{(z-l)^2}{c^2}=1$을

$$x'=\frac{x-h}{a},\quad y'=\frac{y-k}{b},\quad z'=\frac{z-l}{c}$$

로 표시되는 좌표계를 이용하면

$$x'^2+y'^2+z'^2=1$$

과 같이 표시할 수 있다. 이는 중심이 (h, k, l)이고 x, y, z축 방향으로 각각 a, b, c배 늘어난 (x', y', z') 좌표계에서 타원면은 반지름이 1인 구면으로 표시됨을 알 수 있다. 이와 같이 타원면뿐만 아니라 여러 이차곡면에 대하여, $x'=\frac{x-h}{a}$, $y'=\frac{y-k}{b}$, $z'=\frac{z-l}{c}$로 표시되는 좌표계를 이용하면 이차곡면의 특성을 손쉽게 조사할 수 있다.

■ 일엽쌍곡면과 이엽쌍곡면

방정식 $\frac{x^2}{a^2}+\frac{y^2}{b^2}-\frac{z^2}{c^2}=1$로 표시되는 곡면을 **일엽쌍곡면**(hyperboloid of one sheet)

이라 한다(그림 9-28 예시 참조).

특히 일엽쌍곡면 $x^2+y^2-z^2=1$ 또는 $r^2-z^2=1$ 의 모양은 zx 평면 내의 쌍곡선

$$x^2-z^2=1 \ \ (|x| \geq 1)$$

또는 yz 평면 내의 쌍곡선

$$y^2-z^2=1 \ \ (|y| \geq 1)$$

을 z 축을 중심으로 회전하여 얻을 수 있다.

방정식 $\frac{x^2}{a^2}+\frac{y^2}{b^2}-\frac{z^2}{c^2}=-1$로 표시되는 곡면을 **이엽쌍곡면**(hyperboloid of two sheets)이라고 한다(그림 9-29 예시 참조).

특히 이엽쌍곡면 $x^2+y^2-z^2=-1$ 또는 $r^2-z^2=-1$ 의 모양은 zx 평면 내의 쌍곡선

$$x^2-z^2=-1 \ \ (|z| \geq 1)$$

또는 yz 평면 내의 쌍곡선

$$y^2-z^2=-1 \ \ (|z| \geq 1)$$

을 z 축을 중심으로 회전하여 얻을 수 있다.

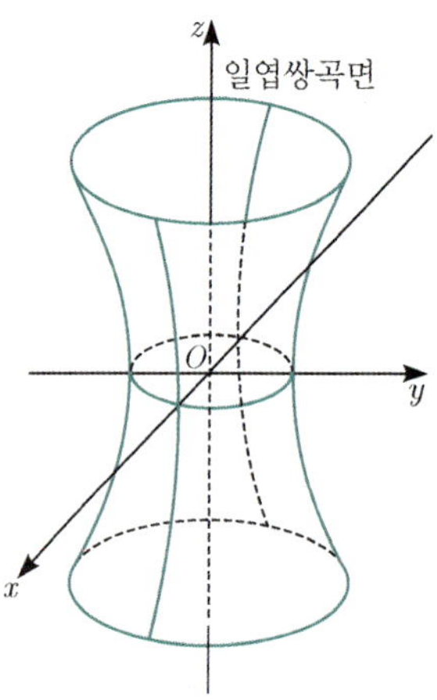

그림 9-28

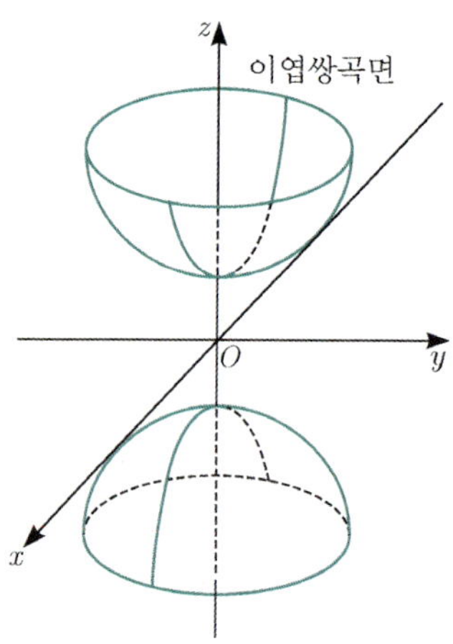

그림 9-29

■ 원추면

방정식 $\frac{x^2}{a^2}+\frac{y^2}{b^2}-\frac{z^2}{c^2}=0$으로 표시되는 곡면을 **원추면**(elliptical cone) 또는 **이중직원추**(double circular cone)라고 한다(그림 9-30 예시 참조). 이 원추면은 위의 일엽, 이엽쌍곡면에 대해서 점근선과 같은 역할을 하는 것으로서 이들의 **점근원추면**이라고도 한다.

특히 $x^2+y^2-z^2=0$ 또는 $r^2-z^2=0$ 의 모양은 yz 평면 내의 두 직선

$$y^2 - z^2 = 0$$

또는 zx 평면 내의 두 직선

$$x^2 - z^2 = 0$$

을 z 축을 중심으로 회전하여 얻을 수 있다.

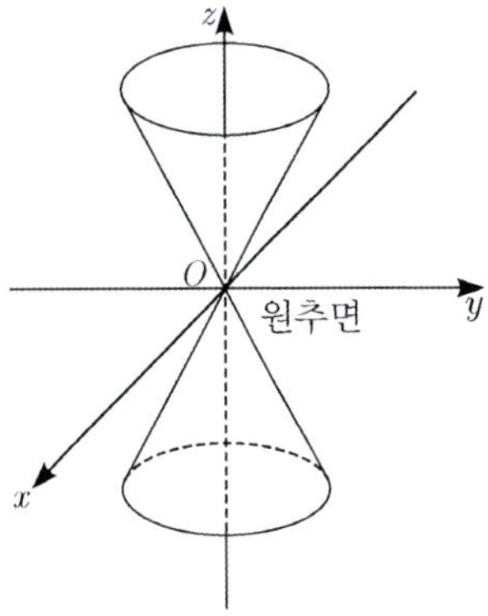

그림 9-30

예제 9-13 구면좌표계에서 방정식이 $\varphi = \frac{\pi}{3}$ 인 도형을 그려라.

풀이 구면좌표 (ρ, φ, θ) 에서 φ 만 $\frac{\pi}{3}$ 로 고정되고, ρ 와 θ 는 임의의 수이므로 그림 9-31과 같은 원추면이 된다. ■

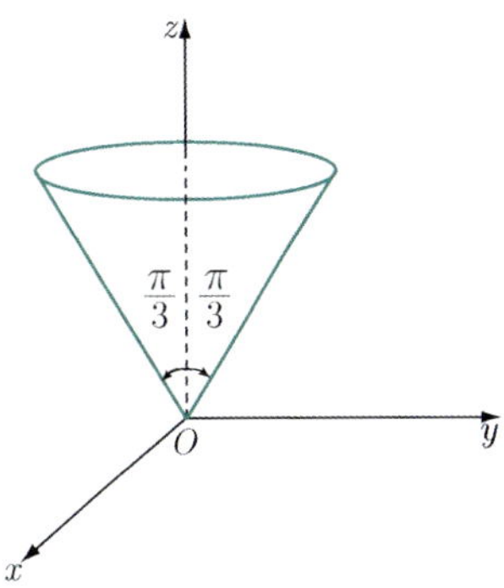

그림 9-31

■ 타원포물면

방정식 $\frac{x^2}{a^2} + \frac{y^2}{b^2} = 2cz$ 로 표시되는 곡면을 **타원포물면**(elliptical paraboloid)이라고 한다(그림 9-32 예시 참조). 이는 평면 $x = 0$와 평면 $y = 0$에 관해서 대칭이다. 만일 $c > 0$이면 $z \geq 0$ 이어야 하므로, 평면 $z = 0$ 상부에 있다. $x^2 + y^2 = 2cz$ 또는 $r^2 = 2cz$ 는 yz 평면상의 포물선 $z = \frac{y^2}{2c}$ 또는 zx 평면상의 포물선 $z = \frac{x^2}{2c}$ 을 z 축을 중심으로 회전하여 얻을 수 있다.

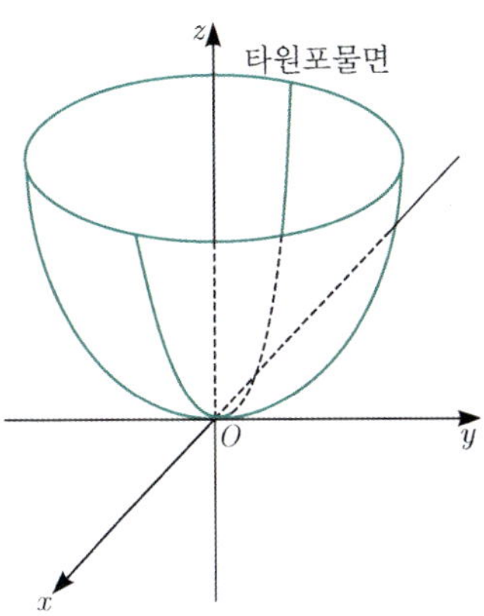

그림 9-32

■ 쌍곡포물면

방정식

$$\frac{x^2}{a^2} - \frac{y^2}{b^2} = 2cz$$

로 표시되는 곡면을 **쌍곡포물면**(hyperbolic paraboloid)이라고 한다.

쌍곡포물면 $\frac{x^2}{a^2} - \frac{y^2}{b^2} = 2cz$ 는 zx, yz 평면에 관해서 대칭이고, 이들 평면과의 교선은 포물선

$$\frac{x^2}{a^2} = 2cz, \ -\frac{y^2}{b^2} = 2cz$$

이다. 또 평면 $z = z_1$ 과의 교선은

$$\frac{x^2}{2a^2cz_1} - \frac{y^2}{2b^2cz_1} = 1$$

인 쌍곡선이다(그림 9-33).

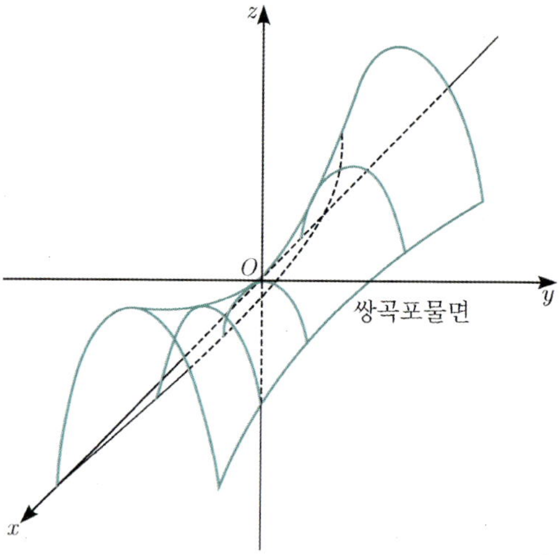

그림 9-33

■ 주면

방정식

$$y^2 = 4px, \ \frac{x^2}{a^2} + \frac{z^2}{b^2} = 1, \ \frac{z^2}{a^2} - \frac{y^2}{b^2} = 1$$

등과 같이 한 변수를 포함하지 않는 방정식으로 표시되는 곡면을 주면(cylinder)이라고 한다. 이들은 각각 xy, zx, yz 평면상에 그려진 도형의 각 점을 지나 각각 방정식에 포함되지 않은 z, y, x 축에 평행인 직선들이 이루는 곡면이다.

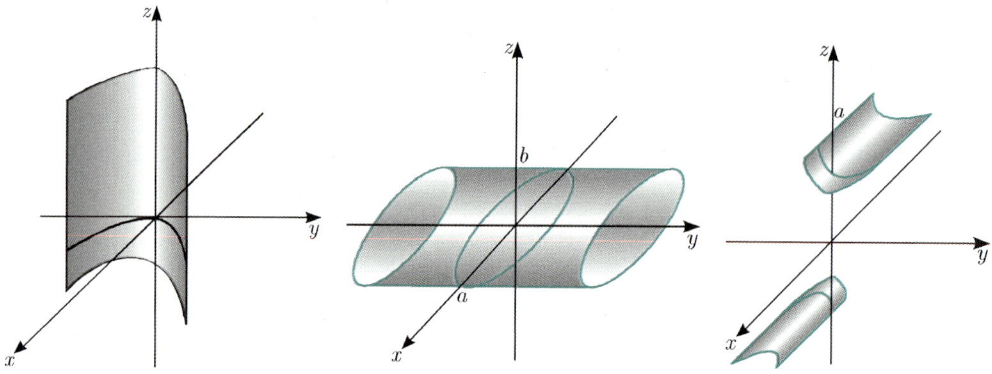

(a) 포물주면 ; $y^2 = 4px \ (p > 0)$ (b) 타원주면 : $\frac{x^2}{a^2} + \frac{z^2}{b^2} = 1$ (c) 쌍곡주면 : $\frac{z^2}{a^2} - \frac{y^2}{b^2} = 1$

그림 9-34

예제 9-14 방정식 $\frac{y^2}{4} - x^2 = 1$이 나타내는 곡면을 그려라.

풀이 방정식은 z를 포함하지 않으므로 주면이다. xy 평면에서 쌍곡선 $\frac{y^2}{4} - x^2 = 1$을 그리고 이 쌍곡선 상의 각 점을 지나 z축에 평행인 직선들이 그리는 곡면을 그리면 그림 9-35와 같은 쌍곡주면이 된다.

예제 9-15 원주좌표계에서 방정식이 $r = a\ (a > 0)$인 도형을 그려라.

풀이 원주좌표 (r, θ, z)에서 $r = a$이고 θ와 z는 임의의 수이므로 그림 9-36과 같은 원주면이 된다.

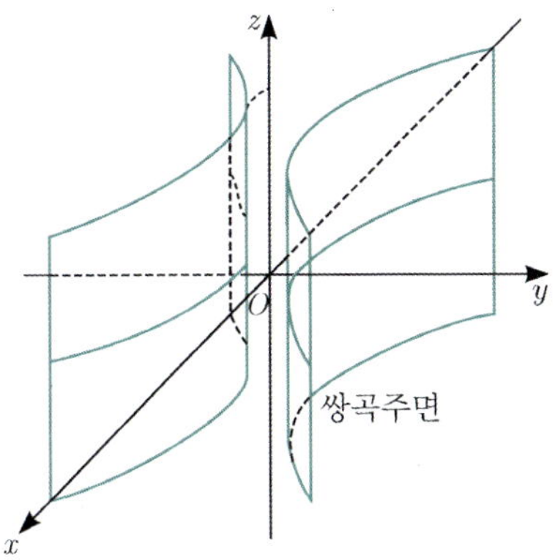

그림 9-35

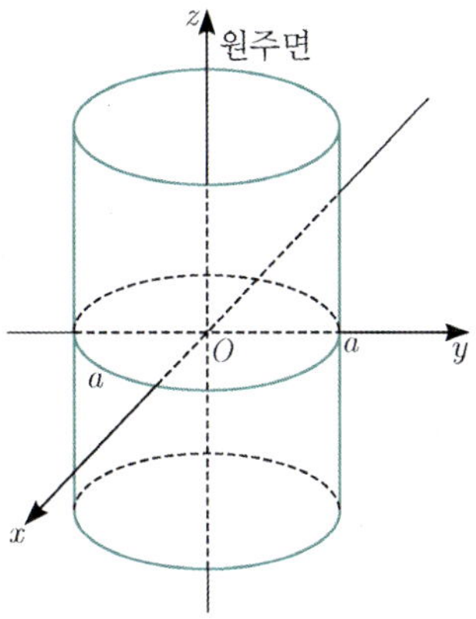

그림 9-36

연습문제 9.5

Exercises

1. 다음 방정식들이 표시하는 곡면을 그려라.

(a) $-\dfrac{x^2}{a^2}+\dfrac{y^2}{b^2}+\dfrac{z^2}{c^2}=1$ (b) $\dfrac{x^2}{a^2}-\dfrac{y^2}{b^2}+\dfrac{z^2}{c^2}=-1$

(c) $-\dfrac{x^2}{a^2}+\dfrac{y^2}{b^2}+\dfrac{z^2}{c^2}=0$ (d) $\dfrac{x^2}{a^2}+\dfrac{z^2}{c^2}=2by$

(e) $\dfrac{y^2}{b^2}-\dfrac{z^2}{c^2}=2ax$ (f) $x^2=4pz$

2. 다음 방정식들이 표시하는 곡면은 무엇인가?

(a) $x^2+4y^2-z^2-12x-8y-z=0$ (b) $6x^2+3y^2+2z^2-6y-3=0$

(c) $2x^2-y^2-2z^2-4y-6=0$

3. 다음과 같은 점의 자취의 방정식을 구하여라.

(a) 점 (2, 1, −1)로부터의 거리가 y축으로부터의 거리의 3배와 같은 점

(b) 점 (1, 0, 0)으로부터의 거리가 점 (−1, 0, 0)으로부터의 거리에 1을 더한 것과 같은 점

(c) 점 (2, 5, 8)로부터의 거리가 점 (1, −1, 0)으로부터의 거리의 2배와 같은 점

(d) z 축으로부터의 거리가 x 축으로부터의 거리의 4배와 같은 점

4. 원주좌표계(r, θ, z) 위의 아래 곡면들을 설명하고 개형을 그려라.

(a) $r = \cos\theta$

(b) $r = \sin\theta$

(c) $y^2 - x^2 = 1$

(d) $x = -y^2$

(e) $z^2 = r$

(f) $z = \cosh\theta \left(0 \le \theta \le \dfrac{\pi}{2}\right)$

5. 구면좌표계((ρ, φ, θ) 위의 아래 곡면들을 설명하고 개형을 그려라.

(a) $\rho = a\cos\varphi$

(b) $\rho = a(1 + \cos\varphi)$

6. 쌍곡포물면 $\dfrac{y^2}{b^2} - \dfrac{x^2}{a^2} = \dfrac{z}{c}$ 는 평면 $y = y_1$ 에 의해 잘려지고, 그 곡선은 포물선이다. 이 곡선의 꼭지점과 초점을 구하여라.

제 10 장

행렬과 벡터

17세기에 곡선에 대한 연구가 많이 이루어졌다. 그리스 시대부터 내려온 원추곡선, 디오클레스의 시소이드(cissoid), 로베르발의 사이클로이드(cycloid), 고차 포물선과 쌍곡선, 데카르트의 타원형 곡선(oval), 갈릴레오의 나선형 곡선, 파스칼의 달팽이형 곡선(limaçon), 호이겐스의 현수선(evolute) 등에 관한 그리스 수학의 전통을 이어받은 연구로부터 접선, 법선, 면적, 극값, 호의 길이 등이 구해졌다. 비에트(Francois Viete, 1540-1603), 데카르트(Rene Descartes, 1596~1650), 페르마(Pierre de Fermat, 1601-1665) 등을 거치며 곡선과 방정식을 연관짓는 해석기하학적 방법이 사용되었는데 이것들은 모두 특정 곡선에 대한 것이었고 일반적인 곡선에 대한 것은 아니었다. 그러나 라이프니츠의 미분학을 익힌 요한 베르누이(Johann Bernouilli, 1667-1748)는 1690년에 미분을 사용하여 임의의 곡선에 대한 곡률을 구하는 방법을 발표하여 세상을 놀라게 하였다. 그 중에서 특히 로피탈(Marquis de L'Hôpital, 1661-1704)은 요한 베르누이에게 사사한 내용을 1696년에 교과서 형태의 책 〈곡선의 이해를 위한 무한소량의 해석(Analyse des infiniment petits pour l'intelligence des lignes courbes)〉으로 출판하여 미분학을 널리 보급시키는 공을 세웠다.

1836년 데카르트와 페르마가 좌표축과 해석기하학의 개념을 발전시켜 공간상의 점과 곡선들을 표현했다. 벡터는 좌표 없이 공간상의 여러 대상을 표현하기 위하여 1804년경 볼자노(Bolzano, 1781-1848)가 제시한 개념이다. 이후 19세기 뫼비우스(Möbius)와 벨라비티스(Bellavitis)등에 의해 발전된 벡터의 개념은 이후 복소수나 행렬의 개념과 표기법 발전에 많은 영향을 주었다.

이 장에서는 곡선을 매개방정식과 벡터함수로 나타내어 곡선의 기울기와 호의 길이, 단위접벡터, 단위법벡터, 곡률 등을 구하는 방법을 다룬다.

10.1 행렬과 행렬식

■ 행렬

$A=\begin{pmatrix}1 & 2 & -1\\ 3 & 0 & 1\end{pmatrix}$과 같이 수를 직사각형꼴로 나열한 것을 **행렬**(matrix)이라고 한다. A는 2행과 3열로 이루어져 있으므로 2×3 행렬이라고 한다. 일반적으로 행렬 A가 m 행과 n 열로 이루어져 있을 때 A를 **$m\times n$ 행렬**이라고 한다. 특히 $m=n$인 경우, 즉 $n\times n$ 행렬을 **n차 정방행렬**(square matrix of order n)이라고 한다.

$m\times n$ 행렬 A의 i 행 j 열 원소를 흔히 a_{ij}로 나타내고 이것을 A의 ij-**원**(entry)이라고 하며,

$$A=\begin{pmatrix} a_{11} & a_{12} & \cdots & a_{1j} & \cdots & a_{1n}\\ \vdots & \vdots & \ddots & \vdots & \ddots & \vdots\\ a_{i1} & a_{i2} & \cdots & a_{ij} & \cdots & a_{in}\\ \vdots & \vdots & \ddots & \vdots & \ddots & \vdots\\ a_{m1} & a_{m2} & \cdots & a_{mj} & \cdots & a_{mn}\end{pmatrix}$$

또는 $A=(a_{ij})_{m\times n}$ 또는 간단히 $A=(a_{ij})$로 표시한다. 위의 2×3 행렬

$$A=\begin{pmatrix}1 & 2 & -1\\ 3 & 0 & 1\end{pmatrix}$$

에서

$$a_{11}=1,\ a_{12}=2,\ a_{13}=-1$$

$$a_{21}=3,\ a_{22}=0,\ a_{23}=1$$

이다.

두 행렬 $\boldsymbol{A}$와 $\boldsymbol{B}$가 같다는 것은 두 행렬의 행의 수와 열의 수가 같고, 대응하는 두 원이 같을 때를 말한다. 이때, $A=B$와 같이 쓴다.

$$A=\begin{pmatrix} a_{11} & a_{12} & \cdots & a_{1n}\\ a_{21} & a_{22} & \cdots & a_{2n}\\ \vdots & \vdots & \ddots & \vdots\\ a_{m1} & a_{m2} & \cdots & a_{mn}\end{pmatrix},\qquad B=\begin{pmatrix} b_{11} & b_{12} & \cdots & b_{1n}\\ b_{21} & b_{22} & \cdots & b_{2n}\\ \vdots & \vdots & \ddots & \vdots\\ b_{m1} & b_{m2} & \cdots & b_{mn}\end{pmatrix}$$

에서 $A=B$란 모든 $i=1,2,\cdots\cdots,m, j=1,2,\cdots\cdots n$에 대하여 $a_{ij}=b_{ij}$를 뜻한다.

예 1 $\begin{pmatrix}x+y & 2z+w\\ x-y & z-w\end{pmatrix}=\begin{pmatrix}3 & 5\\ 1 & 4\end{pmatrix}$에서 $x+y=3$, $2z+w=5$, $x-y=1$, $z-w=4$. 이것을 풀면 $x=2$, $y=1$, $z=3$, $w=-1$.

두 $m\times n$ 행렬

$$A=\begin{pmatrix} a_{11} & a_{12} & \cdots & a_{1n} \\ a_{21} & a_{22} & \cdots & a_{2n} \\ \vdots & \vdots & \ddots & \vdots \\ a_{m1} & a_{m2} & \cdots & a_{mn} \end{pmatrix}, \qquad B=\begin{pmatrix} b_{11} & b_{12} & \cdots & b_{1n} \\ b_{21} & b_{22} & \cdots & b_{2n} \\ \vdots & \vdots & \ddots & \vdots \\ b_{m1} & b_{m2} & \cdots & b_{mn} \end{pmatrix}$$

에 대해 A와 B의 합을 $A+B$와 같이 쓰고, 다음과 같이 정의한다.

$$A+B=\begin{pmatrix} a_{11}+b_{11} & a_{12}+b_{12} & \cdots & a_{1n}+b_{1n} \\ a_{21}+b_{21} & a_{22}+b_{22} & \cdots & a_{2n}+b_{2n} \\ \vdots & \vdots & \ddots & \vdots \\ a_{m1}+b_{m1} & a_{m2}+b_{m2} & \cdots & a_{mn}+b_{mn} \end{pmatrix}$$

즉 $A=(a_{ij})$, $B=(b_{ij})$일 때 $A+B$는 다음과 같이 정의한다.

$$A+B=(a_{ij}+b_{ij}).$$

두 행렬을 합할 때는 두 행렬의 행의 수와 열의 수가 각각 같을 때에 한해서만 정의되고, A, B가 $m\times n$ 행렬일 때 $A+B$도 $m\times n$ 행렬이다.

예로

$$A=\begin{pmatrix} 1 & 2 & 3 \\ -1 & 4 & 5 \end{pmatrix}, \qquad B=\begin{pmatrix} 0 & -1 & -2 \\ 1 & 2 & 3 \end{pmatrix}, \qquad C=\begin{pmatrix} 1 & 0 \\ 0 & 1 \end{pmatrix}$$

에 대해

$$A+B=\begin{pmatrix} 1 & 1 & 1 \\ 0 & 6 & 8 \end{pmatrix}.$$

그러나 $A+C$, $B+C$는 정의되지 않는다. 행렬의 합의 정의로부터 다음이 성립함을 알 수 있다.

[1] 교환법칙 : $A+B=B+A$

[2] 결합법칙 : $A+(B+C)=(A+B)+C$

모든 원이 0인 행렬을 **영행렬**(zero matrix)이라고 하고, O으로 나타낸다. 임의의 행렬

$$A=\begin{pmatrix} a_{11} & a_{12} & \cdots & a_{1n} \\ a_{21} & a_{22} & \cdots & a_{2n} \\ \vdots & \vdots & \ddots & \vdots \\ a_{m1} & a_{m2} & \cdots & a_{mn} \end{pmatrix}$$

에 대하여

$$A+O=O+A=A$$

이다. 따라서, 영행렬 O는 행렬의 덧셈에 대한 **항등원**(identity)이다.

행렬 A를 k배(k는 실수)한 것은 A의 각 원에 k를 곱한 것을 말하며, kA라고 쓴다. 즉

$$kA=\begin{pmatrix} ka_{11} & ka_{12} & \cdots & ka_{1n} \\ ka_{21} & ka_{22} & \cdots & ka_{2n} \\ \vdots & \vdots & \ddots & \vdots \\ ka_{m1} & ka_{m2} & \cdots & ka_{mn} \end{pmatrix}$$

특히 $(-1)A$는 $-A$로 나타낸다. 즉 $-A=(-a_{ij})$.

예제 10-1 $A=\begin{pmatrix}2&-5&1\\3&0&-4\end{pmatrix}$, $B=\begin{pmatrix}1&-2&-3\\0&1&5\end{pmatrix}$, $C=\begin{pmatrix}0&1&-2\\1&-1&-1\end{pmatrix}$일 때, $3A+4B-2C$를 구하여라.

풀이 $3A+4B-2C=\begin{pmatrix}6&-15&3\\9&0&-12\end{pmatrix}+\begin{pmatrix}4&-8&-12\\0&4&20\end{pmatrix}+\begin{pmatrix}0&-2&4\\-2&2&2\end{pmatrix}=\begin{pmatrix}10&-25&-5\\7&6&10\end{pmatrix}$. ■

예제 10-2 $3\begin{pmatrix}x&y\\z&w\end{pmatrix}=\begin{pmatrix}x&6\\-1&2w\end{pmatrix}+\begin{pmatrix}4&x+y\\z+w&3\end{pmatrix}$일 때 x, y, z, w를 구하여라.

풀이 좌, 우변을 정리하면

$$\begin{pmatrix}3x&3y\\3z&3w\end{pmatrix}=\begin{pmatrix}x+4&x+y+6\\z+w-1&2w+3\end{pmatrix}.$$

따라서

$$\begin{cases}3x=x+4\\3y=x+y+6\\3z=z+w-1\\3w=2w+3\end{cases}\quad \text{또는} \quad \begin{cases}2x=4\\2y=6+x\\2z=w-1\\w=3\end{cases}.$$

이것을 풀면 $x=2$, $y=4$, $z=1$, $w=3$. ■

행렬 $A=(a_{ij})$의 행과 열을 바꾼 행렬을 A의 **전치행렬**(transpose)이라 하고, A^t로 표시한다. 즉 A의 i행이 A^t의 i열이 되고, A의 j열이 A^t의 j행이 된다.

예를 들면

$$A=\begin{pmatrix}a_{11}&a_{12}&a_{13}\\a_{21}&a_{22}&a_{23}\\a_{31}&a_{32}&a_{33}\end{pmatrix},\qquad B=\begin{pmatrix}b_{11}&b_{12}&b_{13}\\b_{21}&b_{22}&b_{23}\end{pmatrix}$$

$$A^t=\begin{pmatrix}a_{11}&a_{21}&a_{31}\\a_{12}&a_{22}&a_{32}\\a_{13}&a_{23}&a_{33}\end{pmatrix},\qquad B^t=\begin{pmatrix}b_{11}&b_{21}\\b_{12}&b_{22}\\b_{13}&b_{23}\end{pmatrix}.$$

정방행렬 $A=(a_{ij})$에서

$$A^t=A,\ \text{즉}\ a_{ij}=a_{ji}$$

일 때 A를 **대칭행렬**(symmetric matrix)이라 하고,

$$A^t=-A,\ \text{즉}\ a_{ij}=-a_{ji}$$

일 때 A를 **교대행렬**(skew-symmetric matrix)이라고 한다.

예 2 $A=\begin{pmatrix}-3&1&5\\1&0&-2\\5&-2&4\end{pmatrix}$, $B=\begin{pmatrix}0&-4&1\\4&0&-5\\-1&5&0\end{pmatrix}$일 때 $A^t=A$, $B^t=-B$이므로 A는 대칭행렬이고, B는 교대행렬이다. 행렬 A에 대하여 $(A^t)^t=A$임을 쉽게 알 수 있다.

예 3 $A=\begin{pmatrix}2&3\\5&1\end{pmatrix}$일 때 $R=\dfrac{A+A^t}{2}=\begin{pmatrix}2&4\\4&1\end{pmatrix}$ 은 대칭행렬이고, $S=\dfrac{A-A^t}{2}=\begin{pmatrix}0&-1\\1&0\end{pmatrix}$ 은 교대행렬이며 $A=R+S$ 이다. 따라서 A는 대칭행렬과 교대행렬의 합으로 표시된다.

참고 임의의 정방행렬은 위 예에서와 같이 대칭행렬과 교대행렬의 합으로 표시된다.

정방행렬 $A=(a_{ij})$의 대각선 위 또는 아래가 모두 0인 행렬을 **삼각행렬**(triangular matrix)이라고 한다. 예로

$$T_1=\begin{pmatrix}1&0&0\\2&3&0\\4&1&3\end{pmatrix},\quad T_2=\begin{pmatrix}a&b&c\\0&1&e\\0&0&0\end{pmatrix}$$

은 삼각행렬이다.

정방행렬 $A=(a_{ij})$의 대각선 아래와 위가 모두 0인 행렬을 **대각행렬**(diagonal matrix)이라고 한다. 예로

$$\begin{pmatrix}2&0&0\\0&3&0\\0&0&4\end{pmatrix},\quad \begin{pmatrix}4&0&0\\0&4&0\\0&0&4\end{pmatrix}$$

은 대각행렬이다.

대각행렬에서 대각선의 모든 원이 1인 행렬을 **단위행렬**(unit matrix)이라고 하며, 기호 I로 나타낸다. 즉

$$I=\begin{pmatrix}1&0\\0&1\end{pmatrix},\quad I=\begin{pmatrix}1&0&0\\0&1&0\\0&0&1\end{pmatrix}$$

은 단위행렬이다.

행렬 A, B가 각각 $m\times l$, $l\times n$ 인 행렬일 때, A와 B의 곱을 생각하자.

$$A=\begin{pmatrix}a_{11}&a_{12}&\cdots&a_{1l}\\a_{21}&a_{22}&\cdots&a_{2l}\\\vdots&\vdots&\ddots&\vdots\\a_{m1}&a_{m2}&\cdots&a_{ml}\end{pmatrix},\quad B=\begin{pmatrix}b_{11}&b_{12}&\cdots&b_{1n}\\b_{21}&b_{22}&\cdots&b_{2n}\\\vdots&\vdots&\ddots&\vdots\\b_{l1}&b_{l2}&\cdots&b_{ln}\end{pmatrix}$$

일 때,

$$m\times n \text{ 행렬 } C=(c_{ik}),\ c_{ik}=\sum_{j=1}^{l}a_{ij}b_{jk}=a_{i1}b_{1k}+a_{i2}b_{2k}+\ldots+a_{il}b_{lk}$$

를 A와 B의 곱이라 하고 AB로 나타낸다. 즉,

$$AB=C=(c_{ik})=\left(\sum_{j=1}^{l}a_{ij}b_{jk}\right).$$

A가 $m\times p$ 행렬이고, B가 $q\times n$ 행렬일 때, $p=q$일 때만 AB가 정의되며, AB는 $m\times n$ 행렬임을 알 수 있다.

예 4 $A=(a_1\,a_2\cdots\cdots\,a_n)$, $B=\begin{pmatrix} b_1 & c_1 \\ b_2 & c_2 \\ \vdots & \vdots \\ b_n & c_n \end{pmatrix}$에서 A는 $1\times n$, B는 $n\times 2$이므로

$$AB=(a_1b_1+a_2b_2+\cdots\cdots+a_nb_n \;\; a_1c_1+a_2c_2+\cdots\cdots\, a_nc_n)$$

이고 BA는 정의되지 않는다.

예 5 $A=\begin{pmatrix} a_{11}\, a_{12} \\ a_{21}\, a_{22} \end{pmatrix}$, $B=\begin{pmatrix} b_{11}\, b_{12}\, b_{13} \\ b_{21}\, b_{22}\, b_{23} \end{pmatrix}$에서

$$AB=\begin{pmatrix} a_{11}b_{11}+a_{12}b_{21} & a_{11}b_{12}+a_{12}b_{22} & a_{11}b_{13}+a_{12}b_{23} \\ a_{21}b_{11}+a_{22}b_{21} & a_{21}b_{12}+a_{22}b_{22} & a_{21}b_{13}+a_{22}b_{23} \end{pmatrix}.$$

예 6 $A=\begin{pmatrix} 1\,2 \\ 3\,4 \end{pmatrix}$, $B=\begin{pmatrix} 1\,1 \\ 0\,2 \end{pmatrix}$에서

$$AB=\begin{pmatrix} 1\,2 \\ 3\,4 \end{pmatrix}\begin{pmatrix} 1\,1 \\ 0\,2 \end{pmatrix}=\begin{pmatrix} 1 & 5 \\ 3 & 11 \end{pmatrix}, \quad BA=\begin{pmatrix} 1\,1 \\ 0\,2 \end{pmatrix}\begin{pmatrix} 1\,2 \\ 3\,4 \end{pmatrix}=\begin{pmatrix} 4\,6 \\ 6\,8 \end{pmatrix}.$$

따라서 $AB\neq BA$ 이다. 즉 행렬의 곱셈에서는 교환법칙이 성립되지 않는다.

정리 10-1 [1] 행렬 A, B, C가 각각 $m\times l$, $l\times n$, $n\times p$ 행렬이라면 $(AB)C=A(BC)$, 즉 곱셈의 결합법칙이 성립한다.
[2] 행렬 A가 $m\times l$ 이고, 행렬 B, C가 $l\times n$ 행렬이라면 $A(B+C)=AB+AC$, 즉 분배법칙이 성립한다.

증명 생략. ∎

■ 행렬식

$n\times n$ 행렬 $A=(a_{ij})$의 행렬식을 정의하기 전에 연립 일차방정식

$$\begin{cases} a_{11}x+a_{12}y=b_1 \\ a_{21}x+a_{22}y=b_2 \end{cases}$$

를 생각하자. 이 연립 일차방정식을 풀기 위해서 소거법을 사용하면,

$$a_{11}a_{22}-a_{21}a_{12}\neq 0 \text{일 때}$$

$$x=\frac{b_1a_{22}-b_2a_{12}}{a_{11}a_{22}-a_{21}a_{12}}, \quad y=\frac{a_{11}b_2-a_{21}b_1}{a_{11}a_{22}-a_{21}a_{12}}$$

와 같은 해를 얻는다.

2×2 행렬

$$A = \begin{pmatrix} a & b \\ c & d \end{pmatrix}$$

의 **행렬식**을

$$\det A = |A| = \begin{vmatrix} a & b \\ c & d \end{vmatrix} = ad - bc$$

와 같이 정의하며, 이를 **이차행렬식**이라고 한다. 이때, $\det A \neq 0$ 이면 위의 해 x, y는 다음과 같이 표현된다. 즉,

$$x = \frac{\begin{vmatrix} b_1 & a_{12} \\ b_2 & a_{22} \end{vmatrix}}{\begin{vmatrix} a_{11} & a_{12} \\ a_{21} & a_{22} \end{vmatrix}}, \qquad y = \frac{\begin{vmatrix} a_{11} & b_1 \\ a_{21} & b_2 \end{vmatrix}}{\begin{vmatrix} a_{11} & a_{12} \\ a_{21} & a_{22} \end{vmatrix}}.$$

여기서 각 분모는 연립 일차방정식의 계수행렬의 행렬식이고, 분자는 x와 y의 해에 대하여 각각 x와 y의 계수 자리에 상수항이 있는 행렬의 행렬식이다.

이차행렬식을 귀납적으로 확장하여 일반적인 n차 정방행렬의 행렬식을 정의할 수 있다. 정방행렬 $A = (a_{ij})$의 i행과 j열을 뺀 나머지 행렬을 ij-**부분행렬**(submatrix)이라 하며, 이 $(n-1)$차 정방행렬의 행렬식을 A의 ij-**소행렬식**(minor)이라고 하고, M_{ij}로 쓴다. 그리고 M_{ij}에 $(-1)^{i+j}$를 곱하여 구한 수 $(-1)^{i+j}M_{ij}$를 행렬 A의 ij-원 a_{ij}의 **여인수**(cofactor)라고 하고 A_{ij}라고 쓴다.

이제 정방행렬 $A = (a_{ij})$의 **행렬식**(determinant)을 다음과 같이 정의한다.

1. $A = (a)$가 1×1 행렬이라면, **일차행렬식** $|A|$의 값은 a이다.
2. $A = (a_{ij})$가 $n \times n (n > 1)$ 행렬이라면, **n 차행렬식** $|A|$의 값은 1과 n 사이의 어떤 i 또는 j에 대하여 다음과 같이 정의한다(i와 j는 임의로 택하여도 된다).

$$\begin{aligned} \det A = |A| &= a_{i1}A_{i1} + a_{i2}A_{i2} + \dots\dots + a_{in}A_{in} \\ &= a_{1j}A_{1j} + a_{2j}A_{2j} + \dots\dots + a_{nj}A_{nj} \end{aligned}$$

예 7 $A = \begin{pmatrix} a & b \\ c & d \end{pmatrix}$일 때

$$A_{11} = (-1)^{1+1}d,\ A_{12} = (-1)^{1+2}c,\ A_{21} = (-1)^{2+1}b,\ A_{22} = (-1)^{2+2}a$$

이므로 A의 행렬식은

$$|A| = a_{11}A_{11} + a_{12}A_{12} = ad - bc$$

$$
\begin{aligned}
&= a_{21}A_{21} + a_{22}A_{22} = -bc + ad = ad - bc \\
&= a_{11}A_{11} + a_{21}A_{21} = ad - bc \\
&= a_{12}A_{12} + a_{22}A_{22} = -bc + ad = ad - bc.
\end{aligned}
$$

2차, 3차 정방행렬의 행렬식은 다음과 같은 방법으로 기억해 두면 편리하다.

$$
|A| = \begin{vmatrix} a_{11} & a_{12} \\ a_{22} & a_{21} \end{vmatrix} = a_{11}a_{22} - a_{12}a_{21}
$$

$-$ $\qquad$ $+$

$$
\begin{aligned}
|A| = \begin{vmatrix} a_{11} & a_{12} & a_{13} \\ a_{21} & a_{22} & a_{23} \\ a_{31} & a_{32} & a_{33} \end{vmatrix} &= a_{11}A_{11} + a_{12}A_{12} + a_{13}A_{13} \\
&= a_{11}\begin{vmatrix} a_{22} & a_{23} \\ a_{32} & a_{33} \end{vmatrix} - a_{12}\begin{vmatrix} a_{21} & a_{23} \\ a_{31} & a_{33} \end{vmatrix} + a_{13}\begin{vmatrix} a_{21} & a_{22} \\ a_{31} & a_{32} \end{vmatrix} \\
&= a_{11}a_{22}a_{33} + a_{32}a_{21}a_{13} + a_{31}a_{12}a_{23} \\
&\quad - (a_{13}a_{22}a_{31} + a_{32}a_{23}a_{11} + a_{33}a_{12}a_{21})
\end{aligned}
$$

에서 "+" 항과 "−" 항은 그림 10-1과 같이 기억해 두면 편리하다.

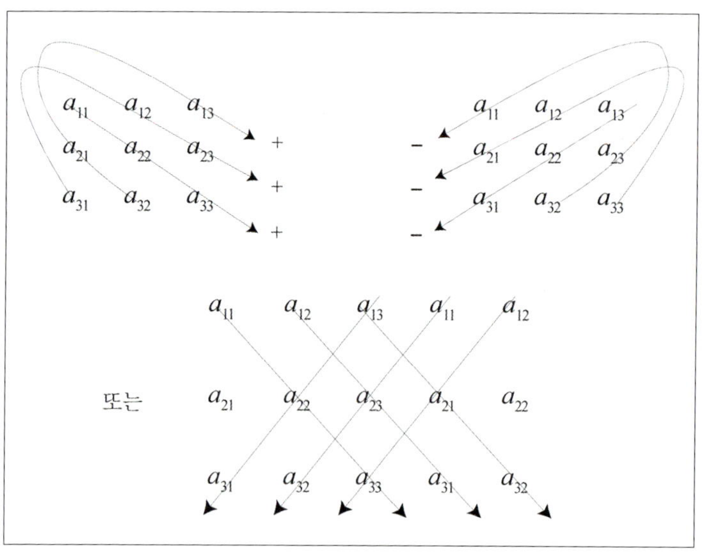

그림 10-1

[주의] 4차 이상의 행렬식에 대하여는 위와 같은 방법을 적용할 수 없다.

예 8 (i) $\begin{vmatrix} 2&3&4 \\ 5&6&7 \\ 8&9&1 \end{vmatrix} = (2\cdot6\cdot1+9\cdot5\cdot4+8\cdot3\cdot7)-(4\cdot6\cdot8+9\cdot7\cdot2+1\cdot3\cdot5)$

$= (12+180+168)-(192+126+15)=27.$

(ii) $\begin{vmatrix} 2&3&-4 \\ 0&-4&2 \\ 1&-1&5 \end{vmatrix} = 2\begin{vmatrix} -4&2 \\ -1&5 \end{vmatrix} + \begin{vmatrix} 3&-4 \\ -4&2 \end{vmatrix} = 2(-20+2)+(6-16)=-46.$

3차 이상의 정방행렬의 행렬식을 구하여 보자. 예로 행렬 A가

$$A=\begin{pmatrix} 2&1&-3&4 \\ 5&-4&7&-2 \\ 4&0&6&-3 \\ 3&-2&5&2 \end{pmatrix}$$

일 때 행렬식을 구하면 $|A|=a_{11}A_{11}+a_{12}A_{12}+a_{13}A_{13}+a_{14}A_{14}$에서

$$A_{11}=\begin{vmatrix} -4&7&-2 \\ 0&6&-3 \\ -2&5&2 \end{vmatrix},\ A_{12}=-\begin{vmatrix} 5&7&-2 \\ 4&6&-3 \\ 3&5&2 \end{vmatrix},\ A_{13}=\begin{vmatrix} 5&-4&-2 \\ 4&0&-3 \\ 3&-2&2 \end{vmatrix},\ A_{14}=-\begin{vmatrix} 5&-4&7 \\ 4&0&6 \\ 3&-2&5 \end{vmatrix}.$$

$A_{11}, A_{12}, A_{13}, A_{14}$는 3차의 행렬식이므로 앞 예제와 같이 $A_{11}=-90$, $A_{12}=-12$, $A_{13}=54$, $A_{14}=-12$를 구할 수 있다. 따라서

$$|A|=2A_{11}+1A_{12}+(-3)A_{13}+4A_{14}=-402.$$

위와 같이 n차 행렬식을 구하는 것은 n개의 $n-1$차 행렬식을 구해야 하므로, n이 크면 매우 번거롭다. 그러나 행렬식의 기본성질들을 사용하면 보다 간편하게 n차 행렬식을 구할 수 있다. 이제 행렬식의 몇 가지 성질을 증명 없이 열거하면 다음과 같다. 증명은 「선형대수학」에서 취급된다.

[성질 1] 행렬식을 구할 때 행렬의 행과 열을 바꾸어 놓아도 그 행렬식은 변하지 않는다. 즉 $|A|=|A^t|$.

$$\begin{vmatrix} a_{11}\ a_{12}\cdots\cdots\ a_{1n} \\ a_{21}\ a_{22}\cdots\cdots\ a_{2n} \\ \cdots\cdots\cdots\cdots\cdots\cdots \\ a_{n1}\ a_{n2}\cdots\cdots\ a_{nn} \end{vmatrix} = \begin{vmatrix} a_{11}\ a_{21}\cdots\cdots\ a_{n1} \\ a_{12}\ a_{22}\cdots\cdots\ a_{n2} \\ \cdots\cdots\cdots\cdots\cdots\cdots \\ a_{1n}\ a_{2n}\cdots\cdots\ a_{nn} \end{vmatrix}$$

[성질 2] 임의의 두 행(또는 열)을 서로 바꾼 행렬의 행렬식은 부호만 변한다.

$$\begin{vmatrix} a_{11}\ a_{12}\cdots\cdots\ a_{1n} \\ \cdots\cdots\cdots\cdots\cdots\cdots \\ a_{i1}\ a_{i2}\cdots\cdots\ a_{in} \\ \cdots\cdots\cdots\cdots\cdots\cdots \\ a_{j1}\ a_{j2}\cdots\cdots\ a_{jn} \\ \cdots\cdots\cdots\cdots\cdots\cdots \\ a_{n1}\ a_{n2}\cdots\cdots\ a_{nn} \end{vmatrix} = -\begin{vmatrix} a_{11}\ a_{22}\cdots\cdots\ a_{1n} \\ \cdots\cdots\cdots\cdots\cdots\cdots \\ a_{j1}\ a_{j2}\cdots\cdots\ a_{jn} \\ \cdots\cdots\cdots\cdots\cdots\cdots \\ a_{i1}\ a_{i2}\cdots\cdots\ a_{in} \\ \cdots\cdots\cdots\cdots\cdots\cdots \\ a_{n1}\ a_{n2}\cdots\cdots\ a_{nn} \end{vmatrix}$$

[성질 3] 두 행(또는 열)이 같은 행렬의 행렬식은 0이다.

[성질 4] 한 행(또는 열)의 모든 원소에 공통된 인수는 행렬식 밖으로 나올 수 있다. 즉

$$\begin{vmatrix} a_{11} & a_{12} \cdots\cdots & a_{1n} \\ \cdots & \cdots & \cdots \\ ka_{i1} & ka_{i2} \cdots\cdots & ka_{in} \\ \cdots & \cdots & \cdots \\ a_{n1} & a_{n2} \cdots\cdots & a_{nn} \end{vmatrix} = k \begin{vmatrix} a_{11} & a_{12} \cdots\cdots & a_{1n} \\ \cdots & \cdots & \cdots \\ a_{i1} & a_{i2} \cdots\cdots & a_{in} \\ \cdots & \cdots & \cdots \\ a_{n1} & a_{n2} \cdots\cdots & a_{nn} \end{vmatrix}$$

[성질 5] 한 행(또는 열)이 두 수의 합이라면 행렬식은 두 행렬식의 합으로 나누어진다. 즉

$$\begin{vmatrix} a_{11} & a_{12} \cdots\cdots & a_{1n} \\ \cdots & \cdots & \cdots \\ a_{i1}+b_{i1} & a_{i2}+b_{i2} \cdots\cdots & a_{in}+b_{in} \\ \cdots & \cdots & \cdots \\ a_{n1} & a_{n2} \cdots\cdots & a_{nn} \end{vmatrix} = \begin{vmatrix} a_{11} & a_{12} \cdots\cdots & a_{1n} \\ \cdots & \cdots & \cdots \\ a_{i1} & a_{i2} \cdots\cdots & a_{in} \\ \cdots & \cdots & \cdots \\ a_{n1} & a_{n2} \cdots\cdots & a_{nn} \end{vmatrix} + \begin{vmatrix} a_{11} & a_{12} \cdots\cdots & a_{1n} \\ \cdots & \cdots & \cdots \\ b_{i1} & b_{i2} \cdots\cdots & b_{in} \\ \cdots & \cdots & \cdots \\ a_{n1} & a_{n2} \cdots\cdots & a_{nn} \end{vmatrix}.$$

[성질 6] 행렬의 한 행(또는 열)을 a 배하고, 다른 행(또는 열)에 더해도 행렬식은 변하지 않는다.

예제 10-3 행렬 A가

$$\begin{pmatrix} 1 & 2 & 3 & 4 \\ 2 & 3 & 4 & 5 \\ 3 & 4 & 5 & 6 \\ 4 & 5 & 6 & 7 \end{pmatrix}$$

일 때 $|A|$의 값을 구하여라.

풀이 제 1행에 -2를 곱해서 2행에 더하면

$$|A| = \begin{vmatrix} 1 & 2 & 3 & 4 \\ 2 & 3 & 4 & 5 \\ 3 & 4 & 5 & 6 \\ 4 & 5 & 6 & 7 \end{vmatrix} = \begin{vmatrix} 1 & 2 & 3 & 4 \\ 0 & -1 & -2 & -3 \\ 3 & 4 & 5 & 6 \\ 4 & 5 & 6 & 7 \end{vmatrix}.$$

또 1행에 -3을 곱해서 3행에 더하고, 3행에서 공통인수 2를 행렬식 밖으로 내놓으면

$$|A| = \begin{vmatrix} 1 & 2 & 3 & 4 \\ 0 & -1 & -2 & -3 \\ 0 & -2 & -4 & -6 \\ 4 & 5 & 6 & 7 \end{vmatrix} = 2 \begin{vmatrix} 1 & 2 & 3 & 4 \\ 0 & -1 & -2 & -3 \\ 0 & -1 & -2 & -3 \\ 4 & 5 & 6 & 7 \end{vmatrix}.$$

이제 2행과 3행이 같으므로 $|A| = 0$. ∎

예제 10-4 $|A|=\begin{vmatrix} 1 & 1 & 1 \\ x & y & z \\ x^2 & y^2 & z^2 \end{vmatrix}=(z-x)(y-x)(z-y)$ 을 보여라.

풀이 제 1열에서 2열을 빼고 다음에 2열에서 3열을 빼면

$$|A|=\begin{vmatrix} 0 & 0 & 1 \\ x-y & y-z & z \\ x^2-y^2 & y^2-z^2 & z^2 \end{vmatrix}=(x-y)(y-z)\begin{vmatrix} 0 & 0 & 1 \\ 1 & 1 & z \\ x+y & y+z & z^2 \end{vmatrix}.$$

$\begin{vmatrix} 0 & 0 & 1 \\ 1 & 1 & z \\ x+y & y+z & z^2 \end{vmatrix}$ 을 1행에 대하여 정리하면 1행 3열만 영이 아니므로

$$\begin{vmatrix} 0 & 0 & 1 \\ 1 & 1 & z \\ x+y & y+z & z^2 \end{vmatrix}=\begin{vmatrix} 1 & 1 \\ x+y & y+z \end{vmatrix}=z-x.$$

따라서 $|A|=(x-y)(y-z)(z-x)$. ■

■ 역행렬

n 차 정방행렬 $A=(a_{ij})$에 대하여 $AB=BA=I$를 만족하는 $n\times n$ 행렬 B가 존재하면, B를 A의 **역행렬**(inverse matrix)이라 하고, $B=A^{-1}$로 쓴다.

정의 행렬 A의 ji-원 a_{ji}의 여인수 A_{ji}를 ij-원으로 가지는 행렬을 A의 **여인수 행렬**(adjoint of A)이라 하고, Adj A로 나타낸다.

$$\text{Adj } A=\begin{pmatrix} A_{11} & A_{21} & \cdots & A_{n1} \\ A_{12} & A_{22} & \cdots & A_{n2} \\ \vdots & \vdots & \ddots & \vdots \\ A_{1n} & A_{2n} & \cdots & A_{nn} \end{pmatrix}$$

예제 10-5 2×2 행렬 $A=\begin{pmatrix} a & b \\ c & d \end{pmatrix}$에 대하여 $A(\text{Adj } A)$와 $(\text{Adj } A)A$를 계산하여라.

풀이 $\text{Adj } A=\begin{pmatrix} d & -b \\ -c & a \end{pmatrix}$이므로

$$A(\text{Adj } A)=\begin{pmatrix} a & b \\ c & d \end{pmatrix}\begin{pmatrix} d & -b \\ -c & a \end{pmatrix}=\begin{pmatrix} ad-bc & 0 \\ 0 & -bc+ad \end{pmatrix}=|A|\begin{pmatrix} 1 & 0 \\ 0 & 1 \end{pmatrix}.$$

마찬가지로 $(\text{Adj } A)A=|A|\begin{pmatrix} 1 & 0 \\ 0 & 1 \end{pmatrix}$이다. ■

일반적으로 $n\times n$ 행렬 $A=(a_{ij})$에 대해 $(\text{Adj } A)A$의 ij-원은

$$A_{1i}a_{1j}+A_{2i}a_{2j}+\cdots\cdots+A_{ni}a_{nj}$$

이므로 이 값은 $i=j$ 이면 $|A|$, $i \neq j$ 이면 (i 열과 j 열이 같은 행렬의 행렬식이므로) 0이 된다. 따라서

$$(\text{Adj } A)A = \begin{pmatrix} |A| & & 0 \\ & \ddots & \\ 0 & & |A| \end{pmatrix} = |A|I$$

가 된다. 마찬가지로, $A(\text{Adj } A) = |A|I$ 임을 알 수 있다. 그러므로, $|A| \neq 0$이면

$$A^{-1} = \frac{\text{Adj } A}{|A|}.$$

예제 10-6 $A = \begin{pmatrix} 1 & 1 & 0 \\ 0 & 1 & 1 \\ 1 & 0 & 1 \end{pmatrix}$의 역행렬을 구하여라.

풀이 $|A| = 2$, $\text{Adj } A = \begin{pmatrix} 1 & -1 & 1 \\ 1 & 1 & -1 \\ -1 & 1 & 1 \end{pmatrix}$이므로

$$A^{-1} = \frac{1}{2}\begin{pmatrix} 1 & -1 & 1 \\ 1 & 1 & -1 \\ -1 & 1 & 1 \end{pmatrix} = \begin{pmatrix} \frac{1}{2} & -\frac{1}{2} & \frac{1}{2} \\ \frac{1}{2} & \frac{1}{2} & -\frac{1}{2} \\ -\frac{1}{2} & \frac{1}{2} & \frac{1}{2} \end{pmatrix}.$$

역행렬을 구하는 방법은 위와 같이 여인수 행렬을 이용하는 것 외에 가우스소거법이라고 불리는 방법이 있다(선형대수학에서 다룸).

연습문제 10.1 Exercises

1. 다음을 계산하여라.

(a) $\begin{pmatrix} 1 & 2 & -3 & 4 \\ 0 & 5 & 1 & -1 \end{pmatrix} + \begin{pmatrix} 3 & -5 & 6 & -1 \\ 2 & 0 & -2 & -3 \end{pmatrix}$ (b) $\begin{pmatrix} 1 & 2 & 3 \\ 0 & -4 & 1 \end{pmatrix} + \begin{pmatrix} 3 & 5 \\ 1 & -2 \end{pmatrix}$

2. $A = \begin{pmatrix} 0 & -1 & 2 \\ 0 & 3 & 4 \end{pmatrix}$, $B = \begin{pmatrix} 4 & 0 & -3 \\ -1 & -2 & 3 \end{pmatrix}$, $C = \begin{pmatrix} 2 & -3 & 0 & 1 \\ 5 & -1 & -4 & 2 \\ -1 & 0 & 0 & 3 \end{pmatrix}$

일 때 $A+B$, $A+C$, $3A-4B$를 구하여라.

3. $A = \begin{pmatrix} 2 & 1 \\ 1 & 3 \end{pmatrix}$, $B = \begin{pmatrix} -2 & 0 \\ 3 & 4 \end{pmatrix}$, $C = \begin{pmatrix} 3 & 2 & 0 \\ 1 & 0 & 4 \end{pmatrix}$일 때 다음을 구하여라.

(a) $(A+B)^t$, A^t+B^t

(b) $A+A^t$, $A-A^t$

(c) C^t

(d) $C+C^t$ 는 정의되는가?

(e) A와 B는 대칭인가?

4. 행렬 $A=\begin{pmatrix} 2 & 3 \\ 1 & 3 \end{pmatrix}$, $B=\begin{pmatrix} 2 & 0 & -4 \\ 3 & -2 & 6 \end{pmatrix}$에서 AB, BA를 구하여라.

5. $A=\begin{pmatrix} 1 & 2 \\ 4 & -3 \end{pmatrix}$일 때 $AA=A^2$, $AAA=A^3$을 구하여라.

6. 다음 행렬식을 구하여라.

(a) $\begin{vmatrix} 1 & -2 & 2 & 3 \\ 2 & 2 & 0 & 2 \\ 4 & 1 & -1 & -1 \\ 1 & 2 & 3 & 0 \end{vmatrix}$

(b) $\begin{vmatrix} 1 & 2 & 3 & 4 \\ 0 & 3 & 0 & 4 \\ 1 & 0 & 1 & 0 \\ 0 & 1 & 0 & 1 \end{vmatrix}$

7. 여인수를 이용하여 다음 행렬의 역행렬을 구하라.

(a) $\begin{pmatrix} 3 & -1 & 2 \\ 2 & 1 & 1 \\ 1 & -3 & 0 \end{pmatrix}$

(b) $\begin{pmatrix} 1 & 3 & 3 \\ 1 & 3 & 4 \\ 1 & 4 & 3 \end{pmatrix}$

(c) $\begin{pmatrix} 1 & 1 & 1 & 0 \\ 1 & 1 & 0 & 1 \\ 1 & 0 & 1 & 1 \\ 0 & 1 & 1 & 1 \end{pmatrix}$

(d) $\begin{pmatrix} 2 & 1 & -1 & 2 \\ 1 & 3 & 2 & -3 \\ -1 & 2 & 1 & -1 \\ 2 & -3 & -1 & 4 \end{pmatrix}$

10.2 벡터의 내적과 외적

■ 벡터와 내적

벡터(vector)는 원래 물리학에서 변위, 속도, 힘과 같이 크기와 방향을 갖는 양을 나타내기 위하여 생긴 개념이다. 이것을 흔히 화살표로 나타내고 화살표의 길이와 방향으로 벡터의 크기와 방향을 표시한다. 두 화살표의 길이와 방향이 같을 때 **두 벡터는 같다**고 한다.

우선 평면벡터에 대하여 생각해 보자. 평면 위의 점 P로부터 점 Q로의 벡터를 $\overrightarrow{PQ}$로 나타내고 P를 **시점**, Q를 **종점**이라고 한다. 위의 정의에 의하면 한 벡터 $\overrightarrow{PQ}$가 있을 때 원점을 시점으로 하는 $\overrightarrow{PQ}$와 같은 벡터 $\overrightarrow{OR}$이 존재한다. 이 벡터의 종점 R의 좌표 (a_1, a_2)를 **벡터의 좌표**라 하고 a_1, a_2를 각각 **벡터의 성분**이라고 한다. 좌표와 성분은 모두 좌표축에 의하여 정해지므로, 다른 좌표축을 잡으면 다른 값을 갖는다. 벡터 $\overrightarrow{OR}$은 점 R에 의해 정해지므로 R의 좌표 (a_1, a_2)에 의하여 정해진다.

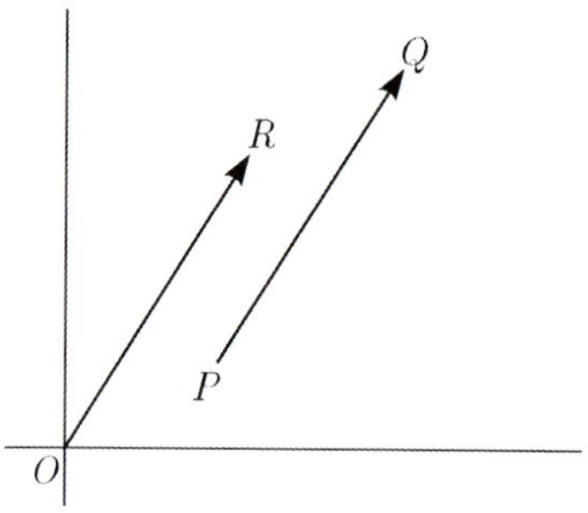

그림 10-2

이런 의미로 평면 좌표로 표시된 점 $R=(a_1, a_2)$를 벡터 $\overrightarrow{OR}$과 같다고 약속한다.

벡터의 합은

$$(a_1, a_2)+(b_1, b_2)=(a_1+b_1,\ a_2+b_2)$$

로 정의한다. 따라서 벡터의 합에 관해서는

$$(a_1, a_2)+(b_1, b_2)=(b_1, b_2)+(a_1, a_2) \qquad \text{(교환법칙)}$$

$$[(a_1, a_2)+(b_1, b_2)]+(c_1, c_2)=(a_1, a_2)+[(b_1, b_2)+(c_1, c_2)] \qquad \text{(결합법칙)}$$

이 성립한다.

종점 R이 원점인 벡터 (0, 0)을 **영벡터**(zero vector)라 하고 간단히 $\boldsymbol{O}$으로 나타낸다.

$$\boldsymbol{O}=(0, 0)$$

임의의 벡터 (a_1, a_2)에 대하여

$$(a_1, a_2)+(0, 0)=(a_1, a_2)$$

가 성립된다.

c를 임의의 실수라 할 때 (ca_1, ca_2)를 $c(a_1, a_2)$로 나타내고 이것을 벡터 (a_1, a_2)의 c배라고 부르며, 이러한 연산을 **스칼라곱**(scalar multiplication)이라고 한다. 즉,

$$c(a_1, a_2)=(ca_1, ca_2).$$

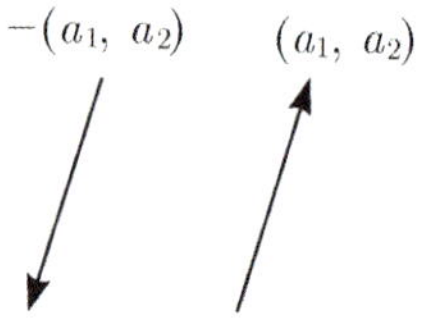

그림 10-3

벡터 (a_1, a_2)의 −1배 $(-1)(a_1, a_2)$를 $-(a_1, a_2)$로 나타낸다. 따라서

$$-(a_1, a_2)=(-a_1, -a_2).$$

기하학적으로 (a_1, a_2)와 $-(a_1, a_2)$는 평행하고 방향이 반대인 같은 길이의 유향선분(화살표)으로 표시된다. 일반적으로 두 벡터(a_1, a_2)와 (b_1, b_2)가 상수 $k(\neq 0)$에 대하여, $(a_1, a_2)=k(b_1, b_2)$의 관계를 만족할 때 **두 벡터는 평행하다**고 한다.

평면상의 벡터를 그리스 문자 α, β, …… 등으로 나타낸다면 지금까지 정의한 벡터에 관한 연산은 기하학적으로 그림 10-4(a) 또는 10-4(b)와 같이 나타남을 알 수 있다.

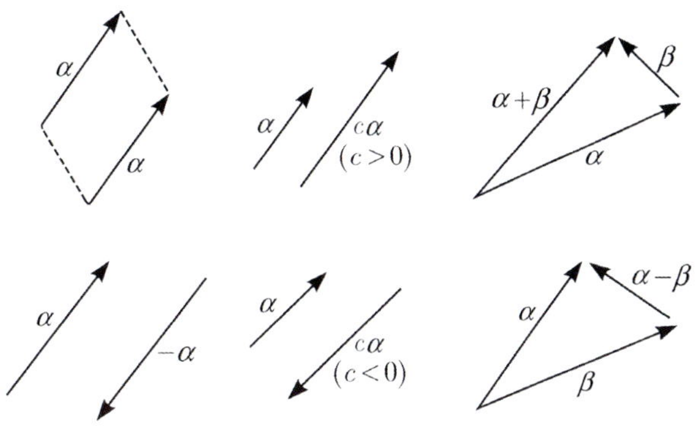

그림 10-4 (a)

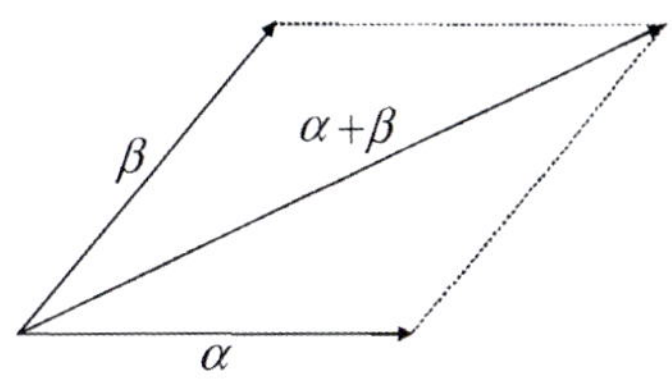

그림 10-4 (b)

두 벡터 (a_1, a_2)와 (b_1, b_2)의 **내적**(inner product)을

$$(a_1,\ a_2)\cdot(b_1,b_2)=a_1b_1+a_2b_2$$

로 정의한다. 특히 두 벡터가 일치하는 경우, 위의 관계는

$$(a_1, a_2)\cdot(a_1, a_2)=a_1^2+a_2^2$$

으로 되며, 복소수의 경우 두 성분을 이용하여 길이를 정의하듯이 $\sqrt{a_1^2+a_2^2}$ 을 **벡터** $\boldsymbol{\alpha}=(a_1, a_2)$ **의 길이 또는 크기**라 부르고 $|\boldsymbol{\alpha}|$로 나타낸다. 길이가 1인 벡터를 **단위벡터**(unit vector)라고 한다. x 축과 y 축의 양의 방향과 방향이 같은 단위벡터를 각각 $\boldsymbol{i}$ 와 $\boldsymbol{j}$ 로 표시한다. 따라서

$$\boldsymbol{i}=(1,0),\ \ \boldsymbol{j}=(0,1).$$

일반적으로 두 벡터 $\boldsymbol{\alpha}$, $\boldsymbol{\beta}$ 의 내적은 $\boldsymbol{\alpha}\cdot\boldsymbol{\beta}$ 또는 $\langle\boldsymbol{\alpha},\boldsymbol{\beta}\rangle$로 표시한다. 이 기호에 의하면

$$\langle\boldsymbol{\alpha},\boldsymbol{\alpha}\rangle=|\boldsymbol{\alpha}|^2$$

이다.

내적에 관한 공식을 열거하면 다음과 같다. 이들은 모두 정의로부터 쉽게 증명된다.

$$\langle\boldsymbol{\alpha},\boldsymbol{\beta}\rangle=\langle\boldsymbol{\beta},\boldsymbol{\alpha}\rangle$$
$$\langle\boldsymbol{\alpha}_1+\boldsymbol{\alpha}_2,\boldsymbol{\beta}\rangle=\langle\boldsymbol{\alpha}_1,\boldsymbol{\beta}\rangle+\langle\boldsymbol{\alpha}_2,\boldsymbol{\beta}\rangle$$
$$\langle\boldsymbol{\alpha},\boldsymbol{\beta}_1+\boldsymbol{\beta}_2\rangle=\langle\boldsymbol{\alpha},\boldsymbol{\beta}_1\rangle+\langle\boldsymbol{\alpha},\boldsymbol{\beta}_2\rangle$$
$$\langle a\boldsymbol{\alpha}, b\boldsymbol{\beta}\rangle=ab\langle\boldsymbol{\alpha},\boldsymbol{\beta}\rangle\quad (a, b\text{ 는 실수}).$$

정리 10-2 $\boldsymbol{\alpha},\boldsymbol{\beta}$를 임의의 두 벡터라 할 때,

$$|\boldsymbol{\alpha}-\boldsymbol{\beta}|^2=|\boldsymbol{\alpha}|^2+|\boldsymbol{\beta}|^2-2\langle\boldsymbol{\alpha},\boldsymbol{\beta}\rangle$$

증명

$$\begin{aligned}|\boldsymbol{\alpha}-\boldsymbol{\beta}|^2&=\langle\boldsymbol{\alpha}-\boldsymbol{\beta},\boldsymbol{\alpha}-\boldsymbol{\beta}\rangle=\langle\boldsymbol{\alpha},\boldsymbol{\alpha}-\boldsymbol{\beta}\rangle-\langle\boldsymbol{\beta},\boldsymbol{\alpha}-\boldsymbol{\beta}\rangle\\&=\langle\boldsymbol{\alpha},\boldsymbol{\alpha}\rangle-\langle\boldsymbol{\alpha},\boldsymbol{\beta}\rangle-\langle\boldsymbol{\beta},\boldsymbol{\alpha}\rangle+\langle\boldsymbol{\beta},\boldsymbol{\beta}\rangle\end{aligned}$$

$$= |\alpha|^2 - 2\langle \alpha, \beta \rangle + |\beta|^2.$$

정리 10-3 두 벡터 α, β가 이루는 각을 θ라 하면

$$\cos\theta = \frac{\langle \alpha, \beta \rangle}{|\alpha||\beta|}$$

증명 벡터 $\alpha, \beta, \alpha - \beta$는 지금까지 본 바에 의하면 삼각형의 세변을 이루고 있다(그림 10-5). 이 삼각형의 세 변의 길이를 $a = |\alpha|, b = |\beta|, c = |\alpha - \beta|$라 하면 삼각형의 코사인법칙에 의하여

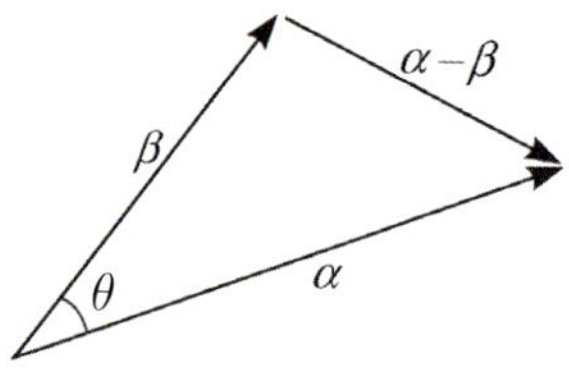

그림 10-5

$$c^2 = a^2 + b^2 - 2ab\cos\theta.$$

이것을 다시 쓰면

$$|\alpha - \beta|^2 = |\alpha|^2 + |\beta|^2 - 2|\alpha||\beta|\cos\theta.$$

이 식과 정리 10-3로부터 다음 따름정리가 얻어진다.

따름정리 O이 아닌 두 벡터 α, β가 수직이기 위한 필요충분조건은

$$\langle \alpha, \beta \rangle = 0$$

이다.

물리학에서 일정한 힘 F로 물체를 거리 d만큼 이동시킬 때 한 일은 $W = Fd$로 정의된다. 그런데 이 경우는 힘이 물체가 움직인 방향으로 작용했을 때에만 적용된다. 그림 10-6에서와 같이 일정한 힘이 어떤 다른 방향을 가리키는 벡터 $\vec{F}$인 경우에 물체를 P에서 Q까지 이동시킬 때 한 일은

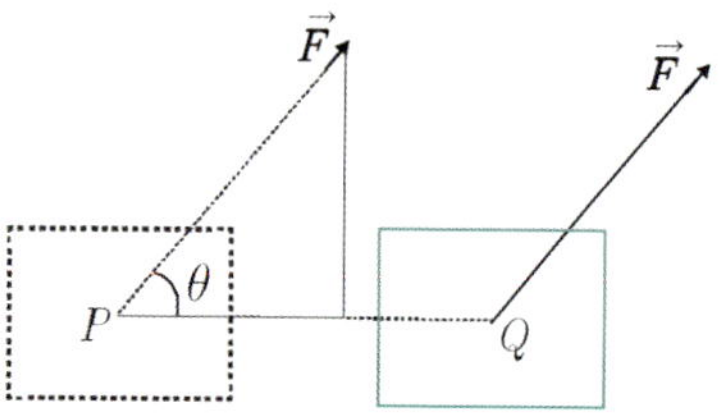

그림 10-6

$$W = (|\vec{F}|\cos\theta)|\overrightarrow{PQ}| = \vec{F} \cdot \overrightarrow{PQ}$$

이다(정리 10-3 참조). 특히, $1kg$의 물체에 $1m/\sec^2$의 가속도를 줄 수 있는 힘을 1N (Newton)이라 하고, 1N의 힘으로 $1m$를 이동시켰을 때 한 일을 1J(Joule)이라 한다.

예제 10-7 어떤 물체를 점 P에서 $3m$ 떨어진 점 Q까지 크기가 40N이고 $\overrightarrow{PQ}$와 이루는 사이각 θ가 $60°$ 인 힘 $\vec{F}$로 이동할 때 한 일 W를 구하여라.

풀이 $W = \vec{F} \cdot \overrightarrow{PQ} = |\vec{F}||\overrightarrow{PQ}|\cos\theta = 40 \cdot 3 \cdot \cos 60° = 60\,(\mathrm{J})$

지금까지 살펴본 이차원 평면벡터의 개념은 다음과 같이 n차원 벡터공간으로 일반화

된다. 즉 n 개의 실수 $a_1, a_2, \ldots\ldots, a_n$ 으로 이루어진 순서모임 $\boldsymbol{\alpha} = (a_1, a_2, \ldots\ldots, a_n)$ 을 n **차원 벡터**라 부른다. 모든 성분이 같은($a_i = b_i, i = 1, \cdots n$) 두 벡터 $\boldsymbol{\alpha} = (a_1, \cdots, a_n)$, $\boldsymbol{\beta} = (b_1, \cdots, b_n)$는 같다고 하고, 이들 벡터의 합, 스칼라곱, 내적, 길이 등은 모두 $n = 2$일 때와 똑같이 다음 식으로 정의된다.

> **정의** $\boldsymbol{\alpha} = (a_1, a_2, \ldots\ldots, a_n)$, $\boldsymbol{\beta} = (b_1, b_2, \ldots\ldots, b_n)$ 라 할 때
>
> $\boldsymbol{\alpha} + \boldsymbol{\beta} = (a_1 + b_1, a_2 + b_2, \ldots\ldots, a_n + b_n)$, (벡터의 합)
>
> $c\boldsymbol{\alpha} = (ca_1, ca_2, \ldots\ldots, ca_n)$, (스칼라곱)
>
> $\langle \boldsymbol{\alpha}, \boldsymbol{\beta} \rangle = a_1 b_1 + a_2 b_2 + \ldots + a_n b_n$ (내적)
>
> $|\boldsymbol{\alpha}| = \sqrt{a_1^2 + a_2^2 + \ldots\ldots + a_n^2}$ (벡터의 길이)

$\boldsymbol{\alpha}_1, \boldsymbol{\alpha}_2, \ldots\ldots, \boldsymbol{\alpha}_m$ 을 m 개의 벡터라 하고, $c_1, c_2, \ldots\ldots, c_m$ 이 실수일 때

$$c_1 \boldsymbol{\alpha}_1 + c_2 \boldsymbol{\alpha}_2 + \ldots\ldots + c_m \boldsymbol{\alpha}_m$$

형의 벡터를 $\boldsymbol{\alpha}_1, \boldsymbol{\alpha}_2, \ldots\ldots, \boldsymbol{\alpha}_m$ 의 **일차결합**(linear combination)이라고 한다.

■ 공간벡터와 외적

평면벡터와 같은 방법으로 삼차원 벡터(공간벡터)에 대해서도 앞의 정리 10-2, 정리 10-3, 따름정리가 성립함을 알 수 있다.

x, y, z 축의 양의 방향과 방향이 같은 단위벡터를 각각 $\boldsymbol{i}, \boldsymbol{j}, \boldsymbol{k}$ 로 나타내면

$$\boldsymbol{i} = (1, 0, 0),\ \boldsymbol{j} = (0, 1, 0),\ \boldsymbol{k} = (0, 0, 1)$$

이고, 임의의 공간벡터 $\boldsymbol{A} = (a_1, a_2, a_3)$는

$$\boldsymbol{A} = (a_1, a_2, a_3) = a_1 \boldsymbol{i} + a_2 \boldsymbol{j} + a_3 \boldsymbol{k}$$

와 같이, $\boldsymbol{i}, \boldsymbol{j}, \boldsymbol{k}$ 의 일차결합으로 나타난다.

이제 공간벡터의 외적을 살펴보도록 하자.

> **정의** 공간벡터 $\boldsymbol{A} = (a_1, a_2, a_3)$, $\boldsymbol{B} = (b_1, b_2, b_3)$ 에 대하여
>
> $$\boldsymbol{A} \times \boldsymbol{B} = (a_2 b_3 - a_3 b_2)\boldsymbol{i} + (a_3 b_1 - a_1 b_3)\boldsymbol{j} + (a_1 b_2 - a_2 b_1)\boldsymbol{k}$$
>
> 를 $\boldsymbol{A}$와 $\boldsymbol{B}$의 **외적**(cross product) 또는 **벡터곱**(vector product)이라고 한다.

참고 $A\times B = \begin{vmatrix} i & j & k \\ a_1 & a_2 & a_3 \\ b_1 & b_2 & b_3 \end{vmatrix}$ 와 같이 기억하면 편리하다.

예 9 $i\times j = k,\ j\times k = i,\ k\times i = j.$

정의로부터 벡터의 외적에 대한 다음 성질을 쉽게 알 수 있다.

$$A\times B = -B\times A$$
$$A\times A = O$$
$$(cA)\times B = c(A\times B) = A\times(cB)\ \ (c\text{는 실수})$$
$$A\times(B+C) = A\times B + A\times C$$
$$(A+B)\times C = A\times C + B\times C$$

$i\times(i\times k) = i\times(-j) = -k$ 이고, $(i\times i)\times k = O\times k = O$ 이므로 $i\times(i\times k)\neq(i\times i)\times k$ 이다. 따라서, 일반적으로 세 벡터 A, B, C에 대하여

$$A\times(B\times C)\neq(A\times B)\times C$$

에서 보듯이 교환법칙뿐만 아니라 결합법칙도 성립하지 않음을 알 수 있다. $A\times(B\times C)$ 또는 $(A\times B)\times C$ 를 **벡터삼중곱**(vector triple product)이라고 한다.

예제 10-8 $A = i+j, B = 2i-3j+k, C = 4j-3k$에 대해 $(A\times B)\times C$, $A\times(B\times C)$를 구하여라.

풀이 $A\times B = \begin{vmatrix} i & j & k \\ 1 & 1 & 0 \\ 2 & -3 & 1 \end{vmatrix} = i-j-5k,\quad (A\times B)\times C = \begin{vmatrix} i & j & k \\ 1 & -1 & -5 \\ 0 & 4 & -3 \end{vmatrix} = 23i+3j+4k.$

$B\times C = \begin{vmatrix} i & j & k \\ 2 & -3 & 1 \\ 0 & 4 & -3 \end{vmatrix} = 5i+6j+8k,\quad A\times(B\times C) = \begin{vmatrix} i & j & k \\ 1 & 1 & 0 \\ 5 & 6 & 8 \end{vmatrix} = 8i-8j+k.$ ∎

정리 10-4 A, B를 O이 아닌 두 벡터라 하자.

(1) $A\cdot(A\times B) = 0$, $B\cdot(A\times B) = 0$. 그러므로 $A\times B\neq O$ 이면 $A\times B$는 A와 B 모두에 수직인 벡터이다.

(2) θ를 두 벡터 A와 B가 이루는 각이라 하면 $(0\le\theta\le\pi)$, $|A\times B| = |A||B|\sin\theta$.

증명 $A = (a_1, a_2, a_3)$, $B = (b_1, b_2, b_3)$ 라 하자.

(1) 벡터의 내적과 외적에 대한 정의에 의하여,

$$A\cdot(A\times B) = a_1(a_2b_3 - a_3b_2) + a_2(a_3b_1 - a_1b_3) + a_3(a_1b_2 - a_2b_1) = 0$$

마찬가지로, $B\cdot(A\times B) = 0$이다.

(2) $|A\times B|^2 = (a_2b_3 - a_3b_2)^2 + (a_3b_1 - a_1b_3)^2 + (a_1b_2 - a_2b_1)^2$

$$= a_2^2 b_3^2 - 2a_2 a_3 b_2 b_3 + a_3^2 b_2^2 + a_3^2 b_1^2 - 2a_1 a_3 b_1 b_3 + a_1^2 b_3^2$$
$$+ a_1^2 b_2^2 - 2a_1 a_2 b_1 b_2 + a_2^2 b_1^2$$
$$= (a_1^2 + a_2^2 + a_3^2)(b_1^2 + b_2^2 + b_3^2) - (a_1 b_1 + a_2 b_2 + a_3 b_3)^2$$
$$= |\boldsymbol{A}|^2 |\boldsymbol{B}|^2 - (\boldsymbol{A} \cdot \boldsymbol{B})^2 = |\boldsymbol{A}|^2 |\boldsymbol{B}|^2 - (|\boldsymbol{A}||\boldsymbol{B}|\cos\theta)^2$$
$$= |\boldsymbol{A}|^2 |\boldsymbol{B}|^2 (1 - \cos^2\theta) = |\boldsymbol{A}|^2 |\boldsymbol{B}|^2 \sin^2\theta.$$

$0 \le \theta \le \pi$ 일 때 $\sin\theta \ge 0$이므로,

$$|\boldsymbol{A} \times \boldsymbol{B}| = |\boldsymbol{A}||\boldsymbol{B}|\sin\theta.$$

따름정리 $\boldsymbol{A}$와 $\boldsymbol{B}$가 영벡터가 아닐 때, $\boldsymbol{A}$와 $\boldsymbol{B}$가 평행하기 위한 필요충분조건은 $\boldsymbol{A} \times \boldsymbol{B} = \boldsymbol{O}$ 인 것이다.

정리 10-4으로부터 벡터 $\boldsymbol{A} \times \boldsymbol{B}$ 의 크기는 두 벡터 $\boldsymbol{A}$와 $\boldsymbol{B}$를 두 변으로 하는 평행사변형의 넓이와 같고(그림 10-7), 그 방향은 그림 10-8에서 보는 것처럼 $\boldsymbol{A}$에서 $\boldsymbol{B}$로 돌린 나사가 나가는 방향인 엄지의 방향과 같다.

따라서 $\boldsymbol{A}$와 $\boldsymbol{B}$를 두 변으로 하는 삼각형의 넓이는 $\frac{1}{2}|\boldsymbol{A} \times \boldsymbol{B}|$이다.

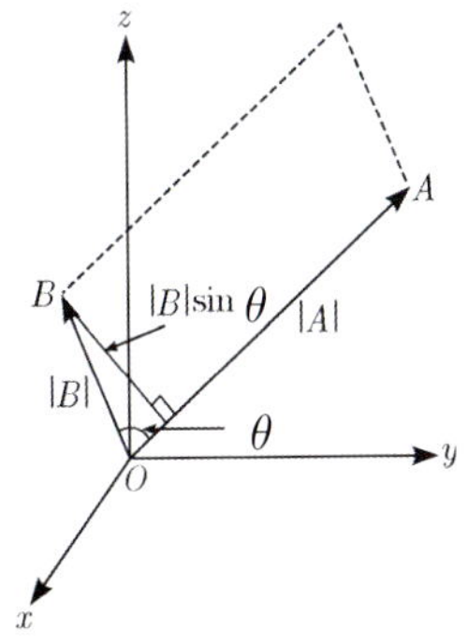

그림 10-7

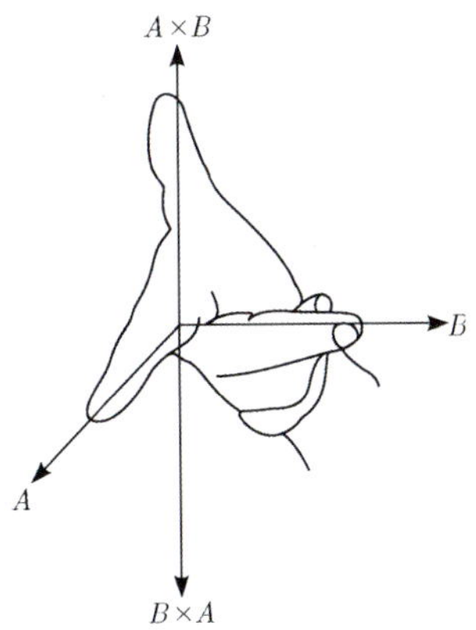

그림 10-8

예제 10-9 $P(2, 3, 5)$, $Q(4, 2, -1)$, $R(3, 6, 4)$로 이루어진 삼각형의 면적을 구하여라.

풀이 ΔPQR의 면적은 $\frac{1}{2}|\overrightarrow{PQ} \times \overrightarrow{PR}|$이다.

$$\overrightarrow{PQ} = (4-2)\boldsymbol{i} + (2-3)\boldsymbol{j} + (-1-5)\boldsymbol{k} = 2\boldsymbol{i} - \boldsymbol{j} - 6\boldsymbol{k}$$
$$\overrightarrow{PR} = (3-2)\boldsymbol{i} + (6-3)\boldsymbol{j} + (4-5)\boldsymbol{k} = \boldsymbol{i} + 3\boldsymbol{j} - \boldsymbol{k}$$
$$\overrightarrow{PQ} \times \overrightarrow{PR} = \begin{vmatrix} \boldsymbol{i} & \boldsymbol{j} & \boldsymbol{k} \\ 2 & -1 & -6 \\ 1 & 3 & -1 \end{vmatrix} = 19\boldsymbol{i} - 4\boldsymbol{j} + 7\boldsymbol{k} \quad \text{이므로}$$

$$\Delta PQR \text{의 면적} = \frac{1}{2}|19\boldsymbol{i} - 4\boldsymbol{j} + 7\boldsymbol{k}| = \frac{1}{2}\sqrt{426} \text{ 이 된다.}$$

렌치(wrench)를 사용하여 나사를 돌릴 때 작용하는 **토크**(torque) 벡터 $\vec{\tau}$는 나사의 회전축 방향으로 작용한다. 토크의 크기는 회전축으로부터 렌치의 힘이 작용하고 있는 지점까지의 거리와 실제 얼마의 힘이 그 지점에서 렌치에 수직으로 작용하고 있는지에 비례한다. 즉, 토크의 크기는 나사의 축에서 힘이 작용하는 지점까지의 벡터 $\overrightarrow{PQ}$의 길이와 힘의 수직성분 $|\vec{F}|\sin\theta$에 비례한다.

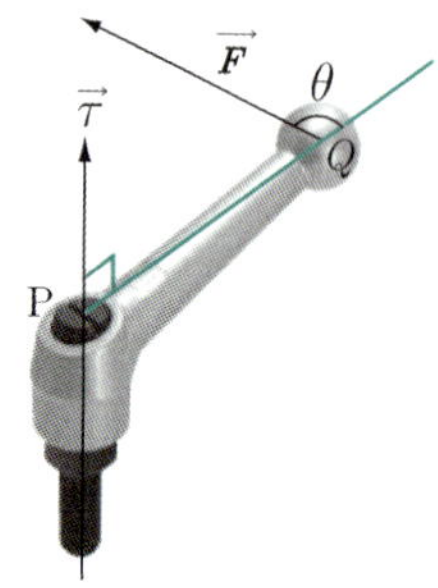

그림 10-9

$$|\vec{\tau}| = |\overrightarrow{PQ}||\vec{F}|\sin\theta$$

나사축의 방향의 단위벡터를 $\vec{n}$이라 할 때, 토크벡터는

$$\vec{\tau} = (|\overrightarrow{PQ}||\vec{F}|\sin\theta)\vec{n} = \overrightarrow{PQ}\times\vec{F}$$

와 같이 쓸 수 있다.

예 10 회전축으로부터 $1m$ 떨어진 지점에 $30N$의 힘이 $30°$ 의 각을 이루며 작용한 경우 토크의 크기 $|\vec{\tau}|$ 는 $|\vec{\tau}| = |\overrightarrow{PQ}||\vec{F}|\sin\theta = 1\cdot 30\cdot\frac{1}{2} = 15\ (N\cdot m)$이다.

세 벡터 $\boldsymbol{A}=(a_1, a_2, a_3)$, $\boldsymbol{B}=(b_1, b_2, b_3)$, $\boldsymbol{C}=(c_1, c_2, c_3)$ 에 대하여 $(\boldsymbol{A}\times\boldsymbol{B})\cdot\boldsymbol{C}$를 생각해 보자.

$$\boldsymbol{A}\times\boldsymbol{B} = (a_2b_3 - a_3b_2)\boldsymbol{i} + (a_3b_1 - a_1b_3)\boldsymbol{j} + (a_1b_2 - a_2b_1)\boldsymbol{k}$$

이므로 행렬식의 성질 2 를 활용하면

$$\begin{aligned}(\boldsymbol{A}\times\boldsymbol{B})\cdot\boldsymbol{C} &= (a_2b_3 - a_3b_2)c_1 + (a_3b_1 - a_1b_3)c_2 + (a_1b_2 - a_2b_1)c_3 \\ &= \begin{vmatrix} c_1 & c_2 & c_3 \\ a_1 & a_2 & a_3 \\ b_1 & b_2 & b_3 \end{vmatrix} = \begin{vmatrix} a_1 & a_2 & a_3 \\ b_1 & b_2 & b_3 \\ c_1 & c_2 & c_3 \end{vmatrix} = \begin{vmatrix} b_1 & b_2 & b_3 \\ c_1 & c_2 & c_3 \\ a_1 & a_2 & a_3 \end{vmatrix}.\end{aligned}$$

여기서 $(\boldsymbol{A}\times\boldsymbol{B})\cdot\boldsymbol{C}$ 또는 $\boldsymbol{C}\cdot(\boldsymbol{A}\times\boldsymbol{B})$를 벡터의 **스칼라삼중곱**(scalar triple product)이라고 한다.

$$\boldsymbol{A}\cdot(\boldsymbol{B}\times\boldsymbol{C}) = a_1(b_2c_3 - b_3c_2) + a_2(b_3c_1 - b_1c_3) + a_3(b_1c_2 - b_2c_1)$$

이므로

$$\boldsymbol{A}\cdot(\boldsymbol{B}\times\boldsymbol{C}) = (\boldsymbol{A}\times\boldsymbol{B})\cdot\boldsymbol{C} = \begin{vmatrix} a_1 & a_2 & a_3 \\ b_1 & b_2 & b_3 \\ c_1 & c_2 & c_3 \end{vmatrix} \tag{1}$$

임을 알 수 있다.

그림 10-10에서와 같이 $\boldsymbol{A}$와 $\boldsymbol{B}\times\boldsymbol{C}$ 사이의 각을 θ 라 하면, $|\boldsymbol{B}\times\boldsymbol{C}|$는 평행육면체의

밑면의 넓이이고, $|\boldsymbol{A}||\cos\theta|$가 높이이므로 $\boldsymbol{A}, \boldsymbol{B}, \boldsymbol{C}$를 세 변으로 하는 평행육면체의 부피는

$$|\boldsymbol{A}||\cos\theta||\boldsymbol{B}\times\boldsymbol{C}| = |\boldsymbol{A}\cdot(\boldsymbol{B}\times\boldsymbol{C})|$$

가 된다.

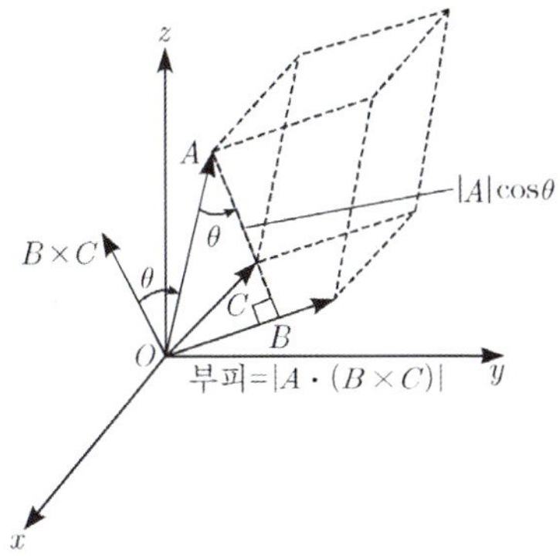

그림 10-10

예제 10-10 $A = i - j$, $B = 2i + 3j - k$, $C = -i + 2k$ 를 세 변으로 하는 평행육면체의 부피를 구하여라.

풀이 평행육면체의 부피는 $|\boldsymbol{A}\cdot(\boldsymbol{B}\times\boldsymbol{C})|$ 이다. (1)로부터

$$\boldsymbol{A}\cdot(\boldsymbol{B}\times\boldsymbol{C}) = \begin{vmatrix} 1 & -1 & 0 \\ 2 & 3 & -1 \\ -1 & 0 & 2 \end{vmatrix} = 9$$

이므로 구하는 부피는 9이다. ▮

연습문제 10.2 Exercises

1. $(x, 3) = (2, x+y)$에서 x, y를 구하여라.

2. 두 벡터 $\boldsymbol{\alpha} = (4, 2)$, $\boldsymbol{\beta} = (-3\sqrt{2}, \sqrt{2})$ 가 이루는 각을 구하여라.

3. 다음 등식을 증명하여라.

$$|\boldsymbol{\alpha}+\boldsymbol{\beta}|^2 + |\boldsymbol{\alpha}-\boldsymbol{\beta}|^2 = 2|\boldsymbol{\alpha}|^2 + 2|\boldsymbol{\beta}|^2$$

4. 화물열차의 기관차가 60,000N의 일정한 힘으로 직선철로를 따라 3km 달렸을 때 한 일을 구하여라.

5. $\boldsymbol{\alpha} = c_1\boldsymbol{\alpha}_1 + c_2\boldsymbol{\alpha}_2 \,(c_1 + c_2 = 1)$이라면 $\boldsymbol{\alpha}, \boldsymbol{\alpha}_1, \boldsymbol{\alpha}_2$의 종점은 한 개의 직선 위에 있음을 보여라. 단, 벡터 $\boldsymbol{\alpha}, \boldsymbol{\alpha}_1, \boldsymbol{\alpha}_2$의 시점은 모두 원점이다.

6. 다음 벡터 $\boldsymbol{u}$, $\boldsymbol{v}$에 대하여 $\boldsymbol{u}\times\boldsymbol{v}$를 구하여라.

(a) $\boldsymbol{u}=\boldsymbol{i}-2\boldsymbol{j},\ \boldsymbol{v}=3\boldsymbol{k}$ (b) $\boldsymbol{u}=\boldsymbol{i}-\boldsymbol{j},\ \boldsymbol{v}=\boldsymbol{j}+\boldsymbol{k}$

(c) $\boldsymbol{u}=2\boldsymbol{i}-3\boldsymbol{j}+\boldsymbol{k},\ \boldsymbol{v}=\boldsymbol{i}+2\boldsymbol{j}+\boldsymbol{k}$ (d) $\boldsymbol{u}=-3\boldsymbol{i}-2\boldsymbol{j}+\boldsymbol{k},\ \boldsymbol{v}=6\boldsymbol{i}+4\boldsymbol{j}-2\boldsymbol{k}$

7. $\boldsymbol{u}=a_1\boldsymbol{i}+a_2\boldsymbol{j}+a_3\boldsymbol{k}$일 때 $\boldsymbol{u}\times\boldsymbol{O}=\boldsymbol{O}\times\boldsymbol{u}=\boldsymbol{O}$ 임을 보여라.

8. $\boldsymbol{u},\boldsymbol{v}$는 공간벡터이고, a는 실수일 때 $(a\boldsymbol{u})\times\boldsymbol{v}=a(\boldsymbol{u}\times\boldsymbol{v})$임을 보여라.

10.3 직선과 평면의 방정식

■ 직선의 방정식

공간에서의 직선은 직선상의 한 점과 직선의 방향에 의해서 결정된다.

직선 L이 한 점 $P_0(x_0, y_0, z_0)$를 지나고 $\boldsymbol{O}=(0,0,0)$ 이 아닌 벡터 $\boldsymbol{A}=(a,b,c)$와 평행하다고 하자. 이때 직선상의 임의의 점을 $P(x,y,z)$라 놓으면 벡터 $\overrightarrow{P_0P}$는 벡터 $\boldsymbol{A}$와 평행하다. 따라서 직선상의 임의의 점 P는 실수 t에 대하여

$$\begin{aligned}\overrightarrow{P_0P} &= (x-x_0, y-y_0, z-z_0) = t\boldsymbol{A}\\ &= (ta, tb, tc)\end{aligned}$$

를 만족한다. 그러므로 직선의 식을

$$x=at+x_0,\ \ y=bt+y_0,\ \ z=ct+z_0,\ \ (t\text{ 는 실수})$$

와 같이 나타낼 수 있다. 이것을 **직선의 매개방정식**(parametric equation)이라고 한다. a,b,c가 0이 아닌 경우에는 t를 소거하여

$$\frac{x-x_0}{a}=\frac{y-y_0}{b}=\frac{z-z_0}{c}$$

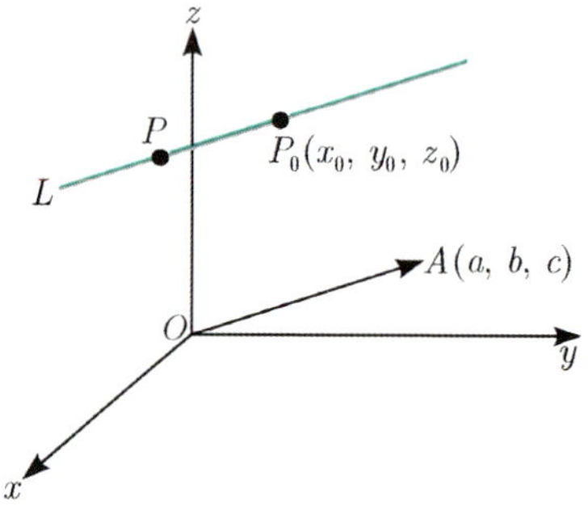

그림 10-11

와 같이 나타낼 수도 있는데 이를 직선의 **대칭방정식**(symmetric equation)이라 한다. 여기서 벡터 $\boldsymbol{A}=(a,b,c)$를 직선 L의 **방향벡터**(direction vector)라 한다.

예 11 점 $P(2,-9,5)$를 지나고 벡터 $\boldsymbol{A}=(3,-1,4)$와 평행한 직선의 식은 $x=3t+2$, $y=-t-9,\ z=4t+5$ 혹은

$$\frac{x-2}{3}=\frac{y+9}{-1}=\frac{z-5}{4}$$

가 된다.

예 12 점 $(2,-9,5)$를 지나고 $\boldsymbol{A}=(0,2,3)$과 평행한 직선의 매개방정식은

$$x=2,\ \ y=2t-9,\ \ z=3t+5$$

가 된다. t를 소거하여

$$x=2,\ \ \frac{y+9}{2}=\frac{z-5}{3}.$$

와 같이 나타낼 수도 있다.

직선의 방향벡터 $\boldsymbol{A}=(a,b,c)$를 단위벡터라 하고, x,y,z축의 양의 방향과 이루는 각을 각각 α,β,γ라 하자. 여기서 α,β,γ를 직선의 **방향각**(direction angle)이라 하고, $\cos\alpha$, $\cos\beta$, $\cos\gamma$를 직선의 **방향여현** 또는 **방향 코사인**(direction cosine)이라 한다.

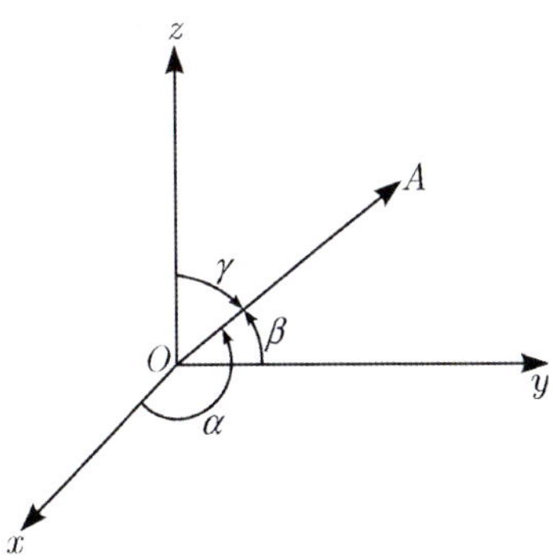

그림 10-12

α,β,γ는 각각 단위벡터 $\boldsymbol{i},\boldsymbol{j},\boldsymbol{k}$와 $\boldsymbol{A}$가 이루는 각이므로

$$\begin{aligned}a&=(a,b,c)\cdot(1,0,0)\\&=|(a,b,c)||(1,0,0)|\cos\alpha=\cos\alpha\\b&=\boldsymbol{A}\cdot\boldsymbol{j}=|\boldsymbol{A}||\boldsymbol{j}|\cos\beta=\cos\beta\\c&=\boldsymbol{A}\cdot\boldsymbol{k}=|\boldsymbol{A}||\boldsymbol{k}|\cos\gamma=\cos\gamma\end{aligned}$$

가 된다.

여기서 우리는 방향벡터 $\boldsymbol{A}$가 단위벡터(즉 $a^2+b^2+c^2=1$)라고 했으므로

$$\cos^2\alpha+\cos^2\beta+\cos^2\gamma=1$$

이 된다.

예 13 원점으로부터 점 $(0,3,4)$쪽으로 향하는 직선의 방향여현은 $|(0,3,4)|=5$이므로,

$$\cos\alpha=\frac{0}{5}=0,\ \ \cos\beta=\frac{3}{5},\ \ \cos\gamma=\frac{4}{5}.$$

예 14 $\alpha=45°$, $\beta=60°$이면 γ는

$$\cos^2\gamma=1-\cos^2 45°-\cos^2 60°=1-\frac{1}{2}-\frac{1}{4}=\frac{1}{4}$$

이므로 $\cos\gamma = \pm\frac{1}{2}$ 이다. 따라서 $\gamma = 60°$ 혹은 $120°$ 이다.

직선 사이의 각은 두 직선의 방향벡터가 이루는 각과 같으므로 방향벡터가 각각 $\boldsymbol{A}_1 = (a_1, b_1, c_1)$, $\boldsymbol{A}_2 = (a_2, b_2, c_2)$ 인 두 직선 사이의 각을 ϕ 라 하면

$$\cos\phi = \frac{\langle \boldsymbol{A}_1, \boldsymbol{A}_2 \rangle}{|\boldsymbol{A}_1||\boldsymbol{A}_2|} = \frac{a_1a_2 + b_1b_2 + c_1c_2}{\sqrt{a_1^2 + b_1^2 + c_1^2}\ \sqrt{a_2^2 + b_2^2 + c_2^2}}$$

이다.

예 15 두 직선의 방향벡터가 각각 $(1, 2, 2)$, $(3, 4, -12)$ 이면

$$\cos\phi = \frac{1 \cdot 3 + 2 \cdot 4 + 2 \cdot (-12)}{\sqrt{1^2 + 2^2 + 2^2}\ \sqrt{3^2 + 4^2 + (-12)^2}} = -\frac{1}{3}$$

이므로 $\phi \approx 109.5°$ 이다.

예제 10-11 방향벡터가 각각 $(3, 2, -1)$, $(1, -3, 4)$ 인 두 직선 모두에 대해서 수직인 직선의 방향벡터를 구하여라.

풀이 구하는 직선의 방향벡터를 (a, b, c)라 하면

$$(3, 2, -1) \cdot (a, b, c) = 3a + 2b - c = 0$$
$$(1, -3, 4) \cdot (a, b, c) = a - 3b + 4c = 0.$$

이것을 풀면 $a = -\frac{5}{13}b$, $c = \frac{11}{13}b$ 이다. b 는 임의의 수가 될 수 있으므로 $b = 13$ 이라 놓으면 $(-5, 13, 11)$이 하나의 방향벡터가 된다. ■

별해 구하는 직선의 방향벡터는 $(3, 2, -1)$과 $(1, -3, 4)$에 수직이므로 $(3, 2, 4) \times (1, -3, 4) = (5, -13, -11)$ 이 하나의 방향벡터이다. ■

■ 평면의 방정식

그림 10-13에서와 같이 평면 위의 한 점 $P_0(x_0, y_0, z_0)$와 평면에 수직인 $\boldsymbol{O}$이 아닌 벡터 $\boldsymbol{N} = (a, b, c)$가 주어졌다고 하자($\boldsymbol{N}$을 평면의 **법벡터**(normal vector)라고 부른다). 점 $P(x, y, z)$가 평면 위의 다른 점이라면 벡터 $\overrightarrow{P_0P}$ 는 $\boldsymbol{N}$과 수직이 된다. 그러므로

$$\boldsymbol{N} \cdot \overrightarrow{P_0P} = 0$$

즉

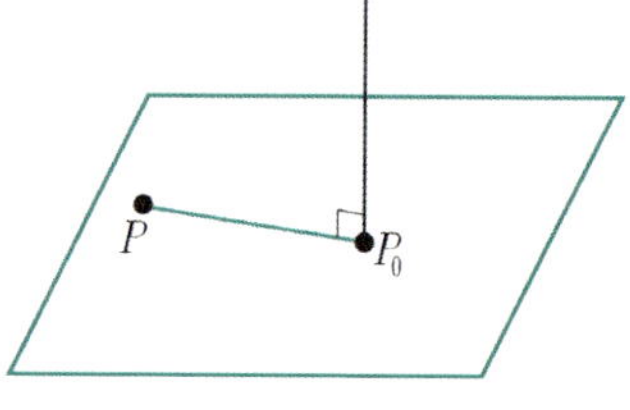

그림 10-13

$$a(x-x_0)+b(y-y_0)+c(z-z_0)=0$$

이 된다. 이것은

$$ax+by+cz=D$$

로 쓸 수 있다. 여기서

$$D=ax_0+by_0+cz_0.$$

따라서 다음과 같은 결과를 얻는다.

정리 10-5 임의의 평면은 일차방정식으로 나타낼 수 있다.

역으로 임의의 일차방정식

$$ax+by+cz=D \tag{1}$$

가 주어졌다고 하자. $P_0(x_0, y_0, z_0)$가 (1)을 만족시키는 한 점이라고 하면

$$ax_0+by_0+cz_0=D \tag{2}$$

가 성립된다. (1)에서 (2)를 빼면

$$a(x-x_0)+b(y-y_0)+c(z-z_0)=0$$

이 되므로, 벡터 $\boldsymbol{N}=(a, b, c)$ 와 점 $P(x, y, z)$를 생각하면 이것은 곧

$$\boldsymbol{N}\cdot\overrightarrow{P_0P}=0$$

을 뜻한다. 그러므로 (1)을 만족시키는 점은 벡터 $\boldsymbol{N}$과 수직이고, 즉 법벡터가 $\boldsymbol{N}$이고 한 점 P_0를 지나는 평면 위에 있음을 알 수 있다. 따라서 우리는 다음의 정리를 얻는다.

정리 10-6 공간좌표의 일차방정식 $ax+by+cz=D$의 해집합은 평면이다.

예 16 한 점 $P_0(-3, 0, 7)$을 지나고 벡터 $\boldsymbol{N}=(5, 2, -1)$ 과 수직인 평면의 방정식은

$$5x+2y-z=5(-3)+2(0)+(-1)7=-22.$$

예제 10-12 방정식 $2x+3y+4z=12$의 궤적을 그려라.

풀이 방정식이 일차이므로 궤적은 평면이 된다. 이것은 벡터 $(2, 3, 4)$와 수직이고, 한 점 $(6, 0, 0)$을 지난다. 또 y, z 축과 각각 점 $(0, 4, 0)$, $(0, 0, 3)$에서 만나고, 좌표평면과 만나는 교선은

$$2x+3y=12,\ 3y+4z=12,\ 2x+4z=12$$

이다(그림 10-14). ∎

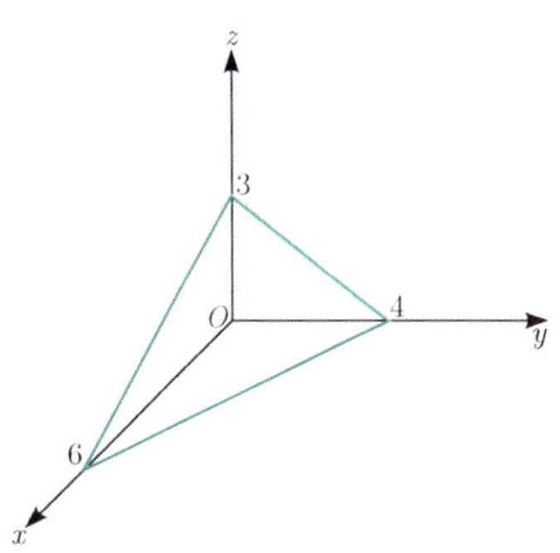

그림 10-14

예제 10-13 점 $(1, 2, -1)$을 지나고 평면 $2x-3y+4z+6=0$에 평행한 평면의 방정식을 구하여라.

풀이 두 평면은 그 평면에 수직인 벡터들이 서로 평행할 때 평행하다. 평면 $2x-3y+4z+6=0$은 벡터 $(2, -3, 4)$와 수직이므로 구하는 평면의 식은 $2x-3y+4z=2(1)+(-3)(2)+4(-1)=-8$이다. ∎

예제 10-14 점 $P(2, -3, 4)$로부터 평면 $x+2y+2z=13$에 이르는 거리를 구하여라.

풀이 P에서 평면에 이르는 거리는 P를 지나고 평면에 수직인 직선이 평면과 만나는 점을 Q라 할 때 선분 PQ의 길이와 같다.
P를 지나고 평면에 수직인 직선은 벡터 $(1, 2, 2)$와 평행이 되므로

$$x=t+2,\quad y=2t-3,\quad z=2t+4.$$

직선과 평면이 만나는 점을 구하기 위해 $(t+2)+2(2t-3)+2(2t+4)=13$을 풀면 $t=1$이므로 $x=3$, $y=-1$, $z=6$이 점 Q의 좌표가 된다. 그러므로 선분 PQ의 길이는

$$\sqrt{(3-2)^2+(-1+3)^2+(6-4)^2}=3$$

이 된다. ∎

별해 평면 밖의 한 점 $P_1(x_1, y_1, z_1)$으로부터 평면 $ax+by+cz=D$까지의 거리

$$d=\frac{|ax_1+by_1+cz_1-D|}{\sqrt{a^2+b^2+c^2}}$$

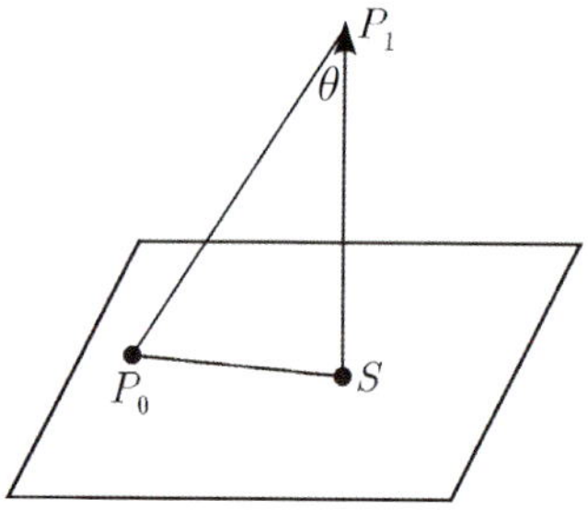

그림 10-15

는 다음과 같은 방법으로 구할 수 있다. 평면상의 임의의 점 $P_0(x_0, y_0, z_0)$를 잡고, 점 P_1에서 평면에 내린 수선의 발을 S라 하자. 두 벡터 $\overrightarrow{P_0P_1}$과 $\overrightarrow{SP_1}$이 이루는 각 θ는 $\overrightarrow{P_0P_1}$과 평면의 법벡터 $\overrightarrow{\boldsymbol{N}}=(a,b,c)$가 이루는 각과 같다. 따라서

$$d=|\overrightarrow{P_0P_1}||\cos\theta|=|\overrightarrow{P_0P_1}|\frac{|\langle \overrightarrow{P_0P_1}, \boldsymbol{N}\rangle|}{|\overrightarrow{P_0P_1}||\boldsymbol{N}|}=\frac{|\langle \overrightarrow{P_0P_1}, \boldsymbol{N}\rangle|}{|\boldsymbol{N}|}$$

이고, 위 식에 P_0와 P_1의 좌표를 대입하면

$$d=\frac{|a(x_1-x_0)+b(y_1-y_0)+c(z_1-z_0)|}{\sqrt{a^2+b^2+c^2}}$$

이다. 이때 P_0는 평면상의 점이므로 $ax_0+by_0+cz_0=D$를 대입하면, 위와 같은 평면 밖의 한 점에서 평면에 이르는 거리공식을 얻을 수 있다. 이 거리공식을 예제 10-14에 적용하면

$$d=\frac{|2\cdot 1+(-3)\cdot 2+4\cdot 2-13|}{\sqrt{1^2+2^2+2^2}}=3$$

을 얻을 수 있다.

예제 10-15 평면 $2x+3y-2z=5$와 $x+2y-3z=8$에 수직이고 점 $(1,-1,2)$를 포함하는 평면의 방정식을 구하여라.

풀이 주어진 점 $(1,-1,2)$를 포함하는 평면의 방정식은

$$A(x-1)+B(y+1)+C(z-2)=0. \qquad (1)$$

주어진 평면과 (1)이 수직이라는 조건으로부터

$$2A+3B-2C=0,\quad A+2B-3C=0.$$

이것을 풀면 $A=-5C$, $B=4C$. 그러므로 구하는 방정식은 $5x-4y-z=7$. ∎

별해 구하는 평면의 한 법벡터는 $(2,3,-2)$와 $(1,2,-3)$과 각각 수직이므로 $(2,3,-2)\times(1,2,-3)$이 된다.

$$(2,3,-2)\times(1,2,-3)=(-5,4,1)$$

이므로, 구하는 방정식은 $-5x+4y+z=-7$, 즉 $5x-4y-z=7$이 된다.

두 평면 사이의 각은 두 평면의 법선들이 이루는 예각으로 정의한다. 그러므로 두 평면 $a_1x+b_1y+c_1z=d_1$과 $a_2x+b_2y+c_2z=d_2$가 이루는 각을 ϕ라 하면

$$\cos\phi=\frac{|(a_1,b_1,c_1)\cdot(a_2,b_2,c_2)|}{|(a_1,b_1,c_1)||(a_2,b_2,c_2)|}=\frac{|a_1a_2+b_1b_2+c_1c_2|}{\sqrt{a_1^2+b_1^2+c_1^2}\sqrt{a_2^2+b_2^2+c_2^2}}$$

에 의해서 결정된다.

예 15 평면 $x+2y-2z=5$와 $3x-5y+4z=2$ 사이의 예각의 코사인은

$$\cos\phi=\left|\frac{(1)(3)+(2)(-5)+(-2)(4)}{\sqrt{1^2+2^2+(-2)^2}\sqrt{3^2+(-5)^2+4^2}}\right|=\frac{1}{\sqrt{2}}.$$

따라서 $\phi=\frac{\pi}{4}$이다.

연습문제 10.3 Exercises

1. OX와 45도, OZ와 60도의 각을 이루는 직선은 OY와는 몇 도의 각을 이루는가?

2. 방향벡터가 $(2,-2,1)$인 직선의 방향여현을 구하여라.

3. 방향벡터가 $(1,1,0)$, $(2,1,2)$인 두 직선 사이의 예각을 구하여라.

4. 방향벡터가 $(2,-1,2)$와 $(3,0,1)$인 두 직선의 각각에 대해서 수직인 직선의 방향벡터를 구하여라.

5. 세 점 $(2,3,1)$, $(6,-3,2)$, $(4,0,3)$에 의해서 이루어지는 삼각형에 수직인 직선의 방향벡터를 구하여라.

6. 두 점 $(1,3,-1)$, $(-1,2,0)$으로부터 같은 거리에 있는 점의 자취를 구하여라.

7. 세 점 $(3,-1,-4)$, $(-2,2,1)$, $(0,4,-1)$을 포함하는 평면의 방정식을 구하여라.

8. 두 점 $(2,0,1)$, $(-1,2,0)$을 지나고, 평면 $2x-4y-z=7$에 수직인 평면의 방정식을 구하여라.

9. 세 평면 $x+5y-2z=9$, $3x-2y+z=3$과 $x+y+z=2$의 교점을 구하여라.

10. 두 평면 $x+4y-z=5$와 $y+z=2$ 사이의 예각을 구하여라.

10.4 매개방정식

이 절에서는 곡선을 나타내는 한 방법으로, 곡선의 기하학적 성질(길이 또는 곡률과 같은)이나 곡선을 따라 움직이는 입자의 운동 등을 묘사하기에 편리한 방법을 공부하도록 한다.

x와 y가 구간 I에서 연속인 함수일 때, 평면상의 곡선 C를 다음과 같이 나타낼 수 있다.

$$C : x = x(t),\ y = y(t),\ t \in I \tag{1}$$

이때 $x=x(t)$, $y=y(t)$를 곡선 C의 **매개방정식**(parametric equations)이라 하고, t를 곡선의 **매개변수**(parameter)라고 한다.

모든 $t \in I$에 대하여, 위 (1)을 만족하는 점 $(x(t), y(t))$ 들의 집합을 곡선 C의 **그래프**라고 한다. $t \in I$는 곡선의 그래프상의 한 점 $(x(t), y(t))$ 를 결정하며, 매개변수 t가 I상에서 움직임에 따라, 점 $(x(t),\ y(t))$가 곡선을 그리게 된다. 곡선의 **방향**(direction)은 t가 증가함에 따라 곡선의 그래프를 따라 나아가는 방향이다. 구간 I가 왼쪽 끝점 a를 포함하고 있을 때, 점 $(x(a), y(a))$를 곡선의 **시작점**(initial point), 오른쪽 끝점 b를 포함하고 있을 때, 점 $(x(b), y(b))$를 곡선의 **끝점**(terminal point)이라고 한다(그림 10-16).

움직이는 입자의 운동을 묘사하는데 매개방정식을 쓸 수 있다. 이때, 매개변수 t는 시간을 나타내고, 매개방정식은 시간 t에서 입자의 위치를 알려준다.

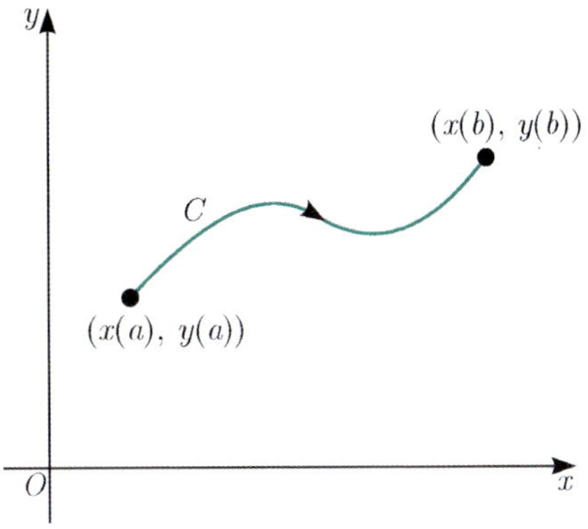

그림 10-16

매개방정식으로 나타내어진 곡선의 그래프를 스케치할 때 가장 기본적인 방법은 t가 증가함에 따라 얻어지는 몇 개의 점을 순서에 의해 선분으로 연결하고, 곡선이 매끄러우면 그 점들을 매끄러운 곡선으로 연결하는 것이다.

예제 10-16 다음의 곡선을 t가 0에서부터 $\frac{\pi}{4}$만큼씩 증가할 때 얻어지는 점들을 선으로 연결하고, 또한 그 점들을 매끄럽게 곡선으로 연결하여라.

$$C: x = \sin t - \sin 2t,\ y = \cos t - \cos 2t,\ 0 \le t \le 2\pi$$

풀이 t가 0에서부터 $\frac{\pi}{4}$만큼씩 증가함에 따라 생기는 점들의 좌표가 아래 표와 같고, 그 점들을 순서대로 선분으로 연결한 것과 매끄럽게 곡선으로 연결한 것이 그림 10-17에 있다.

t	x	y
0	0	0
$\frac{\pi}{4}$	$\frac{1}{\sqrt{2}} - 1 \approx -0.3$	$\frac{1}{\sqrt{2}} \approx 0.7$
$\frac{\pi}{2}$	1	1
$\frac{3\pi}{4}$	$\frac{1}{\sqrt{2}} + 1 \approx 1.7$	$-\frac{1}{\sqrt{2}} \approx -0.7$
π	0	-2
$\frac{5\pi}{4}$	$-\frac{1}{\sqrt{2}} - 1 \approx -1.7$	$-\frac{1}{\sqrt{2}} \approx -0.7$
$\frac{3\pi}{2}$	-1	1
$\frac{7\pi}{4}$	$-\frac{1}{\sqrt{2}} + 1 \approx 0.3$	$\frac{1}{\sqrt{2}} \approx 0.7$
2π	0	0

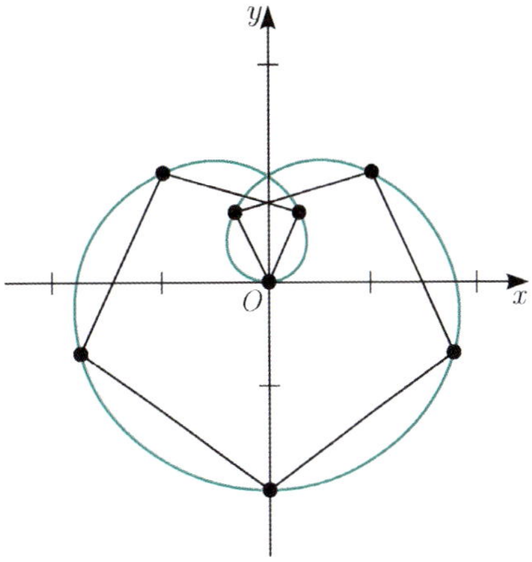

그림 10-17

예제 10-16에서 사용한 방법을 컴퓨터 그래픽에 사용할 수 있다. 매개방정식으로부터 점들의 좌표를 구하여, 먼저 구한 점으로부터 다음에 구한 점까지 선분으로 연결하는 과정을 반복하도록 컴퓨터 프로그램을 실행하도록 할 수 있다. t 의 증분 Δt 가 충분히 작으면, 곡선은 그림 10-17의 매끄러운 곡선과 매우 비슷하게 보인다.

어떤 경우에는 매개방정식으로 나타내어진 곡선에 대하여 매개변수를 소거하여, x 와 y 에 관한 방정식을 얻은 후, 그래프를 그릴 수도 있다. 이때 매개방정식으로 나타내어진 곡선의 그래프가 매개변수를 소거하여 얻은 x 와 y 에 관한 방정식의 그래프의 모든 점을 다 포함하지 않을 수도 있다는 것을 주의하여야 한다(예제 10-17 참조). 매개변수를 소거하여 얻은 x 와 y 에 관한 방정식을 곡선의 **직교방정식** 또는 **카테시안 방정식**(Cartesian equation)이라고 한다.

예제 10-17 다음의 곡선이 어떤 곡선인가 설명하고, 그래프를 그려라.

$$C : x = 2t - 1,\ y = t + 1,\ 0 \le t \le 2$$

풀이 $y = t + 1$을 t 에 관해 풀어서, $x = 2t - 1$의 t 에 대입하면 매개변수 t 가 소거된다. 즉 $y = t + 1$을 t 에 관해 풀면, $t = y - 1$ 이다. 이것을 $x = 2t - 1$에 대입하면, $x = 2(y-1) - 1$, 즉 $x - 2y + 3 = 0$을 얻는다. $x - 2y + 3 = 0$은 그림 10-18의 직선의 방정식이다. 그러나 곡선 C는 시작점 $(-1,1)$에서 끝점 $(3,3)$까지 만을 포함하는 직선의 일부분이다(그림 10-19). ■

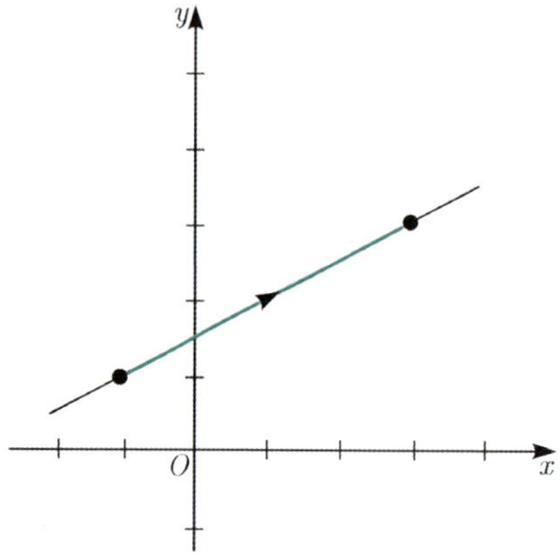

그림 10-18

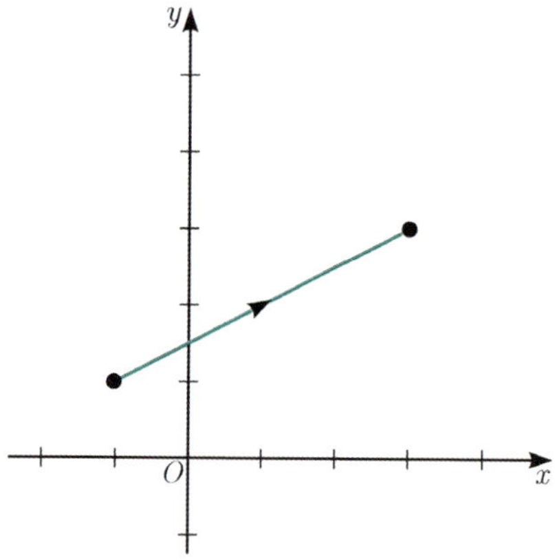

그림 10-19

예제 10-18 다음 곡선의 그래프를 그려라.

$$C : x = 2t^3 + 1,\ y = t^3 + 2,\ -1 \le t \le 1$$

풀이 $y = t^3 + 2$로부터 $t^3 = y - 2$를 얻는다. 이것을 $x = 2t^3 + 1$에 대입하면 $x = 2(y-2)$

$+1$, 즉 $x-2y+3=0$을 얻는다. 곡선은 시작점 $(-1,1)$에서 끝점 $(3,3)$에 이르는 직선의 일부분이다(그림 10-19).

위 예제 10-17과 10-18에서 보듯이 서로 다른 매개방정식이 같은 그래프와 같은 방향을 가진 곡선을 나타낼 수 있다. 예를 들어, 같은 방향과 같은 그래프를 가진 곡선에 대한 서로 다른 매개방정식은 같은 경로를 따르지만 속력이 다른 입자들의 운동을 묘사할 수 있다.

예제 10-19 다음 곡선을 설명하고, 그래프를 그려라.

$C: x = 4\sin^2 t,\ y = 2\sin t,\ 0 \le t \le \pi/2$

풀이 t 를 소거하면,

$$x = 4\left(\frac{y}{2}\right)^2 = y^2.$$

이것은 포물선의 방정식이다. t 가 0부터 $\frac{\pi}{2}$까지 변할 때, 곡선상의 점 (x, y)는 $(0, 0)$에서 $(4, 2)$까지 포물선을 따라 움직인다. 따라서 곡선은 시작점 $(0, 0)$에서 끝점 $(4, 2)$에 이르는 포물선의 일부분이며 그래프는 그림 10-20과 같다.

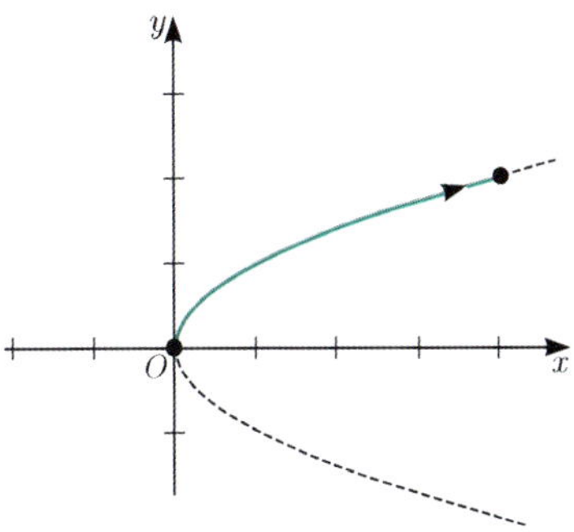

그림 10-20

예제 10-20 다음 곡선을 설명하고 그래프를 그려라.

$C: x = 2 + 2\cos t,\ y = 3 + 3\sin t,\ 0 \le t \le 2\pi$.

풀이 $\sin^2 t + \cos^2 t = 1$을 이용하여 t 를 소거하면,

$$\left(\frac{x-2}{2}\right)^2 + \left(\frac{y-3}{3}\right)^2 = 1, \text{ 즉}$$

$$\frac{(x-2)^2}{2^2} + \frac{(y-3)^2}{3^2} = 1$$

을 얻는다. 이것은 그림 10-21과 같은 타원이다. 곡선은 시작점 $(4, 3)$에서 타원을 시계 반대방향으로 돌아 시작점으로 돌아온다.

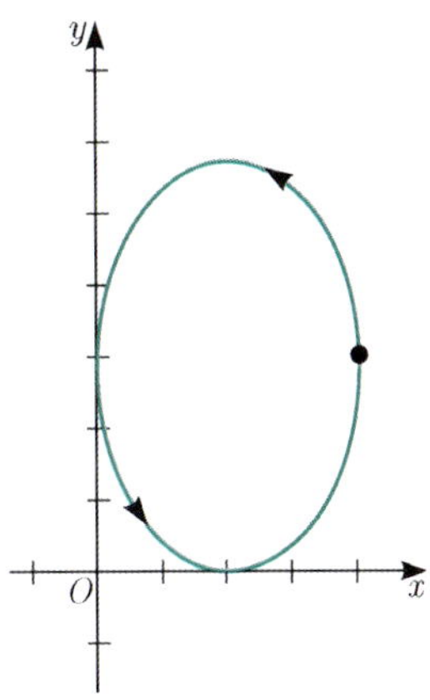

그림 10-21

예제 10-21 반지름 a 인 원 위의 고정점 P 의 최초의 위치가 원점 O 라고 하고, 원이 x축 위를 양의 방향으로 굴러갈 때 P 가 그리는 곡선의 매개방정식을 구하여라.

풀이

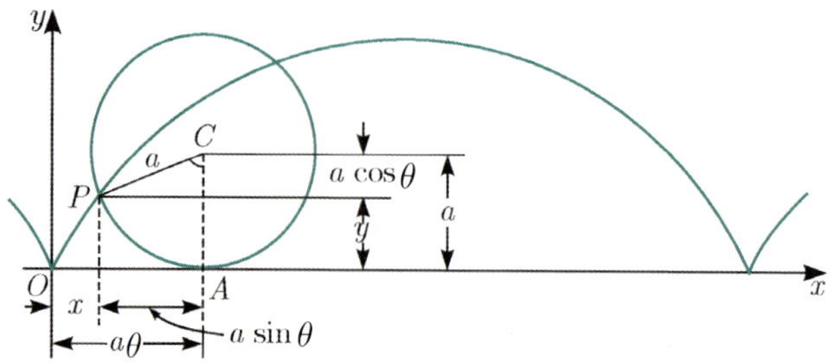

그림 10-22

반지름 CP가 θ만큼 회전하였을 때, 이 원은 점 A까지 굴러가며,

$$\overline{OA} = \widehat{AP} = a\theta\ .$$

따라서 그림 10-22에서 점 P에 대한 좌표

$$x = a(\theta - \sin\theta),\ \ y = a(1 - \cos\theta)$$

를 얻으며, 이것이 구하는 곡선의 매개방정식이다. ■

참고 원이 직선 위를 굴러갈 때 원주상의 한 점이 그리는 곡선을 **사이클로이드**(cycloid) 또는 **굴렁쇠선**이라고 한다.

연습문제 10.4 Exercises

1. t가 주어진 증분 Δt 만큼씩 변할 때 얻어지는 점들을 선분으로 연결하고, 또한 그 점들을 매끄러운 곡선으로 연결하여라.

(a) $C: x = \cos t,\ y = \sin t,\ 0 \le t \le 2\pi,\ \Delta t = \dfrac{\pi}{4}$

(b) $C: x = \sin 2t,\ y = \sin^2 t,\ 0 \le t \le 2\pi,\ \Delta t = \dfrac{\pi}{6}$

(c) $C: x = 2\cos^2 t,\ y = \sin 2t,\ -\dfrac{\pi}{2} \le t \le \dfrac{\pi}{2},\ \Delta t = \dfrac{\pi}{6}$

(d) $C: x = \dfrac{2\cos t}{\cos t + \sin t},\ y = \dfrac{2\sin t}{\cos t + \sin t},\ -\dfrac{\pi}{6} \le t \le \dfrac{2\pi}{3},\ \Delta t = \dfrac{\pi}{6}$

(e) $C: x = t,\ y = t^2,\ -2 \le t \le 2,\ \Delta t = 1$

(f) $C: x = 2,\ y = 2\tan t,\ -\dfrac{\pi}{3} \le t \le \dfrac{\pi}{3},\ \Delta t = \dfrac{\pi}{6}$

2. 다음 곡선을 설명하고, 그래프를 그려라.

(a) $C: x = 3 - 3t,\ y = -2t,\ 0 \le t \le 1$

(b) $C: x = -3 + 6t,\ y = -1 + 4t,\ 0 \le t \le 1$

(c) $C: x=t,\ y=2t-t^2,\ 0 \le t \le 2$

(d) $C: x=\cos t,\ y=\sin t,\ 0 \le t \le \pi$

(e) $C: x=t,\ y=\cos t,\ 0 \le t \le 2\pi$

(f) $C: x=t,\ y=\sin t,\ -\dfrac{\pi}{2} \le t \le \dfrac{\pi}{2}$

(g) $C: x=\sin t,\ y=t,\ -\dfrac{\pi}{2} \le t \le \dfrac{\pi}{2}$

(h) $C: x=\tan t,\ y=\sec t,\ -\dfrac{\pi}{2} < t < \dfrac{\pi}{2}$

(i) $C: x=\dfrac{2t}{1+t^2},\ y=\dfrac{1-t^2}{1+t^2},\ -\infty < t < \infty$

3. 직선의 매개방정식은 $C: x=a+bt,\ y=c+dt$ 이다.

(a) 원점과 직선 위의 점과의 거리를 t 로 나타내어라.

(b) 원점과 직선과의 최소거리를 구하여라.

4. 반지름이 r_0 인 원이 반지름이 같은 다른 원 주위를 돌 때 원의 둘레 위의 점 P가 지나는 곡선의 매개방정식을 구하여라(그림 참조). (이 곡선은 심장형 곡선(cardioid)이다.)

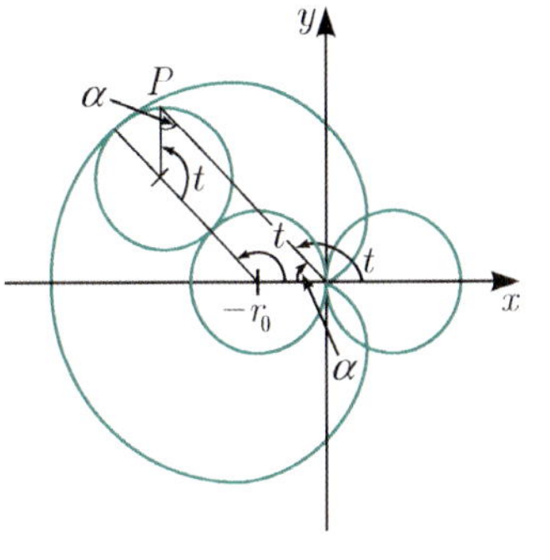

5. 다음 곡선을 스케치하여라.

$$C: x(t)=\begin{cases} t+2, & -3 \le t \le -1 \\ 1-\dfrac{1}{\sqrt{3}}\tan\dfrac{\pi}{3}(1-t^2), & -1 < t \le 0 \\ -1+\dfrac{1}{\sqrt{3}}\tan\dfrac{\pi}{3}(1-t^2), & 0 < t \le 1 \end{cases},$$

$$y(t)=\begin{cases} 0\ , & -3 \le t \le -1 \\ \dfrac{1}{\sqrt{3}}\tan\dfrac{\pi}{3}(1-t^2), & -1 < t \le 1 \end{cases}$$

10.5 곡선의 기울기와 호의 길이

■ 곡선의 기울기

x 와 y 가 t 에 관해 미분가능한 함수일 때, 매개방정식으로 나타내어진 곡선

예제 10-24 다음 사이클로이드(cycloid))의 길이를 구하여라(그림 10-22참조).

$$C: x = a(\theta - \sin\theta),\ \ y = a(1 - \cos\theta),\ \ 0 \le \theta \le 2\pi$$

풀이 $x'(t) = a(1-\cos\theta), y'(t) = a\sin\theta$ 로부터

$$L = a\int_0^{2\pi} \sqrt{(1-\cos\theta)^2 + (\sin\theta)^2}\, d\theta = a\int_0^{2\pi} \sqrt{2 - 2\cos\theta}\, d\theta$$

$$= 2a\int_0^{2\pi} \sqrt{\frac{1-\cos\theta}{2}}\, d\theta = 2a\int_0^{2\pi} \left|\sin\frac{\theta}{2}\right| d\theta = 8a.$$

극방정식으로 나타내어진 곡선 $r = r(\theta),\ a \le \theta \le b$를

$$C: x = r(\theta)\cos\theta,\ \ y = r(\theta)\sin\theta,\ \ a \le \theta \le b$$

와 같이 θ를 매개변수로 하여 매개방정식으로 나타내면

$$\left(\frac{dx}{d\theta}\right)^2 + \left(\frac{dy}{d\theta}\right)^2 = (-r\sin\theta + r'\cos\theta)^2 + (r\cos\theta + r'\sin\theta)^2 = r^2 + (r')^2$$

이다. 따라서 호의 길이는

$$\int_a^b \sqrt{r^2 + \left(\frac{dr}{d\theta}\right)^2}\, d\theta$$

에 의해 구할 수 있다.

예제 10-25 극방정식으로 나타내어진 곡선

$$r = \theta^2,\ \ 0 \le \theta \le \pi$$

의 길이를 구하여라.

풀이 $r = \theta^2$이면 $\dfrac{dr}{d\theta} = 2\theta$ 이므로

$$ds = \sqrt{r^2 + \left(\frac{dr}{d\theta}\right)^2}\, d\theta = \sqrt{\theta^4 + 4\theta^2}\, d\theta$$

$$= \theta\sqrt{\theta^2 + 4}\, d\theta$$

이다. 따라서,

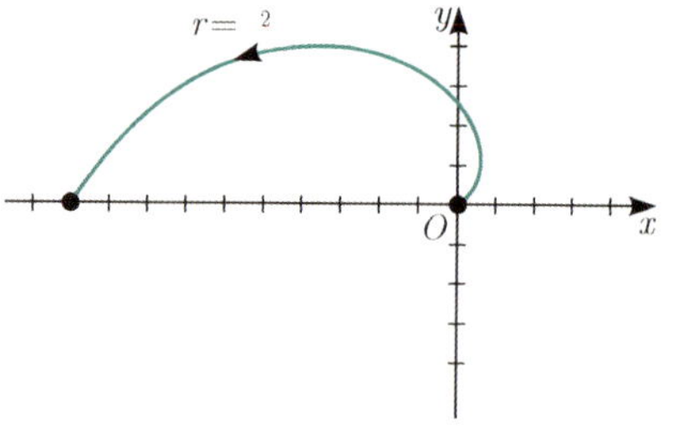

그림 10-37

$$L = \int_0^{\pi} \theta\sqrt{\theta^2 + 4}\, d\theta = \left[\frac{1}{3}(\theta^2 + 4)^{\frac{3}{2}}\right]_0^{\pi}$$

$$= \frac{1}{3}((\pi^2 + 4)^{\frac{3}{2}} - 8).$$

곡선의 그래프는 그림 10-37과 같이 주어진다.

■ 호의 길이를 매개변수로 한 방정식

이제 매개방정식

$$C: x = f(t),\ y = g(t),\ a \le t \le b$$

로 나타내어진 곡선의 매개변수를 다른 변수로 바꾸는 것을 생각해 보자.

$u = \phi(t)$가 $a \le t \le b$ 에 대하여 (1) ϕ'이 존재하고 (2) ϕ' 이 양인 함수이면, ϕ는 역함수 ϕ^{-1}를 갖고

$$u = \phi(t) \iff t = \phi^{-1}(u)$$

이다. u가 $\phi(a)$부터 $\phi(b)$까지 변함에 따라, 변수 $t = \phi^{-1}(u)$는 a부터 b까지의 모든 값을 단 한번씩 취한다. 따라서 곡선

$$C_\phi : x = f(\phi^{-1}(u)),\ y = g(\phi^{-1}(u)),\ \phi(a) \le u \le \phi(b)$$

는 곡선 C와 동일한 그래프와 방향을 갖는다. 그러므로 C와 C_ϕ는 같은 곡선에 대한 다른 매개방정식을 보여준다.

주어진 매개변수에 대하여 곡선이 매끄러우면 아래와 같이 항상 호의 길이를 매개 변수로 바꿀 수 있다.

평면 곡선

$$C: (x(t), y(t))\ a \le t \le b$$

에 대하여 $x(t)$와 $y(t)$가 연속인 도함수를 갖고, $a \le t \le b$ 인 모든 t 에 대하여

$$(x')^2 + (y')^2 \ne 0$$

이라고 가정하자. 그러면 **호의 길이 함수**(arc length function)는

$$\phi(t) = \int_a^t \sqrt{(x'(\tau))^2 + (y'(\tau))^2}\, d\tau,\ a \le t \le b$$

로 정의된다. $s = \phi(t)$는 $(x(a), y(a))$와 $(x(t), y(t))$ 사이의 곡선의 길이를 나타낸다(그림 10-38 참조). 미분적분학의 기본정리에 의해 ϕ는 미분가능하고

$$\phi'(t) = \sqrt{(x'(t))^2 + (y'(t))^2} > 0$$

이며 $\phi(a) = 0$, $\phi(b) = L$ 이다(L은 곡선의 전체 길이).

따라서 ϕ는 역함수 ϕ^{-1}를 갖고

$$s = \phi(t) \iff t = \phi^{-1}(s)$$

이다. 곡선

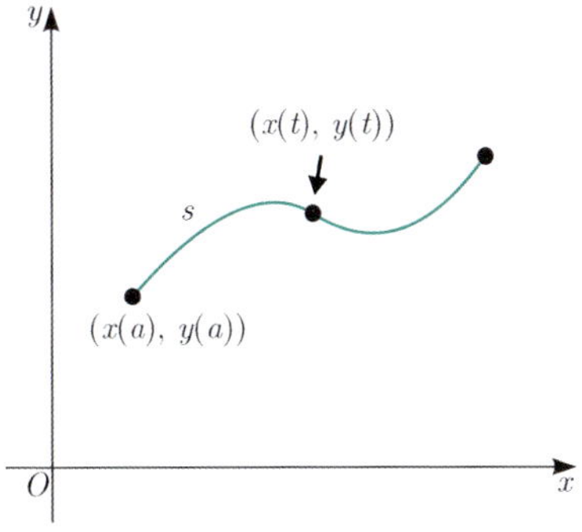

그림 10-38

$$C_\phi : (x(\phi^{-1}(s)), y(\phi^{-1}(s)))\,,\ 0 \le s \le L$$

은 곡선 C를 **호의 길이를 매개변수로 한 매개방정식**으로 나타낸 것이다.

예제 10-26 곡선

$$C: x = 4 - 4t\,,\ y = 3t\,,\ 0 \le t \le 1$$

을 호의 길이를 매개변수로 한 매개방정식으로 나타내어라.

풀이 주어진 곡선은 $(4,0)$으로부터 $(0,3)$에 이르는 선분이다(그림 10-39).

$x'(t) = -4,\ y'(t) = 3$

$$s = \int_0^t \sqrt{(x'(\tau))^2 + (y'(\tau))^2}\, d\tau = \int_0^t \sqrt{(-4)^2 + (3)^2}\, d\tau = 5t$$

이다. $s = 5t$를 t에 대해 풀면, $t = \frac{s}{5}$.

이것을 주어진 곡선의 매개방정식에 대입하면,

$$x = 4 - 4\left(\frac{s}{5}\right) = 4 - \frac{4}{5}s\,,$$

$$y = 3\left(\frac{s}{5}\right) = \frac{3}{5}s\,.$$

곡선의 전체 길이는 $s(1) = 5$이므로, C를 호의 길이를 매개변수로 한 매개방정식으로 나타내면,

$$C: x = 4 - \frac{4}{5}s\,,\ y = \frac{3}{5}s\,,\ 0 \le s \le 5$$

이다.

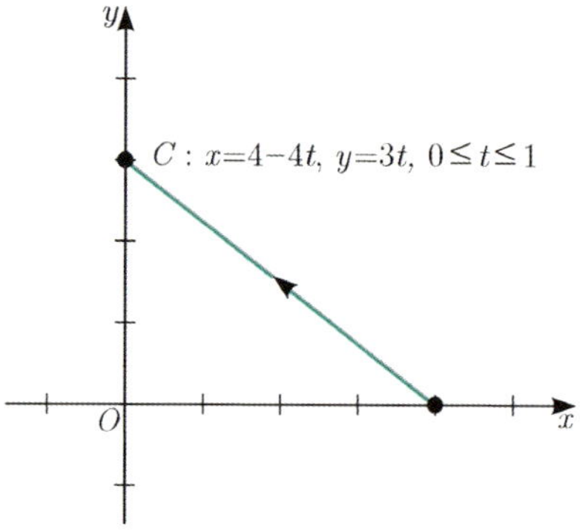

그림 10-39

예제 10-27 곡선

$$C: x = 2\cos t\,,\ y = 2\sin t\,,\ 0 \le t \le 2\pi$$

를 호의 길이를 매개변수로 한 매개방정식으로 나타내어라.

풀이 $x'(t) = -2\sin t\,,\ y'(t) = 2\cos t$

$$s = \int_0^t \sqrt{(x'(\tau))^2 + (y'(\tau))^2}\, d\tau = \int_0^t 2d\tau = 2t\,.$$

그러므로, $t = \frac{s}{2}$.

$t = 2\pi$이면, $L = s(2\pi) = 4\pi$, 따라서 호의 길이를 매개변수로 C를 나타내면

$$C: x = 2\cos\frac{s}{2},\ y = 2\sin\frac{s}{2},\ 0 \le s \le 4\pi\,.$$

평면곡선과 마찬가지로 공간곡선이 매끄러울 때 이 곡선은 항상 호의 길이로 매개변수화 할 수 있다. 공간 곡선

$$C: (x(t), y(t), z(t)) \quad a \le t \le b$$

에 대하여 $x(t)$, $y(t)$, $z(t)$가 연속인 도함수를 갖고, $a \le t \le b$ 인 모든 t 에 대하여

$$(x')^2 + (y')^2 + (z')^2 \ne 0$$

이라고 가정하자. 그러면 **호의 길이 함수**(arc length function)는

$$\phi(t) = \int_a^t \sqrt{(x'(\tau))^2 + (y'(\tau))^2 + (z'(\tau))^2}\, d\tau, \quad a \le t \le b$$

로 정의된다. $s = \phi(t)$는 $(x(a), y(a), z(a))$와 $(x(t), y(t), z(t))$ 사이의 곡선의 길이를 나타낸다. 미분적분학의 기본정리에 의해 ϕ는 미분가능하고

$$\phi'(t) = \sqrt{(x'(t))^2 + (y'(t))^2 + (z'(t))^2} > 0$$

이며 $\phi(a) = 0$, $\phi(b) = L$ 이다(L은 곡선의 전체 길이).

따라서 ϕ는 역함수 ϕ^{-1}를 갖고

$$s = \phi(t) \iff t = \phi^{-1}(s)$$

이다. 곡선

$$C_\phi: (x(\phi^{-1}(s)), y(\phi^{-1}(s)), z(\phi^{-1}(s))), \quad 0 \le s \le L$$

은 공간 곡선 C를 **호의 길이를 매개변수로 한 매개방정식**으로 나타낸 것이다.

연습문제 10.5 Exercises

1. 주어진 점에서의 곡선에 대한 접선의 방정식을 구하고, 곡선과 접선을 스케치하여라.

(a) $C: x = t^3, \ y = t^2, \ -1 \le t \le 2 \ ; \ t = 1$

(b) $C: x = t^2, \ y = t^3, \ -1 \le t \le 2 \ ; \ t = 1$

(c) $C: x = \cos t, \ y = t, \ 0 \le t \le \pi \ ; \ t = \dfrac{\pi}{4}$

(d) $C: x = \sin t, \ y = t, \ -\dfrac{\pi}{2} \le t \le \dfrac{\pi}{2} \ ; \ t = \dfrac{\pi}{6}$

2. 매개방정식으로 표시된 곡선의 길이를 구하여라.

(a) $C: x = t^3, \ y = t^2, \ 0 \le t \le 2$

(b) $C: x = 12t, \ y = 5t, \ 0 \le t \le 1$

(c) $C: x = 4t, \ y = 3 - 3t, \ 0 \le t \le 1$

(d) $C: x = \cos t,\ y = 1 + \sin t,\ 0 \le t \le 2\pi$

(e) $C: x = e^{2t}\cos t,\ y = e^{2t}\sin t,\ 0 \le t \le 2\pi$

(f) $C: x = t^2\cos t,\ y = t^2\sin t,\ 0 \le t \le 2\pi$

(g) $C: x = 2e^t,\ y = \frac{1}{3}e^{3t} + e^{-t},\ 0 \le t \le 1$

(h) $C: x = 2\ln t,\ y = t + \frac{1}{t},\ 1 \le t \le 4$

3. 주어진 구간에서 다음 곡선들의 길이를 구하여라.

(a) $C: x = 1 - t,\ y = 2t,\ z = 2 + t,\ 0 \le t \le 1$

(b) $C: x = t,\ y = \sqrt{3}\,t,\ z = \frac{t^2}{2},\ 0 \le t \le 1$

(c) $C: x = 3t^2,\ y = 3t^2,\ z = 2t,\ 0 \le t \le 1$

(d) $C: x = \sin^2 t,\ y = \cos^2 t,\ z = \sqrt{8}\sin t,\ 0 \le t \le \frac{\pi}{2}$

4. 다음 곡선들을 호의 길이를 매개변수로 하여 나타내어라.

(a) $C: x = 2t,\ y = 1 - t,\ z = 2 + 2t,\ 0 \le t \le 1$

(b) $C: x = t,\ y = \cos 2t,\ z = \sin 2t,\ 0 \le t \le \frac{\pi}{2}$

(c) $C: x = 4t,\ y = 3t,\ 0 \le t \le 1$

(d) $C: x = \frac{2t^3}{3},\ y = t^2,\ 0 \le t \le 3$

(e) $C: x = \frac{t^2}{2},\ y = \frac{t^3}{3},\ 0 \le t \le 1$

(f) $C: x = 3\cos 2t,\ y = 3\sin 2t,\ 0 \le t \le \pi$

(g) $C: x = r\cos wt,\ y = r\sin wt,\ 0 \le t \le \frac{2\pi}{w}$

5. 다음 극곡선의 길이를 구하여라.

(a) $r = 4\cos\theta$

(b) $r = 1 + \cos\theta$

(c) $r = \sin^2\left(\frac{\theta}{2}\right)$

(d) $r = e^{\frac{\theta}{2}},\ 0 \le \theta \le 2\pi$

(e) $r = \tan^2\theta\sec\theta,\ 0 \le \theta \le \frac{\pi}{6}$

(f) $r = \theta^2,\ 0 \le \theta \le 2\pi$

6. 주어진 극곡선을 호의 길이를 매개변수로 하여 나타내어라.

(a) $r = \theta^2,\ 0 \le \theta \le 2\pi$

(b) $r = e^\theta,\ 0 \le \theta \le 2\pi$

10.6 벡터함수의 미분과 적분

■ 벡터함수

정의역 D에서 벡터들의 집합으로 가는 함수를 D에서 정의된 **벡터함수**(vector-valued function)라고 한다. 이 절에서는 D가 실수들의 집합인 경우를 다룬다.

평면벡터들을 함수값으로 갖는 벡터함수 $\boldsymbol{R}(t)$는 다음과 같이 두 개의 실함수인 **성분함수**(component function) $x(t)$와 $y(t)$로 나타낼 수 있다.

$$\boldsymbol{R}(t) = x(t)\boldsymbol{i} + y(t)\boldsymbol{j}\ .$$

단, 여기서 $\boldsymbol{i}$와 $\boldsymbol{j}$는 이차원 단위벡터이다. 마찬가지로 공간벡터들을 함수값으로 갖는 벡터함수 $\boldsymbol{R}(t)$는 다음과 같이 세 개의 실함수 $x(t), y(t), z(t)$로 나타낼 수 있다.

$$\boldsymbol{R}(t) = x(t)\boldsymbol{i} + y(t)\boldsymbol{j} + z(t)\boldsymbol{k}$$

단, $\boldsymbol{i}$, $\boldsymbol{j}$, $\boldsymbol{k}$는 삼차원 단위벡터이다.

매개방정식으로 나타내어진 곡선을 표현하기 위하여 벡터함수를 이용할 수 있다. 예를 들면, 매개방정식

$$C:\ x = x(t),\ \ y = y(t)$$

를 벡터함수

$$\boldsymbol{R}(t) = x(t)\boldsymbol{i} + y(t)\boldsymbol{j}$$

로 나타낼 수 있다. 여기서 물론 벡터의 성분은 곡선상의 점들의 좌표이다. 평면상에서 움직이는 입자의 위치를 다음과 같이 위치 벡터함수로 나타낼 수 있다(그림 10-40 참조).

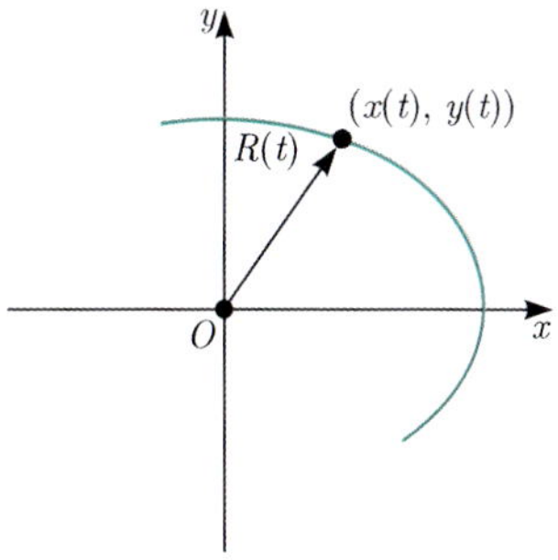

그림 10-40

$$\boldsymbol{R}(t) = x(t)\boldsymbol{i} + y(t)\boldsymbol{j}$$

여기서 $(x(t), y(t))$는 시간 t에서 입자의 위치의 좌표이다.

마찬가지로 공간상에서 움직이는 입자의 위치를 다음과 같이 위치 벡터함수로 나타낼 수 있다(그림 10-41 참조).

$$\boldsymbol{R}(t) = x(t)\boldsymbol{i} + y(t)\boldsymbol{j} + z(t)\boldsymbol{k}$$

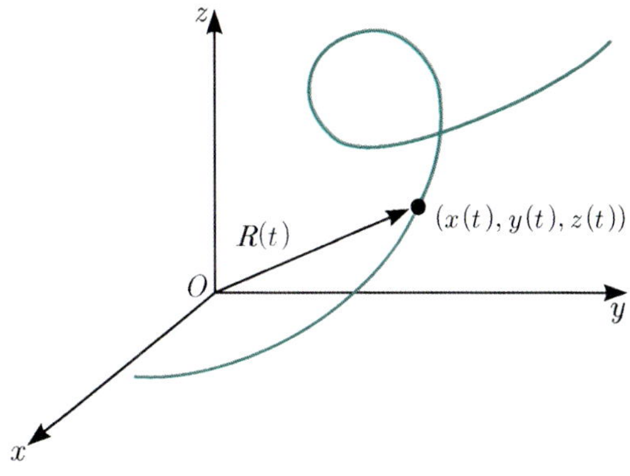

그림 10-41

여기서 $(x(t), y(t), z(t))$는 시간 t에서 입자의 위치의 좌표이다.

위치벡터 $\boldsymbol{R}(t)$는 원점을 시작점으로

하는 화살표로 그려야 한다. 물론 화살표의 끝이 시간 t 에서의 입자의 위치를 말하여 준다.

성분함수들이 연속이면, 위치벡터 $\boldsymbol{R}(t)$ 의 끝은 t 가 변함에 따라 연속인 곡선을 그리게 된다. 이러한 곡선을 **벡터 $\boldsymbol{R}(t)$ 가 그리는 곡선**이라고 한다.

예17 벡터함수

$$\boldsymbol{R}(t)=(\cos t)\boldsymbol{i}+(\sin t)\boldsymbol{j}+t\boldsymbol{k}$$

는 모든 실수 t 에 대해 정의된다. $\boldsymbol{R}(t)$ 가 그리는 이런 곡선을 **헬릭스**(helix)라고 한다. $\boldsymbol{R}(t)$ 가 그리는 곡선은 원주 $x^2+y^2=1$ 위에 놓이며 t 가 증가함에 따라 z 가 증가하므로, 곡선은 원주를 감아 올리는 모양이 된다. t 가 2π 만큼 증가할 때 $\boldsymbol{R}(t)$ 는 원주를 한 번 감는다(그림 10-42).

$$x=\cos t\,,\ y=\sin t\,,\ z=t$$

는 헬릭스의 매개방정식이 된다. 물론 여기서 $-\infty<t<\infty$ 이다.

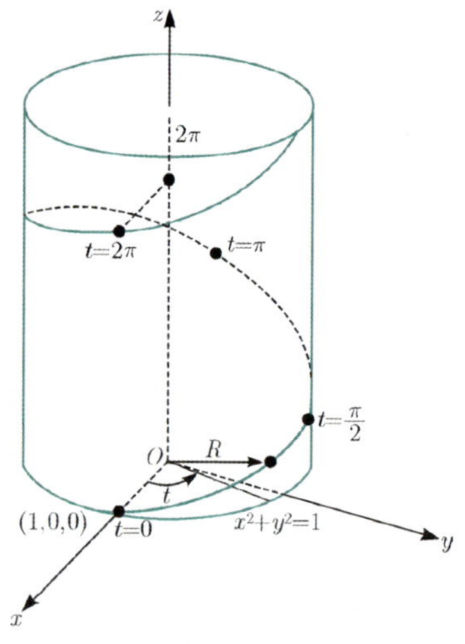

그림 10-42

■ 벡터함수의 미분과 적분

평면 또는 공간상에서 움직이는 입자의 운동을 조사하기 위하여, 벡터함수의 미분과 적분을 생각할 필요가 있다. 실함수와 마찬가지로 벡터함수의 미분과 적분도 극한으로부터 정의된다.

벡터함수의 미분 또는 적분과 관련되는 대부분의 것들이 실가함수와 마찬가지로 정의되는데, 실수의 절대값 대신에 벡터의 길이를 생각하면 된다.

예를 들면, 구간 I 상의 모든 t 에 대하여 $|\boldsymbol{R}(t)|\le B$ 인 상수 B가 존재하면, 벡터함수 $\boldsymbol{R}(t)$ 가 구간 I 에서 **유계**(bounded)라고 한다.

수 $|\boldsymbol{R}(t)-\boldsymbol{L}|$ 는 $\boldsymbol{R}(t)$ 가 $\boldsymbol{L}$ 에 가까운 정도를 정량적으로 나타낸다. 벡터함수 $\boldsymbol{R}(t)$ 의 극한은 다음과 같이 실함수의 극한과 마찬가지로 정의된다.

> **정의** 벡터 $\boldsymbol{L}$ 이 t 가 c 에 접근할 때 $\boldsymbol{R}(t)$ 의 **극한**이라는 것은 임의의 $\epsilon>0$에 대하여
>
> $$0<|t-c|<\delta \text{ 일 때 } |\boldsymbol{R}(t)-\boldsymbol{L}|<\epsilon$$
>
> 을 만족시키는 $\delta>0$가 존재한다는 것이며 $\lim_{t\to c}\boldsymbol{R}(t)=\boldsymbol{L}$ 이라고 쓴다.

k 가 실수이고, $\boldsymbol{U}, \boldsymbol{V}$가 벡터일 때

$$|kU| = |k||U|,\ |U+V| \le |U| + |V|$$

를 이용하여, 다음 정리를 보일 수 있다.

정리 10-7 $R(t)$ 와 $S(t)$ 가 벡터함수이고 $f(t)$ 가 실함수일 때 $\lim_{t\to c} R(t) = L$, $\lim_{t\to c} S(t) = M$ 이고 $\lim_{t\to c} f(t)$ 가 존재하면

(a) $\lim_{t\to c} (R(t)+S(t)) = L+M$

(b) $\lim_{t\to c} f(t)R(t) = \lim_{t\to c} f(t) \lim_{t\to c} R(t)$

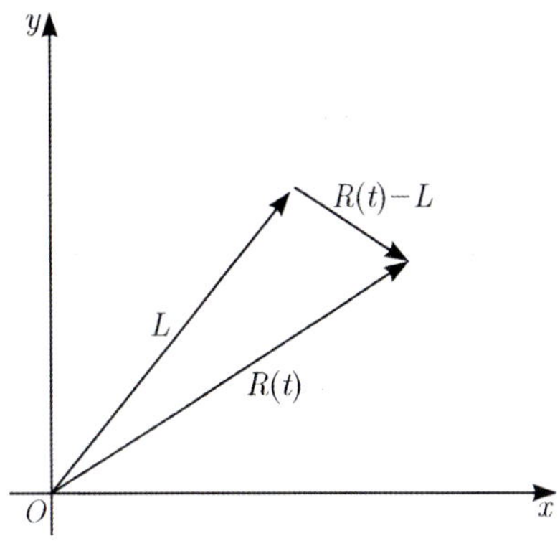

그림 10-43

$\lim_{t\to c} R(t) = L$ 은 t 가 c 에 가까이 갈 때 $R(t)$ 의 길이가 L 의 길이와 가까워지고, $L \neq O$ 이면, $R(t)$ 의 방향이 L 의 방향과 가까워지는 것을 뜻한다(평면인 경우 그림 10-43 참조).

$R(t) = x(t)i + y(t)j + z(t)k$ 이고, $L = l_1 i + l_2 j + l_3 k$ 일 때,

$$|R(t) - L| = \sqrt{(x(t)-l_1)^2 + (y(t)-l_2)^2 + (z(t)-l_3)^2}$$

이므로, $|R(t)-L|$ 이 작기 위한 필요충분조건은 $|x(t)-l_1|$, $|y(t)-l_2|$, $|z(t)-l_3|$ 가 모두 작은 것이다. 따라서 $\lim_{t\to c} R(t) = L$ 이기 위한 필요충분조건은 $\lim_{t\to c} x(t) = l_1$, $\lim_{t\to c} y(t) = l_2$, $\lim_{t\to c} z(t) = l_3$ 인 것이다. 그러므로

$$\begin{aligned} \lim_{t\to c} R(t) &= \lim_{t\to c} (x(t)i + y(t)j + z(t)k) \\ &= \left(\lim_{t\to c} x(t)\right)i + \left(\lim_{t\to c} y(t)\right)j + \left(\lim_{t\to c} z(t)\right)k \end{aligned} \tag{1}$$

이다. 평면벡터함수는 대해서도 마찬가지이다.

예제 10-28 $R(t) = t^2 i - 2tj + k$ 일 때 $\lim_{t\to 2} \dfrac{R(t)-R(2)}{t-2}$ 를 구하여라.

풀이 $t \neq 2$ 일 때

$$\begin{aligned} \frac{R(t)-R(2)}{t-2} &= \frac{(t^2 i - 2tj + k) - (2^2 i - 2\cdot 2j + k)}{t-2} \\ &= \frac{t^2 - 2^2}{t-2} i + \frac{-2t-(-2)\cdot 2}{t-2} j = (t+2)i - 2j. \end{aligned}$$

그러므로

$$\lim_{t\to 2}\frac{\boldsymbol{R}(t)-\boldsymbol{R}(2)}{t-2}=\lim_{t\to 2}\left[(t+2)i-2j\right]=\left[\lim_{t\to 2}(t+2)\right]i+\left[\lim_{t\to 2}(-2)\right]j$$
$$=4i-2j\,.$$

벡터함수 $\boldsymbol{R}(t)$에 대하여 t_0가 $\boldsymbol{R}(t)$의 정의역 안의 한 점이고, $\lim_{t\to t_0}\boldsymbol{R}(t)=\boldsymbol{R}(t_0)$이면 $\boldsymbol{R}$이 t_0에서 **연속**(continuous)이라고 한다. 정의역 안의 모든 점에서 연속이면, $\boldsymbol{R}$은 **연속벡터함수**라고 한다(벡터함수임이 자명하면 줄여서 연속함수라고 한다).

벡터함수 $\boldsymbol{R}(t)=f(t)\boldsymbol{i}+g(t)\boldsymbol{j}+h(t)\boldsymbol{k}$ 가 t_0에서 연속이기 위한 필요충분조건은 (1)에 의하여 f, g, h가 각각 t_0에서 연속인 것을 알 수 있다.

예18 벡터 함수 $\boldsymbol{R}(t)=(\cos t)\boldsymbol{i}+(\sin t)\boldsymbol{j}+t\boldsymbol{k}$ 는 $\cos t$, $\sin t$, t가 모두 연속함수이므로, 연속이다.

벡터함수 $\boldsymbol{R}(t)$에 대하여

$$\lim_{t\to c}\frac{\boldsymbol{R}(t)-\boldsymbol{R}(c)}{t-c}$$

가 존재하면, $\boldsymbol{R}$이 c에서 **미분가능하다**(differentiable)고 하고 $\boldsymbol{R}'(c)$를

$$\boldsymbol{R}'(c)=\lim_{t\to c}\frac{\boldsymbol{R}(t)-\boldsymbol{R}(c)}{t-c}$$

로 정의하고, c에서의 $\boldsymbol{R}$의 **미분계수**(derivative of $\boldsymbol{R}$ at c)라고 한다. $\boldsymbol{R}$이 정의역 안의 모든 점에서 미분가능하면, $\boldsymbol{R}$을 미분가능함수라고 하고, 이때 $\boldsymbol{R}$의 도함수 $\boldsymbol{R}'(t)$는

$$\boldsymbol{R}'(t)=\lim_{\Delta t\to 0}\frac{\boldsymbol{R}(t+\Delta t)-\boldsymbol{R}(t)}{\Delta t}$$

로 정의되고, $\boldsymbol{R}'$을 $\boldsymbol{R}$의 **도함수**(derivative)라고 한다.

(1)에 의하여 $\boldsymbol{R}(t)=f(t)\boldsymbol{i}+g(t)\boldsymbol{j}+h(t)\boldsymbol{k}$가 t_0에서 미분가능하기 위한 필요충분조건이 f, g, h가 각각 t_0에서 미분가능한 것이라는 것을 알 수 있다. 또한

$$\boldsymbol{R}'(t)=\frac{df}{dt}\boldsymbol{i}+\frac{dg}{dt}\boldsymbol{j}+\frac{dh}{dt}\boldsymbol{k}$$

가 된다. $\boldsymbol{R}(t)$의 고계도함수도 마찬가지로 정의되며, 평면벡터함수에 대해서도 마찬가지이다.

예제 10-29 $\boldsymbol{R}(t)=(2t-1)\boldsymbol{i}+(t^2+t)\boldsymbol{j}$ 일 때 $\boldsymbol{R}'(t)$와 $\boldsymbol{R}''(t)$를 구하여라.

풀이 $\boldsymbol{R}'(t)=\frac{d}{dt}(2t-1)\boldsymbol{i}+\frac{d}{dt}(t^2+t)\boldsymbol{j}=2\boldsymbol{i}+(2t+1)\boldsymbol{j}$

$$\boldsymbol{R}''(t) = \frac{d}{dt}\boldsymbol{R}'(t) = \left(\frac{d}{dt}2\right)\boldsymbol{i} + \frac{d}{dt}(2t+1)\boldsymbol{j} = \boldsymbol{O} + 2\boldsymbol{j} = 2\boldsymbol{j}.$$ ■

벡터함수의 도함수에 대하여 다음이 성립한다. 즉 $\boldsymbol{U}$, $\boldsymbol{V}$가 미분가능한 벡터함수이고 f 가 미분가능한 스칼라함수(실가함수)일 때

$$(\boldsymbol{U}+\boldsymbol{V})' = \boldsymbol{U}' + \boldsymbol{V}' \tag{2}$$

$$(f\boldsymbol{V})' = f\boldsymbol{V}' + f'\boldsymbol{V} \tag{3}$$

$$(\boldsymbol{U}\cdot\boldsymbol{V})' = \boldsymbol{U}\cdot\boldsymbol{V}' + \boldsymbol{U}'\cdot\boldsymbol{V} \tag{4}$$

$$(\boldsymbol{U}\times\boldsymbol{V})' = \boldsymbol{U}\times\boldsymbol{V}' + \boldsymbol{U}'\times\boldsymbol{V} \tag{5}$$

가 성립한다. 위의 공식들은 각 벡터함수를 성분으로 나타내서, 성분에 대한 미분을 구해 쉽게 증명할 수 있다. 단, 벡터곱을 계산할 때는 곱하는 순서에 주의를 기울여야 한다.

정리 10-8 $\boldsymbol{U}(t)$가 모든 t 에 대하여 같은 길이를 갖는 미분가능한 벡터함수이면 $\boldsymbol{U}$와 $\boldsymbol{U}'$은 수직이다.

증명 $|\boldsymbol{U}|^2 = \boldsymbol{U}\cdot\boldsymbol{U}$이므로, 공식 (4)를 이용하여 양변을 미분하면,

$$\frac{d}{dt}(|\boldsymbol{U}|^2) = \frac{d}{dt}(\boldsymbol{U}\cdot\boldsymbol{U}) = \boldsymbol{U}\cdot\boldsymbol{U}' + \boldsymbol{U}'\cdot\boldsymbol{U} = 2\boldsymbol{U}\cdot\boldsymbol{U}'.$$

그런데 $|\boldsymbol{U}|$가 상수이므로, $\frac{d}{dt}(|\boldsymbol{U}|^2) = 0$이다. 따라서 $\boldsymbol{U}\cdot\boldsymbol{U}' = 0$, 즉 $\boldsymbol{U}$와 $\boldsymbol{U}'$은 수직이다. ■

미분가능한 벡터함수 $\boldsymbol{F}(t)$가 구간 I 상의 모든 점에서 $\frac{d\boldsymbol{F}}{dt} = \boldsymbol{f}$ 이면, $\boldsymbol{F}$를 $\boldsymbol{f}$ 의 **역도함수**(antiderivative)라 한다. 벡터함수 $\boldsymbol{F}(t) = G(t)\boldsymbol{i} + H(t)\boldsymbol{j} + K(t)\boldsymbol{k}$ 가 $\boldsymbol{f}(t) = g(t)\boldsymbol{i} + h(t)\boldsymbol{j} + k(t)\boldsymbol{k}$ 의 역도함수이기 위한 필요충분조건은 G, H, K가 각각 g, h, k 의 역도함수인 것이다. $\boldsymbol{F}$가 $\boldsymbol{f}$ 의 역도함수이면, $\boldsymbol{f}$ 의 모든 역도함수는 $\boldsymbol{F}+\boldsymbol{C}$의 형태가 된다. 여기서 $\boldsymbol{C}$는 성분이 모두 상수인 벡터이다. $\boldsymbol{f}$ 의 모든 역도함수들의 집합을 $\boldsymbol{f}$ 의 **부정적분**(indefinite integral)이라고 하고, 다음과 같이 쓴다.

$$\int \boldsymbol{f}(t)dt = \boldsymbol{F}(t) + \boldsymbol{C}.$$

즉 $\boldsymbol{f}(t) = g(t)\boldsymbol{i} + h(t)\boldsymbol{j} + k(t)\boldsymbol{k}$ 이면,

$$\int \boldsymbol{f}(t)dt = \left(\int g(t)dt\right)\boldsymbol{i} + \left(\int h(t)dt\right)\boldsymbol{j} + \left(\int k(t)dt\right)\boldsymbol{k}$$

임을 알 수 있다.

$\boldsymbol{f}(t) = g(t)\boldsymbol{i} + h(t)\boldsymbol{j} + k(t)\boldsymbol{k}$ 이고, g, h, k가 각각 $[a, b]$에서 연속인 함수일 때, $[a, b]$

에서 f 의 **정적분**(definite integral) $\int_a^b f(t)dt$ 도 다음과 같이 정의한다.

$$\int_a^b \boldsymbol{f}(t)dt = \left(\int_a^b g(t)dt\right)\boldsymbol{i} + \left(\int_a^b h(t)dt\right)\boldsymbol{j} + \left(\int_a^b k(t)dt\right)\boldsymbol{k} \quad .$$

평면벡터 함수의 적분도 마찬가지이다.

예제 10-30 $\boldsymbol{R}'(t) = 6t\boldsymbol{i} + 2\boldsymbol{j}$ 이고 $\boldsymbol{R}(0) = \boldsymbol{i} + \boldsymbol{j}$ 일 때 $\boldsymbol{R}(t)$ 를 구하여라.

풀이 $\int \boldsymbol{R}'(t)dt = \left(\int 6t\,dt\right)\boldsymbol{i} + \left(\int 2dt\right)\boldsymbol{j} = 3t^2\boldsymbol{i} + 2t\boldsymbol{j} + \boldsymbol{C}$ 이므로 $\boldsymbol{R}(t) = 3t^2\boldsymbol{i} + 2t\boldsymbol{j} + \boldsymbol{C}$ 이다. $\boldsymbol{R}(0) = \boldsymbol{i} + \boldsymbol{j}$ 이므로 $\boldsymbol{i} + \boldsymbol{j} = 0\boldsymbol{i} + 0\boldsymbol{j} + \boldsymbol{C}$, 따라서 $\boldsymbol{C} = \boldsymbol{i} + \boldsymbol{j}$ 이다. 그러므로 $\boldsymbol{R}(t) = 3t^2\boldsymbol{i} + 2t\boldsymbol{j} + \boldsymbol{i} + \boldsymbol{j} = (3t^2 + 1)\boldsymbol{i} + (2t + 1)\boldsymbol{j}$. ■

$\boldsymbol{R}(t)$ 가 시간 t 에서의 입자의 위치를 나타내는 벡터함수이면, t 에서 $t + \Delta t$ 까지 시간이 변하는 동안에 위치의 변화 $\Delta\boldsymbol{R}$ 을 시간의 변화 Δt 로 나누면,

$$\frac{\Delta \boldsymbol{R}}{\Delta t} = \frac{\boldsymbol{R}(t + \Delta t) - \boldsymbol{R}(t)}{\Delta t}$$

이고, $\lim_{\Delta t \to 0} \frac{\Delta \boldsymbol{R}}{\Delta t} = \boldsymbol{R}'(t)$ 인데, 이것이 입자의 **속도**(velocity)이다. 즉

$$\boldsymbol{V} = \boldsymbol{R}'.$$

마찬가지로 입자의 **가속도**(acceleration)는

$$\boldsymbol{A} = \boldsymbol{V}' = \boldsymbol{R}''$$

이 된다. 평면 또는 공간상에서 움직이는 입자의 속도와 가속도는 모두 벡터이다. 입자의 **속력**(speed) v 은 스칼라값 $|\boldsymbol{V}|$ 이다.

위치벡터 $\boldsymbol{R}$ 은 원점을 시작점으로 하는 화살표로 나타내지고 속도 $\boldsymbol{V}$ 와 가속도 $\boldsymbol{A}$ 는 입자의 위치에서부터 화살표가 그려진다. 이것은 그 위치에서의 입자의 운동을 나타내기 위해서이다(그림 10-44 참조).

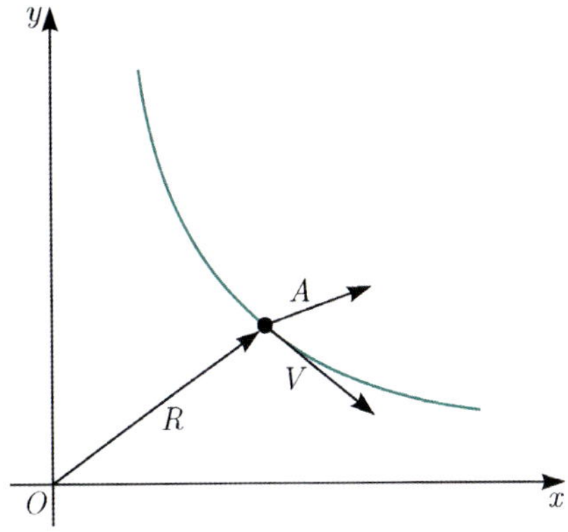

그림 10-44

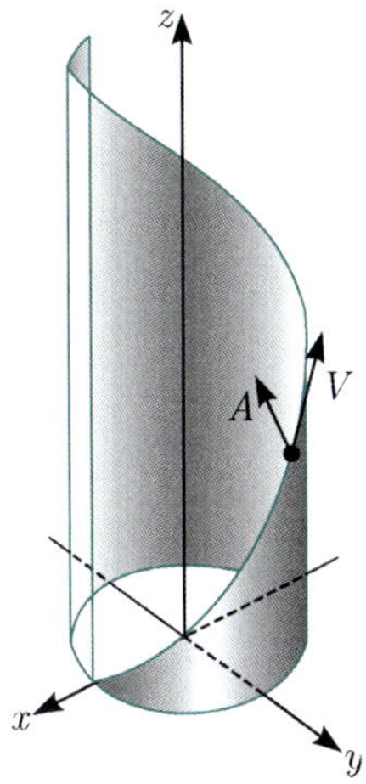

그림 10-45

예제 10-31 $\boldsymbol{R}(t)=\cos t\boldsymbol{i}+\sin t\boldsymbol{j}+t\boldsymbol{k}$ 일 때 속도, 가속도, 속력을 구하여라.

풀이 속　도 : $\boldsymbol{V}=\boldsymbol{R}'=-\sin t\,\boldsymbol{i}+\cos t\,\boldsymbol{j}+\boldsymbol{k}$

가속도 : $\boldsymbol{A}=\boldsymbol{V}'=\boldsymbol{R}''=-\cos t\,\boldsymbol{i}-\sin t\,\boldsymbol{j}$

속　력 : $v=|\boldsymbol{V}|=\sqrt{(-\sin t)^2+(\cos t)^2+1^2}=\sqrt{2}$

(그림 10-45는 입자의 경로와 한 점에서의 속도, 가속도를 보여준다.) ■

$\boldsymbol{V}'=\boldsymbol{A}$이고 $\boldsymbol{R}'=\boldsymbol{V}$이므로, 적분에 의하여 가속도로부터 속도와 위치벡터를 구할 수 있다.

예제 10-32 $t=0$일 때 위치벡터가 $\boldsymbol{R}=2\boldsymbol{i}+\boldsymbol{k}$ 인 입자의 속도가

$$\boldsymbol{V}(t)=\cos t\,\boldsymbol{i}-\sin t\,\boldsymbol{j}+\boldsymbol{k}$$

이다. 임의의 시간 t 에서의 이 입자의 위치 벡터 $\boldsymbol{R}(t)$를 구하여라.

풀이 $\boldsymbol{V}=\dfrac{d\boldsymbol{R}}{dt}=\cos t\,\boldsymbol{i}-\sin t\,\boldsymbol{j}+\boldsymbol{k}$ 이므로

$$\boldsymbol{R}(t)=\left(\int\cos t\,dt\right)\boldsymbol{i}-\left(\int\sin t\,dt\right)\boldsymbol{j}+\left(\int dt\right)\boldsymbol{k}=\sin t\,\boldsymbol{i}+\cos t\,\boldsymbol{j}+t\boldsymbol{k}+\boldsymbol{C}$$

이다. 또한 $t=0$일 때 $\boldsymbol{R}=2\boldsymbol{i}+\boldsymbol{k}$ 이므로, $2\boldsymbol{i}+\boldsymbol{k}=0\boldsymbol{i}+\boldsymbol{j}+\boldsymbol{C}$ 이다. 따라서 $\boldsymbol{C}=2\boldsymbol{i}-\boldsymbol{j}+\boldsymbol{k}$ 이므로,

$$\boldsymbol{R}(t)=(\sin t+2)\boldsymbol{i}+(\cos t-1)\boldsymbol{j}+(t+1)\boldsymbol{k}\ .$$ ■

연습문제 10.6

Exercises

1. 매개방정식으로 나타내어진 다음 곡선들의 그래프를 그려라.

(a) $C: x=t,\ y=t,\ z=t^2$

(b) $C: x=t^2\cos t,\ y=t^2\sin t,\ z=t$

(c) $C: x=-t^3,\ y=t,\ z=t^3$

(d) $C: x=\dfrac{\cos t}{t+1},\ y=t,\ z=\dfrac{\sin t}{t+1},\ t\ge 0$

(e) $C: x=t^2,\ y=t,\ z=t^3$

(f) $C: x=\cos t,\ y=\sin t,\ z=\dfrac{t}{2}$

2. 다음 벡터함수의 극한값을 계산하여라.

(a) $\lim\limits_{t\to 2}(t^2\boldsymbol{i}-3t\boldsymbol{j})$

(b) $\lim\limits_{t\to 0}\left(\dfrac{\sin 2t}{t}\boldsymbol{i}+\dfrac{1-\cos^2 2t}{t}\boldsymbol{j}\right)$

(c) $\lim\limits_{t\to 0}\left(\dfrac{t^2-9}{t-3}\boldsymbol{i}+\dfrac{2t-6}{t-3}\boldsymbol{j}\right)$

3. 다음 미분 값을 계산하여라.

(a) $\dfrac{d}{dt}(t^2\boldsymbol{i}-3t\boldsymbol{j})$

(b) $\dfrac{d}{dt}(te^{-t}\boldsymbol{i}+e^{-3t}\boldsymbol{j}+e^{-t}\boldsymbol{k})$

(c) $\dfrac{d}{dt}(\tan t\boldsymbol{i}+\sec t\boldsymbol{j})$

(d) $\dfrac{d}{dt}(t\boldsymbol{i}+e^{-t}\sin t\ \boldsymbol{j}+e^{-t}\cos t\ \boldsymbol{k})$

4. 다음 부정적분을 구하여라.

(a) $\displaystyle\int(2t\boldsymbol{i}+6t^2\boldsymbol{j})dt$

(b) $\displaystyle\int(2\sin 2t\boldsymbol{i}+2\cos 2t\boldsymbol{j})dt$

(c) $\displaystyle\int(t^2\boldsymbol{i}+t^3\boldsymbol{j}+t^4\boldsymbol{k})dt$

(d) $\displaystyle\int(\sec^2 2t\boldsymbol{i}+\sec 2t\ \tan 2t\ \boldsymbol{j})dt$

(e) $\displaystyle\int(\sin t\boldsymbol{i}+\cos t\boldsymbol{j})dt$

(f) $\displaystyle\int\left(\frac{t}{t^2+4}\boldsymbol{i}+\frac{1}{t^2+4}\boldsymbol{j}\right)dt$

(g) $\displaystyle\int\left(\frac{t}{t^2-4}\boldsymbol{i}+\frac{1}{t^2-4}\boldsymbol{j}\right)dt$

5. 주어진 위치벡터를 갖는 입자의 속도, 가속도, 속력을 구하여라.

(a) $\boldsymbol{R}(t)=2t^2\boldsymbol{i}-3t^2\boldsymbol{j}$

(b) $\boldsymbol{R}(t)=t\boldsymbol{i}-t^2\boldsymbol{j}$

(c) $\boldsymbol{R}(t)=\cos 2t\boldsymbol{i}+\sin 2t\boldsymbol{j}$

6. 주어진 가속도와 초기위치, 초기속도를 갖는 입자의 위치벡터를 구하여라.

(a) $\boldsymbol{A}(t)=-32\boldsymbol{j},\ \boldsymbol{R}_0=0,\ \boldsymbol{V}_0=\boldsymbol{i}+2\boldsymbol{j}$

(b) $\boldsymbol{A}(t) = 12t^2\boldsymbol{i} + 6t\boldsymbol{j} + \boldsymbol{k}$, $\boldsymbol{R}_0 = 2\boldsymbol{k}$, $\boldsymbol{V}_0 = \boldsymbol{i} + 2\boldsymbol{j}$

(c) $\boldsymbol{A}(t) = 12t\boldsymbol{j}$, $\boldsymbol{R}_0 = 3\boldsymbol{j}$, $\boldsymbol{V}_0 = 4\boldsymbol{i}$

7. $\boldsymbol{U}(t) = f_1(t)\boldsymbol{i} + g_1(t)\boldsymbol{j}$, $\boldsymbol{V}(t) = f_2(t)\boldsymbol{i} + g_2(t)\boldsymbol{j}$ 라 하자.

(a) 내적을 성분들로 표현하고 미분하여 $(\boldsymbol{U} \cdot \boldsymbol{V})'$를 계산하여라.

(b) $\boldsymbol{U} \cdot \boldsymbol{V}' + \boldsymbol{U}' \cdot \boldsymbol{V}$를 성분들로 표현하여라.

참고 (a)와 (b)의 결과가 같음은 $(\boldsymbol{U} \cdot \boldsymbol{V})' = \boldsymbol{U} \cdot \boldsymbol{V}' + \boldsymbol{U}' \cdot \boldsymbol{V}$임을 증명한다.

8. $\boldsymbol{U}(s) = f(s)\boldsymbol{i} + g(s)\boldsymbol{j}$ 이고 s가 시간 t의 함수라 할 때, $\dfrac{d\boldsymbol{U}}{dt}$를 구하여라.

9. 곡선 $\boldsymbol{R}(t)$ 위의 점과 원점 사이의 거리의 극소, 극대값들이 $\boldsymbol{R} \cdot \boldsymbol{R}' = 0$이 성립하는 곳에서 얻어짐을 보여라.

10.7 접벡터, 법벡터와 곡률

평면 또는 공간상에서 움직이는 입자의 운동을 공부하기 위하여 벡터함수의 미분과 적분을 이용할 수 있다. 벡터함수

$$\boldsymbol{R}(t) = x(t)\boldsymbol{i} + y(t)\boldsymbol{j}, \quad a \le t \le b$$

가 평면의 곡선상을 움직이는 입자의 위치를 나타내준다고 하자. $x(t)$와 $y(t)$가 미분가능한 함수이고 $a \le t \le b$ 에 대하여 $(x'(t))^2 + (y'(t))^2 \neq 0$ 이라고 하자. 즉, $\boldsymbol{R}'(t)$ 가 존재하고 $\boldsymbol{O}$이 아님을 뜻한다. 같은 이유로 벡터 함수 $\boldsymbol{R}(t) = x(t)\boldsymbol{i} + y(t)\boldsymbol{j} + z(t)\boldsymbol{k}$, $a \le t \le b$ 가 공간의 곡선상을 움직이는 입자의 위치를 나타내준다고 하고 $x(t), y(t)$, $z(t)$가 미분가능한 함수이고 $a \le t \le b$ 에 대하여 $(x'(t))^2 + (y'(t))^2 + (z'(t))^2 \neq 0$ 이라고 하자.

■ 단위접벡터, 법벡터, 종법벡터

벡터 $\dfrac{\boldsymbol{R}(t+\Delta t) - \boldsymbol{R}(t)}{\Delta t}$ 의 방향은 곡선상의 두 점을 잇는 할선(secant line)의 방향이다. Δt 가 0에 접근함에 따라 할선이 어느 한 직선에 접근할 때에 한해 곡선은 접선을 갖는다. 이로부터 $\boldsymbol{R}'(t)$가 위치 $\boldsymbol{R}(t)$에서 곡선에 접하는 것을 알 수 있다. $\boldsymbol{R}'(t)$는 t가 증가하는 방향으로 향한다(그림 10-46(a)). $\boldsymbol{R}'(t)$와 같은 방향을 갖는 단위벡터는

$$\boldsymbol{T}(t) = \frac{\boldsymbol{R}'(t)}{|\boldsymbol{R}'(t)|}$$

이다. $\boldsymbol{T}$도 또한 곡선에 접하고 t가 증가하는 방향으로 향하는 것을 알 수 있다. $\boldsymbol{T}$를 곡선의 **단위접벡터**(unit tangent vector)라고 한다.

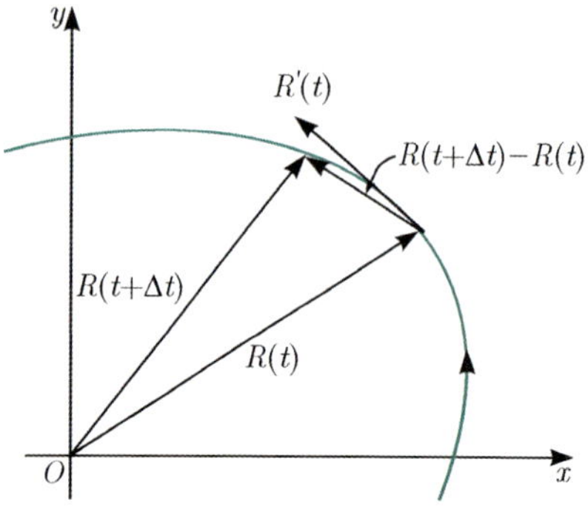

그림 10-46 (a)

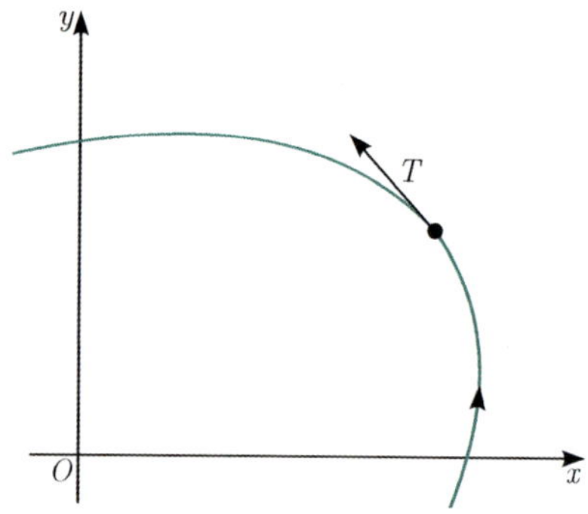

그림 10-46 (b)

곡선상의 한 점에서의 단위접벡터는 곡선상의 점에서부터 시작하며 그 점에서 곡선의 방향을 나타낸다(그림 10-46(b)). 따라서 같은 곡선을 반대방향으로 매개변수화하면 이 매개변수에 대한 단위접벡터는 반대 방향이 된다.

$\boldsymbol{T}(t)$가 항상 일정한 길이를 가진 벡터이므로 정리 10-8에 의해 $\boldsymbol{T}$와 $\boldsymbol{T}'$는 서로 수직이다. $\boldsymbol{T}' \neq \boldsymbol{O}$이면, 곡선의 **단위법벡터**(unit normal vector) $\boldsymbol{N}$을 다음과 같이 정의한다.

$$\boldsymbol{N}(t) = \frac{\boldsymbol{T}'(t)}{|\boldsymbol{T}'(t)|}$$

$\boldsymbol{T}$와 $\boldsymbol{T}'$이 서로 수직이므로, $\boldsymbol{N}$과 $\boldsymbol{T}$는 서로 수직이다. 곡선상의 한 점에서의 단위법벡터는 곡선상의 점에서 시작한다. 단위법벡터 $\boldsymbol{N}$은 매개변수에 따라 두 번 미분한 것이므로 곡선의 방향과 무관하다. 평면 곡선일 때는 단위 법벡터 N은 항상 곡선과 수직이 되고 곡선이 굽는 방향으로 향하는 것을 알 수 있다(그림 10-47).

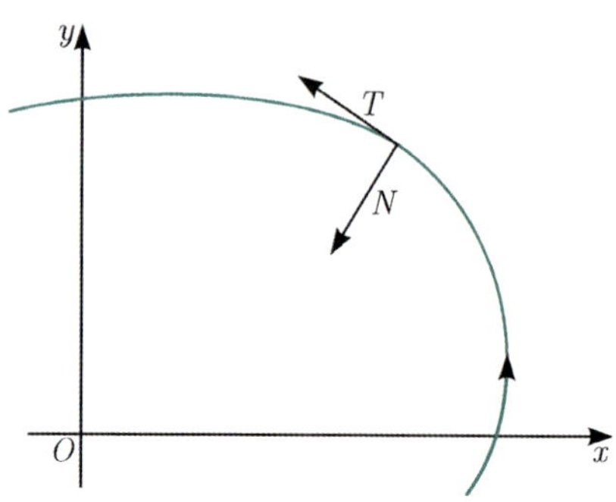

그림 10-47 (a)

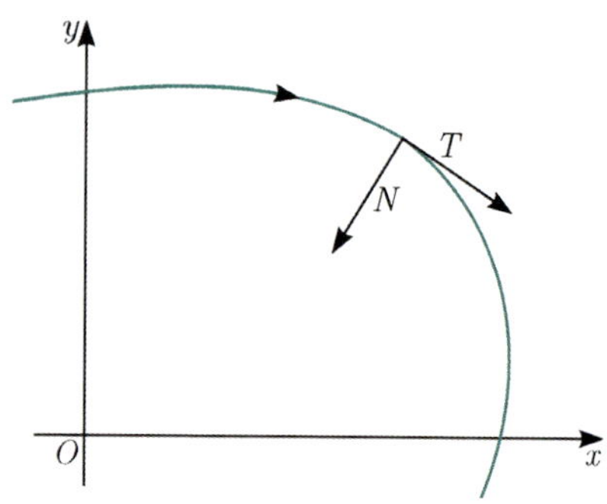

그림 10-47 (b)

예제 10-33 다음 곡선의 단위접벡터와 단위법벡터를 구하여라.

$$C: x = 2\cos 2t,\ y = 2\sin 2t,\ 0 \le t \le 2\pi$$

풀이 곡선을 다음과 같이 벡터함수로 나타낸다.

$$\boldsymbol{R}(t) = (2\cos 2t)\boldsymbol{i} + (2\sin 2t)\boldsymbol{j}$$

그러면, $\boldsymbol{R}'(t) = (-4\sin 2t)\boldsymbol{i} + (4\cos 2t)\boldsymbol{j}$

$$|\boldsymbol{R}'(t)| = \sqrt{(-4\sin 2t)^2 + (4\cos 2t)^2} = 4.$$

그러므로, 단위접벡터는

$$\boldsymbol{T}(t) = \frac{\boldsymbol{R}'(t)}{|\boldsymbol{R}'(t)|} = \frac{(-4\sin 2t)\boldsymbol{i} + (4\cos 2t)\boldsymbol{j}}{4} = (-\sin 2t)\boldsymbol{i} + (\cos 2t)\boldsymbol{j}.$$

$$\boldsymbol{T}'(t) = (-2\cos 2t)\boldsymbol{i} + (-2\sin 2t)\boldsymbol{j}$$

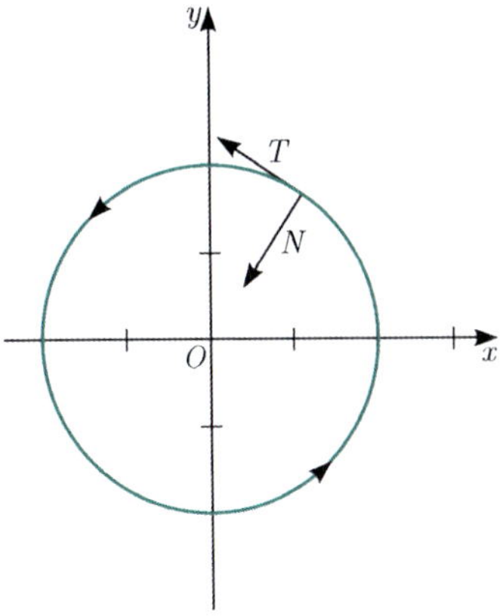

그림 10-48

이므로

$$|\boldsymbol{T}'(t)| = \sqrt{(-2\cos 2t)^2 + (-2\sin 2t)^2} = 2.$$

따라서

$$\boldsymbol{N} = \frac{\boldsymbol{T}'}{|\boldsymbol{T}'|} = (-\cos 2t)\boldsymbol{i} + (-\sin 2t)\boldsymbol{j}.$$

(그림 10-48에 곡선의 그래프와 단위접벡터, 단위법벡터를 표시하였다. 곡선은 원이며, 법벡터는 원의 중심을 향한다.) ■

공간곡선에 대하여 **단위종법벡터**(unit binormal vector) $\boldsymbol{B}$를

$$\boldsymbol{B} = \boldsymbol{T} \times \boldsymbol{N}$$

으로 정의한다. 벡터 $\boldsymbol{B}$는 $\boldsymbol{T}$와 $\boldsymbol{N}$이 서로 수직이므로

$$|\boldsymbol{B}| = |\boldsymbol{T} \times \boldsymbol{N}| = |\boldsymbol{T}||\boldsymbol{N}|\sin\frac{\pi}{2} = 1$$

이다. 단위종법벡터도 단위접벡터나 단위법벡터와 마찬가지로 곡선상의 점에서부터 그려진다. 벡터 $\boldsymbol{T}$, $\boldsymbol{N}$, $\boldsymbol{B}$는 이 순서로 곡선상의 점에서 오른손법칙을 따르는 직교좌표계를 이룬다(그림 10-49 참조).

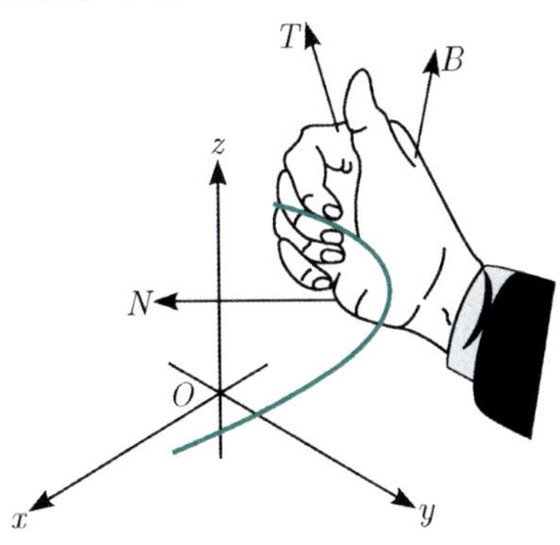

그림 10-49

예제 10-34 헬릭스

$$C: x = 2\cos t,\ y = 2\sin t,\ z = t,\ 0 \le t \le 2\pi$$

의 단위접벡터, 단위법벡터, 단위종법벡터를 구하여라.

풀이 곡선을 벡터 형식으로 나타내면,

$$\boldsymbol{R} = (2\cos t)\boldsymbol{i} + (2\sin t)\boldsymbol{j} + t\boldsymbol{k}$$

이므로,

$$\boldsymbol{R}' = (-2\sin t)\boldsymbol{i} + (2\cos t)\boldsymbol{j} + \boldsymbol{k},\ |\boldsymbol{R}'| = \sqrt{5}.$$

단위접벡터는

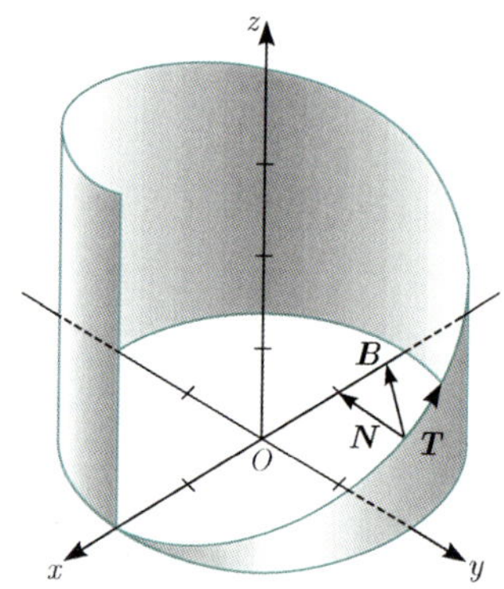

그림 10-50

$$\boldsymbol{T} = \frac{\boldsymbol{R}'}{|\boldsymbol{R}'|} = \left(\frac{-2\sin t}{\sqrt{5}}\right)\boldsymbol{i} + \left(\frac{2\cos t}{\sqrt{5}}\right)\boldsymbol{j} + \frac{1}{\sqrt{5}}\boldsymbol{k}$$

이다.

$$\boldsymbol{T}' = \left(\frac{-2\cos t}{\sqrt{5}}\right)\boldsymbol{i} + \left(\frac{-2\sin t}{\sqrt{5}}\right)\boldsymbol{j},\ |\boldsymbol{T}'| = \frac{2}{\sqrt{5}}$$

이므로, 단위법벡터는

$$\boldsymbol{N} = \frac{\boldsymbol{T}'}{|\boldsymbol{T}'|} = (-\cos t)\boldsymbol{i} + (-\sin t)\boldsymbol{j}.$$

단위종법벡터는

$$\boldsymbol{B} = \boldsymbol{T} \times \boldsymbol{N} = \begin{vmatrix} \boldsymbol{i} & \boldsymbol{j} & \boldsymbol{k} \\ \frac{-2\sin t}{\sqrt{5}} & \frac{2\cos t}{\sqrt{5}} & \frac{1}{\sqrt{5}} \\ -\cos t & -\sin t & 0 \end{vmatrix}$$

$$= \frac{\sin t}{\sqrt{5}}\boldsymbol{i} - \frac{\cos t}{\sqrt{5}}\boldsymbol{j} + \frac{2}{\sqrt{5}}\boldsymbol{k}.$$

(그림 10-50 참조)

■ 곡률

평면 (혹은 삼차원 공간) 상의 매끄러운 곡선 $\boldsymbol{R}(t) = x(t)\boldsymbol{i} + y(t)\boldsymbol{j}$ 에서 호의 길이 s 는

$$s(t) = \int_a^t \sqrt{x'(\tau)^2 + y'(\tau)^2}\, d\tau,\quad \frac{ds}{dt} = \sqrt{x'(t)^2 + y'(t)^2} = |\boldsymbol{R}'(t)|$$

의 관계를 만족한다. 따라서 $\boldsymbol{R}(t)$을 s 의 함수 $\widetilde{\boldsymbol{R}}(s)(=\boldsymbol{R}(t))$로 나타낼 수 있고, 단위접벡터

$$\boldsymbol{T}(t) = \frac{\boldsymbol{R}'(t)}{|\boldsymbol{R}'(t)|} = \frac{\frac{d\boldsymbol{R}}{dt}}{\frac{ds}{dt}} = \frac{\frac{d\widetilde{\boldsymbol{R}}}{ds}\frac{ds}{dt}}{\frac{ds}{dt}} = \frac{d\widetilde{\boldsymbol{R}}}{ds} = \boldsymbol{T}(s)$$

가 된다. 즉 단위접벡터 $\boldsymbol{T}(s)$는 호의 길이 s 에 대한 위치벡터 $\widetilde{\boldsymbol{R}}(s)$의 변화율이다. 이제 호의 길이 s 에 대한 접선방향 $\boldsymbol{T}(s)$ 의 변화율 $\left|\frac{d\boldsymbol{T}}{ds}\right|$에 대해 보도록 하자. s 와 $s+\Delta s\ (\Delta s \neq 0)$ 에

대응하는 곡선상의 점에서의 단위접벡터 $\boldsymbol{T}(s)$와 $\boldsymbol{T}(s+\Delta s)$에 대하여(그림 10-51 참조), $\boldsymbol{T}(s+\Delta s)$와 $\boldsymbol{T}(s)$가 단위벡터이므로 벡터 $\boldsymbol{T}(s+\Delta s)-\boldsymbol{T}(s)$의 길이는 Δs가 작을 때 두 벡터 $\boldsymbol{T}(s+\Delta s)$와 $\boldsymbol{T}(s)$ 사이의 각을 라디안으로 나타낸 값과 거의 같다(그림 10-52 참조). 따라서

$$\left|\frac{\boldsymbol{T}(s+\Delta s)-\boldsymbol{T}(s)}{\Delta s}\right| \approx \left|\frac{\Delta\theta}{\Delta s}\right|$$

이고, $\left|\frac{d\boldsymbol{T}}{ds}\right|$는 호의 길이 s에 대한 $\boldsymbol{T}$의 방향 θ의 순간변화율이 된다. 이것을

$$\kappa = \left|\frac{d\boldsymbol{T}}{ds}\right|$$

로 나타내고 κ를 곡선의 곡률(curvature)이라고 한다. 다음의 공식에 의해 곡선의 매개방정식으로부터 그 곡선의 곡률을 구할 수 있다.

$$\kappa(s) = \left|\frac{d\boldsymbol{T}(s)}{ds}\right| = \frac{\left|\frac{d\boldsymbol{T}}{dt}\right|}{\frac{ds}{dt}} = \frac{|\boldsymbol{T}'(t)|}{|\boldsymbol{R}'(t)|}$$

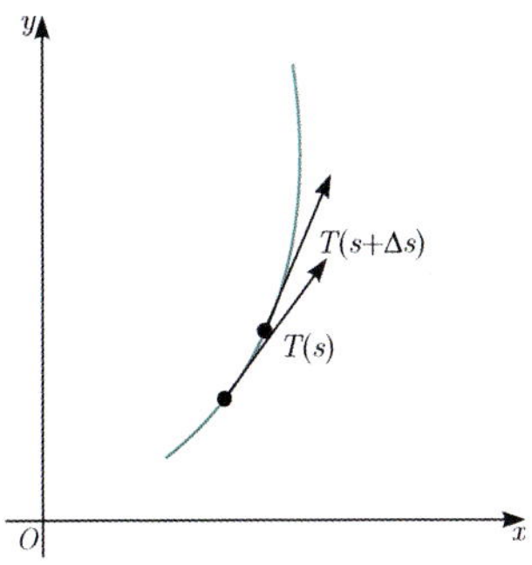

그림 10-51

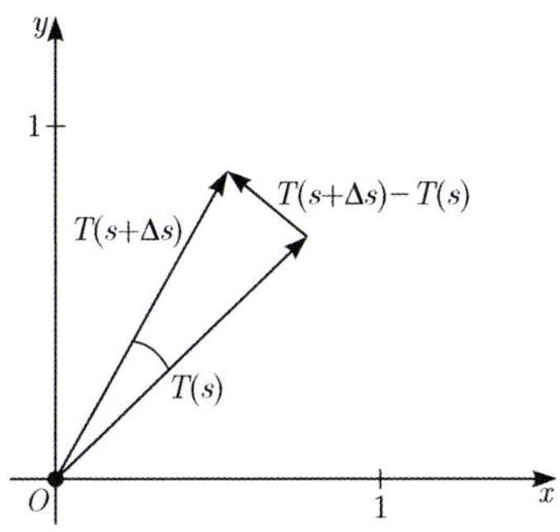

그림 10-52

예제 10-35 원 $(x-a)^2+(y-b)^2=r^2$의 곡률을 구하여라.

풀이 원을 벡터함수로 나타내면

$$\boldsymbol{R}(t) = (a+r\cos t)\boldsymbol{i}+(b+r\sin t)\boldsymbol{j}$$

이다. 따라서

$$\boldsymbol{R}'(t) = (-r\sin t)\boldsymbol{i}+(r\cos t)\boldsymbol{j},\ |\boldsymbol{R}'(t)| = r,$$
$$\boldsymbol{T}(t) = (-\sin t)\boldsymbol{i}+(\cos t)\boldsymbol{j},$$
$$\boldsymbol{T}'(t) = (-\cos t)\boldsymbol{i}+(-\sin t)\boldsymbol{j},\ |\boldsymbol{T}'(t)| = 1.$$

그러므로 곡률은

$$\kappa = \frac{|\boldsymbol{T}'|}{|\boldsymbol{R}'|} = \frac{1}{r}.$$ ■

곡률이 0이 아닌 곡선상의 점에서 **곡률반경**(radius of curvature) ρ를

$$\rho = \frac{1}{\kappa}$$

로 정의한다. 곡선상의 점에서 단위법벡터 $\boldsymbol{N}$을 따라 ρ만큼 떨어진 점을 중심으로 하고 ρ를 반지름으로 하는 원을 **곡률원**(circle of curvature)이라고 한다(그림 10-53 참조). 곡률원의 중심을 **곡률중심**(center of curvature)이라고 한다. 예제 10-35로부터 원의 곡률원은 원 자신과 일치함을 알 수 있다. 한 점에서 곡률 κ를 가진 곡선은 그 점을 지날 때 반지름 $\dfrac{1}{\kappa}$인 원이 굽어지는 만큼 굽는다.

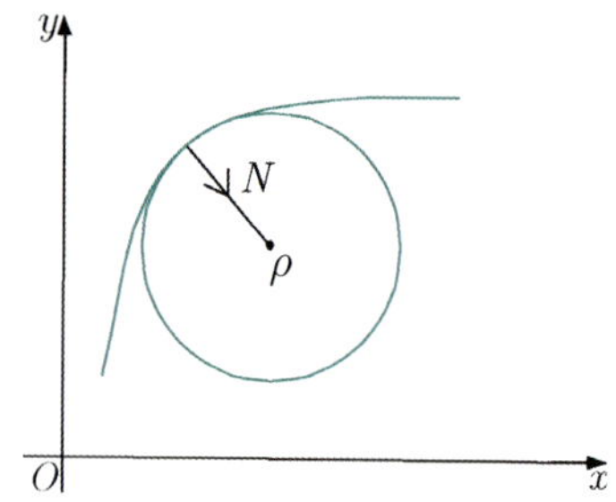

그림 10-53

예제 10-36 곡선 $y = \sin x$의 단위접벡터, 단위법벡터, 곡률을 구하여라. 또한 점 $\left(\dfrac{\pi}{2}, 1\right)$에서 곡률반경과 곡률중심을 구하여라.

풀이 곡선 $y = \sin x$를 벡터함수

$$R = t\boldsymbol{i} + (\sin t)\boldsymbol{j}$$

로 나타내면,

$$\boldsymbol{R}' = \boldsymbol{i} + (\cos t)\boldsymbol{j},$$

$$|\boldsymbol{R}'| = \sqrt{1+\cos^2 t},$$

$$\boldsymbol{T} = \frac{1}{\sqrt{1+\cos^2 t}}\boldsymbol{i} + \frac{\cos t}{\sqrt{1+\cos^2 t}}\boldsymbol{j},$$

$$\boldsymbol{T}' = \frac{\sin t\cos t}{(1+\cos^2 t)^{3/2}}\boldsymbol{i} - \frac{\sin t}{(1+\cos^2 t)^{3/2}}\boldsymbol{j},$$

$$|\boldsymbol{T}'| = \frac{|\sin t|}{1+\cos^2 t},$$

$$\boldsymbol{N} = \left(\frac{\sin t}{|\sin t|}\right)\left(\frac{\cos t}{\sqrt{1+\cos^2 t}}\boldsymbol{i} - \frac{1}{\sqrt{1+\cos^2 t}}\boldsymbol{j}\right),$$

$$\kappa = \frac{|\boldsymbol{T}'|}{|\boldsymbol{R}'|} = \frac{|\sin t|}{(1+\cos^2 t)^{\frac{3}{2}}}.$$

점 $\left(\dfrac{\pi}{2}, 1\right)$은 $t = \dfrac{\pi}{2}$일 때이므로 이때 $\kappa = 1$이고, 따라서

$$\rho = \frac{1}{\kappa} = 1.$$

곡률중심은 $\left(\dfrac{\pi}{2}, 1\right)$로부터 단위법벡터 $\boldsymbol{N}\left(\dfrac{\pi}{2}\right) = -\boldsymbol{j}$를 따라 길이 1만큼 떨어진 점이

다. 따라서 곡률중심은 $\left(\frac{\pi}{2}, 0\right)$이다.

$y = \sin x$ 의 그래프와 $\left(\frac{\pi}{2}, 1\right)$에서의 곡률원의 그림이 그림 10-54에 있다. 단위법벡터 $\boldsymbol{N}$ 의 방향은 그림에 표시된 대로 곡선이 오목한 방향과 일치한다. $y = 0$인 곳에서는 단위법벡터가 정의되지 않는데, 이러한 점들은 곡선의 변곡점들이다.) ■

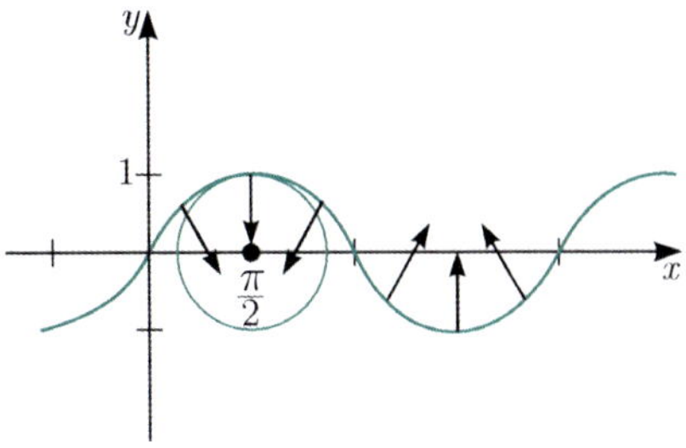

그림 10-54

연습문제 10.7 Exercises

1. 주어진 평면상의 곡선의 단위접벡터, 단위법벡터와 곡률을 구하여라.

(a) $C : x = 1 - 2t,\ y = 2 + 2t$　(b) $C : x = t,\ y = \ln t$

(c) $C : x = 2\cos t,\ y = 2\sin t$　(d) $C : x = 2t,\ y = e^t + e^{-t}$

(e) $C : x = e^t \cos t,\ y = e^t \sin t$

2. 시각 t 에서의 물체의 위치가 $\boldsymbol{R} = t^3\boldsymbol{i} + t^3\boldsymbol{j} + t\boldsymbol{k}$ 로 주어졌다. $t = 1$일 때 곡선 위의 점에서 벡터 $\boldsymbol{T}$와 $\boldsymbol{N}$으로 이루어지는 평면의 방정식을 구하여라(힌트 : 벡터 $\boldsymbol{R}'$과 $\boldsymbol{R}''$은 평면 내부에 있다).

3. 다음 곡선들의 단위접벡터, 단위법벡터, 단위종법벡터 그리고 곡률을 구하여라.

(a) $C : x = t,\ y = \frac{t^2}{2},\ z = t\ ;\ t = 0$

(b) $C : x = \sqrt{2}\ln t,\ y = \frac{1}{t},\ z = t\ ;\ t = 1$

(c) $C : x = \cos t,\ y = \sqrt{2}\sin t,\ z = \cos t$

(d) $C : x = e^t \cos t,\ y = e^t \sin t,\ z = e^t$

(e) $C : x = e^t,\ y = e^{-t},\ z = \sqrt{2}\,t\ ;\ t = 0$

4. 주어진 곡선들에 대해, 주어진 점에서의 단위접벡터, 단위법벡터, 곡률, 곡률반경과 곡률중심을 구하여라. 곡선의 그래프를 그리고 주어진 점에서의 곡률원을 그려라.

(a) $C : x = e^t,\ y = t\ ;\ t = 0$

(b) $C : x = t,\ y = \cos t\ ;\ t = 0$

(c) $C : x = t\cos t,\ y = t\sin t\ ;\ t = 0$

(d) $C : x = 4\cos t,\ y = 3\sin t\ ;\ t = 0,\ \dfrac{\pi}{2}$

10.8 가속도의 성분

시각 t 에서 공간에 위치한 물체의 위치벡터가 $\boldsymbol{R}(t) = x(t)\boldsymbol{i} + y(t)\boldsymbol{j} + z(t)\boldsymbol{k}$ 라 할 때, 입자의 속도 $\boldsymbol{V} = \boldsymbol{R}'$ 의 방향은 단위접벡터 $\boldsymbol{T}$의 방향이고, 크기는 속력

$$v = |\boldsymbol{V}| = |\boldsymbol{R}'| = \sqrt{\left(\frac{dx}{dt}\right)^2 + \left(\frac{dy}{dt}\right)^2 + \left(\frac{dz}{dt}\right)^2} = \frac{ds}{dt}$$

이다. 속도를 시간에 대해 미분하면

$$\boldsymbol{V}' = \frac{d}{dt}(\boldsymbol{V}) = \frac{d}{dt}(v\boldsymbol{T}) = \frac{dv}{dt}\boldsymbol{T} + v\boldsymbol{T}'$$

이 된다. 이때 $\boldsymbol{N} = \dfrac{\boldsymbol{T}'}{|\boldsymbol{T}'|}$ 이고 $\kappa = \dfrac{|\boldsymbol{T}'|}{|\boldsymbol{R}'|} = \dfrac{|\boldsymbol{T}'|}{v}$ 이므로, 가속도는

$$\boldsymbol{A} = \frac{dv}{dt}\boldsymbol{T} + \kappa v^2\boldsymbol{N}$$

과 같이 표시된다. 이것으로부터 입자의 가속도는 $\boldsymbol{T}$와 $\boldsymbol{N}$에 의해 만들어지는 평면상에 놓이는 것을 알 수 있다.

$$a_T = \frac{dv}{dt} = \frac{d^2s}{dt^2}$$

을 **가속도의 접성분**(tangential component of acceleration),

$$a_N = \kappa v^2 = \kappa\left(\frac{ds}{dt}\right)^2$$

을 **가속도의 법성분**(normal component of acceleration)이라고 부른다. 가속도의 법성분은 음이 아니므로, 단위법벡터는 곡선이 굽은 방향으로 향한다. 또한 가속도의 법성분이 곡률과 속력의 제곱의 곱으로 이루어지므로, 급하게 굽어서 곡률이 큰(곡률원이 작은) 커브 길을 차로 갈 때는 속력을 낮추어야 한다는 것을 알 수 있다.

가속도의 접성분과 법성분은 $\boldsymbol{T}$와 $\boldsymbol{N}$을 계산하지 않아도, $\boldsymbol{R}'$과 $\boldsymbol{R}''$으로부터 계산할 수 있다. $\boldsymbol{A} = \boldsymbol{R}''$이므로

$$\boldsymbol{T}\cdot\boldsymbol{R}''=\boldsymbol{T}\cdot\left(\frac{dv}{dt}\boldsymbol{T}+\kappa v^2\boldsymbol{N}\right)=\frac{dv}{dt}$$

이고, 또한

$$\boldsymbol{T}\cdot\boldsymbol{R}''=\frac{\boldsymbol{R}'}{|\boldsymbol{R}'|}\cdot\boldsymbol{R}''=\frac{\boldsymbol{R}'\cdot\boldsymbol{R}''}{|\boldsymbol{R}'|}$$

이다. 그러므로

$$a_T=\frac{dv}{dt}=\frac{d^2s}{dt^2}=\frac{\boldsymbol{R}'\cdot\boldsymbol{R}''}{|\boldsymbol{R}'|}.$$

마찬가지로

$$\boldsymbol{T}\times\boldsymbol{R}''=\boldsymbol{T}\times\left(\frac{dv}{dt}\boldsymbol{T}+\kappa v^2\boldsymbol{N}\right)=\kappa v^2\boldsymbol{B}$$

이고,

$$\boldsymbol{T}\times\boldsymbol{R}''=\left(\frac{\boldsymbol{R}'}{|\boldsymbol{R}'|}\right)\times\boldsymbol{R}''=\frac{\boldsymbol{R}'\times\boldsymbol{R}''}{|\boldsymbol{R}'|},\ \ |\boldsymbol{B}|=1$$

이므로

$$a_N=\kappa v^2=\kappa\left(\frac{ds}{dt}\right)^2=\frac{|\boldsymbol{R}'\times\boldsymbol{R}''|}{|\boldsymbol{R}'|}$$

이다.

예제 10-37 시간 t 에서의 입자의 위치가

$$\boldsymbol{R}=2t^2\boldsymbol{i}+2t\boldsymbol{j}+t^2\boldsymbol{k}$$

로 주어져 있다. 가속도의 접성분과 법성분을 구하여라.

풀이

$$\boldsymbol{R}'=4t\boldsymbol{i}+2\boldsymbol{j}+2t\boldsymbol{k},\quad \boldsymbol{R}''=4\boldsymbol{i}+0\boldsymbol{j}+2\boldsymbol{k},$$

$$|\boldsymbol{R}'|=\sqrt{(4t)^2+2^2+(2t)^2}=\sqrt{20t^2+4}=2\sqrt{5t^2+1}.$$

$$\boldsymbol{R}'\cdot\boldsymbol{R}''=(4t)(4)+(2)(0)+(2t)(2)=20t.$$

$$\boldsymbol{R}'\times\boldsymbol{R}''=\begin{vmatrix}\boldsymbol{i}&\boldsymbol{j}&\boldsymbol{k}\\4t&2&2t\\4&0&2\end{vmatrix}=4\boldsymbol{i}-0\boldsymbol{j}-8\boldsymbol{k}.$$

$$|\boldsymbol{R}'\times\boldsymbol{R}''|=\sqrt{4^2+0^2+8^2}=\sqrt{80}=4\sqrt{5}.$$

그러므로 가속도의 접성분은

$$a_T=\frac{\boldsymbol{R}'\cdot\boldsymbol{R}''}{|\boldsymbol{R}'|}=\frac{20t}{2\sqrt{5t^2+1}}=\frac{10t}{\sqrt{5t^2+1}}.$$

가속도의 법성분은

$$a_N = \frac{|\boldsymbol{R}' \times \boldsymbol{R}''|}{|\boldsymbol{R}'|} = \frac{4\sqrt{5}}{2\sqrt{5t^2+1}} = \frac{2\sqrt{5}}{\sqrt{5t^2+1}}.$$

일반적으로

$$\begin{aligned} |\boldsymbol{R}''|^2 &= \boldsymbol{R}'' \cdot \boldsymbol{R}'' \\ &= (a_T\boldsymbol{T} + a_N\boldsymbol{N}) \cdot (a_T\boldsymbol{T} + a_N\boldsymbol{N}) \\ &= a_T^2 + a_N^2 \end{aligned}$$

이므로,

$$a_N = \sqrt{|\boldsymbol{R}''|^2 - a_T^2}$$

을 얻는다. 이 공식으로부터 가속도의 법성분을 $\boldsymbol{R}' \times \boldsymbol{R}''$을 계산하지 않고도 구할 수 있다. 또한

$$a_N = \kappa v^2 = \frac{|\boldsymbol{R}' \times \boldsymbol{R}''|}{|\boldsymbol{R}'|}, \quad v = |\boldsymbol{R}'|$$

이므로,

$$\kappa(t) = \frac{|\boldsymbol{R}'(t) \times \boldsymbol{R}''(t)|}{|\boldsymbol{R}'(t)|^3} \qquad (1)$$

을 얻는다. 이 공식은 곡률을 $\boldsymbol{R}'$과 $\boldsymbol{R}''$으로 나타내준다.

평면곡선들은 z-좌표를 0으로 갖는 공간곡선으로 간주할 수 있으므로, 공간곡선에 대한 공식들을 평면곡선에 적용할 수 있다. 예를 들어, 곡선이 매개방정식

$$C: x = x(t), \; y = y(t), \; z = 0$$

으로 주어졌을 때, 이 곡선을 벡터함수

$$\boldsymbol{R} = x\boldsymbol{i} + y\boldsymbol{j}$$

로 나타내어, 곡률 κ를 구하면

$$\kappa = \frac{|x'y'' - y'x''|}{(x'^2 + y'^2)^{3/2}} \qquad (2)$$

이 됨을 알 수 있다.

예제 10-38 타원

$$C: x = 3\cos t, \; y = 2\sin t, \; 0 \le t \le 2\pi$$

의 곡률에 대한 공식을 구하여라. 또한 최대곡률과 최소곡률을 구하고 최대곡률과 최소

곡률을 갖는 점들을 구하여라.

풀이 매개변수에 대한 1계, 2계 미분을 구하면

$$x' = -3\sin t,\ x'' = -3\cos t,\ y' = 2\cos t,\ y'' = -2\sin t$$

이므로, 위의 공식으로부터

$$\kappa = \frac{|(-3\sin t)(-2\sin t) - (2\cos t)(-3\cos t)|}{[(-3\sin t)^2 + (2\cos t)^2]^{3/2}}.$$

$$= 6(9\sin^2 t + 4\cos^2 t)^{-3/2}$$

κ 의 최대값과 최소값을 구하기 위해 κ'을 구하면

$$\kappa' = \frac{d\kappa}{dt} = \frac{-90(\sin t)(\cos t)}{(9\sin^2 t + 4\cos^2 t)^{5/2}}.$$

즉, $(\sin t)(\cos t) = 0$ 를 만족하는 $t = 0$, $\frac{\pi}{2}$, π, $\frac{3}{2}\pi$, 2π 에서 $\frac{d\kappa}{dt} = 0$이다. 최대곡률은

$$\kappa(0) = \kappa(\pi) = \kappa(2\pi) = 6(4)^{-3/2} = \frac{3}{4}$$

이고, 최소곡률은

$$\kappa\left(\frac{\pi}{2}\right) = \kappa\left(\frac{3}{2}\pi\right) = 6(9)^{-3/2} = \frac{2}{9}$$

이다. 따라서 타원의 꼭지점에서 최대곡률을 갖고 단축의 끝점에서 최소곡률을 갖는다(그림 10-55). ■

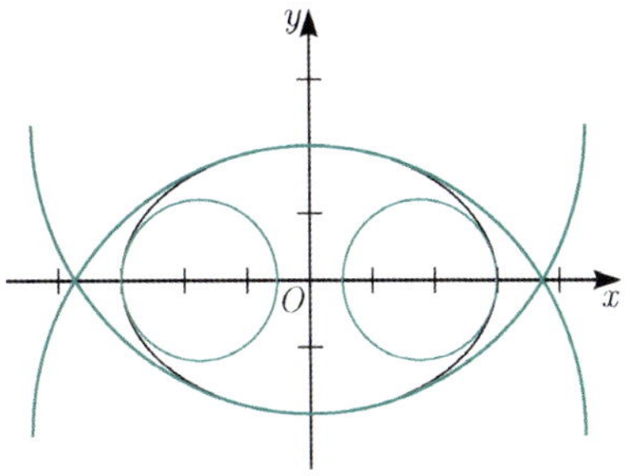

그림 10-55

곡선이 함수 $y = f(x)$ 의 그래프이면, 이 곡선을

$$C : x = x,\ y = f(x)$$

와 같이 매개방정식으로 나타낼 수 있으므로, 위의 공식 (2)에 의해 곡률 κ를 구하면 $x' = 1$, $x'' = 0$이므로

$$\kappa = \frac{|f''(x)|}{(1 + (f'(x))^2)^{3/2}} \qquad (3)$$

이 된다.

연습문제 10.8

Exercises

1. 주어진 위치 벡터들로 나타내어지는 운동에 대한 가속도의 접성분과 법성분을 구하여라.

(a) $\boldsymbol{R} = \cos t\boldsymbol{i} + \sin t\boldsymbol{j} + t\boldsymbol{k}$

(b) $\boldsymbol{R} = \ln t\boldsymbol{i} + t\boldsymbol{j} + \ln t\boldsymbol{k}$

(c) $\boldsymbol{R} = 3\cos 2t\boldsymbol{i} + 3\sin 2t\boldsymbol{j}$

(d) $\boldsymbol{R} = 2\cos 2t\boldsymbol{i} + 3\sin t\boldsymbol{j}$

(e) $\boldsymbol{R} = t\boldsymbol{i} + t^2\boldsymbol{j}$

(f) $\boldsymbol{R} = e^{-t}\cos t\boldsymbol{i} + e^{-t}\sin t\boldsymbol{j} + t\boldsymbol{k}$; $t = 0$

(g) $\boldsymbol{R} = t\cos t\boldsymbol{i} + t\sin t\boldsymbol{j} + t\boldsymbol{k}$; $t = 0$

2. 곡선을 따라 움직이는 한 입자가 곡선 위의 한 점에서 속도 $\boldsymbol{V} = 2\boldsymbol{i} + \boldsymbol{j}$ 와 가속도 $\boldsymbol{A} = \boldsymbol{i} - \boldsymbol{k}$ 를 갖는다. 그 점에서의 단위접벡터 $\boldsymbol{T}$와 단위법벡터 $\boldsymbol{N}$을 구하여라.

3. 단위접벡터 $\boldsymbol{T}$와 단위법벡터 $\boldsymbol{N}$을 속도 $\boldsymbol{V}$와 가속도 $\boldsymbol{A}$로 나타내어라.

4. 주어진 곡선들의 곡률을 구하여라.

(a) $C : x = t^2,\ y = t^2,\ z = t^3$; $t = 1$

(b) $C : x = t,\ y = t^2,\ z = t^3$; $t = 1$

5. 주어진 곡선들의 곡률에 대한 공식을 구하여라.

(a) $y = \dfrac{1}{x},\ x > 0$

(b) $y = \dfrac{1}{x^2}$

(c) $y = \ln(\sec x),\ -\dfrac{\pi}{2} < x < \dfrac{\pi}{2}$

(d) $y = \ln(\sec x + \tan x),\ 0 \le x \le \dfrac{\pi}{2}$

(e) $C : x = 2\cos t,\ y = \sin t$

(f) $C : x = e^t + e^{-t},\ y = e^t - e^{-t}$

(g) $C : x = \sec t,\ y = \tan t$

6. 주어진 곡선들의 최대곡률을 구하여라. 그리고, 곡률이 최대가 되는 곡선 위의 점을 구하여라.

(a) $y = \ln x$

(b) $y = e^x$

(c) $C : x = 2t,\ y = e^t + e^{-t}$

7. $(-1, -1)$ 부터 $(0,0)$ 까지는 $y = -\sqrt{1-(x+1)^2}$ 을 따르고, $(2,2)$ 까지는 $y = \sqrt{4-(x-2)^2}$ 을 따르는 곡선은 단위접벡터가 연속적으로 변하기 때문에 매끄럽다. 곡선이 두 개의 원호들로 이루어져 있다는 사실을 이용하여 곡률을 구하여라 (에어포일(airfoil)의 단면을 따라서 곡률이 갑작스럽게 변화하면 공기의 역학적 특성에 중대한 영향을 미칠 수 있다).

8. 극곡선 $r = r(\theta)$ 의 곡률이 식 $\kappa = \dfrac{|r^2 + 2(r')^2 - rr''|}{(r^2 + (r')^2)^{3/2}}$ 로 나타내지는 것을 보여라. 여기서 도함수들은 θ 에 관한 것이다.

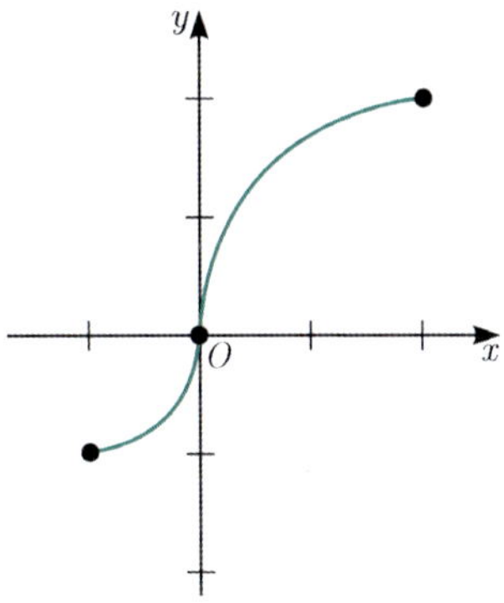

9. 주어진 극곡선들의 곡률에 대한 식을 문제 8의 식을 이용해서 구하여라.

(a) $r = 1 - \sin\theta$

(b) $r = 2 - \cos\theta$

10. 극점(pole)에서 극곡선 $r = r(\theta)$ 의 곡률이 $\kappa = \dfrac{2}{|r'|}$ 로 나타내지는 것을 문제 8의 식을 이용해서 보여라.

11. 주어진 곡선들의 극점에서의 곡률을 문제 10의 식을 이용해서 구하여라.

(a) $r = \sin 4\theta$ (b) $r = 2\cos 2\theta$

12. 극곡선 $r = 1 - \cos\theta$ 의 최소곡률을 구하여라.

제 11 장

다변수함수의 미분

하나의 변수 값이 여러 개의 변수에 의존하는 상황이 흔히 있다. 진동하는 현에 대한 운동을 묘사할 때 위치와 시간에 대한 다변수함수와 편도함수가 등장했음을 오일러(L. Euler, 1707-1783), 달랑베르(J.L. d'Alembert, 1717?-1783), 라그랑주(J.L. Lagrange, 1736-1813) 등의 논문 또는 책에서 볼 수 있다.

일변수함수와 마찬가지로 다변수함수에 대한 해석도 극한, 연속, 도함수의 개념에 의존하게 된다.

이 장에서는 등위선을 이용하여 이변수함수의 그래프를 추정해 보는 것으로 시작하여, 다변수함수의 극한, 연속성, 미분가능성, 극대, 극소 등을 다룬다.

11.1 다변수함수와 연속성

실수의 순서쌍 (x, y)들의 집합 D의 각 원소 (x, y)에 하나의 실수 값 z를 대응시키는 대응규칙 f를 두 변수 x, y의 함수, z를 (x, y)에 대한 f의 값이라고 하고

$$f(x, y) \text{ 또는 } z = f(x, y)$$

로 나타낸다. 이때, D를 f의 **정의역**(domain), D의 각 원소에 대한 f의 값의 집합을 **치역**(range)이라고 한다. 그리고 f를 **이변수함수**, x 및 y를 **독립변수**, z를 **종속변수**라고 한다.

이변수함수 $z = f(x, y)$의 **그래프**는 실수의 순서모임 (x, y, z)들의 집합

$$G = \{(x, y, z) \mid (x, y) \in D,\ z = f(x, y)\}$$

이며, 공간의 한 곡면을 나타낸다.

9.5절에서 본 타원포물면, 쌍곡포물면

$$z = \frac{x^2}{a^2} + \frac{y^2}{b^2},\quad z = \frac{x^2}{a^2} - \frac{y^2}{b^2}$$

의 그래프(그림 9-41, 42)는 각각 이변수함수

$$f(x, y) = \frac{x^2}{a^2} + \frac{y^2}{b^2},\quad g(x, y) = \frac{x^2}{a^2} - \frac{y^2}{b^2}$$

의 그래프이다. 일변수함수에서와 마찬가지로, 이변수함수 $z = f(x, y)$의 정의역은 $f(x, y)$가 정의되는 모든 (x, y)들의 집합으로 한다.

예 1 함수 $z = \sqrt{9 - x^2 - y^2}$의 정의역은 $\{(x, y) : x^2 + y^2 \le 9\}$, 치역은 $0 \le z \le 3$이고, 그래프는 구면 $x^2 + y^2 + z^2 = 9$의 위쪽 반이다(그림 11-1).

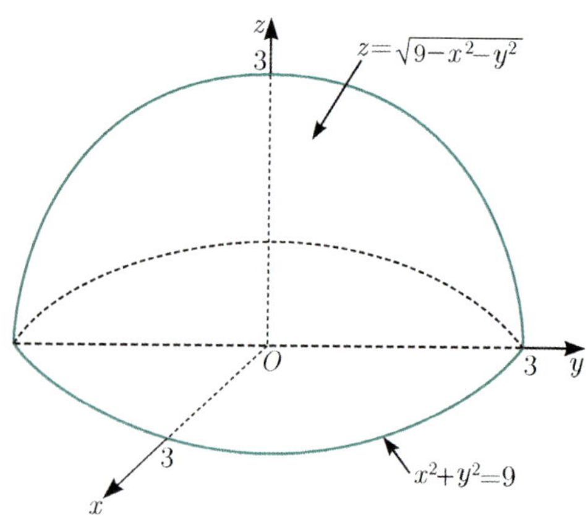

그림 11-1

이변수함수 $f(x, y)$의 그래프를 살펴보는 다른 방법은 f의 치역에 속한 여러 개의 수 c에 대하여 $c = f(x, y)$를 만족시키는 점 (x, y)들을 xy 평면에 그리는 것이다. 주어진 수 c에 대해 $c = f(x, y)$를 만족시키는 (x, y)들의 집합을 xy 평면에 나타낸 것을 **등위선 또는 등고선**(level curve)이라고 부른다. 이 등위선은 곡면 $z = f(x, y)$가 평면 $z = c$와 만나는 교선(contour line)을 xy-평면에 투영시킨 것이다. 그림 11-2(a)는 함수 $z = \sqrt{16 - x^2 - y^2}$의 그래프인 반구면

이 평면 $z=c$와 만나는 교선을 보여주고, 그림 11-2(b)는 함수 $z=\sqrt{16-x^2-y^2}$의 등위선들을 보여준다.

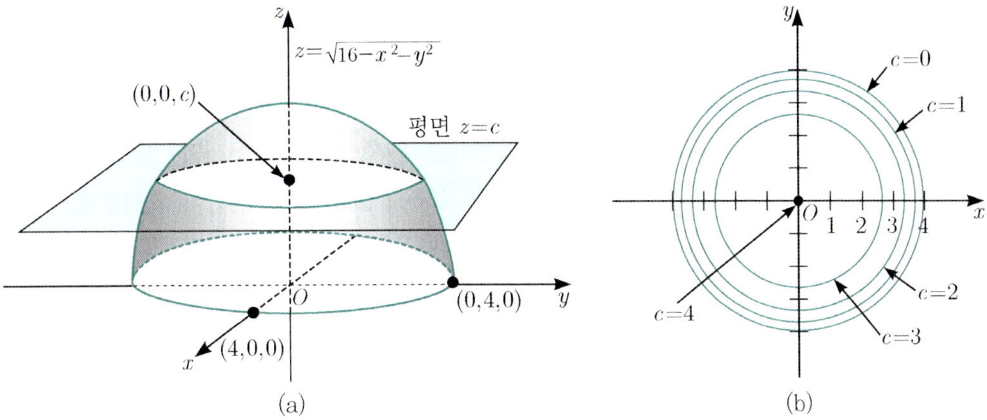

그림 11-2

예제 11-1 함수 $f(x,y)=16-x^2-y^2$의 $c=0,1,4,9,16$에 대한 등위선들을 그리고 함수의 그래프를 그려라.

풀이 등위선 $f(x,y)=c$는

$$16-x^2-y^2=c \text{ 또는 } x^2+y^2=16-c$$

를 만족시키는 (x,y)들의 집합이다. 그러므로 $c=0,1,4,9,16$에 대해 다음 그림 11-3과 같이 등위선을 얻는다. 이 등위선들을 들어 올려 그림 11-4와 같은 포물면의 그래프를 얻게 된다.

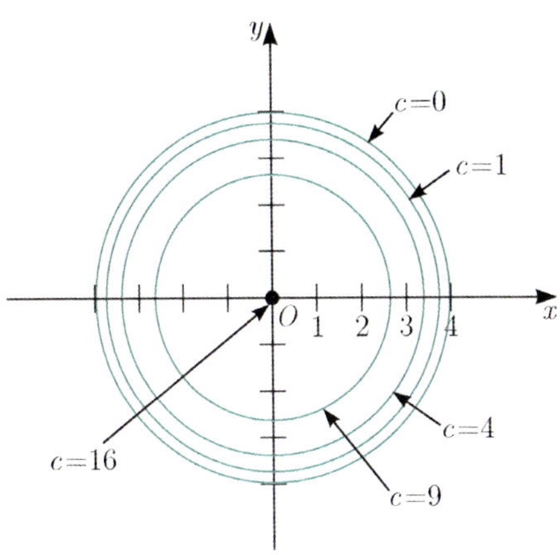

그림 11-3

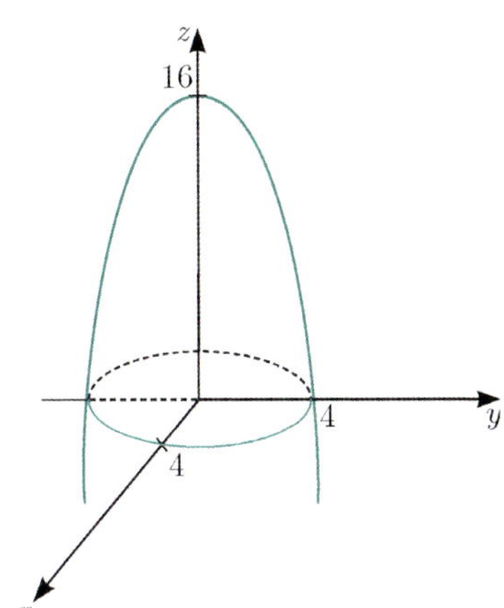

그림 11-4

다음 예는 등위선 개념을 응용한 **등온선**(isotherms)에 관한 것이다.

접근하는 경로가 무수히 많음을 알 수 있다. 따라서 극한값이 존재한다는 것은 (x, y)가 어떤 경로를 따라 (x_0, y_0)로 접근하더라도 $f(x, y)$가 같은 값으로 접근한다는 것이다. 정확한 극한의 정의는 다음과 같다.

> **정의** f가 (x_0, y_0)를 포함하는 열린 집합에서 정의되는 이변수함수라 하자(단 (x_0, y_0)는 제외될 수 있음). 임의의 $\epsilon > 0$가 주어졌을 때, 한 $\delta > 0$가 존재하여
>
> $$0 < \sqrt{(x-x_0)^2 + (y-y_0)^2} < \delta \text{일 때 } |f(x, y) - L| < \epsilon$$
>
> 을 만족시키면, 함수 $f(x, y)$가 (x_0, y_0)에서 **극한값** L을 갖는다고 하고,
>
> $$\lim_{(x, y) \to (x_0, y_0)} f(x, y) = L$$
>
> 이라 쓴다.

정의로부터

$$\lim_{(x, y) \to (x_0, y_0)} x = x_0, \quad \lim_{(x, y) \to (x_0, y_0)} y = y_0 \tag{1}$$

임을 금방 알 수 있다.

이변수함수의 극한은 일변수함수의 극한과 여러 가지 비슷한 성질을 갖는다.

정리 11-1 $\lim_{(x, y) \to (a, b)} f(x, y) = A$, $\lim_{(x, y) \to (a, b)} g(x, y) = B$이고 c가 상수일 때

(1) $\lim_{(x, y) \to (a, b)} cf(x, y) = cA$,

(2) $\lim_{(x, y) \to (a, b)} [f(x, y) \pm g(x, y)] = A \pm B$,

(3) $\lim_{(x, y) \to (a, b)} f(x, y)g(x, y) = AB$,

(4) $\lim_{(x, y) \to (a, b)} \dfrac{f(x, y)}{g(x, y)} = \dfrac{A}{B}$, 단 $B \neq 0$.

예 3 위 정리와 (1)로부터

$$\lim_{(x, y) \to (3, -4)} (x^2 + y^2) = 3^2 + (-4)^2 = 25, \quad \lim_{(x, y) \to (0, 1)} \frac{x^2 - y^2}{x^2 + y^2} = \frac{0^2 - 1^2}{0^2 + 1^2} = -1.$$

예 4 $f(x, y) = \dfrac{x^2 - y^2}{x^2 + y^2}$, $(x, y) \neq (0, 0)$일 때 $\lim_{(x, y) \to (0, 0)} f(x, y)$이 존재하는지를 살펴보자. 우선 x축$(y = 0)$을 따라 $(0, 0)$에 접근할 경우 $x \neq 0$인 모든 x에 대해

$f(x,0)=\dfrac{x^2}{x^2}=1$ 이므로 x 축을 따라 $(x,y)\to(0,0)$ 일 때 $f(x,y)\to 1$ 이다. 다음으로 y 축 $(x=0)$을 따라 $(0,0)$에 접근할 경우 $y\neq 0$인 모든 y 에 대해 $f(0,y)=\dfrac{-y^2}{y^2}=-1$ 이므로 y 축을 따라 $(x,y)\to(0,0)$ 일 때 $f(x,y)\to -1$ 이다. 서로 다른 두 직선을 따라 $(x,y)\to(0,0)$ 일 때 $f(x,y)$ 가 서로 다른 값으로 접근하므로 $\lim\limits_{(x,y)\to(0,0)} f(x,y)$ 는 존재하지 않는다. 위의 내용을 한꺼번에 다음과 같이 보일 수 있다. 원점을 지나는 y 축이 아닌 임의의 직선 $y=mx$ 를 따라서 (x,y)가 $(0,0)$으로 접근한다고 하자. 그러면 $x\neq 0$인 모든 x 에 대해

$$f(x,mx)=\frac{1-m^2}{1+m^2}$$

이므로 m 의 값에 따라서 $\lim\limits_{x\to 0} f(x,mx)$ 의 값이 달라진다. 따라서 $\lim\limits_{(x,y)\to(0,0)} f(x,y)$ 는 존재하지 않는다.

예제 11-2 $\lim\limits_{(x,y)\to(0,0)} \dfrac{xy^2}{x^2+y^4}$ 이 존재하는가?

풀이 원점을 지나는 임의의 직선 $y=mx$ 를 따라 (x,y)가 $(0,0)$으로 접근할 경우 $x\neq 0$인 x 에 대해

$$f(x,y)=f(x,mx)=\frac{m^2x}{1+m^4x^2}$$

이므로 직선 $y=mx$ 를 따라 $(x,y)\to(0,0)$ 일 때 $f(x,y)\to 0$ 이다. 그러나 이것으로 주어진 극한이 0이라고 할 수는 없다. 포물선 $x=y^2$을 따라 $(x,y)\to(0,0)$ 일 때 $y\neq 0$인 y 에 대해

$$f(x,y)=f(y^2,y)=\frac{y^4}{2y^4}=\frac{1}{2}$$

이므로 포물선 $x=y^2$을 따라 $(x,y)\to(0,0)$ 일 때 $f(x,y)\to\dfrac{1}{2}$ 이다.

다른 경로를 따라 $(x,y)\to(0,0)$ 일 때 $f(x,y)$ 가 다른 값으로 접근하므로 주어진 극한은 존재하지 않는다. ▮

예제 11-3 $\lim\limits_{(x,y)\to(0,0)} \dfrac{x^4+y^4}{x^2+y^2}$ 을 구하여라(단, 존재하는 경우).

풀이 $\lim\limits_{(x,y)\to(0,0)} (x^4+y^4)=\lim\limits_{(x,y)\to(0,0)} (x^2+y^2)=0$ 이므로 정리 11-1을 사용할 수 없다. 그러나 분자의 차수가 분모의 차수보다 높으므로 x 와 y 가 0에 가까운 수일 때 분자가 분모보다 훨씬 작다. 그러므로 극한이 0이라고 추측할 수 있다.

이제 $\lim_{(x,y)\to(0,0)} \dfrac{x^4+y^4}{x^2+y^2}=0$ 임을 증명해 보자.

$$\left|\frac{x^4+y^4}{x^2+y^2}-0\right| \le \frac{x^4+y^4+2x^2y^2}{x^2+y^2}=x^2+y^2$$

이므로, $\epsilon>0$가 주어졌을 때, $\delta=\sqrt{\epsilon}$ 이라 두면

$$0<\sqrt{x^2+y^2}<\delta \text{ 이면 } \frac{x^4+y^4}{x^2+y^2}\le x^2+y^2<\delta^2=\epsilon$$

이다. 그러므로

$$\lim_{(x,y)\to(0,0)} \frac{x^4+y^4}{x^2+y^2}=0.$$

이변수함수의 극한에 대해서도 조임정리(정리1-7)가 성립한다. 따라서 위의 예제를 다음과 같이 보일 수 있다.

$$0\le \frac{x^4+y^4}{x^2+y^2}\le x^2+y^2 \text{ 이고, } \lim_{(x,y)\to(0,0)}(x^2+y^2)=0$$

이므로 조임정리에 의하여

$$\lim_{(x,y)\to(0,0)} \frac{x^4+y^4}{x^2+y^2}=0.$$

합성함수의 극한에 대해서 다음 정리가 성립한다(증명은 생략).

정리 11-2 $\lim_{(x,y)\to(a,b)} g(x,y)=M$ 이고 $f(t)$ 가 M에서 연속이면,

$$\lim_{(x,y)\to(a,b)} f(g(x,y))=f\left(\lim_{(x,y)\to(a,b)} g(x,y)\right)=f(M).$$

예제 11-4 $\lim_{(x,y)\to(0,0)} \cos xy$ 를 구하여라.

풀이 정리 11-1로부터 $\lim_{(x,y)\to(0,0)} xy=0\cdot 0=0$ 이고 코사인 함수는 모든 점에서 연속이므로, 정리 11-2에 의해

$$\lim_{(x,y)\to(0,0)} \cos xy=\cos 0=1.$$

> **정의** 이변수함수 $f(x,y)$가 다음 세 가지 조건을 모두 만족하면 함수 f는 (a,b)에서 **연속**이라고 한다.
>
> (1) $f(a,b)$의 값이 유일하게 정의된다.
>
> (2) $\lim_{(x,y)\to(a,b)} f(x,y)$가 존재한다.
>
> (3) $\lim_{(x,y)\to(a,b)} f(x,y) = f(a,b)$ 이다.
>
> $f(x,y)$가 xy 평면의 영역 D의 모든 점에서 연속이면, $f(x,y)$는 D에서 연속이라고 한다.

예 5 $f(x,y)=\begin{cases} \dfrac{x^4+y^4}{x^2+y^2}, & (x,y)\neq(0,0) \\ 0 & ,(x,y)=(0,0) \end{cases}$ 는 $\lim_{(x,y)\to(0,0)} f(x,y)=0=f(0,0)$ 이므로 $(0,0)$에서 연속이다(예제 11-3 참조).

예 6 함수 $f(x,y)=\begin{cases} \dfrac{x^2-y^2}{x^2+y^2}, & (x,y)\neq(0,0) \\ 0 & ,(x,y)=(0,0) \end{cases}$ 은 $(0,0)$에서 극한값이 존재하지 않으므로 불연속이다(예 4 참조).

이변수의 연속함수에 대해서도 일변수의 연속함수에 대해 성립되는 여러 가지 정리들이 성립한다.

연습문제 11.1

Exercises

1. 함수 $f(x,y)=\dfrac{\sqrt{x-y^2}}{4-y^2}$ 의 정의역을 찾고, 이를 그래프로 나타내어라.

2. 한 의학연구원이 어떤 고혈압 약 x 단위를 환자에게 투여한지 t 시간 후에 약의 효과 $E(x,t)$는

$$E(x,t)=20x^{3/2}e^{-0.05t}$$

라고 하였다. $E(16,20)$과 $E(64,10)$을 구하여라.

3. 다음 함수의 등위선들을 그리고, 대강의 그래프를 그려라.

(a) $f(x, y) = 3 - x - y$ (b) $f(x, y) = e^{-x^2 - y^2}$

(c) $f(x, y) = \dfrac{\sqrt{x^2 - y^2}}{2}$

4. 그림은 북반구에 있는 어느 호수의 등온선이다.

(a) 다음 그림을 이용하여 3월과 8월의 호수의 깊이에 따른 온도의 변화에 대해 말하여라.

(b) 6월에 호수는 따뜻한 물로 상층부(표수층이라 부름)를 이루고 온도가 급격히 변하는 부분(변수층)이 그 밑에 있고 그 밑으로는 차가운층(심수층)으로 이루어져 있음을 설명하여라.

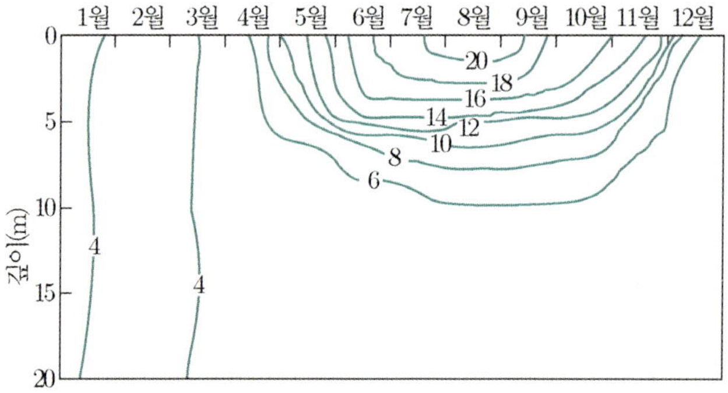

5. 함수 $f(x, y) = \dfrac{x + y}{x^2 + y}\ (x^2 + y \neq 0)$ 에 대하여

(a) (x, y)가 직선 $x = 1$을 따라서 $(x, y) \to (1, -1)$ 일 때의 $\lim\limits_{(x, y) \to (1, -1)} f(x, y)$ 를 구하여라.

(b) (x, y)가 직선 $y = -1$을 따라서 $(x, y) \to (1, -1)$ 일 때의 $\lim\limits_{(x, y) \to (1, -1)} f(x, y)$ 를 구하여라.

(c) $f(x, y)$ 가 $(1, -1)$ 에서 연속이 되게 $f(1, -1)$ 의 값을 정의할 수 없는 이유를 말하여라.

6. 다음 극한이 존재하는지를 결정하고, 존재하는 경우 그 극한값을 구하여라.

(a) $\lim\limits_{(x,y) \to (0,0)} \dfrac{xy}{x^2 + y^2}$ (b) $\lim\limits_{(x,y) \to (0,0)} \dfrac{2xy^2}{x^2 + y^2}$

(c) $\lim\limits_{(x,y) \to (0,0)} \dfrac{x^2 \sin^2 y}{x^2 + 3y^2}$ (d) $\lim\limits_{(x,y) \to (0,0)} \dfrac{x^4 y}{x^8 + y^2}$

7. $f(x,y)=\dfrac{x^2+y^2}{x^2-y^2}$ 일 때, x 축 및 세 직선 $x=1$, $x=4$, $y=5$로 둘러싸인 영역에서 f 의 연속성을 조사하여라.

11.2 편도함수의 정의

이변수함수

$$z=f(x,y)$$

에서 y를 고정시켜, 이를 x만의 함수로 보고 x에 관한 f 의 도함수

$$\lim_{\Delta x\to 0}\frac{f(x+\Delta x,y)-f(x,y)}{\Delta x}$$

가 존재할 때, 이를 x에 관한 f 의 **편도함수**(partial derivative)라고 하고, 다음과 같은 기호로 나타낸다.

$$\frac{\partial f}{\partial x},\ \frac{\partial}{\partial x}f(x,y),\ f_x(x,y),\ \frac{\partial z}{\partial x},\ z_x$$

특정한 점 (a,b)에서의 편도함수의 값 $f_x(a,b)$를 x에 관한 (a,b)에서의 **편미분계수**라고 부른다. 마찬가지로 y에 관한 f 의 편도함수를

$$\lim_{\Delta y\to 0}\frac{f(x,y+\Delta y)-f(x,y)}{\Delta y}$$

로 정의하며, 다음과 같은 기호로 나타낸다.

$$\frac{\partial f}{\partial y},\ \frac{\partial}{\partial y}f(x,y),\ f_y(x,y),\ \frac{\partial z}{\partial y},\ z_y$$

편도함수가 존재하면 **편미분가능하다**고 하고 편도함수를 구하는 일을 **편미분한다**고 한다.

예 7 $z=x^2y-y^3-5x+2y-1$에서

$$\frac{\partial z}{\partial x}=2xy-5,\ \frac{\partial z}{\partial y}=x^2-3y^2+2.$$

편도함수의 기하학적 의미 : 함수 $z=f(x,y)$의 그래프가 그림 11-7과 같은 곡면이라고 하고, 곡면 위의 한 점 P를 지나 xz 평면과 평행인 평면과 곡면과의 교선을 APB라 하면, APB를 따라 곡면 위를 움직이는 점의 y좌표는 고정된 값을 취한다. 그러므로 P에서의 접선 PT의 기울기 $\tan\alpha$는 x에 관한 f 의 편미분계수를 가리킨다. 따라서 편

$$u = f(x, y, z, \cdots\cdots), \quad x = \varphi_1(t), \quad y = \varphi_2(t), \quad z = \varphi_3(t), \quad \cdots$$

에 대하여

$$\frac{du}{dt} = \frac{\partial u}{\partial x}\frac{dx}{dt} + \frac{\partial u}{\partial y}\frac{dy}{dt} + \frac{\partial u}{\partial z}\frac{dz}{dt} + \cdots$$

예 11 $f(x, y, z) = x^2 + ze^y + \sin xz$, $x = t$, $y = t^2$, $z = t^3$일 때

$$\frac{df}{dt} = (2x + z\cos xz)(1) + (ze^y)(2t) + (e^y + x\cos xz)(3t^2)$$
$$= 2t + (3t^2 + 2t^4)e^{t^2} + 4t^3\cos t^4 .$$

정리 11-6 (연쇄법칙, Chain Rule) 이변수함수 $z = f(x, y)$, $x = \varphi(s, t)$, $y = \psi(s, t)$에서 함수 φ, ψ가 점 (s,t)의 근방에서 연속인 일계편도함수를 가지고, 함수 $f(x, y)$가 점 $(\varphi(s, t)), \psi(s, t))$의 근방에서 연속인 일계편도함수를 가지면 $z = f(\varphi(s, t), \psi(s,t))$는 s와 t에 관한 일계편도함수를 갖고

$$\frac{\partial z}{\partial s} = \frac{\partial z}{\partial x}\frac{\partial x}{\partial s} + \frac{\partial z}{\partial y}\frac{\partial y}{\partial s}, \quad \frac{\partial z}{\partial t} = \frac{\partial z}{\partial x}\frac{\partial x}{\partial t} + \frac{\partial z}{\partial y}\frac{\partial y}{\partial t}$$

가 성립한다.

증명 먼저 t를 고정시켜서 생각하면

$$\Delta x = \varphi(s + \Delta s, t) - \varphi(s, t), \quad \Delta y = \psi(s + \Delta s, t) - \psi(s, t) .$$

정리 11-3에 의하여

$$\Delta z = \frac{\partial z}{\partial x}\Delta x + \frac{\partial z}{\partial y}\Delta y + \epsilon_1 \Delta x + \epsilon_2 \Delta y .$$

그러므로

$$\frac{\Delta z}{\Delta s} = \frac{\partial z}{\partial x}\frac{\varphi(s + \Delta s, t) - \varphi(s, t)}{\Delta s} + \frac{\partial z}{\partial y}\frac{\psi(s + \Delta s, t) - \psi(s,t)}{\Delta s} + \epsilon_1\frac{\Delta x}{\Delta s} + \epsilon_2\frac{\Delta y}{\Delta s}.$$

정리 11-4의 증명과 마찬가지로 $\Delta s \to 0$일 때

$$\frac{\partial z}{\partial s} = \frac{\partial z}{\partial x}\frac{\partial \varphi}{\partial s} + \frac{\partial z}{\partial y}\frac{\partial \psi}{\partial s} = \frac{\partial z}{\partial x}\frac{\partial x}{\partial s} + \frac{\partial z}{\partial y}\frac{\partial y}{\partial s}.$$

마찬가지 방법으로

$$\frac{\partial z}{\partial t} = \frac{\partial z}{\partial x}\frac{\partial x}{\partial t} + \frac{\partial z}{\partial y}\frac{\partial y}{\partial t}.$$

■

예 12 $f(x, y) = x^2 + y^3$, $x = s + t$, $y = s - 2t$ 일 때

$$\frac{\partial f}{\partial s} = (2x)(1) + (3y^2)(1) = 2(s + t) + 3(s - 2t)^2 ,$$

$$\frac{\partial f}{\partial t} = (2x)(1) + (3y^2)(-2) = 2(s+t) - 6(s-2t)^2 .$$

예제 11-15 $z = f(x, y)$, $x = r\cos\theta$, $y = r\sin\theta$일 때 다음 등식이 성립함을 보여라.

$$\left(\frac{\partial z}{\partial x}\right)^2 + \left(\frac{\partial z}{\partial y}\right)^2 = \left(\frac{\partial z}{\partial r}\right)^2 + \frac{1}{r^2}\left(\frac{\partial z}{\partial \theta}\right)^2$$

풀이 $\frac{\partial z}{\partial r} = \frac{\partial z}{\partial x}\cos\theta + \frac{\partial z}{\partial y}\sin\theta,\ \frac{\partial z}{\partial \theta} = \frac{\partial z}{\partial x}(-r\sin\theta) + \frac{\partial z}{\partial y}(r\cos\theta)$

$$\begin{aligned}\left(\frac{\partial z}{\partial r}\right)^2 + \frac{1}{r^2}\left(\frac{\partial z}{\partial \theta}\right)^2 &= \left(\frac{\partial z}{\partial x}\cos\theta + \frac{\partial z}{\partial y}\sin\theta\right)^2 + \left(-\frac{\partial z}{\partial x}\sin\theta + \frac{\partial z}{\partial y}\cos\theta\right)^2 \\ &= \left(\frac{\partial z}{\partial x}\right)^2 + \left(\frac{\partial z}{\partial y}\right)^2 .\end{aligned}$$

∎

정리 11-6은 f 가 삼변수 이상의 함수이거나 f 의 각 변수가 삼변수 이상의 함수일 때에도 마찬가지로 성립한다. 이를테면 삼변수함수

$$u = f(x, y, z),\ x = \varphi_1(r, s, t),\ y = \varphi_2(r, s, t),\ z = \varphi_3(r, s, t)$$

에 대하여

$$\frac{\partial u}{\partial r} = \frac{\partial f}{\partial x}\frac{\partial x}{\partial r} + \frac{\partial f}{\partial y}\frac{\partial y}{\partial r} + \frac{\partial f}{\partial z}\frac{\partial z}{\partial r},$$

$$\frac{\partial u}{\partial s} = \frac{\partial f}{\partial x}\frac{\partial x}{\partial s} + \frac{\partial f}{\partial y}\frac{\partial y}{\partial s} + \frac{\partial f}{\partial z}\frac{\partial z}{\partial s},$$

$$\frac{\partial u}{\partial t} = \frac{\partial f}{\partial x}\frac{\partial x}{\partial t} + \frac{\partial f}{\partial y}\frac{\partial y}{\partial t} + \frac{\partial f}{\partial z}\frac{\partial z}{\partial t} .$$

예제 11-16 $u = xy^4 + y^3z^2$ 이고 $x = rse^t, y = r^2se^{-t}, z = rs^2\sin t$라 하자. $r = 1, s = 2,$ $t = 0$ 일 때 $\frac{\partial u}{\partial r}$의 값을 구하여라.

풀이
$$\begin{aligned}\frac{\partial u}{\partial r} &= \frac{\partial u}{\partial x}\frac{\partial x}{\partial r} + \frac{\partial u}{\partial y}\frac{\partial y}{\partial r} + \frac{\partial u}{\partial z}\frac{\partial z}{\partial r} \\ &= (y^4)(se^t) + (4xy^3 + 3y^2z^2)(2rse^{-t}) + (2y^3z)(s^2\sin t).\end{aligned}$$

$r = 1, s = 2, t = 0$ 일 때 $x = 2, y = 2, z = 0$이고 따라서

$$\frac{\partial u}{\partial r} = (16)(2) + (64)(4) + (0)(0) = 288.$$

∎

방정식 $F(x, y, z) = 0$에 의하여 z가 x, y 의 음함수로 정의되면 정리 11-6으로부터

$$\frac{\partial F}{\partial x}\frac{\partial x}{\partial x}+\frac{\partial F}{\partial y}\frac{\partial y}{\partial x}+\frac{\partial F}{\partial z}\frac{\partial z}{\partial x}=0$$

과 같이 되는데, 여기서 x, y 는 독립변수이므로 $\frac{\partial x}{\partial x}=1$, $\frac{\partial y}{\partial x}=0$이다. 따라서

$$\frac{\partial F}{\partial x}+\frac{\partial F}{\partial z}\frac{\partial z}{\partial x}=0.$$

그러므로 $F_z \neq 0$이면 다음을 얻을 수 있다.

$$\frac{\partial z}{\partial x}=-\frac{F_x}{F_z} \tag{2}$$

마찬가지로 $F_z \neq 0$이면 다음을 얻을 수 있다.

$$\frac{\partial z}{\partial y}=-\frac{F_y}{F_z} \tag{3}$$

예 13 방정식 $x^3e^{y+z}-y\sin(x-z)=0$에 의하여 z가 x, y의 음함수로 정의되면

$$\frac{\partial z}{\partial x}=-\frac{F_x}{F_z}=-\frac{3x^2e^{y+z}-y\cos(x-z)}{x^3e^{y+z}+y\cos(x-z)},$$

$$\frac{\partial z}{\partial y}=-\frac{F_y}{F_z}=-\frac{x^3e^{y+z}-\sin(x-z)}{x^3e^{y+z}+y\cos(x-z)}.$$

연습문제 11.4

Exercises

1. 다음 문제에서 $\frac{dz}{dt}$를 구하여라.

(a) $z=x\sin y$, $x=\frac{1}{t}$, $y=\mathrm{Tan}^{-1}t$

(b) $z=x^2-2xy+y^2$, $x=(t+1)^2$, $y=(t-1)^2$

2. 다음 문제에서 $\frac{dy}{dx}$를 구하여라.

(a) $2x^2-3xy+y^2=0$

(b) $x\sin y+y\cos x=0$

3. 다음 문제에서 $\frac{du}{dx}$를 구하여라.

(a) $u=\ln(x^2+y^2+z^2)$, $y=x\sin x$, $z=x\cos x$

(b) $u = e^{ax}(y - z)$, $y = a\sin x$, $z = \cos x$

4. 다음 문제에서 $\dfrac{\partial u}{\partial x}$, $\dfrac{\partial u}{\partial y}$를 구하여라.

(a) $u = r^2 + s^2$, $r = x + y$, $s = x - y$

(b) $u = r^2 \sin 2\theta$, $r = \sqrt{x^2 + y^2}$, $\tan\theta = \dfrac{y}{x}$

5. 다음 문제에서 $\dfrac{\partial u}{\partial x}$, $\dfrac{\partial u}{\partial y}$, $\dfrac{\partial u}{\partial z}$를 구하여라.

(a) $u = st$, $s = \ln(x + y + z)$, $t = e^{x-y-z}$

(b) $u = s\ln t$, $s = x\sin y + y\sin z$, $t = x\cos y + y\cos z$

6. 다음 문제에서 $\dfrac{\partial z}{\partial x}$, $\dfrac{\partial z}{\partial y}$를 구하여라.

(a) $xy - z^2 + 2xyz = 0$ (b) $e^x + e^y + e^z = e^{x+y+z}$

7. $f(x, y) = 0$ 일 때 $f_{xy} = f_{yx}$ 이면 $\dfrac{d^2y}{dx^2} = -\dfrac{f_y^2 f_{xx} - 2f_x f_y f_{xy} + f_x^2 f_{yy}}{f_y^3}$ 임을 증명하여라.

8. $w = f(xz, yz)$ 일 때 $x\dfrac{\partial w}{\partial x} + y\dfrac{\partial w}{\partial y} = z\dfrac{\partial w}{\partial z}$ 임을 증명하여라.

9. $z = f(x, y)$, $x = r\cos\theta$, $y = r\sin\theta$, $r = \varphi(t)$, $\theta = \psi(t)$ 일 때 $\dfrac{dz}{dt}$를 구하여라.

10. 삼각형 ABC에서 변 $c = AB$가 매초 $3cm$ 씩 증가하고, 변 $b = AC$가 매초 $1cm$ 씩 감소하고, 두 변 b, c 사이의 각 α 가 매초 $0.1\,rad$ 씩 증가하면, $c = 10cm$, $b = 8cm$, $\alpha = \pi/6$일 때의 삼각형의 면적의 변화율을 구하여라.

11.5 그래디언트, 방향도함수

정의 이변수함수 f 에 대해서 f 의 그래디언트(gradient)는 벡터함수 ∇f 이며 다음과 같이 정의된다.

$$\nabla f(x,y) = \left(\frac{\partial f}{\partial x}, \frac{\partial f}{\partial y}\right) = \frac{\partial f}{\partial x}\boldsymbol{i} + \frac{\partial f}{\partial y}\boldsymbol{j}$$

마찬가지로 삼변수함수 f 에 대해 f 의 그래디언트는 다음과 같이 정의된다.

$$\nabla f = \left(\frac{\partial f}{\partial x}, \frac{\partial f}{\partial y}, \frac{\partial f}{\partial z}\right) = \frac{\partial f}{\partial x}\boldsymbol{i} + \frac{\partial f}{\partial y}\boldsymbol{j} + \frac{\partial f}{\partial z}\boldsymbol{k}$$

예 14 $f(x,y,z) = x^2 + yz - 2xy - z^2$ 이면,

$$\nabla f(x,y,z) = (2x-2y)\boldsymbol{i} + (z-2x)\boldsymbol{j} + (y-2z)\boldsymbol{k}$$

이고, $\nabla f(2,1,3) = 2\boldsymbol{i} - \boldsymbol{j} - 5\boldsymbol{k}$ 가 된다.

함수 $f(x,y)$ 가 xy 평면의 열린 영역 D 에서 편미분가능하고, (x_0, y_0) 를 D 의 한 점이라고 하자. $f_x(x_0,y_0)$, $f_y(x_0,y_0)$ 는 (x_0,y_0) 에서 각각 x -방향, y -방향, 즉 단위벡터 $\boldsymbol{i}$ 와 $\boldsymbol{j}$ 방향으로 f 의 변화율을 나타낸다. 이제 (x_0,y_0) 에서 임의의 단위벡터 $\boldsymbol{u} = (u_1, u_2)$ 의 방향으로 f 의 변화율, $D_{\boldsymbol{u}} f(x_0,y_0)$ 를 구해보자(그림 11-9 참조). 우선 $z = f(x,y)$ 에 의해 주어지는 곡면을 S 라 하고 $z_0 = f(x_0,y_0)$ 라 하자. 그러면 $P(x_0,y_0,z_0) \in S$ 가 된다. $\boldsymbol{u}$ - 방향으로 P 를 지나는 xy 평면에 수직인 평면이 곡선 C 에서 S 와 만난다고 하자. P 에서 C 에 대한 접선 T 의 기울기가 $\boldsymbol{u}$ -방향으로 f 의 변화율이다. 이것을 자세히 살펴보면 다음과 같다. 점 $Q(x,y,z)$ 가 C 상의 또 하나의 점이고, P_0, Q_0 를 각각 P, Q 의 xy 평면으로의 정사영이라 하면, 벡터 $\overrightarrow{P_0Q_0}$ 는 $\boldsymbol{u}$ 에 평행하므로 적당한 실수 h 에 대해

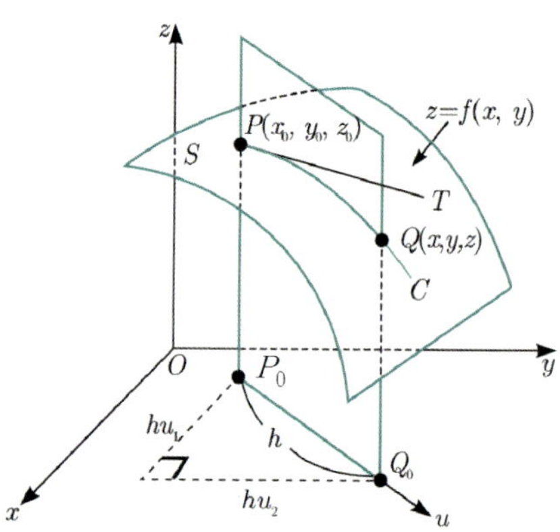

그림 11-9

$$\overrightarrow{P_0Q_0} = h\boldsymbol{u} = (hu_1, hu_2)$$

이 성립한다. 따라서

$$x = x_0 + hu_1,\ y = y_0 + hu_2$$

이고,

$$\frac{\Delta z}{h} = \frac{z - z_0}{h} = \frac{f(x_0 + hu_1, y_0 + hu_2) - f(x_0, y_0)}{h}$$

이다. $h \to 0$ 일 때의 극한을 취하면 (x_0, y_0)에서 $\boldsymbol{u}$−방향으로 f 의 변화율을 얻게 된다.

정의 $f(x, y)$가 (x_0, y_0)를 포함하는 평면상의 열린 영역에서 정의되고, $\boldsymbol{u} = (u_1, u_2)$가 단위벡터일 때, (x_0, y_0)에서 f 의 **u −방향도함수**(directional derivative)는 아래 극한이 존재하는 경우에

$$D_{\boldsymbol{u}} f(x_0, y_0) = \lim_{h \to 0} \frac{f(x_0 + hu_1, y_0 + hu_2) - f(x_0, y_0)}{h}$$

로 정의된다.

위 정의로부터

$$\boldsymbol{u} = \boldsymbol{i} \text{ 이면 } D_{\boldsymbol{u}} f(x_0, y_0) = f_x(x_0, y_0),$$
$$\boldsymbol{u} = \boldsymbol{j} \text{ 이면 } D_{\boldsymbol{u}} f(x_0, y_0) = f_y(x_0, y_0)$$

임을 알 수 있다.

$f(x, y, z)$가 (x_0, y_0, z_0)를 포함하는 공간상의 열린 영역에서 정의되고, $\boldsymbol{u} = (u_1, u_2, u_3)$가 단위벡터일 때, (x_0, y_0, z_0)에서 f 의 **u −방향도함수** $D_{\boldsymbol{u}} f(x_0, y_0, z_0)$ 도 마찬가지로 다음과 같이 정의된다.

$$D_{\boldsymbol{u}} f(x_0, y_0, z_0) = \lim_{h \to 0} \frac{f(x_0 + hu_1, y_0 + hu_2, z_0 + hu_3) - f(x_0, y_0, z_0)}{h}$$

다음 정리로부터 $D_{\boldsymbol{u}} f$ 를 ∇f 에 의해 구할 수 있다.

정리 11-7 이변수함수 f 가 연속인 일계편도함수를 갖고 $\boldsymbol{u} = (u_1, u_2)$가 단위벡터이면, u −방향도함수 $D_{\boldsymbol{u}} f(x_0, y_0)$ 가 존재하고 다음 등식이 성립한다.

$$D_{\boldsymbol{u}} f(x_0, y_0) = \nabla f(x_0, y_0) \cdot \boldsymbol{u}$$

증명 $F(h) = f(x_0 + hu_1, y_0 + hu_2)$ 라고 놓으면,

$$F'(0) = \lim_{h \to 0} \frac{F(h) - F(0)}{h - 0} = \lim_{h \to 0} \frac{f(x_0 + hu_1, y_0 + hu_2) - f(x_0, y_0)}{h} = D_{\boldsymbol{u}} f(x_0, y_0)$$

이다. 한편, $F(h) = f(x, y)$, $x = x_0 + hu_1$, $y = y_0 + hu_2$ 라 놓으면 연쇄법칙에 의해

$$F'(h) = \frac{\partial f}{\partial x}\frac{dx}{dh} + \frac{\partial f}{\partial y}\frac{dy}{dh} = f_x(x, y)u_1 + f_y(x, y)u_2$$

을 얻을 수 있고, 따라서

$$F'(0) = f_x(x_0, y_0)u_1 + f_y(x_0, y_0)u_2 = \nabla f(x_0, y_0) \cdot \boldsymbol{u}.$$ ∎

예 15 점 $(1, 2)$에서 $f(x, y) = xy$ 의 $\boldsymbol{u} = \frac{1}{2}\boldsymbol{i} + \frac{\sqrt{3}}{2}\boldsymbol{j}$ 방향도함수를 구해 보자.

$\nabla f(x, y) = y\boldsymbol{i} + x\boldsymbol{j}$ 이므로 $\nabla f(1, 2) = 2\boldsymbol{i} + \boldsymbol{j}$ 이다. 따라서

$$D_u f(1, 2) = \nabla f(1, 2) \cdot \boldsymbol{u} = (2\boldsymbol{i} + \boldsymbol{j}) \cdot \left(\frac{1}{2}\boldsymbol{i} + \frac{\sqrt{3}}{2}\boldsymbol{j}\right) = 1 + \frac{\sqrt{3}}{2}$$

이 된다.

삼변수함수 f 가 연속인 일계편도함수를 갖고 $\boldsymbol{u} = (u_1, u_2, u_3)$가 단위벡터인 경우도 이변수함수처럼 다음 등식이 성립함을 보일 수 있다.

$$D_u f(x, y, z) = \nabla f(x, y, z) \cdot \boldsymbol{u}$$

예제 11-17 $\boldsymbol{v} = 2\boldsymbol{i} - 3\boldsymbol{j} + 6\boldsymbol{k}$ 의 방향으로 점 $P(1, 1, 0)$에서 $f(x, y, z) = x^3 - xy^2 - z$ 의 방향도함수를 구하여라.

풀이 $|\boldsymbol{v}| = \sqrt{(2)^2 + (-3)^2 + (6)^2} = 7$이므로 $\boldsymbol{v}$ 방향의 단위벡터는

$$\boldsymbol{u} = \frac{\boldsymbol{v}}{|\boldsymbol{v}|} = \frac{2}{7}\boldsymbol{i} - \frac{3}{7}\boldsymbol{j} + \frac{6}{7}\boldsymbol{k}.$$

$\nabla f = (3x^2 - y^2)\boldsymbol{i} - 2xy\boldsymbol{j} - \boldsymbol{k}$ 이므로 $\nabla f(1, 1, 0) = 2\boldsymbol{i} - 2\boldsymbol{j} - \boldsymbol{k}$ 이다. 따라서

$$D_u f(P) = \nabla f(1, 1, 0) \cdot \boldsymbol{u} = (2\boldsymbol{i} - 2\boldsymbol{j} - \boldsymbol{k}) \cdot \left(\frac{2}{7}\boldsymbol{i} - \frac{3}{7}\boldsymbol{j} + \frac{6}{7}\boldsymbol{k}\right) = \frac{4}{7}.$$ ∎

방향도함수에 대한 다음 정리는 쉽게 증명된다.

정리 11-8 영역 D에서 정의된 두 함수 f 와 g 의 방향도함수가 존재하면

$$D_u(f + g) = D_u f + D_u g$$

$$D_u(af) = aD_u f, \quad a \text{ 는 실수}$$

$$D_u(fg) = (D_u f)g + f(D_u g).$$

$D_u f(P) = \nabla f(P) \cdot \boldsymbol{u}$이므로, $\nabla f(P)$ 는 모든 방향도함수를 결정해 준다. $\nabla f(P)$와 단위벡터 $\boldsymbol{u}$ 가 이루는 각을 ϕ라 하면,

$$D_u f(P) = \nabla f(P) \cdot \boldsymbol{u} = |\nabla f(P)|\cos\phi$$

이다. 이때 $\cos\phi$ 의 최대값은 1 이고 $\phi = 0$ 일 때 나타나므로 방향도함수 $D_u f(P)$ 가 최대가 되는 방향은 $\nabla f(P)$ 의 방향 $\left(즉, \ \boldsymbol{u} = \dfrac{\nabla f(P)}{|\nabla f(P)|}\right)$이고, $|\nabla f(P)|$가 방향도함수의 최대값이다. 마찬가지로, $D_u f(P)$가 최소가 되는 방향은 $-\nabla f(P)$의 방향$\left(즉, \ \boldsymbol{u} = -\dfrac{\nabla f(P)}{|\nabla f(P)|}\right)$이고, $-|\nabla f(P)|$ 가 방향도함수의 최소값이 된다.

예 16 점 $(2,0)$에서 함수 $f(x,y) = 2xe^y$ 의 최대 변화율과 그 방향을 구해보자.
$\nabla f(x,y) = 2e^y \boldsymbol{i} + 2xe^y \boldsymbol{j}$ 이고 $\nabla f(2,0) = 2\boldsymbol{i} + 4\boldsymbol{j}$이므로, 최대 변화율은 $|\nabla f(2,0)| = 2\sqrt{5}$ 이고 그 방향은

$$2\boldsymbol{i} + 4\boldsymbol{j} \ \text{또는} \ \frac{1}{2\sqrt{5}}(2\boldsymbol{i} + 4\boldsymbol{j}) = \frac{\sqrt{5}}{5}\boldsymbol{i} + \frac{2\sqrt{5}}{5}\boldsymbol{j}$$

이다.

예제 11-18 구슬을 곡면 $z = e^{-2x-3y}$ 위의 점 $(0,0,1)$에 놓았을 때 xy-평면에서 어떤 방향을 따라 구슬이 구를 것인가?

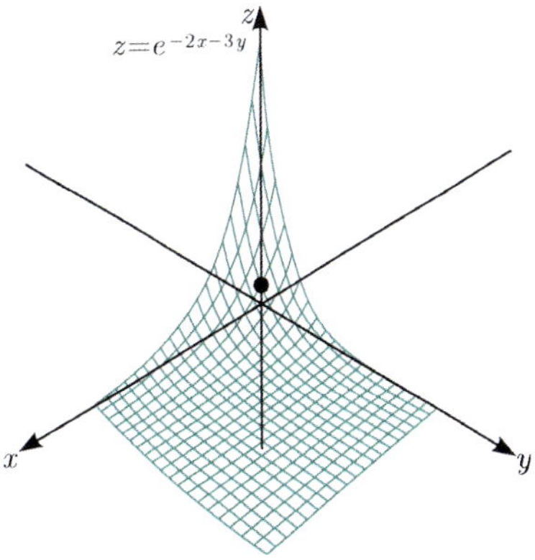

그림 11-10

풀이 곡면의 그래프는 그림 11-10의 그림과 같다. 구슬은 z가 가장 빠르게 감소하는 방향을 따라 구를 것이다. 따라서 z의 변화율이 최소가 되는 방향으로 구르고, 이것은 $-\nabla z$ 의 방향이다.

$$z_x = e^{-2x-3y}(-2), \quad z_y = e^{-2x-3y}(-3)$$
$$z_x(0,0) = -2, \quad z_y(0,0) = -3$$

이므로

$$\nabla z(0,0) = -2\boldsymbol{i} - 3\boldsymbol{j}.$$

따라서 구슬은 $-\nabla z = 2\boldsymbol{i} + 3\boldsymbol{j}$ 의 방향으로 구른다. ■

모든 편도함수들이 연속인 함수 $F(x,y,z)$가 주어졌을 때, $P_0(x_0, y_0, z_0)$를 $\nabla F(P_0) \neq \boldsymbol{O}$ 을 만족하는 방정식 $F(x,y,z) = 0$ 인 곡면 S 위에 있는 점이라고 하자. $\boldsymbol{R}(t) = (x(t), y(t), z(t))$ 는 $\boldsymbol{R}(t_0) = (x_0, y_0, z_0)$가 성립하는 곡면 S 위에 있는 임의의 미분가능한 곡선을 나타낼 때, 모든 t 에 대하여 $F(\boldsymbol{R}(t)) = 0$. 연쇄법칙에 의하여

$$\frac{\partial F}{\partial x}\frac{dx}{dt} + \frac{\partial F}{\partial y}\frac{dy}{dt} + \frac{\partial F}{\partial z}\frac{dz}{dt} = 0$$

이므로,

$$0=\frac{d}{dt}F(\boldsymbol{R}(t_0))=\nabla F(\boldsymbol{R}(t_0))\cdot\boldsymbol{R}'(t_0)=\nabla F(P_0)\cdot\boldsymbol{R}'(t_0).$$

따라서 $\nabla F(P_0)$와 $\boldsymbol{R}'(t_0)$는 서로 수직이다. 그림 11-11에서처럼 $\nabla F(P_0)\neq\boldsymbol{O}$은 곡면 S 위에서 점 P_0를 지나는 모든 곡선에 수직이므로, $\nabla F(P_0)$는 P_0에서 곡면 S의 **법벡터**(normal vector)가 된다. 즉

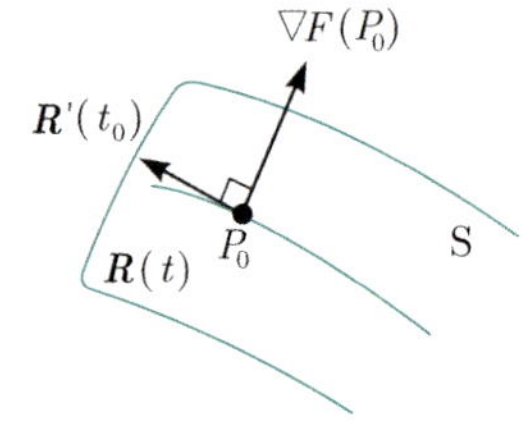

그림 11-11

$$\boldsymbol{n}=\frac{\partial F}{\partial x}\boldsymbol{i}+\frac{\partial F}{\partial y}\boldsymbol{j}+\frac{\partial F}{\partial z}\boldsymbol{k}.$$

또한 곡면 $S(x,y,z)=0$ 위에서 점 P_0를 지나는 곡선에 대한 P_0에서의 접선은 $\boldsymbol{n}$을 법벡터로 하고 P_0를 지나는 평면 위에 있다. 이 평면을 P_0에서 곡면 $S(x,y,z)=0$의 **접평면**이라 한다. 따라서 이 접평면의 방정식은

$$F_x(x_0,y_0,z_0)(x-x_0)+F_y(x_0,y_0,x_0)(y-y_0)+F_z(x_0,y_0,z_0)(z-z_0)=0 \qquad (1)$$

이다. 이는 11.3절 식 (8)에서 정의된 접평면의 방정식과 같음을 다음에서 알 수 있다.

함수 $F(x,\ y,\ z)$가 $F(x_0,\ y_0,\ z_0)=0$이며 $(x_0,\ y_0,\ z_0)$ 근방에서 연속인 편도함수들을 갖고 $F_z(x_0,\ y_0,\ z_0)\neq 0$이라고 하자. 그러면 방정식 $F(x,y,z)=0$은 점 $(x_0,\ y_0,\ z_0)$의 근방에서 z를 x,y의 함수로 정의하고 이 함수는 (x_0,y_0)에서 미분가능한 것이 알려져 있다(해석학개론에서 볼 수 있는 **음함수정리**(implicit function theorem)). $z=f(x,y)$라고 쓰면 $z_0=f(x_0,\ y_0)$이고, $(x_0,\ y_0)$ 근방에서

$$F(x,\ y,\ f(x,y))=0$$

이고(즉 $z=f(x,y)$의 그래프와 곡면 $F(x,y,z)=0$이 일치)

$$f_x(x_0,y_0)=-\frac{F_x(x_0,y_0,z_0)}{F_z(x_0,y_0,z_0)}\ ,\ f_y(x_0,y_0)=-\frac{F_y(x_0,y_0,z_0)}{F_z(x_0,y_0,z_0)}$$

이다. 따라서 11.3절 식 (8)에 의해 (x_0,y_0,z_0)에서 곡면 $z=f(x,y)$, 즉 $F(x,y,z)=0$의 접평면의 방정식은

$$\begin{aligned}z&=z_0+f_x(x_0,y_0)(x-x_0)+f_y(x_0,y_0)(y-y_0)\\&=z_0-\frac{F_x(x_0,y_0,z_0)}{F_z(x_0,y_0,z_0)}(x-x_0)-\frac{F_y(x_0,y_0,z_0)}{F_z(x_0,y_0,z_0)}(y-y_0)\end{aligned}$$

이고, 이는 위에서 구한 (1)의 접평면

$$F_x(x_0,y_0,z_0)(x-x_0)+F_y(x_0,y_0,z_0)(y-y_0)+F_z(x_0,y_0,z_0)(z-z_0)=0$$

과 일치함을 알 수 있다.

한편 점 $P_0(x_0,y_0,z_0)$에서 곡면 $F(x,y,z)=0$의 **법선**(normal line)은 점 P_0을 지나

고, $\nabla F(x_0, y_0, z_0)$의 방향을 갖는 직선이므로, 법선의 매개방정식은

$$x = x_0 + F_x(x_0, y_0, z_0)t, \ \ y = y_0 + F_y(x_0, y_0, z_0)t, \ \ z = z_0 + F_z(x_0, y_0, z_0)t$$

와 같이 주어진다.

예제 11-19 점 $(2, -3, -1)$에서 타원면(ellipsoid) $2x^2 + 4y^2 + z^2 = 45$의 접평면과 법선의 방정식을 구하여라.

풀이 $F(x, y, z) = 2x^2 + 4y^2 + z^2 - 45 = 0$이라 두면 $\nabla F(x, y, z) = 4x\boldsymbol{i} + 8y\boldsymbol{j} + 2z\boldsymbol{k}$이므로, $\nabla F(2, -3, -1) = 8\boldsymbol{i} - 24\boldsymbol{j} - 2\boldsymbol{k}$. 따라서, 접평면의 방정식은

$$8(x-2) - 24(y+3) - 2(z+1) = 0, \text{ 즉 } 4x - 12y - z = 45.$$

점 $(2, -3, -1)$에서 타원면에 대한 법선은

$$x = 2 + 8t, \ \ y = -3 - 24t, \ \ z = -1 - 2t.$$

곡면의 방정식이 $z = f(x, y)$로 주어진 경우, $z = f(x, y)$를 $F(x, y, z) = f(x, y) - z = 0$으로 쓸 수 있으므로 곡면 위의 점 $(x_0, y_0, f(x_0, y_0))$에서 곡면의 법벡터는

$$\nabla F = (f_x(x_0, y_0), f_y(x_0, y_0), -1)$$

이다. 그러므로 식 (1)은 다음과 같이 된다.

$$f_x(x_0, y_0)(x - x_0) + f_y(x_0, y_0)(y - y_0) - (z - z_0) = 0$$

이 식은 11.3절의 식 (8)에 해당된다.

연습문제 11.5 Exercises

1. 다음 곡면 위의 주어진 점 P에서 곡면의 그래디언트와 접평면, 법선의 방정식을 구하여라.

(a) $x^2 + y^2 + z^2 = 49, \ P(2, 3, 6)$ (b) $xy + yz + zx = 11, \ P(1, 2, 3)$

(c) $xyz = x + y + z, \ P\left(\frac{1}{2}, \frac{1}{3}, -1\right)$

2. 점 (x_1, y_1, z_1)에서 포물면 $z = ax^2 - by^2$의 접평면의 방정식은 $\frac{1}{2}(z + z_1) = ax_1x - by_1y$ 임을 밝혀라.

3. 곡선이 두 곡면 $F(x, y, z) = 0, \ G(x, y, z) = 0$의 교선으로 정의되는 경우 곡선 위

의 점 (x_0, y_0, z_0)에서의 접선의 방향벡터는

$$\left(\begin{vmatrix} F_y & F_z \\ G_y & G_z \end{vmatrix}, \begin{vmatrix} F_z & F_x \\ G_z & G_x \end{vmatrix}, \begin{vmatrix} F_x & F_y \\ G_x & G_y \end{vmatrix} \right)$$

임을 밝혀라.

11.6 고계편도함수

이변수함수 $z = f(x, y)$가 xy-평면의 어떤 영역 D에서 정의되고, 편미분가능하다고 하자. 이때 편도함수 f_x, f_y 가 다시 편미분가능하면, 다음과 같은 **이계편도함수**(second partial derivative)를 얻을 수 있다.

$$(f_x)_x = f_{xx} = \frac{\partial f_x}{\partial x} = \frac{\partial}{\partial x}\left(\frac{\partial f}{\partial x}\right) = \frac{\partial^2 f}{\partial x^2} = \frac{\partial^2 z}{\partial x^2} = z_{xx}$$

$$(f_x)_y = f_{xy} = \frac{\partial f_x}{\partial y} = \frac{\partial}{\partial y}\left(\frac{\partial f}{\partial x}\right) = \frac{\partial^2 f}{\partial y\,\partial x} = \frac{\partial^2 z}{\partial y\,\partial x} = z_{xy}$$

$$(f_y)_x = f_{yx} = \frac{\partial f_y}{\partial x} = \frac{\partial}{\partial x}\left(\frac{\partial f}{\partial y}\right) = \frac{\partial^2 f}{\partial x\partial y} = \frac{\partial^2 z}{\partial x\partial y} = z_{yx}$$

$$(f_y)_y = f_{yy} = \frac{\partial f_y}{\partial y} = \frac{\partial}{\partial y}\left(\frac{\partial f}{\partial y}\right) = \frac{\partial^2 f}{\partial y^2} = \frac{\partial^2 z}{\partial y^2} = z_{yy}$$

예제 11-20 $f(x, y) = x\cos y + ye^x$ 일 때 f 의 모든 이계편도함수들을 구하여라.

풀이 $\frac{\partial f}{\partial x} = \cos y + ye^x$, $\frac{\partial f}{\partial y} = -x\sin y + e^x$ 이므로,

$$\frac{\partial^2 f}{\partial x^2} = \frac{\partial}{\partial x}\left(\frac{\partial f}{\partial x}\right) = \frac{\partial}{\partial x}(\cos y + ye^x) = ye^x,$$

$$\frac{\partial^2 f}{\partial y\,\partial x} = \frac{\partial}{\partial y}\left(\frac{\partial f}{\partial x}\right) = \frac{\partial}{\partial y}(\cos y + ye^x) = -\sin y + e^x,$$

$$\frac{\partial^2 f}{\partial x\partial y} = \frac{\partial}{\partial x}\left(\frac{\partial f}{\partial y}\right) = \frac{\partial}{\partial x}(-x\sin y + e^x) = -\sin y + e^x,$$

$$\frac{\partial^2 f}{\partial y^2} = \frac{\partial}{\partial y}\left(\frac{\partial f}{\partial y}\right) = \frac{\partial}{\partial y}(-x\sin y + e^x) = -x\cos y.$$

위의 예제 11-20에서 $f_{xy} = f_{yx}$ 인데, 일반적으로 다음 정리가 성립한다.

정리 11-9 이변수함수 $z=f(x,y)$가 어떤 영역 R에서 연속인 이계편도함수 f_{xy}, f_{yx}를 가지면, 그 영역에서 $f_{xy}=f_{yx}$ 이다.

증명 (a,b)를 R의 임의의 점이라고 하고, 점 $(a+h,b)$, $(a,b+k)$, $(a+h,b+k)$가 R에 속하도록 $|h|$와 $|k|$가 충분히 작다고 하자.

$$\Delta=\{f(a+h,b+k)-f(a+h,b)\}-\{f(a,b+k)-f(a,b)\} \tag{1}$$

$$F(x)=f(x,b+k)-f(x,b) \tag{2}$$

로 놓으면 (1)은

$$\Delta=F(a+h)-F(a)$$

로 되며, 평균값정리에 의하여

$$\Delta=hF'(a+\theta_1 h),\quad 0<\theta_1<1. \tag{3}$$

그런데 $F'(x)=f_x(x,b+k)-f_x(x,b)$ 이므로 (3)으로부터

$$\Delta=h\{f_x(a+\theta_1 h,b+k)-f_x(a+\theta_1 h,b)\} \tag{4}$$

를 얻는다. 또 $f_x(a+\theta_1 h,y)$에 다시 평균값정리를 적용하면

$$\Delta=hkf_{xy}(a+\theta_1 h,b+\theta_2 k),\quad 0<\theta_2<1. \tag{5}$$

다음에

$$G(y)=f(a+h,y)-f(a,y)$$

로 놓으면 (1)은 $\Delta=G(b+k)-G(b)$로 되며, (5)를 얻는 것과 마찬가지로 하여 다음을 얻는다.

$$\Delta=khf_{yx}(a+\theta_3 h,b+\theta_4 k),\quad 0<\theta_3,\theta_4<1 \tag{6}$$

(5), (6)에서

$$f_{xy}(a+\theta_1 h,b+\theta_2 k)=f_{yx}(a+\theta_3 h,b+\theta_4 k).$$

$(h,k)\to(0,0)$이면 f_{xy}와 f_{yx}의 연속성에 의하여

$$f_{xy}(a,b)=f_{yx}(a,b).$$

영역 R에서 (a,b)는 임의이므로, 영역 R안의 모든 점 (x,y)에 대하여

$$f_{xy}(x,y)=f_{yx}(x,y).$$ ■

위와 같은 성질은 다변수함수가 연속인 고계편도함수를 갖는 경우, 편미분의 순서를 임의로 바꿀 수 있음을 말한다. 이를테면

$$\frac{\partial^3 z}{\partial x^2\partial y}=\frac{\partial}{\partial x}\left(\frac{\partial^2 z}{\partial x\partial y}\right)=\frac{\partial}{\partial x}\left(\frac{\partial^2 z}{\partial y\partial x}\right)=\frac{\partial^3 z}{\partial x\partial y\partial x}=\frac{\partial^2}{\partial x\partial y}\left(\frac{\partial z}{\partial x}\right)$$
$$=\frac{\partial^2}{\partial y\partial x}\left(\frac{\partial z}{\partial x}\right)=\frac{\partial^3 z}{\partial y\partial x^2}.$$

따라서 이변수함수 f가 연속인 이계편도함수를 갖는 경우는 세 가지의 이계편도함수

$$\frac{\partial^2 f}{\partial x^2},\ \frac{\partial^2 f}{\partial x\,\partial y},\ \frac{\partial^2 f}{\partial y^2}$$

를 가지며, 연속인 삼계편도함수를 갖는 경우는 네 가지의 삼계편도함수

$$\frac{\partial^3 f}{\partial x^3},\ \frac{\partial^3 f}{\partial x^2\partial y},\ \frac{\partial^3 f}{\partial x\,\partial y^2},\ \frac{\partial^3 f}{\partial y^3}$$

를 갖는다.

예 17 $z = x^2 + x^5y^7$에서 $z_x = 2x + 5x^4y^7$, $z_y = 7x^5y^6$.

$z_{xx} = 2 + 20x^3y^7$, $z_{xy} = 35x^4y^6 = z_{yx}$, $z_{yy} = 42x^5y^5$.

$z_{xxx} = 60x^2y^7$, $z_{xxy} = 140x^3y^6 = z_{xyx} = z_{yxx}$, $z_{xyy} = z_{yxy} = z_{yyx} = 210x^4y^5$,

$z_{yyy} = 210x^5y^4$.

다음 예는 편도함수들이 연속이 아닐 때는 $f_{xy} \neq f_{yx}$ 일 수 있음을 보여준다.

예 18 $f(x, y) = \begin{cases} \dfrac{x^3y - xy^3}{x^2+y^2}, & (x, y) \neq (0,0) \\ 0, & (x, y) = (0, 0) \end{cases}$ 일 때 $f_{xy}(0, 0) \neq f_{yx}(0,0)$ 임을 계산에 의해 밝힐 수 있다(연습문제 4번).

연습문제 11.6 Exercises

1. 다음 함수의 이계편도함수를 구하여라.

(a) $f(x,y) = x^2y + \cos y + y\sin x$ (b) $f(x, y) = x + y + xy$

(c) $f(x, y) = \dfrac{x}{\sqrt{x^2+y^2}}$ (d) $f(x,y) = \sin(xy^2)$

2. $z = \mathrm{Tan}^{-1}\dfrac{2xy}{x^2-y^2}$ 일 때 $z_{xx} + z_{yy} = 0$ 임을 증명하여라.

3. $\dfrac{1}{u^2} = x^2 + y^2 + z^2$ 일 때 다음 식을 증명하여라.

$$\frac{\partial^2 u}{\partial x^2} + \frac{\partial^2 u}{\partial y^2} + \frac{\partial^2 u}{\partial z^2} = 0$$

4. $f(x,y)=\begin{cases}\dfrac{x^3y-xy^3}{x^2+y^2}, & (x,y)\neq(0,0)\\ 0 & ,(x,y)=(0,0)\end{cases}$ 일 때 다음을 답하여라.

(a) $f_x(0,y)=-y$ 임을 보여라.

(b) $f_y(x,0)=x$ 임을 보여라.

(c) $f_{xy}(0,0)$ 과 $f_{yx}(0,0)$ 을 구하고 그로부터 $f_{xy}(0,0)\neq f_{yx}(0,0)$ 임을 확인하여라.

5. $z=f(x,y)$, $y=\phi(x)$이고 모든 편도함수, 도함수가 연속일 때

$\dfrac{d^2z}{dx^2}=\dfrac{\partial^2z}{\partial x^2}+2\dfrac{\partial^2z}{\partial x\partial y}\dfrac{dy}{dx}+\dfrac{\partial^2z}{\partial y^2}\left(\dfrac{dy}{dx}\right)^2+\dfrac{\partial z}{\partial y}\dfrac{d^2y}{dx^2}$ 임을 증명하여라.

11.7 이변함수의 극대, 극소, 안장점

함수 $f(x,y)$에 있어서 (a,b) 근방의 모든 (x,y)에 대하여

$f(x,y)\leq f(a,b)$ 이면 $f(a,b)$는 f 의 **극대값**,
$f(x,y)\geq f(a,b)$ 이면 $f(a,b)$는 f 의 **극소값**

이라 하고, 극대값, 극소값을 **극값**(extremum)이라고 한다. $f(x,y)$가 (a,b)에서 극값을 가지고 $f_x(a,b)$가 존재하면, $f(x,b)$는 $x=a$에서 극값을 가지므로,

$$\left[\frac{df(x,b)}{dx}\right]_{x=a}=0,\ \text{즉 } f_x(a,b)=0$$

과 같이 된다(그림 11-12 참조). 함수 $f(a,y)$에 대해서도 마찬가지이므로 다음 정리가 성립한다.

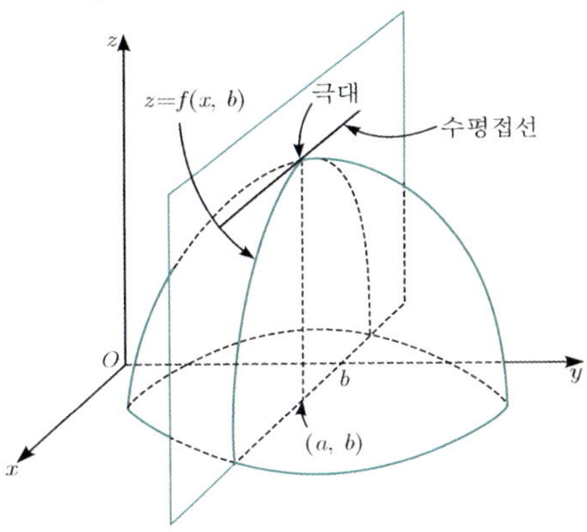

그림 11-12

정리 11-10 함수 $f(x,y)$가 (a,b) 근방에서 f_x, f_y를 갖는다고 하자. f가 점 (a,b)에서 극값을 가지면 반드시

$$f_x(a,b)=0,\ \ f_y(a,b)=0 \tag{1}$$

이다.

정리 11-10의 역은 반드시 성립하지는 않는다. 즉 (1)은 f 가 (a,b)에서 극값을 가지

기 위한 필요조건이지 충분조건은 아니다.

$f_x(a,b)=f_y(a,b)=0$ 을 만족하거나 (a,b)에서 f_x 또는 f_y 가 존재하지 않으면 (a,b)를 f 의 **임계점**(critical point)이라고 한다.

함수 $f(x,y)$가 (a,b)에서 미분가능하고 $f_x(a,b)=f_y(a,b)=0$ 일 때, (a,b)의 임의의 근방에 $f(a,b)>f(P)$, $f(a,b)<f(Q)$ 를 만족하는 점 P, Q가 모두 존재하면 (a,b)를 f 의 **안장점**(saddle point)이라고 한다.

예 19 $f(x,y)=x^2+y^2$ 일 때 $f_x(0,0)=f_y(0,0)=0$이므로 $(0,0)$은 f 의 임계점이다. $g(x,y)=\sqrt{x^2+y^2}$ 일 때 $g_x(0,0)$ 과 $g_y(0,0)$ 이 존재하지 않으므로 $(0,0)$은 g 의 임계점이다.

예 20 쌍곡포물면 $z=\frac{x^2}{a^2}-\frac{y^2}{b^2}$에서 $f(x,y)=\frac{x^2}{a^2}-\frac{y^2}{b^2}$라 하면,

$$f_x(x,y)=\frac{2x}{a^2},\ f_y(x,y)=-\frac{2y}{b^2}$$

이므로 $f_x(0,0)=f_y(0,0)=0$ 이다. 그러나 그림 11-13에 나타난 그래프를 보면 $f(0,0)=0$은 극대값도 극소값도 아님을 알 수 있다. 따라서 그림 11-13의 $(0,0)$은 f 의 안장점이다.

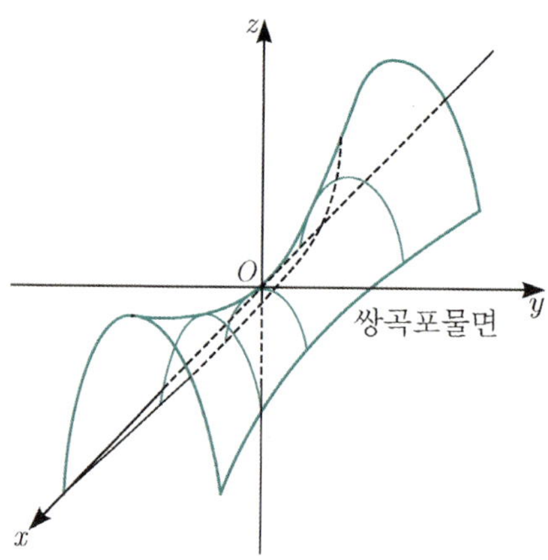

그림 11-13

정리 11-11 함수 $f(x,y)$가 (a,b)의 근방에서 연속인 이계편도함수를 갖고 $f_x(a,b)=0$, $f_y(a,b)=0$이라 하자. 이때

$$\Delta=f_{xx}(a,b)f_{yy}(a,b)-\{f_{xy}(a,b)\}^2 \text{ [이하 } f_{xx}f_{yy}-f_{xy}^2 \text{ 라고 표기함]}$$

로 놓는다.

[1] $\Delta>0$이면 $f_{xx}(a,b)$ [또는 $f_{yy}(a,b)$]<0 일 때 $f(a,b)$는 f 의 극댓값이고

$f_{xx}(a,b)$ [또는 $f_{yy}(a,b)$] >0 일 때 $f(a,b)$는 f 의 극값이다.

[2] $\varDelta<0$이면 $f(a,b)$는 극값이 아니고 (a,b)는 f 의 안장점이다.

[3] $\varDelta=0$이면 $f(a,b)$가 극값인지 아닌지 알 수 없다.

참고 $\varDelta$를 행렬식

$$\varDelta=\begin{vmatrix} f_{xx} & f_{xy} \\ f_{yx} & f_{yy} \end{vmatrix}=f_{xx}f_{yy}-(f_{xy})^2$$

으로 기억하는 것이 편리하다.

증명 $F(t)=f(a+ht, b+kt)$, $x=a+ht, y=b+kt$ 로 놓으면 $F(t)$, 즉 $f(x,y)$는 h, k의 값에 관계없이

$$F'(0)=0 \tag{2}$$

이고

$F''(0)<0$일 때 극대값 $F(0)$ 즉 $f(a,b)$를 가지며,

$F''(0)>0$일 때 극소값 $F(0)$ 즉 $f(a,b)$를 갖는다.

그런데 연쇄법칙에 의해

$$F'(0)=hf_x(a,b)+kf_y(a,b)$$

이고, $f_x(a,b)=0=f_y(a,b)$ 이므로 h, k의 값에 관계없이 $F'(0)=0$이다. 또한 연쇄법칙에 의해

$$F''(0)=h^2f_{xx}(a,b)+2hkf_{xy}(a,b)+k^2f_{yy}(a,b) \tag{3}$$

이고, $f_{xx}\neq 0$ 이면 [$f_{xx}(a,b)$, $f_{xy}(a,b)$, $f_{yy}(a,b)$를 f_{xx}, f_{xy}, f_{yy}로 표기]

$\dfrac{f_{xx}}{f_{xx}}$를 (3)의 우변에 곱하고 분자를 완전제곱꼴로 고치면

$$F''(0)=\frac{(hf_{xx}+kf_{xy})^2+k^2(f_{xx}f_{yy}-f_{xy}^2)}{f_{xx}}, \ (f_{xx}\neq 0). \tag{4}$$

$f_{yy}\neq 0$ 이면 마찬가지로

$$F''(0)=\frac{(kf_{yy}+hf_{xy})^2+h^2(f_{xx}f_{yy}-f_{xy}^2)}{f_{yy}}, \ (f_{yy}\neq 0).$$

[1] $\varDelta=f_{xx}f_{yy}-f_{xy}^2>0$ 이고, f_{xx} [또는 f_{yy}] <0 이면 (4)에서 h, k의 값에 관계없이 $F''(0)<0$이므로, $f(x,y)$는 극대값 $f(a,b)$를 갖는다.

$\varDelta=f_{xx}f_{yy}-f_{xy}^2>0$ 이고, f_{xx} [또는 f_{yy}] >0 이면 (4)에서 h, k의 값에 관계없이 $F''(0)>0$이므로, $f(x,y)$는 극소값 $f(a,b)$를 갖는다.

[2] $\varDelta<0$이면 (4)는 h와 k의 값에 따라서 양으로도 되고 음으로도 되므로 $f(a,b)$는 극값이 될 수 없고, $(a,b,f(a,b))$는 안장점이다.

[3] $f(x,y)=x^4+y^4$, $g(x,y)=-x^4-y^4$, $h(x,y)=x^4-y^4$이라 하면 모두

$(0,0)$에서 $\Delta=0$인데, $f(0,0)$은 극소, $g(0,0)$은 극대, 그리고 h에 대해서는 $(0,0)$이 안장점이다. ∎

예제 11-21 $f(x,y)=xy-x^2-y^2-2x-2y+4$ 의 극값들을 구하여라.

풀이 $f_x(x,y)=y-2x-2=0$, $f_y(x,y)=x-2y-2=0$을 풀면, $x=y=-2$, $f_{xx}(x,y)=-2$, $f_{yy}(x,y)=-2$, $f_{xy}(x,y)=1$ 이므로, $(-2,-2)$ 에서 $\Delta=f_{xx}(-2,-2)f_{yy}(-2,-2)-f_{xy}^2(-2,-2)=(-2)(-2)-(1)^2=3>0$, $f_{xx}(-2,-2)=-2<0$ 이다. 따라서 정리 11-11에 의하여 $f(-2,-2)=8$ 은 f의 극대값이다. ∎

예제 11-22 $f(x,y)=x^3+y^3+3x^2-3y^2-8$ 의 극값과 안장점을 있는 대로 구하여라.

풀이 $f_x(x,y)=3x^2+6x=0$, $f_y(x,y)=3y^2-6y=0$을 풀면 $x=0$ 또는 -2, $y=0$ 또는 2이므로 임계점은 $(0,0),(-2,0),(0,2),(-2,2)$이다. $f_{xx}(x,y)=6x+6$, $f_{yy}(x,y)=6y-6$, $f_{xy}(x,y)=0$ 이므로,

$$\Delta=\Delta(x,y)=f_{xx}(x,y)f_{yy}(x,y)-f_{xy}^2(x,y)=(6x+6)(6y-6)$$

$\Delta(0,0)=-36<0$, $\Delta(-2,2)=-36<0$이므로 $f_{xx}(-2,0)=-6<0$는 f의 안장점이다. $\Delta(-2,0)=36>0$이고 $f_{xx}(-2,0)=-6<0$ 이므로 $f(-2,0)=-4$는 f의 극대값이다. $\Delta(0,2)=36>0$이고 $f_{xx}(0,2)=6>0$ 이므로 $f(0,2)=-12$는 f의 극소값이다. ∎

이변수함수 $f(x,y)$에 대해서, 정의역 안의 모든 (x,y)에 대해 $f(a,b)\ge f(x,y)$ 이면 $f(a,b)$를 f의 **최대값**, $f(a,b)\le f(x,y)$ 이면 $f(a,b)$를 f의 **최소값**이라고 한다.

닫힌구간에서 정의된 연속인 일변수함수는 반드시 그 구간 안에서 최대값과 최소값을 가진다(정리 3-1). 다음 정리는 연속인 이변수함수 f의 정의역 D가 어떤 특정한 집합일 때 f는 D에서 반드시 최대값과 최소값을 갖는다는 사실을 보여 준다(증명은 해석학개론에서 다룬다).

정리 11-12 f가 xy-평면의 유계인 닫힌 집합 D에서 정의된 연속함수이면, f는 D에서 최대값과 최소값을 갖는다. 최대값과 최소값은

(1) $f_x(x,y)=f_y(x,y)=0$ 인 D의 내부점 (x,y) 또는

(2) $f_x(x,y)$ 또는 $f_y(x,y)$가 존재하지 않는 D의 내부점 또는

(3) D의 경계에서 갖는다.

예제 11-23 꼭짓점이 $(0,0),(9,0),(0,9)$인 닫힌 삼각형 영역에서 $f(x,y)=2+2x$

$+2y-x^2-y^2$의 최대값과 최소값을 구하여라.

풀이 f 는 미분가능하므로 f 가 극값들을 가질 수 있는 위치는 주어진 영역의 경계에 있는 점들과 $f_x(x,y)=f_y(x,y)=0$ 을 만족하는 주어진 영역의 내부에 있는 점들이다.

내부점 : $f_x(x,y)=2-2x=0$, $f_x(x,y)=2-2y=0$ 을 풀면, $x=y=1$이고 $f(1,1)=4$.

경계점 : (1) $y=0$인 경우 ;

$f(x,y)=f(x,0)=2+2x-x^2$은 닫힌 구간 $[0,9]$ 상에서 정의된 x만의 함수로 생각할 수 있다. 따라서 그 함수의 극값은 양 끝점과 임계점에서 얻어질 수 있다. 즉

$x=0$일 때 $f(0,0)=2$,

$x=9$일 때 $f(9,0)=2+18-81=-61$.

그리고 $f'(x,0)=2-2x=0$일 때 $x=1$이므로, $f(1,0)=3$.

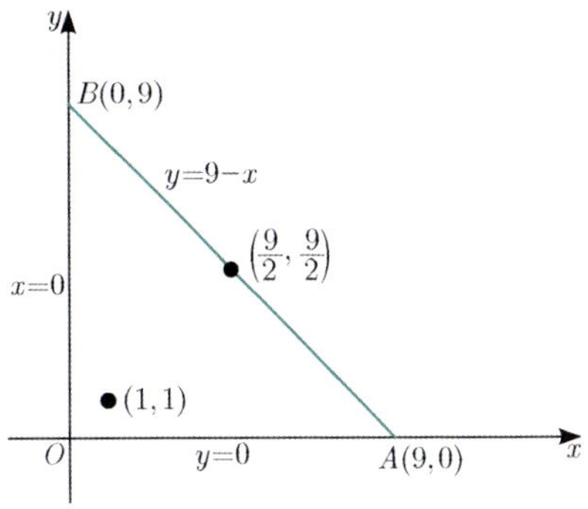

그림 11-14

(2) $x=0$인 경우 ; $f(x,y)=f(0,y)$

$=2+2y-y^2$. (1)에서와 같은 방법으로

$f(0,0)=2$, $f(0,9)=-61$, $f(0,1)=3$.

(3) AB의 끝점에서 f 의 값들을 이미 계산하였으므로 AB의 내부에 있는 점들을 생각해 보자. $y=9-x$ 이므로,

$$f(x,y)=2+2x+2(9-x)-x^2-(9-x)^2=-61+18x-2x^2 .$$

$f_x(x,9-x)=18-4x=0$일 때, $x=\dfrac{9}{2}$이므로 $y=\dfrac{9}{2}$, 그리고 $f\left(\dfrac{9}{2},\dfrac{9}{2}\right)=-\dfrac{41}{2}$.

위의 사실들을 종합해 볼 때, f 는 $(1,1)$에서 최대값 4를 취하고 $(0,9)$와 $(9,0)$에서 최소값 -61을 취한다. ■

연습문제 11.7 Exercises

1. 다음 함수의 극값을 구하여라.

(a) $f(x,y)=x^2+y^2-2x-2y+3$

(b) $f(x,y)=xy(x^2+y^2-1)$

(c) $f(x,y)=2x^4-x^2+3y^2$

(d) $f(x,y)=\cos(x+y)+\sin x+\cos y\,(0<x, y<2\pi)$

2. 원점에서 최단거리에 있는 곡면 $z^2=xy+1$ 위의 점을 구하여라.

3. 밑면이 정사각형인 256 cm^3 들이의 뚜껑 없는 상자를 만들려고 한다. 표면적이 최소로 되는 치수를 구하여라. 단, 상자 재료의 두께는 무시한다.

4. 부피가 16l인 직육면체의 상자를 만드는데 밑면에 드는 재료의 단위면적당 가격은 옆면과 윗면에 드는 것의 3배라고 한다. 바닥을 정사각형되게 할 때 가장 경제적인 상자의 치수를 구하여라.

5. 자료 $(x_i, y_i, z_i)(i=1, \ldots\ldots, 4)$ 가 $(0,0,0)$, $(0,1,1)$, $(1,1,1)$, $(1,0,-1)$과 같이 주어졌을 때, 이 자료 사이에 있는 x, y, z 의 관계식을 근사적으로

$$z = a + bx + cy$$

으로 나타내려 한다. 아래와 같이 정의된 오차 함수

$$E(a, b, c) = \sum_{i=1}^{4} \{z_i - (a + bx_i + cy_i)\}^2$$

의 임계점을 구하여라. (참고: a, b, c 가 무한대로 가면 $E(a,\ b,\ c)$의 값이 무한히 증가하고 임계점이 한 개뿐이므로, 오차 함수는 문제에서 구한 임계점에서 최소값을 가진다.)

제 12 장

중적분

19세기 중반에 리만적분론이 나온 이래로 그것을 일반화하여 곡선으로 둘러싸인 평면 상의 영역에 대한 적분을 생각하였다. 죠르단(Camille Jordan, 1838-1922)이 평면 영역 R과 연속함수 f 에 대해 $\iint_R f\,dA$ 를 정의할 수 있는 R에 대한 조건을 밝혔고, 임의의 n 에 대해 n 차원 공간의 영역 위에서의 적분으로 일반화하였다. 이 죠르단의 조건은 19세기 말에 보렐(F.E.E. Borel, 1871-1956)이 가측집합(measurable set)을 정의하여 리만적분보다 더 일반적인 르베그(Lebesgue)적분을 정의할 수 있도록 하였다.

이 장에서는 이중적분과 삼중적분을 계산하는 방법을 익혀 면적, 체적 등을 구할 수 있도록 한다.

12.1 이중적분

그림 12-1에서처럼 R을 xy 평면 위의 유계인 닫힌 영역(closed and bounded region)이라 하자. xy 평면에서 x 축과 y 축에 평행한 직선들로 만들어지는 작은 직사각형 중에서 R과 만나는 것들을 $A_1, A_2, \ldots\ldots, A_n$으로 나타내자. 이때, 집합

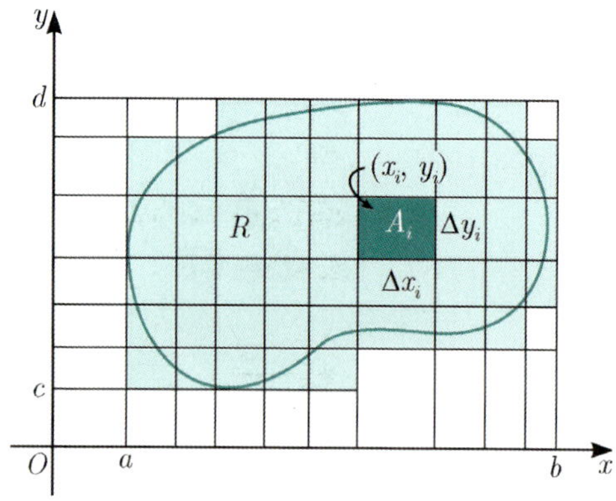

그림 12-1

$P=\{A_1, A_2, \ldots\ldots, A_n\}$을 영역 R의 **분할**(partition)이라 하고 A_i의 대각선 중 가장 긴 것의 길이를 δ로 놓고 P의 **노름**(norm)이라 한다. A_i의 가로, 세로를 각각 $\Delta x_i, \Delta y_i$라 하고, A_i의 면적을 ΔA_i라 하면 $\Delta A_i = \Delta x_i \Delta y_i$ 이다.

함수 $f(x, y)$가 영역 R 위에서 정의되었다고 하고 $A_i \cap R$에 속하는 점 (x_i, y_i)를 택할 때

$$\sum_{i=1}^{n} f(x_i, y_i)\Delta A_i$$

를 분할 P에 대한 함수 f의 **리만합**(Riemann sum)이라 한다.

P의 노름 δ가 0에 가까워지도록 분할을 세분할 때 극한값

$$\lim_{\delta \to 0} \sum_{i=1}^{n} f(x_i, y_i)\Delta A_i$$

이 존재하면 f는 R상에서 **적분가능하다**(integrable)고 한다. 그 극한값을 R에서의 f의 **이중적분**(double integral)이라 하고

$$\iint_R f\,dA, \quad \iint_R f(x, y)\,dA, \quad \iint_R f(x, y)\,dx\,dy \qquad (1)$$

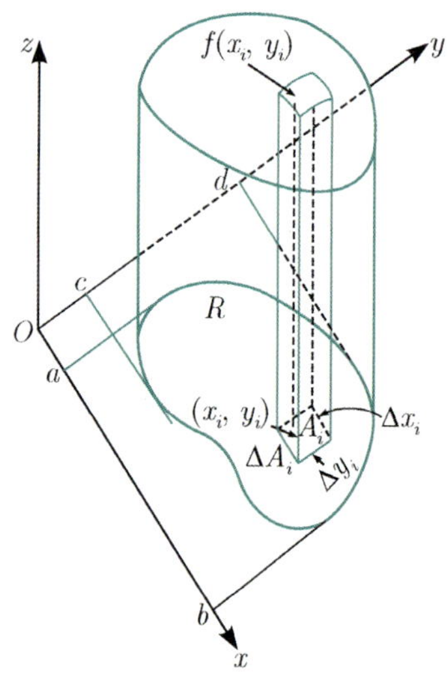

그림 12-2

등으로 나타낸다.

R과 f가 어떠한 경우에 중적분이 존재할까? 그리고 그것이 존재하면 어떻게 구할까? 중적분이 존재하는 조건들은 여러 가지가 있으나 그 중의 하나로는, R의 경계가 매끄러운 곡선(smooth curve)들로 이루어지고 f가 R 위에서 연속이면 중적분이 존재한다는 것이 알려져 있다. 보다 일반적으로 f의 불연속점들의 집합이 "작으면" 중적분이 존재한다는

것이 알려져 있다. 이 정리들의 증명은 해석학개론에서 다루게 된다.

함수 f 의 불연속점들의 집합이 “너무 크면”, 중적분이 존재할 수 없다는 것을 다음 예를 통해 살펴보자. 영역 $R=\{(x,y)|0\le x,y\le 1\}$ 을 잡고 함수 f 를

$$f(x,y)=\begin{cases}1 & (x\text{와 } y\text{가 유리수일 때})\\ 0 & (x\text{ 혹은 } y\text{가 무리수일 때})\end{cases}$$

라 하자. 그러면 f 는 R상의 모든 점에서 불연속이다. 유리수는 실직선 상에 무수히 많이 존재하기 때문에 아무리 작은 사각형이라도 그 안에는 x_i, y_i가 모두 유리수인 점 $(x_i,\ y_i)$가 존재한다. 작은 사각형 A_i 안에서 그렇게 잡은 점 $(x_i,\ y_i)$에 대해서 리만합은 $\sum f(x_i,y_i)\Delta A_i=1$ 이다. 같은 이유로 $(x_i,\ y_i)\in A_i$ 를 x_i나 y_i가 무리수인 점들로 잡으면 그 때의 리만합은 $\sum f(x_i,y_i)\Delta A_i=0$ 이다. 따라서 극한 $\lim\limits_{\delta\to 0}\sum f(x_i,y_i)\Delta A_i$ 는 존재하지 않는다.

f와 g가 적분가능한 경우 중적분은 다음과 같은 성질들을 만족한다.

(1) $\iint_R cf\,dA=c\iint_R f\,dA$ (c 는 상수)

(2) $\iint_R (f\pm g)\,dA=\iint_R f\,dA\pm\iint_R g\,dA$

(3) R상에서 $f\ge 0$ 이면 $\iint_R f\,dA\ge 0$

(4) $R=R_1\cup R_2$ 이고 $R_1\cap R_2$ 가 ϕ 이거나 매끄러운 곡선인 경우

$$\iint_R f\,dA=\iint_{R_1} f\,dA+\iint_{R_2} f\,dA\,.$$

우리의 다음 과제는 중적분의 값을 어떻게 구하는가이다. 중적분의 값은 다음의 **푸비니 정리**(Guido Fubini, 1879~1943 이탈리아)에 의해 **반복적분**(iterated integral)으로 구할 수 있다.

정리 12-1 **(푸비니 정리)** 영역 R에서 $f(x,y)$가 연속이고 R의 경계가 매끄러운 곡선들로 이루어지고 $R:a\le x\le b$, $\varphi_1(x)\le y\le\varphi_2(x)$ 로 정의되면(그림 12-3 참조)

$$\iint_R f\,dA=\int_a^b\left[\int_{\varphi_1(x)}^{\varphi_2(x)} f(x,y)dy\right]dx\,. \tag{2}$$

그리고 $R:c\le y\le d$, $\psi_1(y)\le x\le\psi_2(y)$ 로 정의되면

$$\iint_R f\,dA=\int_c^d\left[\int_{\psi_1(y)}^{\psi_2(y)} f(x,y)dx\right]dy\,. \tag{3}$$

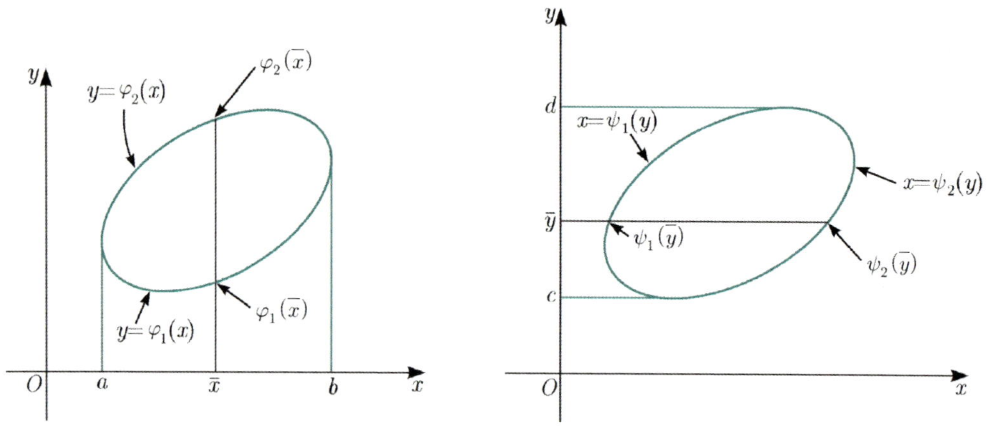

그림 12-3

특히 $R: a \leq x \leq b$, $c \leq y \leq d$ 로 주어지면

$$\iint_R f\,dA = \int_a^b \left[\int_c^d f(x,y)dy \right] dx = \int_c^d \left[\int_a^b f(x,y)dx \right] dy \tag{4}$$

이다.

주의 위의 반복적분에서 혼동의 우려가 없으면 괄호를 생략한다.

이 정리의 증명은 해석학개론에서 다룬다.

반복적분 (2)를 기하학적으로 생각하면 다음과 같다. 즉 그림 12-4에서와 같이 R상에서 $f(x,y) \geq 0$ 이라 생각하고 영역 R과 곡면 $z = f(x,y)$ 에 의해서 만들어지는 입체를 x 축에 수직인 평면 $x = \bar{x}$ 로 잘랐을 때 생기는 단면의 면적을 $A(\bar{x})$라 하면

$$A(\bar{x}) = \int_{\varphi_1(\bar{x})}^{\varphi_2(\bar{x})} f(\bar{x}, y)\,dy\,. \tag{5}$$

구간 $[a,b]$를 $a = x_0 < x_1 < x_2 < \ldots\ldots < x_n = b$ 에 의해 n 개의 구간으로 나누고 $\Delta x_i = x_i - x_{i-1}$, $\overline{x_i}$ 를 $[x_{i-1}, x_i]$에 속하는 점이라 하자. Δx_i가 작으면 $\sum A(\overline{x_i})\Delta x_i$ 는 그림 12-4에서 보듯이, R과 $f(x,y)$ 에 의해 만들어지는 입체 Q의 체적에 접근하게 되고 f 가 R에서 연속일 때 이것을 수학적으로 증명한 것이 푸비니 정리이다. 반복적분 (3)에 대해서도 마찬가지로 생각할 수 있다.

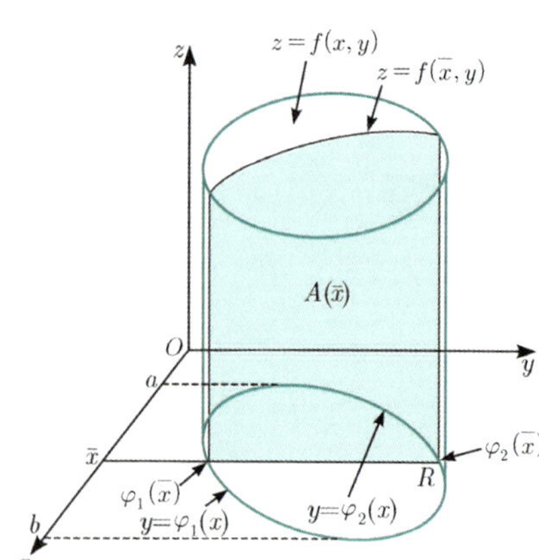

그림 12-4

예 1 $\int_0^1 \int_0^{2x} xy^3 dy\, dx = \int_0^1 x \left\{ \int_0^{2x} y^3\, dy \right\} dx = \int_0^1 x \left[\frac{y^4}{4} \right]_0^{2x} dx$

$$= \int_0^1 x \cdot \frac{(2x)^4}{4} dx = \int_0^1 4x^5 dx = 4\left[\frac{x^6}{6}\right]_0^1 = \frac{2}{3}.$$

예 2 $\int_0^2 \int_y^2 (x^2+y^2) dx\, dy = \int_0^2 \left[\frac{x^3}{3} + y^2 x\right]_y^2 dy$

$$= \int_0^2 \left\{ \left(\frac{2^3}{3} + 2y^2\right) - \left(\frac{y^3}{3} + y^2\, y\right) \right\} dy$$

$$= \int_0^2 \left(\frac{8}{3} + 2y^2 - \frac{4}{3}y^3\right) dy$$

$$= \left[\frac{8}{3}y + \frac{2}{3}y^3 - \frac{4}{3}\,\frac{y^4}{4}\right]_0^2 = \frac{16}{3}.$$

예제 12-1 $y = \frac{1}{2}x$, $y = \sqrt{x}$, $x = 1$, $x = 4$로 둘러싸인 영역 R 위에서 다음 이중적분값을 구하여라.

$$\iint_R 2xy\, dxdy$$

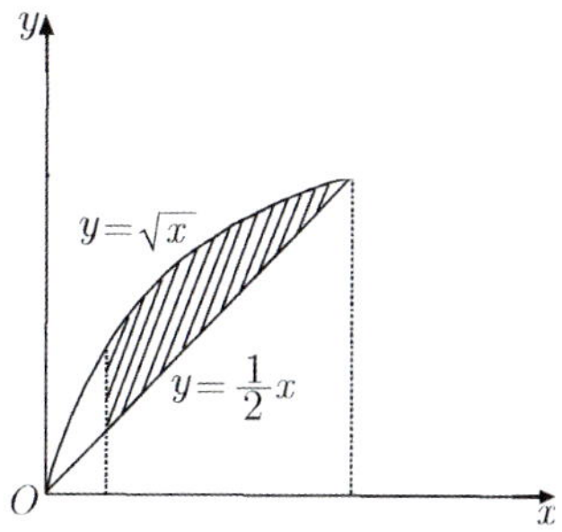

그림 12-5

풀이 $\iint_R 2xy\, dxdy = \int_1^4 \int_{\frac{x}{2}}^{\sqrt{x}} 2xy\, dydx$

$$= \int_1^4 [xy^2]_{\frac{x}{2}}^{\sqrt{x}}\, dx$$

$$= \int_1^4 (x^2 - \frac{x^3}{4})\ dx$$

$$= \left[\frac{1}{3}x^3 - \frac{1}{16}x^4\right]_1^4 = \frac{81}{16}.$$

예제 12-2 $R = \{(x, y) \mid x^2 + y^2 \le 1,\ x \ge 0,\ y \ge 0\}$일 때, 다음 값을 구하여라.

$$\iint_R \frac{y}{\sqrt{x^2+y^2}} dx\, dy$$

풀이 $\iint_R \frac{y}{\sqrt{x^2+y^2}} dx\, dy = \int_0^1 \int_0^{\sqrt{1-y^2}} \frac{y}{\sqrt{x^2+y^2}} dx\, dy$

$$= \int_0^1 y \left\{ \int_0^{\sqrt{1-y^2}} \frac{1}{\sqrt{x^2+y^2}} dx \right\} dy$$

와 같이 하면 계산이 번거롭게 되는데, 다음과 같이 하면 계산이 쉬워진다.

$$\iint_R \frac{y}{\sqrt{x^2+y^2}}\,dx\,dy = \int_0^1\int_0^{\sqrt{1-x^2}} \frac{y}{\sqrt{x^2+y^2}}\,dy\,dx$$
$$= \int_0^1 \left[\sqrt{x^2+y^2}\right]_0^{\sqrt{1-x^2}} dx$$
$$= \int_0^1 (1-x)\,dx = \frac{1}{2}.$$

주의 예제 12-2에서 보는 바와 같이 중적분을 반복적분으로 계산할 때 적분하는 순서에 따라서 계산이 어려워지기도, 쉬워지기도 하므로 적분 순서를 잘 선택해서 계산하는 것이 좋다.

$f(x,y)=g(x)h(y)$이고, g, h 모두 적분가능하며 $R=[a,b]\times[c,d]$인 특별한 경우일 때 푸비니 정리로부터 다음과 같은 결과를 얻을 수 있다.

$$\iint_R f(x,y)\,dA = \int_c^d\int_a^b g(x)h(y)\,dx\,dy = \left(\int_a^b g(x)\,dx\right)\left(\int_c^d h(y)\,dy\right) \tag{6}$$

예 3 $f(x,y)=\sin x\cos y$, $R=\left[0,\frac{\pi}{2}\right]\times\left[0,\frac{\pi}{2}\right]$ 이면 식 (6)으로부터 다음을 얻을 수 있다.

$$\iint_R \sin x\cos y\,dA = \left(\int_0^{\frac{\pi}{2}}\sin x\,dx\right)\left(\int_0^{\frac{\pi}{2}}\cos y\,dy\right)$$
$$= [-\cos x]_0^{\frac{\pi}{2}}[\sin y]_0^{\frac{\pi}{2}}$$
$$= (0+1)\cdot(1-0) = 1.$$

연습문제 12.1 Exercises

1. 다음 반복적분의 값을 구하여라.

(a) $\int_0^{-1}\int_0^3 x\,dydx$

(b) $\int_0^1\int_0^x e^{x+y}\,dy\,dx$

(c) $\int_0^2\int_0^2 x^3y\,dx\,dy$

(d) $\int_0^4\int_{-y}^y xy\,dx\,dy$

(e) $\int_0^{\frac{\pi}{2}} \int_0^{\sin y} \frac{x\,dx\,dy}{\sqrt{1-x^2}}$ (f) $\int_1^4 \int_{\sqrt{2}}^{\frac{y^3}{2}} x^2\sqrt{y}\,dx\,dy$

(g) $\int_{-1}^{3} \int_0^{3y} (x^2+y^2)\,dx\,dy$ (h) $\int_0^1 \int_0^1 |x-y|\,dy\,dx$

(i) $\int_{\frac{\pi}{4}}^{\frac{\pi}{2}} \int_{\frac{\pi}{2}}^{r} \csc^2\theta\,d\theta\,dr$ (j) $\int_0^{\frac{\pi}{4}} \int_{\sqrt{2}}^{\sqrt{2}\cos\theta} r\,dr\,d\theta$

2. 다음에 주어진 함수 $f(x,y)$와 영역 R에 대하여 $\iint_R f(x,y)\,dA$ 에 대한 두 가지 반복적분을 쓰고 그 값을 각각 계산하여라.

(a) $f(x,y)=4xy-y^2$; R은 $x=1$, $x=2$, $y=0$, $y=3$으로 둘러싸인 사각형의 영역

(b) $f(x,y)=x^2+y^2$; R은 $y=x$ 와 $y^2=4x$ 로 둘러싸인 영역

3. 사각형 영역 $x_0 \le x \le x_1$, $y_0 \le y \le y_1$ 에서 연속함수 $\frac{\partial^2 f(x,y)}{\partial x \partial y}$ 의 이중적분은

$$f(x_1,y_1)-f(x_1,y_0)-f(x_0,y_1)+f(x_0,y_0)$$

임을 보여라.

4. $f(x,y)=\begin{cases} x, & x \ge y \\ y, & x < y \end{cases}$ 이고, $R=\{(x,y)\,|\,0 \le x \le 1,\ 0 \le y \le 1\}$ 일 때

$$\iint_R f(x,y)\,dx\,dy$$

의 값을 구하여라.

5. 적분 순서를 바꾸어서 다음 적분 값을 계산하여라.

(a) $\int_0^1 \int_x^1 \sin(y^2)\,dy\,dx$ (b) $\int_0^1 \int_{2y}^2 e^{x^2}\,dx\,dy$

(c) $\int_0^4 \int_{\sqrt{x}}^2 \frac{1}{y^3+1}\,dy\,dx$ (d) $\int_0^1 \int_0^{Cos^{-1}y} \sin x\sqrt{1+\sin^2 x}\,dx\,dy$

6. $xy-$평면의 영역 R상에 정의된 함수 f 의 **평균값** (average value) f_{ave} 는 다음과 같이 정의된다.

$$f_{ave}=\frac{1}{A(R)}\iint_R f(x,y)\,dA$$

여기서 $A(R)$은 R의 면적을 나타낸다. 작은 마을

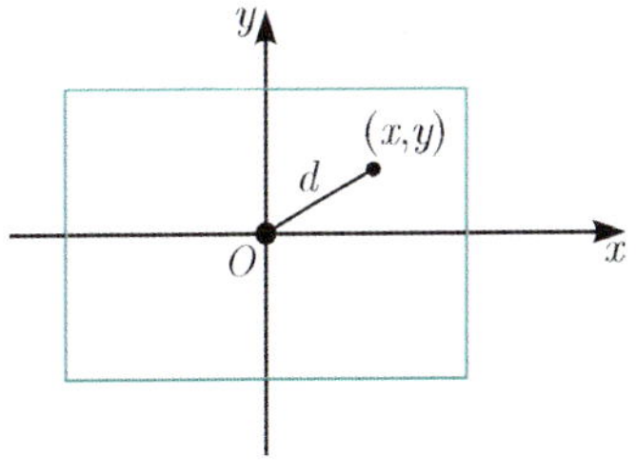

의 중앙에 위치한 공장에서 대기에 분진을 배출하고 있다. 공장에서 d km 떨어진 지점의 분진농도 C(ppm)는

$$C = 100 - 15d^2$$

으로 주어진다. 이 마을의 경계가 4 km×2 km인 직사각형을 이룰 때 이 마을 전체의 평균 분진농도는 무엇인가?

12.2 면적, 체적

이 절에서는 영역 R이 그림 12-3(12.1절)에서와 같이 경계선이 x축 혹은 y축의 평행선과의 교점이 2개 이하이고 f는 R 위에서 연속이라 가정하자. 이때 R의 면적은 다음과 같이 $f(x, y) = 1$일 때 R상의 이중적분값으로 계산할 수 있다.

$$R\text{의 면적} = \iint_R dA. \tag{1}$$

앞 절의 기호를 이용하여 푸비니 정리를 적용하면

$$R\text{의 면적} = \int_a^b \int_{\varphi_1(x)}^{\varphi_2(x)} dy\, dx = \int_c^d \int_{\psi_1(y)}^{\psi_2(y)} dx\, dy \tag{2}$$

가 된다.

또한 앞 절에서 보았듯이 영역 R상에서 $f(x, y) \geq 0$일 때 R과 곡면 $z = f(x, y)$에 의해 만들어지는 입체 Q의 체적은

$$Q\text{의 체적} = \iint_R f dA \tag{3}$$

로 정의된다.

예제 12-3 곡선 $xy = 2$, $4y = x^2$과 직선 $y = 4$로 둘러싸인 영역의 면적 A(그림 12-6)를 구하여라.

풀이 주어진 곡선의 교점은 $(2, 1)$이므로 푸비니 정리에 의하여

$$A = \int_1^4 \int_{\frac{2}{y}}^{2\sqrt{y}} dx\, dy$$

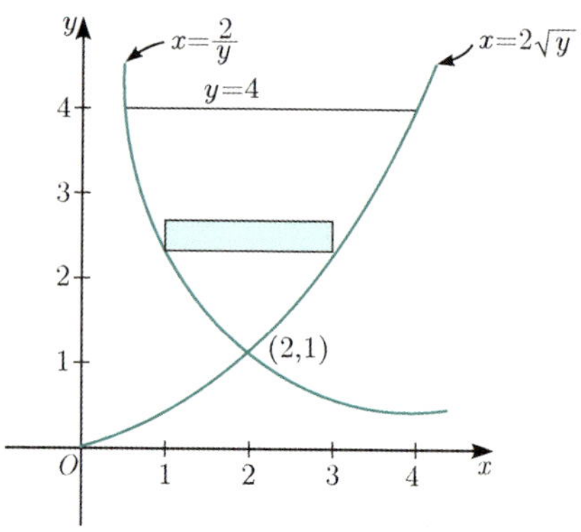

그림 12-6

$$= \int_1^4 \left(2\sqrt{y} - \frac{2}{y}\right) dy$$

$$= \frac{28}{3} - 2\ln 4.$$

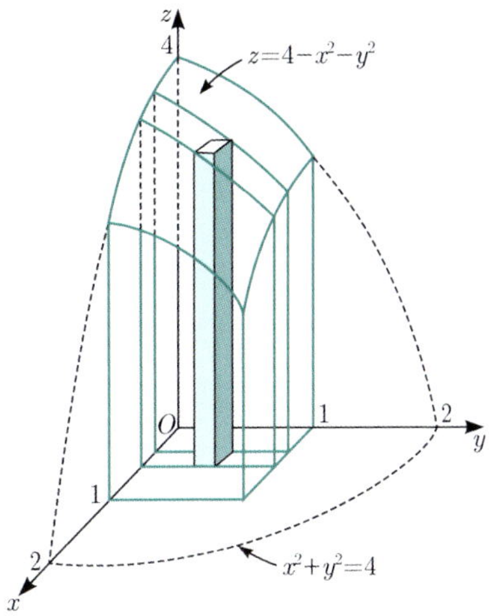

그림 12-7

예제 12-4 포물면 $z = 4 - x^2 - y^2$에 대하여 다음 입체의 체적을 구하여라(그림 12-7).

(1) $x = 0$, $x = 1$, $y = 0$, $y = 1$로 둘러싸인 정사각형 영역과 포물면 사이의 입체

(2) xy 평면 $(z = 0)$과 포물면으로 둘러싸인 입체

풀이 (1) $V = \int_0^1 \int_0^1 (4 - x^2 - y^2)\, dy\, dx$

$$= \int_0^1 \left[(4 - x^2)y - \frac{y^3}{3}\right]_0^1 dx$$

$$= \int_0^1 \left(\frac{11}{3} - x^2\right) dx = \frac{10}{3}.$$

(2) $z = 0$으로 놓고 포물면과 xy 평면의 교선을 구하면 $x^2 + y^2 = 4$이다. 이것이 적분영역의 경계선이 된다. 따라서 입체의 대칭성을 생각하면 구하는 체적 V는

$$V = 4\int_0^2 \int_0^{\sqrt{4-x^2}} (4 - x^2 - y^2)\, dy\, dx$$

$$= 8\pi.$$

이제 xy − 평면에 있는 얇은 판 형태의 영역 R의 무게와 무게중심을 이중적분을 이용하여 구해보려고 한다. R의 분할에 있는 작은 사각형을 A_i라 하고, 가로, 세로를 Δx_i, Δy_i라 하자. 연속인 밀도 함수 $\delta(x, y)$가 R에 분포되어 있다고 가정하고 (x_i, y_i)를 $A_i \cap R$의 한 점이라 하면 A_i의 무게는 $\delta(x_i, y_i)\Delta x_i \Delta y_i$에 가깝고 R의 무게는 리만합

$$\sum_{i=1}^{n} \delta(x_i, y_i)\Delta x_i \Delta y_i$$

에 가깝게 된다. 밀도 함수 $\delta(x, y)$가 R에서 연속이므로 **무게**(mass) m은

$$m = \iint_R \delta(x, y)\, dx\, dy \tag{4}$$

로 정의된다. 또한 $\boldsymbol{x}$축과 $\boldsymbol{y}$축에 관한 **일차능률**(first moments) M_x, M_y는

$$M_x = \iint_R y\, \delta(x, y)\, dA \tag{5}$$

$$M_y = \iint_R x\, \delta(x, y)\, dA \tag{6}$$

로 주어진다. R의 **무게중심**(center of mass)의 좌표는

$$\bar{x} = \frac{M_y}{m}, \quad \bar{y} = \frac{M_x}{m} \tag{7}$$

에 의해 주어진다.

예제 12-5 $y = x^3$ 과 $y = x$ 에 의해 만들어지는 영역 중에서 일사분면에 있는 영역을 R 이라 하자. R에 밀도함수가 $\delta(x, y) = x + y$ 로 주어졌을 때 R의 무게와 무게중심을 구하여라.

풀이 우선 R의 무게 m은

$$m = \iint_R (x+y)\,dx\,dy = \int_0^1 \int_{x^3}^{x} (x+y)\,dy\,dx$$

$$= \int_0^1 \left[xy + \frac{y^2}{2}\right]_{x^3}^{x} dx = \int_0^1 \left(x^2 + \frac{x^2}{2} - x^4 - \frac{x^6}{2}\right) dx = \frac{8}{35}.$$

또한

$$M_x = \iint_R y\,\delta(x, y)\,dA = \int_0^1 \int_{x^3}^{x} (xy + y^2)\,dy\,dx$$

$$= \int_0^1 \left[\frac{1}{2}xy^2 + \frac{1}{3}y^3\right]_{x^3}^{x} dx = \int_0^1 \left(\frac{5}{6}x^3 - \frac{1}{2}x^7 - \frac{1}{3}x^9\right) dx = \frac{9}{80},$$

$$M_y = \iint_R x\,\delta(x, y)\,dA = \int_0^1 \int_{x^3}^{x} (x^2 + xy)\,dy\,dx$$

$$= \int_0^1 \left(\frac{3}{2}x^3 - x^5 - \frac{x^7}{2}\right) dx = \frac{7}{48}$$

이다. 따라서 무게중심은

$$(\bar{x}, \bar{y}) = \left(\frac{M_y}{m}, \frac{M_x}{m}\right) = \left(\frac{245}{384}, \frac{63}{128}\right).$$

연습문제 12.2

Exercises

1. 다음의 영역 R을 그려보고, 반복적분에 의하여 그 면적을 구하여라.

(a) $R = \{(x, y) | 0 \le x \le 2,\ 2x \le y \le 4\}$

(b) $R = \{(x, y) | 0 \le x \le a,\ 0 \le y \le a - x\}$

(c) $R = \{(x, y) | -y \le x \le y - y^2,\ 0 \le y \le 2\}$

(d) $R=\{(x,y)\,|\,y^2 \le x \le 2y-y^2,\ 0 \le y \le 1\}$

(e) $R=\left\{(x,y)\,|\,0 \le x \le \dfrac{\pi}{4},\ \sin x \le y \le \cos x\right\}$

(f) $R=\left\{(x,y)\,|\,0 \le x \le \dfrac{\pi}{3},\ \sin x \le y \le \sec^2 x\right\}$

2. 이중적분을 이용하여 주어진 곡선으로 둘러싸인 영역의 면적을 구하여라.

(a) $3x=4-y^2,\ x=y^2$

(b) $y=3x-x^2,\ y=x$

(c) $(x^2+4)y=8,\ 2y=3x+4,\ 2y=x$

(d) $y=xe^{-x},\ y=x,\ x=2$

3. 다음 입체의 체적을 구하여라.

(a) 평면 $x+2y+3z=6$과 좌표평면으로 둘러싸인 입체

(b) 원주 $x^2+y^2=4$와 평면 $z+y=2,\ z=0$으로 둘러싸인 입체

(c) 포물면 $z=x^2+y^2$과 평면 $y=x,\ x=1,\ y=0,\ z=0$으로 둘러싸인 입체

(d) 곡면 $z=xy,\ y^2=4ax$, 평면 $y=a$으로 둘러싸인 입체 중, 제1팔분공간에 있는 부분

(e) 곡면 $z=e^{x+y}$와 평면 $y=x,\ x=2$으로 둘러싸인 입체 중 제1팔분공간에 있는 부분

(f) 곡면 $x^{\frac{1}{2}}+y^{\frac{1}{2}}+z^{\frac{1}{2}}=a^{\frac{1}{2}}$과 좌표평면으로 둘러싸인 입체

4. 얇은 철판이 xy-평면상에 놓여져 있고 그 모양은 $y \ge x^2,\ y \le x$에 의해 주어진다. 이 철판의 밀도는 $\delta(x,\ y)=1$로 주어진다. 이때, 철판의 무게와 x축, y축에 관한 일차 능률 그리고 무게중심을 구하여라.

5. 평면상의 주어진 영역에서 아래와 같은 밀도를 가지는 판의 무게와 무게중심을 구하여라.

(a) $x^2+4y^2=12$와 $y^2=\dfrac{1}{4}x$로 둘러싸인 영역; $\delta(x,\ y)=\dfrac{1}{2}x$

(b) x축, $y=x$와 $y=2-\dfrac{1}{2}x$로 둘러싸인 영역; $\delta(x,\ y)=1+x+y$

12.3 극좌표와 이중적분

극좌표평면에서 두 곡선 $r=\varphi_1(\theta)$, $r=\varphi_2(\theta)$ $(\varphi_1(\theta)\le\varphi_2(\theta))$ 와 두 직선 $\theta=\alpha$, $\theta=\beta(\alpha<\beta)$로 둘러싸인 닫힌 영역을 R이라 하자.

극점을 중심으로 하는 동심원들과 극점을 지나는 직선들에 의하여 소영역으로 분할하고, 그 소영역 중 R과 만나는 것들을 A_1, A_2, ……, A_n 으로 나타낼 때, 이 n개의 소영역의 집합을 영역 R의 극분할(polar partition)이라 하고 P로 나타내고 낸다. A_i의 대각선 중 가장 긴 것의 길이를 δ라 놓고 극분할 P의 노름(norm)이라고 한다. 분할 $r_0<r_1<\cdots<r_n$, $\theta_0<\theta_1<\cdots<\theta_n$에 대하여 소영역 A_i의 면적 $\Delta A_i(i=1,2,\ldots\ldots,n)$ 는

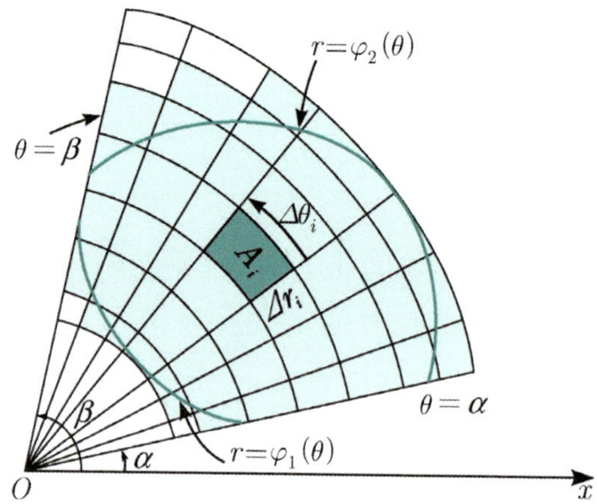

그림 12-8

$$\Delta A_i=\frac{1}{2}r_i^2\Delta\theta_i-\frac{1}{2}r_{i-1}^2\,\Delta\theta_i=\frac{1}{2}(r_i^2-r_{i-1}^2)\Delta\theta_i$$
$$=\frac{1}{2}(r_i+r_{i-1})(r_i-r_{i-1})\Delta\theta_i=\frac{1}{2}(r_i+r_{i-1})\Delta r_i\Delta\theta_i$$

로 주어진다. 여기서 $\frac{1}{2}(r_i+r_{i-1})=r_i^*$로 놓으면 $r_{i-1}<r_i^*<r_i$이고

$$\Delta A_i=r_i^*\,\Delta r_i\Delta\theta_i$$

로 쓸 수 있다.

함수 $f(r,\theta)$가 영역 R에서 연속이라 하고, $A_i\cap R(i=1,2,\cdots\cdots,n)$의 임의의 점을 $(\overline{r_i},\overline{\theta_i})$라 하면 $r_{i-1}\le\overline{r_i}\le r_i$, $\theta_{i-1}\le\overline{\theta_i}\le\theta_i$ 이고, 리만합

$$\sum_{i=1}^{n}f(\overline{r_i},\overline{\theta_i})\,\Delta A_i=\sum_{i=1}^{n}f(\overline{r_i},\overline{\theta_i})\,r_i^*\,\Delta r_i\Delta\theta_i$$

는 $\delta\to 0$으로 되도록 P를 세분해 가면, 일정한 값에 수렴한다고 알려져 있다. 이 일정한 값을 영역 R에 대한 $f(r,\theta)$의 극좌표계에서의 이중적분이라고 하고, 기호

$$\iint_R f(r,\theta)\,dA \quad \text{또는} \quad \iint_R f(r,\theta)\,r\,dr\,d\theta \tag{1}$$

로 나타낸다($\delta\to 0$일 때 $\overline{r_i}$와 r_i^*는 거의 같다).

이중적분 (1)은 영역 R이 그림 12-9와 같이 원점을 지나는 직선 혹은 원점을 중심으로 하는 원이 R의 경계와 두 점 이하에서 만날 때 다음 반복적분으로 계산할 수 있다.

$$\iint_R f(r,\theta)\, r\, dr\, d\theta$$

$$= \int_\alpha^\beta \int_{\varphi_1(\theta)}^{\varphi_2(\theta)} f(r,\theta)\, r\, dr\, d\theta$$

$$= \int_\alpha^\beta \left\{ \int_{\varphi_1(\theta)}^{\varphi_2(\theta)} f(r,\theta)\, r\, dr \right\} d\theta \qquad (2)$$

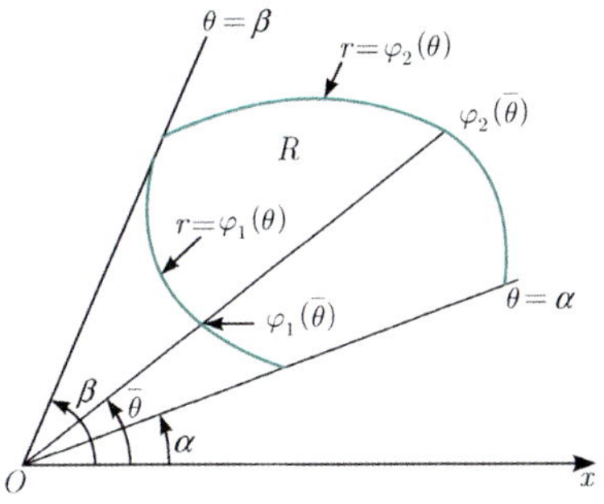

그림 12-9

예제 12-6 원 $r = a\cos\theta \left(0 \le \theta \le \dfrac{\pi}{2}\right)$ 과 직선 $\theta = 0$으로 둘러싸인 영역 R(그림 12-10)에서 함수 $f(r,\theta) = kr$(k 는 상수)에 대하여 $\iint_R f(r,\theta)\, r\, dr\, d\theta$ 를 구하여라.

풀이

$$\iint_R (kr) \cdot r\, dr\, d\theta$$

$$= \int_0^{\frac{\pi}{2}} \int_0^{a\cos\theta} kr^2 dr\, d\theta$$

$$= \int_0^{\frac{\pi}{2}} k \left[\frac{r^3}{3} \right]_0^{a\cos\theta} d\theta$$

$$= \frac{ka^3}{3} \int_0^{\frac{\pi}{2}} \cos^2\theta \cos\theta\, d\theta$$

$$= \frac{ka^3}{3} \int_0^{\frac{\pi}{2}} (1 - \sin^2\theta)\, d(\sin\theta)$$

$$= \frac{ka^3}{3} \left[\sin\theta - \frac{1}{3}\sin^3\theta \right]_0^{\frac{\pi}{2}}$$

$$= \frac{2ka^3}{9}.$$

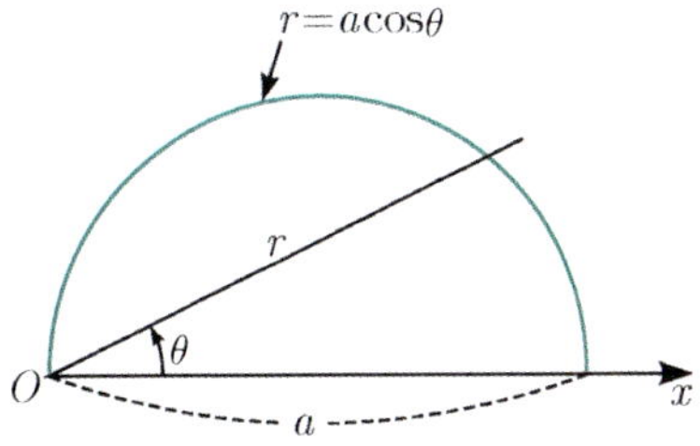

그림 12-10

9.3절에서 직교좌표 (x, y)와 극좌표 (r, θ) 사이에는 다음 관계가 있음을 살펴보았다.

$$x = r\cos\theta\,,\quad y = r\sin\theta \qquad (2)$$

$f(x, y)$가 R상에서 연속이고 영역 R을 극좌표평면의 영역으로 바꿀 수 있을 때, 직교좌표계와 극좌표계에서의 이중적분에 대하여 다음 관계가 성립한다.

$$\iint_R f(x, y)\,dx\,dy = \iint_R f(r\cos\theta,\ r\sin\theta)\,r\,dr\,d\theta \tag{3}$$

다음 예제들은 이중적분을 극좌표계에서 다루는 것이 직교좌표계에서 다루는 것보다 편리한 경우의 예들이다.

예제 12-7 $R = \{(x, y) \mid 1 \le x^2 + y^2 \le 4,\ 0 \le y \le \sqrt{3}\,x\}$ 일 때(그림 12-11)

$$\iint_R (x^2 + y^2)^{\frac{3}{2}}\,dx\,dy$$

의 값을 구하여라.

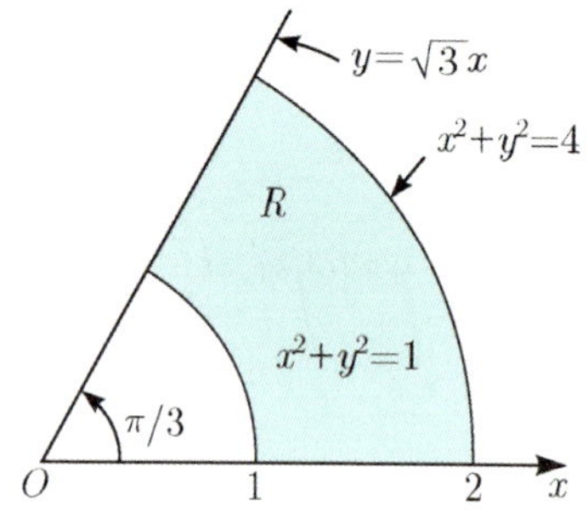

그림 12-11

풀이 $x = r\cos\theta$, $y = r\sin\theta$로 놓으면

$x^2 + y^2 = r^2$, $\tan\theta = y/x = \sqrt{3}$, 즉

$\theta = \dfrac{\pi}{3}$.

따라서 R을 극좌표계로 나타내면

$$R = \left\{(r, \theta) \mid 1 \le r \le 2,\ 0 \le \theta \le \frac{\pi}{3}\right\}$$

이다. 그러므로

$$\iint_R (x^2 + y^2)^{\frac{3}{2}}\,dx\,dy = \iint_R (r^2)^{\frac{3}{2}}\,r\,dr\,d\theta$$

$$= \int_0^{\frac{\pi}{3}} \int_1^2 r^4\,dr\,d\theta = \int_0^{\frac{\pi}{3}} \frac{31}{5}\,d\theta = \frac{31}{15}\pi.$$

예제 12-8

$R = \{(x, y) \mid x^2 + y^2 - 2x \le 0,\ x^2 + y^2 \ge 1\}$일 때(그림 12-12) $\iint_R \sqrt{x^2 + y^2}\,dx\,dy$의 값을 구하여라.

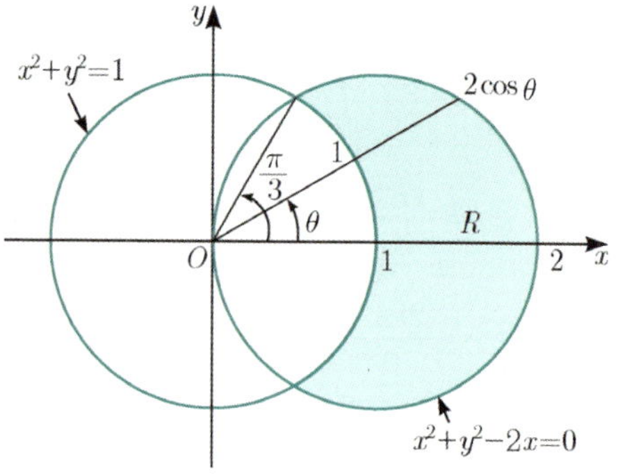

그림 12-12

풀이 $x = r\cos\theta$, $y = r\sin\theta$로 놓으면

원 $x^2 + y^2 - 2x = 0$은 $r = 2\cos\theta$, (i)

원 $x^2 + y^2 = 1$은 $r = 1$. (ii)

(i), (ii)를 연립하면 $2\cos\theta = 1$, $\theta = \pm\dfrac{\pi}{3}$. 따라서

$$\iint_R \sqrt{x^2 + y^2}\,dx\,dy$$

$$= \int_{-\frac{\pi}{3}}^{\frac{\pi}{3}} \int_{1}^{2\cos\theta} r\ r\,dr\,d\theta$$

$$= \int_{-\frac{\pi}{3}}^{\frac{\pi}{3}} \left[\frac{1}{3}r^3\right]_1^{2\cos\theta} d\theta$$

$$= \frac{1}{3}\int_{-\frac{\pi}{3}}^{\frac{\pi}{3}} (8\cos^3\theta - 1)\,d\theta = 2\sqrt{3} - 2\pi/9.$$ ▮

직교좌표계에서 $\iint_R dx\,dy$ 는 영역 R의 면적을 나타내었다. (3)에 의하면 극좌표계에서도 마찬가지로 $\iint_R r\,dr\,d\theta$ 는 영역 R의 면적을 나타낸다.

참고 직교좌표계에서는 $\iint_R f(x,y)\,dA$ 에서 $dA = dx\,dy$ 를 가리켰는데, 극좌표계에서는 그림 12-13에서 보는 바와 같이 면적 dA를 dr, $rd\theta$ 를 두 변으로 갖는 직사각형의 면적처럼 생각하여 $dr \cdot (rd\theta) = r\,dr\,d\theta$ 와 같이 보는 것이 편리하다.

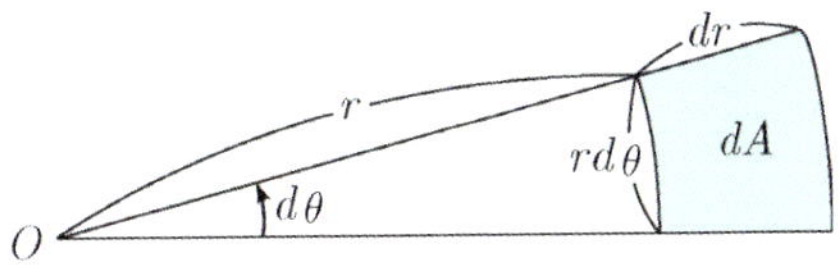

그림 12-13

예제 12-9 예제 12-8에서 주어진 영역 R의 면적 A를 구하여라(그림 12-12).

풀이 이 경우는 직교좌표계로 주어진 영역을 그대로 다루는 것보다 극좌표계로 고쳐서 다루는 것이 매우 편리하다.

$$A = \iint_R r\,dr\,d\theta = \int_{-\frac{\pi}{3}}^{\frac{\pi}{3}} \int_1^{2\cos\theta} r\,dr\,d\theta = \int_{-\frac{\pi}{3}}^{\frac{\pi}{3}} \left[\frac{r^2}{2}\right]_1^{2\cos\theta} d\theta$$

$$= \frac{1}{2}\int_{-\frac{\pi}{3}}^{\frac{\pi}{3}} (4\cos^2\theta - 1)\,d\theta = \frac{\pi}{3} + \frac{\sqrt{3}}{2}.$$ ▮

예제 12-10 그림 12-14에서 색칠된 부분의 면적을 구하여라.

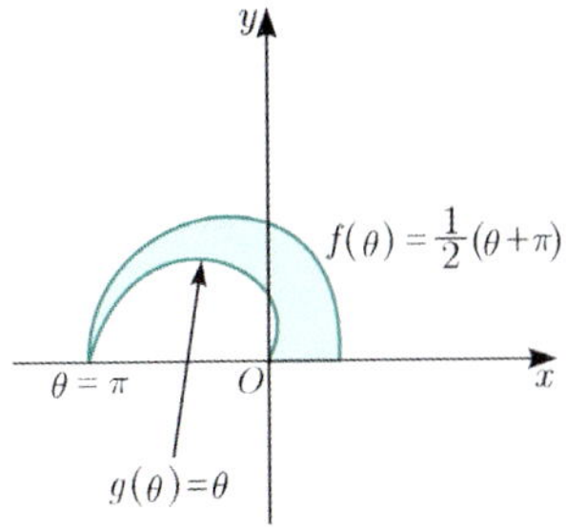

그림 12-14

풀이 $$A = \int_0^{\pi} \int_{\theta}^{\frac{1}{2}(\theta+\pi)} r\,dr\,d\theta$$

$$= \int_0^{\pi} \left[\frac{1}{2}r^2\right]_{\theta}^{\frac{1}{2}(\theta+\pi)} d\theta$$

$$= \frac{1}{2}\int_0^{\pi} \left[\frac{1}{4}(\theta+\pi)^2 - \theta^2\right] d\theta = \frac{\pi^3}{8}.$$ ▮

예제 12-11 곡선 $r=a$ 의 내부와 심장형 $r=a(1-\cos\theta)$의 외부로 이루어진 영역의 면적을 구하여라.

풀이 주어진 곡선의 개형을 그리면 영역은 x 축에 대칭이므로 면적은 $\theta=0$부터 $\theta=\frac{\pi}{2}$ 까지 적분하여 두 배를 하면 구할 수 있다.

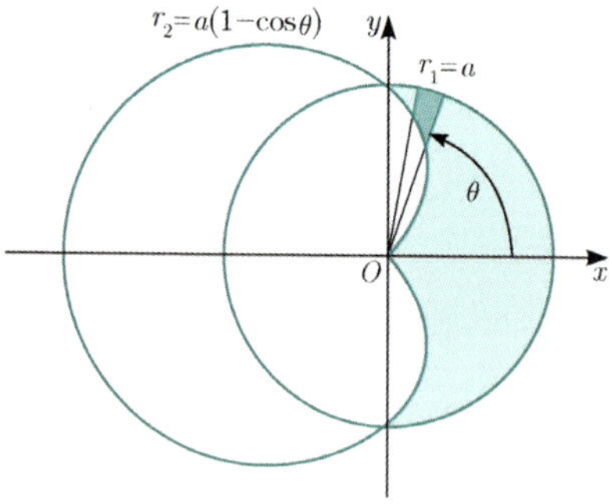

그림 12-15

$$\begin{aligned}A &= 2\int_0^{\frac{\pi}{2}}\int_{a(1-\cos\theta)}^{a} r\,dr\,d\theta \\ &= 2\int_0^{\frac{\pi}{2}}\left[\frac{1}{2}r^2\right]_{a(1-\cos\theta)}^{a} d\theta \\ &= \int_0^{\frac{\pi}{2}} a^2\{1-(1-\cos\theta)^2\}\,d\theta \\ &= a^2\int_0^{\frac{\pi}{2}}(2\cos\theta-\cos^2\theta)\,d\theta \\ &= 2a^2[\sin\theta]_0^{\frac{\pi}{2}} - a^2\int_0^{\frac{\pi}{2}}\frac{1+\cos 2\theta}{2}\,d\theta \\ &= 2a^2 - a^2\left[\frac{1}{2}\theta+\frac{1}{4}\sin 2\theta\right]_0^{\frac{\pi}{2}} = a^2\left(2-\frac{\pi}{4}\right).\end{aligned}$$

예제 12-12 달팽이형(limaçon) $r=2\cos\theta+1$ 의 작은 고리형의 면적을 구하여라.

풀이 곡선의 개형을 그리면 θ 가 $\theta=\frac{2}{3}\pi$ 부터 $\theta=\frac{4}{3}\pi$ 까지 증가할 때 작은 고리가 그려짐을 알 수 있다(그림 12-16). 이 고리는 x 축에 대칭이므로 작은 고리형의 면적은 $\theta=\frac{2}{3}\pi$ 부터 $\theta=\pi$ 까지 적분하여 두 배를 하면 구할 수 있다.

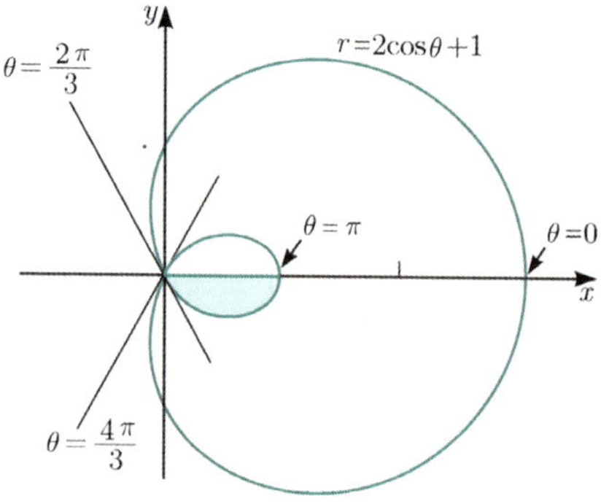

그림 12-16

그런데

$$\begin{aligned}r^2 &= (2\cos\theta+1)^2 \\ &= 4\cos^2\theta+4\cos\theta+1 \\ &= 4\cdot\frac{1+\cos 2\theta}{2}+4\cos\theta+1 \\ &= 3+2\cos 2\theta+4\cos\theta\end{aligned}$$

이므로

$$\begin{aligned}A &= \int_{\frac{2\pi}{3}}^{\pi}(3+2\cos 2\theta+4\cos\theta)\,d\theta \\ &= [3\theta+\sin 2\theta+4\sin\theta]_{2\pi/3}^{\pi} = \pi-\frac{3\sqrt{3}}{2}.\end{aligned}$$

부정적분 $\int e^{-x^2}dx$은 우리가 알고 있는 기본함수들의 결합으로 쓸 수 없다. 그러나 다음 예에서와 같이 그것의 특이적분을 구할 수 있다는 것은 매우 흥미로운 일이다.

예제 12-13 $\int_0^{\infty} e^{-x^2}dx$ 를 구하여라.

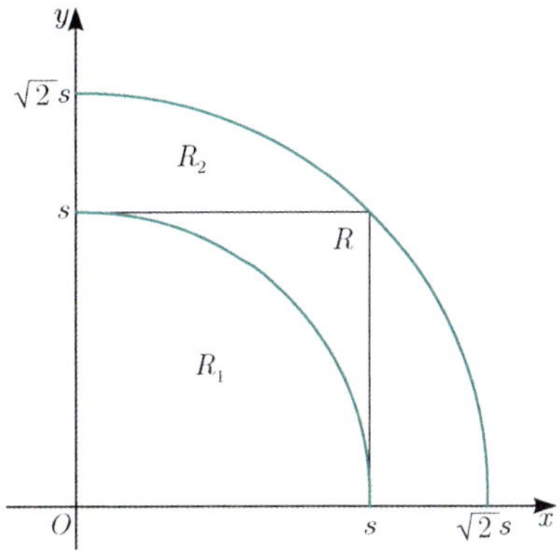

그림 12-17

풀이 $R=\{(x,y)|0\le x,\ y\le s\}$,

$R_1=\{(x,y)|x,\ y\ge 0,\ x^2+y^2\le s^2\}$,

$R_2=\{(x,y)|x,\ y\ge 0,\ x^2+y^2\le 2s^2\}$

이라고 놓으면(그림 12-17),

$e^{-(x^2+y^2)}>0$이므로

$$\iint_{R_1} e^{-(x^2+y^2)}dx\,dy \le \iint_{R} e^{-(x^2+y^2)}dx\,dy \le \iint_{R_2} e^{-(x^2+y^2)}dx\,dy.$$

그런데

$$\begin{aligned}\iint_R e^{-(x^2+y^2)}dx\,dy &= \int_0^s\int_0^s e^{-(x^2+y^2)}dx\,dy\\ &=\int_0^s e^{-y^2}\left\{\int_0^s e^{-x^2}dx\right\}dy\\ &=\left\{\int_0^s e^{-x^2}dx\right\}\int_0^s e^{-y^2}dy=\left\{\int_0^s e^{-x^2}dx\right\}^2,\end{aligned}$$

$$\begin{aligned}\iint_{R_1} e^{-(x^2+y^2)}dx\,dy &= \int_0^{\frac{\pi}{2}}\int_0^s e^{-r^2}r\,dr\,d\theta\\ &=\int_0^{\frac{\pi}{2}}\left[-\frac{1}{2}e^{-r^2}\right]_0^s d\theta\\ &=\frac{1}{2}\int_0^{\frac{\pi}{2}}(1-e^{-s^2})\,d\theta=\frac{\pi}{4}(1-e^{-s^2}).\end{aligned}$$

마찬가지로 $\iint_{R_2} e^{-(x^2+y^2)}dx\,dy=\frac{\pi}{4}(1-e^{-2s^2})$이므로

$$\frac{\pi}{4}(1-e^{-s^2})\le\left(\int_0^s e^{-x^2}dx\right)^2\le\frac{\pi}{4}(1-e^{-2s^2}).$$

한편, $\lim_{s\to\infty}\frac{\pi}{4}(1-e^{-s^2})=\frac{\pi}{4}=\lim_{s\to\infty}\frac{\pi}{4}(1-e^{-2s^2})$, $\int_0^{\infty}e^{-x^2}dx>0$이므로

$$\int_0^{\infty}e^{-x^2}dx=\sqrt{\frac{\pi}{4}}=\frac{\sqrt{\pi}}{2}.$$ ▮

연습문제 12.3

Exercises

1. 극좌표계에서 주어진 영역 R에 대한 함수 $f(r, \theta)$ 의 이중적분의 값을 구하여라.

(a) $R = \{(r, \theta) \mid a \le r \le b,\ \alpha \le \theta \le \beta\},\ f(r, \theta) = r\sin\theta$

(b) $R = \left\{(r, \theta) \mid a\cos\theta \le r \le a,\ 0 \le \theta \le \dfrac{\pi}{2}\right\},\ f(r, \theta) = r$

2. 극좌표로 고쳐서 다음 주어진 영역 R에서의 이중적분의 값을 구하여라.

(a) x축, 직선 $y = x$, $x = a(a > 0)$로 둘러싸인 영역이 R일 때

$$\iint_R \frac{dx\,dy}{(a^2 + x^2 + y^2)^{3/2}}.$$

(b) 두 원 $x^2 + y^2 = 1$, $x^2 + y^2 = 4$로 둘러싸인 제1사분면의 영역이 R일 때

$$\iint_R \frac{dx\,dy}{x^2 + y^2}.$$

3. 다음 문제에서 주어진 영역의 면적을 반복적분을 이용하여 구하여라.

(a) 원 $r = 4\cos\theta$ 의 내부와 원 $r = 2$의 외부에 놓인 영역

(b) 세 잎 장미 $r = 4\cos 3\theta$ 의 한 잎 $\left(-\dfrac{\pi}{6} \le \theta \le \dfrac{\pi}{6}\text{의 부분}\right)$

(c) 심장형 $r = a(1 + \cos\theta)$ 의 내부

(d) $\theta = 0$, $\theta = \dfrac{\pi}{2}$, $r = \sec^2\dfrac{\theta}{2}$ 로 둘러싸인 영역

4. 다음 주어진 영역과 밀도함수로부터 무게중심을 구하여라.

(a) 1사분면에서 $x^2 + y^2 = 4$로 둘러싸인 영역; $\delta(x, y) = 1$

(b) 심장형 $r = 1 - \cos\theta$ 의 내부; $\delta(x, y) = 1$

(c) 1사분면에서 $1 \le x^2 + y^2 \le 4$인 영역; $\delta(x, y)$는 원점으로부터 거리의 제곱의 역수

5. 다음 적분값을 구하여라.

(a) $\displaystyle\int_0^\infty ae^{-bx^2}dx\ (a > 0, b > 0)$ (b) $\displaystyle\int_0^\infty\int_0^\infty \frac{1}{(1 + x^2 + y^2)^2}dxdy$

6. 극좌표를 이용하여 다음 주어진 입체의 부피를 구하여라.

(a) 이엽쌍곡면 $-x^2 - y^2 + z^2 = 1$과 평면 $z = 2$에 의해 둘러싸인 입체

(b) 포물면 $z = x^2 + y^2$의 아래와 xy 평면 위, 원주면 $x^2 + y^2 = 2x$의 내부에 놓여 있는 입체

(c) 구면 $x^2+y^2+z^2=1$의 아래, 원추면 $z=\sqrt{x^2+y^2}$ 위에 있는 입체

7. 다음 방정식의 그래프로 둘러싸인 도형의 면적을 구하여라.

(a) $r^2=16\sin 2\theta$ (b) $r=1+\sin\theta$

8. 달팽이형 $r=2\cos\theta+1$ 의 안의 고리와 밖의 고리 사이의 면적을 구하여라.

9. 다음 두 원의 내부에 있는 영역의 넓이를 구하여라.

(a) $r=1,\ r=2\cos\theta$ (b) $r=1,\ r=2\sin\theta$

10. 원 $r=2$의 내부와 $r=-\csc\theta$ 의 그래프 위에 놓인 영역의 면적을 구하여라.

11. 곡선 $r^2=\cos\theta$ 와 $r=\sqrt{2}\cos\theta$ 의 내부에 있는 영역의 면적을 구하여라.

12.4 삼중적분

이중적분의 개념은 그대로 삼중 이상의 적분까지 확장할 수 있다. 먼저 직교좌표계에 있어서의 삼중적분에 대하여 생각한다. 삼차원공간을 세 좌표평면에 평행한 평면들에 의하여 작은 직육면체로 분할하고, 주어진 삼차원영역 R의 내부 또는 경계면에 놓인 이들 직육면체를 $V_1, V_2, \ldots\ldots, V_n$ 으로 나타낸다. 이때, 이러한 n개의 직육면체의 집합을 R의 **분할**이라고 하고, P로 나타낸다. 이들 직육면체의 대각선 중 가장 긴 것의 길이를 δ로 놓고 이 분할 P의 **노름**이라고 한다. $V_i \cap R(i=1,2,\cdots\cdots,n)$ 에 속하는 임의의 점을 (x_i, y_i, z_i)라 하고, V_i 의 체적을 ΔV_i 라 할 때 R에서 정의된 함수 $f(x,y,z)$에 대하여

$$\lim_{\delta\to 0}\sum_{i=1}^{n} f(x_i, y_i, z_i)\,\Delta V_i$$

가 존재하면, 영역 R에서 f 는 **적분가능하다**고 하며, 그 극한값을

$$\iiint_R f(x,y,z)\,dV \quad \text{또는} \quad \iiint_R f(x,y,z)\,dx\,dy\,dz \tag{1}$$

로 나타낸다. 이것을 영역 R에 대한 f 의 **삼중적분**(triple integral)이라고 한다.

f 가 영역 R에서 연속함수이고, 영역 R이 그림 12-18과 같이 주어졌을 때, R에서의 삼중적분값은 12.1절에서와 같이 다음과 같은 반복적분에 의하여 구할 수 있다.

$$\iiint_R f(x, y, z)\, dV = \int_a^b \int_{y_1(x)}^{y_2(x)} \int_{z_1(x,y)}^{z_2(x,y)} f(x, y, z)\, dz\, dy\, dx \tag{2}$$

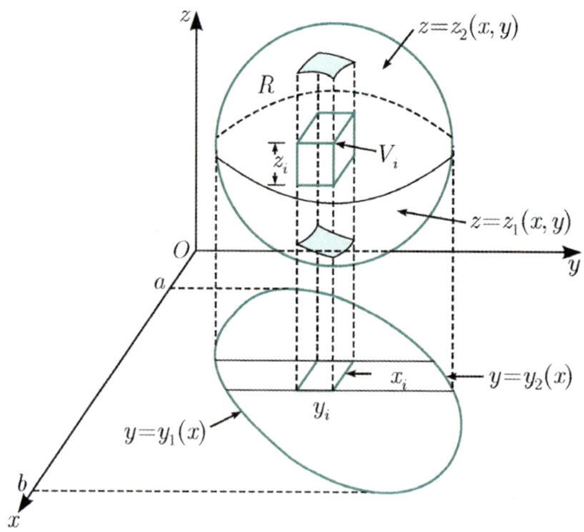

그림 12-18

예 4 삼중적분 $\int_0^2 \int_0^x \int_0^{4-x^2} xyz\, dz\, dy\, dx$를 반복적분에 의해 구해보자.

$$\begin{aligned}\int_0^2 \int_0^x \int_0^{4-x^2} xyz\, dz\, dy\, dx &= \int_0^2 \int_0^x xy\left[\frac{z^2}{2}\right]_0^{4-x^2} dy\, dx \\ &= \frac{1}{2}\int_0^2 \int_0^x x(4-x^2)^2 y\, dy\, dx \\ &= \frac{1}{2}\int_0^2 x(4-x^2)^2\left[\frac{y^2}{2}\right]_0^x dx \\ &= \frac{1}{4}\int_0^2 x^3(4-x^2)^2\, dx \\ &= \frac{1}{4}\int_0^2 (16x^3-8x^5+x^7)\, dx \\ &= \frac{1}{4}\left[4x^4-\frac{4}{3}x^6+\frac{1}{8}x^8\right]_0^2 = \frac{8}{3}.\end{aligned}$$

예제 12-14 포물주면 $z=2-\frac{1}{2}x^2$과 좌표평면 $y=0$, $z=0$과 평면 $y=x$로 둘러싸인

제1팔분공간의 영역 R에 대하여

$$\iiint_R 2xyz\, dV$$

의 값을 구하여라.

풀이 그림 12-19와 반복적분에 의하여

$$\iiint_R 2xyz\, dV$$
$$= \int_0^2 \int_0^x \int_0^{2-\frac{1}{2}x^2} 2xyz\, dz\, dy\, dx$$
$$= \int_0^2 \int_0^x (4xy - 2x^3y + \frac{x^5y}{4})\, dy\, dx$$
$$= \int_0^2 (2x^3 - x^5 + \frac{x^7}{8})\, dx = \frac{4}{3}.$$

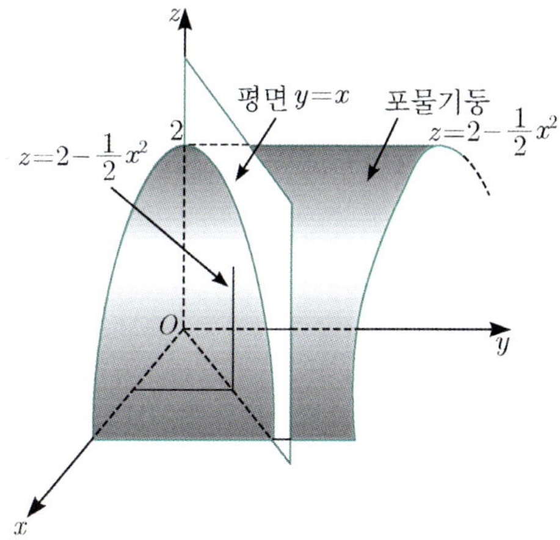

그림 12-19

특히 영역 R에서 $f(x, y, z) = 1$이면, R에 대한 f 의 삼중적분은 R의 체적과 같게 된다.

$$R\text{의 체적} = \iiint_R dx\, dy\, dz. \tag{3}$$

예제 12-15 원주 $x^2 + y^2 = 1$과 평면 $z = x$, $y = 0$, $z = 0$으로 둘러싸인 제1팔분공간의 영역 R의 체적 V를 구하여라.

풀이 $$V = \int_0^1 \int_0^x \int_0^{\sqrt{1-x^2}} dy\, dz\, dx$$
$$= \int_0^1 \int_0^x \sqrt{1-x^2}\, dz\, dx$$
$$= \int_0^1 x\sqrt{1-x^2}\, dx = \frac{1}{3}.$$

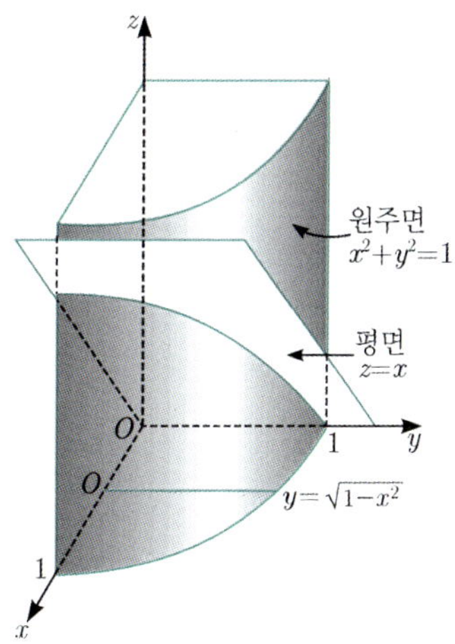

그림 12-20

연습문제 12.4

Exercises

1. 다음 반복적분의 값을 구하여라.

(a) $\int_0^1 \int_0^x \int_0^{xy} z\, dz\, dy\, dx$

(b) $\int_0^1 \int_0^x \int_0^{x+y} (x+y+z)\, dz\, dy\, dx$

(c) $\int_{\frac{\pi}{6}}^{\frac{\pi}{2}} \int_0^{\cos y} \int_y^{\pi - y} \sin(y+z)\, dz\, dx\, dy$

(d) $\int_0^{2\pi} \int_0^{\pi} \int_0^{a} r^2 \sin\theta\, dr\, d\theta\, d\phi$

2. 다음 문제에서 주어진 영역 R을 그려보고, R에 대한 삼중적분의 값을 구하여라.

(a) $R = \left\{(x, y, z) \mid 0 \le x \le \sqrt{4-y^2},\ 0 \le y \le 2,\ 0 \le z \le 3\right\}$,

$$\iiint_R (x+2y-3z)\, dx\, dy\, dz$$

(b) $R = \left\{(x, y, z) \mid 0 \le x \le 1,\ 0 \le y \le 3,\ 0 \le z \le \frac{1}{6}(12-3x-2y)\right\}$,

$$\iiint_R xy\, dx\, dy\, dz$$

(c) $R = \left\{(x, y, z) \mid 0 \le x \le \sqrt{y},\ 0 \le y \le 4,\ 0 \le z \le \frac{3}{2}x\right\}$,

$$\iiint_R (x^2+y^2+z^2)\, dx\, dy\, dz$$

3. 다음 문제에서 주어진 평면 또는 곡면으로 둘러싸인 영역의 체적을 삼중적분으로 구하여라.

(a) $x+y+2z=2,\ x=0,\ y=0,\ z=0$

(b) $z=x^2+y^2,\ x=y,\ x=2,\ y=0,\ z=0$

(c) $x^2+4y^2=z,\ x^2+4y^2=12-2z$

4. 포물주면 $z=4-y^2$의 아래, 포물면 $z=x^2+3y^2$의 위에 놓인 입체의 체적을 삼중적분으로 구하여라.

5. R이 포물면 $y=x^2+z^2$과 평면 $y=4$로 둘러싸인 영역일 때 다음 적분을 구하여라.

$$\iiint_R \sqrt{x^2+z^2}\, dV$$

12.5 원주와 구면좌표계에서의 삼중적분

적분을 계산함에 있어서 직교좌표가 아닌 다른 좌표계를 사용하면 편리한 경우가 많다. 여기서는 삼중적분에 사용할 수 있는 원주좌표계와 구면좌표계를 생각한다.

원주좌표계에서는 그림 12-21에서 보는 바와 같이 삼차원 공간의 점 P를 순서 모임 (r, θ, z)로 나타내는데, r과 θ는 xy 평면 위로의 P의 정사영의 극좌표이고 z는 xy 평면에서 P까지의 유향 거리이다. 직교좌표 (x, y, z)와 비교하면 다음과 같은 관계가 있다.

$$x = r\cos\theta\,,\ \ y = r\sin\theta,\ \ z = z$$

$$r = \sqrt{x^2 + y^2},\ \ \tan\theta = \frac{y}{x},\ \ z = z$$

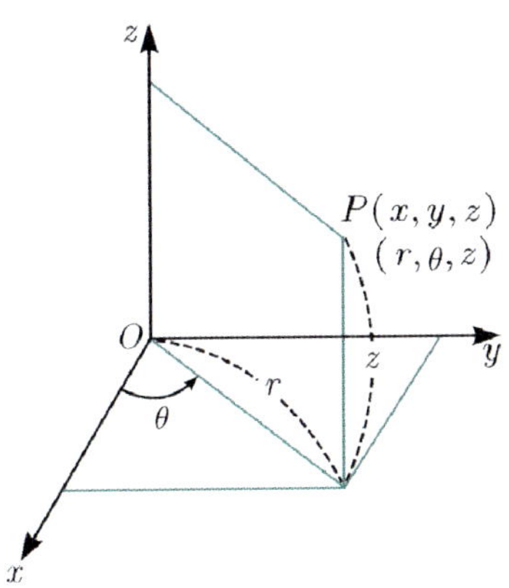

그림 12-21

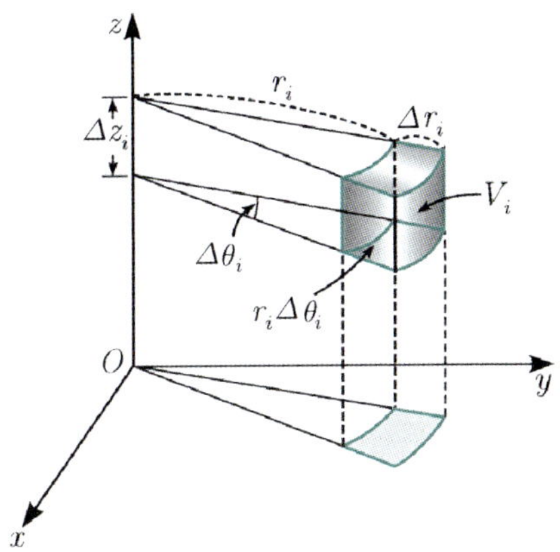

그림 12-22

원주좌표계에서는 그림 12-22에서처럼 z축을 중심축으로 하는 원주면들과 $\theta = \alpha$와 같은 z축을 품는 평면들, xy 평면에 평행한 평면들로 공간을 여러 개의 소영역으로 분할하여, 주어진 영역 R의 내부나 경계면에 있는 소영역을 $V_1, V_2, V_3, \cdots\cdots, V_n$ 으로 표시한다. 이 n개의 소영역의 집합을 영역 R의 원주면분할(cylindrical partition)이라 하고, 이들 소영역의 대각선 중 가장 긴 것의 길이를 δ로 나타내고 이 분할의 노름이라고 한다. 이때, 소영역 V_i $(i = 1, 2, \cdots\cdots, n)$ 의 체적 ΔV_i는 밑면의 면적 $r_i^* \Delta r_i \Delta\theta_i$(단, $r_i^* = \frac{1}{2}(r_{i-1} + r_i)$, 12.3절 참조)에 높이 Δz_i를 곱한 것이다. 즉

$$\Delta V_i = r_i^* \Delta r_i \Delta\theta_i \Delta z_i\,.$$

함수 $f(r, \theta, z)$가 영역 R에서 연속이고 $(\overline{r_i}, \overline{\theta_i}, \overline{z_i})$를 $V_i \cap R(i = 1, 2, 3, \ldots\ldots, n)$ 의 임의의 점이라고 하고, $\delta \to 0$으로 되도록 분할을 세분할 때

$$\lim_{\delta \to 0} \sum_{i=1}^{n} f(\overline{r_i}, \overline{\theta_i}, \overline{z_i}) r_i^* \Delta r_i \Delta\theta_i \Delta z_i$$

는 일정한 값에 수렴한다. 이 일정한 값을 R에 대한 **원주좌표계에서의 삼중적분**이라 하고, 다음과 같이 나타낸다.

$$\iiint_R f(r, \theta, z) r\, dr\, d\theta\, dz$$

이 경우도 반복적분에 의하여 삼중적분의 값을 구할 수 있다.

f가 영역 R에서 연속일 때 직교좌표계와 원주좌표계에서의 삼중적분에 대하여 다음 관계가 성립한다.

$$\iiint_R f(x, y, z) dx\, dy\, dz = \iiint_R f(r\cos\theta, r\sin\theta, z) r\, dr\, d\theta\, dz$$

예제 12-16 영역 $R = \{(x, y, z) | x^2 + y^2 + z^2 \le a^2,\ x^2 + y^2 \le ax\}$에 대하여 다음 값을 원주좌표로 고쳐서 구하여라.

$$\iiint_R z^2 dx\, dy\, dz$$

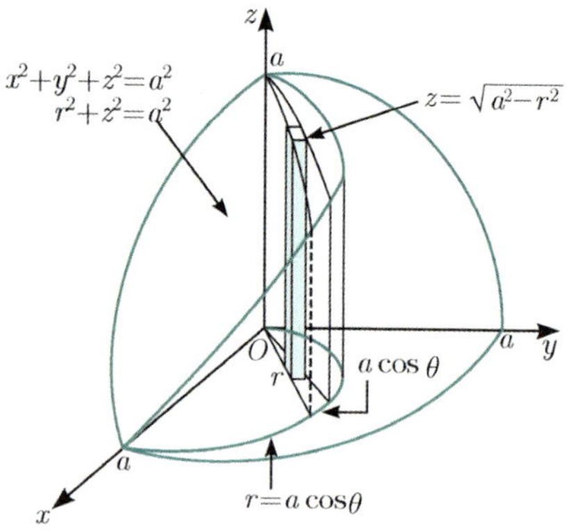

그림 12-23

풀이 $x = r\cos\theta$, $y = r\sin\theta$, $z = z$에 의하여

$$x^2 + y^2 + z^2 = r^2 + z^2,\quad x^2 + y^2 = r^2$$

이므로 주어진 영역을 원주좌표로 고치면

$R = \{(r, \theta, z) | r^2 + z^2 \le a^2, r \le a\cos\theta\}$

와 같이 된다(그림 12-23).

$$\iiint_R z^2 dx\, dy\, dz = 4\int_0^{\frac{\pi}{2}} \int_0^{a\cos\theta} \int_0^{\sqrt{a^2-r^2}} z^2 r\, dz\, dr\, d\theta$$

$$= 4\int_0^{\frac{\pi}{2}} \int_0^{a\cos\theta} \frac{(a^2 - r^2)^{\frac{3}{2}}}{3} r\, dr\, d\theta$$

$$= \frac{4}{3}\int_0^{\frac{\pi}{2}} \left[-\frac{1}{5}(a^2 - r^2)^{\frac{5}{2}}\right]_0^{a\cos\theta} d\theta$$

$$= \frac{4}{15}\int_0^{\frac{\pi}{2}} a^5(1 - \sin^5\theta)\, d\theta = \frac{4a^5}{15}\left(\frac{\pi}{2} - \frac{8}{15}\right).$$

예제 12-17 위로 구면 $x^2 + y^2 + z^2 = 2a^2$과 아래로 포물면 $az = x^2 + y^2$으로 둘러싸인

영역의 체적을 구하여라. 단, $a>0$.

풀이 $x=r\cos\theta$, $y=r\sin\theta$, $z=z$라 놓으면

구　면 : $r^2+z^2=2a^2$, (1)

포물면 : $r^2=az$. (2)

(1), (2)를 연립하여 풀면, $z=a, -2a$이다. (이때, $z=-2a<0$는 문제의 조건에 맞지 않으므로 버린다). 따라서

$$z=a,\ r=a.$$

즉 (1), (2)의 교선 AB는 평면 $z=a$ 위의 원 $r=a$이다. 원 $r=a$의 xy평면 위의 정사영도 역시 원 $r=a$이다. 따라서 그림 12-24에 의하여 구하는 체적 V는 다음과 같이 됨을 알 수 있다.

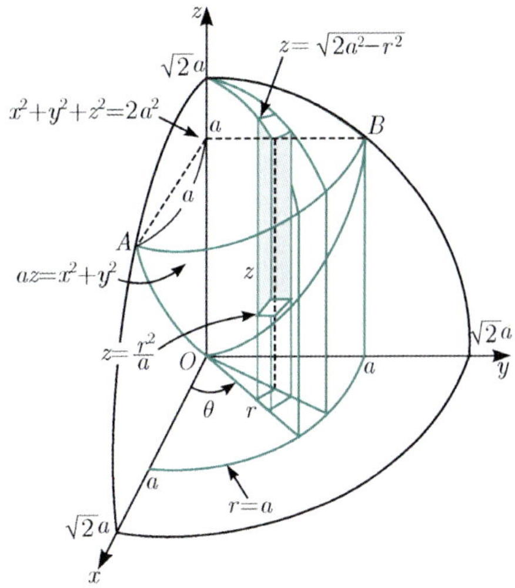

그림 12-24

$$V=\int_0^{2\pi}\int_0^a\int_{\frac{r^2}{a}}^{\sqrt{2a^2-r^2}} r\,dz\,dr\,d\theta$$
$$=\int_0^{2\pi}\int_0^a\left\{\sqrt{2a^2-r^2}-\frac{r^2}{a}\right\}r\,dr\,d\theta$$
$$=\int_0^{2\pi}\left[-\frac{1}{3}(2a^2-r^2)^{\frac{3}{2}}-\frac{r^4}{4a}\right]_0^a d\theta$$
$$=\int_0^{2\pi}\left(\frac{4\cdot 2\sqrt{2}-7}{12}\right)a^3d\theta=\frac{\pi(8\sqrt{2}-7)}{6}a^3.$$

그림 12-25에서 보는 바와 같이 순서 모임 (ρ,φ,θ)로 공간의 한 점 P를 결정하는데, P의 직교좌표 (x,y,z)와 구면좌표 (ρ,φ,θ) 사이에 다음과 같은 관계가 있다.

$$x=\rho\sin\varphi\cos\theta,\ y=\rho\sin\varphi\sin\theta,\ z=\rho\cos\varphi,$$
$$x^2+y^2=\rho^2\sin^2\varphi,\ x^2+y^2+z^2=\rho^2$$

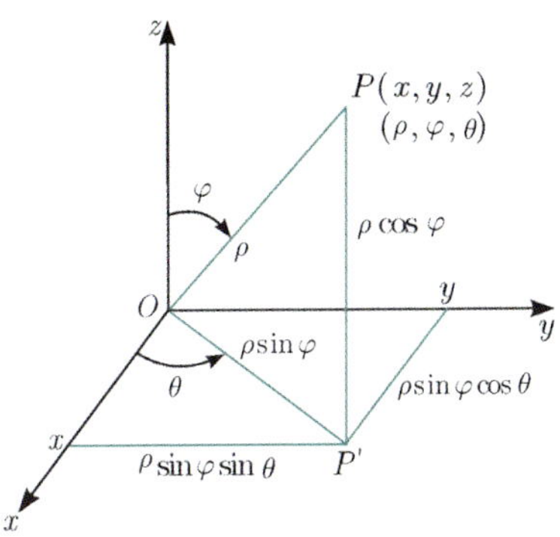

그림 12-25

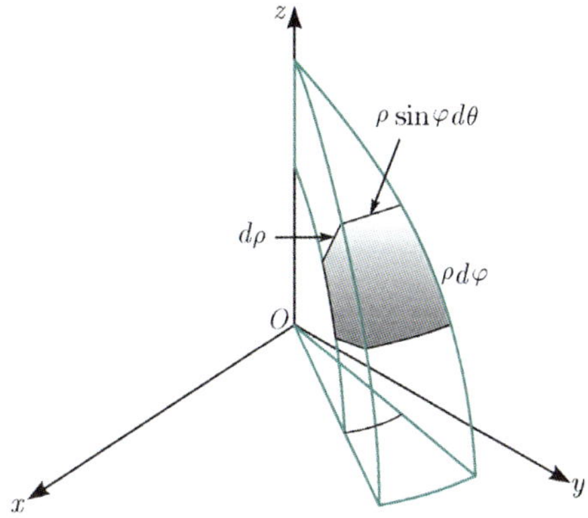

그림 12-26

$d\rho, d\varphi, d\theta$ 가 각각 ρ, φ, θ 의 증분이면 그림 12-26과 같이, 이 증분은 모서리의 길이가 각각 $d\rho$, $\rho d\varphi$, $\rho \sin\varphi\, d\theta$ 인 체적소를 결정한다. 증분이 충분히 작을 때에 이 체적소는 거의 직육면체이므로 구면좌표로 나타낸 체적소 dV 는

$$dV = (d\rho)(\rho d\varphi)(\rho \sin\varphi\, d\theta) = \rho^2 \sin\varphi\, d\rho\, d\varphi\, d\theta$$

로 주어진다. 따라서 함수 f 가 영역 R 에서 연속이면 직교좌표계와 구면좌표계 사이의 삼중적분에 대하여 다음 관계가 성립한다.

$$\iiint_R f(x, y, z)\, dx\, dy\, dz = \iiint_R f(\rho\sin\varphi\cos\theta, \rho\sin\varphi\sin\theta, \rho\cos\varphi)\rho^2\sin\varphi\, d\rho\, d\varphi\, d\theta .$$

이 적분도 반복적분에 의해 그 값을 구할 수 있다.

원주좌표계나 구면좌표계의 경우도 직교좌표계의 경우와 마찬가지로 $\iiint_R dV$ 는 영역 R 의 체적과 같다.

예제 12-18 위로 구면 $\rho = a$ 와 아래로 원추면 $\varphi = \alpha$ (구면좌표계)로 둘러싸인 영역의 체적을 구하여라.

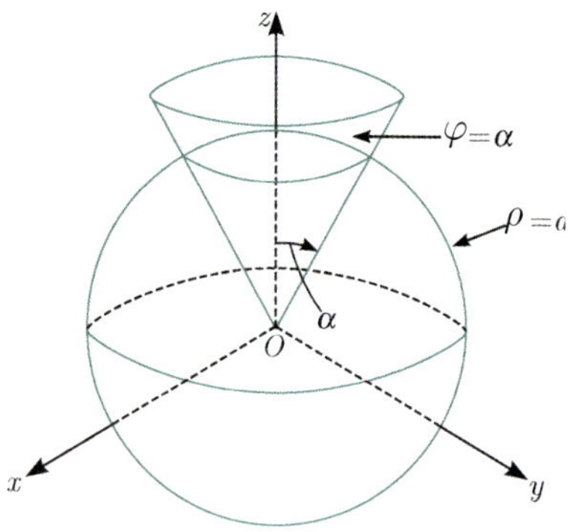

그림 12-27

풀이
$$\begin{aligned} V &= \int_0^{2\pi}\int_0^{\alpha}\int_0^{a} \rho^2 \sin\varphi\, d\rho\, d\varphi\, d\theta \\ &= \int_0^{2\pi}\int_0^{\alpha}\left[\frac{\rho^3}{3}\right]_0^a \sin\varphi\, d\varphi\, d\theta \\ &= \frac{1}{3}\int_0^{2\pi}\int_0^{\alpha} a^3 \sin\varphi\, d\varphi\, d\theta \\ &= \frac{a^3}{3}\int_0^{2\pi}\left[-\cos\varphi\right]_0^{\alpha} d\theta = \frac{2\pi a^3}{3}(1-\cos\alpha). \end{aligned}$$

예제 12-19 구면좌표를 이용하여 다음 적분값을 구하여라.

$$\int_{-3}^{3}\int_{-\sqrt{9-x^2}}^{\sqrt{9-x^2}}\int_0^{\sqrt{9-x^2-y^2}} z\sqrt{x^2+y^2+z^2}\, dz\, dy\, dx$$

풀이
$$\begin{aligned} &\int_{-3}^{3}\int_{-\sqrt{9-x^2}}^{\sqrt{9-x^2}}\int_0^{\sqrt{9-x^2-y^2}} z\sqrt{x^2+y^2+z^2}\, dz\, dy\, dx \\ &= \int_0^{2\pi}\int_0^{\frac{\pi}{2}} \rho\cos\varphi \cdot \rho \cdot \rho^2 \sin\varphi\, d\rho\, d\varphi\, d\theta \\ &= \left(\int_0^{2\pi} d\theta\right)\left(\int_0^{\frac{\pi}{2}} \sin\varphi\cos\varphi\, d\varphi\right)\left(\int_0^3 \rho^4\, d\rho\right) \\ &= 2\pi\left[\frac{1}{2}\sin^2\varphi\right]_0^{\frac{\pi}{2}}\left[\frac{\rho^5}{5}\right]_0^3 = \frac{243}{5}\pi. \end{aligned}$$

유클리디안 n차원 공간 $\mathbb{R}^n$의 부분집합 B_n을

$$B_n = \left\{(x_1, x_2, \cdots, x_n) \,\middle|\, \sum_{i=1}^{n} x_i^2 \le 1\right\}$$

이라 하자. $n=1$이면 B_n은 선분이 되고 $n=2$이면 원, $n=3$이면 구가 된다. B_1의 길이는 2이고, B_2의 면적은 π이고, B_3의 부피는 $\frac{4}{3}\pi$이다. 삼중적분을 이용하여 B_4의 부피 V를 구해보자. 삼차원 공간에서 R을

$$R = \{(x, y, z) \mid x^2 + y^2 + z^2 \le 1\}$$

이라 하면

$$V = 2\iiint_R \sqrt{1 - x^2 - y^2 - z^2}\, dV.$$

구면좌표계를 이용하면

$$V = 16\int_{\theta=0}^{\frac{\pi}{2}}\int_{\varphi=0}^{\frac{\pi}{2}}\int_{\rho=0}^{1} \sqrt{1-\rho^2}\,\rho^2 \sin\varphi\, d\rho\, d\varphi\, d\theta.$$

삼각치환 $\rho = \sin t$ (또는 $\rho = \cos t$)를 이용하면

$$\int_0^1 \sqrt{1-\rho^2}\,\rho^2 d\rho = \left[\frac{1}{8}\sin^{-1}\rho - \frac{1}{8}\rho\sqrt{1-\rho^2}\,(1-2\rho^2)\right]_0^1 = \frac{\pi}{16}.$$

따라서,

$$V = 16 \cdot \frac{\pi}{16}\int_0^{\frac{\pi}{2}}\int_0^{\frac{\pi}{2}} \sin\varphi\, d\varphi\, d\theta = \frac{\pi^2}{2}.$$

일반적으로 V_n을 B_n의 부피라 하면

$$\begin{cases} V_{2n} = \dfrac{\pi^n}{n!} \\[2mm] V_{2n-1} = \dfrac{2^n \cdot \pi^{n-1}}{1 \cdot 3 \cdot 5 \cdots (2n-1)} \end{cases}$$

임이 알려져 있다.

연습문제 12.5 Exercises

1. 원주좌표를 이용하여 다음 입체의 체적을 삼중적분으로 구하여라.

(a) 위, 아래 면이 구면 $r^2 + z^2 = 4$이고 옆면이 원주면 $r = 1$인 입체

(b) 포물면 $4z = r^2$, 주면 $r = 2\cos\theta$, 평면 $\theta = 0$, $\theta = \frac{1}{4}\pi$, $z = 0$으로 둘러싸인 입체 중 제1팔분공간에 놓인 입체

(c) 원주면 $x^2+y^2=1$과 평면 $z=y$로 둘러싸인 부분 중 제1팔분공간에 놓인 부분

2. 구면좌표를 이용하여 구면 $x^2+y^2+z^2=a^2$과 원추면 $z^2=x^2+y^2$의 내부로 둘러싸인 입체 중, 제1팔분공간에 놓인 부분의 체적을 구하여라.

3. 다음의 각 적분영역을 주어진 좌표계로 바꾸어 적분값을 계산하여라.

(a) $\displaystyle\int_0^3\int_0^{\sqrt{9-x^2}}\int_0^2 \frac{dz\,dy\,dx}{\sqrt{x^2+y^2}}$ (원주좌표)

(b) $\displaystyle\int_0^a\int_0^{\sqrt{a^2-x^2}}\int_0^{\sqrt{a^2-x^2-y^2}} \frac{dz\,dy\,dx}{x^2+y^2+z^2}$ (구면좌표)

4. 원추면 $z=\sqrt{3(x^2+y^2)}$의 위, 구면 $x^2+y^2+z^2=1$의 아래에 놓인 입체의 체적을 원주좌표를 이용하여 구하여라.

5. 입체 $B=\{(u,\ v,\ x,\ y,\ z):\ 0\le z\le 1-u^2-v^2-x^2-y^2\}$의 체적을 구하여라.

6. 원추면 $z=\sqrt{x^2+y^2}$의 위, 구면 $x^2+y^2+z^2=z$의 아래에 놓인 입체의 체적을 구면좌표를 이용하여 구하여라.

12.6 중적분에서의 변수 변환

일변수함수의 적분에서는 변수 변환(치환)을 활용하여 적분을 간단히 하였다. 마찬가지로 이변수함수의 이중적분에서 직교좌표와 극좌표의 변환이 유용하였다.

일반적으로 uv 평면으로부터 xy 평면으로의 **변환**(transformation) T에 의해 주어진 변수 변환을 생각하자.

$$T(u,v)=(x,y)$$

여기서 x와 y는 다음과 같이 u와 v의 함수로 나타난다.

$$x=g(u,v),\ y=h(u,v) \quad \text{또는} \quad x=x(u,v),\ y=y(u,v)$$

T는 g와 h의 연속인 일계편도함수들이 존재함을 의미하는 **C^1 − 변환**으로 가정한다. $T(u_0,v_0)=(x_0,y_0)$이면 (x_0,y_0)를 변환 T에 의한 (u_0,v_0)의 **상**(image)이라 하고, 서로 다른 두 점의 상이 다를 때 T를 **일대일 변환**이라 한다. T가 uv 평면의 영역 D를 xy 평면의 영역 R로 변환시키면 R을 D에 있는 모든 점의 상으로 이루어진 D의 **상**이라 한다. T가 일대일 변환이면 xy 평면으로부터 uv평면으로의 **역변환** T^{-1}가 존재하고 u

와 v를 다음과 같이 x와 y의 식으로 나타낼 수 있다.

$$u=\alpha(x,y),\ v=\beta(x,y)$$

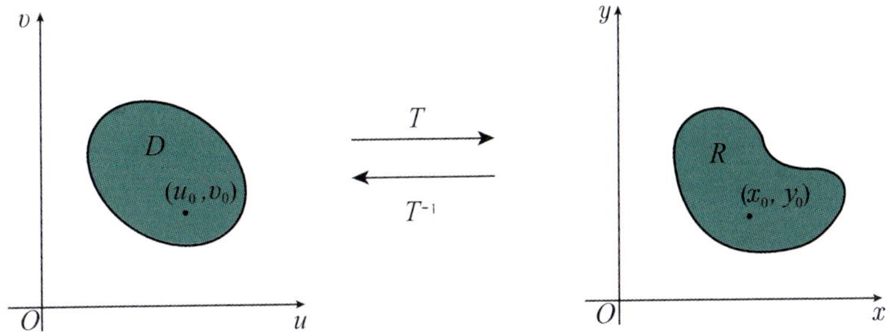

그림 12-28

이제 변수 변환이 이중적분에 미치는 영향을 살펴보자. 그림 12-29에서처럼 uv 평면의 작은 직사각형이 D이고, 왼쪽 아래 꼭짓점이 (u_0, v_0), 가로 세로가 각각 $\Delta u, \Delta v$라 하자. D의 상이 xy 평면의 영역 R이고, $T(u_0, v_0)=(x_0, y_0)$가 그 경계에 있는 점이다. 다음 벡터는 점 (u, v)의 상의 위치벡터이다.

$$\boldsymbol{X}(u,v)=g(u,v)\boldsymbol{i}+h(u,v)\boldsymbol{j}$$

D의 아랫변 $v=v_0$에 대한 상은 벡터함수 $\boldsymbol{X}(u, v_0)$로 주어지고, (x_0, y_0)에서 이 곡선에 대한 접벡터는

$$\boldsymbol{X}_u=g_u(u_0,v_0)\boldsymbol{i}+h_u(u_0,v_0)\boldsymbol{j}=\frac{\partial x}{\partial u}\boldsymbol{i}+\frac{\partial y}{\partial u}\boldsymbol{j}$$

이다. 마찬가지로 D의 왼쪽 변 $u=u_0$의 상 곡선 $\boldsymbol{X}(u_0, v)$에 대한 (x_0, y_0)에서의 접벡터는

$$\boldsymbol{X}_v=g_v(u_0,v_0)\boldsymbol{i}+h_v(u_0,v_0)\boldsymbol{j}=\frac{\partial x}{\partial v}\boldsymbol{i}+\frac{\partial y}{\partial v}\boldsymbol{j}$$

이다.

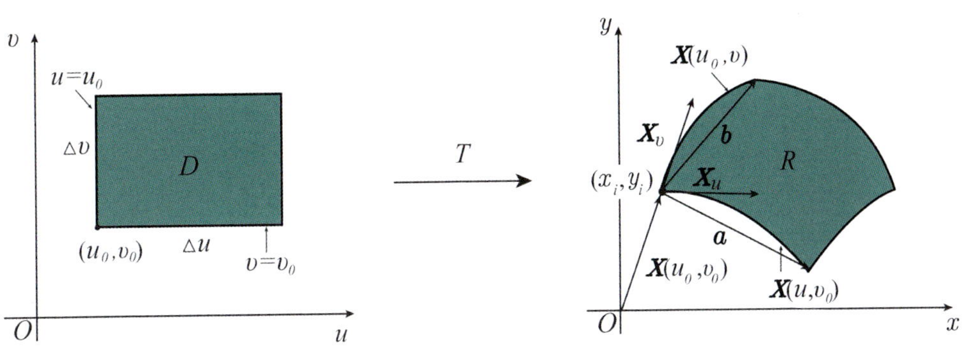

그림 12-29

영역 $R=T(D)$는 다음 두 할선 벡터로 결정되는 평행사변형으로 근사시킬 수 있다.

$$\boldsymbol{a} = \boldsymbol{X}(u_0 + \Delta u, v_0) - \boldsymbol{X}(u_0, v_0),\ \boldsymbol{b} = \boldsymbol{X}(u_0, v_0 + \Delta v) - \boldsymbol{X}(u_0, v_0)$$

그런데

$$\boldsymbol{X}_u = \lim_{\Delta u \to 0} \frac{\boldsymbol{X}(u_0 + \Delta u, v_0) - \boldsymbol{X}(u_0, v_0)}{\Delta u},\ \boldsymbol{X}_v = \lim_{\Delta v \to 0} \frac{\boldsymbol{X}(u_0, v_0 + \Delta v) - \boldsymbol{X}(u_0, v_0)}{\Delta v}$$

이므로

$$\boldsymbol{a} \approx \Delta u \boldsymbol{X}_u,\ \boldsymbol{b} \approx \Delta v \boldsymbol{X}_v$$

이 성립한다. 따라서 R의 넓이 ΔA는 다음과 같이 두 벡터 $\Delta u \boldsymbol{X}_u$, $\Delta v \boldsymbol{X}_v$에 의해 결정되는 평행사변형의 넓이로 근사시킬 수 있다.

$$\Delta A \approx |\boldsymbol{a} \times \boldsymbol{b}| \approx |(\Delta u \boldsymbol{X}_u) \times (\Delta v \boldsymbol{X}_v)| \approx |\boldsymbol{X}_u \times \boldsymbol{X}_v| \Delta u \Delta v \tag{1}$$

$$\begin{aligned} \boldsymbol{X}_u \times \boldsymbol{X}_v &= \begin{vmatrix} i & j & k \\ \dfrac{\partial x}{\partial u} & \dfrac{\partial y}{\partial u} & 0 \\ \dfrac{\partial x}{\partial v} & \dfrac{\partial y}{\partial v} & 0 \end{vmatrix} \\ &= \begin{vmatrix} \dfrac{\partial x}{\partial u} & \dfrac{\partial y}{\partial u} \\ \dfrac{\partial x}{\partial v} & \dfrac{\partial y}{\partial v} \end{vmatrix} k \\ &= \begin{vmatrix} \dfrac{\partial x}{\partial u} & \dfrac{\partial x}{\partial v} \\ \dfrac{\partial y}{\partial u} & \dfrac{\partial y}{\partial v} \end{vmatrix} k \end{aligned}$$

인데 여기에 나타난 행렬식을 변환 T의 **야코비안**(Jacobian)또는 **야코비 행렬식**이라 하며 다음과 같이 나타낸다.

> **정의** $x = g(u, v)$, $y = h(u, v)$에 의해 주어진 변환 T의 **야코비안**은 다음과 같다.
>
> $$\frac{\partial(x, y)}{\partial(u, v)} = \begin{vmatrix} \dfrac{\partial x}{\partial u} & \dfrac{\partial x}{\partial v} \\ \dfrac{\partial y}{\partial u} & \dfrac{\partial y}{\partial v} \end{vmatrix} = \frac{\partial x}{\partial u}\frac{\partial y}{\partial v} - \frac{\partial x}{\partial v}\frac{\partial y}{\partial u} \tag{2}$$

(1), (2)로부터 R의 넓이 ΔA를 다음과 같이 근사시킬 수 있다.

$$\Delta A \approx \left| \frac{\partial(x, y)}{\partial(u, v)} \right| \Delta u \Delta v \tag{3}$$

이제 uv 평면의 영역 D를 작은 직사각형 D_i들로 분할하고, xy 평면에서 $R_i = T(D_i)$라 하자(그림 12-30 참조).

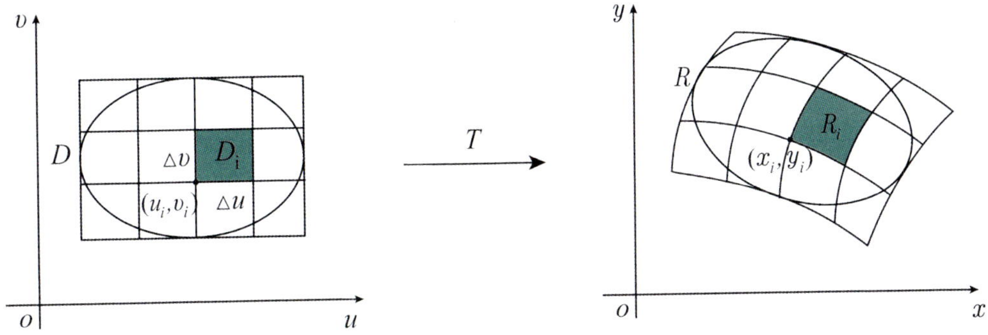

그림 12-30

R_i에 (3)을 적용하면 R상에서 f의 이중적분은 다음과 같이 근사시킬 수 있다.

$$\iint_R f(x, y)\,dA \approx \sum_{i=1}^{n} f(x_i, y_i)\,\Delta A_i$$

$$\approx \sum_{i=1}^{n} f(g(u_i, v_i), h(u_i, v_i))\left|\frac{\partial(x, y)}{\partial(u, v)}\right|\Delta u\,\Delta v$$

여기서 야코비안은 (u_i, v_i)에서 구한다. 위의 내용에 의해 다음 정리가 성립함을 알 수 있다(완전한 증명은 고등 미적분학 과정에서 다룬다).

정리 12-2 **(이중적분에서의 변수 변환)** T가 야코비안이 0이 아니고 uv 평면의 영역 D를 xy 평면의 영역 R상으로 보내는 C^1-변환이라고 하자. f는 R에서 연속이고 R과 D는 그림 12-3(12.1절)의 평면 영역이라 하자. 그리고 T는 적어도 D의 경계를 제외하고는 일대일이라 하자. 그러면 다음 식이 성립한다.

$$\iint_R f(x, y)\,dA = \iint_D f(g(u, v), h(u, v))\left|\frac{\partial(x, y)}{\partial(u, v)}\right|du\,dv \tag{4}$$

예 5 식 (4)를 이용하여 극좌표에서의 이중적분에 대한 식을 유도해 보자. T는 $r\theta$ 평면에서 xy 평면으로의 변환으로

$$x = g(r, \theta) = r\cos\theta,\ \ y = h(r, \theta) = r\sin\theta$$

로 주어진다(그림 12-31 참조). T의 야코비안은

$$\frac{\partial(x, y)}{\partial(r, \theta)} = \begin{vmatrix} \dfrac{\partial x}{\partial r} & \dfrac{\partial x}{\partial \theta} \\ \dfrac{\partial y}{\partial r} & \dfrac{\partial y}{\partial \theta} \end{vmatrix}$$

$$= \begin{vmatrix} \cos\theta & -r\sin\theta \\ \sin\theta & r\cos\theta \end{vmatrix}$$

$$= r(\cos^2\theta + \sin^2\theta)$$

$$= r$$

이고, 따라서 (4)로부터 다음 식을 얻게 된다.

$$\iint_R f(x, y)\,dx\,dy = \iint_D f(r\cos\theta, r\sin\theta)\left|\frac{\partial(x, y)}{\partial(r, \theta)}\right| dr\,d\theta$$

$$= \int_\alpha^\beta \int_a^b f(r\cos\theta, r\sin\theta)\, r\,dr\,d\theta$$

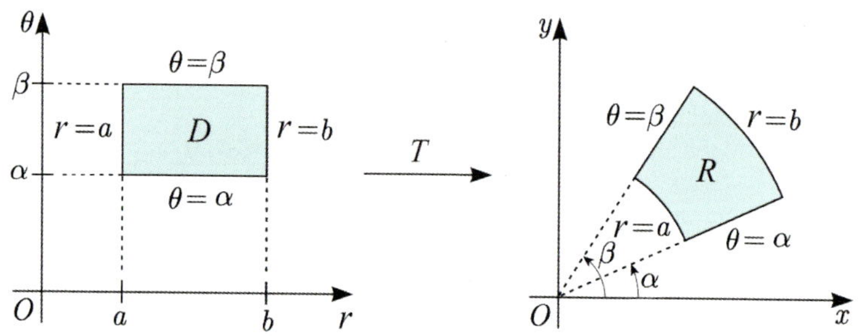

그림 12-31

예제 12-20 R이 $x-y=0$, $x-y=1$, $x+y=1$, $x+y=3$에 의해 둘러싸인 영역일 때 $\iint_R \frac{x-y}{x+y}\,dA$를 계산하여라.

풀이 $u=x+y$, $v=x-y$라 놓으면 이 방정식은 xy 평면에서 uv 평면으로의 역변환 T^{-1}를 정의한다. 이로부터 R의 경계선은 uv 평면의 $v=0$, $v=1$, $u=1$, $u=3$에 대응됨을 알 수 있고, 변환 T

$$x = \frac{1}{2}(u+v),\ y = \frac{1}{2}(u-v)$$

를 얻을 수 있다. T의 야코비안은

$$\frac{\partial(x, y)}{\partial(u, v)} = \begin{vmatrix} \frac{\partial x}{\partial u} & \frac{\partial x}{\partial v} \\ \frac{\partial y}{\partial u} & \frac{\partial y}{\partial v} \end{vmatrix} = \begin{vmatrix} \frac{1}{2} & \frac{1}{2} \\ \frac{1}{2} & -\frac{1}{2} \end{vmatrix} = -\frac{1}{4} - \frac{1}{4} = -\frac{1}{2}$$

이고, 따라서

$$\iint_R \frac{x-y}{x+y}\,dA = \iint_D \frac{v}{u}\left|\frac{\partial(x,y)}{\partial(u,v)}\right| du\,dv$$
$$= \frac{1}{2}\int_0^1 \int_1^3 \frac{v}{u}\,du\,dv$$
$$= \frac{1}{2}\int_0^1 \left[v \ln|u|\right]_1^3 dv$$
$$= \frac{1}{2}\int_0^1 v\ln 3\,dv = \frac{\ln 3}{2}\left[\frac{v^2}{2}\right]_0^1$$
$$= \frac{1}{4}\ln 3$$

삼중적분에 대해서도 비슷한 변환 공식이 있다. 변수변환 $T(u,v,w)$를 uvw 공간의 영역 D를 다음 식에 의해 xyz 공간의 영역 R상으로 보내는 변환이라 하자.

$$x = x(u,v,w),\ y = y(u,v,w),\ z = z(u,v,w)$$

T의 야코비안은 다음 행렬식이다.

$$\frac{\partial(x,y,z)}{\partial(u,v,w)} = \begin{vmatrix} \frac{\partial x}{\partial u} & \frac{\partial x}{\partial v} & \frac{\partial x}{\partial w} \\ \frac{\partial y}{\partial u} & \frac{\partial y}{\partial v} & \frac{\partial y}{\partial w} \\ \frac{\partial z}{\partial u} & \frac{\partial z}{\partial v} & \frac{\partial z}{\partial w} \end{vmatrix} \tag{5}$$

정리 12-2와 비슷한 가정 하에서 다음과 같이 삼중적분에 대한 공식을 얻게 된다.

$$\iiint_R f(x,y,z)\,dV = \iiint_D f(x(u,v,w), y(u,v,w), z(u,v,w))\left|\frac{\partial(x,y,z)}{\partial(u,v,w)}\right| du\,dv\,dw \tag{6}$$

예제 12-21 식 (6)을 이용하여 구면좌표에서의 삼중적분에 대한 식을 유도하여라.

풀이 구면좌표에서의 변수 변환은

$$x = \rho\sin\varphi\cos\theta,\ y = \rho\sin\varphi\sin\theta,\ z = \rho\cos\varphi$$

이고, 야코비안을 구하면 다음과 같다.

$$\frac{\partial(x,y,z)}{\partial(\rho,\varphi,\theta)} = \begin{vmatrix} \frac{\partial x}{\partial \rho} & \frac{\partial x}{\partial \varphi} & \frac{\partial x}{\partial \theta} \\ \frac{\partial y}{\partial \rho} & \frac{\partial y}{\partial \varphi} & \frac{\partial y}{\partial \theta} \\ \frac{\partial z}{\partial \rho} & \frac{\partial z}{\partial \varphi} & \frac{\partial z}{\partial \theta} \end{vmatrix} = \begin{vmatrix} \sin\varphi\cos\theta & \rho\cos\varphi\cos\theta & -\rho\sin\varphi\sin\theta \\ \sin\varphi\sin\theta & \rho\cos\varphi\sin\theta & \rho\sin\varphi\cos\theta \\ \cos\varphi & -\rho\sin\varphi & 0 \end{vmatrix}$$

$$= \cos\varphi\begin{vmatrix} \rho\cos\varphi\cos\theta & -\rho\sin\varphi\sin\theta \\ \rho\cos\varphi\sin\theta & \rho\sin\varphi\cos\theta \end{vmatrix} + \rho\sin\varphi\begin{vmatrix} \sin\varphi\cos\theta & -\rho\sin\varphi\sin\theta \\ \sin\varphi\sin\theta & \rho\sin\varphi\cos\theta \end{vmatrix}$$

$$= \cos\varphi\cdot\rho^2\sin\varphi\cos\varphi(\cos^2\theta+\sin^2\theta) + \rho\sin\varphi\cdot\rho\sin^2\varphi(\cos^2\theta+\sin^2\theta)$$

$$= \rho^2 \sin\varphi \cos^2\varphi + \rho^2 \sin^3\varphi = \rho^2 \sin\varphi(\cos^2\varphi + \sin^2\varphi) = \rho^2 \sin\varphi$$

여기서 $0 \le \varphi \le \pi$이므로 $\sin\varphi \ge 0$ 이다. 따라서 다음 식을 얻게 된다.

$$\iiint_R f(x, y, z)\, dV = \iiint_D f(\rho\sin\varphi\cos\theta, \rho\sin\varphi\sin\theta, \rho\cos\varphi)\rho^2 \sin\varphi\, d\rho\, d\varphi\, d\theta.$$ ▮

연습문제 12.6

Exercises

1. 다음 변환의 야코비안을 구하여라.

(a) $x = 3u - v,\ \ y = u + 5v$

(b) $x = u^2 + v^2,\ \ y = u^2 - v^2$

(c) $x = \dfrac{v}{u},\ \ y = \dfrac{w}{v},\ \ z = \dfrac{u}{w}$

2. R이 타원 $4x^2 + 9y^2 = 36$에 의해 둘러싸인 영역일 때, 변환 $x = 3u,\ \ y = 2v$를 이용하여 적분 $\iint_R x^2\, dA$를 계산하여라.

3. R이 직선 $x + y = 0,\ x + y = 1,\ 2x - y = 0,\ 2x - y = 3$에 의해 둘러싸인 영역일 때, 적분 $\iint_R (x + y)^2\, dA$를 계산하여라.

4. R이 직선 $x - y = 0,\ x - y = 2,\ x + y = 0,\ x + y = 1$에 의해 둘러싸인 영역일 때, 적분 $\iint_R (x - y)e^{x^2 - y^2}\, dA$를 계산하여라.

5. R이 곡선 $x^2 + y^2 = 4,\ x^2 + y^2 = 9,\ x^2 - y^2 = 1,\ x^2 - y^2 = 4$에 의해 둘러싸인 제1사분면의 영역일 때, 적분 $\iint_R xy\, dA$를 계산하여라.

제 13 장

벡터 해석

벡터해석학개론은 역학, 전자기학, 상대성이론과 같은 물리학뿐만 아니라 여러 공학 분야의 필수적 도구로 널리 쓰이고 있다. 그러나 이러한 벡터해석학의 발전은 미분적분학의 역사에서도 비교적 최근의 일이다. 많은 사람들은 벡터해석학개론의 태동을 1873년 멕스웰(Maxwell, 1831–1879)의 전자기학 발표로 보고 있다. 이를 발전시키고 오늘날의 형태로 발전시킨 두 사람은 깁스(Gibbs, 1839–1903)와 헤비사이드(Heaviside, 1850–1925)이다.

이 장에서는 10장, 11장과 12장에서 학습한 다변수함수의 미분과 벡터함수의 적분을 이용하여, 이들의 상호 관계를 배울 예정이다. 삼차원 공간의 삼중적분과 경계면에서의 면적분의 관계를 보여주는 발산정리 또는 가우스(Gauss, 1777–1798)정리 그리고 이차원 면적분과 경계선에서의 선적분의 관계를 보여주는 그린(Green, 1793–1841)정리, 스토크스(Stokes, 1819–1903)정리 등은 이러한 관계식의 예이다.

13.1 벡터장

일반적으로 n차원 유클리드 공간 $\mathbb{R}^n$의 열린집합에서 벡터해석의 이론을 전개할 수 있으나 3차원의 이론들은 대개 쉽게 n차원으로 확장 가능하므로, 이론의 소개를 간소하게 하기 위하여 이 장에서는 모든 벡터해석의 이론을 3차원 유클리드 공간 $\mathbb{R}^3$에서 다룬다. D를 3차원 공간의 한 영역이라 하자. D의 각 점에 한 벡터를 대응시킨 것을 **벡터장**(vector field)이라고 한다. 즉, 벡터장

$$\boldsymbol{F}:\ D \to \mathbb{R}^3$$

는 영역 $D \subset \mathbb{R}^3$에서 벡터공간 $\mathbb{R}^3$으로 가는 함수이다(2차원 평면상에서의 벡터장도 공간에서의 벡터장과 유사하게 정의될 수 있다). 벡터장은 유체의 흐름과 같은 자연 현상에서 볼 수 있다. 평면상에서 몇 가지 예를 들어 보자.

예 1 (1) 좌표평면에서 $\boldsymbol{F}(x, y) = (x, y)$로 주어진 벡터장은 그림 13-1과 같이 원점으로부터 발산하는 모양으로 그려진다. 즉, $\boldsymbol{F}(1,0) = (1,0)$이므로 점$(1,0)$을 시점으로 벡터 $(1,0)$을 그리고, $\boldsymbol{F}(0,1) = (0,1)$이므로 점 $(0,1)$을 시점으로 벡터 $(0,1)$을 그린다. 같은 방법을 여러 동심원을 따라 사용하면 그림 13-1을 얻을 수 있다.

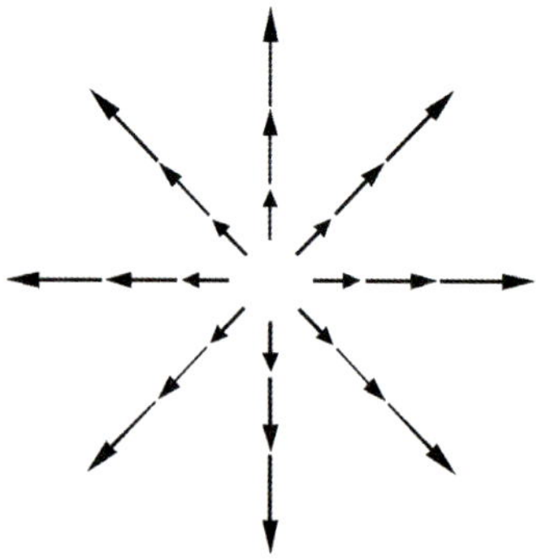

그림 13-1 $\boldsymbol{F}(x, y) = (x, y)$

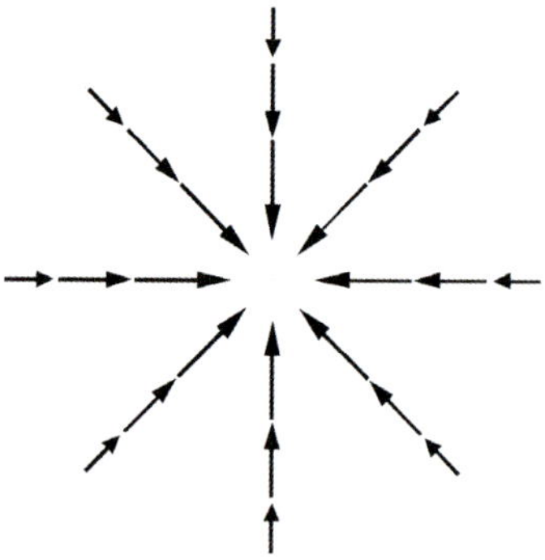

그림 13-2 $\boldsymbol{F}(x, y) = -(x, y)/(x^2 + y^2)$

(2) $\boldsymbol{F}(x, y) = -(x, y)/(x^2 + y^2)$은 그 크기가 원점으로 갈수록 커지는 벡터장으로, 그림 13-2와 같이 그려진다. 이 벡터장은 원점에서는 정의되어 있지 않다.

(3) $\boldsymbol{F}(x, y) = (-y, x)$는 원점에서 시작되는 벡터장으로 회전하며 원점에서 멀어질수록 벡터의 크기는 커진다(그림 13-3).

(4) $\boldsymbol{F}(x, y) = (y, -x)$는 (3)의 벡터장이 반대로 회전하는 벡터장으로 그림 13-4와 같이 나타난다.

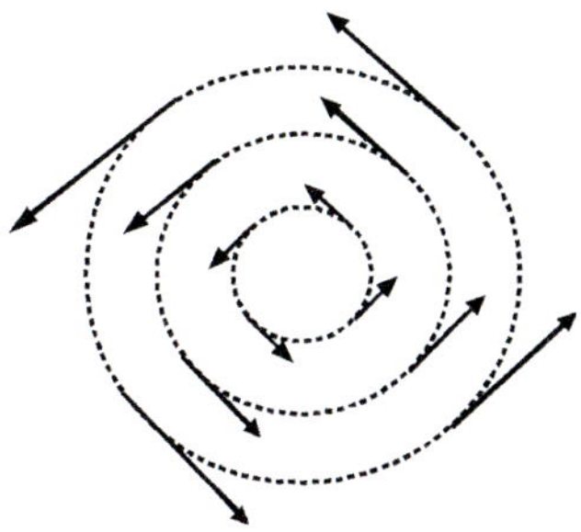

그림 13-3 $\boldsymbol{F}(x, y) = (-y, x)$

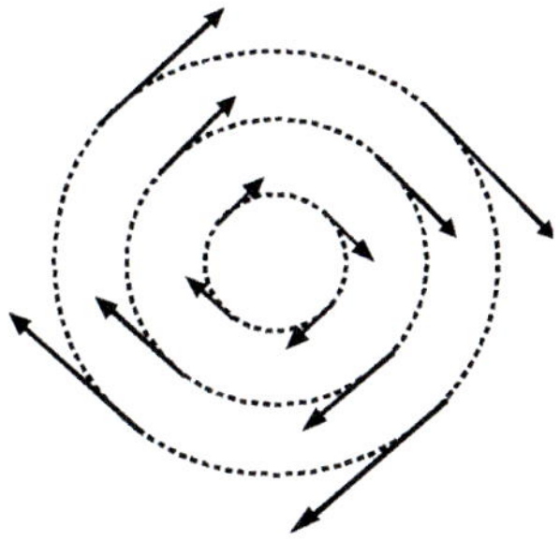

그림 13-4 $\boldsymbol{F}(x, y) = (y, -x)$

예제 13-1 유체가 일정한 각속도 ω로 z축에 관해 반시계방향으로 회전하고 있다. 즉, z축으로부터 거리 r인 모든 질점은 반지름이 r이고 z축에 수직한 원을 그리며 속력 $|\boldsymbol{v}| = wr$로 회전한다. 점 $P(x, y, z)$에서 속도에 대한 식을 써서 이 벡터장을 설명하여라.

풀이 각 질점은 xy평면에 평행한 평면 위의 원을 따라 움직인다. 공간의 점 $P(x, y, z)$는 점 $P'(x, y, 0)$으로 사영하고 P에서 질점의 속도벡터는 P'에서 한 질점의 속도벡터 v'에 사영한다. P'의 위치벡터는 $R' = x\boldsymbol{i} + y\boldsymbol{j}$이고 벡터 $-y\boldsymbol{i} + x\boldsymbol{j}$와 $y\boldsymbol{i} - x\boldsymbol{j}$는 R'에 수직이고 크기는

$$\sqrt{x^2 + y^2} = r$$

이다. 크기가 wr인 속도벡터는 R'에 수직이고 운동방향으로 향해 있다. x, y가 양(즉 질점이 제1사분면에 있는)일 때 속도는 음의 $\boldsymbol{i}$성분과 양의 $\boldsymbol{j}$성분을 갖는다. 이러한 성질을 갖는 벡터는

$$\boldsymbol{v}' = w(-y\boldsymbol{i} + x\boldsymbol{j}).$$

이 공식은 다른 세 사분면에 있는 P'에 대해서도 증명할 수 있다. 예를 들어 제3사분면에서는 x와 y가 음이다. 그래서 식은 양의 $\boldsymbol{i}$성분과 음의 $\boldsymbol{j}$성분이 됨이 확실하다. 또한 P의 운동이 P'에 의해 설명된 운동에 평행한 한 원내에 있고 똑같은 속도를 갖는다. 유체에 있는 임의의 점에 대한 속도는

$$\boldsymbol{v} = w(-y\boldsymbol{i} + x\boldsymbol{j}).$$

다음으로 벡터장을 얻는 방법을 생각해 보자. 영역 $D \subset \mathbb{R}^3$에 정의된 함수 $f : D \to \mathbb{R}$가 미분가능하면 f의 그래디언트

$$\boldsymbol{F} = \nabla f = \left(\frac{\partial f}{\partial x}, \frac{\partial f}{\partial y}, \frac{\partial f}{\partial z}\right)$$

는 D상에서 벡터장이다. 이 때, f를 $\boldsymbol{F}$의 **포텐샬 함수**(potential function)라고 한다. 모든 벡터장을 함수의 그래디언트로 나타낼 수는 없지만, 임의의 함수 f에 대하여 $\boldsymbol{F} = \nabla f$로 표시되는 벡터장 $\boldsymbol{F}$를 **그래디언트 벡터장** 또는 **보존적 벡터장**이라고 한다. 그래디언트 벡터장의 예를 들어보자.

예제 13-2 어떤 공간상의 각 점 $P(x, y, z)$에서의 온도 T가

$$T = 25 - \frac{1}{4}(x^2 + y^2 + z^2)$$

일 때, T의 그래디언트 벡터장 $\boldsymbol{F} = \nabla T$를 구하여라.

풀이 ∇T의 정의로부터

$$\begin{aligned} \boldsymbol{F} = \nabla T &= \frac{\partial T}{\partial x}\boldsymbol{i} + \frac{\partial T}{\partial y}\boldsymbol{j} + \frac{\partial T}{\partial z}\boldsymbol{k} \\ &= -\frac{1}{2}x\boldsymbol{i} - \frac{1}{2}y\boldsymbol{j} - \frac{1}{2}z\boldsymbol{k} \\ &= -\frac{1}{2}\boldsymbol{R}. \ (\text{단, } \boldsymbol{R} = \overrightarrow{OP} = x\boldsymbol{i} + y\boldsymbol{j} + z\boldsymbol{k}\ ) \end{aligned}$$

이 벡터장은 모든 벡터 $\boldsymbol{F}$가 원점을 향한 중심력장이다. 원점에서부터 거리 $|\overrightarrow{OP}|$가 일정한 구의 모든 점에서, 벡터장의 크기는 구의 반지름의 $\frac{1}{2}$이다. 따라서 벡터장을 나타내기 위해서는 O에 중심을 갖는 구를 만들고, O의 표면상의 임의의 점 P로부터 구의 중심을 향하는 길이가 $\frac{1}{2}|\overrightarrow{OP}|$ 인 벡터를 그리면 된다.

위에서 구한 벡터장은 스칼라함수 T를 포텐샬 함수로 가지는 그래디언트 벡터장이다. 이 스칼라함수와 그래디언트 벡터장의 관계를 살펴보자. T가 상수인 등온곡면은 원점을 중심으로 하고 반지름이 $\sqrt{100 - 4T}$ 인 구이다. $\boldsymbol{F} = \nabla T = -\frac{1}{2}\boldsymbol{R}$ 의 계산과정으로부터, P에서 T의 그래디언트 $\nabla T(P)$는 P를 지나는 등온곡면의 법벡터임을 알 수 있다. 왜냐하면 그와 같은 구면의 직경은 항상 표면에 수직이기 때문이다. ■

연습문제 13.1 Exercises

1. 다음과 같이 주어진 함수 f의 그래디언트 벡터장 $\boldsymbol{F}(x, y, z) = \nabla f$ 을 구하여라.

(a) $f(x, y, z) = x^2 e^{2y+3z}$ (b) $f(x, y, z) = 2x - 3y + 5z$

(c) $f(x, y, z) = \ln(x^2 + y^2 + z^2)$ (d) $f(x, y, z) = (x^2 + y^2 + z^2)^{n/2}$

(e) $f(x, y, z) = \mathrm{Tan}^{-1}(xy/z)$

2. 벡터장 $\boldsymbol{F}(x, y) = (x^2 - y^2,\ 2xy)$의 포텐샬 함수를 구하고, 벡터장의 모양을 그려라.

3. 벡터장 $\boldsymbol{F}(x, y) = (-x, y)$는 쌍곡선 $xy = c$에 접함을 보여라.

4. 벡터장 $\boldsymbol{F}(x, y, z) = (0, -z, y)$는 포텐셜 함수를 갖지 않음을 보여라.

13.2 선적분

삼차원 공간의 매끄러운 곡선

$$C: \boldsymbol{R}(t) = (x(t), y(t), z(t)), \quad a \le t \le b$$

가 주어져 있을 때, 경로 C 상의 함수 $f: C \to \mathbb{R}^3$ 의 **선적분**(line integral)은 다음과 같이 정의된다.

$$\int_C f\, ds := \int_a^b f(\boldsymbol{R}(t))|\boldsymbol{R}'(t)|dt$$

경로 C를 나타내는 다른 매끄러운 매개화를 $\boldsymbol{W}(u)$ $(c \le u \le d)$라고 하고 변수 u를 $\boldsymbol{R}(t) = \boldsymbol{W}(u)$이도록 하는 t의 함수 $u(t)$로 생각하면

$$\left|\frac{d\boldsymbol{R}(t)}{dt}\right|dt = \left|\frac{d\boldsymbol{W}(u)}{dt}\right|dt = \left|\frac{d\boldsymbol{W}(u)}{du}\frac{du}{dt}\right|dt = \left|\frac{d\boldsymbol{W}(u)}{du}\right|du$$

이다. 여기서 두 개의 매개화가 곡선 C에서 같은 시작점과 끝점을 가지는 매끄러운 매개화이므로 같은 방향으로 경로 C를 이동한다. 따라서 $u'(t) > 0$ 이며 함수의 선적분 값은 위 수식으로부터 곡선의 매개화와 무관하게 일정하다.

예 2 나선 $\boldsymbol{R}(t) = (\cos t, \sin t, t), t \in [0, 2\pi]$ 상에서 주어진 함수 $f = 1$의 선적분은 나선의 길이를 나타낸다. $|\boldsymbol{R}'(t)| = |(-\sin t, \cos t, 1)| = \sqrt{2}$ 이므로

$$\text{length}(C) = \int_C 1\, ds := \int_0^{2\pi} 1|\boldsymbol{R}'(t)|dt = 2\sqrt{2}\pi$$

이다.

삼차원 공간 내의 영역 D에서 정의된 연속인 벡터장 $\boldsymbol{F} = (F_1, F_2, F_3)$과 D상에서 매끄러운 곡선

$$C: \boldsymbol{R}(t) = (x(t), y(t), z(t)), \quad a \le t \le b$$

가 주어져 있을 때, 경로 C를 따르는 **벡터장 $\boldsymbol{F}$의 선적분**을

$$\int_C \boldsymbol{F} \cdot d\boldsymbol{s} = \int_C F_1 dx + F_2 dy + F_3 dz = \int_a^b \boldsymbol{F}(\boldsymbol{R}(t)) \cdot \boldsymbol{R}'(t)\, dt$$

로 정의한다. 함수의 선적분과 마찬가지로 벡터장의 선적분은 경로를 나타내는 매개화의 선택에 따라 변하지 않는다. 10.1 의 정의에 의하면 힘 $\boldsymbol{F}(\boldsymbol{R}(t_i))$로 $\Delta\boldsymbol{R}_i$만큼 이동했을 때 일은 $\boldsymbol{F}(\boldsymbol{R}(t_i)) \cdot \Delta\boldsymbol{R}_i$이므로, 이를 $a \le t_i \le b$에서 모두 합하여 극한을 취한 값

$$\int_C \boldsymbol{F} \cdot d\boldsymbol{s} = \lim_{n\to\infty} \sum_{i=1}^{n} \boldsymbol{F}(\boldsymbol{R}(t_i)) \cdot \Delta\boldsymbol{R}_i = \lim_{n\to\infty} \sum_{i=1}^{n} \boldsymbol{F}(\boldsymbol{R}(t_i)) \cdot \boldsymbol{R}'(t_i)\Delta t_i$$

를 경로 C를 따르는 **벡터장 $\boldsymbol{F}$의 일**(work)이라고도 부른다.

만일 곡선 C가 매끄러운 곡선 $C_1, \cdots, C_n$ 으로 이어져 있다면(이러한 곡선 C를 **조각마다 매끄러운 곡선**이라고 한다)

$$\int_C \boldsymbol{F} \cdot d\boldsymbol{s} = \int_{C_1} \boldsymbol{F} \cdot d\boldsymbol{s} + \cdots + \int_{C_n} \boldsymbol{F} \cdot d\boldsymbol{s}$$

로 정의한다.

예제 13-3 힘은 $\boldsymbol{F} = (x^2 - y)\boldsymbol{i} + (y^2 - z)\boldsymbol{j} + (z^2 - x)\boldsymbol{k}$이고 그 작용점이 원점 O에서 점 $\boldsymbol{A}(1,1,1)$까지 다음과 같이 움직일 때 힘이 한 일을 구하여라.

a) 직선 OA를 따라 움직인 경우

b) 곡선 $x = t, y = t^2, z = t^3,\ 0 \le t \le 1$을 따라 움직인 경우

풀이 a) 구해야 할 적분값은

$$W = \int_C (x^2 - y)dx + (y^2 - z)dy + (z^2 - x)dz$$

이다. 직선 OA에 대한 식은

$$x = y = z = t, \quad 0 \le t \le 1$$

이고, 경로 OA에 대해

$$W = \int_0^1 3(t^2 - t)dt = -\frac{1}{2}.$$

b) 곡선에 대해서는

$$W = \int_0^1 (t^2 - t^2)\,dt + 2(t^4 - t^3)tdt + 3(t^6 - t)t^2dt = -\frac{29}{60}.$$ ∎

위 예제로부터 벡터장의 선적분은 경로에 무관하지 않음을 알 수 있다.

예제 13-4 벡터장 $\boldsymbol{F}(x, y) = (x, y)$ 를 포물선 $y = x^2$ 를 따라 원점에서 $(1, 1)$까지 선적분하여라.

풀이 곡선 C의 식을 $\boldsymbol{R}(t) = (t, t^2),\ 0 \le t \le 1$ 로 두면,

$$\int_C \boldsymbol{F} \cdot d\boldsymbol{s} = \int_0^1 (t,\ t^2) \cdot (1,\ 2t)dt = \int_0^1 (t + 2t^3)dt = 1$$

이다. ∎

다음 정리를 설명하기 위하여 필요한 개념들을 먼저 정의하자. 곡선 C가 정의된 구간 위에서 끝점을 제외하고는 교차하지 않을 때 이 곡선을 **단순곡선**(simple curve)이라 하고, 곡선의 양 끝점에서 일치할 때 **폐곡선** 또는 **닫힌 곡선**(closed curve)이라고 부른다. 영역 D에 있는 임의의 두 점을 D상의 점으로만 이루어진 조각마다 매끄러운 곡선으로 연결할 수 있는 성질이 있을 때, 이러한 영역 D를 **연결영역**(connected region)이라 한다. 또한, 이 연결영역 D에 포함되는 임의의 단순닫힌곡선이 D안의 단순닫힌곡선들에 의해 연속적으로 한 점으로 줄어들 수 있다면, 이 영역 D를 **단순연결영역**(simply connected region)이라고 정의한다.

정리 13-1 $\boldsymbol{F}(x, y, z)$가 열린연결영역 D에서 연속인 성분함수 M, N, P를 가지는 벡터장이라고 하자. D상의 임의의 두 점 A와 B를 연결하는 조각마다 매끄러운 곡선 $C: \boldsymbol{R}(t)=(x(t), y(t), z(t)) \in D, \quad a \le t \le b$에 대한 선적분

$$\int_C \boldsymbol{F} \cdot d\boldsymbol{s} \tag{1}$$

이 경로에 무관하기 위한 필요충분조건은 영역 D에서

$$\boldsymbol{F} = \nabla f = \frac{\partial f}{\partial x}\boldsymbol{i} + \frac{\partial f}{\partial y}\boldsymbol{j} + \frac{\partial f}{\partial z}\boldsymbol{k} \tag{2}$$

를 만족하는 미분가능함수 $f(x, y, z)$가 존재한다는 것이다. 이때 $\boldsymbol{F}$의 선적분 값과 스칼라함수 f는 $\int_C \boldsymbol{F} \cdot d\boldsymbol{s} = f(B) - f(A)$의 관계를 만족한다.

증명 영역 D에서 식 (2)를 만족하는 미분가능 함수 $f(x, y, z)$가 존재한다고 가정하자. 두 점 A, B를 잇는 임의의 곡선 $C: \boldsymbol{R}(t),\ a \le t \le b$에 대하여 $g(t) = f(\boldsymbol{R}(t))$라고 놓으면, 연쇄법칙에 의해 g는 t에 관해 미분가능하고 $\dfrac{dg}{dt} = \nabla f \cdot \dfrac{d\boldsymbol{R}}{dt}$이다. 따라서 조건 (2)에 의해

$$\int_C \boldsymbol{F} \cdot d\boldsymbol{s} = \int_C \nabla f \cdot d\boldsymbol{s} = \int_a^b \frac{dg}{dt}\,dt = g(b) - g(a) = f(\boldsymbol{R}(b)) - f(\boldsymbol{R}(a))$$

이므로, (1)의 적분값 $\int_C \boldsymbol{F} \cdot d\boldsymbol{s}$은 경로에 무관하게 $f(B) - f(A)$로 표시된다.

이제 반대 방향을 증명하기 위하여 선적분 $\int_C \boldsymbol{F} \cdot d\boldsymbol{s}$이 경로에 무관하다고 가정하자.

$$f(\tilde{x}, \tilde{y}, \tilde{z}) = \int_A^{(\tilde{x}, \tilde{y}, \tilde{z})} \boldsymbol{F} \cdot d\boldsymbol{s} \tag{3}$$

와 같이 정의된 함수 f가 D상의 모든 점 $(\tilde{x}, \tilde{y}, \tilde{z})$에서 미분가능하고 $\nabla f = \boldsymbol{F}(x, y, z)$ 임을 보이고자 한다.

충분히 작은 h에 대하여 점 $(\tilde{x}+h, \tilde{y}, \tilde{z}) \in D$라 할 때, $B(\tilde{x}, \tilde{y}, \tilde{z})$와 $B'(\tilde{x}+h, \tilde{y}, \tilde{z})$사

이의 적분 값이 경로에 무관하므로, $x = \tilde{x} + ht,\ y = \tilde{y},\ z = \tilde{z},\ 0 \le t \le 1$와 같은 경로를 택하면

$$\frac{f(\tilde{x}+h, \tilde{y}, \tilde{z}) - f(\tilde{x}, \tilde{y}, \tilde{z})}{h} = \frac{1}{h}\int_B^{B'} \boldsymbol{F} \cdot d\boldsymbol{s} = \frac{1}{h}\int_0^1 M(\tilde{x}+ht, \tilde{y}, \tilde{z})\, h\, dt$$

이다. $\boldsymbol{F}$가 영역 D에서 연속인 성분함수 M, N, P를 가진다는 조건으로부터, $h \to 0$일 때 좌변의 극한값 $\frac{\partial f}{\partial x}$는 $M(\tilde{x}, \tilde{y}, \tilde{z})$ 임을 알 수 있다. 마찬가지 방법으로 $\frac{\partial f}{\partial y} = N$, $\frac{\partial f}{\partial z} = P$, 즉 $\nabla f = \boldsymbol{F}$임을 보일 수 있다. ■

미분가능한 함수 $f(x, y, z)$에 대하여,

$$df = \frac{\partial f}{\partial x}dx + \frac{\partial f}{\partial y}dy + \frac{\partial f}{\partial z}dz \tag{4}$$

를 f의 **전미분**(total differential)이라 한다.

따름정리 벡터장 $\boldsymbol{F}(x, y, z) = (M, N, P)$에 대해 $\boldsymbol{F} \cdot d\boldsymbol{s}$가 미분가능한 함수 f의 전미분

$$\boldsymbol{F} \cdot d\boldsymbol{s} = M\,dx + N\,dy + P\,dz = df \tag{5}$$

이기 위한 필요충분조건은 벡터장 $\boldsymbol{F}$가 보존적($\boldsymbol{F} = \nabla f$)인 것이다.

예제 13-5 $\boldsymbol{F} = 2x\boldsymbol{i} + 2y\boldsymbol{j} + 2z\boldsymbol{k}$ 일 때, $\boldsymbol{F} = \nabla f$가 되는 함수 f를 구하여라.

풀이 여기서 $2x, 2y, 2z$가 x, y, z에 관한 $x^2 + y^2 + z^2$의 편도함수라는 것을 쉽게 짐작할 수 있다. 따라서 $f(x, y, z) = x^2 + y^2 + z^2 + C$가 구하는 함수이다. ■

다음 정리를 증명 없이 소개한다.

정리 13-2 단순연결영역 D에서 벡터장 $\boldsymbol{F}(x, y, z) = (M, N, P)$의 성분함수 $M(x, y, z)$, $N(x, y, z)$와 $P(x, y, z)$가 연속인 일계편도함수를 가질 때, $\boldsymbol{F}$가 그래디언트 벡터장이기 위한 필요충분조건은

$$\frac{\partial M}{\partial y} = \frac{\partial N}{\partial x},\quad \frac{\partial M}{\partial z} = \frac{\partial P}{\partial x},\quad \frac{\partial N}{\partial z} = \frac{\partial P}{\partial y} \tag{6}$$

이다.

예제 13-6 $\boldsymbol{F} = (e^x \cos y + yz)\boldsymbol{i} + (xz - e^x \sin y)\boldsymbol{j} + (xy + z)\boldsymbol{k}$일 때 $\boldsymbol{F} = \nabla f$가 되는 f는 존재하는가? 만일 그렇다면 f를 구하여라.

풀이 벡터장 $\boldsymbol{F}(x, y, z) = (M, N, P)$의 성분함수들

$$M = e^x \cos y + yz,\ \ N = xz - e^x \sin y,\ \ P = xy + z \tag{7}$$

가 단순연결영역 $\mathbb{R}^3$에서 연속인 일계편도함수들을 가지고

$$\frac{\partial M}{\partial z} = y = \frac{\partial P}{\partial x},\ \ \frac{\partial N}{\partial z} = x = \frac{\partial P}{\partial y},\ \ \frac{\partial M}{\partial y} = -e^x \sin y + z = \frac{\partial N}{\partial x} \tag{8}$$

을 만족하므로, 정리 13-2에 의해

$$\boldsymbol{F} = \nabla f \ \text{ 즉 } f_x = M,\ f_y = N,\ f_z = P$$

를 만족하는 함수 $f(x, y, z)$가 존재한다. 방정식계

$$f_x = e^x \cos y + yz,\ f_y = xz - e^x \sin y,\ f_z = xy + z \tag{9}$$

를 적분함으로써 f를 구한다. 첫 식에서 y와 z를 상수로 하고 x에 관해 적분하여 적분상수로서 임의의 $g(y,\ z)$를 더한다.

$$f(x, y, z) = e^x \cos y + xyz + g(y, z). \tag{10}$$

다음 이를 y에 관해 미분하고 식 (9)의 두 번째 식 f_y와 같게 놓는다.

$$-e^x \sin y + xz + g_y(y, z) = xz - e^x \sin y.$$

$g_y(y,\ z) = 0$ 이므로, z를 상수로 간주하고 y에 관해 적분하면 $g(y,\ z) = h(z)$를 얻는다. 이를 식 (10)에 대입하여 f_z를 계산하고, 식 (9)의 셋째 식과 비교하면

$$xy + h'(z) = xy + z,\ \ h'(z) = z$$

를 얻는다. $g(y, z) = h(z) = \dfrac{z^2}{2} + C$를 식 (10)에 대입하면, $\boldsymbol{F} = \nabla f$를 만족하는 함수

$$f(x, y, z) = e^x \cos y + xyz + \frac{z^2}{2} + C.$$

를 얻을 수 있다. ▮

연습문제 13.2 Exercises

1. 다음과 같이 주어진 벡터장 $\boldsymbol{F}$에서 점 $(0, 0, 0)$으로부터 $(1, 1, 1)$까지 ① 직선 $x = y = z$를 따라 움직일 때 ② 곡선 $x = t,\ y = t^2,\ z = t^4$을 따라 움직일 때 ③ x축을 따라 $(1, 0, 0)$까지, 다음 직선으로 $(1, 1, 0)$, 이로부터 직선으로 $(1, 1, 1)$까지 움직일 때의 세 경우로 나누어 각각의 일을 비교하여라.

(a) $\boldsymbol{F} = 2x\boldsymbol{i} + 3y\boldsymbol{j} + 4z\boldsymbol{k}$

(b) $\boldsymbol{F} = 3y\boldsymbol{i} + 2x\boldsymbol{j} + 4z\boldsymbol{k}$

(c) $\boldsymbol{F} = \dfrac{1}{x^2 + 1} j$

(d) $\boldsymbol{F} = \sqrt{z}\,\boldsymbol{i} - 2x\boldsymbol{j} + \sqrt{y}\,\boldsymbol{k}$

(e) $\boldsymbol{F} = xy\boldsymbol{i} + yz\boldsymbol{j} + xz\boldsymbol{k}$

(f) $\boldsymbol{F} = 3x(x-1)\boldsymbol{i} + 3z\boldsymbol{j} + \boldsymbol{k}$

(g) $\boldsymbol{F} = x\sin y\boldsymbol{i} + \cos y\boldsymbol{j} + (x+y)\boldsymbol{k}$

(h) $\boldsymbol{F} = (y-z)\boldsymbol{i} + (z+x)\boldsymbol{j} + (x+y)\boldsymbol{k}$

(i) $\boldsymbol{F} = e^{y+2z}(\boldsymbol{i} + x\boldsymbol{j} + 2x\boldsymbol{k})$　　(j) $\boldsymbol{F} = y\sin\boldsymbol{i} + x\sin z\boldsymbol{j} + xy\cos z\boldsymbol{k}$

2. 다음 주어진 힘의 벡터장 $\boldsymbol{F}$와 곡선 C: $\boldsymbol{R}(t)$에 대해 $\int_C \boldsymbol{F} \cdot d\boldsymbol{s}$을 계산하여라.

(a) $\boldsymbol{F} = xy\boldsymbol{i} + y\boldsymbol{j} - yz\boldsymbol{k}$; $\boldsymbol{R}(t) = t\boldsymbol{i} + t^2\boldsymbol{j} + t\boldsymbol{k},\ 0 \le t \le 1$

(b) $\boldsymbol{F} = 2y\boldsymbol{i} + 3x\boldsymbol{j} + (x+y)\boldsymbol{k}$; $\boldsymbol{R}(t) = \cos t\,\boldsymbol{i} + \sin t\,\boldsymbol{j} + \frac{t}{6}\boldsymbol{k},\ 0 \le t \le 2\pi$

(c) $\boldsymbol{F} = z\boldsymbol{i} + x\boldsymbol{j} - y\boldsymbol{k}$; $\boldsymbol{R}(t) = \sin t\,\boldsymbol{i} + \cos t\,\boldsymbol{j} + t\boldsymbol{k},\ 0 \le t \le 2\pi$

(d) $\boldsymbol{F} = 6z\boldsymbol{i} + y^2\boldsymbol{j} + 12x\boldsymbol{k}$; $\boldsymbol{R}(t) = \sin t\,\boldsymbol{i} + \cos t\,\boldsymbol{j} + \frac{t}{6}\boldsymbol{k},\ 0 \le t \le 2\pi$

3. 문제 (a)~(d)에서 $\boldsymbol{F} = \nabla f$ 가 되는 함수 $f(x, y, z)$를 구하여라.

(a) $\boldsymbol{F} = 2x\boldsymbol{i} + 3y\boldsymbol{j} + 4z\boldsymbol{k}$　　(b) $\boldsymbol{F} = (y+z)\boldsymbol{i} + (z+x)\boldsymbol{j} + (x+y)\boldsymbol{k}$

(c) $\boldsymbol{F} = e^{y+2z}(\boldsymbol{i} + x\boldsymbol{j} + 2x\boldsymbol{k})$　　(d) $\boldsymbol{F} = y\sin z\boldsymbol{i} + x\sin z\boldsymbol{j} + xy\cos z\boldsymbol{k}$

4. (에너지 보존법칙) 함수 $V(\boldsymbol{x})$에 대하여, 벡터장 $\boldsymbol{F}(\boldsymbol{x}) = -\nabla V(\boldsymbol{x})$가 주어져 있다. 이 때 질량 m인 물체가 뉴턴의 운동방정식

$$\boldsymbol{F}(\boldsymbol{R}(t)) = m\boldsymbol{v}'(t)$$

를 만족하며 곡선 C: $\boldsymbol{R}(t),\ a \le t \le b$ 상을 움직일 때,

$$\frac{1}{2}m|\boldsymbol{v}(a)|^2 + V(\boldsymbol{R}(a)) = \frac{1}{2}m|\boldsymbol{v}(b)|^2 + V(\boldsymbol{R}(b))$$

임을 보여라.

13.3 면적분

이 절에서는 공간 속에 있는 곡면 상에서 정의된 실함수와 벡터장의 적분을 공부하려고 한다. 이 장의 면적분은 다음 절에 나오는 그린정리, 발산정리, 그리고 스토크스정리를 공부하는데 이용될 것이다.

uv-평면 위의 한 영역 D를 정의역으로 하는 벡터함수 $\boldsymbol{X} : D \to \mathbb{R}^3$ 가 미분가능(모든 성분함수가 미분가능)하다고 하자. 모든 $(u, v) \in D$에 대하여 $\boldsymbol{X}(u, v) \in S$이고, $\boldsymbol{X}$는 D와 S사이의 전단사 함수이며, $\boldsymbol{X}_u = \partial\boldsymbol{X}/\partial u$ 와 $\boldsymbol{X}_v = \partial\boldsymbol{X}/\partial v$가 평행이 아니어서 두 벡터로 이루어진 평행사변형의 면적이 0이 아닐 때, 다시 말해 $\boldsymbol{X}_u \times \boldsymbol{X}_v \neq 0$일 때 S

를 **매개곡면**이라고 하고 $\boldsymbol{X}$를 S의 **매개화**(parametrization)라고 부른다.

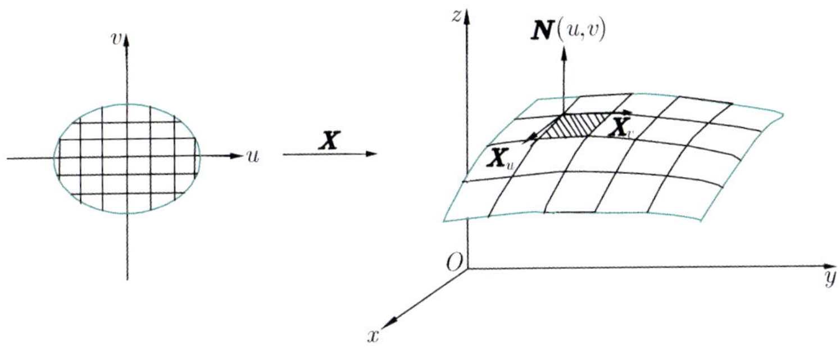

그림 13-5

이제 매개곡면 S가 $\boldsymbol{X}(u,v)=(x(u,v),y(u,v),z(u,v)),(u,v)\in D$에 의해 정의된다고 하자. $\boldsymbol{X}_u$와 $\boldsymbol{X}_v$가 평행이 아니므로 벡터 $\boldsymbol{N}(u,v)=\boldsymbol{X}_u\times\boldsymbol{X}_v\neq 0$는 곡면 S의 접평면에 수직이다.

곡면 S 위의 각 점에서 연속적으로 변하는 법벡터 $\boldsymbol{N}(u,v)$를 택할 수 있을 때, S를 **유향곡면**(oriented surface)이라 정의한다. 그러나 S를 재매개화하여 $\boldsymbol{Y}(u,v)=\boldsymbol{X}(v,u)$로 두면

$$\boldsymbol{Y}_u\times\boldsymbol{Y}_v=-\boldsymbol{X}_u\times\boldsymbol{X}_v$$

이므로, 곡면의 방향은 반대가 될 수도 있다.

이제 매끄러운 매개곡면의 넓이를 구하기 위해 영역 D를 잘게 나누면 $(u_i+a\Delta u,\ v_j+b\Delta v)$, $0\le a,\ b\le 1$에 대응하는 곡면 S 위의 조그만 조각

$$\begin{aligned}S_{ij}:\ &\boldsymbol{X}(u_i+a\Delta u, v_j+b\Delta v)\\ &\approx \boldsymbol{X}(u_i,v_j)+a\boldsymbol{X}_u(u_i,v_j)\Delta u+b\boldsymbol{X}_v(u_i,v_j)\Delta v,\ 0\le a,b\le 1\end{aligned}$$

는 거의 평행사변형이고, S_{ij}의 넓이 $Area(S_{ij})$는

$$Area(S_{ij})\approx|\boldsymbol{X}_u(u_i,v_j)\times\boldsymbol{X}_v(u_i,v_j)|\Delta u\Delta v=|\boldsymbol{N}(u_i,v_j)|\Delta u\Delta v$$

가 된다. 이제 D의 분할을 더욱 잘게 하여, S_{ij}들의 넓이를 더하고 극한을 취하면

$$Area(S)=\iint_D|\boldsymbol{N}(u,v)|\,dudv\equiv\iint_D|\boldsymbol{X}_u\times\boldsymbol{X}_v|\,dudv \tag{1}$$

를 얻는다.

일반적으로, 곡면 S에서 정의된 함수 $f(x,y,z)$에 대하여

$$\begin{aligned}\iint_S f(x,y,z)\,d\sigma&=\iint_D f(\boldsymbol{X}(u,v))|\boldsymbol{N}(u,v)|\,dudv\\ &=\iint_D f(\boldsymbol{X}(u,v))\ |\boldsymbol{X}_u\times\boldsymbol{X}_v|\,dudv\end{aligned} \tag{2}$$

로 정의하고, **곡면 S위에서 함수 f의 면적분**(surface integral)이라고 부른다. 또,

$$d\sigma = |\boldsymbol{N}(u,v)|\,dudv = |\boldsymbol{X}_u \times \boldsymbol{X}_v|\,dudv$$

를 **면적소**라고 부른다. 곡면 S의 다른 매개화를 $\boldsymbol{Y}(\xi,\eta)$라고 두고 변수 ξ,η가 $\boldsymbol{X}(u,v) = \boldsymbol{Y}(\xi,\eta)$이도록 하는 u,v의 함수라고 하면

$$\begin{aligned}\boldsymbol{X}_u \times \boldsymbol{X}_v = \boldsymbol{Y}_u \times \boldsymbol{Y}_v &= \left(\boldsymbol{Y}_\xi \frac{\partial \xi}{\partial u} + \boldsymbol{Y}_\eta \frac{\partial \eta}{\partial u}\right) \times \left(\boldsymbol{Y}_\xi \frac{\partial \xi}{\partial v} + \boldsymbol{Y}_\eta \frac{\partial \eta}{\partial v}\right) \\ &= \boldsymbol{Y}_\xi \times \boldsymbol{Y}_\eta \left(\frac{\partial \xi}{\partial u}\frac{\partial \eta}{\partial v} - \frac{\partial \xi}{\partial v}\frac{\partial \eta}{\partial u}\right) = \boldsymbol{Y}_\xi \times \boldsymbol{Y}_\eta \frac{\partial(\xi,\eta)}{\partial(u,v)}\end{aligned}$$

이다. 그리고 12.6의 변수 변환에 따라

$$\begin{aligned}|\boldsymbol{X}_u \times \boldsymbol{X}_v|\,dudv &= \left|\boldsymbol{Y}_\xi \times \boldsymbol{Y}_\eta \frac{\partial(\xi,\eta)}{\partial(u,v)}\right| du\,dv \\ &= |\boldsymbol{Y}_\xi \times \boldsymbol{Y}_\eta| \left|\frac{\partial(\xi,\eta)}{\partial(u,v)}\right| du\,dv = |\boldsymbol{Y}_\xi \times \boldsymbol{Y}_\eta|\,d\xi\,d\eta\end{aligned}$$

이므로 면적소 $d\sigma$는 매개화의 선택에 관계없이 일정하다.

특히 곡면이 $z = h(x,y)$로 주어진 경우에는

$$\boldsymbol{N}(x,y) = \left(1, 0, \frac{\partial h}{\partial x}\right) \times \left(0, 1, \frac{\partial h}{\partial y}\right) = \left(-\frac{\partial h}{\partial x}, -\frac{\partial h}{\partial y}, 1\right)$$

이고

$$d\sigma = \sqrt{(\partial h/\partial x)^2 + (\partial h/\partial y)^2 + 1}\; dxdy$$

로 주어진다. 같은 이유로 $y = g(x,z)$로 주어진 경우에는

$$d\sigma = \sqrt{(\partial g/\partial x)^2 + 1 + (\partial g/\partial z)^2}\; dxdz$$

로 주어지고 $x = f(y,z)$로 주어진 경우에는

$$d\sigma = \sqrt{1 + (\partial f/\partial y)^2 + (\partial f/\partial z)^2}\; dydz$$

로 주어진다.

예제 13-7 반경이 a인 반구 $S: x^2 + y^2 + z^2 = a^2,\ z \ge 0$ 위에서의 $\iint_S z\,d\sigma$를 계산하여라.

풀이 $z = \sqrt{a^2 - x^2 - y^2},\ x^2 + y^2 \le a^2$이므로 $\dfrac{\partial z}{\partial x} = -\dfrac{x}{z},\ \dfrac{\partial z}{\partial y} = -\dfrac{y}{z}$이다. 따라서

$$\begin{aligned}d\sigma &= \sqrt{1 + \left(\frac{\partial z}{\partial x}\right)^2 + \left(\frac{\partial z}{\partial y}\right)^2}\, dxdy \\ &= \frac{1}{z}\sqrt{x^2 + y^2 + z^2}\, dxdy = \frac{a}{z}\,dx\,dy,\end{aligned}$$

$$\iint_S z\,d\sigma = \iint_{x^2+y^2 \le a^2} z \cdot \frac{a}{z}\,dxdy = \pi a^3.$$

곡면 S가 조각적으로 매개화된 유한개의 매개곡면 $S_1, S_2, \cdots, S_n$ 으로 구성되어 있다면, S상의 면적분은

$$\iint_S f(x,y,z)\,d\sigma = \iint_{S_1} f(x,y,z)\,d\sigma + \cdots + \iint_{S_n} f(x,y,z)\,d\sigma \tag{3}$$

로 정의된다.

예제 13-8 세 좌표평면과 평면 $x=1, y=1, z=1$에 의해 둘러싸인 제일팔분공간의 정육면체 위에서 $f(x,y,z)=xyz$ 을 적분하여라.

풀이 그림 13-6의 각 면 위에서 $f(x,y,z)=xyz$ 를 적분하고 그 값들을 더하자. 세 좌표면에 있는 육면체의 세 면에서 $f(x,y,z)=0$ 이므로 이 세 면 위에서의 f의 적분은 0이고, 따라서 육면체 위에서의 f의 적분은

$$\iint_{\text{육면체}} xyz\,d\sigma = \iint_{A\text{면}} xyz\,d\sigma + \iint_{B\text{면}} xyz\,d\sigma + \iint_{C\text{면}} xyz\,d\sigma$$

이다. 면 A는 $z=h(x,\ y)=1$ 이고 그 영역 R_{xy}는 $0 \le x \le 1,\ 0 \le y \le 1$이므로

$$d\sigma = \sqrt{h_x^2 + h_y^2 + 1}\,dxdy = \sqrt{0+0+1}\,dxdy = dxdy$$

또한 면 A위에서

$$f(x,y,z) = xyz = xy \cdot 1 = xy$$

이므로

$$\iint_{A\text{면}} f\,d\sigma = \iint_{R_{xy}} xy\,dx\,dy = \int_0^1\int_0^1 xy\,dx\,dy = \int_0^1 \frac{y}{2}\,dy = \frac{1}{4}$$

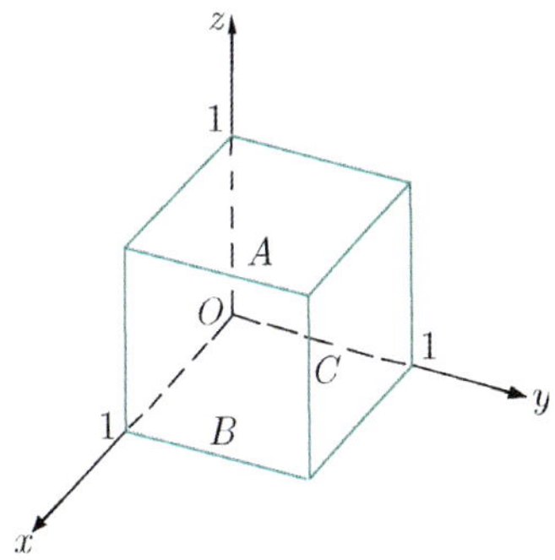

그림 13-6

같은 방법으로 계산하면

$$\iint_{B\text{면}} f\,d\sigma = \int_0^1\int_0^1 yz\,dy\,dz = \frac{1}{4},$$

$$\iint_{C\text{면}} f\,d\sigma = \int_0^1\int_0^1 xz\,dx\,dz = \frac{1}{4}.$$

그러므로

$$\iint_{\text{육면체}} f\,d\sigma = \frac{1}{4} + \frac{1}{4} + \frac{1}{4} = \frac{3}{4}.$$

곡면의 함수 f가 상수 함수 1일 때 함수의 면적분은 곡면의 넓이를 나타낸다.

$$Area(S) = \iint_S 1\,d\sigma = \iint_D |\boldsymbol{X}_u \times \boldsymbol{X}_v|\,du\,dv \tag{4}$$

곡면 S가 xy평면의 영역 A에 정의된 $z=h(x,y)$의 그래프로 주어진 경우에는 S의 **표면적**은

$$Area(S)=\iint_A \sqrt{1+\left(\frac{\partial z}{\partial x}\right)^2+\left(\frac{\partial z}{\partial y}\right)^2}\,dx\,dy \tag{5}$$

로 주어진다. 같은 방법으로 곡면 S가 yz평면의 영역 A'에 정의된 $x=f(y,z)$의 그래프로 주어지면

$$Area(S)=\iint_{A'} \sqrt{1+\left(\frac{\partial x}{\partial y}\right)^2+\left(\frac{\partial x}{\partial z}\right)^2}\,dy\,dz \tag{6}$$

로 나타나고, 곡면 S가 xz평면의 영역 A''에 정의된 $y=g(x,z)$로 주어지면

$$Area(S)=\iint_{A''} \sqrt{1+\left(\frac{\partial y}{\partial x}\right)^2+\left(\frac{\partial y}{\partial z}\right)^2}\,dz\,dx \tag{7}$$

로 나타난다.

예제 13-9 좌표평면과 평면 $z=x$에 의해서 잘린 원주 $x^2+y^2=a^2$의 제1팔분공간에 놓인 부분의 면적을 구하여라.

풀이 구하는 곡면을 zx 평면에 정사영하면 $z=0$, $z=x$, $x=a$로 둘러싸인 ΔBOC(그림 13-7)가 된다. 원주 $y=\sqrt{a^2-x^2}$에 대하여

$$\frac{\partial y}{\partial x}=-\frac{x}{\sqrt{a^2-x^2}},\quad \frac{\partial y}{\partial z}=0$$

이므로 식 (7)에 의하여

$$\text{표면적}=\int_0^a\int_0^x \frac{a}{\sqrt{a^2-x^2}}dz\,dx$$

$$=a\int_0^a \frac{x\,dx}{\sqrt{a^2-x^2}}=a^2.$$

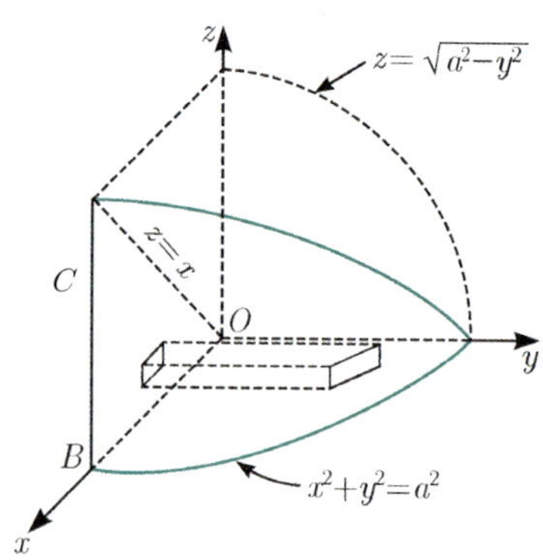

그림 13-7

위의 결과는 ΔBOC에서 적분의 차례를 바꾸어

$$\text{표면적}=\int_0^a\int_z^a \frac{a}{\sqrt{a^2-x^2}}dx\,dz$$

를 구하여도 좋으나 계산이 힘들다. 그러나 S를 yz 평면에 정사영하여 식 (6)에 의해서 다음과 같이 구하면 간단하다.

$$S=\int_0^a\int_0^{\sqrt{a^2-y^2}} \frac{a}{\sqrt{a^2-y^2}}dz\,dy=a\int_0^a dy=a^2.$$

예제 13-10 이중적분으로 구면 $x^2+y^2+z^2=a^2$의 표면적을 구하여라.

풀이 주어진 방정식에서 $\frac{\partial z}{\partial x}=-\frac{x}{z}$, $\frac{\partial z}{\partial y}=-\frac{y}{z}$ 이므로

$$1+\left(\frac{\partial z}{\partial x}\right)^2+\left(\frac{\partial z}{\partial y}\right)^2=1+\frac{x^2}{z^2}+\frac{y^2}{z^2}=\frac{a^2}{z^2}=\frac{a^2}{a^2-x^2-y^2}. \tag{8}$$

그림 13-8은 전체 표면적의 1/8을 나타내므로 식 (5)과 (8)에 의하여

$$S\text{의 표면적}=8\iint_A \frac{a}{\sqrt{a^2-x^2-y^2}}dx\,dy \tag{9}$$

이며, 여기서 A는 xy평면의 제 1사분면인 영역 BOC를 나타낸다. 적분 (9)을 극좌표을 이용하여 구하기 위해

$$x=r\cos\theta,\ y=r\sin\theta,\ dx\,dy=r\,dr\,d\theta$$

를 대입하면

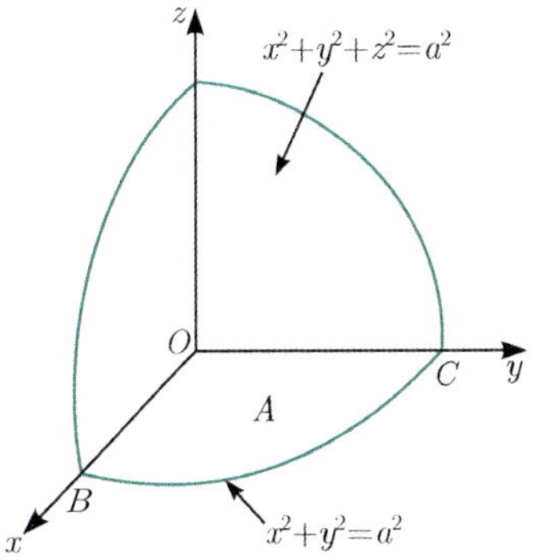

그림 13-8

$$S\text{의 표면적}=8\int_0^{\frac{\pi}{2}}\int_0^a \frac{a}{\sqrt{a^2-r^2}}r\,dr\,d\theta$$

$$=8a\int_0^{\frac{\pi}{2}}\left[-\sqrt{a^2-r^2}\right]_0^a d\theta=4\pi a^2.$$

지금까지는 곡면상의 함수에 대한 적분을 공부하였으나, 이제부터는 곡면 위에서 정의된 벡터장을 적분하자. 이때 선적분의 곡선처럼 곡면이 중요한 역할을 한다. 매개곡면 $S: \boldsymbol{X}(u,v)$ 가 단위법벡터

$$\boldsymbol{n}=\frac{\boldsymbol{X}_u\times\boldsymbol{X}_v}{|\boldsymbol{X}_u\times\boldsymbol{X}_v|} \tag{10}$$

를 가질 때, $\boldsymbol{n}$을 곡면 S의 **외향 단위법벡터**라고 하고 $\boldsymbol{n}d\sigma$을 곡면 S의 **벡터면적소**라 한다. 곡면 S에서 연속인 벡터장 $F(x,y,z)$의 면적분은

$$\iint_S \boldsymbol{F}\cdot d\sigma=\iint_S \boldsymbol{F}\cdot\boldsymbol{n}\,d\sigma \tag{11}$$

로 정의한다.

여기에 곡면 S의 매개화를 더하여 벡터장의 면적분을 나타내면 다음과 같다.

$$\iint_S \boldsymbol{F}\cdot\boldsymbol{n}\,d\sigma=\iint_D \boldsymbol{F}(\boldsymbol{X}(u,v))\cdot(\boldsymbol{X}_u\times\boldsymbol{X}_v)\,dudv \tag{12}$$

만약 벡터장 $\boldsymbol{F}$가 유체의 속도를 나타낸다면, 위 적분값은 단위시간에 곡면 S를 통과하는 유체의 양을 나타낸다. 이런 뜻에서 위 적분값을 **유량**(flux)이라고 부른다.

예제 13-11 원주면 $y^2+z^2=a^2$, $z\ge 0$이 $x=0$, $x=a$로 잘려졌을 때, 이 잘린 곡면 S를 지나 외향으로 $\boldsymbol{F}=yz\boldsymbol{j}+z^2\boldsymbol{k}$ 의 유량을 구하여라.

풀이 S에 외향 단위법벡터는 $G(x,\ y,\ z)=y^2+z^2$의 그래디언트로 계산하면

$$\boldsymbol{n}=\frac{\nabla G}{|\nabla G|}=\frac{2y\boldsymbol{j}+2z\boldsymbol{k}}{\sqrt{4y^2+4z^2}}=\frac{2y\boldsymbol{j}+2z\boldsymbol{k}}{2a}=\frac{y}{a}\boldsymbol{j}+\frac{z}{a}\boldsymbol{k}$$

한편, $z=\sqrt{a^2-y^2}$ 이므로 $\dfrac{\partial z}{\partial x}=0$, $\dfrac{\partial z}{\partial y}=-\dfrac{y}{z}$ 이다. S에서 $z\ge 0$ 이므로

$$d\sigma=\sqrt{1+(\partial z/\partial x)^2+(\partial z/\partial y)^2}\,dxdy=\frac{a}{z}dxdy$$

이다. $y^2+z^2=a^2$ 이므로, 곡면 S에서 $\boldsymbol{F}\cdot\boldsymbol{n}$ 의 값은 다음과 같다.

$$\begin{aligned}\boldsymbol{F}\cdot\boldsymbol{n}&=(yz\boldsymbol{j}+z^2\boldsymbol{k})\cdot\left(\frac{y}{a}\boldsymbol{j}+\frac{z}{a}\boldsymbol{k}\right)\\&=\frac{y^2z+z^3}{a}=\frac{z}{a}(y^2+z^2)\\&=\frac{z}{a}a^2\ =az.\end{aligned}$$

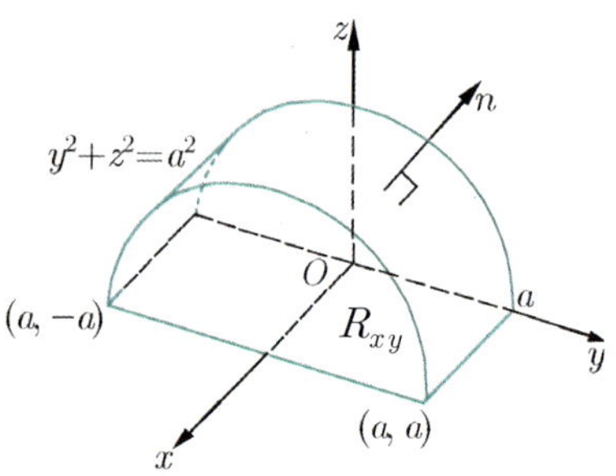

그림 13-9

그러므로 S를 통과하고 밖으로 향하는 $\boldsymbol{F}$의 유량은 그림 13-9에서 보는 것처럼 영역 R_{xy}의 면적이 $2a^2$이므로

$$\iint_S \boldsymbol{F}\cdot\boldsymbol{n}\,d\sigma=\iint_{R_{xy}}(az)\frac{a}{z}\,dxdy=\iint_{R_{xy}}a^2dx\,dy=a^2(R_{xy}\text{의 면적})=2a^4.$$

연습문제 13.3 Exercises

1. 예제 13-8의 육면체의 곡면 위에서 $g(x,y,z)=x+y+z$를 적분하여라.

2. 반구 $x^2+y^2+z^2=a^2$, $z\le 0$위에서 $\iint z\,d\sigma$를 계산하여라.

3. 다음에서 면적분 $\iint_S f(x,y,z)d\sigma$를 구하여라.

(a) $f(x,y,z)=xyz$, S는 $x+y+z=1$의 x,y,z가 양인 부분

(b) $f(x,y,z)=x+y$, S는 $z=2x+3y$로 주어지고 원주면 $x^2+y^2=9$의 내부

(c) $f(x,y,z)=z$, S는 원주좌표로 $z=r^2$으로 주어지고 원주면 $r=2$ 의 내부

(d) $f(x,y,z)=(x^2+y^2)z$, S는 구면좌표로 $\rho=1$ 이고, $z\ge 0$인 부분

(e) $f(x, y, z) = z^2$, S는 $x = \cos\theta$, $y = \sin\theta$, $z = z$, $0 \le \theta \le 2\pi$, $0 \le z \le 2$인 부분

4. 평면 $x = 1$, $y = 0$, $y = x$, $2x + 2y + z = 4$로 둘러싸인 부분의 면적을 구하여라.

5. 원주면 $x^2 + z^2 = a^2$을 평면 $y = 2x$로 절단할 때, 제1팔분공간에 있는 곡면의 면적을 구하여라.

6. 원추면 $z^2 = x^2 + y^2$을 평면 $x + y = a$로 절단할 때, 제1팔분공간에 놓인 곡면의 표면적을 구하여라.

7. 구면 $x^2 + y^2 + z^2 = a^2$의 윗부분 중, 이것을 xy평면에 정사영한 것이 장미형 $r = a\cos 2\theta$의 한 잎이 되는 곡면에 대한 표면적을 구하여라.

8. 곡면 $az = xy\,(a > 0)$를 원주면 $x^2 + y^2 = a^2$으로 절단할 때, 제1팔분공간에 있는 부분의 면적을 구하여라.

9. 다음 벡터장 $\boldsymbol{F}$의 곡면 S에서의 적분 $\iint_S \boldsymbol{F} \cdot \boldsymbol{n}\,d\sigma$를 구하여라. 여기서 $\boldsymbol{n}$은 $\boldsymbol{n} \cdot (0,0,1) > 0$를 만족하는 S에 대한 '위쪽 방향'의 단위법벡터이다.

(a) $\boldsymbol{F} = x\boldsymbol{i} + y\boldsymbol{j} + z\boldsymbol{k}$; S는 평면 $2x + 2y + z = 3$ 의 x, y, z가 양인 부분

(b) $\boldsymbol{F} = 2y\boldsymbol{i} + 3z\boldsymbol{k}$; S 는 $z = 3x + 2$의 부분으로 원주면 $x^2 + y^2 = 4$ 의 내부

(c) $\boldsymbol{F} = z\boldsymbol{k}$; S 는 구면좌표로 $\rho = 2$ 로 주어지는 구의 위쪽 반구

(d) $\boldsymbol{F} = y\boldsymbol{i} - x\boldsymbol{j}$; S 는 원주좌표로 $z = r$ 로 주어지고, 원주면 $r = 3$ 의 내부

(e) $\boldsymbol{F} = 2x\boldsymbol{i} + 2y\boldsymbol{j} + 3z\boldsymbol{k}$; S 는 포물면 $z = 4 - x^2 - y^2$의 부분으로 xy-평면의 윗부분

10. S를 좌표평면들과 평면 $2x + 3y + z = 6$으로 둘러싸인 부분의 경계라고 할 때, $\boldsymbol{F} = 2x\boldsymbol{i} + 2y\boldsymbol{j} + 3\boldsymbol{k}$ 의 S로부터 빠져 나오는 유량을 구하여라.

11. S를 포물면 $z = 4 - x^2 - y^2$ 과 xy평면으로 둘러싸인 부분의 경계라고 할 때, $\boldsymbol{F} = 2x\boldsymbol{i} + 2y\boldsymbol{j} + 3\boldsymbol{k}$ 의 곡면 S로부터 빠져 나오는 유량을 구하여라.

13.4 그린정리

평면 위의 영역 D의 경계 ∂D가 조각마다 매끄러운 곡선 $C = C_1 \cup \cdots \cup C_n$ 이라고 하자. 이때 경계 ∂D의 **방향**(orientation)은 다음과 같이 정의한다.

경계 ∂D를 양의 방향으로 걸으면, 영역 D의 내부는 항상 왼쪽에 있다.

그림 13-10에서 C_1은 반시계 방향, C_2와 C_3는 시계 방향이 경계의 양의 방향이다.

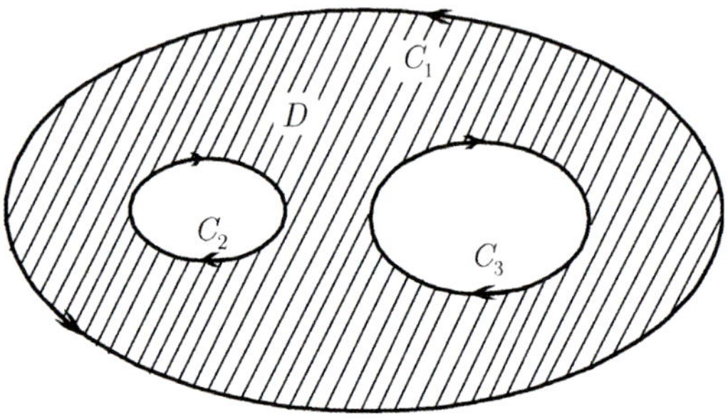

그림 13-10

정리 13-3 (그린정리, Green's theorem) D가 평면 위의 영역이고, 경계 C는 양의 방향을 갖는 조각마다 매끄러운 단순폐곡선이라고 하자. M, N, $\partial N/\partial x$, $\partial M/\partial y$가 C와 영역 D에서 연속인 함수라 하면,

$$\int_C M\,dx + N\,dy = \iint_D \left(\frac{\partial N}{\partial x} - \frac{\partial M}{\partial y}\right) dx\,dy. \tag{1}$$

증명 증명의 편의를 위해서 여기서는 그림 13-11와 같이 C가 xy평면에 있는 단순폐곡선으로서 축에 평행한 직선과 기껏해야 두 점에서 만나는 경우만을 다루도록 하자. 곡선 C를 두 부분

$$C_1:\ y_1 = f_1(x),\quad C_2:\ y_2 = f_2(x),$$
$$a \le x \le b$$

로 나눌 수 있다. 이때 단순폐곡선 C는 C_1을 따라 반시계 방향으로 갔다가 시계 방향의 C_2를 되돌아오는 것이므로 $C = C_1 \cup (-C_2)$와 같이 표시할 수 있다. 그림 13-11의 D위에서의 $\partial M/\partial y$에 관한 중적분을 생각하자. 우선 a와 b 사이의 임의의 x에 대해 $y_1 = f_1(x)$ 로부터 $y_2 = f_2(x)$ 까지 y에 관해 적분하면

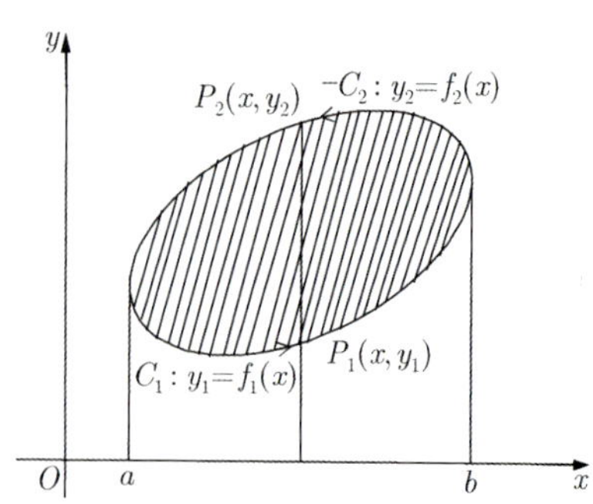

그림 13-11

$$\int_{y_1}^{y_2} \frac{\partial M}{\partial y} dy = [M(x,y)]_{y=f_1(x)}^{y=f_2(x)} = M(x, f_2(x)) - M(x, f_1(x)). \tag{2}$$

다음으로 a부터 b까지 x에 관해 이를 적분하면

$$\begin{aligned}\int_a^b \int_{f_1(x)}^{f_2(x)} \frac{\partial M}{\partial y} dy\, dx &= \int_a^b M(x, f_2(x)) - M(x, f_1(x)) dx \\ &= \int_{C_2} M\, dx - \int_{C_1} M\, dx \\ &= -\int_{C_1 \cup (-C_2)} M\, dx\end{aligned}$$

그러므로

$$\int_C M dx = \iint_D \left(-\frac{\partial M}{\partial y}\right) dx\, dy \quad (3)$$

식 (3)은 식 (1)의 일부이다. 나머지 부분은 같은 방법으로 그림 13-12에서 제시된 것처럼 x에 관해 $\partial N/\partial x$를 적분한 다음 y에 관해 적분한다.

그림 13-12에서 곡선 C는 두 방향곡선으로 나누어진다.

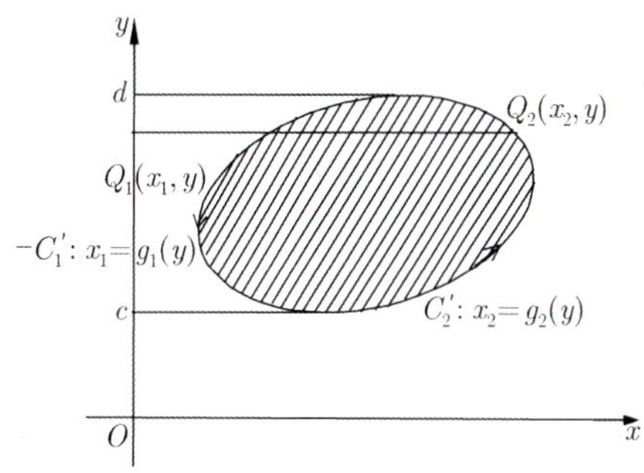

그림 13-12

$$C_1': \ x_1 = g_1(y), \quad C_2': \ x_2 = g_2(y), \quad c \le x \le d$$

이 중적분의 결과는

$$\int_C N\, dy = \iint_D \frac{\partial N}{\partial x} dx\, dy \tag{4}$$

로 표현된다. 식 (3)과 (4)를 합하면 식 (1)을 얻을 수 있다. ■

예제 13-12 평면의 영역 $D = \{(x,y) | x^2 + y^2 \le 9\}$ 라 하고 C를 영역 D의 경계라 하자. 그린정리를 이용하여 다음을 구하여라.

$$\int_C \sqrt{x^2+y^2}\, dx + xy\, dy$$

풀이 $M = \sqrt{x^2+y^2}$, $N = xy$에 대하여 그린정리를 이용하면,

$$\int_C \sqrt{x^2+y^2}\, dx + xy\, dy = \iint_D N_x - M_y\, dxdy = \iint_D \left(y - \frac{y}{\sqrt{x^2+y^2}}\right) dxdy$$

이다. $x = r\cos\theta, y = r\sin\theta$로 치환하면 $dxdy = r\,drd\theta$이므로 이 식은

$$= \int_0^{2\pi} \int_0^3 \sin\theta (r^2 - r)\, dr\, d\theta = \int_0^{2\pi} \sin\theta\, d\theta \int_0^3 (r^2 - r)\, dr = 0.$$ ■

평면에 있는 영역 R의 면적은 이중적분을 이용하면 $Area(D) = \iint_D dA$ 와 같이 구할

수 있다. 이 식은 그린정리에서 $\frac{\partial N}{\partial x} - \frac{\partial M}{\partial y} = 1$ 인 경우에 해당한다. 따라서 D가 조각마다 매끄러운 곡선 C에 둘러싸인 영역이라고 할 때, $N = x, M = 0$ 또는 $M = -y, N = 0$ 혹은 $M = -\frac{1}{2}y, N = \frac{1}{2}x$ 인 경우를 대입하면, 다음과 같은 정리를 얻을 수 있다.

정리 13-4 C가 평면상의 조각마다 매끄러운 단순폐곡선이라고 하자. C에 의해 둘러싸인 영역 D의 면적은

$$Area(D) = \int_C x dy = -\int_C y dx = \frac{1}{2}\int_C x\,dy - y\,dx$$

이다.

예제 13-13 그린정리를 이용하여 타원

$$C:\ x = a\cos\theta,\ y = b\sin\theta,\ \ 0 \le \theta \le 2\pi$$

에 의해 둘러싸인 영역의 면적을 구하여라.

풀이 $M = -\frac{1}{2}y,\ N = \frac{1}{2}x$에 대하여 그린정리를 이용하면,

$$\begin{aligned}\text{타원의 면적} &= \frac{1}{2}\int_C x\,dy - y\,dx \\ &= \frac{1}{2}\int_0^{2\pi} ab(\cos^2\theta + \sin^2\theta)d\theta \\ &= \frac{1}{2}\int_0^{2\pi} ab\,d\theta = \pi ab\,.\end{aligned}$$

■

연습문제 13.4 Exercises

1. 주어진 M, N에 대해 $C: x^2 + y^2 = a^2$ 와 $D:\ x^2 + y^2 \le a^2$ 으로 그린의 공식이 성립됨을 보여라.

(a) $M = x,\ N = y$ (b) $M = N = xy$

(c) $M = -x^2y,\ N = xy^2$ (d) $M = N = e^{x+y}$

(e) $M = y,\ N = 0$ (f) $M = -y,\ N = x$

2. 그린정리를 이용하여 주어진 C에 대해 선적분을 계산하여라.

(a) $\int_C (6y+x)\,dx + (y+2x)\,dy$, C는 $(x-2)^2 + (y-3)^2 = 4$.

(b) $\int_C (4x-2y)\,dx + (2x-4y)\,dy$, C는 $(x-2)^2 + (y-2)^2 = 4$.

3. C가 주어진 영역 D의 경계일 때, 그린정리를 이용하여 다음 선적분을 계산하여라.

(a) $\int_C 3y\,dx + 2x\,dy$, D는 $0 \le x \le \pi$, $0 \le y \le \sin x$.

(b) $\int_C y^2\,dx + x^2\,dy$, D는 $x=0$, $x+y=1$, $y=0$에 의해 둘러싸인 삼각형.

(c) $\int_C 2xy^3\,dx + 4x^2y^2\,dy$, D는 x축, $x=1$ 그리고 $y=x^3$에 의해 둘러싸인 제일사분면위의 삼각형.

4. C가 그린정리의 조건을 만족시키는 평면상의 임의의 단순폐곡선이라 할 때, 선적분 $\int_C (2x+y^2)\,dx + (2xy+3y)\,dy$의 값을 구하여라.

5. 그린정리를 이용하여 임의의 폐곡선 C에 대해 $\int_C 4x^3y\,dx + x^4\,dy = 0$ 임을 보여라.

13.5 발산정리

영역 D상에서 미분가능한 벡터장 $\boldsymbol{F} = M\boldsymbol{i} + N\boldsymbol{j} + P\boldsymbol{k}$ 의 발산(divergence) $\operatorname{div}\boldsymbol{F}$는

$$\operatorname{div}\boldsymbol{F} = \nabla \cdot \boldsymbol{F} = \frac{\partial M}{\partial x} + \frac{\partial N}{\partial y} + \frac{\partial P}{\partial z}$$

로 정의한다.

정리 13-5 (발산정리 : Divergence theorem) 삼차원 공간의 영역 D의 경계 ∂D가 조각적으로 매개화된 닫힌 곡면이라 하자. 벡터장 $\boldsymbol{F} = M\boldsymbol{i} + N\boldsymbol{j} + P\boldsymbol{k}$의 성분함수 $M(x, y, z)$, $N(x, y, z)$와 $P(x, y, z)$가 $D \cup \partial D$에서 연속인 일계편도함수를 가질 때,

$$\iiint_D \operatorname{div}\boldsymbol{F}\,dV = \iint_{\partial D} \boldsymbol{F} \cdot \boldsymbol{n}\,d\sigma$$

이다. 단 $\boldsymbol{n}$은 곡면의 외향 단위법벡터이고, $\boldsymbol{n}\,d\sigma$는 유향곡면의 벡터 면적소이다.

증명 증명의 편의를 위하여 D가 타원면의 내부처럼 볼록한 영역이고 $\partial D = S$는 매끄러운 곡면일 때만 증명하기로 한다.

단위법벡터 $\boldsymbol{n}$을 방향여현으로 쓰면

$$\boldsymbol{n} = \cos\alpha\,\boldsymbol{i} + \cos\beta\,\boldsymbol{j} + \cos\gamma\,\boldsymbol{k}$$

이다. 따라서

$$\boldsymbol{F}\cdot(\boldsymbol{n}\,d\sigma) = (\boldsymbol{F}\cdot\boldsymbol{n})d\sigma = (M\cos\alpha + N\cos\beta + P\cos\gamma)\,d\sigma \tag{1}$$

이고, 발산정리는

$$\iiint_D \left(\frac{\partial M}{\partial x} + \frac{\partial N}{\partial y} + \frac{\partial P}{\partial z}\right) dx\,dy\,dz = \iint_S (M\cos\alpha + N\cos\beta + P\cos\gamma)\,d\sigma \tag{2}$$

와 같이 쓸 수 있다. 따라서 다음 세 가지를 증명하면 된다.

$$\iiint \frac{\partial M}{\partial x}\,dx\,dy\,dz = \iint M\cos\alpha\,d\sigma \tag{3a}$$

$$\iiint \frac{\partial N}{\partial y}\,dx\,dy\,dz = \iint N\cos\beta\,d\sigma \tag{3b}$$

$$\iiint \frac{\partial P}{\partial z}\,dx\,dy\,dz = \iint P\cos\gamma\,d\sigma \tag{3c}$$

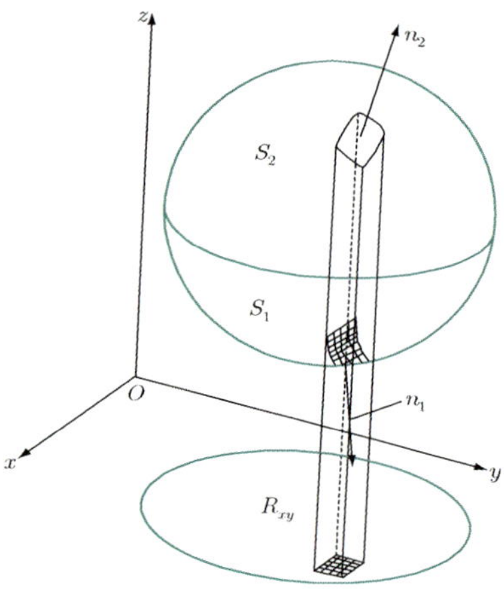

그림 13-13

이제 (3c)를 증명하자. xy평면으로 D의 사영은 단순연결된 영역 R_{xy}이고 R_{xy}의 내부점에서 xy평면에 수직인 임의의 직선은 곡면 S와 기껏해야 두 점에서 교차한다. 따라서 그림 13-13에서와 같이 S를 두 개의 곡면 S_1과 S_2로 나누어 다음과 같이 표시할 수 있다.

$$S_1 : z_1 = f_1(x, y), \quad S_2 : z_2 = f_2(x, y),$$
$$(x, y) \in R_{xy} \ (\text{단, } z_1 \le z_2)$$

곡면 S_2에서 외향 법벡터 $\boldsymbol{n}_2$는 양의 $\boldsymbol{k}$성분을 갖고

$$\cos\gamma_2\,d\sigma = dx\,dy \tag{4}$$

는 $d\sigma$를 R_{xy}에 사영한 결과이다. 곡면 S_1에서 외향 법벡터 $\boldsymbol{n}_1$은 음의 $\boldsymbol{k}$성분을 갖고

$$\cos\gamma_1\,d\sigma = -\,dx\,dy \tag{5}$$

이다. 그러므로 식 (3c)의 우변에서 곡면 적분을 할 수 있다. 즉,

$$\begin{aligned}
\iint_S P\cos\gamma\,d\sigma &= \iint_{S_2} P\cos\gamma_2\,d\sigma + \iint_{S_1} P\cos\gamma_1\,d\sigma \\
&= \iint_{R_{xy}} P(x, y, z_2)\,dx\,dy - \iint_{R_{xy}} P(x, y, z_1)\,dx\,dy \\
&= \iint_{R_{xy}} [P(x, y, z_2) - P(x, y, z_1)]\,dx\,dy \\
&= \iint_{R_{xy}} \left[\int_{z_1}^{z_2} \frac{\partial P}{\partial z}\,dz\right] dx\,dy = \iiint_D \frac{\partial P}{\partial z}\,dz\,dx\,dy
\end{aligned}$$

따라서 (3c)를 얻는다. (3a), (3b)에 대하여도 같은 방법으로 한다. 결과적으로 (3a), (3b), (3c)를 더하면 식 (2)를 얻는다. ∎

예제 13-14 경계가 $x^2+y^2+z^2=a^2$로 주어진 영역에 대하여 발산정리를 증명하여라. (단, $\boldsymbol{F}=x\boldsymbol{i}+y\boldsymbol{j}+z\boldsymbol{k}$)

풀이 $\operatorname{div}\boldsymbol{F}=\dfrac{\partial x}{\partial x}+\dfrac{\partial y}{\partial y}+\dfrac{\partial z}{\partial z}=3,$

$$\iiint_D \operatorname{div}\boldsymbol{F}\,dV=\iiint_D 3\,dV=3\left(\frac{4}{3}\pi a^3\right)=4\pi a^3$$

$f(x,\ y,\ z)=x^2+y^2+z^2-a^2$ 의 그래디언트로부터 외향 단위법벡터는

$$\boldsymbol{n}=\frac{2(x\boldsymbol{i}+y\boldsymbol{j}+z\boldsymbol{k})}{\sqrt{4(x^2+y^2+z^2)}}=\frac{x\boldsymbol{i}+y\boldsymbol{j}+z\boldsymbol{k}}{a}$$

이고, 곡면 $S: x^2+y^2+z^2=a^2$ 이므로

$$\iint_S \boldsymbol{F}\cdot\boldsymbol{n}\,d\sigma=\iint_S \frac{x^2+y^2+z^2}{a}d\sigma=\iint_S \frac{a^2}{a}\,d\sigma=a(4\pi a^2)=4\pi a^3.$$ ■

발산정리는 유한개의 영역으로 잘게 나눌 수 있는 더 복잡한 영역과 어떤 극한과정에 의해 정의될 수 있는 영역에 확장시킬 수 있다. 예를 들어 D가 두 동심구(concentric sphere) 사이의 영역이고 $\boldsymbol{F}$는 D와 유계곡면에서 연속적으로 미분가능한 성분들을 가지고 있다 하자. D를 적도평면으로 자르고 각 반구에 발산정리를 응용한다. D의 윗부분 D_1을 그림 13-14에서 보여주고 있다. D_1의 경계를 S_1이라 하면 S_1은 외부 반구와 고리형 평면 받침, 그리고 내부 반구로 되어 있다. 발산정리를 적용하면 다음과 같다.

$$\iiint_{D_1} \operatorname{div}\boldsymbol{F}\,dV=\iint_{S_1} \boldsymbol{F}\cdot\boldsymbol{n}_1\,d\sigma \tag{6a}$$

D_1으로부터 외부로 향한 단위법벡터 $\boldsymbol{n}_1$은 외부곡면을 따라 원점으로부터 떨어져 위치하고 평평한 밑면을 따라 아래로, 그리고 내부곡면을 따라 원점을 향해 위치한다. D의 아래 부분을 D_2라 하고 그 경계를 S_2라 할 때, D_2에 발산정리를 적용하면 다음과 같다.

$$\iiint_{D_2} \operatorname{div}\boldsymbol{F}\,dV=\iint_{S_2} \boldsymbol{F}\cdot\boldsymbol{n}_2\,d\sigma \tag{6b}$$

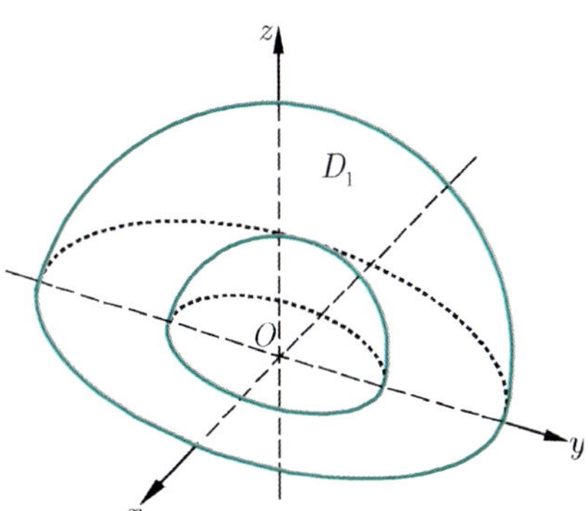

그림 13-14

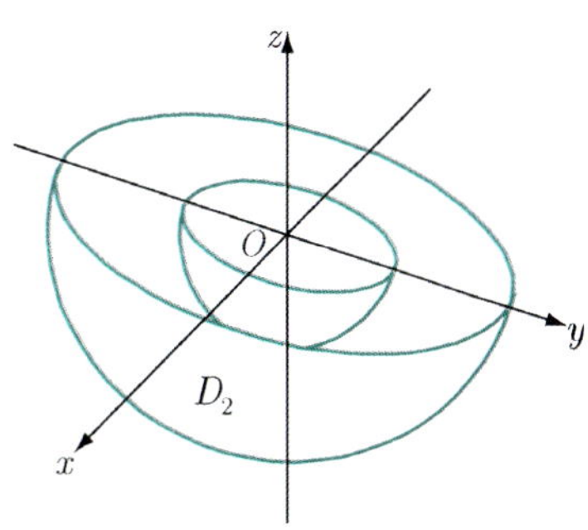

그림 13-15

D_2로부터 외부로 향한 $\boldsymbol{n}_2$는 xy평면에 있는 평평한 부분을 따라 위로 향해 있고 외부구에서 원점으로부터 떨어져 위치하며, 내부구에서 원점을 향해 위치한다. (6a)와 (6b)를 더할 때 평평한 밑면 위에서의 면적분은 $\boldsymbol{n}_1$과 $\boldsymbol{n}_2$가 반대부호이므로 상쇄된다. 따라서 D가 두 구 사이의 영역이고, S는 두 구로 이루어진 D의 경계일 때, 발산정리

$$\iiint_D \operatorname{div} \boldsymbol{F}\, dV = \iint_S \boldsymbol{F} \cdot \boldsymbol{n}\, d\sigma \tag{7}$$

의 결과를 얻게 된다.

예제 13-15 영역 $1 \le x^2 + y^2 + z^2 \le 4$ 에 대해 식 (7)을 증명하여라. 단,

$$\boldsymbol{F} = -\frac{x\boldsymbol{i} + y\boldsymbol{j} + z\boldsymbol{k}}{\rho^3}, \quad \rho = \sqrt{x^2 + y^2 + z^2}$$

풀이 $\dfrac{\partial \rho}{\partial x} = \dfrac{x}{\rho}$ 이므로

$$\frac{\partial}{\partial x}(x\rho^{-3}) = \rho^{-3} - 3x\rho^{-4}\frac{\partial \rho}{\partial x} = \frac{1}{\rho^3} - \frac{3x^2}{\rho^5}$$

영역 $1 \le \rho \le 2$ 에서 제시된 함수가 연속이고

$$\operatorname{div} \boldsymbol{F} = \frac{-3}{\rho^3} + \frac{3}{\rho^5}(x^2 + y^2 + z^2) = -\frac{3}{\rho^3} + \frac{3\rho^2}{\rho^5} = 0$$

이므로

$$\iiint_D \operatorname{div} \boldsymbol{F}\; dV = 0 \tag{8}$$

외부구 $(\rho = 2)$에서 양의 단위법벡터는

$$\boldsymbol{n} = \frac{x\boldsymbol{i} + y\boldsymbol{j} + z\boldsymbol{k}}{\rho}$$

이고

$$\boldsymbol{F} \cdot \boldsymbol{n}\, d\sigma = -\frac{x^2 + y^2 + z^2}{\rho^4}\, d\sigma = -\frac{1}{\rho^2}\, d\sigma$$

이므로

$$\iint_{\rho=2} \boldsymbol{F} \cdot \boldsymbol{n}\, d\sigma = -\frac{1}{4}\iint_{\rho=2} d\sigma = -\frac{1}{4}4\pi\rho^2 = -4\pi \tag{9a}$$

내부구$(\rho = 1)$에서 양의 단위법벡터는 원점을 향해 위치하고 있다. 그 식은

$$\boldsymbol{n} = \frac{-(x\boldsymbol{i} + y\boldsymbol{j} + z\boldsymbol{k})}{\rho}$$

이므로

$$\boldsymbol{F} \cdot \boldsymbol{n}\, d\sigma = \frac{x^2 + y^2 + z^2}{\rho^4}\, d\sigma = \frac{1}{\rho^2}\, d\sigma$$

그러므로

$$\iint_{\rho=1} \boldsymbol{F} \cdot \boldsymbol{n}\, d\sigma = \iint_{\rho=1} \frac{1}{\rho^2}\, d\sigma = \frac{1}{\rho^2} \cdot 4\pi\rho^2 = 4\pi \tag{9b}$$

(9a)와 (9b)의 합은 D의 전체 경계에서의 면적분이다.

$$-4\pi + 4\pi = 0$$

이는 식 (8)과 같다.

연습문제 13.5 Exercises

1. 원점을 중심으로 하고 평면 $x = \pm 1$, $y = \pm 1$, $z = \pm 1$로 둘러싸인 입체와 주어진 $\boldsymbol{F}$에 대해 발산정리를 증명하여라.

(a) $\boldsymbol{F} = 2\boldsymbol{i} + 3\boldsymbol{j} + 4\boldsymbol{k}$

(b) $\boldsymbol{F} = x\boldsymbol{i} + y\boldsymbol{j} + z\boldsymbol{k}$

(c) $\boldsymbol{F} = yz\boldsymbol{i} + xz\boldsymbol{j} + xy\boldsymbol{k}$

(d) $\boldsymbol{F} = (x-y)\boldsymbol{i} + (y-z)\boldsymbol{j} + (x-y)\boldsymbol{k}$

(e) $\boldsymbol{F} = x^2\boldsymbol{i} + y^2\boldsymbol{j} + z^2\boldsymbol{k}$

2. 직접 $\iiint_D \operatorname{div} \boldsymbol{F}\, dV$와 $\iint_S \boldsymbol{F} \cdot \boldsymbol{n}\, d\sigma$을 계산하고 두 값을 비교하여 발산정리가 만족함을 보여라. 단, $\boldsymbol{F} = (x+y)\boldsymbol{i} + (y+z)\boldsymbol{j} + (z+x)\boldsymbol{k}$이고 S는 문제에서 주어진 D의 경계이다.

(a) $0 \le z \le 4 - x^2 - y^2,\ 0 \le x^2 + y^2 \le 4$

(b) $-4 + x^2 + y^2 \le z \le 4 - x^2 - y^2,\ 0 \le x^2 + y^2 \le 4$

(c) $0 \le x^2 + y^2 \le 9,\ 0 \le z \le 5$

(d) $0 \le x^2 + y^2 + z^2 \le a^2$

(e) $|x| \le 1,\ |y| \le 1,\ |z| \le 1$

3. 발산정리를 이용하여 주어진 곡면과 벡터장에 대한 면적분 $\iint_S \boldsymbol{F} \cdot \boldsymbol{n}\, d\sigma$를 구하여라.

(a) $\boldsymbol{F} = 2x\boldsymbol{i} + xz\boldsymbol{j} + z\boldsymbol{k}$, $S : x^2 + y^2 + z^2 = 4$

(b) $\boldsymbol{F} = x^2\boldsymbol{i} - 2xy\boldsymbol{j} + 3xz\boldsymbol{k}$, S : 좌표면 과 $x^2 + y^2 + z^2 = 4$ 로 둘러싸인 제일팔분공간의 입체의 곡면

(c) $\boldsymbol{F} = (6x^2 + 2xy)\boldsymbol{i} + (2y + x^2 z)\boldsymbol{j} + 4x^2y^2\boldsymbol{k}$, S : 좌표면, $x^2 + y^2 = 4$인 원주와 평면 $z = 4$로 둘러싸인 제일팔분공간의 입체의 곡면

(d) $\boldsymbol{F} = 2xz\boldsymbol{i} + y\boldsymbol{j} - z^2\boldsymbol{k}$, S : $x = 0$, $z = 0$, $z = y$ 그리고 $x^2 + 4y^2 = 16$으로 둘러싸인 제일팔분공간의 입체의 곡면

13.6 스토크스정리

벡터장 $\boldsymbol{F}=M\boldsymbol{i}+N\boldsymbol{j}+P\boldsymbol{k}$가 미분가능할 때, $\boldsymbol{F}$의 회전, curl $\boldsymbol{F}$는 다음과 같이 정의된다.

$$\operatorname{curl}\boldsymbol{F} = \nabla\times\boldsymbol{F} = \begin{vmatrix} \boldsymbol{i} & \boldsymbol{j} & \boldsymbol{k} \\ \dfrac{\partial}{\partial x} & \dfrac{\partial}{\partial y} & \dfrac{\partial}{\partial z} \\ M & N & P \end{vmatrix}$$

$$= \left(\frac{\partial P}{\partial y}-\frac{\partial N}{\partial z}\right)\boldsymbol{i}+\left(\frac{\partial M}{\partial z}-\frac{\partial P}{\partial x}\right)\boldsymbol{j}+\left(\frac{\partial N}{\partial x}-\frac{\partial M}{\partial y}\right)\boldsymbol{k}$$

정리 13-6 **(스토크스(Stokes) 정리)** 유한개의 매개곡면으로 구성된 유향곡면 S가 조각마다 매끄러운 단순닫힌곡선 C에 둘러싸여 있다고 하자. 성분함수들이 S와 C를 포함하는 영역에서 연속인 일계편도함수를 갖는 벡터장 $\boldsymbol{F}=M\boldsymbol{i}+N\boldsymbol{j}+P\boldsymbol{k}$에 대하여

$$\int_C \boldsymbol{F}\cdot d\boldsymbol{s} = \iint_S \operatorname{curl}\boldsymbol{F}\cdot\boldsymbol{n}\,d\sigma$$

가 성립한다. 여기서 곡선 C는 곡면 S에 대하여 양의 방향으로 매개화되었다.

증명 여기에서는 매개곡면 $S=\boldsymbol{X}(u, v)$에 대하여 X의 정의역 D의 경계 ∂D가 조각마다 매끄러운 곡선들의 합으로 이루어진 특별한 경우만을 증명하도록 하자. 매개곡면 $S=\boldsymbol{X}(u, v)$에 대한 면적분을 정의역 D로 하는 면적분으로 변환하여 계산하면

$$\iint_S \operatorname{curl}\boldsymbol{F}\cdot\boldsymbol{n}\,d\sigma = \iint_D (\nabla\times\boldsymbol{F}\cdot\boldsymbol{n})\,|\boldsymbol{X}_u\times\boldsymbol{X}_v|\,dudv$$

이다. 외향 단위법벡터는 $\boldsymbol{n}=\dfrac{\boldsymbol{X}_u\times\boldsymbol{X}_v}{|\boldsymbol{X}_u\times\boldsymbol{X}_v|}$이므로

$$(\nabla\times\boldsymbol{F}\cdot\boldsymbol{n})\,|\boldsymbol{X}_u\times\boldsymbol{X}_v| = (\nabla\times\boldsymbol{F})\cdot(\boldsymbol{X}_u\times\boldsymbol{X}_v)$$

이다. 외향 법벡터

$$\boldsymbol{X}_u\times\boldsymbol{X}_v = \left(\frac{\partial y}{\partial u}\frac{\partial z}{\partial v}-\frac{\partial z}{\partial u}\frac{\partial y}{\partial v}\right)\boldsymbol{i}+\left(\frac{\partial z}{\partial u}\frac{\partial x}{\partial v}-\frac{\partial x}{\partial u}\frac{\partial z}{\partial v}\right)\boldsymbol{j}+\left(\frac{\partial x}{\partial u}\frac{\partial y}{\partial v}-\frac{\partial y}{\partial u}\frac{\partial x}{\partial v}\right)\boldsymbol{k}$$

에 대하여

$$(\nabla\times\boldsymbol{F})\cdot(\boldsymbol{X}_u\times\boldsymbol{X}_v) = \boldsymbol{F}_u\cdot\boldsymbol{X}_v-\boldsymbol{F}_v\cdot\boldsymbol{X}_u = \frac{\partial}{\partial u}(\boldsymbol{F}\cdot\boldsymbol{X}_v)-\frac{\partial}{\partial v}(\boldsymbol{F}\cdot\boldsymbol{X}_u)$$

이고, 따라서

$$\iint_S \operatorname{curl}\boldsymbol{F}\cdot\boldsymbol{n}\,dS = \iint_D \nabla\times\boldsymbol{F}\cdot\boldsymbol{n}\,dudv$$

$$= \iint_D \left[\frac{\partial}{\partial u}(\boldsymbol{F}\cdot\boldsymbol{X}_v)-\frac{\partial}{\partial v}(\boldsymbol{F}\cdot\boldsymbol{X}_u)\right]du\,dv$$

이다. D와 경계 ∂D에 대한 그린정리로부터 이 적분값은

$$\int_{\partial D}(\boldsymbol{F}\cdot\boldsymbol{X}_u)du+(\boldsymbol{F}\cdot\boldsymbol{X}_v)dv$$

가 되며, 다시 $\int_{\partial S}\boldsymbol{F}\cdot d\boldsymbol{s}$가 된다. ■

예제 13-16 S를 xy평면 위쪽에 놓인 포물면 $z=4-x^2-y^2$ 이라 하고 C를 xy평면과 포물면의 교차곡선이라 하자.

$$\boldsymbol{F}=(z-y)\boldsymbol{i}+(z+x)\boldsymbol{j}-(z+y)\boldsymbol{k}$$

이라 할 때

$$\int_C \boldsymbol{F}\cdot d\boldsymbol{s}=\iint_S \operatorname{curl}\boldsymbol{F}\cdot\boldsymbol{n}\,d\sigma$$

임을 보여라.

풀이 xy평면에 있는 곡선 C는 $x^2+y^2=4$ 이다. 곡선 C를 따라서 선적분을 할 때 $z=0$ 이고 $d\boldsymbol{s}=dx\,\boldsymbol{i}+dy\,\boldsymbol{j}$ 이므로

$$\boldsymbol{F}\cdot d\boldsymbol{s}=(z-y)dx+(z+x)dy-(z+y)\cdot 0=-y\,dx+x\,dy$$

를 얻으며,

$$\int_C \boldsymbol{F}\cdot d\boldsymbol{s}=8\pi. \tag{1}$$

면적분에 대해 계산하면

$$\operatorname{curl}\boldsymbol{F}=\begin{vmatrix}\boldsymbol{i} & \boldsymbol{j} & \boldsymbol{k}\\ \dfrac{\partial}{\partial x} & \dfrac{\partial}{\partial y} & \dfrac{\partial}{\partial z}\\ z-y & z+x & -z-y\end{vmatrix}=-2\boldsymbol{i}+\boldsymbol{j}+2\boldsymbol{k}.$$

곡면

$$S: f(x,y,z)=z-4+x^2+y^2=0$$

위의 양의 단위벡터는

$$\boldsymbol{n}=\frac{\nabla f}{|\nabla f|}=\frac{2x\,\boldsymbol{i}+2y\,\boldsymbol{j}+\boldsymbol{k}}{\sqrt{4x^2+4y^2+1}}.$$

xy평면으로의 S의 사영은 영역

$$x^2+y^2\le 4$$

이고 면적소 $d\sigma$ 에 대해서

$$d\sigma=\sqrt{\left(\frac{\partial z}{\partial x}\right)^2+\left(\frac{\partial z}{\partial y}\right)^2+1}\,dx\,dy=\sqrt{4x^2+4y^2+1}\,dx\,dy$$

이므로

$$\operatorname{curl}\boldsymbol{F}\cdot\boldsymbol{n}=\frac{-4x+2y+2}{\sqrt{4x^2+4y^2+1}}$$

를 얻는다. 그러므로

$$\iint_S \operatorname{curl} \boldsymbol{F} \cdot \boldsymbol{n}\, d\sigma = \iint_{x^2+y^2 \le 4} (-4x + 2y + 2)\, dx\, dy$$

$$= \iint_{x^2+y^2 \le 4} 2\, dx\, dy = 8\pi.$$

이는 (1)에서 구한 선적분의 결과와 일치한다. ▮

연습문제 13.6

Exercises

1. S가 반구 $x^2+y^2+z^2=1$, $z \ge 0$이고, C는 S의 경계일 때 다음과 같은 $\boldsymbol{F}$에 대해 스토크스정리를 증명하여라.

(a) $\boldsymbol{F} = x\boldsymbol{i} + y\boldsymbol{j} + z\boldsymbol{k}$

(b) $\boldsymbol{F} = y\boldsymbol{i} + z\boldsymbol{j} + x\boldsymbol{k}$

2. S는 원주면 $x^2+y^2=a^2$, $0 \le z \le h$ 와 그 윗면 $x^2+y^2 \le a^2$, $z=h$ 로 되어 있으며 $\boldsymbol{F} = -y\boldsymbol{i} + x\boldsymbol{j} + x^2\boldsymbol{k}$일 때 스토크스정리를 이용하여 S를 지나 외향으로 $\operatorname{curl}\boldsymbol{F}$의 유량을 구하여라.

3. $\boldsymbol{F} = y\boldsymbol{i} + xz\boldsymbol{j} + x^2\boldsymbol{k}$ 이고 꼭지점이 $(1,0,0)$, $(0,1,0)$, $(0,0,1)$인 삼각면에 대해 스토크스정리를 증명하여라. 두 개의 가능한 단위법벡터 $\boldsymbol{n}$과 그에 대응한 S의 경계 방향 중 하나를 택하여라. 삼각면의 방정식은 $x+y+z=1$이다.

4. $\boldsymbol{F} = 2y\boldsymbol{i} + 3x\boldsymbol{j} - z^2\boldsymbol{k}$이고, 반구 $x^2+y^2+z^2=9$, $z \ge 0$인 S에 대해 스토크스정리를 증명하여라. $\boldsymbol{n} = \frac{x}{3}\boldsymbol{i} + \frac{y}{3}\boldsymbol{j} + \frac{z}{3}\boldsymbol{k}$를 이용하여라.

5. S는 평면 $z=1$위의 곡선 $4x^2+y^2=4$에 의해 유계인 영역이고, $\boldsymbol{n} = \boldsymbol{k}$, $\boldsymbol{F} = x^2\boldsymbol{i} + 2x\boldsymbol{j} + z^2\boldsymbol{k}$일 때 $\int_C \boldsymbol{F} \cdot d\boldsymbol{s}$ 의 값을 구하여라.

6. $\boldsymbol{n}$은 타원면 $S: 4x^2+9y^2+36z^2=36$, $z \ge 0$의 외향 단위법벡터이고

$$\boldsymbol{F} = y\boldsymbol{i} + x^2\boldsymbol{j} + (x^2+y^4)^{3/2}\sin(e^{\sqrt{xyz}})\boldsymbol{k}$$

일 때 스토크스정리를 이용하여 $\iint_S \operatorname{curl}\boldsymbol{F} \cdot \boldsymbol{n}\, d\sigma$의 값을 구하여라(힌트 : 타원면과 xy평면이 만나는 곡선의 매개방정식은 $x = 3\cos t$, $y = 2\sin t$, $0 \le t \le 2\pi$).

7. 벡터장 $\boldsymbol{F}$가 곡면 S의 경계에 수직이면, $\iint_S \nabla \times \boldsymbol{F} \cdot d\sigma = 0$ 임을 보여라.

8. $\boldsymbol{F} = (3y, -xy, yz^2)$일 때, 곡면 $S: 2z = x^2 + y^2,\ z \leq 2$에 대하여 $\iint_S \nabla \times \boldsymbol{F} \cdot d\sigma$ 를 구하여라.

9. div, grad, curl이 포함된 다음 등식을 증명하여라. (단, 스칼라함수 $\phi(x, y, z)$는 연속인 이계도함수를 가지고 모든 벡터장은 연속인 도함수를 가진다고 하자.)

(a) $\mathrm{curl}(\mathrm{grad}\ \phi) \equiv \nabla \times (\nabla \phi) = \boldsymbol{O}$

(b) $\mathrm{div}(\phi \boldsymbol{F}) \equiv \nabla \cdot (\phi \boldsymbol{F}) = \phi \nabla \cdot \boldsymbol{F} + \boldsymbol{F} \cdot \nabla \phi$;

(c) $\nabla \times (\phi \boldsymbol{F}) = \phi \nabla \times \boldsymbol{F} + (\nabla \phi) \times \boldsymbol{F}$;

(d) $\nabla \cdot (\boldsymbol{F}_1 \times \boldsymbol{F}_2) = \boldsymbol{F}_2 \cdot \nabla \times \boldsymbol{F}_1 - \boldsymbol{F}_1 \cdot \nabla \times \boldsymbol{F}_2$;

(e) $\nabla \cdot \boldsymbol{R} = 3,\ \nabla \times \boldsymbol{R} = \boldsymbol{O}$ (단, $\boldsymbol{R} = x\boldsymbol{i} + y\boldsymbol{j} + z\boldsymbol{k}$이다.)

(f) $\mathrm{div}(\mathrm{curl}\ \boldsymbol{F}) = 0$.

제 14 장

미분방정식

생명과학, 물리학, 공학 또는 사회과학적 상황에서 문제를 해결하기 위한 모델화는 흔히 미분방정식으로 표현된다. 물리학이나 공학 같은 데에서는 편미분방정식도 많이 등장하지만 사회과학이나 생명과학 등 여러 분야에서는 아직까지 단순 상미분방정식이 널리 쓰이고 있다.

1742년에 요한 베르누이(Johann Bernoulli, 1667-1748)는 1691년에 로피탈(L'Hôpital, 1661-1704)에게 한 적분법에 대한 강의 내용을 출판하였다. 거기에서 그는 17세기에 많이 다루어졌던 방법인 곡선의 접선에 대한 특정한 성질로부터 곡선을 구하는 것을 다루었는데, 접선의 주어진 성질이 미분을 포함하는 방정식, 즉 미분방정식으로 표현되어야 한다는 것을 예를 들어가며 가르쳤다.

이 장에서는

$$\frac{dy}{dx} = f(x, y)$$

로 표시될 수 있는 1계 1차 미분방정식을 주로 다룬다.

14.1 미분방정식과 일반해

미분방정식이란 도함수를 포함하는 방정식이다. 예를 들면,

(a) $\dfrac{dy}{dx} = x^2 + 2x - 1$

(b) $\left(\dfrac{d^2y}{dx^2}\right)^2 - x\dfrac{dy}{dx} + y - 3 = 0$

(c) $(y'')^2 + 2(y')^3 - x + y^2 = 0$

(d) $y''' + 3(y'')^2 = y + e^x$

(e) $y\dfrac{\partial z}{\partial x} = 2z + x\dfrac{\partial z}{\partial y}$

(f) $\dfrac{\partial^2 z}{\partial x^2} + \dfrac{\partial^2 z}{\partial y^2} = xy$

와 같은 것들이 있다.

미분방정식은 이공학의 여러 문제를 해결하는 중요한 도구임은 물론이고, 현대사회에서는 사회과학 여러 분야에서도 그 이용도가 차츰 높아지고 있다.

잘 알려진 뉴턴의 법칙(시간에 따른 운동량의 변화율은 그 물체에 작용하고 있는 힘에 비례하고, 작용한 힘과 같은 방향을 갖는다)을 예로 들면 물체에 작용한 힘을 $\boldsymbol{F}$로 표시할 때 $\dfrac{d(m\boldsymbol{v})}{dt} = m\dfrac{d\boldsymbol{v}}{dt} = \boldsymbol{F}$와 같이 나타낼 수 있다.

힘 $\boldsymbol{F}$에 의한 물체의 운동량을 결정하기 위해서 이 미분방정식을 만족하는 함수 $\boldsymbol{v}(t)$를 구했다고 할 때, 이처럼 도함수를 포함하지 않고, 주어진 미분방정식을 항등적으로 만족하는 변수 사이의 관계식을 **미분방정식의 해**(solution)라고 하며, 주어진 미분방정식에서 그 해를 결정하는 것이 이 장의 목표이다.

미분방정식의 이론을 체계적으로 전개하기 위해서 몇 가지 유형으로 방정식을 분류해 보자. 식 (a), (b), (c), (d)처럼 도함수만을 포함하는 방정식을 **상미분방정식**(ordinary differential equation)이라 하고, 식 (e), (f)처럼 편도함수를 포함하는 방정식을 **편미분방정식**(partial differential equation)이라 한다. 이 장에서는 상미분방정식 중에서도 간단한 몇 가지 유형만을 다루어 보고자 한다.

미분방정식의 **계수**(階數, order)라 함은 그 미분방정식에 포함된 최고계 도함수의 계수를 말한다. 예를 들면, 식 (a), (e)는 1계 미분방정식, 식 (b), (c), (f)은 2계 미분방정식, 식 (d)는 3계 미분방정식이다.

미분방정식의 **차수**(degree)라 함은 그 미분방정식에 포함된 모든 도함수를 정수멱으로 유리화하였을 때 그 방정식에 포함된 최고계 도함수의 멱지수를 말한다. 예를 들면 식 (a), (d), (e), (f)은 1차 미분방정식이고, 식 (b), (c)은 2차 미분방정식이다.

임의의 상수 c를 포함하는 방정식

$$y = x^4 + cx \tag{1}$$

를 만족하는 c와 무관한 최저계수의 미분방정식을 구하여 보자.

식 (1)을 한 번 미분하여 얻은 식

$$y' = 4x^3 + c$$

는 c와 무관한 방정식이 아니므로

$$c = y' - 4x^3$$

을 식 (1)에 대입하면,

$$y = x^4 + (y' - 4x^3)x = xy' - 3x^4$$

이 구하고자 하는 미분방정식이다.

일반적으로 n개의 임의의 상수를 포함하는 방정식

$$f(x, y, c_1, \ldots\ldots, c_n) = 0 \tag{2}$$

에 의하여 만족되는 $c_1, c_2, \cdots\cdots, c_n$에 무관한 최저계의 미분방정식을 얻으려면 식 (2)를 n번 미분하여 얻은 n개의 방정식

$$f' = 0,\ f'' = 0,\ \cdots,\ f^{(n)} = 0$$

을 구한 후

$$f = 0,\ f' = 0,\ \cdots,\ f^{(n)} = 0$$

의 $n+1$개의 방정식에서 $c_1, c_2, \cdots\cdots, c_n$을 소거하여 새로운 방정식

$$F(x, y, y' \cdots, y^{(n)}) = 0 \tag{3}$$

을 얻는다. 이때, 식 (2)를 식 (3)의 **원시함수**(primitive function)라고 한다. 이처럼 임의의 n개의 상수를 포함하는 식을 원시함수로 하는 미분방정식의 계수는 n이 된다.

예 1 $y = Ax^2 + Bx + C$를 원시함수로 갖는 미분방정식을 구하여 보자. 다음 4개의 방정식

$$y = Ax^2 + Bx + C,\quad \frac{dy}{dx} = 2Ax + B,\quad \frac{d^2y}{dx^2} = 2A,\quad \frac{d^3y}{dx^3} = 0$$

으로부터 $\frac{d^3y}{dx^3} = 0$이 구하고자 하는 방정식임을 알 수 있다.

예 2 $x^2y^3 + x^3y^5 = c$를 원시함수로 하는 미분방정식은

$$2xy^3 + 3x^2y^2\frac{dy}{dx} + 3x^2y^5 + 5x^3y^4\frac{dy}{dx} = 0$$

이다. 이때, $xy^2 \neq 0$이면

$$2y + 3x\frac{dy}{dx} + 3xy^3 + 5x^2y^2\frac{dy}{dx} = 0$$

이 된다. 또한, 위의 두 식은

$$(2xy^3dx+3x^2y^2dy)+(3x^2y^5dx+5x^3y^4dy)=0 \tag{4}$$

$$2ydx+3xdy+xy^2(3ydx+5xdy)=0 \tag{5}$$

의 형태로도 나타낼 수 있다. 식 (4)로부터 원시함수는 이변수함수의 전미분을 생각함으로써 쉽게 구할 수 있으나, 식 (5)로부터는 쉽게 구할 수 없다. 이를 구하기 위해서는 식 (4)에서 소거된 xy^2을 식 (5)에 곱해 줄 필요가 있다.

미분방정식의 문제는 주어진 미분방정식의 원시함수를 구하는 데 있다. 즉 n계 미분방정식을 푼다는 것은 앞 절의 역 과정으로 미분방정식

$$F(x, y, y', \cdots, y^{(n)})=0 \tag{6}$$

이 주어졌을 때 n개의 임의의 상수를 포함하는 주어진 미분방정식의 원시함수

$$f(x, y, c_1, \cdots, c_n)=0 \tag{7}$$

을 찾는데 있다. 예를 들면,

〈미분방정식〉	〈원시함수〉	
$\dfrac{d^3y}{dx^3}=0$	$y=Ax^2+Bx+C$ (예 1)	(8)
$\dfrac{d^3y}{dx^3}-3\dfrac{d^2y}{dx^2}+2\dfrac{dy}{dx}=0$	$y=Ae^{2x}+Be^x+C$ (문제 14-1, 1.(a))	(9)

주어진 미분방정식 (6)의 원시함수 (7)을 미분방정식의 **일반해**(general solution)라 하고, 일반해의 임의상수 c_i에 고정된 수치를 대입하여 얻어지는 해를 **특수해**(particular solution)라 한다. 예를 들면 위 식 (8)에서 $y=0\,(A=B=C=0)$, $y=2x+5$ $(A=0, B=2, C=5)$와 $y=x^2+x+3\,(A=1, B=1, C=3)$ 등은 특수해이다. 특수해는 일반해에 포함되는 하나의 해로서 어떤 조건을 만족시키는 것이 된다. 이 조건으로 흔히 특정한 점 x_0에서의 함수값 또는 도함수의 값들이 주어지는데, 이 조건을 **초기조건**(initial condition) 또는 **경계조건**(boundary condition)이라고 한다. 초기조건 또는 경계조건을 만족시키는 특수해를 구하는 문제를 각각 **초기값문제**(initial value problem) 또는 **경계값문제**(boundary value problem)라고 부른다. 이와는 달리 일반해에 포함되지 않는 해가 있는데, 이를 **특이해**(singular solution)라고 한다.

예 3 $y=cx+2c^2$을 원시함수로 하는 미분방정식은

$$2\left(\frac{dy}{dx}\right)^2+x\left(\frac{dy}{dx}\right)-y=0 \tag{10}$$

이므로 미분방정식 (10)의 일반해는 $y=cx+2c^2$이다. 또한 $y=-\frac{1}{8}x^2$도 식 (10)을 만족하므로 (10)의 해이다. 그러나 이 포물선은 직선으로 표시된 일반해의 c에 어떤 값을 대입하여도 구할 수 없으므로 특이해이다.

연습문제 14.1 Exercises

1. 다음 함수를 원시함수로 하는 미분방정식을 구하여라.

(a) $y=Ae^{2x}+Be^{x}+C$ (b) $y=c_1e^{3x}+c_2e^{2x}+c_3e^{x}$

(c) $c_1y+c_2x-xy=0$ (d) $y=cx^2+c^2$

(e) $y=c_1\sin ax+c_2\cos ax$ (a는 고정된 상수)

2. 포물선 $y^2=2x$의 모든 접선을 원시함수로 하는 미분방정식을 구하고, 이 포물선이 구해진 미분방정식의 하나의 해가 됨을 보여라.

3. 아래의 왼쪽 미분방정식은 오른쪽 식을 일반해로 가짐을 보여라.

(a) $yy'+x=0$; $x^2+y^2=c$ (b) $y''-y=0$; $y=c_1e^{x}+c_2e^{-x}$

(c) $y=xy'+(y')^4$; $y=cx+c^4$ (d) $y''+9y=0$; $y=c_1\sin 3x+c_2\cos 3x$

4. $y=2x+ce^{x}$는 미분방정식 $\frac{dy}{dx}-y=2(1-x)$의 일반해임을 보이고, 초기조건 $x=0$일 때 $y=3$을 만족시키는 특수해를 구하여라.

5. $y=cx+2c^2-c$는 $y=xy'+2(y')^2-y'$의 일반해임을 증명하고, 또 그 특이해를 구하여라.

14.2 변수분리형 미분방정식

1계 1차 미분방정식 $f(x,y,y')=0$은 미분형으로 다음과 같이 표시할 수 있다.

$$M(x,y)dx+N(x,y)dy=0 \tag{1}$$

특히 $M(x,y)$는 x만의 함수, $N(x,y)$는 y만의 함수인 경우 또는 적당한 변환에 의하여 이와 같이 되는 미분방정식을 **변수분리형**(variable separable)이라 하고, 다음과 같이 쓸 수 있다.

$$F(x)dx + G(y)dy = 0 \tag{2}$$

식 (2)의 일반해는 항별로 적분하여 쉽게 얻어진다. 즉

$$\int F(x)dx + \int G(y)dy = c \quad (c\text{는 상수})$$

예제 14-1 $x>1$인 구간에서 $y \neq -1$인 미분방정식 $x^2(y+1)dx + y^2(x-1)dy = 0$의 해를 구하여라.

풀이 주어진 식을 변수분리하면

$$\frac{x^2}{x-1}dx + \frac{y^2}{y+1}dy = 0$$

이다. 이 식을 항별로 적분하면

$$\int \left(x+1+\frac{1}{x-1}\right)dx + \int \left(y-1+\frac{1}{y+1}\right)dy = c_1$$

$$\frac{1}{2}x^2 + x + \ln|x-1| + \frac{1}{2}y^2 - y + \ln|y+1| = c_2$$

$$x^2 + 2x + y^2 - 2y + 2\ln|(x-1)(y+1)| = c.$$ ■

예제 14-2 $xy \neq 0$일 때, $a\left(x\dfrac{dy}{dx} + 2y\right) = xy\dfrac{dy}{dx}$의 일반해를 구하고, $x=2a$일 때 $y=a$가 되는 특수해를 구하여라.

풀이 주어진 방정식을

$$2aydx + x(a-y)dy = 0$$

로 고쳐 쓴 후 각 항을 xy로 나누고 항별로 적분하면

$$2a\int\frac{dx}{x} + \int\frac{a-y}{y}dy = c.$$

또는

$$2a\ln|x| + a\ln|y| - y = c'.$$

$e^{\ln x} = x$이므로 위의 식으로부터 다음과 같은 일반해

$$x^2y = ce^{\frac{y}{a}} \; (c = e^{\frac{c'}{a}})$$

를 얻는다. 이 식에 $x=2a$, $y=a$를 대입하면 $c = 4a^3e^{-1}$을 얻으므로 구하는 특수해는

$$x^2y = 4a^3e^{\frac{y}{a}-1}.$$ ■

생물학, 화학 또는 경제학에서 흔히 나오는 예로 시간 t에 관한 물질 Q의 변화율이 그 물질의 양에 비례하는 경우가 있다. 예를 들면 방사능 물질의 붕괴 또는 이상적 환경에서의 세균배양과 같은 경우이다. $Q(t)$가 시간 t에서 존재하는 물질의 양을 나타낼 때, 앞에서 말한 법칙을 수학적으로 표시하면

$$\frac{dQ}{dt} = kQ \qquad (\text{단, } k\text{는 상수, } t \geq 0) \tag{3}$$

이다. 식 (3)은 변수분리형이므로 그 일반해는

$$Q(t) = e^{kt+c} \qquad (c\text{는 임의상수}) \tag{4}$$

이고, e^c는 양의 상수이므로 위 식은

$$Q(t) = Ce^{kt} \qquad (\text{단, } C\text{는 양의 상수}) \tag{5}$$

로 고쳐 쓸 수 있다. 여기서 상수 k가 양수이면 $Q(t)$는 증가함수이다.

예 4 라듐의 반감기는 1600년이다. 100 mg의 라듐 중 t 년 후에 남을 양 $Q(t)$를 구하여보자. 식 (5)로부터

$$100 = C, \ 50 = Ce^{1600k}$$

을 얻을 수 있고, $1600k = \ln\left(\frac{1}{2}\right)$로부터 $k = -\frac{\ln 2}{1600}$이다. 따라서

$$Q(t) = 100e^{-\frac{\ln 2}{1600}t} = 100\left(\frac{1}{2}\right)^{\frac{t}{1600}}.$$

함수 $f(x, y)$가

$$f(tx, ty) = t^n f(x, y) \ (t\text{는 0이 아닌 임의의 상수})$$

를 만족할 때 $f(x, y)$를 **n 차 동차식**이라 한다. 예를 들면

(a) $f(x, y) = x^4 - x^3y + y^4$은 4차 동차식이고

(b) $f(x, y) = e^{\frac{y}{x}} + \tan\frac{y}{x}$는 0차 동차식이다.

(c) $f(x, y) = x^2 + \sin x \cos y$는 동차식이 아니다.

미분방정식 $M(x, y)dx + N(x, y)dy = 0$에서 M과 N이 같은 차수의 동차식일 때 이 미분방정식을 **동차미분방정식**(homogeneous differential equation)이라 한다. 예를 들면, $xdy - xdx - \sqrt{x^2 - y^2}\,dx = 0$은 1차 동차미분방정식이지만 $(x^2 + y^2)dx + (x - y)dy = 0$은 동차미분방정식이 아니다.

동차미분방정식

$$M(x, y)dx + N(x, y)dy = 0 \tag{6}$$

은

$$\frac{dy}{dx} = \psi\left(\frac{y}{x}\right) \tag{7}$$

와 같이 표시된다. 이때, $\frac{y}{x}$는 대단히 중요한 구실을 하는 요소로 식 (6)의 해는 다음과 같은 변수변환을 통하여 변수분리형으로 만들어 쉽게 구할 수 있다.

$$v = \frac{y}{x} \text{ 또는 } y = vx \tag{8}$$

라 놓고 x에 관하여 미분하면

$$\frac{dy}{dx} = v + x\frac{dv}{dx} \tag{9}$$

가 된다. 식 (8)과 (9)를 식 (7)에 대입하면

$$v + x\frac{dv}{dx} = \psi(v) \text{ 또는 } \frac{dv}{\psi(v) - v} = \frac{dx}{x} \tag{10}$$

로 변수분리되고, 이를 적분한 다음 v에 $\frac{y}{x}$를 대입하면 일반해를 얻는다. 식 (9) 대신에

$$dy = vdx + xdv \tag{11}$$

를 사용할 수도 있다.

예제 14-3 $(x^3 + y^3)dx - 3xy^2dy = 0$을 풀어라.

풀이 이 식은 3차 동차식이므로 $y = vx$, $dy = vdx + xdv$를 대입하면

$$x^3\{(1 + v^3)dx - 3v^2(vdx + xdv)\} = 0 \text{ 또는 } (1 - 2v^3)dx - 3v^2xdv = 0.$$

각 항을 $x(1 - 2v^3)$로 나누면

$$\frac{1}{x}dx - \frac{3v^2}{1 - 2v^3}dv = 0.$$

각 항을 적분하면

$$\ln|x| + \frac{1}{2}\ln|1 - 2v^3| = c_1 \text{ 또는 } x^2|1 - 2v^3| = c.$$

c는 임의의 상수이므로 절대값 기호를 빼고, $v = \frac{y}{x}$를 대입하여 구하고자 하는 일반해를 구하면 다음과 같다.

$$x^2\left\{1 - 2\left(\frac{y}{x}\right)^3\right\} = c \text{ 또는 } x^3 - 2y^3 = cx.$$

연습문제 14.2

Exercises

1. 다음 미분방정식의 일반해를 구하여라.

(a) $x^3dx + (y+1)^2dy = 0$　　(b) $\dfrac{dy}{dx} = \dfrac{4y}{x(y-3)}$

(c) $x\,dy - y\,dx - \sqrt{x^2 - y^2}\,dx = 0$　　(d) $(1 + 2e^{\frac{x}{y}})dx + 2e^{\frac{x}{y}}\left(1 - \dfrac{x}{y}\right)dy = 0$

2. 다음 미분방정식의 일반해를 구하고 주어진 초기조건을 만족하는 특수해를 구하여라.

(a) $xdy + ydx = 0$; $x = 1,\ y = 1$　　(b) $L\dfrac{di}{dt} + Ri = 0$; $i(0) = 1$ (단, L, R은 상수)

(c) $\theta\dfrac{dr}{d\theta} = -2r$; $\theta = \dfrac{1}{3}\,r = 9$　　(d) $(1+x^3)dx - x^2ydy = 0$; $x = 1\,y = 2$

3. 미분방정식 $\varphi(y)dy + x^n\varphi(\frac{x}{y})(x\,dy - y\,dx) = 0$은 $x = vy$로 치환하면 변수분리형이 됨을 증명하여라.

14.3 완전미분방정식

미분방정식이

$$M(x, y)dx + N(x, y)dy = 0 \tag{1}$$

의 형태로 나타내졌을 때, 연속인 편도함수들을 갖는 이변수함수 $f(x, y)$에 대해

$$\frac{\partial f}{\partial x} = M(x, y),\ \ \frac{\partial f}{\partial y} = N(x, y)$$

가 성립하는 경우, 즉 (1)의 좌변이 f의 전미분

$$df = \frac{\partial f}{\partial x}dx + \frac{\partial f}{\partial y}dy$$

와 같은 경우, 미분방정식 (1)은 **완전미분방정식**(exact differential equation)이라고 한다. 이때 (1)의 일반해는

$$f(x, y) = c$$

임을 알 수 있다.

예 5 미분방정식 $3x^2y^2dx + 2x^3y\,dx = 0$에 대해 $f(x, y) = x^3y^2$이라 놓으면

$$df = \frac{\partial f}{\partial x}dx + \frac{\partial f}{\partial y}dy = 3x^2y^2dx + 2x^3y\,dy$$

이므로, 주어진 미분방정식은 완전미분방정식이고 그 해는

$$x^3y^2 = c.$$

예제 14-4 $(6xy^2 - 3x^2)dx + (6x^2y + 3y^2 - 7)dy = 0$이 완전미분방정식임을 가정하고, 이 방정식을 풀어라.

풀이 주어진 방정식이 완전미분방정식이면

$$\frac{\partial f}{\partial x} = 6xy^2 - 3x^2,\quad \frac{\partial f}{\partial y} = 6x^2y + 3y^2 - 7 \tag{2}$$

을 만족시키는 함수 $f(x, y)$가 존재하고, 일반해는 $f(x, y) = c$이다. $f(x, y)$를 구하기 위해 (2)의 첫 식에서 y를 상수로 보고 x에 대해 적분하면,

$$f(x, y) = 3x^2y^2 - x^3 + g(y)$$

를 얻는다. 여기서 $g(y)$는 y에 대한 임의의 함수이다. 이것은 (2)의 두 번째 식을 만족시켜야 하므로 $\frac{\partial f}{\partial y}$를 구하면

$$\frac{\partial f}{\partial y} = 6x^2y + g'(y) = 6x^2y + 3y^2 - 7$$

이 된다. 따라서

$$g'(y) = 3y^2 - 7$$

이 되어야 하므로, $g(y) = y^3 - 7y + c$이다. 그러므로

$$f(x, y) = 3x^2y^2 - x^3 + y^3 - 7y + c$$

이고, 주어진 방정식의 일반해는

$$3x^2y^2 - x^3 + y^3 - 7y + c = 0$$

이다. ■

이제 방정식이 (1)과 같은 형태로 주어진 경우, 그것이 완전미분방정식이 되기 위한 필요충분조건을 살펴본다.

정리 14-1 연속인 1계 편도함수들을 갖는 함수 M과 N에 대하여

$$M(x, y)dx + N(x, y)dy = 0$$

이 완전미분방정식이 되기 위한 필요충분조건은

$$\frac{\partial M}{\partial y} = \frac{\partial N}{\partial x}$$

이다.

증명 $M(x,y)dx+N(x,y)dy=0$이 완전미분방정식이면

$$M=\frac{\partial f}{\partial x},\quad N=\frac{\partial f}{\partial y} \tag{3}$$

를 만족하는 연속인 편도함수들을 갖는 함수 $f(x,y)$가 존재한다. 식 (3)으로부터

$$\frac{\partial M}{\partial y}=\frac{\partial^2 f}{\partial y\partial x},\quad \frac{\partial N}{\partial x}=\frac{\partial^2 f}{\partial x\partial y} \tag{4}$$

을 얻는데 M과 N이 연속인 1계 편도함수들을 가지므로 f의 2계 편도함수들이 연속이다. 따라서 $\frac{\partial^2 f}{\partial y\partial x}=\frac{\partial^2 f}{\partial x\partial y}$이므로(정리 11-9 참조)

$$\frac{\partial M}{\partial y}=\frac{\partial N}{\partial x}. \tag{5}$$

역으로 식 (5)가 성립하면 위의 미분방정식이 완전미분방정식임을 증명하자. y를 상수로 보고

$$F(x,y)=\int^x M(x,y)dx$$

를 계산하면

$$\frac{\partial F}{\partial x}=M(x,y),\quad \frac{\partial^2 F}{\partial y\partial x}=\frac{\partial M}{\partial y}=\frac{\partial N}{\partial x} \tag{6}$$

가 되어

$$\frac{\partial N}{\partial x}-\frac{\partial^2 F}{\partial x\,\partial y}=0,\ \text{즉}\ \frac{\partial}{\partial x}\left(N-\frac{\partial F}{\partial y}\right)=0$$

이 된다. 따라서 $N-\frac{\partial F}{\partial y}$는 x와 관계 없는 함수이다. $N-\frac{\partial F}{\partial y}=\varphi(y)$라 놓으면

$$N=\frac{\partial F}{\partial y}+\varphi(y) \tag{7}$$

가 되고

$$G(x,y)=\int^y N(x,y)dy \tag{8}$$

라 놓으면 (7), (8)에 의하여

$$G(x,y)=F(x,y)+\int^y \varphi(y)dy \tag{9}$$

가 된다. 따라서

$$\frac{\partial G}{\partial y}=\frac{\partial F}{\partial y}+\varphi(y)=N(x,y)$$

로 되는데, 이것은 (6), (9)에서 $M=\frac{\partial F}{\partial x}=\frac{\partial G}{\partial x}$이고

$$M(x,y)dx+N(x,y)dy=\frac{\partial G}{\partial x}dx+\frac{\partial G}{\partial y}dy=dG$$

가 되어 완전미분이 된다. ■

예제 14-5 $(\cos y + y\cos x)dx + (\sin x - x\sin y)dy = 0$를 풀어라.

풀이 $\dfrac{\partial M}{\partial y} = -\sin y + \cos x = \dfrac{\partial N}{\partial x}$이므로 위 방정식은 완전미분방정식이다.

$$f(x, y) = \int^x M(x, y)dx = \int^x (\cos y + y\cos x)dx = x\cos y + y\sin x + g(y)$$

$$\frac{\partial f}{\partial y} = -x\sin y + \sin x + g'(y) = \sin x - x\sin y$$

이므로, $g'(y) = 0$이다. 따라서 $g(y) = c_1$이므로, 일반해는

$$x\cos y + y\sin x = c$$

이다. ■

예제 14-6 $(2x^3 + 3y)dx + (3x + y - 1)dy = 0$을 풀어라.

풀이 $\dfrac{\partial M}{\partial y} = 3 = \dfrac{\partial N}{\partial x}$이므로 위 방정식은 완전미분방정식이다.

$$f(x, y) = \int^x (2x^3 + 3y)dx = \frac{1}{2}x^4 + 3xy + g(y)$$

$$\frac{\partial f}{\partial y} = 3x + g'(y) = 3x + y - 1$$

이므로 $g'(y) = y - 1$이다. 따라서 $g(y) = \dfrac{1}{2}y^2 - y + c_1$이고 일반해는

$$\frac{1}{2}x^4 + 3xy + \frac{1}{2}y^2 - y = c_2 \quad \text{또는} \quad x^4 + 6xy + y^2 - 2y = c$$

이다. ■

별해 주어진 미분방정식은 다음과 같이 쉽게 적분할 수 있는 모양으로 변형할 수 있다.

$$2x^3dx + ydy - dy + 3(ydx + xdy) = 0$$

이 식은 다시

$$2x^3dx + ydy - dy + 3d(xy) = 0$$

이므로 항별로 적분하면

$$\frac{1}{2}x^4 + \frac{1}{2}y^2 - y + 3xy = c$$

를 얻어 앞에서 구한 일반해와 같음을 알 수 있다. ■

미분방정식

$$M(x, y)dx + N(x, y)dy = 0 \tag{10}$$

에 어떤 함수 $\mu(x, y)$를 곱하여 얻어지는 미분방정식

$$\mu(x, y)M(x, y)dx + \mu(x, y)N(x, y)dy = 0$$

이 완전미분방정식이 될 때 $\mu(x, y)$를 **적분인자**(integrating factor)라 한다. 이 적분인자를 구하기 위하여 앞의 정리에서의 이론을 적용하여 편미분방정식을 풀어야 하나, 이는 일반적으로 복잡하고 어려우므로 거의 이용하지 않고 대개의 경우 직관에 의하여 구하게 된다. 따라서 함수의 완전미분식을 알고 있으면 적분인자를 구하는 데 많은 도움이 된다.

〈미분방정식〉	〈완전미분〉	〈적분인자〉
(a) $xdy - ydx + f(x)dx = 0$	$d\left(\dfrac{y}{x}\right) = \dfrac{xdy - ydx}{x^2}$	$\dfrac{1}{x^2}$
(b) $xdy - ydx + f(y)dy = 0$	$d\left(\dfrac{x}{y}\right) = \dfrac{ydx - xdy}{y^2}$	$-\dfrac{1}{y^2}$
(c) $aydx + bxdy = 0$	$d(x^a y^b) = x^{a-1}y^{b-1}(aydx + bxdy)$	$x^{a-1}y^{b-1}$
(d) $ydx + xdy = 0$	$d(xy) = ydx + xdy$	1
(e) $axdx + bydy = 0$	$d(ax^2 + by^2) = 2axdx + 2bydy$	2

미분방정식 (10)이 완전미분방정식이 아니고,

(f) $\dfrac{\dfrac{\partial M}{\partial y} - \dfrac{\partial N}{\partial x}}{N} = f(x)$가 x만의 함수이면 $e^{\int f(x)dx}$

(g) $\dfrac{\dfrac{\partial M}{\partial y} - \dfrac{\partial N}{\partial x}}{M} = -g(y)$가 y만의 함수이면 $e^{\int g(y)dy}$

가 식 (10)의 적분인자가 됨을 쉽게 알 수 있다.

예제 14-7 $xdy - ydx = 0$을 풀어라.

풀이 $\dfrac{1}{x^2}$을 양변에 곱하면 $\dfrac{dy}{x} - \dfrac{ydx}{x^2} = 0$이 되어

$$N = \frac{1}{x},\quad M = -\frac{y}{x^2},\quad \frac{\partial N}{\partial x} = -\frac{1}{x^2} = \frac{\partial M}{\partial y}$$

이므로 완전미분방정식이 된다. 그런데 주어진 미분방정식의 적분인자는 $\dfrac{1}{x^2}$뿐만 아니라 $\dfrac{1}{y^2}$, $\dfrac{1}{xy}$, $\dfrac{1}{x^2 \pm y^2}$도 있음을 알 수 있다. 이들에 대응하는 해를 각각 구해보면

$$\frac{y}{x} = c_1,\quad \frac{x}{y} = c_2,\quad \ln\frac{y}{x} = c_3,\quad \mathrm{Tan}^{-1}\frac{x}{y} = c_4,\quad \frac{1}{2}\ln\frac{y+x}{y-x} = c_5.$$

이와 같이 하나의 미분방정식의 해는 여러 가지 형태로 표시할 수 있다. ■

예제 14-8 $(x^2 + y^2 + x)dx + xydy = 0$을 풀어라.

풀이 $\dfrac{\partial M}{\partial y}=2y$, $\dfrac{\partial N}{\partial x}=y$ 이므로 완전미분방정식이 아니다. 그러나 $\dfrac{M_y-N_x}{N}=\dfrac{2y-y}{xy}=\dfrac{1}{x}$ 이 x 만의 함수이므로 $e^{\int \frac{1}{x}dx}=e^{\ln x}=x$가 적분인자이고, 이 적분인자를 양변에 곱하여 완전미분방정식

$$(x^3+xy^2+x^2)dx+x^2ydy \quad \text{또는} \quad x^3dx+x^2dx+(xy^2dx+x^2ydy)=0$$

을 얻는다. 그러므로 일반해는

$$\frac{x^4}{4}+\frac{x^3}{3}+\frac{1}{2}x^2y^2=c_1 \quad \text{또는} \quad 3x^4+4x^3+6x^2y^2=c.$$

예제 14-9 $4ydx+3xdy=x^4y^6dx$ 를 풀어라.

풀이 식 (c)에서 $a=4$, $b=3$인 경우이다. 양변에 x^3y^2를 곱하면

$$x^3y^2(4ydx+3xdy)=x^7y^8dx \quad \text{또는} \quad d(x^4y^3)=x^7y^8dx.$$

양변에 $(x^4y^3)^{-\frac{8}{3}}$을 곱하면 $(x^4y^3)^{-\frac{8}{3}}d(x^4y^3)=x^{-\frac{11}{3}}dx$이고, 이를 적분하면 일반해는

$$-\frac{3}{5}(x^4y^3)^{-\frac{5}{3}}=-\frac{3}{8}x^{-\frac{8}{3}}+c_1 \quad \text{또는} \quad 8(x^4y^3)^{-\frac{5}{3}}=5x^{-\frac{8}{3}}+c.$$

연습문제 14.3
Exercises

1. 다음 미분방정식을 풀어라.

(a) $(4x^3y^3-2xy)dx+(3x^4y^2-x^2)dy=0$

(b) $(x+2y)dx+(y-2x)dy=0$

(c) $2x(ye^{x^2}-1)dx+e^{x^2}dy=0$

(d) $(y^2e^{xy^2}+4x^3)dx+(2xye^{xy^2}-3y^2)dy=0$

(e) $(2xy^4e^y+2xy^3+y)dx+(x^2y^4e^y-x^2y^2-3x)dy=0$

(f) $(2x^3y^2+4x^2y+2xy^2+xy^4+2y)dx+2(y^3+x^2y+x)dy=0$

2. $xM(x,y)+yN(x,y)$가 항등적으로 0이 아니면 $\dfrac{1}{xM+yN}$은 미분방정식 $M(x,y)dx+N(x,y)dy=0$의 적분인자가 됨을 증명하고, 다음 미분방정식을 풀어라.

(a) $(x^4+y^4)dx-xy^3dy=0$ (b) $y^2dx+(x^2-xy-y^2)dy=0$

3. $xM(x, y) - yN(x, y)$가 항등적으로 0이 아니면 $\dfrac{1}{xM - yN}$이 미분방정식 $M(x, y)dx + N(x, y)dy = 0$의 적분인자가 됨을 증명하고, 다음 미분방정식을 풀어라.

(a) $y(x^2y^2 + 2)dx + x(2 - 2x^2y^2)dy = 0$

(b) $y(2xy + 1)dx + x(1 + 2xy - x^3y^3)dy = 0$

4. 다음 미분방정식을 풀어라.

(a) $x(4ydx + 2xdy) + y^3(3ydx + 5xdy) = 0$

(b) $(8ydx + 8xdy) + x^2y^3(4ydx + 5xdy) = 0$

14.4 1계 선형미분방정식

미분방정식

$$\frac{dy}{dx} + P(x)y = Q(x) \tag{1}$$

와 같이 종속변수 y와 그 도함수의 차수가 1차일 때 **선형미분방정식**(linear differential equation)이라 한다. 예를 들면, $\dfrac{dy}{dx} + 3xy = \cos x$는 선형이고, $\dfrac{dy}{dx} + xy^2 = \cos x$는 선형이 아니다.

식 (1)의 해를 구하기 위하여 우선 우변을 0으로 놓은 미분방정식

$$\frac{dy}{dx} + P(x)y = 0 \quad \text{또는} \quad \frac{dy}{y} = -P(x)dx$$

의 해를 구한다. 이는 변수분리형이므로 그 해

$$ye^{\int P(x)dx} = c \tag{2}$$

는 쉽게 구할 수 있다. 그리고 식 (2)의 전미분을 구하면

$$\begin{aligned} d\left(ye^{\int P(x)dx}\right) &= e^{\int P(x)dx}dy + e^{\int P(x)dx}yP(x)dx \\ &= e^{\int P(x)dx}\left(\frac{dy}{dx} + yP(x)\right)dx = 0 \end{aligned}$$

이므로 $e^{\int P(x)dx}$는 식 (1)의 적분인자임을 알 수 있다. 그러므로 식 (1)에 $e^{\int P(x)dx}$를 곱하면 ($\int p(x)dx$를 구할 때 적분상수는 생각할 필요가 없다.)

$$e^{\int P(x)dx}\left(\frac{dy}{dx} + yP(x)\right) = e^{\int P(x)dx}Q(x)$$

즉

$$\frac{d}{dx}\left(ye^{\int P(x)dx}\right) = e^{\int P(x)dx}Q(x).$$

위 식을 풀면

$$ye^{\int P(x)dx} = \int e^{\int P(x)dx}Q(x)dx + c.$$

예제 14-10 $\frac{dy}{dx} + 2xy = 4x$를 풀어라.

풀이 $\int P(x)dx = \int 2xdx = x^2$이므로 $e^{\int P(x)dx} = e^{x^2}$이 적분인자가 되어 일반해는

$$ye^{x^2} = \int 4xe^{x^2}dx = 2e^{x^2} + c \text{ 또는 } y = 2 + ce^{-x^2}.$$

다음과 같은 미분방정식을 **베르누이**(Bernoulli) **미분방정식**이라고 한다.

$$\frac{dy}{dx} + yP(x) = y^nQ(x) \text{ 또는 } y^{-n}\frac{dy}{dx} + y^{1-n}P(x) = Q(x) \tag{3}$$

이것은 $v = y^{1-n}$로 치환하면 선형미분방정식

$$\frac{dv}{dx} + v\{(1-n)P(x)\} = (1-n)Q(x)$$

가 되어 식 (3)의 일반해를 구할 수 있다.

이 외에도 적당히 치환함으로써 식 (1)의 선형방정식으로 고칠 수 있는 방정식이 있으나 일반적인 법칙이 없고, 방정식에 따라 적당한 치환을 해야 한다.

예제 14-11 $\frac{dy}{dx} - y = xy^5$ 또는 $y^{-5}\frac{dy}{dx} - y^{-4} = x$ 를 풀어라.

풀이 $v = y^{-4}$로 치환하면 $y^{-5}\frac{dy}{dx} = -\frac{1}{4}\frac{dv}{dx}$이므로 위 방정식은

$$-\frac{1}{4}\frac{dv}{dx} - v = x \text{ 또는 } \frac{dv}{dx} + 4v = -4x \tag{4}$$

로 된다. 식 (4)의 적분인자는 $e^{\int 4dx} = e^{4x}$이므로

$$ve^{4x} = -4\int xe^{4x}dx = -xe^{4x} + \frac{1}{4}e^{4x} + c.$$

그러므로 구하고자 하는 일반해는

$$y^{-4}e^{4x} = -xe^{4x} + \frac{1}{4}e^{4x} + c.$$

연습문제 14.4 Exercises

1. 다음 미분방정식을 풀어라.

(a) $x\dfrac{dy}{dx}=y+x^3+3x^2-2x$ (b) $(x-2)\dfrac{dy}{dx}=y+2(x-3)^2$

(c) $x^3\dfrac{dy}{dx}+(2-3x^2)y=x^3$ (d) $\dfrac{dy}{dx}+y\cot x=5e^{\cos x}$

2. $y=f(x)$가 미분방정식 $y'+P(x)y=0$의 하나의 해임을 알고, $y'+P(x)y=Q(x)$의 해를 $y=vf(x)$라 놓고 v를 결정하여라.

3. 다음 베르누이 방정식을 풀어라.

(a) $\dfrac{dy}{dx}+\dfrac{1}{x}y=\dfrac{\ln x}{x}y^n$ (b) $\dfrac{dy}{dx}+2xy+xy^4=0$

(c) $\dfrac{dy}{dx}+y=(\cos x-\sin x)y^2$ (d) $xdy-\{y+xy^3(1+\ln x)\}dx=0$

4. 미분방정식 $f'(y)\dfrac{dy}{dx}+f(y)P(x)=Q(x)$는 $v=f(y)$로 치환함으로써 1계 선형미분방정식 $\dfrac{dv}{dx}+P(x)v=Q(x)$로 고칠 수 있음을 보이고 미분방정식 $\dfrac{dy}{dx}+1=4e^{-y}\sin x$를 풀어라.

5. 미분방정식 $x\dfrac{dy}{dx}-y+3x^2y-x^2=0$을 풀어라.

참고문헌

[1] 김경화 외 8인 공저 ; 미분적분학, 선진문화사(2005)
[2] 김경화 ; (생명과학을 위한) 미분적분학, 선진문화사(2007)
[3] 고응일 외 3인 공저 ; 미분적분학, 교우사(2015)
[4] H. Anton, I. Bivens, S. Davis ; Calculus, John Wiley & Sons Inc(2005)
[5] R. Barnett and M. Ziegler ; Calculus for Management, Life, and Social Sciences, Dellen Pub. Co.(1987)
[6] E. Batschelet ; Introduction to Mathematics for Life Sciences, Springer(1979)
[7] D. Berkey ; Calculus for Management, Social and Life Sciences, Saunders College(1986)
[8] Carl B. Boyer(김경화 옮김) ; 미분적분학사–그 개념의 발달, 교우사(2004)
[9] David R. Causton ; A Biologisr's Basic Mathematics, Arnold(1983)
[10] Crowdis, Shelley, and Wheeler ; Calculus for Business, Biology, and Social Sciences, Glencoe Press(1976)
[11] Ellis and Gulick ; Calculus, Harcourt Brace Jovanovich(1982)
[12] R. Hunt ; Calculus, Harper Collins(1994)
[13] H. Jahnke(editor) ; A History of Analysis, AMS(2003)
[14] C. Neuhauser ; Calculus for Biology and Medicine, Pearson Prentice Hall(2004)
[15] J. Stewart ; Calculus 6th Ed, Thomson Brooks/Cole (2009)
[16] G. Thomas, M. Weir, and J. Hass ; Thomas' Calculus 11th Ed, Addison–Wesley (2007)

부록

1. 적분표
2. 극곡선
3. 연습문제 해답

1. 적분표(적분상수제외)

(1) $a+bu$ 형

1. $\displaystyle\int (a+bu)^n du = \frac{(a+bu)^{n+1}}{b(n+1)},\ n \neq -1$

2. $\displaystyle\int \frac{du}{a+bu} = \frac{1}{b}\ln|a+bu|$

3. $\displaystyle\int \frac{u\,du}{a+bu} = \frac{1}{b^2}[(a+bu) - a\ln|a+bu|]$

4. $\displaystyle\int \frac{u^2\,du}{a+bu} = \frac{1}{b^3}\left[\frac{(a+bu)^2}{2} - 2a(a+bu) + a^2\ln|a+bu|\right]$

5. $\displaystyle\int \frac{du}{u(a+bu)} = -\frac{1}{a}\ln\left|\frac{a+bu}{u}\right|$

6. $\displaystyle\int \frac{du}{u^2(a+bu)} = -\frac{1}{au} + \frac{b}{a^2}\ln\left|\frac{a+bu}{u}\right|$

7. $\displaystyle\int \frac{u\,du}{(a+bu)^2} = \frac{1}{b^2}\left[\frac{a}{a+bu} + \ln|a+bu|\right]$

8. $\displaystyle\int \frac{u^2\,du}{(a+bu)^2} = \frac{1}{b^3}\left[(a+bu) - \frac{a^2}{a+bu} - 2a\ln|a+bu|\right]$

9. $\displaystyle\int \frac{du}{u(a+bu)^2} = \frac{1}{a(a+bu)} - \frac{1}{a^2}\ln\left|\frac{a+bu}{u}\right|$

10. $\displaystyle\int \frac{du}{u^2(a+bu)^2} = -\frac{a+2bu}{a^2u(a+bu)} + \frac{2b}{a^3}\ln\left|\frac{a+bu}{u}\right|$

(2) $\sqrt{a+bu}$ 형

11. $\displaystyle\int u\sqrt{a+bu}\,du = \frac{2(2a-3bu)(a+bu)^{3/2}}{15b^2}$

12. $\displaystyle\int u^n\sqrt{a+bu}\,du - \frac{2u^n(a+bu)^{3/2}}{b(2n+3)} - \frac{2an}{b(2n+3)}\int u^{n-1}\sqrt{a+bu}\,du$

13. $\displaystyle\int \frac{u\,du}{\sqrt{a+bu}} = -\frac{2(2a-bu)\sqrt{a+bu}}{3b^2}$

14. $\displaystyle\int \frac{u^n\,du}{\sqrt{a+bu}} = \frac{2u^n\sqrt{a+bu}}{b(2n+1)} - \frac{2an}{b(2n+1)}\int \frac{u^{n-1}\,du}{\sqrt{a+bu}}$

15. $\displaystyle\int \frac{du}{u\sqrt{a+bu}} = \frac{1}{\sqrt{a}}\ln\left|\frac{\sqrt{a+bu}-\sqrt{a}}{\sqrt{a+bu}+\sqrt{a}}\right|,\ a>0$; 준식$\displaystyle = \frac{2}{\sqrt{-a}}\mathrm{Tan}^{-1}\sqrt{\frac{a+bu}{-a}},\ a<0$

16. $\displaystyle\int \frac{du}{u^n\sqrt{a+bu}} = -\frac{\sqrt{a+bu}}{a(n-1)u^{n-1}} - \frac{b(2n-3)}{2a(n-1)}\int \frac{du}{u^{n-1}\sqrt{a+bu}}$

17. $\displaystyle\int \frac{\sqrt{a+bu}}{u}du = 2\sqrt{a+bu} + a\int \frac{du}{u\sqrt{a+bu}}$

18. $\displaystyle\int \frac{\sqrt{a+bu}}{u^n}du = -\frac{(a+bu)^{3/2}}{a(n-1)u^{n-1}} - \frac{b(2n-5)}{2a(n-1)}\int \frac{\sqrt{a+bu}}{u^{n-1}}du$

(3) $\sqrt{u^2 \pm a^2}$ 형

19. $\displaystyle\int \frac{du}{u^2+a^2} = \frac{1}{a}\mathrm{Tan}^{-1}\frac{u}{a}$

20. $\displaystyle\int \frac{du}{u^2-a^2} = \frac{1}{2a}\ln\left|\frac{u-a}{u+a}\right|$

21. $\displaystyle\int \frac{du}{\sqrt{u^2 \pm a^2}} = \ln|u+\sqrt{u^2 \pm a^2}|$

22. $\displaystyle\int \frac{u^2\,du}{\sqrt{u^2 \pm a^2}} = \frac{u}{2}\sqrt{u^2 \pm a^2} \mp \frac{a^2}{2}\ln|u+\sqrt{u^2 \pm a^2}|$

23. $\displaystyle\int \frac{du}{u\sqrt{u^2+a^2}} = -\frac{1}{a}\ln\left|\frac{a+\sqrt{u^2+a^2}}{u}\right|$

24. $\displaystyle\int \frac{du}{u\sqrt{u^2-a^2}} = \frac{1}{a}\mathrm{Sec}^{-1}\frac{u}{a}$

25. $\displaystyle\int \frac{du}{u^2\sqrt{u^2 \pm a^2}} = \mp\frac{\sqrt{u^2 \pm a^2}}{u}$

26. $\displaystyle\int \frac{\sqrt{u^2 \pm a^2}}{u^2}du = -\frac{\sqrt{u^2 \pm a^2}}{u} + \ln|u+\sqrt{u^2 \pm a^2}|$

27. $\displaystyle\int \frac{\sqrt{u^2+a^2}}{u}du = \sqrt{u^2+a^2} - a\ln\left|\frac{a+\sqrt{u^2+a^2}}{u}\right|$

28. $\displaystyle\int \frac{\sqrt{u^2-a^2}}{u}du = \sqrt{u^2-a^2} - a\,\mathrm{Sec}^{-1}\frac{u}{a}$

29. $\displaystyle\int \sqrt{u^2 \pm a^2}\,du = \frac{1}{2}u\sqrt{u^2 \pm a^2} \pm \frac{1}{2}a^2\ln|u+\sqrt{u^2 \pm a^2}|$

30. $\displaystyle\int u^2\sqrt{u^2 \pm a^2}\,du = \frac{1}{4}u(u^2 \pm a^2)^{3/2} \mp \frac{1}{8}a^2u\sqrt{u^2 \pm a^2} - \frac{1}{8}a^4\ln|u+\sqrt{u^2 \pm a^2}|$

31. $\int (u^2+a^2)^{3/2}du = \frac{1}{4}u(u^2+a^2)^{3/2} + \frac{3}{8}a^2u\sqrt{u^2+a^2} + \frac{3}{8}a^4\ln|u+\sqrt{u^2+a^2}|$

32. $\int \frac{(u^2+a^2)^{3/2}}{u}du = \frac{1}{3}(u^2+a^2)^{3/2} + a^2\sqrt{u^2+a^2} - a^3\ln\left|\frac{a+\sqrt{u^2+a^2}}{u}\right|$

33. $\int \frac{(u^2-a^2)^{3/2}}{u}du = \frac{1}{3}(u^2-a^2)^{3/2} - a^2\sqrt{u^2-a^2} + a^3\mathrm{Sec}^{-1}\frac{u}{a}$

34. $\int \frac{du}{(u^2\pm a^2)^{3/2}} = \pm\frac{u}{a^2\sqrt{u^2\pm a^2}}$

35. $\int \frac{u^2\,du}{(u^2\pm a^2)^{3/2}} = -\frac{u}{\sqrt{u^2\pm a^2}} + \ln|u+\sqrt{u^2\pm a^2}|$

36. $\int \frac{du}{u(u^2+a^2)^{3/2}} = \frac{1}{a^2\sqrt{u^2+a^2}} - \frac{1}{a^3}\ln\left|\frac{a+\sqrt{u^2\pm a^2}}{u}\right|$

37. $\int \frac{du}{u(u^2-a^2)^{3/2}} = -\frac{1}{a^2\sqrt{u^2-a^2}} - \frac{1}{a^3}\mathrm{Sec}^{-1}\frac{u}{a}$

(4) $\sqrt{a^2-u^2}$ 형

38. $\int \frac{du}{(a^2-u^2)} = \frac{1}{2a}\ln\left|\frac{a+u}{a-u}\right|$

39. $\int \sqrt{a^2-u^2}\,du = \frac{u}{2}\sqrt{a^2-u^2} + \frac{a^2}{2}\mathrm{Sin}^{-1}\frac{u}{a}$

40. $\int \frac{\sqrt{a^2-u^2}}{u}du = \sqrt{a^2-u^2} - a\ln\left|\frac{a+\sqrt{a^2-u^2}}{u}\right|$

41. $\int \frac{\sqrt{a^2-u^2}}{u^2}du = -\frac{\sqrt{a^2-u^2}}{u} - \mathrm{Sin}^{-1}\frac{u}{a}$

42. $\int \frac{du}{\sqrt{a^2-u^2}} = \mathrm{Sin}^{-1}\frac{u}{a}$

43. $\int \frac{u^2\,du}{\sqrt{a^2-u^2}} = -\frac{u}{2}\sqrt{a^2-u^2} + \frac{a^2}{2}\mathrm{Sin}^{-1}\frac{u}{a}$

44. $\int \frac{du}{u\sqrt{a^2-u^2}} = -\frac{1}{a}\ln\left|\frac{a+\sqrt{a^2-u^2}}{u}\right|$

45. $\int \frac{du}{u^2\sqrt{a^2-u^2}} = -\frac{\sqrt{a^2-u^2}}{a^2u}$

46. $\int \frac{du}{(a^2-u^2)^{3/2}} = \frac{u}{a^2\sqrt{a^2-u^2}}$

47. $\int \frac{u^2\,du}{(a^2-u^2)^{3/2}} = \frac{u}{a^2\sqrt{a^2-u^2}} - \mathrm{Sin}^{-1}\frac{u}{a}$

48. $\int u^2\sqrt{a^2-u^2}\,du = -\frac{1}{4}u(a^2-u^2)^{3/2} + \frac{1}{8}a^2u\sqrt{a^2-u^2} + \frac{1}{8}a^4\mathrm{Sin}^{-1}\frac{u}{a}$

49. $\int (a^2-u^2)^{3/2}du = \frac{1}{4}u^2(a^2-u^2)^{3/2} + \frac{3}{8}a^2u\sqrt{a^2-u^2} + \frac{3}{8}a^4\mathrm{Sin}^{-1}\frac{u}{a}$

50. $\int \frac{(a^2-u^2)^{3/2}}{u}du = \frac{1}{3}(a^2-u^2)^{3/2} + a^2\sqrt{a^2-u^2} - a^3\ln\left|\frac{a+\sqrt{a^2-u^2}}{u}\right|$

51. $\int \frac{du}{u(a^2-u^2)^{3/2}} = \frac{1}{a^2\sqrt{a^2-u^2}} - \frac{1}{a^3}\ln\left|\frac{a+\sqrt{a^2-u^2}}{u}\right|$

52. $\int \frac{du}{u^2(a^2-u^2)^{3/2}} = -\frac{\sqrt{a^2-u^2}}{a^4u} + \frac{u}{a^4\sqrt{a^2-u^2}}$

(5) 삼각함수형

53. $\int \sin u\,du = -\cos u$

54. $\int \cos u\,du = \sin u$

55. $\int \sin^2 u\,du = \frac{1}{2}u - \frac{1}{2}\sin u\cos u$

56. $\int \cos^2 u\,du = \frac{1}{2}u + \frac{1}{2}\sin u\cos u$

57. $\int \sin^3 u\,du = -\cos u + \frac{1}{3}\cos^3 u$

58. $\int \cos^3 u\,du = \sin u - \frac{1}{3}\sin^3 u$

59. $\int \tan u\,du = \ln|\sec u|$

60. $\int \cot u\,du = \ln|\sin u|$

61. $\int \sec u\,du = \ln|\sec u + \tan u|$

62. $\int \csc u\,du = \ln|\csc u - \cot u|$

63. $\int \sec^2 u\,du = \tan u$

64. $\int \csc^2 u\,du = -\cot u$

65. $\int \sec u\tan u\,du = \sec u$

66. $\int \csc u\cot u\,du = -\csc u$

67. $\int \sin^n u\,du = -\frac{1}{n}\sin^{n-1}u\cos u + \frac{n-1}{n}\int \sin^{n-2}u\,du$

68. $\int \cos^n u\,du = \frac{1}{n}\cos^{n-1}u\sin u + \frac{n-1}{n}\int \cos^{n-2}u\,du$

69. $\int \tan^n u\,du = \frac{\tan^{n-1}u}{n-1} - \int \tan^{n-2}u\,du$

70. $\int \cot^n u\,du = -\frac{\cot^{n-1}u}{n-1} - \int \cot^{n-2}u\,du$

71. $\int \sec^n u\,du = \frac{\sec^{n-2}u\tan u}{n-1} + \frac{n-2}{n-1}\int \sec^{n-2}u\,du$

72. $\int \csc^n u\,du = -\frac{\csc^{n-2}u\cot u}{n-1} + \frac{n-2}{n-1}\int \csc^{n-2}u\,du$

73. $\int \sin au\sin bu\,du = \frac{\sin(a-b)u}{2(a-b)} - \frac{\sin(a+b)u}{2(a+b)}$

74. $\int \sin au\cos bu\,du = \frac{\cos(a-b)u}{2(a-b)} - \frac{\cos(a+b)u}{2(a+b)}$

75. $\int \cos au\cos bu\,du = \frac{\sin(a-b)u}{2(a-b)} + \frac{\sin(a+b)u}{2(a+b)}$

76. $\int \sin^m u\cos^n u\,du = \frac{\sin^{m+1}u\cos^{n-1}u}{m+n} + \frac{n-1}{m+n}\int \sin^m u\cos^{n-2}u\,du$

77. $\int \sin^m u\cos^n u\,du = -\frac{\sin^{m-1}u\cos^{n+1}u}{m+n} + \frac{n-1}{m+n}\int \sin^{m-2}u\cos^n u\,du$

(6) 기타

78. $\int e^u\,du = e^u$

79. $\int a^u\,du = \frac{a^u}{\ln a},\ a>0,\ a\neq 1$

80. $\int ue^{au}\,du = \frac{e^{au}(au-1)}{a^2}$

81. $\int u^2e^{au}\,du = \frac{e^{au}(a^2u^2-2au+2)}{a^3}$

82. $\int u\ln u\,du = u\ln u - u$

83. $\int u^n\ln u\,du = u^{n+1}\left[\frac{\ln u}{n+1} - \frac{1}{(n+1)^2}\right]$

84. $\int u\sin u\,du = \sin u - u\cos u$

85. $\int u^2\sin u\,du = 2u\sin u - (u^2-2)\cos u$

86. $\int u\cos u\,du = \cos u + u\sin u$

87. $\int u^2\cos u\,du = (u^2-2)\sin u + 2u\cos u$

88. $\int e^{au}\sin bu\,du = \frac{e^{au}(a\sin bu - b\cos bu)}{a^2+b^2}$

89. $\int e^{au}\cos bu\,du = \frac{e^{au}(a\cos bu + b\sin bu)}{a^2+b^2}$

90. $\int \sin^{-1}u\,du = u\sin^{-1}u + \sqrt{1-u^2}$

91. $\int \tan^{-1}u\,du = u\tan^{-1}u - \frac{1}{2}\ln(1-u^2)$

92. $\int \sinh u\,du = \cosh u$

93. $\int \cosh u\,du = \sinh u$

94. $\int \tanh u\,du = \ln\cosh u$

95. $\int \coth u\,du = \ln|\sinh u|$

96. $\int \operatorname{sech} u\,du = 2\mathrm{Tan}^{-1}e^x$

97. $\int \operatorname{csch} u\,du = \ln\left|\tanh\frac{1}{2}u\right|$

(7) Wallis의 공식

98. $\int_0^{\frac{\pi}{2}}\sin^n x\,dx = \int_0^{\frac{\pi}{2}}\cos^n x\,dx = \begin{cases} \frac{1}{2}\cdot\frac{3}{4}\cdot\frac{5}{6}\cdots\frac{n-1}{n}\cdot\frac{\pi}{2}, & n\text{이 짝수일 때} \\ \frac{2}{3}\cdot\frac{4}{5}\cdot\frac{6}{7}\cdots\frac{n-1}{n}, & n>1,\ n\text{이 홀수일 때} \end{cases}$

99. $\int_0^{\frac{\pi}{2}}\sin^m x\cos^n x\,dx = \begin{cases} \frac{2\cdot4\cdot6\cdots(n-1)}{(m+1)(m+3)(m+5)\cdots(m+n)}, & n>1,\ n\text{은 홀수} \\ \frac{2\cdot4\cdot6\cdots(m-1)}{(n+1)(n+3)(n+5)\cdots(n+m)}, & m>1,\ m\text{은 홀수} \\ \frac{1\cdot3\cdots(m-1)\cdot1\cdot3\cdots(n-1)}{2\cdot4\cdot6\cdots(m+n)}\cdot\frac{\pi}{2}, & m,\ n\text{은 모두 짝수} \end{cases}$

2. 극곡선

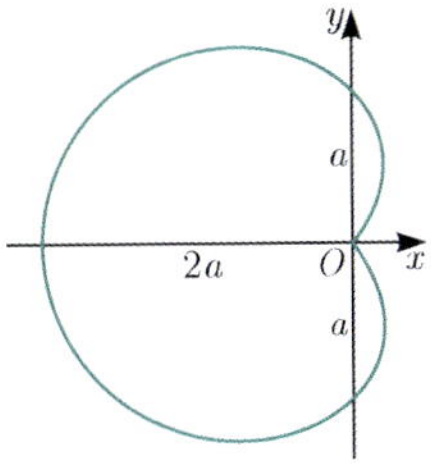

1. 심장형(cardioid)
$r = a(1 - \cos\theta)$

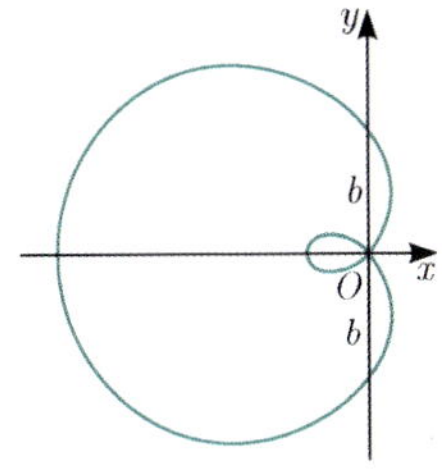

2. 달팽이형(limaçon)
$r = b - a\cos\theta\,(b < a)$

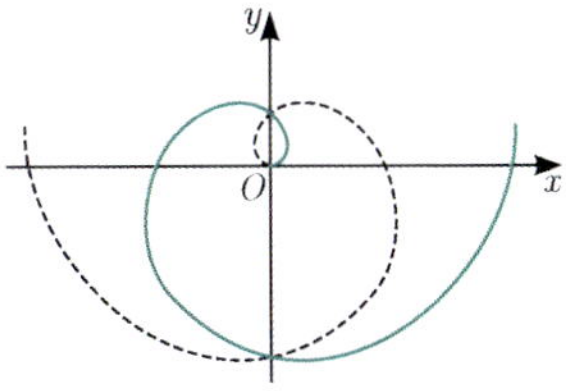

3. Archimedes의 나선형(spiral)
$r = a\theta$

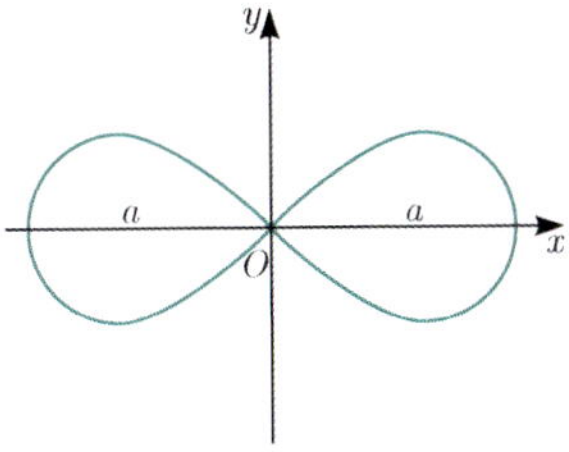

4. Bernoulli lemniscate
$r^2 = a^2\cos 2\theta$

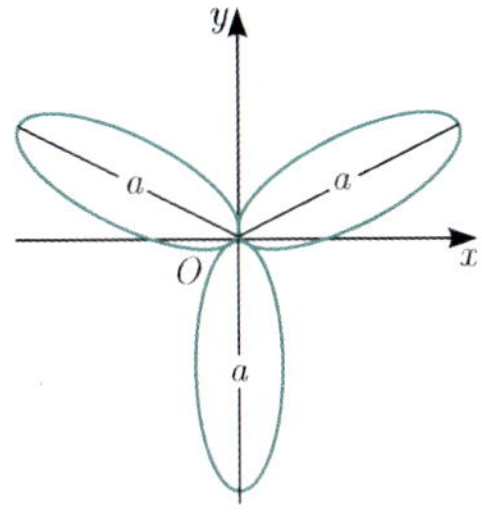

5. 삼엽장미선
$r = a\sin 3\theta$

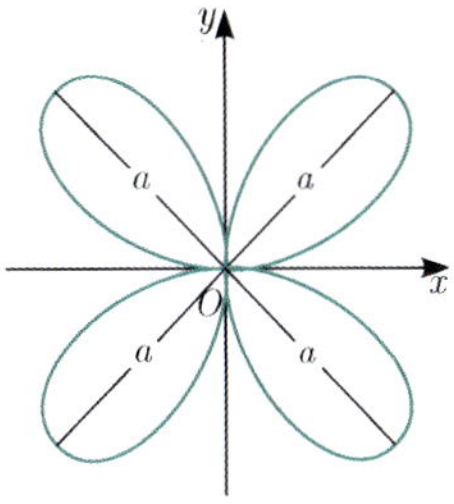

6. 사엽장미선
$r = a\sin 2\theta$

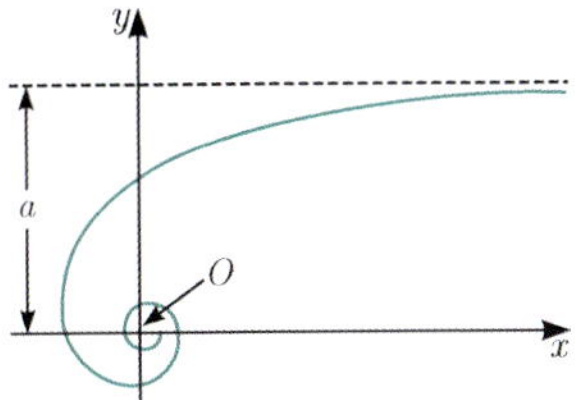

7. 쌍곡나선(hyperbolic spiral)
$r\theta = a$

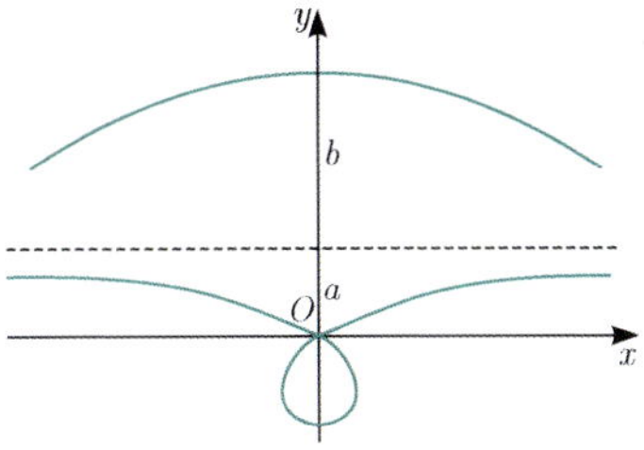

8. Nicomedes의 나사선(conchoid)
$r = a\csc\theta + b,\ (a < b)$

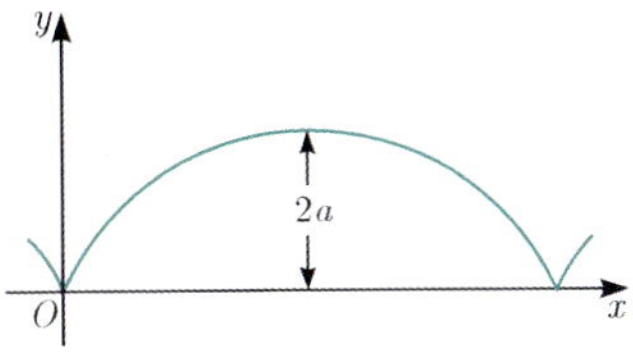

9. 굴렁쇠선(cycloid) $\begin{cases} x = a(\theta - \sin\theta) \\ y = a(1 - \cos\theta) \end{cases}$

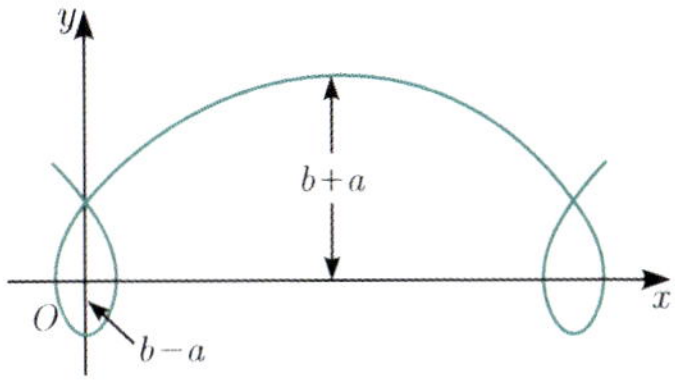

10. 여파선(trochoid) $\begin{cases} x = a\theta - b\sin\theta \\ y = a - b\cos\theta,\ (a < b) \end{cases}$

3. 연습문제 해답

〈제 1 장〉

1.1 연습문제

1. (a) $f: N \to N, f(n)=n+1$

   (b) $f: Z-\{0\} \to Q, f(n)=\frac{1}{n}+n$

2. (a) × (b) × (c) ×
3. (a) $y=x^2$, $[0,\infty)$ (c) $y=x^{1/5}$, $(-\infty,\infty)$
4. $f(-1)=0$, $f(1)=\sqrt{2}$ 이므로 f는 우함수가 아니다. 또 $f(-1)=0$, $-f(1)=-\sqrt{2}$ 이므로 f는 기함수도 아니다.
5. (a) $x\geq -4$; $y\geq 0$

   (b) x는 모든 실수 ; $y\geq 0$

   (c) $x\neq 2$ 인 모든 실수 ; y는 0이 아닌 모든 실수

   (d) $-2<x<2$; y는 양의 실수

6. (a) $\{t : t>-1\}$

   (b) $\{x : x>0\}$

7. $(f\circ g)(x)=\frac{1}{x^2}-\frac{3}{x}+2$

   $(g\circ f)(x)=\frac{1}{x^2-3x+2}$

8. $(f\circ g)(x)=x^2+1$

   $\therefore [(f\circ g)\circ h](x)=9x^2+1(g\circ h)(x)=9x^2$

   $\therefore [f\circ(g\circ h)](x)=9x^2+1$

10. $(c\circ n)(t)=\sqrt{2001+10t^{2/3}}$

1.2 연습문제

1. (a) -2 (b) $\frac{1}{3}$ (c) 2

   (d) $\frac{5}{3}$ (e) 6 (f) $\frac{1}{6}$

2. (a) 0 (b) $-\frac{1}{6}$ (c) $\frac{1}{2}$ (d) 3
3. (a) $\frac{1}{2}$ (b) 존재 안함 (c) 1

1.3 연습문제

1. $\lim_{u\to 3^+} A(u)=8$, $\lim_{u\to 3^-} A(u)=4$

   $\lim_{u\to 3^+} A(u)\neq \lim_{u\to 3^-} A(u)$이므로, $\lim_{u\to 3} A(u)$는 존재하지 않는다.

2. $-\infty$
3. (a) $-\infty$ (b) 0 (c) ∞ (d) $-\infty$ (e) $\frac{1}{2}$

   (f) 0 (g) 3 (h) ∞ (i) ∞ (j) $-\frac{1}{2}$

4. (a) 3 (b) 2 (c) −4
5. (b) 100

1.4 연습문제

1. (a) $f(1)=2$ (b) $f(2)=\frac{1}{3}$ (c) $f(1)=\frac{1}{2}$
2. (a) $x=2$에서 불연속,

   $f(2)=12$라 하면 $x=2$에서 연속

   (b) $x=0$에서 불연속

   (c) $x=0$에서 불연속,

   $f(0)=0$이라 하면 $x=0$에서 연속

   (d) $x=n\pi+\frac{\pi}{2}$에서 불연속

3. 0
4. $f(x)=x-\cos x$ 라 하면 $f(x)$는 연속 함수이고, $f(0)=-1<0$, $f\left(\frac{\pi}{4}\right)=\frac{\pi}{4}-\frac{\sqrt{2}}{2}>0$ 이므로 중간값의 정리에 의해서 $f(c)=0$, $0<c<\frac{\pi}{4}$인 c가 존재한다. 즉, 0과 $\frac{\pi}{4}$사이에서 실근을 가짐.
5. $x=0$에서 불연속
6. (a) $x\neq 0$인 모든 실수에서 불연속

   (b) $x\neq 0$인 모든 실수에서 불연속

〈제 2 장〉

2.1 연습문제

1. (a) $2ax+ah+b$ (b) $\frac{-2}{2+\Delta x}$

   (c) $6a^2+6ah+2h^2$ (d) $1-\frac{1}{3(3+\Delta x)}$

2. (a) $f'(2)=2$, $y=2x-3$, $y=-\frac{1}{2}x+2$

   (b) $f'(2)=-2$, $y=-2x+3$, $y=\frac{1}{2}x-2$

   (c) $f'(2)=4a+b$, $y=(4a+b)x-4a+c$

   $y=-\frac{1}{4a+b}x+4a+2b+c+\frac{2}{4a+b}$

   (d) $f'(2)=4$, $y=4x-8$, $y=-\frac{1}{4}x+\frac{1}{2}$

   (e) $f'(2)=12$, $y=12x-16$, $y=-\frac{1}{12}x+\frac{49}{6}$

   (f) $f'(2)=0$, $y=-16$, 법선: y축에 평행하고 $(2,-16)$을 지나는 직선

   (g) $f'(2)=-\frac{1}{2}$, $y=-\frac{1}{2}x+2$, $y=2x-3$

3. $f'(a)=m$, $y=mx+b$
4. $(-1,\ \infty)$에서 1, $(-\infty,\ -1)$에서 -1
5. 6π
6. (a) r (b) 크다.
7. (a) 10(m/sec) (b) 1
9. (a) 20.25 (b) 20

2.2 연습문제

1. (a) $2x$ (b) $2x$
(c) $5-\frac{3}{x^2}$ (d) $6x-4+\frac{3}{\sqrt{x}}$
(e) $2(x+2)$ (f) $1+\frac{3}{\sqrt{x}}$
(g) $1-\frac{1}{x^2}$ (h) $-\frac{1}{x^2}$

3. (a) $\frac{3}{8}$ (b) $\frac{1}{4}$
(c) 0 (d) $-\frac{3}{2}$

4. (a) (4, 1) (b) (1, −2), (−1, 2)
(c) $\left(\frac{1}{16}, \frac{7}{2}\right)$ (d) (1, 3), (3, −5)

5. (a) $y'=|2x|$(b) $y'=\begin{cases}2, & x>0\\ 0, & x<0\end{cases}$

7. (a) $y'=\begin{cases}6x^5, & x\geq 0\\ 0, & x\leq 0\end{cases}$(b) $y'=\frac{1}{8}x^{-\frac{7}{8}}$
(c) $y'=\frac{1}{2\sqrt{x}}$ (d) $y=5v^4$

8. (a) 접선 : $3x+4y=25$, 법선 : $4x-3y=0$
(b) 접선 : $x+16y=9$, 법선 : $32x-2y=31$

9. (a) $\frac{\pi}{4}$ (b) $\tan x=\frac{4}{3}$가 되는 x

11. -10800π (cm/min)
12. 2.9
15. (a) −1(ppm/m) (b) −0.001(ppm/m)

2.3 연습문제

1. (a) $\frac{1}{y^2+1}$ (b) $\frac{2y\sqrt{y}}{y+1}$

2. (a) $\frac{x}{4y}$, $-\frac{1}{4y^3}$ (b) $-\frac{\sqrt{y}}{\sqrt{x}}$, $\frac{\sqrt{x}+\sqrt{y}}{2x\sqrt{x}}$
(c) $\frac{4x^3}{3y^2+1}$, $\frac{12x^2(3y^2+1)^2-96x^6y}{(3y^2+1)^3}$
(d) $\frac{2x-3y}{3x-2y}$, $\frac{30xy-10y^2-10x^2}{(3x-2y)^3}$
(e) 1, 0 (f) $-\frac{x+2y}{2x+y}$, $\frac{3x^2+3y^2+12xy}{(2x+y)^3}$

4. (a) $x+4y=9$, $y=4x-2$
(b) $3x-5y=4$, $5x+3y=18$
(c) 접선: $y=x+\frac{1}{2}$, 법선: $y=-x+\frac{1}{2}$
(d) 접선: $y=\frac{1}{\sqrt{3}}x+4$, 법선: $y=-\sqrt{3}x-8$

5. 시간당 $\frac{720}{13}$km의 속도로 멀어진다.
6. 12
7. $-1.35(m/s)$

2.4 연습문제

1. (a) 2 (b) 1 (c) 1
(d) $\frac{2}{3}$ (e) 1 (f) 1

2. (a) $-2x\sin(x^2+1)$
(b) $8\csc^2(3-2x)$
(c) $\frac{2\cos x+1}{(2+\cos x)^2}$
(d) $\frac{x^2}{2}sinx$
(e) $\sec^2(\sin x)\cdot\cos x$
(f) $\cos(\tan x)\sec^2 x$
(g) $-\sin(\tan x)\cdot\sec^2 x$
(h) $\frac{4\sin 4x}{\sqrt{(1-\cos 4x)(1+\cos 4x)^3}}$

3. (a) $y=1$ (b) $y=-2x+\frac{\pi}{2}+1$
4. (a) $-\frac{8}{5}$ (b) $\frac{2}{3}$
5. $\frac{\pi}{3}<t<\frac{5\pi}{3}$
6. $0.3m^2/s$
7. $-12756\sqrt{3}\,km/rad$

2.5 연습문제

1. (a) 5.2 (b) 3.9375 (c) 3.025 (d) $10.00\dot{3}$
2. 1.6π (m^2)
3. 0.015(m/sec)
4. 오차가 0.01cm보다 크지 않게
5. $2.25(cm^2)$
6. 0.125
7. 100.3

〈제 3 장〉

3.1 연습문제

1. (a) 1 (b) $\frac{3}{4}$ (c) 0 (d) −1
(e) 0 (f) $\frac{3}{2}$ (g) $\frac{1}{4}$, 0

2. 밑면 $\sqrt{\frac{A}{3}}$, 높이 $\sqrt{\frac{A}{12}}$
밑면 $\sqrt{\frac{A}{6}}$, 높이 $\sqrt{\frac{A}{6}}$

3. 반지름 $\sqrt{\frac{A}{3\pi}}$, 높이 $\sqrt{\frac{A}{3\pi}}$
반지름 $\sqrt{\frac{A}{6\pi}}$, 높이 $\sqrt{\frac{2A}{3\pi}}$

4. (a) 최소값 0, 최대값 $\sqrt{3}$
(b) 최소값 −1, 최대값 19
(c) 최소값 −146, 최대값 178
(d) 최소값 −14, 최대값 2
(e) 최소값 $-\frac{4}{27}$, 최대값 100

(f) 최소값 -2, 최대값 2

(g) 최소값 0, 최대값 $\sqrt{5}$

5. (a) 임계점을 갖지 않을 때 $b>\frac{a^2}{3}$

임계점을 하나 가질 때 $b=\frac{a^2}{3}$

임계점을 두개 가질 때 $b<\frac{a^2}{3}$

3.2 연습문제

1. $f'(c)=\frac{f(2)-f(0)}{2-0}=\frac{5}{2}>2$인 c가 $[0,2]$사이에 존재해야 하므로 불가능.
4. $f'(x)=5x^4+2>0$이므로 단조증가하고, $f(0)=-1<0$, $f(1)=2>0$이므로 $[0,1]$ 사이에 단 하나의 실근이 존재.
7. $f(x)$는 $[-1,\ 1]$에서 연속이고 $(-1,\ 1)$에서 미분가능 : $c=0$
8. $0\le B(3)\le 6$

3.3 연습문제

1. (a) $-\infty<x<\infty$에서 증가

(b) $2-\frac{1}{\sqrt{3}}\le x\le 2+\frac{1}{\sqrt{3}}$에서 감소

$x\le 2-\frac{1}{\sqrt{3}}, x\ge 2+\frac{1}{\sqrt{3}}$에서 증가

(c) $x\le\frac{1}{2}$ 에서 감소, $x\ge\frac{1}{2}$ 에서 증가

(d) $x\le-\sqrt{\frac{3}{2}}$, $0\le x\le\sqrt{\frac{3}{2}}$ 에서 감소

$-\sqrt{\frac{3}{2}}\le x\le 0$, $x\ge\sqrt{\frac{3}{2}}$ 에서 증가

(e) 모든 x에 대하여 증가

(f) $x\le-\sqrt{\frac{2}{3}}$, $x\ge\sqrt{\frac{2}{3}}$ 에서 감소

$-\sqrt{\frac{2}{3}}\le x\le\sqrt{\frac{2}{3}}$ 에서 증가

(g) 모든 x에 대하여 증가

(h) $x\le 0$ 에서 감소, $x\ge 0$에서 증가

3. (a) 전체 구간 $(-\infty,\ \infty)$에서 최소점은 $x=1$, 최대점은 없다. 구간 $[0,\ 4]$에서 최소점은 $x=1$, 최대점은 $x=4$; 감소구간은 $x\le 1$, 증가구간은 $x\ge 1$.

(c) 전체에서 최소점은 없고, 최대점은 $x=-2$; $[-1,\ 4]$에서 최소점은 $x=4$, 최대점은 $x=-1$; 감소구간은 $x\ge-2$, 증가구간은 $x\le-2$.

(e) 전체에서 최소점과 최대점 모두 없다. $[-2,\ \sqrt{3}]$에서 최소점은 $x=-1$, 최대점은 $x=-2$와 $x=1$; 감소구간은 $x\le-1$ 또는 $x\ge 1$, 증가구간은 $-1\le x\le 1$.

(g) 전체구간 $x\ge 0$ 에서 최소점은 $x=0$, 최대점은 없다 ; $[0,\ 1]$에서 최소점은 $x=0$, 최대점은 $x=1$; 감소구간은 없고, 증가구간은 $x\ge 0$.

5. (a)

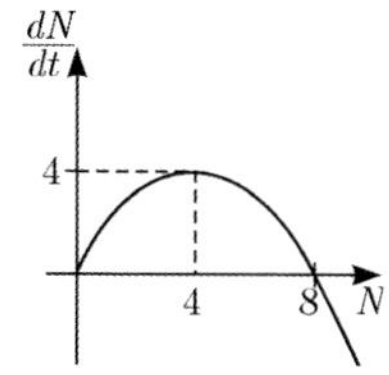

(b) $f'(N)=r(1-\frac{2N}{K})$; $f(N)$은 $N\le\frac{K}{2}$ 에서 증가하고, $N\ge\frac{K}{2}$ 에서 감소한다.

6. (a) 모든 구간에서 위로 볼록 ; 변곡점은 없다.

(c) $x\ge 0$ 에서 위로 오목, $x\le 0$ 에서 위로 볼록 ; 변곡점 $(0,\ -8)$

(e) $x>3$에서 위로 오목 ; 변곡점은 없다.

(g) $x>0$에서 위로 오목 ; 변곡점은 없다.

8. $x=1, 7$. 1과 7의 좌우에서 f''의 부호가 바뀌었기 때문이다.

11. 최소값 : $x=\frac{\pi}{4}$일 때 $2\sqrt{2}$, 최대값 : 없음

13. $x=-1$ 일 때 극대값, $x=3$일 때 극소값을 갖는다.

14. $\left(\frac{2a-1}{2}, \sqrt{\frac{2a-1}{2}}\right)$

16. $a=\frac{39}{8}, b=\frac{13}{2}$

18. k는 3보다 크거나 같은 홀수

3.4 연습문제

1. (a)

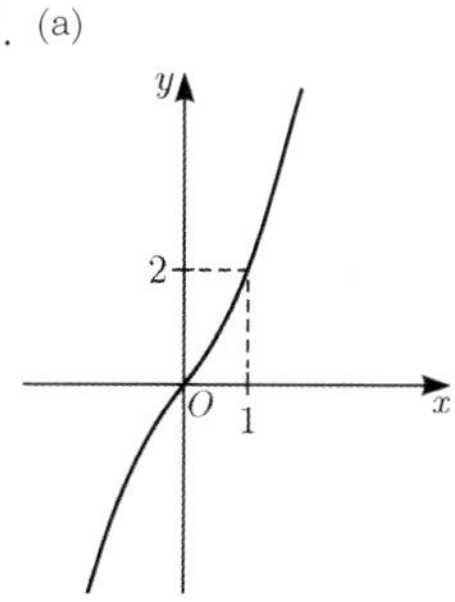

(c)

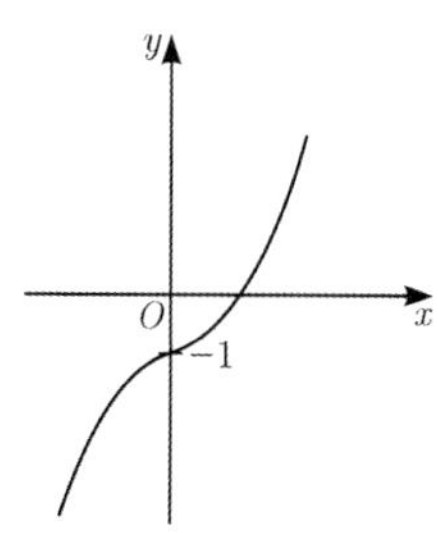

2. (a)

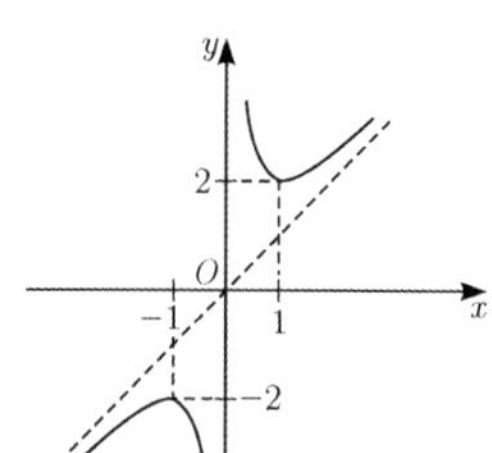

4. (a)

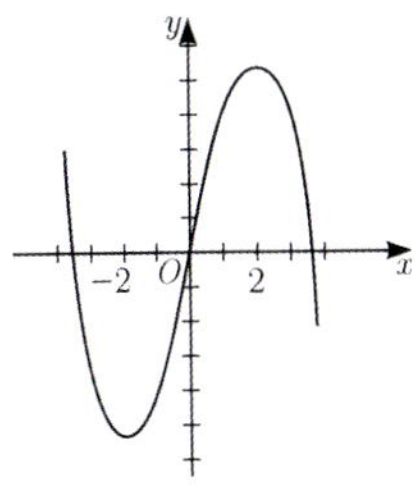

극대점$(2, \frac{16}{3})$, 극소점$(-2, -\frac{16}{3})$
증가범위 : $-2 \le x \le 2$
감소범위 : $x \le -2,\ x \ge 2$

(b) 극대점 없음, 극소점 -2
증가범위 : $x > -2$
감소범위 : $x < -2$

5. (b) 극대점, 극소점 없음
감소범위 : $x = \frac{5}{3}$을 제외한 전 구간

(d)

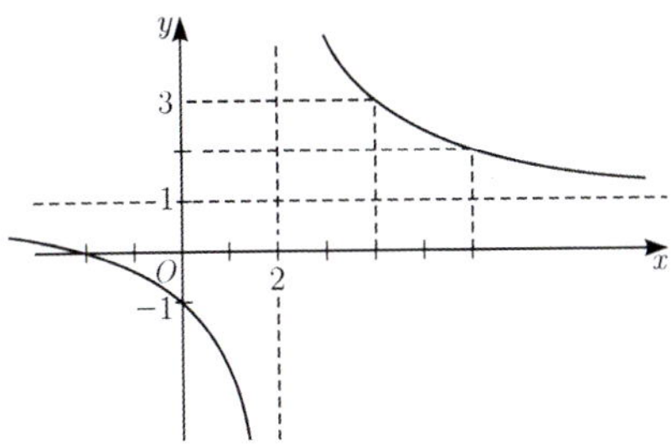

극대·극소점 없음
감소범위 : x=2를 제외한 전 구간

6. (b) 극대점, 극소점 없음
감소범위 : $x = \pm\sqrt{5}$를 제외한 전 구간

7. (a)

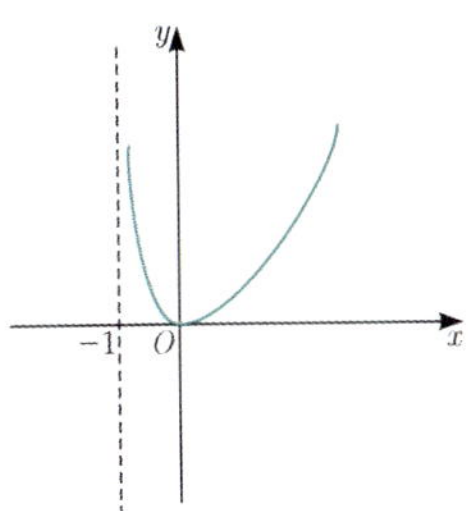

극소점 (0, 0),
증가 : $x \ge 0$, 감소 : $-1 < x \le 0$

(d) 극대점, 극소점 없음,
증가 : $-1 < x \le 7$, 감소 : $-2 \le x \le 1$

(f) 극대점 $\frac{\pi}{12} + n\pi$ 극소점 $\frac{7}{12} + n\pi$
증가범위 : $\frac{7\pi}{12} + n\pi < x < \frac{13\pi}{12} + n\pi$
감소범위 : $\frac{\pi}{12} + n\pi < x < \frac{7\pi}{12} + n\pi$

3.5 연습문제

1. (a) $\frac{3}{4}$ (c) 0.739
3. 0.381
4. 3.945

3.6 연습문제

1. (a) $\frac{1}{4}$ (b) $\frac{3}{11}$ (c) -1 (d) 0 (e) an
2. (a) 5 (b) 1 (c) 0 (d) -2
(e) $-\frac{1}{2}$ (f) $-\frac{5}{3}$ (g) $\sqrt{2}$ (h) $\frac{1}{4}$
(i) 3 (j) $\cos a$ (k) 1
3. (a) $\frac{1}{6}$ (b) ∞ (c) $\frac{1}{2}$
4. (a) 2 (b) $\frac{5}{7}$ (c) $-\frac{1}{2}$
6. $f''(x)$

〈제 4 장〉

4.1 연습문제

1. (a) $\frac{1}{3}$ (b) $\frac{1}{37}$ (c) $\frac{2}{3}$ (d) $\frac{1}{6}$
2. (a) $\frac{1}{4}$ (b) $\frac{1}{2}$

4.2 연습문제

1. (a) 0 (b) $\frac{\sqrt{7}}{4}$ (d) $\frac{\pi}{3}$ (g) $\frac{\pi}{2}$ (h) $\frac{3}{4}\pi$
3. (a) $\frac{2x}{\sqrt{2x^2 - x^4}}$ (b) $-\frac{2}{\sqrt{1-(2x+5)^2}}$
(c) $\frac{1}{\sqrt{1-x^2}\,(\mathrm{Sin}^{-1}x)^2}$
(d) $\frac{4}{(\cos^{-1}2x)^2\sqrt{1-4x^2}}$
(e) 0 (f) $\sin^{-1}x + \frac{x}{\sqrt{1-x^2}}$
(g) $\frac{2\cos 2x}{1+(\sin 2x)^2}$ (h) $2x\mathrm{Tan}^{-1}2x + \frac{2x^2}{1+4x^2}$
(i) $\frac{\sqrt{1-x^2}\cos x \sin^{-1}x - \sin x}{(\sin^{-1}x)^2\sqrt{1-x^2}}$
(j) $\frac{-(\sin x - 2x)}{\sqrt{1-(\cos x - x^2)^2}}$ (k) $\frac{-1}{x^2+1}$
(l) $3(\mathrm{Tan}^{-1}x^2 + \sin^{-1}2x)^{\frac{1}{2}}(\frac{x}{1+x^4} + \frac{1}{\sqrt{1-4x^2}})$
4. (a) $y = \sqrt{2}(x - \frac{1}{\sqrt{2}}) + \frac{\pi}{4}$
(b) $y = \frac{1}{2}(x - \frac{\sqrt{3}}{2}) + \frac{\pi}{3}$
5. $\frac{3}{130}$ (rad/min)

6. $\frac{2}{25}(rad/\text{min})$

7. $\frac{3}{85}(rad/\text{min})$

4.3 연습문제

1. (a) $\cot x$

   (b) $\frac{2}{2x+3}\cos(\ln(2x+3))$

   (c) $\frac{2x}{x^2+5}$ (d) $\frac{\sin x - x\ln 2x\cos x}{x\sin^2 x}$

   (e) $\frac{1}{x[1+(\ln x)^2]}$ (f) $-3\tan(3x+5)$

2. (a) 1 (b) $\frac{3}{4}$ (c) 1

3. (a) $\frac{1}{x}$ (b) $\frac{1}{x^2}$

4. $\frac{2}{3}$

6. (a) 극소값 1 (b) 극소값 $\frac{1}{2}+\frac{1}{2}\ln 2$

7. (a) $y=\frac{1}{4}(x-3)+\ln 4$ (b) $y=\frac{2}{3}(x-4)+\ln 3$

11. (a) $\frac{2}{(\ln 2)(x+1)}$ (b) $\frac{\cot x}{\ln 10}$

4.4 연습문제

1. (a) $y=e^2(2x-1)$ (c) $y=2x+1$

3. (a) $\frac{e^x+\cos x}{e^x+\sin x}$ (d) $2e^{\sin x}\cos 2x$

   (i) $x^{\sqrt{x}-\frac{1}{2}}(\frac{1}{2}\ln x+1)$

   (l) $10^x\ln 10$ (m) $\pi^x\ln\pi$

6. (a) $y=\frac{x}{e}$ (b) $y=2x-e$

   (c) $y=\frac{3}{e}x$ (d) $y=-\frac{x}{e}+2$

   (e) $y=e^2(2x-1)$ (f) $y=e^2(3x-4)$

   (g) $y=\frac{x}{e}$ (h) $y=x$

   (i) $y=9(\ln 3)x-18\ln 3+9$

11. 극소값 $-\frac{1}{e^2}$, 극대값은 없다.

13. (a) e (b) e^2 (c) e (e) e

    (f) 1 (g) e^{ab} (h) 2

4.5 연습문제

1. (a) $e^x\sinh e^x - e^{\cosh x}\sinh x$

   (c) $-\coth x+\tanh x$

   (e) $\cos(\cosh x)\cdot\sinh x+\sin(\sinh x)\cdot\cosh x$

   (f) $-\operatorname{sech}x\operatorname{csch}x(\tanh x+\coth x)$

7. (a) $y'=\frac{2x}{\sqrt{x^4+1}}$ (b) $y'=\frac{2}{\sqrt{x^2+1}}\sinh^{-1}x$

   (c) $y'=-\frac{1}{\sin x}$ or $y'=-\csc x$

   (d) $y'=-|\csc x|$

   (e) $y'=-\frac{1}{\sinh x}$ (f) $y'=|\sec x|$

   (g) $y'=\frac{-\sin x}{\sqrt{\cos^2 x+1}}$ (h) $y'=\sec x$

8. (a) 1 (b) $\frac{\sqrt{2}}{4}$

〈제 5 장〉

5.1 연습문제

2. (a) $2\ln|\sin x|-3e^x+C$

   (b) $3\tan x+\sin x+C$

   (c) $\frac{1}{2}\text{Tan}^{-1}\frac{x}{2}-2\,\text{Sin}^{-1}\frac{x}{2}+C$

   (d) $2\ln|\sec x+\tan x|-\sec x+C$

   (e) $\frac{5^x}{\ln 5}+4\ln|x|+C$

   (f) $\sin x+\ln|\csc x-\cot x|-x+C$

   (g) $-3\operatorname{sech}x-\tanh x+2\text{Tan}^{-1}(\sinh x)+C$

   (h) $-\operatorname{csch}x-3\ln|\sinh x|+C$

3. 53.248 kg

5.2 연습문제

1. (a) $\frac{1}{3}$ (b) $\frac{20}{3}$

2. (a) $\int_1^2\frac{1}{x}dx$ (b) $\int_0^1\sqrt{x}\,dx$

   (c) $\int_0^1\frac{1}{\sqrt{1+x}}dx$ or $\int_1^2\frac{1}{\sqrt{x}}dx$

   (d) $\int_0^1\frac{1}{\sqrt{1+x^2}}dx$

4. $\frac{10}{3}$, $\sqrt{\frac{13}{3}}$

5. (b) $\frac{160}{9}(^\circ C)$

5.3 연습문제

1. (a) $6e^{t^2}$ (b) $12xe^{x^4}$ (c) $-t^2$

   (d) $\sin\theta^5$ (e) $e^{x^{\frac{2}{1}}}$ (f) $-\sin x\sqrt{1+\cos^3 x}$

3. (a) $\frac{\pi}{4}$ (b) 2 (c) $\frac{1}{2}\ln 2$

4. (a) $(x^2+1)^{15}$ (b) $(t^2+25)^{\frac{1}{2}}$ (c) $(z-1)^{\frac{1}{3}}$

   (d) $-(u+\frac{1}{u})$ (e) $\frac{1}{t}$ (f) $2x\sqrt{2+x^4}$

5. $\frac{1}{3}$

7. (a) $t=3$에서 $t=0$와 같은 위치에 있다.

   (b) $\int_0^3|x'(t)|dt=\int_0^2-x'(t)dt+\int_2^3 x'(t)dt$

$=\frac{8}{3}m$

8. $10(^oC)$
9. $400l$

5.4 연습문제

2. (a) $\frac{71}{6}$ (b) $\frac{3}{5}(2\sqrt[3]{4}-1)$ (c) $2-\sqrt{2}$
   (d) $\frac{125}{24}$ (e) $\pi-\frac{2}{3}$
3. (a) $\ln(\sqrt{2}+1)$ (b) $\frac{62}{5}$
4. (a) $\pi(1+\frac{1}{2}\sinh 2)$ or $\pi(1+\frac{e^2-e^{-2}}{4})$
   (b) $\frac{21}{2}\pi$
5. πa^2
6. (a) $\frac{4}{3}\pi ab^2$ (b) $\frac{4}{3}\pi a^2 b$ (c) $\frac{256\sqrt{2}}{15}\pi$
   (d) $\frac{32}{3}\pi$ (e) π (f) $\frac{21}{2}\pi$
7. (a) $s(t)=\frac{5}{\pi}\sin\pi t+2$
   (b) $-\frac{5}{\pi}m$, (c) $\frac{15}{\pi}m$
8. 1580억 ft3 ; 1990년과 2000년까지 10년 동안의 목재 수요량

〈제 6 장〉

6.1 연습문제

1. (a) $\frac{2}{9}(3x+1)^{\frac{3}{2}}+C$
   (b) $-\frac{1}{2}\ln|5-2x|+C$
   (c) $2\ln(1+\sqrt{x})+C$
   (d) $\frac{1}{2}(\ln x)^2+C$ (e) $\ln|y+\sin y|+C$
   (f) $\frac{1}{2}\ln\frac{4}{3}$ (g) $\frac{\pi^2}{8}$ (h) $\frac{5}{2}$
2. (a) $\frac{2}{5}(x+4)^{\frac{5}{2}}-\frac{8}{3}(x+4)^{\frac{3}{2}}+C$
   (b) $\frac{3}{2}\ln|x^{\frac{2}{3}}-1|+C$
   (c) $\frac{1}{7}(1+2t)^{\frac{7}{4}}-\frac{1}{3}(1+2t)^{\frac{3}{4}}+C$
   (d) $\frac{3}{10}(x^2+1)^{\frac{5}{3}}-\frac{3}{4}(x^2+1)^{\frac{2}{3}}+C$
   (e) 6
   (f) $\frac{3}{2}+3\ln\frac{3}{2}$
3. (a) 8 (b) $\frac{35}{6}-2\ln 6$ (c) $\frac{16}{3}-2\ln 3$
5. (a) $\frac{\pi}{3}$ (b) $\frac{959}{30}\pi$
6. $\frac{2}{27}(55\sqrt{55}-37\sqrt{37})$
8. $3600\ln\frac{5}{3}$cm
9. $L(x)=-10e^{-0.1x}+25$; $L(0)=15$
11. $P(t)=5\ln(1+e^{20t})+40000-5\ln 2$

6.2 연습문제

1. (a) $\theta\sin\theta+\cos\theta+C$
   (b) $-xe^{-x}-e^{-x}+C$
   (c) $x\sec x-\ln|\sec x+\tan x|+C$
   (d) $\frac{x^4}{4}\ln x+x\ln x-\frac{x^4}{16}-x+C$
   (e) $\frac{e^{ax}}{a^2+b^2}(a\sin bx-b\cos bx)+C$
   (f) $\frac{1}{5}(-e^{-x}\cos 2x+2e^{-x}\sin 2x)+C$
   (h) $x\,\mathrm{Tan}^{-1}x-\frac{1}{2}\ln(1+x^2)+C$
   (i) $-\frac{1}{4}x\cos 2x+\frac{1}{8}\sin 2x+C$
   (j) π (k) $2(e^2-1)$
2. (a) $3x\tan\frac{x}{3}-9\ln\left|\sec\frac{x}{3}\right|+C$
   (b) $\frac{x}{2}\{\sin(\ln x)-\cos(\ln x)\}+C$
   (c) $-\frac{1}{2}x^2\cos x^2+\frac{1}{2}\sin x^2+C$
3. (a) $1-\frac{2}{e}$ (b) $-\frac{5\pi}{4e^2}+\frac{\pi}{4}$
6. $25(e^2+1)$

6.3 연습문제

1. (a) $\frac{3}{2}\sin\frac{2}{3}x+C$ (b) $\frac{1}{\pi}\cos\frac{\pi}{x}+C$
   (c) $-\frac{1}{3}\cos 3x+\frac{1}{9}\cos^3 3x+C$
2. (a) $\frac{1}{4}\cos 2x-\frac{1}{16}\cos 8x+C$
   (b) $\frac{1}{2}\sin x-\frac{1}{10}\sin 5x+C$
   (c) $\frac{1}{4}x+\frac{1}{8}\sin 4x+\frac{1}{8}x+\frac{1}{64}\sin 8x+C$
   (d) $-\frac{1}{6}\cos^3 2t+\frac{1}{5}\cos^5 2t-\frac{1}{14}\cos^7 2t+C$
   (e) $\frac{1}{16}\theta-\frac{1}{32}\sin 2\theta-\frac{1}{24}\sin^3\theta+C$
   (f) 0
3. (a) $\frac{3}{2}\tan\frac{2}{3}x-x+C$ (b) $1-\frac{1}{2}\ln 2$
   (c) $\frac{1}{3}\tan 3x+\frac{1}{9}\tan^3 3x+C$

(d) $-\frac{2}{3}\cot\frac{3}{2}\theta-\frac{2}{9}\cot^3\frac{3}{2}\theta+C$ (e) $\frac{56}{15}$

(f) $\frac{1}{10}\tan^2 5\theta+\frac{1}{20}\tan^4 5\theta+C$

(g) $\frac{\sec^5 3t}{15}-\frac{\sec^3 3t}{9}+C$

(h) $-\frac{1}{3}\csc^3 x+C$

(i) $-\frac{1}{10}\cot^5 2y-\frac{1}{6}\cot^3 2y+C$

(j) $\ln|\sin t|+C$ (k) $\sec x-\tan x+x+C$

(l) $\frac{1}{10}\tan^5 t^2+C$

4. $\frac{1}{8}$

5. $\frac{\pi^2}{2}$

6.4 연습문제

3. (a) $-3\sqrt{4-x^2}-2\mathrm{Sin}^{-1}\frac{x}{2}+C$

(b) $2\mathrm{Sin}^{-1}\left(\frac{x}{2}\right)-\frac{1}{4}(x^3-2x)\sqrt{4-x^2}+C$

(c) $\frac{e^x}{a^2\sqrt{a^2-e^{2x}}}+C$

(d) $-\sqrt{8+2x-x^2}+\mathrm{Sin}^{-1}\left(\frac{x-1}{3}\right)+C$

(e) $\frac{x-2a}{a\sqrt{2ax-x^2}}+C$

(f) π

4. (a) $\frac{1}{4}\frac{x}{\sqrt{x^2+4}}+C$

(b) $\ln|\sqrt{t^2+16}+t|-\frac{t}{\sqrt{t^2+16}}+C$

(c) $\frac{1}{12}\ln 5-\frac{1}{12}\ln 3$

5. (a) $\frac{1}{3}\sec^{-1}\left(\frac{x}{3}\right)+C$ (b) $\frac{1}{4}\frac{\sqrt{z^2-4}}{z}+C$

(c) $-\frac{1}{9}\frac{x}{\sqrt{4x^2-9}}+C$

(d) $\ln\left|\frac{x}{2}+\frac{\sqrt{x^2-4}}{2}\right|-\frac{\sqrt{x^2-4}}{x}+C$ or

$\ln|x+\sqrt{x^2-4}|-\frac{\sqrt{x^2-4}}{x}+C$

(e) $\frac{1}{54}\left(\frac{\pi}{3}+\frac{\sqrt{3}}{4}\right)$

6. πab

7. $\ln 3-\frac{4}{5}$

8. $\ln\frac{\sqrt{26}-1}{5(\sqrt{2}-1)}+(\sqrt{26}-\sqrt{2})$

9. $\pi\left[e\sqrt{1+e^2}+\ln(e+\sqrt{1+e^2})-\sqrt{2}-\ln(\sqrt{2}+1)\right]$

10. $2\pi\left(b^2+\frac{a^2 b\,\mathrm{Sin}^{-1}\frac{\sqrt{a^2-b^2}}{a}}{\sqrt{a^2-b^2}}\right)$

6.5 연습문제

3. (a) $\ln x^2(x^2+3)+C$

(b) $\ln|x-1|+\mathrm{Tan}^{-1}x+C$

(c) $2\ln\frac{t^2+4}{|t-2|}+C$

(d) $\ln\left|\frac{x-1}{x+1}\right|-2\,\mathrm{Tan}^{-1}x+C$

(e) $2\ln|z+2|-\mathrm{Tan}^{-1}(z+1)+C$

(f) $\ln 4+\frac{\pi}{4}$ (g) $\frac{3}{2}\ln\frac{20}{13}+\ln\frac{12}{5}$

4. (a) $\mathrm{Tan}^{-1}y+\ln(y^2+2)+C$

(b) $\frac{1}{2}\ln(x^2+1)-\frac{1}{x^2+1}+C$

(c) $2\sqrt{2}\,\mathrm{Tan}^{-1}\left(\frac{x}{\sqrt{2}}\right)-\frac{1}{x^2+2}+C$

(d) $\mathrm{Tan}^{-1}(t+2)-\frac{1}{t^2+4t+5}+C$

(e) $\frac{1}{2}\ln 2+\frac{1}{8}+\frac{\pi}{4}$

5. (a) $\mathrm{Tan}^{-1}x+\frac{1}{x+1}+C$

(b) $\frac{\pi}{4}-\ln 2+\frac{1}{2}$

(c) $\ln\left(\frac{x^2}{x^2+4x+5}\right)+\frac{2}{x}-\mathrm{Tan}^{-1}(x+2)+C$

(d) $\ln\frac{x^2}{x^2+1}+\mathrm{Tan}^{-1}x+\frac{1}{x^2+1}+C$

6. (a) $\frac{t^2}{2}-4\ln(t^2+4)-\frac{8}{t^2+4}+C$

(b) $x+\frac{1}{8}\ln(4x^2-4x+3)$

$-\frac{\sqrt{2}}{8}\mathrm{Tan}^{-1}\left(\frac{2x-1}{\sqrt{2}}\right)+C$

(c) $\frac{x^3}{3}+\ln|x|-5\ln(x^2+9)-3\mathrm{Tan}^{-1}\left(\frac{x}{3}\right)+C$

7. $2-\ln 3$

8. $\frac{4}{9}\pi$

6.6 연습문제

1. (a) $\frac{1}{5}\ln\left|2\tan\frac{x}{2}+1\right|-\frac{1}{5}\ln\left|\tan\frac{x}{2}-2\right|+C$

(b) $\frac{2}{\sqrt{3}}\mathrm{Tan}^{-1}\left(\frac{1}{\sqrt{3}}\tan\frac{x}{2}\right)+C$

(c) $\ln\left|\tan\frac{x}{2}+1\right|+C$

(d) $\frac{1}{2}\ln\left|\tan\frac{x}{2}\right|-\frac{1}{4}\tan^2\frac{x}{2}+C$

(e) $\frac{\pi}{4}+\frac{1}{2}\ln 2$

(f) $-\frac{1}{8}\ln 3$

2. (a) $-\mathrm{Sin}^{-1}\left(\frac{1-x}{\sqrt{2}x}\right)+C,\ x>-1+\sqrt{2}$,

$\mathrm{Sin}^{-1}\left(\frac{1-x}{\sqrt{2}x}\right),\ x<-1-\sqrt{2}$

(b) $-\frac{1}{6}\left(\frac{2}{x}-1\right)^{\frac{3}{2}}-\frac{1}{2}\left(\frac{2}{x}-1\right)^{\frac{1}{2}}+C$

(c) $\frac{\pi}{6}$ (d) $\frac{1}{\sqrt{5}}\ln 2$

6.7 연습문제

1. (a) ∞ (b) $\frac{1}{3}$

(c) $\frac{1}{3}$ (d) $\frac{1}{2}(e^{-2}\sin 2+e^{-2}\cos 2)$

(e) ∞ (f) $\frac{\pi}{2}$ (g) 0

2. (a) $2\sqrt{3}$ (b) π
3. (a) 0 (b) 발산

(c) 6 (d) $\frac{3}{2}(1+\sqrt[3]{3})$

5. $\frac{\pi}{4}$
6. $\frac{4\sqrt{2}}{3}$
7. 6

〈제 7 장〉

7.1 연습문제

1. $\langle n^2\rangle=\{1,4,9,16,\cdots\}$은 단조증가수열이지만 유계는 아니고, $\langle -n^3\rangle=\{-1,-8,-27,\cdots\}$은 단조감소이지만 유계는 아닌 수열이다.
2. ① ② ④ ⑤
3. (a) 5 (b) 2 (c) 0

(d) $\frac{1}{2}$ (e) 2 (f) -3

7.2 연습문제

1. (a) 수렴, $\frac{5}{4}$ (b) 수렴, $\frac{\pi}{\pi-1}$ (c) 수렴, 6

(d) 수렴, $\frac{1}{2}$ (e) 발산 (f) 수렴, $\frac{e}{7-e}$

(g) 발산

2. (a) $\frac{23}{99}$ (b) $\frac{1}{3}$ (c) $\frac{516}{990}$ (d) $2\frac{16312}{99999}$

7.3 연습문제

1. (a) 발산 (b) 수렴 (c) 수렴
   (d) 수렴 (e) 발산 (f) 발산
2. (a) 발산 (b) 수렴 (c) 수렴
   (d) 수렴 (e) 발산 (f) 수렴
3. (a) 각 항들이 양항이 아니다.
   (b) 각 항들이 양향이 아니고 단조감소도 아니다.
   (c) 항들이 단조감소가 아니다.
4. (b) $n=20{,}000$

7.4 연습문제

1. (a) 발산 (b) 수렴 (c) 수렴 (d) 수렴
   (e) 수렴 (f) 발산 (g) 수렴 (h) 발산
   (i) 수렴 (j) 수렴
2. 수렴

7.5 연습문제

1. (a) 수렴 (b) 발산 (c) 수렴 (d) 수렴
   (e) 수렴 (f) 수렴 (g) 수렴
2. (a) 발산 (b) 발산 (c) 발산 (d) 발산

(e) 수렴 (f) 발산($\lim_{n\to\infty}(1-\frac{1}{n})^n=\frac{1}{e}$ 이므로)

(g) 발산($\Sigma\frac{1}{n}$ 과 비교) (h) 수렴 (i) 수렴

(j) 발산

7.6 연습문제

1. (a) 발산 (b) 조건부 수렴
   (c) 조건부 수렴 (d) 조건부 수렴
2. (a) 발산 (b) 발산 (c) 발산 (d) 발산
   (e) 절대수렴 (f) 절대수렴
3. (a) 조건부 수렴 (b) 발산
   (c) 발산 (d) 절대수렴 (e) 발산

〈제 8 장〉

8.1 연습문제

1. (a) $(-6,\ 6)$ (b) $(-4,\ 2)$

(c) $\left(-\frac{1}{3},\frac{1}{3}\right)$ (d) $[0,\ 2]$

(e) $(-\infty,\ \infty)$

2. (a) $(-1,\ 1)$ (b) $(-\infty,\ \infty)$
   (c) $(-1,\ 1)$ (d) $[2.5,\ 3.5]$
   (e) $(-1,\ 1)$ (f) $(0.4,\ 0.8)$
   (g) $(-2,\ 2)$ (h) $(-4,\ 2)$

8.2 연습문제

1. (a) $-2x-2x^3-2x^5-2x^7-\cdots,\ |x|<1$

(b) $1+\frac{x^2}{2^2}+\frac{x^4}{2^4}+\frac{x^6}{2^6}+\cdots,\ |x|<2$

(c) $-\frac{1}{3}x+\frac{1}{9}x^2-\frac{7}{27}x^3+\frac{13}{81}x^4\cdots,\ |x|<1$

2. (a) $x-\frac{x^2}{2}+\frac{x^3}{3}-\frac{x^4}{4}+\cdots,\ |x|<1;$

$x^2-\frac{x^3}{2}+\frac{x^4}{3}-\frac{x^5}{4}+\cdots,\ |x|<1;$

$2-2x+\frac{8}{3}x^2-4x^3+\cdots,\ |x|<\frac{1}{2}$

3. (a) $1+x^2+x^4+x^6+\cdots,\ |x|<1;$
$2x+4x^3+6x^5+8x^7+\cdots,\ |x|<1$
(c) $\frac{1}{2}+\frac{1}{4}x+\frac{1}{8}x^2+\frac{1}{16}x^3+\cdots,\ |x|<2;$
$\frac{1}{4}+\frac{1}{4}x+\frac{3}{16}x^2+\frac{1}{8}x^3+\cdots,\ |x|<2;$
$\ln 2-\frac{1}{2}x-\frac{1}{8}x^2-\frac{1}{24}x^3-\frac{1}{64}x^4-\cdots,\ |x|<2$

4. (a) $1+2x+2x^2+2x^3+\cdots,\ |x|<1$
(b) $-1-x-2x^2-2x^3-\cdots,\ |x|<1$
(c) $-x+x^2+\frac{x^3}{3}-\frac{x^4}{3}-\frac{x^5}{5}+\frac{x^6}{5}+\frac{x^7}{7}-\frac{x^8}{7}-\cdots,\ |x|<1$
(d) $-x+\frac{4}{3}x^3-\frac{8}{15}x^5+\frac{12}{35}x^7-\frac{16}{63}x^9+\cdots,\ |x|<1$
(f) $x+x^2+\frac{2}{3}x^3+\frac{2}{3}x^4+\frac{13}{15}x^5+\cdots,\ |x|<1$

8.3 연습문제

1. (a) $\sqrt{x}=1+\frac{1}{2}(x-1)-\frac{1}{8}(x-1)^2+\cdots+\frac{(-1)^{n-1}(1\cdot3\cdot5\cdots(2n-3))}{2^n n!}(x-1)^n+\cdots;$
수렴반경$=1$
(c) $\frac{1}{x+2}=\sum_{n=0}^{\infty}\frac{(-1)^n}{2^{n+1}}x^n$; 수렴반경$=2$
(e) $\ln x=\sum_{n=1}^{\infty}\frac{(-1)^{n-1}}{n}(x-1)^n$;
수렴반경$=1$
(g) $\sin x=\frac{\sqrt{3}}{2}+\frac{1}{2}(x-\frac{\pi}{3})-\frac{\sqrt{3}}{2\cdot2!}(x-\frac{\pi}{3})^2-\frac{1}{2\cdot3!}(x-\frac{\pi}{3})^3+\frac{\sqrt{3}}{2\cdot4!}(x-\frac{\pi}{3})^4+\cdots$; 수렴반경$=\infty$
(j) $\frac{\pi}{2}-x-\frac{1}{6}x^3-\frac{3}{40}x^5-\frac{5}{112}x^7-\cdots$;
수렴반경$=1$

3. -0.287

5. $\frac{1}{3}$; 오차는 0.0067보다 작다.

7. (a) $|x|<\sqrt[3]{600}\times10^{-2}$ (b) $\frac{\pi^7}{7!}$

9. (a) $1+\frac{1}{2}x-\frac{1}{8}x^2+\frac{1}{16}x^3-\frac{5}{128}x^4+\cdots$
(c) $2+\frac{1}{4}x^2-\frac{1}{64}x^4+\frac{1}{512}x^6-\cdots$
(e) $\frac{1}{8}-\frac{3}{16}x+\frac{3}{16}x^2-\frac{5}{32}x^3+\cdots$
(f) $1+\frac{1}{6}x^2+\frac{3}{40}x^4+\frac{5}{112}x^6+\cdots$
(g) $2x+\frac{4}{3}x^3+\frac{12}{5}x^5+\frac{40}{7}x^7+\cdots$

10. 0.98995 ; 오차$<1\times10^{-7}$

〈제 9 장〉

9.1 연습문제

1. $(x-0.7)^2+(y-1.3)^2=12.58$
2. $(x+2)^2+(y+1)^2<6$
3. 원 밖에 있다. 주어진 원은 중심이 (1, 2)이고 반지름이 $\sqrt{2}$ 인데, (0.1, 3.1)에서 중심까지의 거리가 $\sqrt{2.02}$ 이므로
4. $x^2+y^2+2x+2y=23$ or $(x+1)^2+(y+1)^2=25$
5. $x^2+y^2-4x-4y=5$
6. $4|p|$
7. (b) $(x-\frac{9}{14})^2=\frac{6}{7}(y+\frac{193}{168})$
8. (a) $y=2x-5$ (b) $(0,\ -5)$ (c) $(0,\ 0)$
(d) 5, 5 (e) $\alpha=\beta$
9. (a) 한 점$(-1,\ 2)$
(b) 원$(x+2)^2+(y+2)^2=1$의 경계와 외부
10. $b^2y=4hx(b-x)$
11. $25\left(y-\frac{6}{5}\right)^2-20(x-1)^2=36$

9.2 연습문제

1. (a) 쌍곡선 (b) 포물선 (c) 포물선
(d) 타원 (e) 타원 (f) 타원
(g) 포물선 (h) 타원
3. (a) $x=\frac{x'-y'}{\sqrt{2}},\ y=\frac{x'+y'}{\sqrt{2}}$; $(x')^2-(y')^2=4$
(b) $5x'^2-3y'^2=7$
(c) $(\frac{1}{2}-\sqrt{3})x'^2+(\frac{1}{2}+\sqrt{3})y'^2=2$
5. $\sin\alpha=\frac{1}{\sqrt{5}},\ \cos\alpha=\frac{2}{\sqrt{5}}$

9.3 연습문제

1. (a) $(\frac{3}{\sqrt{2}},\ \frac{3}{\sqrt{2}})$ (c) $(\sqrt{3},1)$ (e) $(2,2\sqrt{3})$
2. (a) $(2,\frac{\pi}{6})$ (c) $(3,\pi)=(-3,0)$ (e) $(-4,\frac{\pi}{6})$
3. (a) $x^2+y^2=4y$ (b) $x=5$
(c) $x^2+y^2=9$ (d) $y=(\tan 2)x$
(e) $y^2=9-6x$ (f) $3x^2-4x+4y^2=4$
4. (a) $\theta=0$ (b) $r=2k\cot\theta\csc\theta$
(c) $r^2=\frac{a^2b^2}{a^2\sin^2\theta+b^2\cos^2\theta}$
6. (a) $(\sqrt{2},\frac{\pi}{4})$, 극점 (b) $\left(2,\ \pm\frac{\pi}{3}\right)$, 극점

(c) (1, 0) (d) $\left(2\sqrt{2},\ \frac{\pi}{4}\right)$

7. (a) 3 (b) $-3\sqrt{3}$ (c) ± 1 (d) 0

8. $(0,\pi)$, $(\frac{3}{2}a, \pm\frac{\pi}{3})$

9. (a) $(a, \frac{\pi}{6}), \frac{\pi}{3}$; $(a, \frac{5}{6}\pi), \frac{\pi}{3}$

 (b) $(a,\ 0), \frac{\pi}{4}$; $(a,\pi),\ \frac{\pi}{4}$

 (c) $(\sqrt{2}\,a, \frac{\pi}{4}), 0$ (d) 극점, $\frac{\pi}{2}$

 (e) $(1, \frac{\pi}{2}), \frac{\pi}{2}$; $(1, -\frac{\pi}{2}), \frac{\pi}{2}$

9.4 연습문제

(x, y, z) (r, θ, z) (ρ, ϕ, θ)

1. (a) --- $(1,0,0)$ $(1, \frac{\pi}{2}, 0)$

 (c) --- $(0,*,1)$ $(1,0,*)$

2. (b) $(\sqrt{2},0,1)$ --- $\left(\sqrt{3}, \cos^{-1}\left(\frac{1}{\sqrt{3}}\right), 0\right)$

3. (a) $\left(0, -\frac{3}{2}, \frac{\sqrt{3}}{2}\right)$ $\left(\frac{3}{2}, -\frac{\pi}{2}, \frac{\sqrt{3}}{2}\right)$ ---

 (c) $(0,0,-\sqrt{2})$ $(0,*,-\sqrt{2})$ ---

 여기서 *는 임의의 실수를 나타냄.

9.5 연습문제

1. (a) 일엽쌍곡면 (b) 타원포물면 (c) 포물주면
2. (a) 일엽쌍곡면 (b) 타원면 (c) 이엽쌍곡면
3. (a) $64(x+\frac{1}{4})^2 - 8(y-1)^2 + 64(z-\frac{1}{8})^2 = 45$

 (b) $12x^2 - 4y^2 - 4z^2 = 3$

 (c) $3x^2 + 3y^2 + 3z^2 - 4x + 18y + 16z = 85$

 (d) $x^2 - 15y^2 - 16z^2 = 0$

4. (a) xy 평면과의 교선이 중심이 직교좌표로 $\left(\frac{1}{2}, 0\right)$, 반지름이 $\frac{1}{2}$인 원으로 이루어진 원주면

 (d) xy 평면과의 교선이 포물선 $x = -y^2$인 포물주면

5. (a) 중심이 직교좌표로 $(0, 0, \frac{a}{2})$인 점이고 반지름이 $\frac{a}{2}$인 구면

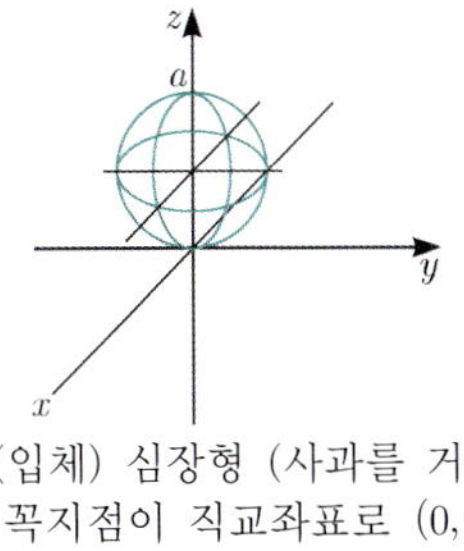

 (b) 회전(입체) 심장형 (사과를 거꾸로 놓은 모양): 꼭지점이 직교좌표로 $(0,0,2a)$이고 원점을 첨점으로 하는 뒤집힌 하트를 z축으로 회전한 곡면

6. 꼭지점 $\left(0,\ y_1,\ \frac{cy_1^2}{b^2}\right)$,

 초점 $\left(0,\ y_1,\ -\frac{c}{4a^2} + \frac{cy_1^2}{b^2}\right)$

〈제 10 장〉

10.1 연습문제

1. (a) $\begin{pmatrix} 4 & -3 & 3 & 3 \\ 2 & 5 & -1 & -4 \end{pmatrix}$

 (b) 정의되지 않음

2. $A+B = \begin{pmatrix} 4 & -1 & -1 \\ -1 & 1 & 7 \end{pmatrix}$,

 $A+C$ 정의되지 않음,

 $3A-4B = \begin{pmatrix} -16 & -3 & 18 \\ 4 & 17 & -4 \end{pmatrix}$

3. (a) $(A+B)^t = \begin{pmatrix} 0 & 4 \\ 1 & 7 \end{pmatrix}$, $A^t + B^t = \begin{pmatrix} 0 & 4 \\ 1 & 7 \end{pmatrix}$

 (b) $A + A^t = \begin{pmatrix} 4 & 2 \\ 2 & 6 \end{pmatrix}$, $A - A^t = \begin{pmatrix} 0 & 0 \\ 0 & 0 \end{pmatrix}$

 (c) $C^t = \begin{pmatrix} 3 & 1 \\ 2 & 0 \\ 0 & 4 \end{pmatrix}$

 (d) $C + C^t$는 정의되지 않음

 (e) A는 대칭이며 B는 대칭이 아님

4. $AB = \begin{pmatrix} 13 & -6 & 10 \\ 10 & -6 & 14 \end{pmatrix}$, BA는 정의되지 않음

5. $A^2 = \begin{pmatrix} 9 & -4 \\ -8 & -17 \end{pmatrix}$, $A^3 = \begin{pmatrix} -7 & 30 \\ 60 & -67 \end{pmatrix}$

6. (a) 160 (b) 2

7.

 (a) $\frac{1}{6}\begin{pmatrix} -3 & 6 & 3 \\ - & 2 & -1 \\ 7 & -8 & -5 \end{pmatrix}$

 (b) $\begin{pmatrix} 7 & -3 & -3 \\ -1 & 0 & 1 \\ -1 & 1 & 0 \end{pmatrix}$

 (c) $\frac{1}{3}\begin{pmatrix} 1 & 1 & 1 & -2 \\ 1 & 1 & -2 & 1 \\ 1 & -2 & 1 & 1 \\ -2 & 1 & 1 & 1 \end{pmatrix}$

 (d) $\frac{1}{18}\begin{pmatrix} 2 & 5 & -7 & 1 \\ 5 & -1 & 5 & -2 \\ -7 & 5 & 11 & 10 \\ 1 & -2 & 10 & 5 \end{pmatrix}$

10.2 연습문제

1. $x = 2,\ y = 1$
2. $\frac{3}{4}\pi$
3. $|\alpha+\beta|^2 + |\alpha-\beta|^2$

 $= (\alpha+\beta)\cdot(\alpha+\beta) + (\alpha-\beta)\cdot(\alpha-\beta)$

 $= (\alpha\cdot\alpha + \alpha\cdot\beta + \beta\cdot\alpha + \beta\cdot\beta) + (\alpha\cdot\alpha$

 $-\alpha\cdot\beta - \beta\cdot\alpha + \beta\cdot\beta)$

$= 2\boldsymbol{\alpha} \cdot \boldsymbol{\alpha} + 2\boldsymbol{\beta} \cdot \boldsymbol{\beta} = 2|\boldsymbol{\alpha}|^2 + 2|\boldsymbol{\beta}|^2$

5. $\boldsymbol{\alpha} = C_1\boldsymbol{\alpha}_1 + C_2\boldsymbol{\alpha}_2 = C_1\boldsymbol{\alpha} + (1 - C_2)\boldsymbol{\alpha}_2$ 이므로 벡터 $\boldsymbol{\alpha}$의 종점은 벡터 $\boldsymbol{\alpha}_1$의 종점과 벡터 $\boldsymbol{\alpha}_2$의 종점을 이은 직선을 내분 또는 외분하는 점이다.

6. (a) $-6\boldsymbol{i} - 3\boldsymbol{j}$ (b) $-\boldsymbol{i} - \boldsymbol{j} + \boldsymbol{k}$
(c) $-5\boldsymbol{i} - \boldsymbol{j} + 7\boldsymbol{k}$ (d) $\boldsymbol{O}$

10.3 연습문제

1. 60° 또는 120°
2. $\cos\alpha = \dfrac{2}{3}$, $\cos\beta = -\dfrac{2}{3}$, $\cos\gamma = \dfrac{1}{3}$
3. 45°
4. $(-1,\ 4,\ 3)$
5. $(-9,\ -6,\ 0)$ or $3i + 2j$ or ⋯
6. $2x + y - z = 3$
7. $x + z = -1$
8. $6x + 5y - 8z = 4$
9. $(2, 1, -1)$
10. 60°

10.4 연습문제

1. (a)

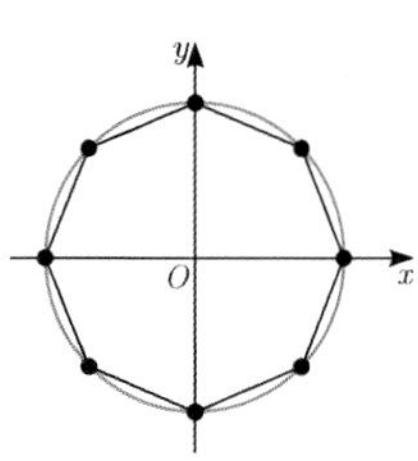

(c)

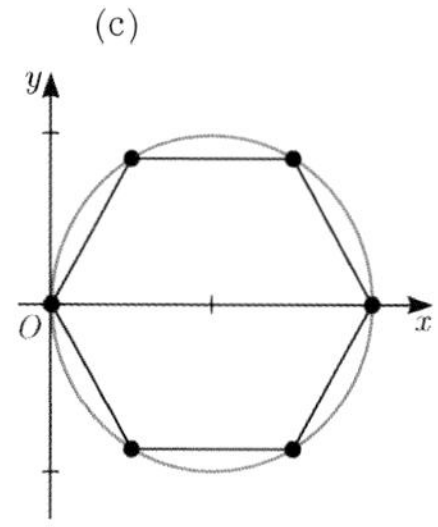

(e)

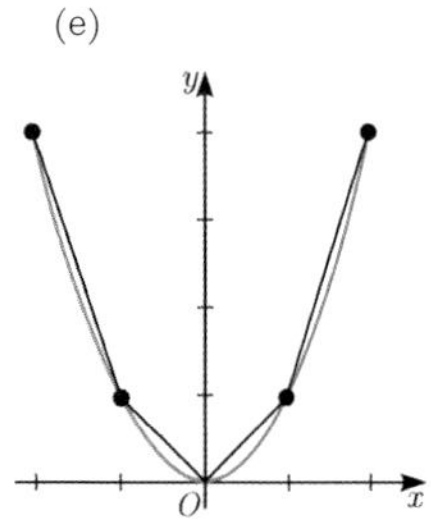

2. (a) (3, 0)을 시작점으로 하여 직선 $2x - 3y = 6$을 따라 끝점 $(0, -2)$까지 가는 직선

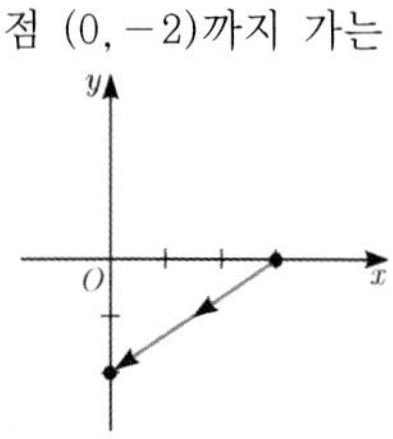

(c) 시작점 (0, 0)에서 끝점 (2, 0)까지 포물선 $y = 2x - x^2$을 따라가는 곡선

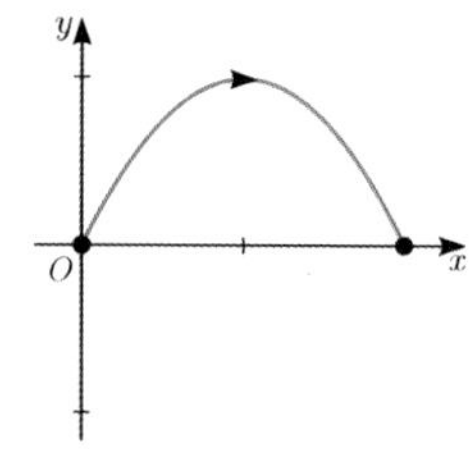

(e) 시작점 (0, 1)에서 끝점 $(2\pi, 1)$까지 $y = \cos x$를 따라가는 곡선

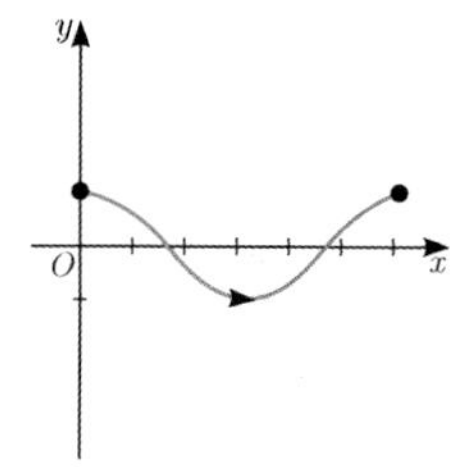

(g) $(-1, -\frac{\pi}{2})$에서 $(1, \frac{\pi}{2})$까자 $x = \sin y$를 따라가는 곡선

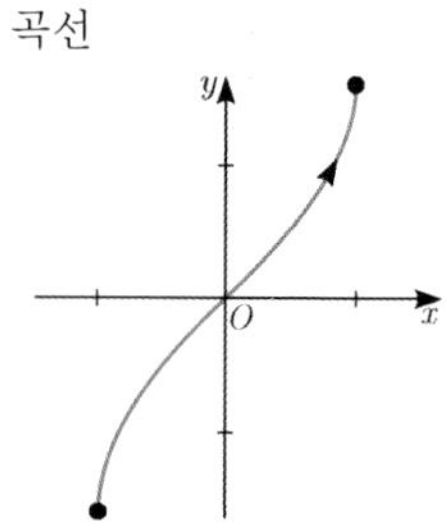

(i) $(0, -1)$에서 원 $x^2 + y^2 = 1$을 따라 시계방향으로 한바퀴 돌아 $(0, -1)$에 이르는 곡선

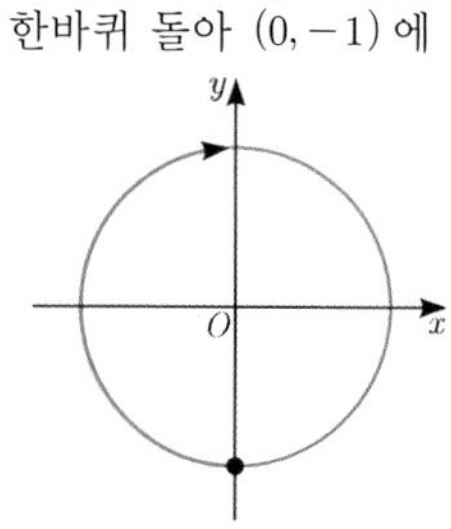

3. (b) $\sqrt{a^2 + c^2 - \dfrac{(ab + cd)^2}{b^2 + d^2}}$

4. $x = 2r_0(1 - \cos t)\cos t$
$y = 2r_0(1 - \cos t)\sin t$

10.5 연습문제

1. (b) $2y = 3x - 1$

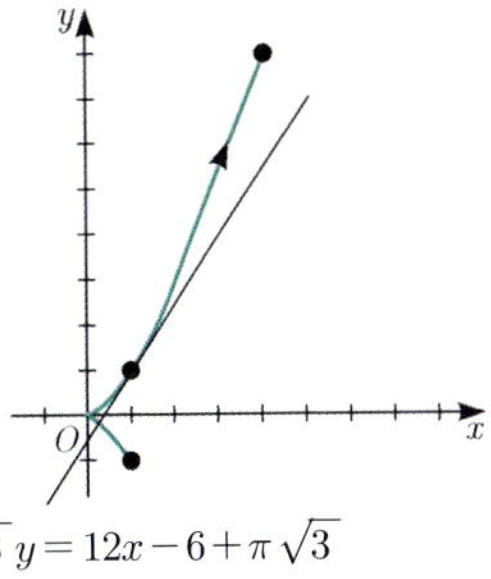

(d) $6\sqrt{3}\,y = 12x - 6 + \pi\sqrt{3}$

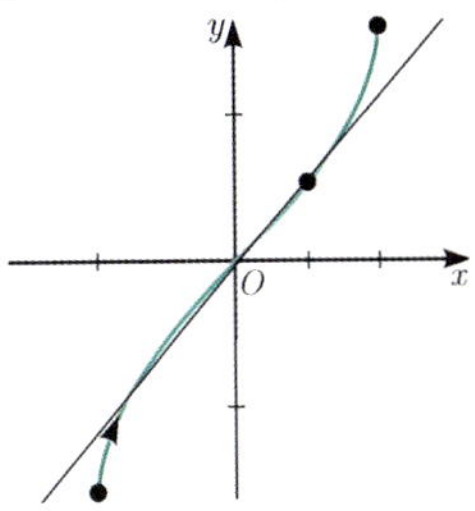

2. (a) $\dfrac{40^{\frac{3}{2}} - 8}{27}$ (c) 5

(d) 2π (f) $\dfrac{8(\pi^2+1)^{3/2} - 8}{3}$

(h) $\dfrac{15}{4}$

3. (a) $\sqrt{6}$

(b) $\dfrac{\sqrt{5}}{2} + 2\ln\left(\dfrac{1+\sqrt{5}}{2}\right)$

(d) $2 + \sqrt{2}\ln(1+\sqrt{2})$

4. (b) $C: x = \dfrac{s}{\sqrt{5}}, y = \cos\left(\dfrac{2s}{\sqrt{5}}\right), z = \sin\left(\dfrac{2s}{\sqrt{5}}\right),$

$0 \le s \le \dfrac{\sqrt{5}}{2}\pi$

(c) $C: x = \dfrac{4s}{5}, y = \dfrac{3s}{5}, 0 \le s \le 5$

(d) $C: x = \dfrac{2}{3}\left(\left(\dfrac{3}{2}s+1\right)^{2/3} - 1\right)^{3/2},$

$y = \left(\dfrac{3}{2}s+1\right)^{2/3} - 1, 0 \le s \le \dfrac{2}{3}(10^{\frac{3}{2}} - 1)$

(f) $C: x = 3\cos\dfrac{s}{3}, y = 3\sin\dfrac{s}{3}, 0 \le s \le 6\pi$

(g) $C: x = r\cos\left(\dfrac{s}{r}\right),\ y = r\sin\left(\dfrac{s}{r}\right),$

$0 \le s \le 2\pi r$

5. (a) 4π (b) 8

(d) $\sqrt{5}(e^{\pi} - 1)$ (f) $\dfrac{8(\pi^2+1)^{3/2} - 8}{3}$

6. (b) $C: x = \left(\dfrac{s}{\sqrt{2}}+1\right)\cos\left(\ln\left(\dfrac{s}{\sqrt{2}}+1\right)\right),$

$y = \left(\dfrac{s}{\sqrt{2}}+1\right)\sin\left(\ln\left(\dfrac{s}{\sqrt{2}}+1\right)\right),$

$0 \le s \le \sqrt{2}(e^{2\pi} - 1)$

10.6 연습문제

1. (a)

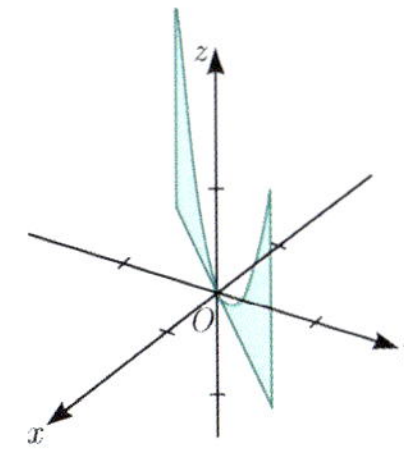

(d)

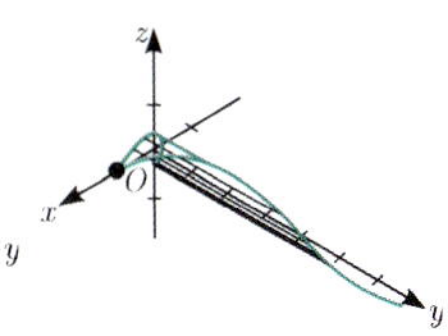

(e)

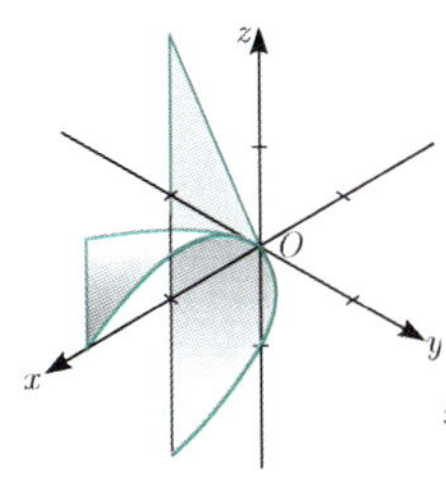

(f)

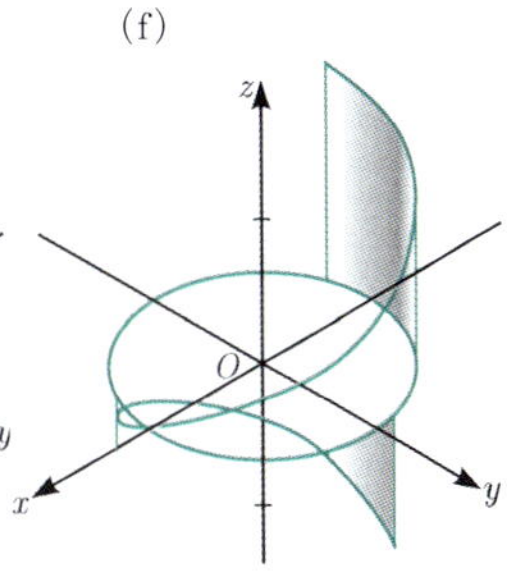

2. (a) $4\boldsymbol{i} - 6\boldsymbol{j}$ (b) $2\boldsymbol{i}$ (c) $6\boldsymbol{i} + 2\boldsymbol{j}$

3. (a) $2t\boldsymbol{i} - 3\boldsymbol{j}$

(b) $e^{-t}(1-t)\boldsymbol{i} - 3e^{-3t}\boldsymbol{j} - e^{-t}\boldsymbol{k}$

(c) $\sec^2 t\,\boldsymbol{i} + \sec t\tan t\,\boldsymbol{j}$

(d) $\boldsymbol{i} + e^{-t}(\cos t - \sin t)\boldsymbol{j} + e^{-t}(-\sin t - \cos t)\boldsymbol{k}$

4. (a) $t^2\boldsymbol{i} + 2t^3\boldsymbol{j} + \boldsymbol{C}$

(d) $\dfrac{1}{2}\tan(2t)\boldsymbol{i} + \dfrac{1}{2}\sec(2t)\boldsymbol{j} + \boldsymbol{C}$

(e) $-\cos t\,\boldsymbol{i} + \sin t\,\boldsymbol{j} + \boldsymbol{C}$

(f) $\dfrac{1}{2}\ln(t^2+4)\boldsymbol{i} + \dfrac{1}{2}\tan^{-1}\dfrac{t}{2}\boldsymbol{j} + \boldsymbol{C}$

5. (b) $\boldsymbol{i} + 2t\boldsymbol{j}$; $2\boldsymbol{j}$; $\sqrt{1+4t^2}$

(c) $-2\sin(2t)\boldsymbol{i} + 2\cos(2t)\boldsymbol{j}$;

$-4\cos(2t)\boldsymbol{i} - 4\sin(2t)\boldsymbol{j}$; 2

6. (a) $t\boldsymbol{i} + (2t - 16t^2)\boldsymbol{j}$

(b) $(t^4+t)\boldsymbol{i} + (t^3+2t)\boldsymbol{j} + \left(\dfrac{t^2}{2}+2\right)\boldsymbol{k}$

(c) $4t\boldsymbol{i} + (3+2t^3)\boldsymbol{j}$

10.7 연습문제

1. (a) $-\dfrac{\sqrt{2}}{2}\boldsymbol{i} + \dfrac{\sqrt{2}}{2}\boldsymbol{j}$; 존재 안함 ; 0

(b) $\dfrac{t}{\sqrt{t^2+1}}\boldsymbol{i} + \dfrac{1}{\sqrt{t^2+1}}\boldsymbol{j};$

$\dfrac{1}{\sqrt{t^2+1}}\boldsymbol{i} - \dfrac{t}{\sqrt{t^2+1}}\boldsymbol{j};\ \dfrac{t}{\sqrt{(t^2+1)^3}}$

(c) $-\sin t\,\boldsymbol{i} + \cos t\,\boldsymbol{j}$; $-\cos t\,\boldsymbol{i} - \sin t\,\boldsymbol{j}$; $\dfrac{1}{2}$

(e) $\left(\dfrac{-\sin t + \cos t}{\sqrt{2}}\right)\boldsymbol{i} + \left(\dfrac{\cos t + \sin t}{\sqrt{2}}\right)\boldsymbol{j}$;

$\left(\dfrac{-\cos t-\sin t}{\sqrt{2}}\right)i+\left(\dfrac{-\sin t+\cos t}{\sqrt{2}}\right)j$; $\dfrac{e^{-t}}{\sqrt{2}}$

3. (a) $\dfrac{1}{\sqrt{2}}i+\dfrac{1}{\sqrt{2}}k$; j ; $-\dfrac{1}{\sqrt{2}}i+\dfrac{1}{\sqrt{2}}k$; $\dfrac{1}{2}$

(b) $\dfrac{1}{\sqrt{2}}i-\dfrac{1}{2}j+\dfrac{1}{2}k$; $\dfrac{1}{\sqrt{2}}j+\dfrac{1}{\sqrt{2}}k$;

$-\dfrac{1}{\sqrt{2}}i-\dfrac{1}{2}j+\dfrac{1}{2}k$; $\dfrac{1}{2\sqrt{2}}$

(c) $-\dfrac{\sin t}{\sqrt{2}}i+\cos t\,j-\dfrac{\sin t}{\sqrt{2}}k$;

$-\dfrac{\cos t}{\sqrt{2}}i-\sin t\,j-\dfrac{\cos t}{\sqrt{2}}k$;

$-\dfrac{1}{\sqrt{2}}i+\dfrac{1}{\sqrt{2}}k$; $\dfrac{1}{\sqrt{2}}$

(d) $\dfrac{-\sin t+\cos t}{\sqrt{3}}i+\dfrac{\cos t+\sin t}{\sqrt{3}}j+\dfrac{1}{\sqrt{3}}k$;

$\dfrac{-\cos t-\sin t}{\sqrt{2}}i+\dfrac{-\sin t+\cos t}{\sqrt{2}}j$;

$\dfrac{\sin t-\cos t}{\sqrt{6}}i+\dfrac{-\cos t-\sin t}{\sqrt{6}}j+\dfrac{2}{\sqrt{6}}k$; $\dfrac{\sqrt{2}}{3e^{t}}$

(e) $\dfrac{1}{2}i-\dfrac{1}{2}j+\dfrac{1}{\sqrt{2}}k$; $\dfrac{1}{\sqrt{2}}i+\dfrac{1}{\sqrt{2}}j$;

$-\dfrac{1}{2}i+\dfrac{1}{2}j+\dfrac{1}{\sqrt{2}}k$; $\dfrac{1}{2\sqrt{2}}$

4. (b) $i, -j, 1, 1, (0,0)$;

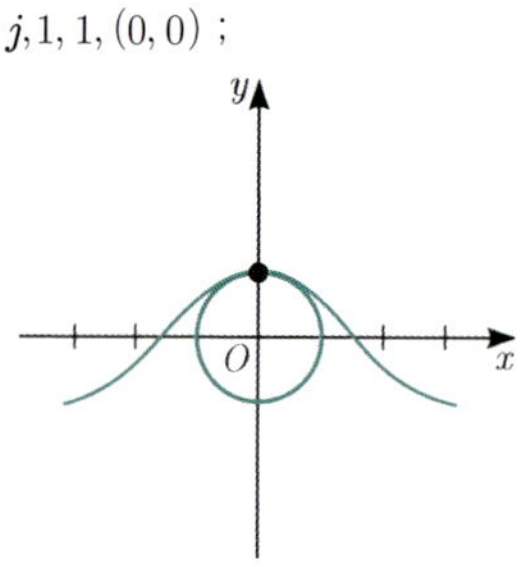

(d) $j, -i, \dfrac{4}{9}, \dfrac{9}{4}, (\dfrac{7}{4}, 0)$;

$-i, -j, \dfrac{3}{16}, \dfrac{16}{3}, (0, -\dfrac{7}{3})$

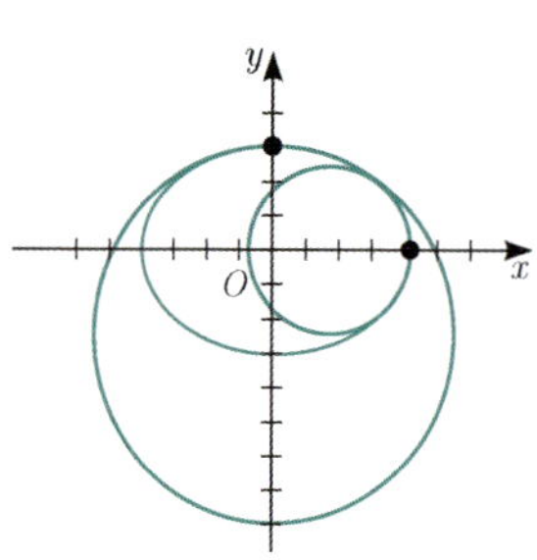

10.8 연습문제

1. (a) 0 ; 1

(b) $-\dfrac{2}{t^2\sqrt{t^2+2}}$; $\dfrac{\sqrt{2}}{t\sqrt{t^2+2}}$

(c) 0 ; 12

(e) $\dfrac{4t}{\sqrt{1+4t^2}}$; $\dfrac{2}{\sqrt{1+4t^2}}$

(f) $-\dfrac{2}{\sqrt{3}}$; $\sqrt{\dfrac{8}{3}}$

2. $\dfrac{2}{\sqrt{5}}i+\dfrac{1}{\sqrt{5}}j$; $\dfrac{1}{\sqrt{30}}i-\dfrac{2}{\sqrt{30}}j-\dfrac{5}{\sqrt{30}}k$

4. (b) $\dfrac{\sqrt{19}}{7\sqrt{14}}$

5. (a) $\dfrac{2x^3}{(x^4+1)^{3/2}}$ (c) $\cos x$

(d) $\dfrac{\sec x\tan x}{(1+\sec^2 x)^{3/2}}$ (e) $\dfrac{2}{(4\sin^2+\cos^2 t)^{3/2}}$

(g) $\dfrac{1}{(\tan^2 t+\sec^2 t)^{3/2}}$

6. (a) $\dfrac{2}{3^{3/2}}, \left(\dfrac{1}{\sqrt{2}}, -\dfrac{1}{2}\ln 2\right)$

(b) $\dfrac{2\sqrt{3}}{9}, \left(-\dfrac{1}{2}\ln 2, \dfrac{1}{\sqrt{2}}\right)$

(c) $\dfrac{1}{2}, (0, 2)$

9. (a) $\dfrac{3}{2^{3/2}\sqrt{1-\sin\theta}}$

(b) $|6-\cos^2\theta-4\cos\theta-\sin\theta\cos\theta|$

11. (a) $\dfrac{1}{2}$

(b) $\dfrac{1}{2}$

12. $\dfrac{3}{4}$, $(r, \theta)=(2, \pi)$

〈제 11 장〉

11.1 연습문제

1. $\{(x, y) \mid x \geq y^2, y \neq \pm 2\}$

3. (a)

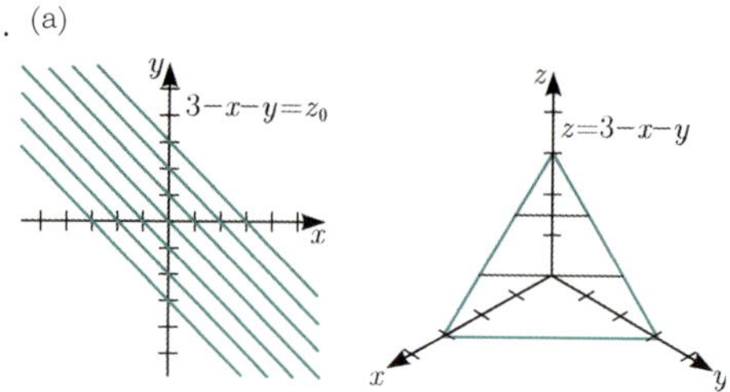

(b)

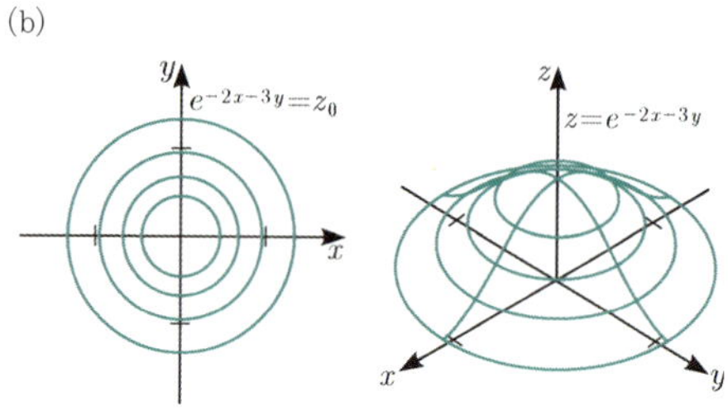

(c)

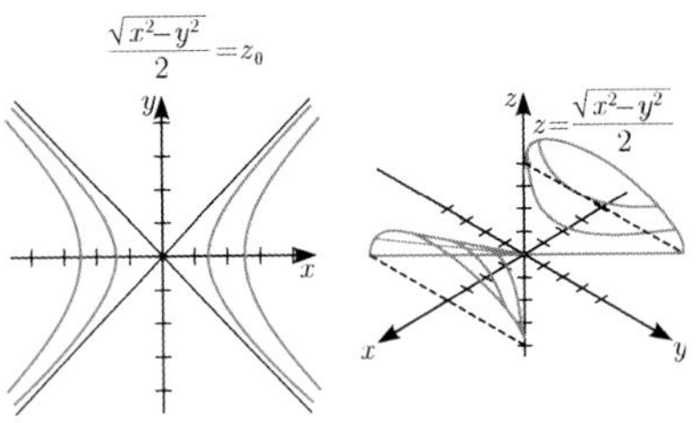

5. (a) 1 (b) $\frac{1}{2}$
   (c) (a), (b)로부터 서로 다른 길을 따라 (x, y)가 $(1, -1)$로 접근할 때, 그 극한값이 다르므로 $\lim_{(x,y)\to(1,-1)} f(x, y)$ 가 존재하지 않기 때문
6. (a) 존재하지 않음 (b) 존재함, 0
   (c) 존재함, 0 (d) 존재하지 않음
7. $y=x$ 위에서 불연속

11.2 연습문제

1. (a) $z_x=3x^2+3y,\ z_y=3y^2+3x$
   (b) $z_x=\dfrac{y^2}{(x+y)^2},\ z_y=\dfrac{x^2}{(x+y)^2}$
   (c) $z_x=2e^{2x}\sin 2y,\ z_y=2e^{2x}\cos 2y$
   (d) $z_x=\dfrac{y^2}{x(x+y)},\ z_y=\ln\dfrac{x}{x+y}-\dfrac{y}{x+y}$
   (e) $z_x=\dfrac{\sqrt{y}}{x^2+y},\ z_y=-\dfrac{x}{2\sqrt{y}\,(x^2+y)}$
2. $f_x(1,\ 2)=2\,\mathrm{Tan}^{-1}2-2,$
   $f_y(1,\ 2)=1-4\,\mathrm{Tan}^{-1}\dfrac{1}{2}$
3. -1 ; 0
5. -1
6. (a) $5\sqrt{3}$ (b) 50 (c) -2
7. $-\dfrac{4}{3}$; 깊이 $10(m)$ 지점에서 더 깊은 곳으로 갈 때 $\dfrac{4}{3}$(분/m)의 비율로 잠수할 수 있는 시간이 감소한다.
8. (a) $\dfrac{\partial z}{\partial x}=-\dfrac{x^2+2yz}{z^2+2xy},\ \dfrac{\partial z}{\partial y}=-\dfrac{y^2+2xz}{z^2+2xy}$
   (b) $\dfrac{\partial z}{\partial x}=\dfrac{yz}{e^2-xy},\ \dfrac{\partial z}{\partial y}=\dfrac{xz}{e^2-xy}$
   (c) $\dfrac{\partial z}{\partial x}=\dfrac{3-yz\cos(xyz)}{xy\cos(xyz)-1},\ \dfrac{\partial z}{\partial y}=\dfrac{2-xz\cos(xyz)}{xy\cos(xyz)-1}$
   (d) $\dfrac{\partial z}{\partial x}=\dfrac{1+y^2z^2}{1+y+y^2z^2},\ \dfrac{\partial z}{\partial y}=-\dfrac{z}{1+y+y^2z^2}$

11.3 연습문제

1. (a) $-\dfrac{xdx+ydy+zdz}{\sqrt{a^2-x^2-y^2-z^2}}$ (b) $\dfrac{xdx+ydy}{1+x^2+y^2}$
   (c) $x^{y-1}y^x(y+x\ln y)\,dx+x^y y^{x-1}(y\ln x+x)dy$
   (d) $a^{xyz}\ln a(yzdx+xzdy+xydz)$
2. $\Delta z=-7.15,\ dz=-7.5$
3. -0.01
4. 0.25%
5. $10.99\dot{2}95\dot{4}$
6. (a) $f_x(x, y)=y^2+2xy$ 와 $f_y(x, y)=2xy+x^2$ 가 모든 점 (a, b)에서 연속이므로, $(a, b)=(1, 1)$에서 $f(x,y)$는 미분가능하다 ;
   $z=3x+3y-4$
   (b) $f_x=-\sin(x+y)$ 와 $f_y=-\sin(x+y)$ 가 모든 점 $(a,\ b)$에서 연속이므로 $(a,\ b)=(0,\ 0)$ 에서 미분가능하다 ; $z=1$
   (c) $f_x(x,y)=2xe^{x^2+y^2}$ 과 $f_y(x,y)=2ye^{x^2+y^2}$ 이 모든 점 (a,b)에서 연속이므로, $(a,b)=(1,0)$에서 $f(x,y)$는 미분가능하다 ; $z=e(2x-1)$
   (d) $f_x=e^x\cos y$ 와 $f_y=-e^x\sin y$가 모든 점 $(a,\ b)$에서 연속이므로 $(a,\ b)=(0,\ 0)$ 에서 미분가능하다. ; $z=x+1$

11.4 연습문제

1. (a) $-\dfrac{t}{(1+t^2)^{3/2}}$ (b) $32t$
2. (a) $\dfrac{4x-3y}{3x-2y}$ (b) $\dfrac{y\sin x-\sin y}{x\cos y+\cos x}$
3. (a) $\dfrac{2}{x}$ (b) $e^{ax}(a^2+1)\sin x$
4. (a) $\dfrac{\partial u}{\partial x}=4x,\ \dfrac{\partial u}{\partial y}=4y$
   (b) $\dfrac{\partial u}{\partial x}=2y,\ \dfrac{\partial u}{\partial y}=2x$
5. (a) $\dfrac{\partial u}{\partial x}=e^{x-y-z}\left(\dfrac{1}{x+y+z}+\ln(x+y+z)\right)$
   $\dfrac{\partial u}{\partial y}=e^{x-y-z}\left(\dfrac{1}{x+y+z}-\ln(x+y+z)\right)$
   $\dfrac{\partial u}{\partial z}=e^{x-y-z}\left(\dfrac{1}{x+y+z}-\ln(x+y+z)\right)$
   (b) $\dfrac{\partial u}{\partial x}=\{\ln(x\cos y+y\cos z)\}\sin y+\dfrac{x\sin y+y\sin z}{x\cos y+y\cos z}\cos y$
   $\dfrac{\partial u}{\partial y}=\{\ln(x\cos y+y\cos z)\}(x\cos y+\sin z)+\dfrac{x\sin y+y\sin z}{x\cos y+y\cos z}(-x\sin y+\cos z)$
   $\dfrac{\partial u}{\partial z}=\{\ln(x\cos y+y\cos z)\}y\cos z+\dfrac{x\sin y+y\sin z}{x\cos y+y\cos z}(-y\sin z)$
6. (a) $\dfrac{\partial z}{\partial x}=-\dfrac{y+2yz}{-2z+2xy},\ \dfrac{\partial z}{\partial y}=-\dfrac{x+2xz}{-2z+2xy}$
   (b) $\dfrac{\partial z}{\partial x}=-\dfrac{e^y+e^z}{e^x+e^y},\ \dfrac{\partial z}{\partial y}=-\dfrac{e^x+e^z}{e^x+e^y}$
9. $Z_x(\varphi'(t)\cos\theta-\psi'(t)r\sin\theta)$
   $+Z_y(\varphi'(t)\sin\theta+\psi'(t)r\cos\theta)$

10. $\dfrac{7+4\sqrt{3}}{2}$

11.5 연습문제

1. (a) $(4,6,12)$; $2x+3y+6z=49$;
   $x=2t+2,\ y=3t+3,\ z=6t+6$
   (b) $(5,\ 4,\ 3)$; $5x+4y+3z=22$;
   $x=5t+1,\ y=4t+2,\ z=3t+3$
   (c) $\left(-\dfrac{4}{3}, -\dfrac{3}{2}, -\dfrac{5}{6}\right)$; $8x+9y+5z=2$;
   $x=8t+\dfrac{1}{2}, y=9t+\dfrac{1}{3}, z=5t-1$
2. $\nabla F(x_1,\ y_1,\ z_1)=(2ax_1,\ -2by_1,\ -1)$
   $2ax_1(x-x_1)-2by_1(y-y_1)-(z-z_1)=0$
3. (x_0,y_0,z_0)에서의 접선은 $\nabla F(x_0,y_0,z_0)$와 $\nabla G(x_0,y_0,z_0)$에 모두 수직이므로 접선의 방향 벡터는 $\nabla F(x_0,y_0,z_0)\times\nabla G(x_0,y_0,z_0)$.

11.6 연습문제

1. (a) $f_{xx}=2y-y\sin x$
   $f_{yy}=-\cos y, f_{xy}=f_{yx}=2x+\cos x$
   (b) $f_{xx}=0, f_{yy}=0, f_{xy}=f_{yx}=1$
   (c) $f_{xx}=-3xy^2(x^2+y^2)^{-5/2}$
   $f_{xy}=f_{yx}=(2x^2y-y^3)(x^2+y^2)^{-5/2}$,
   $f_{yy}=(-x^3+2xy^2)(x^2+y^2)^{-5/2}$
   (d) $f_{xx}=-y^4\sin(xy^2)$,
   $f_{xy}=f_{yx}=2y\cos(xy^2)-2xy^3\sin(xy^2)$
   $f_{yy}=-4x^2y^2\sin(xy^2)+2x\cos(xy^2)$
2. $Z_x=\dfrac{-2y}{x^2+y^2},\ Z_y=\dfrac{2x}{x^2+y^2}$
   $Z_{xx}=\dfrac{4xy}{(x^2+y^2)^2},\ Z_{yy}=\dfrac{-4xy}{(x^2+y^2)^2}$
3. $u=(x^2+y^2+z^2)^{-1/2}$
   $u_x=-x(x^2+y^2+z^2)^{-3/2}$
   $u_{xx}=-(x^2+y^2+z^2)^{-5/2}(x^2+y^2+z^2-3x^2)$
   $u_{xx}+u_{yy}+u_{zz}=0$

11.7 연습문제

1. (a) 극소값 1
   (b) 극소값 $-\dfrac{1}{8}$, 극대값 $\dfrac{1}{8}$
   (c) 극소값 $-\dfrac{1}{8}$
2. $(0,\ 0,\ \pm1)$
3. 밑변 $8cm$, 높이 $4cm$
4. 밑변 $2cm$, 높이 $4cm$
5. $a=-\dfrac{1}{4},\ b=-\dfrac{1}{2},\ c=\dfrac{3}{2}$

〈제 12장〉

12.1 연습문제

1. (a) $\dfrac{3}{2}$ (b) $\dfrac{1}{2}e^2-e+\dfrac{1}{2}$
   (c) 8 (d) 0 (e) $-1+\dfrac{\pi}{2}$
   (f) $\dfrac{1}{252}(2^{21}-1)-\dfrac{28\sqrt{2}}{9}$ (g) 240
   (h) $\dfrac{1}{3}$ (i) $-\dfrac{1}{2}\ln 2$ (j) $\dfrac{1}{4}-\dfrac{\pi}{8}$
2. (a) 18 (b) $\dfrac{768}{35}$
4. $\dfrac{2}{3}$
5. (a) $\dfrac{1}{2}(1-\cos 1)$ (b) $\dfrac{1}{4}(e^4-1)$
   (c) $\dfrac{1}{3}\ln 9$ or $\dfrac{2}{3}\ln 3$ (d) $\dfrac{1}{3}(2\sqrt{2}-1)$

12.2 연습문제

1. (a) 4 (b) $\dfrac{a^2}{2}$ (c) $\dfrac{4}{3}$
   (d) $\dfrac{1}{3}$ (e) $\sqrt{2}-1$ (f) $\sqrt{3}-\dfrac{1}{2}$
2. (a) $\dfrac{16}{9}$ (b) $\dfrac{4}{3}$ (c) $1+\pi$ (d) $1+\dfrac{3}{e^2}$
3. (a) 6 (b) 8π (c) $\dfrac{1}{3}$
   (d) $\dfrac{a^4}{192}$ (e) $\dfrac{1}{2}e^4-e^2+\dfrac{1}{2}$ (f) $\dfrac{a^3}{90}$
4. $m=\dfrac{1}{6}, M_x=\dfrac{1}{15}, M_y=\dfrac{1}{12}, \left(\dfrac{1}{2},\ \dfrac{2}{5}\right)$

12.3 연습문제

1. (a) $-\dfrac{1}{3}(b^3-a^3)(\cos\beta-\cos\alpha)$
   (b) $\dfrac{a^3}{3}\left(\dfrac{\pi}{2}-\dfrac{2}{3}\right)$
2. (a) $\dfrac{\pi}{12a}$ (b) $\dfrac{\pi}{2}\ln 2$
3. (a) $2\sqrt{3}+\dfrac{4}{3}\pi$ (b) $\dfrac{4}{3}\pi$
   (c) $\dfrac{3}{2}\pi a^2$ (d) $\dfrac{4}{3}$
4. (a) $\left(\dfrac{8}{3\pi},\ \dfrac{8}{3\pi}\right)$ (c) $\left(\dfrac{2}{\pi\ln 2},\ \dfrac{2}{\pi\ln 2}\right)$
5. (a) $\dfrac{a}{2}\sqrt{\dfrac{\pi}{b}}$ (b) $\dfrac{\pi}{4}$
6. (a) $\dfrac{4}{3}\pi$ (b) $\dfrac{3}{2}\pi$ (c) $\dfrac{\pi}{3}(2-\sqrt{2})$
7. (a) 16 (b) $\dfrac{3}{2}\pi$
8. $\pi+3\sqrt{3}$

9. (a) $2(\frac{\pi}{3}-\frac{\sqrt{3}}{4})$ (b) $\frac{2}{3}\pi-\frac{\sqrt{3}}{2}$

10. $\frac{8}{3}\pi+\sqrt{3}$

11. $\frac{\pi}{6}+\frac{\sqrt{3}}{4}$

12.4 연습문제

1. (a) $\frac{1}{36}$ (b) $\frac{7}{8}$ (c) $\frac{5}{12}$
2. (a) $24-\frac{27}{2}\pi$ (c) 62
3. (b) $\frac{16}{3}$
4. 4π
5. $\frac{128}{15}\pi$

12.5 연습문제

1. (a) $\frac{4\pi}{3}(8-3\sqrt{3})$ (c) $\frac{1}{3}$
2. $\frac{1}{12}\pi a^3(2-\sqrt{2})$
3. (a) 3π (b) $\frac{a}{2}\pi$
4. $\frac{\pi}{3}(2-\sqrt{3})$
5. $\frac{4\pi^2}{15}$
6. $\frac{\pi}{8}$

12.6 연습문제

1. (a) 16 (b) $-8uv$ (c) 0
2. $\frac{27}{2}\pi$
3. $\frac{1}{3}$
4. $\frac{1}{2}(e^2-3)$
5. $\frac{15}{8}$

〈제 13 장〉

13.1 연습문제

1. (a) $(2xe^{2y+3z},\ 2x^2e^{2y+3z},\ 3x^2e^{2y+3z})$
   (c) $\left(\frac{2x}{x^2+y^2+z^2},\ \frac{2y}{x^2+y^2+z^2},\ \frac{2z}{x^2+y^2+z^2}\right)$
   (e) $\left(\frac{yz}{z^2+x^2y^2},\ \frac{xz}{z^2+x^2y^2},-\frac{xy}{z^2+x^2y^2}\right)$

13.2 연습문제

1. (a) ① $\frac{9}{2}$ ② $\frac{9}{2}$ ③ $\frac{9}{2}$
   (c) ① $\frac{\pi}{4}$ ② $\ln 2$ ③ $\frac{1}{2}$
   (e) ① 1 ② $\frac{17}{18}$ ③ $\frac{1}{2}$
   (g) ① 2.143 ② 2.538 ③ $2+\sin 1$
   (i) ① e^3 ② e^3 ③ e^3
2. (a) $\frac{1}{2}$ (c) $-\pi$
3. (a) $f=x^2+\frac{3}{2}y^2+2z^2$ (c) $f=xe^{(y+2z)}$

13.3 연습문제

2. $-\pi a^3$
3. (a) $\frac{\sqrt{3}}{120}$
4. $\frac{3}{2}$
5. $2a^2$
6. $\frac{\sqrt{2}}{2}a^2$
7. $\frac{1}{2}(\pi-2)a^2$
8. $\frac{1}{6}(2\sqrt{2}-1)\pi a^2$

13.4 연습문제

1. (a) 0 (c) $\frac{\pi a^4}{2}$ (e) $-\pi a^2$
2. (a) -16π
3. (b) 0 (c) $\frac{2}{33}$
4. 0

13.5 연습문제

1. (a) 0 (c) 0 (e) 0
2. (b) 48π
3. (a) 32π (c) $128+8\pi$

13.6 연습문제

1. (a) 0 (b) $-\pi$
3. $-\frac{5}{6}$
5. 4π

〈제 14 장〉

14.1 연습문제

1. (a) $\frac{d^3y}{dx^3}-3\frac{d^2y}{dx^2}+2\frac{dy}{dx}=0$

(d) $\left(\frac{dy}{dx}\right)^2+2x^3\frac{dy}{dx}-4x^2y=0$

(e) $a\frac{d^2y}{dx^2}+a^3y=0$

4. $y=2x+3e^x$

5. $y=-\frac{1}{8}x^2+\frac{1}{4}x-\frac{1}{8}$

14.2 연습문제

1. (a) $3x^4+4(y+1)^3=C$ (b) $x^4y^3=Ce^y$

(c) $\mathrm{Sin}^{-1}\left(\frac{y}{x}\right)=C+\ln|x|$

2. (c) $r\theta^2=1$

14.3 연습문제

1. (a) $x^4y^3-x^2y+C=0$ (c) $ye^{x^2}-x^2=C$

(e) $x^2e^y+\frac{x^2}{y}+\frac{x}{y^3}=C$

2. (a) $-\frac{y^4}{4x^4}+\ln x=C$ (b) $y^2\left(\frac{x-y}{x+y}\right)=C$

3. (a) $x=Cy^2e^{-\frac{1}{x^3y^3}}$ (b) $y=Ce^{-\frac{xy^3+1}{3x^3y^3}}$

4. (a) $x^4y^2+x^3y^5=C$

14.4 연습문제

1. (a) $2y=x^3+6x^2-4x\ln x+Cx$

(c) $2y=x^3+Cx^3e^{\frac{1}{x^2}}$

2. $v=\int\frac{Q(x)}{f(x)}dx$

3. (a) $y^{1-n}=\ln x-\frac{1}{1-n}+Cx^{n-1}$

(c) $\frac{1}{y}=-\sin x+Ce^x$

5. $y=xe^{-\frac{3}{2}x^2}\left[\int e^{-\frac{3}{2}x^2}dx+C\right]$

찾아보기

ㄱ

ㄴ

ㄷ

ㅈ

ㅊ

미분적분학 (개정판)

개정판발행 2019년 2월 25일
개정판1쇄발행 2022년 12월 15일

지은이 고응일 · 윤진의 · 이재혁 · 이준엽

펴낸이 오판근
펴낸곳 (주) 교우
주 소 서울시 동대문구 약령시로 8 교우빌딩 2층 (주)교우
전 화 02-925-2861 / 팩 스 02-925-2860, 편집부 02-925-2825
홈페이지&북스토어 www.kyowoo.co.kr / 이메일 kyowoo@kyowoo.co.kr

등 록 1994년 3월 24일 제1994-000013호
ISBN 979-11-251-0086-7 (93410)

Published by Kyowoo Co., Ltd. Printed in Korea

(주) 교우는 보다 혁신적이고 참신한 도서를 다양하게 기획하고 있습니다.
책으로 펴내고자 하는 아이디어나 원고는 메일로 보내주세요.
(주) 교우는 전과정을 책임지고 최선을 다하겠습니다.

값 35,000원

교우미디어는 (주) 교우의 Imprint 사업입니다.
수학정원·과학정원은 (주) 교우의 새로운 브랜드명입니다.

잘못된 책은 구입하신 서점에서 교환해 드립니다.